Tabellenbuch
Kraftfahrtechnik

G. Hamm
G. Burk

13. Auflage

Holland + Josenhans Verlag Stuttgart Best.-Nr. 351

Vorwort

Dieses Tabellenbuch enthält das erforderliche Fachwissen für den Kfz-Fachmann. Alle Abschnitte wurden überarbeitet und auf den neuesten Stand gebracht, insbesondere die Kapitel Fachrechnen, Betriebskunde und Fachkunde. Durch viele Rechenbeispiele, Rechentafeln, technische Daten, Zeichnungen und Abbildungen wird der sorgfältig ausgewählte Stoff übersichtlich und anschaulich dargestellt.

In sämtlichen Abschnitten sind die SI-Einheiten und die Einheitenzeichen nach dem „Gesetz über Einheiten im Meßwesen" vom 2. Juli 1969 und der dazugehörigen Ausführungsverordnung berücksichtigt. Um den Übergang zu erleichtern, sind auch die befristet zugelassenen bisherigen Maßeinheiten aufgeführt. Für die wichtigsten Einheiten stehen Umrechnungswerte und Umrechnungstafeln zur Verfügung.

Die vorliegende Neubearbeitung entspricht den Stoffplänen der berufsbildenden Schulen und den fachtheoretischen Anforderungen bei den Lehrabschluß- und Meisterprüfungen im Handwerk und in der Industrie.

Wir danken allen, die unsere Arbeit unterstützt haben und nehmen auch weiterhin gerne Wünsche und Anregungen entgegen.

Stuttgart, Herbst 1977   Die Verfasser

Hinweise auf DIN-Normen entsprechen dem neuesten Stand der Normung bei Abschluß des Manuskripts. Verbindlich sind jedoch nur die Normblätter, die vom Beuth Verlag GmbH, 1000 Berlin 30 und 5000 Köln 1 bezogen werden können.

Betr. Kap. 2 „Betriebskunde" (Kalkulation)
·Die Höhe des Steuersatzes der Umsatzsteuer (Mehrwertsteuer) unterliegt Änderungen.
Für den Rechen- bzw. Buchungsvorgang ist dies jedoch ohne Belang. In diesem Buch wird daher weiterhin mit 11% Umsatzsteuer gerechnet.

© Holland + Josenhans Verlag, Postfach 518, 7000 Stuttgart 1
Satz und Druck: Universitätsdruckerei H. Stürtz AG, Würzburg 2
Bindearbeit: Industrie- und Verlagsbuchbinderei Dollinger u. Sohn, Postfach 198, 7418 Metzingen
ISBN 3-7782-3510-9

Inhaltsverzeichnis

Allgemeine Formelzeichen nach DIN 1304

Raum und Zeit

α, β, γ	Winkel
l	Länge
b	Breite
h	Höhe
r	Radius, Halbmesser
d	Durchmesser
s	Weglänge, Kurvenlänge
A, S	Fläche
S, q	Querschnittsfläche
V	Volumen, Raum
t	Zeit, Zeitspanne, Dauer
ω	Winkelgeschwindigkeit
α	Winkelbeschleunigung
v	Geschwindigkeit
a	Beschleunigung
g	Fallbeschleunigung

Periodische Erscheinungen

T	Periodendauer
f	Frequenz
n	Drehzahl
ω	Kreisfrequenz
λ	Wellenlänge
ϑ	Dämpfungsgrad
α	Dämpfungskonstante
β	Phasenkonstante
γ	Fortpflanzungskonstante Übertragungskonstante
φ	Vor- oder Nacheilwinkel Phasenverschiebungswinkel
c	Fortpflanzungsgeschwindig- keit einer Welle

Mechanik

m	Masse
ρ	Dichte
v	spezifisches Volumen
F	Kraft
G	Gewichtskraft
M	Moment, Drehmoment
p	Druck, mechanische Spannung
σ	Zug- oder Druckspannung, Normalspannung
τ	Schubspannung, Scher- spannung
ε	Dehnung
γ	Schiebung
E	Elastizitätsmodul
μ	Reibungszahl
η	dynamische Viskosität
ν	kinematische Viskosität
W, A	Arbeit
W, E	Energie
P	Leistung
η	Wirkungsgrad

Wärme

T	Kelvin-Temperatur
t	Celsius-Temperatur
α	Längen-Ausdehnungszahl
γ	Volumen-Ausdehnungszahl
Q	Wärmemenge
λ	Wärmeleitfähigkeit
C	Wärmekapazität
c	spezifische Wärmekapazität
H	Enthalpie, Heiz-, Brennwert
R	Gaskonstante

Elektrizität

Q	Elektrizitätsmenge
U	elektrische Spannung
C	elektrische Kapazität
I	elektrische Stromstärke
J, S	elektrische Stromdichte
R	elektrischer Widerstand
G	elektrischer Leitwert
ϱ	spez. elektrischer Widerstand
$\varkappa$	elektrische Leitfähigkeit
P	Leistung, Wirkleistung
S, P_s	Scheinleistung
Q, P_q	Blindleistung

Indizes

A	Bezug auf eine Fläche
a	außen
e	elastisch
el	elektrisch
eff	effektiv
i	innen
L	Bezug auf eine Länge
max	maximal
min	minimal
N	Nennwert
n	Normalkomponente, Normzustand
r	radial
red	reduziert
t	zeitabhängige Größe, tangential
zul	zulässig
0	Leerlauf, Kenn-, Anfangswert
1	primär, Anfang, Eingang, außen
2	sekundär, Ende, Ausgang, innen

Weitere allgemeine Formelzeichen im Abschnitt Fachrechnen

a	Achsenabstand	l_Z, B	Bildgröße, Zeichnungsmaß	$p_ü$	Überdruck
A_M	Mantelfläche	l_N, D	Dinggröße, Naturmaß	Q_R	Reibungswärme
A_O	Oberfläche	m	Modul	$r_{1,2}$	Hebelarme
b	Bogenlänge	m_A	flächenbezogene Masse	s	Schlüsselweite, Material-
$\cos \alpha$	Leistungsfaktor	m_L	längenbezogene Masse		dicke, Vorschub in mm/Umdr.
$d_{u, i}$	Um-, Inkreisdurchmesser	M_b	Biegemoment	t	Eintauchtiefe
$d_{a, f}$	Kopf-, Fußkreisdurchmesser	M_R	Reibungsmoment	t_H	Hauptzeit
e	Eckenmaß	M_t	Torsionsmoment	V_R	Reitstockverstellung
F_H	Hangabtriebskraft	M, μ	Maßstab	v_s	Schnittgeschwindigkeit
	Haftreibung	n	Eckenzahl, Lochzahl	v_u	Umfangsgeschwindigkeit
F_G	Gleitreibung	p	Seiten-, Bodendruck,	U	Umfang
F_n	Normalkraft		Teilung	W_b	Widerstandsmoment
F_R	Rollreibung	P	Steigung, Gewindesteigung	W_R	Reibungsarbeit
f	Rollreibungszahl	P_L	Leitspindelsteigung	W_t	Verdrehwiderstandsmoment
h	Druckhöhe, Zahnhöhe	P_R	Reibungsleistung	N	Windungszahl
h_1	Saughöhe	$p_{1,2}$	hydrostatischer Druck	z	Teile-, Glieder-, Zähnezahl
$h_{a, f}$	Zahnkopf-, Zahnfußhöhe	p_a	absoluter Druck	η	Wirkungsgrad
i	Gesamtübersetzung,	p_b	atmosphärischer Luftdruck	$\alpha/2$	Einstellwinkel
	Schnittzahl	p_A	Flächenpressung	$\mu_{H,G}$	Haft-, Gleitreibungszahl
$i_{1,2}$	Einzelübersetzung	p_u	Unterdruck	$1 : x$	Kegelverhältnis

Mathematische Zeichen nach DIN 1302

...	und so weiter, bis	( ) [ ]	runde, eckige Klammer	$f(x)$	Funktion der Veränderlichen x
$=$	gleich	$\parallel$	parallel	∞	unendlich
$\neq$	nicht gleich, ungleich	$\nparallel$	nicht parallel	$\rightarrow$	gegen, nähert sich, strebt
$\sim$	proportional	$\uparrow\uparrow\uparrow\downarrow$	gleich-, gegensinnig parallel		nach
$\approx$	angenähert gleich, etwa, rund	$\perp$	rechtwinklig zu,	lim	Limes, gegen den Grenzwert
$\stackrel{\wedge}{=}$	entspricht		senkrecht auf	Δf	Differenz zweier Funktions-
$<$	kleiner als	$\triangle$	Dreieck		werte
$>$	größer als	$\cong$	kongruent	$f'(x)$	Ableitung der Funktion f(x)
$\leqq$	kleiner oder gleich	$\sim$	ähnlich	$\int$	Integral
$\geqq$	größer oder gleich	$\sphericalangle$	Winkel	log	allgemeiner Logarithmus
$+$	und, plus	$\overline{AB}$	Strecke AB	lg	Zehnerlogarithmus
$-$	weniger, minus	$\overparen{AB}$	Bogen AB	ln	natürlicher Logarithmus
., $\times$	mal, multipliziert	$|z|$	Betrag von z, absoluter Wert	sin	Sinus
:, /, -	durch, geteilt durch, zu	Σ	Summe	cos	Kosinus
$^o/_o$	Prozent, vom Hundert	Π	Produkt	tan	Tangens
$^o/_{oo}$	Promille, vom Tausend	$\sqrt{}$	Wurzel aus	cot	Kotangens
		π	Zahl Pi = 3,14159...	arc	Arcus, Bogen

Kraftfahrtechnische Formelzeichen

1

Verbrennungsraum

A	Zylinderquerschnitt
d	Zylinderbohrung
s	Kolbenhub
s'	Änderung der V_c-Höhe
V_h	Zylinderhubraum
V_H	Motorhubraum
V_c	Verdichtungsraum
$m_{Z.th}$	Frischgas zugeführt, theor.
z	Zylinderzahl
α	Hubverhältnis
ε	Verdichtungsverhältnis
λ_L	Liefergrad
V_c'	Änderung des V_c-Raumes

Kurbeltrieb

A	Kolbenfläche
d	Kolbendurchmesser
F	Kolbenkraft
F_L	Lagerkraft
F_m	Massenkraft
F_n	Seitenkraft
F_{Pl}	Pleuelstangenkraft
F_R	Radialkraft
F_T	Tangentialkraft
l	Pleuelaugenabstand
OT	oberer Totpunkt
p	Verbrennungsdruck
r	Kurbelradius
s'	Kolbenweg
UT	unterer Totpunkt
v_a	absol. Kolbengeschwindigkeit
v_m	mittl. Kolbengeschwindigkeit
v_{max}	größte Kolbengeschwindigkeit
α	Kurbelwinkel
β	Pleuelstangenwinkel
λ	Pleuelstangenverhältnis

Motorsteuerung

A_v	Ventilöffnungsfläche
Aö	Auslaßventil öffnet
As	Auslaßventil schließt
Eö	Einlaßventil öffnet
Es	Einlaßventil schließt
$d_{1,2}$	Strömungsdurchmesser
$S_{1,2}$	Strömungsquerschnitte
t_1	Ventilöffnungszeit/A'spiel
t_2	Ventilöffnungszeit/Minute
$v_{1,2}$	Strömungsgeschwindigkeiten
α	Steuerwinkel
α_v	Ventilsitzwinkel
β	Öffnungswinkel
γ	Überschneidungswinkel

Kraftstoffanlage

b	spez. Kraftstoffverbrauch
B	Kraftstoffverbrauch/Stunde
k	Kraftstoffverbrauch nach DIN
K	gemessener Verbrauch
k_s	Kraftstoff-Streckenverbrauch
L	tatsächlicher Luftbedarf
L_{th}	theoretischer Luftbedarf
m_K	Kraftstoffmenge
m_L	Luftmenge
λ	Luftverhältnis

Motorkühlung, Schmierung

f	Wärmefluß an das Wasser
m	Kühlwasserdurchsatz
m_K	Füllmenge des Kühlsystems
Q_K	abzuführende Wärmemenge
$t_{1,2}$	Wassertemperatur kalt, warm
v	Ölverbrauch je 100 km
z	Kühlwasserumläufe in 1 Stunde
Δt	Temperaturdifferenz

Motorleistung

M	Motordrehmoment
m_P	Leistungsgewicht
P_{eff}	Nutzleistung
P_H	Hubraumleistung
P_i	Innenleistung
p_i	mittl. ind. Arbeitsdruck
η_m	mechanischer Wirkungsgrad
η_e	Nutzwirkungsgrad

Kupplung

A	Belagfläche
$d_{1,2}$	Belagdurchmesser
F	Fußkraft am Pedal
F_A	Ausrückkraft am Ausrücker
F_n	Anpreßkraft der Druckplatte
F_U	Umfangskraft an der Scheibe
M_{max}	größtes Übertragungsmoment
r_m	mittlerer Momenthalbmesser
s	Pedalweg
s'	Ausrückweg am Pedal
s''	Kupplungsspiel am Pedal
s_A	Kupplungsspiel am Ausrücker
z	Anzahl der Reibflächen
v	Sicherheitszahl
μ_H	Belagreibungszahl

Getriebe

$i_{1,2}$	Gesamtübersetzung Einzelübersetzung
$M_{1,2}$	Moment zugeführt, abgegeben
$n_{1,2}$	Drehzahl treibend, getrieben
$z_{1,2}$	Zähnezahl treibend, getrieben
$\eta_{1,2}$	Gesamtwirkungsgrad Einzelwirkungsgrad
v	Drehzahlverhältnis
μ	Wandlung

Achsantrieb

d	Spurkreisdurchmesser
d_R	Reifendurchmesser
$M_{1,2}$	Moment Gelenkwelle, Tellerrad
$M_{R1,2}$	Moment am Rad 1, Rad 2
S	Sperrwert
z	Anzahl der Radumdrehungen
Δz	Unterschied der Radumdr.
α	Kurvenwinkel

Achslasten, Achskräfte

$F_{v,h}$	dyn. Achskraft vorn, hinten
F_m	Massenkraft
$G_{v,h}$	stat. Achskraft vorn, hinten
h	Schwerpunktshöhe
$l_{v,h}$	Schwerpunktabst. vorn, hinten
m	Fahrzeugmasse, -gewicht
$m_{v,h}$	Achslast vorn, hinten
m_L	Last, Zuladung
$m_{Lv,h}$	Lastanteil vorn, hinten
$p_{v,h}$	Lastverteilung vorn, hinten

Radstellung

c	Gesamtspur in mm
β	Gesamtspur in Grad
β_{20}	Spur bei 20° Einschlag
β'	Gelenkspiel in Grad
$l_{1,2}$	Spurweite vorn, hinten
L	Radstand
l'	Lenkzapfenspur
R_m	mittlerer Spurkreishalbmesser
δ	Spurdifferenzwinkel
$\alpha_{i,a}$	Einschlagwinkel innen, außen
$\alpha_{l,r}$	Spuwi 20° Li-, Re'einschlag
$\gamma_{l,r}$	Sturz 20° Li-, Re'einschlag
$\Delta \gamma$	Sturzdifferenz

Lenkung

i_F	Kraftübersetzung
i_g	gesamte Winkelübersetzung
P	Steigung im Lenkgetriebe
r_0	Lenkrollhalbmesser
α	Dreh-, Einschlagwinkel

Federung

c	Federkonstante
F	Federkraft
s	Federweg
s'	Federweg je 1000 N Federkraft

Bereifung

A	Aufstandsfläche
b	Reifenbreite
d	Felgendurchmesser
d_a	Außendurchmesser
F	Radkraft, Aufstandskraft
H/B	Querschnittsverhältnis
n	Raddrehzahl
p	Reifendruck
r_{dyn}	dynamischer Reifenhalbmesser
s	Abrollumfang

Bremsanlage

$A_{1,2}$	Kolbenfläche Haupt-, Radzylinder
A_B	Fläche des Bremsbelags
A_M	Membranfläche
a	Bremsverzögerung
a_m	mittlere Bremsverzögerung
a_{max}	maximale Bremsverzögerung
C^*	innere Übersetzung
F	Fußkraft am Pedal
F_1	Druckstangenkraft
F_2	Spannkraft eines Radzylinders
F_{AR}	Aufstandskraft des Reifens
F_{BR}	Bremskraft am Reifen
ΣF_{BR}	Summe der Bremskräfte am Reifen
F_{BS}	Bremskraft an der Scheibe
F_{BT}	Bremskraft an der Trommel
F_K	Kolbenstangenkraft
F_M	Membrankraft
m	Fahrzeugmasse
M_B	Bremsmoment
p	hydraulischer Leitungsdruck
p_A	Flächenpressung des Belags
P_B	Bremsleistung
r_S	wirks. Scheibenhalbmesser
r_T	Trommelhalbmesser
t	Bremskraftanteil je Achse
W_B	Bremsarbeit
x	Gütegrad
z	Abbremsung
μ_B	Belagreibungszahl
μ_H	Haftreibungszahl des Reifens

Fahrmechanik

A	Fahrzeugstirnfläche
c_w	Luftwiderstandszahl
f	Rollwiderstandszahl
F_A	Antriebskraft
F_B	Beschleunigungskraft
F_L	Luftwiderstand
F_R	Rollwiderstand
F_S	Steigungswiderstand
F_W	Gesamtfahrwiderstand
F_z	Fliehkraft
m	Fahrzeugmasse
p	Steigung in %
r	Kurvenhalbmesser
v	Fahrgeschwindigkeit
h	Höhenunterschied
l	waagrechte Entfernung
P_w	Fahrleistung

Rechentabelle   0,1 ... 6,0

1

Anwendungsbeispiele:

1. Quadratstahl, 36 mm; gesucht Querschnittsfläche in cm².

$$S = n^2 = 3,6^2 = \textbf{12,96 cm}^2$$

2. Würfel, Kantenlänge 52 mm; gesucht Rauminhalt V in cm³.

$$V = n^3 = 5,2^3 = \textbf{140,61 cm}^3$$

3. Quadratstahl, Querschnitt $S = 17,7$ cm²; gesucht Kantenlänge in mm.

a) Kantenlänge $= \sqrt{17,7 \text{ cm}^2} = 4,207$ cm $= \textbf{42 mm}$

b) oder suche in der Spalte n^2 die Zahl 17,7 und lies die dazugehörende Kantenlänge in der Spalte $n = d$ ab,

z.B. Tabellenwert (nächstliegender Wert) 17,64; Kantenlänge 4,2 cm $= \textbf{42 mm}$

4. Würfel, Rauminhalt $V = 615$ cm³; gesucht Kantenlänge in mm.

a) Kantenlänge $= \sqrt[3]{0,615}$; $\sqrt[3]{0,6} = 0,843$ dm $= \textbf{84,3 mm}$

b) oder suche in der Spalte n^3 die Zahl 615 und lies die dazugehörende Kantenlänge in der Spalte $n = d$ ab,

z.B. Tabellenwert (nächstliegender Wert) 614,13; Kantenlänge 8,5 cm $= \textbf{85 mm}$

5. Schwungscheibe, Durchmesser $d = 275$ mm; gesucht Umfang in mm.

Umfang $U = d \cdot \pi = 27,5\pi = 86,39$ cm $= \textbf{863,9 mm}$

6. Kolben, Durchmesser $d = 68$ mm; gesucht Kolbenbodenfläche in cm².

Fläche $A = \dfrac{d^2 \cdot \pi}{4} = \dfrac{6,8^2 \cdot \pi}{4} = \textbf{36,32 cm}^2$

7. Rundstahl, Querschnitt $S = 56,5$ cm²; gesucht Durchmesser d in mm.

Suche in Spalte $\dfrac{d^2 \cdot \pi}{4}$ die Zahl 56,5 und lies in Spalte $n = d$ den dazugehörenden Durchmesser ab!

Beispiel: Tabellenwert (nächstliegender Wert) 56,75; Durchmesser $d = 8,5$ cm $= \textbf{85 mm}$

Verschieben des Kommas

$n = d$	n^2	n^3	$\sqrt{n}$	$\sqrt[3]{n}$	$d \cdot \pi$	$\dfrac{d^2 \cdot \pi}{4}$
17,5	306,3	5359	4,183	2,596	54,98	240,5
1,75	3,063	5,36	—	—	5,498	2,405
1 Stelle	2 Stellen	3 Stellen	—	—	1 Stelle	2 Stellen
2 Stellen	4 Stellen	6 Stellen	1 Stelle	—	2 Stellen	4 Stellen
3 Stellen	6 Stellen	9 Stellen	—	1 Stelle	3 Stellen	6 Stellen

$n = d$	n^2	n^3	$\sqrt{n}$	$\sqrt[3]{n}$	$\pi \cdot d$	$\dfrac{\pi \cdot d^2}{4}$
0,1	0,01	0,001	0,316	0,464	0,3142	0,00785
0,2	0,04	0,008	0,447	0,585	0,6283	0,03142
0,3	0,09	0,027	0,548	0,669	0,9425	0,07069
0,4	0,16	0,064	0,632	0,737	1,2566	0,12566
0,5	0,25	0,125	0,707	0,794	1,5708	0,19635
0,6	0,36	0,216	0,775	0,843	1,8850	0,28274
0,7	0,49	0,343	0,837	0,888	2,1991	0,38485
0,8	0,64	0,512	0,894	0,928	2,5133	0,50266
0,9	0,81	0,729	0,949	0,965	2,8274	0,63617
1,0	1,00	1,000	1,000	1,000	3,142	0,7854
1,1	1,21	1,331	1,049	1,032	3,456	0,9503
1,2	1,44	1,728	1,095	1,063	3,770	1,1310
1,3	1,69	2,197	1,140	1,091	4,084	1,3273
1,4	1,96	2,744	1,183	1,119	4,398	1,5394
1,5	2,25	3,375	1,225	1,145	4,712	1,7671
1,6	2,56	4,096	1,265	1,170	5,027	2,0106
1,7	2,89	4,913	1,304	1,194	5,341	2,2697
1,8	3,24	5,832	1,342	1,216	5,655	2,5447
1,9	3,61	6,859	1,378	1,239	5,969	2,8353
2,0	4,00	8,000	1,414	1,260	6,283	3,1416
2,1	4,41	9,261	1,449	1,281	6,597	3,4636
2,2	4,84	10,648	1,483	1,301	6,912	3,8013
2,3	5,29	12,167	1,517	1,320	7,226	4,1548
2,4	5,76	13,824	1,549	1,339	7,540	4,5239
2,5	6,25	15,625	1,581	1,357	7,854	4,9087
2,6	6,76	17,576	1,613	1,375	8,168	5,3093
2,7	7,29	19,683	1,643	1,393	8,482	5,7256
2,8	7,84	21,952	1,673	1,410	8,797	6,1575
2,9	8,41	24,389	1,703	1,426	9,111	6,6052
3,0	9,00	27,000	1,732	1,442	9,425	7,0686
3,1	9,61	29,791	1,761	1,458	9,739	7,5477
3,2	10,24	32,768	1,789	1,474	10,053	8,0425
3,3	10,89	35,937	1,817	1,489	10,367	8,5530
3,4	11,56	39,304	1,844	1,504	10,681	9,0792
3,5	12,25	42,875	1,871	1,518	10,996	9,6211
3,6	12,96	46,656	1,897	1,533	11,310	10,1788
3,7	13,69	50,653	1,924	1,547	11,624	10,7521
3,8	14,44	54,872	1,949	1,561	11,938	11,3411
3,9	15,21	59,319	1,975	1,574	12,252	11,9459
4,0	16,00	64,000	2,000	1,587	12,566	12,5664
4,1	16,81	68,921	2,025	1,601	12,881	13,2025
4,2	17,64	74,088	2,049	1,613	13,195	13,8544
4,3	18,49	79,507	2,074	1,626	13,509	14,5220
4,4	19,36	85,184	2,098	1,639	13,823	15,2053
4,5	20,25	91,125	2,121	1,651	14,137	15,9043
4,6	21,16	97,336	2,145	1,663	14,451	16,6190
4,7	22,09	103,823	2,168	1,675	14,765	17,3494
4,8	23,04	110,592	2,191	1,687	15,080	18,0956
4,9	24,01	117,649	2,214	1,699	15,394	18,8574
5,0	25,00	125,000	2,236	1,710	15,708	19,6350
5,1	26,01	132,65	2,258	1,721	16,022	20,4282
5,2	27,04	140,61	2,280	1,733	16,336	21,2372
5,3	28,09	148,88	2,302	1,744	16,650	22,0618
5,4	29,16	157,46	2,324	1,754	16,965	22,9022
5,5	30,25	166,38	2,345	1,765	17,279	23,7583
5,6	31,36	175,62	2,366	1,776	17,593	24,6301
5,7	32,49	185,19	2,387	1,786	17,907	25,5176
5,8	33,64	195,11	2,408	1,797	18,221	26,4208
5,9	34,81	205,38	2,429	1,807	18,535	27,3397
6,0	36,00	216,00	2,450	1,817	18,850	28,2743

1

$n=d$	n^2	n^3	$\sqrt{n}$	$\sqrt[3]{n}$	$\pi \cdot d$	$\dfrac{\pi \cdot d^2}{4}$	$n=d$	n^2	n^3	$\sqrt{n}$	$\sqrt[3]{n}$	$\pi \cdot d$	$\dfrac{\pi \cdot d^2}{4}$
6,1	37,21	226,98	2,470	1,827	19,164	29,22	12,6	158,8	2 000	3,550	2,327	39,58	124,7
6,2	38,44	238,33	2,490	1,837	19,478	30,19	12,7	161,3	2 048	3,564	2,333	39,90	126,7
6,3	39,69	250,05	2,510	1,847	19,792	31,17	12 8	163,8	2 097	3,578	2,339	40,21	128,7
6,4	40,96	262,14	2,530	1,857	20,106	32,17	12,9	166,4	2 147	3,592	2,345	40,53	130,7
6,5	42,25	274,63	2,550	1,866	20,420	33,18	13,0	169,0	2 197	3,606	2,351	40,84	132,7
6,6	43,56	287,50	2,569	1,876	20,735	34,21	13,1	171,6	2 248	3,619	2,357	41,16	134,8
6,7	44,89	300,76	2,588	1,885	21,049	35,26	13,2	174,2	2 300	3,633	2,363	41,47	136,8
6,8	46,24	314,43	2,608	1,894	21,363	36,32	13,3	176,9	2 353	3,647	2,369	41,78	138,9
6,9	47,61	328,51	2,627	1,904	21,677	37,39	13,4	179,6	2 406	3,661	2,375	42,10	141,0
7,0	49,00	343,00	2,646	1,913	21,991	38,48	13,5	182,3	2 460	3,674	2,381	42,41	143,1
7,1	50,41	357,91	2,665	1,922	22,305	39,59	13,6	185,0	2 515	3,688	2,387	42,73	145,3
7,2	51,84	373,25	2,683	1,931	22,619	40,72	13,7	187,7	2 571	3,701	2,393	43,04	147,4
7,3	53,29	389,02	2,702	1,940	22,934	41,85	13,8	190,4	2 628	3,715	2,399	43,35	149,6
7,4	54,76	405,22	2,720	1,949	23,248	43,01	13,9	193,2	2 686	3,728	2,404	43,67	151,7
7,5	56,25	421,88	2,739	1,957	23,562	44,18	14,0	196,0	2 744	3,742	2,410	43,98	153,9
7,6	57,76	438,98	2,757	1,966	23,876	45,36	14,1	198,8	2 803	3,755	2,416	44,30	156,1
7,7	59,29	456,53	2,775	1,975	24,190	46,57	14,2	201,6	2 863	3,768	2,422	44,61	158,4
7,8	60,84	474,55	2,793	1,983	24,504	47,78	14,3	204,5	2 924	3,782	2,427	44,93	160,6
7,9	62,41	493,04	2,811	1,992	24,819	49,02	14,4	207,4	2 986	3,795	2,433	45,24	162,9
8,0	64,00	512,00	2,828	2,000	25,133	50,27	14,5	210,3	3 049	3,808	2,438	45,55	165,1
8,1	65,61	531,44	2,846	2,008	25,447	51,53	14,6	213,2	3 112	3,821	2,444	45,87	167,4
8,2	67,24	551,37	2,864	2,017	25,761	52,81	14,7	216,1	3 177	3,834	2,450	46,18	169,7
8,3	68,89	571,79	2,881	2,025	26,075	54,11	14,8	219,0	3 242	3,847	2,455	46,50	172,0
8,4	70,56	592,70	2,898	2,033	26,389	55,42	14,9	222,0	3 308	3,860	2,461	46,81	174,4
8,5	72,25	614,13	2,915	2,041	26,704	56,75	15,0	225,0	3 375	3,873	2,466	47,12	176,7
8,6	73,96	636,06	2,933	2,049	27,018	58,09	15,1	228,0	3 443	3,886	2,472	47,44	179,1
8,7	75,69	658,50	2,950	2,057	27,332	59,45	15,2	231,0	3 512	3,899	2,477	47,75	181,5
8,8	77,44	681,47	2,966	2,065	27,646	60,82	15,3	234,1	3 582	3,912	2,483	48,07	183,9
8,9	79,21	704,97	2,983	2,072	27,960	62,21	15,4	237,2	3 652	3,924	2,488	48,38	186,3
9,0	81,00	729,00	3,000	2,080	28,274	63,62	15,5	240,3	3 724	3,937	2,493	48,69	188,7
9,1	82,81	753,57	3,017	2,088	28,588	65,04	15,6	243,4	3 796	3,950	2,499	49,01	191,1
9,2	84,64	778,69	3,033	2,095	28,903	66,48	15,7	246,5	3 870	3,962	2,504	49,32	193,6
9,3	86,49	804,36	3,050	2,103	29,217	67,93	15,8	249,6	3 944	3,975	2,509	49,64	196,1
9,4	88,36	830,58	3,066	2,111	29,531	69,40	15,9	252,8	4 020	3,987	2,515	49,95	198,6
9,5	90,25	857,38	3,082	2,118	29,845	70,88	16,0	256,0	4 096	4,000	2,520	50,27	201,1
9,6	92,16	884,74	3,098	2,125	30,159	72,38	16,1	259,2	4 173	4,012	2,525	50,58	203,6
9,7	94,09	912,67	3,115	2,133	30,473	73,90	16,2	262,4	4 252	4,025	2,530	50,89	206,1
9,8	96,04	941,19	3,131	2,140	30,788	75,43	16,3	265,7	4 331	4,037	2,535	51,21	208,7
9,9	98,01	970,30	3,146	2,147	31,102	76,98	16,4	269,0	4 411	4,050	2,541	51,52	211,2
10,0	100,00	1 000,00	3,162	2,154	31,416	78,54	16,5	272,3	4 492	4,062	2,546	51,84	213,8
10,1	102,01	1 030,30	3,178	2,162	31,730	80,12	16,6	275,6	4 574	4,074	2,551	52,15	216,4
10,2	104,04	1 061,21	3,194	2,169	32,044	81,71	16,7	278,9	4 657	4,087	2,556	52,47	219,0
10,3	106,09	1 092,73	3,209	2,176	32,358	83,32	16,8	282,2	4 742	4,099	2,561	52,78	221,7
10,4	108,16	1 124,86	3,225	2,183	32,673	84,95	16,9	285,6	4 827	4,111	2,566	53,09	224,3
10,5	110,25	1 157,63	3,240	2,190	32,987	86,59	17,0	289,0	4 913	4,123	2,571	53,41	227,0
10,6	112,4	1 191	3,256	2,197	33,30	88,25	17,1	292,4	5 000	4,135	2,576	53,72	229,7
10,7	114,5	1 225	3,271	2,204	33,62	89,92	17,2	295,8	5 088	4,147	2,581	54,04	232,4
10,8	116,6	1 260	3,286	2,210	33,93	91,61	17,3	299,3	5 178	4,159	2,586	54,35	235,1
10,9	118,8	1 295	3,302	2,217	34,24	93,31	17,4	302,8	5 268	4,171	2,591	54,66	237,8
11,0	121,0	1 331	3,317	2,224	34,56	95,03	17,5	306,3	5 359	4,183	2,596	54,98	240,5
11,1	123,2	1 368	3,332	2,231	34,87	96,77	17,6	309,8	5 452	4,195	2,601	55,29	243,3
11,2	125,4	1 405	3,347	2,237	35,19	98,52	17,7	313,3	5 545	4,207	2,606	55,61	246,1
11,3	127,7	1 443	3,362	2,244	35,50	100,3	17,8	316,8	5 640	4,219	2,611	55,92	248,8
11,4	130,0	1 482	3,376	2,251	35,81	102,1	17,9	320,4	5 735	4,231	2,616	56,24	251,6
11,5	132,3	1 521	3,391	2,257	36,13	103,9	18,0	324,0	5 832	4,243	2,621	56,55	254,5
11,6	134,6	1 561	3,406	2,264	36,44	105,7	18,1	327,6	5 930	4,254	2,626	56,86	257,3
11,7	136,9	1 602	3,421	2,270	36,76	107,5	18,2	331,2	6 029	4,266	2,630	57,18	260,2
11,8	139,2	1 643	3,435	2,277	37,07	109,4	18,3	334,9	6 128	4,278	2,635	57,49	263,0
11,9	141,6	1 685	3,450	2,283	37,38	111,2	18,4	338,6	6 230	4,290	2,640	57,81	265,9
12,0	144,0	1 728	3,464	2,289	37,70	113,1	18,5	342,3	6 332	4,301	2,645	58,12	268,8
12,1	146,4	1 772	3,479	2,296	38,01	115,0	18,6	346,0	6 435	4,313	2,650	58,43	271,7
12,2	148,8	1 816	3,493	2,302	38,33	116,9	18,7	349,7	6 539	4,324	2,654	58,75	274,6
12,3	151,3	1 861	3,507	2,308	38,64	118,8	18,8	353,4	6 645	4,336	2,659	59,06	277,6
12,4	153,8	1 907	3,521	2,315	38,96	120,8	18,9	357,2	6 751	4,347	2,664	59,38	280,6
12,5	156,3	1 953	3,536	2,321	39,27	122,7	19,0	361,0	6 859	4,359	2,668	59,69	283,5

$n=d$	n^2	n^3	$\sqrt{n}$	$\sqrt[3]{n}$	$\pi \cdot d$	$\frac{\pi \cdot d^2}{4}$	$n=d$	n^2	n^3	$\sqrt{n}$	$\sqrt[3]{n}$	$\pi \cdot d$	$\frac{\pi \cdot d^2}{4}$
19,1	364,8	6968	4,370	2,673	60,00	286,5	25,6	655,4	16777	5,060	2,947	80,42	514,7
19,2	368,6	7078	4,382	2,678	60,32	289,5	25,7	660,5	16975	5,070	2,951	80,74	518,7
19,3	372,5	7189	4,393	2,682	60,63	292,6	25,8	665,6	17174	5,079	2,955	81,05	522,8
19,4	376,4	7301	4,405	2,687	60,95	295,6	25,9	670,8	17374	5,089	2,959	81,37	526,9
19,5	380,3	7415	4,416	2,692	61,26	298,6	**26,0**	676,0	17576	5,099	2,962	81,68	530,9
19,6	384,2	7530	4,427	2,696	61,58	301,7	26,1	681,2	17780	5,109	2,966	82,00	535,0
19,7	388,1	7645	4,438	2,701	61,89	304,8	26,2	686,4	17985	5,119	2,970	82,31	539,1
19,8	392,0	7762	4,450	2,705	62,20	307,9	26,3	691,7	18191	5,128	2,974	82,62	543,3
19,9	396,0	7881	4,461	2,710	62,52	311,0	26,4	697,0	18400	5,138	2,978	82,94	547,4
20,0	400,0	8000	4,472	2,714	62,83	314,2	**26,5**	702,3	18610	5,148	2,981	83,25	551,5
20,1	404,0	8121	4,483	2,719	63,15	317,3	26,6	707,6	18821	5,158	2,985	83,57	555,7
20,2	408,0	8242	4,494	2,723	63,46	320,5	26,7	712,9	19034	5,167	2,989	83,88	559,9
20,3	412,1	8365	4,506	2,728	63,77	323,7	26,8	718,2	19249	5,177	2,993	84,19	564,1
20,4	416,2	8490	4,517	2,732	64,09	326,9	26,9	723,6	19465	5,187	2,996	84,51	568,3
20,5	420,3	8615	4,528	2,737	64,40	330,1	**27,0**	729,0	19683	5,196	3,000	84,82	572,6
20,6	424,4	8742	4,539	2,741	64,72	333,3	27,1	734,4	19903	5,206	3,004	85,14	576,8
20,7	428,5	8870	4,550	2,746	65,03	336,5	27,2	739,8	20124	5,215	3,007	85,45	581,1
20,8	432,6	8999	4,561	2,750	65,35	339,8	27,3	745,3	20346	5,225	3,011	85,77	585,3
20,9	436,8	9129	4,572	2,755	65,66	343,1	27,4	750,8	20571	5,235	3,015	86,08	589,6
21,0	441,0	9261	4,583	2,759	65,97	346,4	**27,5**	756,3	20797	5,244	3,018	86,39	594,0
21,1	445,2	9394	4,593	2,763	66,29	349,7	27,6	761,8	21025	5,254	3,022	86,71	598,3
21,2	449,4	9528	4,604	2,768	66,60	353,0	27,7	767,3	21254	5,263	3,026	87,02	602,6
21,3	453,7	9664	4,615	2,772	66,92	356,3	27,8	772,8	21485	5,273	3,029	87,34	607,0
21,4	458,0	9800	4,626	2,776	67,23	359,7	27,9	778,4	21718	5,282	3,033	87,65	611,4
21,5	462,3	9938	4,637	2,781	67,54	363,1	**28,0**	784,0	21952	5,292	3,037	87,96	615,8
21,6	466,6	10078	4,648	2,785	67,86	366,4	28,1	789,6	22188	5,301	3,040	88,28	620,2
21,7	470,9	10218	4,658	2,789	68,17	369,8	28,2	795,2	22426	5,310	3,044	88,59	624,6
21,8	475,2	10360	4,669	2,794	68,49	373,3	28,3	800,9	22665	5,320	3,047	88,91	629,0
21,9	479,6	10503	4,680	2,798	68,80	376,7	28,4	806,6	22906	5,329	3,051	89,22	633,5
22,0	484,0	10648	4,690	2,802	69,12	380,1	**28,5**	812,3	23149	5,339	3,055	89,54	637,9
22,1	488,4	10794	4,701	2,806	69,43	383,6	28,6	818,0	23394	5,348	3,058	89,85	642,4
22,2	492,8	10941	4,712	2,811	69,74	387,1	28,7	823,7	23640	5,357	3,062	90,16	646,9
22,3	497,3	11090	4,722	2,815	70,06	390,6	28,8	829,4	23888	5,367	3,065	90,48	651,4
22,4	501,8	11239	4,733	2,819	70,37	394,1	28,9	835,2	24138	5,376	3,069	90,79	656,0
22,5	506,3	11391	4,743	2,823	70,69	397,6	**29,0**	841,0	24389	5,385	3,072	91,11	660,5
22,6	510,8	11543	4,754	2,827	71,00	401,1	29,1	846,8	24642	5,394	3,076	91,42	665,1
22,7	515,3	11697	4,764	2,831	71,31	404,7	29,2	852,6	24897	5,404	3,079	91,73	669,7
22,8	519,8	11852	4,775	2,836	71,63	408,3	29,3	858,5	25154	5,413	3,083	92,05	674,3
22,9	524,4	12009	4,785	2,840	71,94	411,9	29,4	864,4	25412	5,422	3,086	92,36	678,9
23,0	529,0	12167	4,796	2,844	72,26	415,5	**29,5**	870,3	25672	5,431	3,090	92,68	683,5
23,1	533,6	12326	4,806	2,848	72,57	419,1	29,6	876,2	25934	5,441	3,093	92,99	688,1
23,2	538,2	12487	4,817	2,852	72,88	422,7	29,7	882,1	26198	5,450	3,097	93,31	692,8
23,3	542,9	12649	4,827	2,856	73,20	426,4	29,8	888,0	26464	5,459	3,100	93,62	697,5
23,4	547,6	12813	4,837	2,860	73,51	430,1	29,9	894,0	26731	5,468	3,104	93,93	702,2
23,5	552,3	12978	4,848	2,864	73,83	433,7	**30,0**	900,0	27000	5,477	3,107	94,25	706,9
23,6	557,0	13144	4,858	2,868	74,14	437,4	30,1	906,0	27271	5,486	3,111	94,56	711,6
23,7	561,7	13312	4,868	2,872	74,46	441,2	30,2	912,0	27544	5,495	3,114	94,88	716,3
23,8	566,4	13481	4,879	2,876	74,77	444,9	30,3	918,1	27818	5,505	3,117	95,19	721,1
23,9	571,2	13652	4,889	2,880	75,08	448,6	30,4	924,2	28094	5,514	3,121	95,50	725,8
24,0	576,0	13824	4,899	2,884	75,40	452,4	**30,5**	930,3	28373	5,523	3,124	95,82	730,6
24,1	580,8	13998	4,909	2,888	75,71	456,2	30,6	936,4	28653	5,532	3,128	96,13	735,4
24,2	585,6	14172	4,919	2,892	76,03	460,0	30,7	942,5	28934	5,541	3,131	96,45	740,2
24,3	590,5	14349	4,930	2,896	76,34	463,8	30,8	948,6	29218	5,550	3,135	96,76	745,1
24,4	595,4	14527	4,940	2,900	76,65	467,6	30,9	954,8	29504	5,559	3,138	97,08	749,9
24,5	600,3	14706	4,950	2,904	76,97	471,4	**31,0**	961,0	29791	5,568	3,141	97,39	754,8
24,6	605,2	14887	4,960	2,908	77,28	475,3	31,1	967,2	30080	5,577	3,145	97,70	759,6
24,7	610,1	15069	4,970	2,912	77,60	479,2	31,2	973,4	30371	5,586	3,148	98,02	764,5
24,8	615,0	15253	4,980	2,916	77,91	483,1	31,3	979,7	30664	5,595	3,151	98,33	769,4
24,9	620,0	15438	4,990	2,920	78,23	487,0	31,4	986,0	30959	5,604	3,155	98,65	774,4
25,0	625,0	15625	5,000	2,924	78,54	490,9	**31,5**	992,3	31256	5,612	3,158	98,96	779,3
25,1	630,0	15813	5,010	2,928	78,85	494,8	31,6	998,6	31554	5,621	3,162	99,27	784,3
25,2	635,0	16003	5,020	2,932	79,17	498,8	31,7	1005	31855	5,630	3,165	99,59	789,2
25,3	640,1	16194	5,030	2,936	79,48	502,7	31,8	1011	32157	5,639	3,168	99,90	794,2
25,4	645,2	16387	5,040	2,940	79,80	506,7	31,9	1018	32462	5,648	3,171	100,2	799,2
25,5	650,3	16581	5,050	2,943	80,11	510,7	**32,0**	1024	32768	5,657	3,175	100,5	804,2

1

$n=d$	n^2	n^3	$\sqrt{n}$	$\sqrt[3]{n}$	$\pi \cdot d$	$\dfrac{\pi \cdot d^2}{4}$	$n=d$	n^2	n^3	$\sqrt{n}$	$\sqrt[3]{n}$	$\pi \cdot d$	$\dfrac{\pi \cdot d^2}{4}$
32,1	1030	33076	5,666	3,178	100,8	809,3	38,6	1490	57512	6,213	3,380	121,3	1170
32,2	1037	33386	5,675	3,181	101,2	814,3	38,7	1498	57961	6,221	3,382	121,6	1176
32,3	1043	33698	5,683	3,185	101,5	819,4	38,8	1505	58411	6,229	3,385	121,9	1182
32,4	1050	34012	5,692	3,188	101,8	824,5	38,9	1513	58864	6,237	3,388	122,2	1188
32,5	1056	34328	5,701	3,191	102,1	829,6	**39,0**	1521	59319	6,245	3,391	122,5	1195
32,6	1063	34646	5,710	3,195	102,4	834,7	39,1	1529	59776	6,253	3,394	122,8	1201
32,7	1069	34966	5,718	3,198	102,7	839,8	39,2	1537	60236	6,261	3,397	123,2	1207
32,8	1076	35288	5,727	3,201	103,0	845,0	39,3	1544	60698	6,269	3,400	123,5	1213
32,9	1082	35611	5,736	3,204	103,4	850,1	39,4	1552	61163	6,277	3,403	123,8	1219
33,0	1089	35937	5,745	3,208	103,7	855,3	**39,5**	1560	61630	6,285	3,406	124,1	1225
33,1	1096	36265	5,753	3,211	104,0	860,5	39,6	1568	62099	6,293	3,409	124,4	1232
33,2	1102	36594	5,762	3,214	104,3	865,7	39,7	1576	62571	6,301	3,411	124,7	1238
33,3	1109	36926	5,771	3,217	104,6	870,9	39,8	1584	63045	6,309	3,414	125,0	1244
33,4	1116	37260	5,779	3,220	104,9	876,2	39,9	1592	63521	6,317	3,417	125,3	1250
33,5	1122	37595	5,788	3,224	105,2	881,4	**40,0**	1600	64000	6,325	3,420	125,7	1257
33,6	1129	37933	5,797	3,227	105,6	886,7	40,1	1608	64481	6,332	3,423	126,0	1263
33,7	1136	38273	5,805	3,230	105,9	892,0	40,2	1616	64965	6,340	3,426	126,3	1269
33,8	1142	38614	5,814	3,233	106,2	897,3	40,3	1624	65451	6,348	3,428	126,6	1276
33,9	1149	38958	5,822	3,236	106,5	902,6	40,4	1632	65939	6,356	3,431	126,9	1282
34,0	1156	39304	5,831	3,240	106,8	907,9	**40,5**	1640	66430	6,364	3,434	127,2	1288
34,1	1163	39652	5,840	3,243	107,1	913,3	40,6	1648	66923	6,372	3,437	127,5	1295
34,2	1170	40002	5,848	3,246	107,4	918,6	40,7	1656	67419	6,380	3,440	127,9	1301
34,3	1176	40354	5,857	3,249	107,8	924,0	40,8	1665	67917	6,387	3,443	128,2	1307
34,4	1183	40708	5,865	3,252	108,1	929,4	40,9	1673	68418	6,395	3,445	128,5	1314
34,5	1190	41064	5,874	3,255	108,4	934,8	**41,0**	1681	68921	6,403	3,448	128,8	1320
34,6	1197	41422	5,882	3,259	108,7	940,2	41,1	1689	69427	6,411	3,451	129,1	1327
34,7	1204	41782	5,891	3,262	109,0	945,7	41,2	1697	69935	6,419	3,454	129,4	1333
34,8	1211	42144	5,899	3,265	109,3	951,1	41,3	1706	70445	6,427	3,457	129,7	1340
34,9	1218	42509	5,908	3,268	109,6	956,6	41,4	1714	70958	6,434	3,459	130,1	1346
35,0	1225	42875	5,916	3,271	110,0	962,1	**41,5**	1722	71473	6,442	3,462	130,4	1353
35,1	1232	43244	5,925	3,274	110,3	967,6	41,6	1731	71991	6,450	3,465	130,7	1359
35,2	1239	43614	5,933	3,277	110,6	973,1	41,7	1739	72512	6,458	3,468	131,0	1366
35,3	1246	43987	5,941	3,280	110,9	978,7	41,8	1747	73035	6,465	3,471	131,3	1372
35,4	1253	44362	5,950	3,283	111,2	984,2	41,9	1756	73560	6,473	3,473	131,6	1379
35,5	1260	44739	5,958	3,287	111,5	989,8	**42,0**	1764	74088	6,481	3,476	131,9	1385
35,6	1267	45118	5,967	3,290	111,8	995,4	42,1	1772	74618	6,488	3,479	132,3	1392
35,7	1274	45499	5,975	3,293	112,2	1001	42,2	1781	75151	6,496	3,482	132,6	1399
35,8	1282	45883	5,983	3,296	112,5	1007	42,3	1789	75687	6,504	3,484	132,9	1405
35,9	1289	46268	5,992	3,299	112,8	1012	42,4	1798	76225	6,512	3,487	133,2	1412
36,0	1296	46656	6,000	3,302	113,1	1018	**42,5**	1806	76766	6,519	3,490	133,5	1419
36,1	1303	47046	6,008	3,305	113,4	1024	42,6	1815	77309	6,527	3,493	133,8	1425
36,2	1310	47438	6,017	3,308	113,7	1029	42,7	1823	77854	6,535	3,495	134,1	1432
36,3	1318	47832	6,025	3,311	114,0	1035	42,8	1832	78403	6,542	3,498	134,5	1439
36,4	1325	48229	6,033	3,314	114,4	1041	42,9	1840	78954	6,550	3,501	134,8	1445
36,5	1332	48627	6,042	3,317	114,7	1046	**43,0**	1849	79507	6,557	3,503	135,1	1452
36,6	1340	49028	6,050	3,320	115,0	1052	43,1	1858	80063	6,565	3,506	135,4	1459
36,7	1347	49431	6,058	3,323	115,3	1058	43,2	1866	80622	6,573	3,509	135,7	1466
36,8	1354	49836	6,066	3,326	115,6	1064	43,3	1875	81183	6,580	3,512	136,0	1473
36,9	1362	50243	6,075	3,329	115,9	1069	43,4	1884	81747	6,588	3,514	136,3	1479
37,0	1369	50653	6,083	3,332	116,2	1075	**43,5**	1892	82313	6,595	3,517	136,7	1486
37,1	1376	51065	6,091	3,335	116,6	1081	43,6	1901	82882	6,603	3,520	137,0	1493
37,2	1384	51479	6,099	3,338	116,9	1087	43,7	1910	83453	6,611	3,522	137,3	1500
37,3	1391	51895	6,107	3,341	117,2	1093	43,8	1918	84028	6,618	3,525	137,6	1507
37,4	1399	52314	6,116	3,344	117,5	1099	43,9	1927	84605	6,626	3,528	137,9	1514
37,5	1406	52734	6,124	3,347	117,8	1104	**44,0**	1936	85184	6,633	3,530	138,2	1521
37,6	1414	53157	6,132	3,350	118,1	1110	44,1	1945	85766	6,641	3,533	138,5	1527
37,7	1421	53583	6,140	3,353	118,4	1116	44,2	1954	86351	6,648	3,536	138,9	1534
37,8	1429	54010	6,148	3,356	118,8	1122	44,3	1962	86938	6,656	3,538	139,2	1541
37,9	1436	54440	6,156	3,359	119,1	1128	44,4	1971	87528	6,663	3,541	139,5	1548
38,0	1444	54872	6,164	3,362	119,4	1134	**44,5**	1980	88121	6,671	3,544	139,8	1555
38,1	1452	55306	6,173	3,365	119,7	1140	44,6	1989	88717	6,678	3,546	140,1	1562
38,2	1459	55743	6,181	3,368	120,0	1146	44,7	1998	89315	6,686	3,549	140,4	1569
38,3	1467	56182	6,189	3,371	120,3	1152	44,8	2007	89915	6,693	3,552	140,7	1576
38,4	1475	56623	6,197	3,374	120,6	1158	44,9	2016	90519	6,701	3,554	141,1	1583
38,5	1482	57067	6,205	3,377	121,0	1164	**45,0**	2025	91125	6,708	3,557	141,4	1590

$n=d$	n^2	n^3	$\sqrt{n}$	$\sqrt[3]{n}$	$\pi \cdot d$	$\frac{\pi \cdot d^2}{4}$	$n=d$	n^2	n^3	$\sqrt{n}$	$\sqrt[3]{n}$	$\pi \cdot d$	$\frac{\pi \cdot d^2}{4}$
45,1	2034	91734	6,716	3,560	141,7	1598	51,6	2663	137388	7,183	3,723	162,1	2091
45,2	2043	92345	6,723	3,562	142,0	1605	51,7	2673	138188	7,190	3,725	162,4	2099
45,3	2052	92960	6,731	3,565	142,3	1612	51,8	2683	138992	7,197	3,728	162,7	2107
45,4	2061	93577	6,738	3,567	142,6	1619	51,9	2694	139798	7,204	3,730	163,0	2116
45,5	2070	94196	6,745	3,570	142,9	1626	**52,0**	2704	140608	7,211	3,733	163,4	2124
45,6	2079	94819	6,753	3,573	143,3	1633	52,1	2714	141421	7,218	3,735	163,7	2132
45,7	2088	95444	6,760	3,575	143,6	1640	52,2	2725	142237	7,225	3,737	164,0	2140
45,8	2098	96072	6,768	3,578	143,9	1647	52,3	2735	143056	7,232	3,740	164,3	2148
45,9	2107	96703	6,775	3,580	144,2	1655	52,4	2746	143878	7,239	3,742	164,6	2157
46,0	2116	97336	6,782	3,583	144,5	1662	**52,5**	2756	144703	7,246	3,744	164,9	2165
46,1	2125	97972	6,790	3,586	144,8	1669	52,6	2767	145532	7,253	3,747	165,2	2173
46,2	2134	98611	6,797	3,588	145,1	1676	52,7	2777	146363	7,259	3,749	165,6	2181
46,3	2144	99253	6,804	3,591	145,5	1684	52,8	2788	147198	7,266	3,752	165,9	2190
46,4	2153	99897	6,812	3,593	145,8	1691	52,9	2798	148036	7,273	3,754	166,2	2198
46,5	2162	100545	6,819	3,596	146,1	1698	**53,0**	2809	148877	7,280	3,756	166,5	2206
46,6	2172	101195	6,826	3,599	146,4	1706	53,1	2820	149721	7,287	3,759	166,8	2215
46,7	2181	101848	6,834	3,601	146,7	1713	53,2	2830	150569	7,294	3,761	167,1	2223
46,8	2190	102503	6,841	3,604	147,0	1720	53,3	2841	151419	7,301	3,763	167,4	2231
46,9	2200	103162	6,848	3,606	147,3	1728	53,4	2852	152273	7,308	3,766	167,8	2240
47,0	2209	103823	6,856	3,609	147,7	1735	**53,5**	2862	153130	7,314	3,768	168,1	2248
47,1	2218	104487	6,863	3,611	148,0	1742	53,6	2873	153991	7,321	3,770	168,4	2256
47,2	2228	105154	6,870	3,614	148,3	1750	53,7	2884	154854	7,328	3,773	168,7	2265
47,3	2237	105824	6,877	3,616	148,6	1757	53,8	2894	155721	7,335	3,775	169,0	2273
47,4	2247	106496	6,885	3,619	148,9	1765	53,9	2905	156591	7,342	3,777	169,3	2282
47,5	2256	107172	6,892	3,622	149,2	1772	**54,0**	2916	157464	7,348	3,780	169,7	2290
47,6	2266	107850	6,899	3,624	149,5	1780	54,1	2927	158340	7,355	3,782	170,0	2299
47,7	2275	108531	6,907	3,627	149,9	1787	54,2	2938	159220	7,362	3,784	170,3	2307
47,8	2285	109215	6,914	3,629	150,2	1795	54,3	2948	160103	7,369	3,787	170,6	2316
47,9	2294	109902	6,921	3,632	150,5	1802	54,4	2959	160989	7,376	3,789	170,9	2324
48,0	2304	110592	6,928	3,634	150,8	1810	**54,5**	2970	161879	7,382	3,791	171,2	2333
48,1	2314	111285	6,935	3,637	151,1	1817	54,6	2981	162771	7,389	3,794	171,5	2341
48,2	2323	111980	6,943	3,639	151,4	1825	54,7	2992	163667	7,396	3,796	171,8	2350
48,3	2333	112679	6,950	3,642	151,7	1832	54,8	3003	164567	7,403	3,798	172,2	2359
48,4	2343	113380	6,957	3,644	152,1	1840	54,9	3014	165469	7,409	3,801	172,5	2367
48,5	2352	114084	6,964	3,647	152,4	1847	**55,0**	3025	166375	7,416	3,803	172,8	2376
48,6	2362	114791	6,971	3,649	152,7	1855	55,1	3036	167284	7,423	3,805	173,1	2384
48,7	2372	115501	6,979	3,652	153,0	1863	55,2	3047	168197	7,430	3,808	173,4	2393
48,8	2381	116214	6,986	3,654	153,3	1870	55,3	3058	169112	7,436	3,810	173,7	2402
48,9	2391	116930	6,993	3,657	153,6	1878	55,4	3069	170031	7,443	3,812	174,0	2411
49,0	2401	117649	7,000	3,659	153,9	1886	**55,5**	3080	170954	7,450	3,814	174,4	2419
49,1	2411	118371	7,007	3,662	154,3	1893	55,6	3091	171880	7,457	3,817	174,7	2428
49,2	2421	119095	7,014	3,664	154,6	1901	55,7	3102	172809	7,463	3,819	175,0	2437
49,3	2430	119823	7,021	3,667	154,9	1909	55,8	3114	173741	7,470	3,821	175,3	2445
49,4	2440	120554	7,029	3,669	155,2	1917	55,9	3125	174677	7,477	3,824	175,6	2454
49,5	2450	121287	7,036	3,672	155,5	1924	**56,0**	3136	175616	7,483	3,826	175,9	2463
49,6	2460	122024	7,043	3,674	155,8	1932	56,1	3147	176558	7,490	3,828	176,2	2472
49,7	2470	122763	7,050	3,677	156,1	1940	56,2	3158	177504	7,497	3,830	176,6	2481
49,8	2480	123506	7,057	3,679	156,5	1948	56,3	3170	178454	7,503	3,833	176,9	2489
49,9	2490	124251	7,064	3,682	156,8	1956	56,4	3181	179406	7,510	3,835	177,2	2498
50,0	2500	125000	7,071	3,684	157,1	1964	**56,5**	3192	180362	7,517	3,837	177,5	2507
50,1	2510	125752	7,078	3,686	157,4	1971	56,6	3204	181321	7,523	3,839	177,8	2516
50,2	2520	126506	7,085	3,689	157,7	1979	56,7	3215	182281	7,530	3,842	178,1	2525
50,3	2530	127264	7,092	3,691	158,0	1987	56,8	3226	183250	7,537	3,844	178,4	2534
50,4	2540	128024	7,099	3,694	158,3	1995	56,9	3238	184220	7,543	3,846	178,8	2543
50,5	2550	128788	7,106	3,696	158,7	2003	**57,0**	3249	185193	7,550	3,849	179,1	2552
50,6	2560	129554	7,113	3,699	159,0	2011	57,1	3260	186169	7,556	3,851	179,4	2561
50,7	2570	130324	7,120	3,701	159,3	2019	57,2	3272	187149	7,563	3,853	179,7	2570
50,8	2581	131097	7,127	3,704	159,6	2027	57,3	3283	188133	7,570	3,855	180,0	2579
50,9	2591	131872	7,134	3,706	159,9	2035	57,4	3295	189119	7,576	3,857	180,3	2588
51,0	2601	132651	7,141	3,708	160,2	2043	**57,5**	3306	190109	7,583	3,860	180,6	2597
51,1	2611	133433	7,148	3,711	160,5	2051	57,6	3318	191103	7,589	3,862	181,0	2606
51,2	2621	134218	7,155	3,713	160,8	2059	57,7	3329	192100	7,596	3,864	181,3	2615
51,3	2632	135006	7,162	3,716	161,2	2067	57,8	3341	193101	7,603	3,866	181,6	2624
51,4	2642	135797	7,169	3,718	161,5	2075	57,9	3352	194105	7,609	3,869	181,9	2633
51,5	2652	136591	7,176	3,721	161,8	2083	**58,0**	3364	195112	7,616	3,871	182,2	2642

1

1

$n=d$	n^2	n^3	$\sqrt{n}$	$\sqrt[3]{n}$	$\pi \cdot d$	$\dfrac{\pi \cdot d^2}{4}$	$n=d$	n^2	n^3	$\sqrt{n}$	$\sqrt[3]{n}$	$\pi \cdot d$	$\dfrac{\pi \cdot d^2}{4}$
58,1	3376	196123	7,622	3,873	182,5	2651	64,6	4173	269586	8,037	4,013	202,9	3278
58,2	3387	197137	7,629	3,875	182,8	2660	64,7	4186	270840	8,044	4,015	203,3	3288
58,3	3399	198155	7,635	3,878	183,2	2669	64,8	4199	272098	8,050	4,017	203,6	3298
58,4	3411	199177	7,642	3,880	183,5	2679	64,9	4212	273359	8,056	4,019	203,9	3308
58,5	3422	200202	7,649	3,882	183,8	2688	65,0	4225	274625	8,062	4,021	204,2	3318
58,6	3434	201230	7,655	3,884	184,1	2697	65,1	4238	275894	8,068	4,023	204,5	3329
58,7	3446	202262	7,662	3,886	184,4	2706	65,2	4251	277168	8,075	4,025	204,8	3339
58,8	3457	203297	7,668	3,889	184,7	2715	65,3	4264	278445	8,081	4,027	205,1	3349
58,9	3469	204336	7,675	3,891	185,0	2725	65,4	4277	279726	8,087	4,029	205,5	3359
59,0	3481	205379	7,681	3,893	185,4	2734	65,5	4290	281011	8,093	4,031	205,8	3370
59,1	3493	206425	7,688	3,895	185,7	2743	65,6	4303	282300	8,099	4,033	206,1	3380
59,2	3505	207475	7,694	3,897	186,0	2753	65,7	4316	283593	8,106	4,035	206,4	3390
59,3	3516	208528	7,701	3,900	186,3	2762	65,8	4330	284890	8,112	4,037	206,7	3400
59,4	3528	209585	7,707	3,902	186,6	2771	65,9	4343	286191	8,118	4,039	207,0	3411
59,5	3540	210645	7,714	3,904	186,9	2781	66,0	4356	287496	8,124	4,041	207,3	3421
59,6	3552	211709	7,720	3,906	187,2	2790	66,1	4369	288805	8,130	4,043	207,7	3432
59,7	3564	212776	7,727	3,908	187,6	2799	66,2	4382	290118	8,136	4,045	208,0	3442
59,8	3576	213847	7,733	3,911	187,9	2809	66,3	4396	291434	8,142	4,047	208,3	3452
59,9	3588	214922	7,740	3,913	188,2	2818	66,4	4409	292755	8,149	4,049	208,6	3463
60,0	3600	216000	7,746	3,915	188,5	2827	66,5	4422	294080	8,155	4,051	208,9	3473
60,1	3612	217082	7,752	3,917	188,8	2837	66,6	4436	295408	8,161	4,053	209,2	3484
60,2	3624	218167	7,759	3,919	189,1	2846	66,7	4449	296741	8,167	4,055	209,5	3494
60,3	3636	219256	7,765	3,921	189,4	2856	66,8	4462	298078	8,173	4,058	209,9	3505
60,4	3648	220349	7,772	3,924	189,8	2865	66,9	4476	299418	8,179	4,060	210,2	3515
60,5	3660	221445	7,778	3,926	190,1	2875	67,0	4489	300763	8,185	4,062	210,5	3526
60,6	3672	222545	7,785	3,928	190,4	2884	67,1	4502	302112	8,191	4,064	210,8	3536
60,7	3684	223649	7,791	3,930	190,7	2894	67,2	4516	303464	8,198	4,066	211,1	3547
60,8	3697	224756	7,797	3,932	191,0	2903	67,3	4529	304821	8,204	4,068	211,4	3557
60,9	3709	225867	7,804	3,934	191,3	2913	67,4	4543	306182	8,210	4,070	211,7	3568
61,0	3721	226981	7,810	3,936	191,6	2922	67,5	4556	307547	8,216	4,072	212,1	3578
61,1	3733	228099	7,817	3,939	192,0	2932	67,6	4570	308916	8,222	4,074	212,4	3589
61,2	3745	229221	7,823	3,941	192,3	2942	67,7	4583	310289	8,228	4,076	212,7	3600
61,3	3758	230346	7,829	3,943	192,6	2951	67,8	4597	311666	8,234	4,078	213,0	3610
61,4	3770	231476	7,836	3,945	192,9	2961	67,9	4610	313047	8,240	4,080	213,3	3621
61,5	3782	232608	7,842	3,947	193,2	2971	68,0	4624	314432	8,246	4,082	213,6	3632
61,6	3795	233745	7,849	3,949	193,5	2980	68,1	4638	315821	8,252	4,084	213,9	3642
61,7	3807	234885	7,855	3,951	193,8	2990	68,2	4651	317215	8,258	4,086	214,3	3653
61,8	3819	236029	7,861	3,954	194,2	3000	68,3	4665	318612	8,264	4,088	214,6	3664
61,9	3832	237177	7,868	3,956	194,5	3009	68,4	4679	320014	8,270	4,090	214,9	3675
62,0	3844	238328	7,874	3,958	194,8	3019	68,5	4692	321419	8,276	4,092	215,2	3685
62,1	3856	239483	7,880	3,960	195,1	3029	68,6	4706	322829	8,283	4,094	215,5	3696
62,2	3869	240642	7,887	3,962	195,4	3039	68,7	4720	324243	8,289	4,096	215,8	3707
62,3	3881	241804	7,893	3,964	195,7	3048	68,8	4733	325661	8,295	4,098	216,1	3718
62,4	3894	242971	7,899	3,966	196,0	3058	68,9	4747	327083	8,301	4,100	216,5	3728
62,5	3906	244141	7,906	3,968	196,3	3068	69,0	4761	328509	8,307	4,102	216,8	3739
62,6	3919	245314	7,912	3,971	196,7	3078	69,1	4775	329939	8,313	4,104	217,1	3750
62,7	3931	246492	7,918	3,973	197,0	3088	69,2	4789	331374	8,319	4,106	217,4	3761
62,8	3944	247673	7,925	3,975	197,3	3097	69,3	4802	332813	8,325	4,108	217,7	3772
62,9	3956	248858	7,931	3,977	197,6	3107	69,4	4816	334255	8,331	4,109	218,0	3783
63,0	3969	250047	7,937	3,979	197,9	3117	69,5	4830	335702	8,337	4,111	218,3	3794
63,1	3982	251240	7,944	3,981	198,2	3127	69,6	4844	337154	8,343	4,113	218,7	3805
63,2	3994	252436	7,950	3,983	198,5	3137	69,7	4858	338609	8,349	4,115	219,0	3816
63,3	4007	253636	7,956	3,985	198,9	3147	69,8	4872	340068	8,355	4,117	219,3	3826
63,4	4020	254840	7,962	3,987	199,2	3157	69,9	4886	341532	8,361	4,119	219,6	3837
63,5	4032	256048	7,969	3,990	199,5	3167	70,0	4900	343000	8,367	4,121	219,9	3848
63,6	4045	257259	7,975	3,992	199,8	3177	70,1	4914	344472	8,373	4,123	220,2	3859
63,7	4058	258475	7,981	3,994	200,1	3187	70,2	4928	345948	8,379	4,125	220,5	3870
63,8	4070	259694	7,987	3,996	200,4	3197	70,3	4942	347429	8,385	4,127	220,9	3882
63,9	4083	260917	7,994	3,998	200,7	3207	70,4	4956	348914	8,390	4,129	221,2	3893
64,0	4096	262144	8,000	4,000	201,1	3217	70,5	4970	350403	8,396	4,131	221,5	3904
64,1	4109	263375	8,006	4,002	201,4	3227	70,6	4984	351896	8,402	4,133	221,8	3915
64,2	4122	264609	8,012	4,004	201,7	3237	70,7	4998	353393	8,408	4,135	222,1	3926
64,3	4134	265848	8,019	4,006	202,0	3247	70,8	5013	354895	8,414	4,137	222,4	3937
64,4	4147	267090	8,025	4,008	202,3	3257	70,9	5027	356401	8,420	4,139	222,7	3948
64,5	4160	268336	8,031	4,010	202,6	3267	71,0	5041	357911	8,426	4,141	223,1	3959

1

$n=d$	n^2	n^3	$\sqrt{n}$	$\sqrt[3]{n}$	$\pi \cdot d$	$\dfrac{\pi \cdot d^2}{4}$	$n=d$	n^2	n^3	$\sqrt{n}$	$\sqrt[3]{n}$	$\pi \cdot d$	$\dfrac{\pi \cdot d^2}{4}$
71,1	5055	359425	8,432	4,143	223,4	3970	77,6	6022	467289	8,809	4,265	243,8	4729
71,2	5069	360944	8,438	4,145	223,7	3982	77,7	6037	469097	8,815	4,267	244,1	4742
71,3	5084	362467	8,444	4,147	224,0	3993	77,8	6053	470911	8,820	4,269	244,4	4754
71,4	5098	363994	8,450	4,149	224,3	4004	77,9	6068	472729	8,826	4,271	244,7	4766
71,5	5112	365526	8,456	4,151	224,6	4015	**78,0**	6084	474552	8,832	4,273	245,0	4778
71,6	5127	367062	8,462	4,152	224,9	4026	78,1	6100	476380	8,837	4,274	245,4	4791
71,7	5141	368602	8,468	4,154	225,3	4038	78,2	6115	478212	8,843	4,276	245,7	4803
71,8	5155	370146	8,473	4,156	225,6	4049	78,3	6131	480049	8,849	4,278	246,0	4815
71,9	5170	371695	8,479	4,158	225,9	4060	78,4	6147	481890	8,854	4,280	246,3	4827
72,0	5184	373248	8,485	4,160	226,2	4072	**78,5**	6162	483737	8,860	4,282	246,6	4840
72,1	5198	374805	8,491	4,162	226,5	4083	78,6	6178	485588	8,866	4,284	246,9	4852
72,2	5213	376367	8,497	4,164	226,8	4094	78,7	6194	487443	8,871	4,285	247,2	4865
72,3	5227	377933	8,503	4,166	227,1	4106	78,8	6209	489304	8,877	4,287	247,6	4877
72,4	5242	379503	8,509	4,168	227,5	4117	78,9	6225	491169	8,883	4,289	247,9	4889
72,5	5256	381078	8,515	4,170	227,8	4128	**79,0**	6241	493039	8,888	4,291	248,2	4902
72,6	5271	382657	8,521	4,172	228,1	4140	79,1	6257	494914	8,894	4,293	248,5	4914
72,7	5285	384241	8,526	4,174	228,4	4151	79,2	6273	496793	8,899	4,294	248,8	4927
72,8	5300	385828	8,532	4,176	228,7	4162	79,3	6288	498677	8,905	4,296	249,1	4939
72,9	5314	387420	8,538	4,177	229,0	4174	79,4	6304	500566	8,911	4,298	249,4	4951
73,0	5329	389017	8,544	4,179	229,3	4185	**79,5**	6320	502460	8,916	4,300	249,8	4964
73,1	5344	390618	8,550	4,181	229,7	4197	79,6	6336	504358	8,922	4,302	250,1	4976
73,2	5358	392223	8,556	4,183	230,0	4208	79,7	6352	506262	8,927	4,303	250,4	4989
73,3	5373	393833	8,562	4,185	230,3	4220	79,8	6368	508170	8,933	4,305	250,7	5001
73,4	5388	395447	8,567	4,187	230,6	4231	79,9	6384	510082	8,939	4,307	251,0	5014
73,5	5402	397065	8,573	4,189	230,9	4243	**80,0**	6400	512000	8,944	4,309	251,3	5027
73,6	5417	398688	8,579	4,191	231,2	4254	80,1	6416	513922	8,950	4,311	251,6	5039
73,7	5432	400316	8,585	4,193	231,5	4266	80,2	6432	515850	8,955	4,312	252,0	5052
73,8	5446	401947	8,591	4,195	231,8	4278	80,3	6448	517782	8,961	4,314	252,3	5064
73,9	5461	403583	8,597	4,196	232,2	4289	80,4	6464	519718	8,967	4,316	252,6	5077
74,0	5476	405224	8,602	4,198	232,5	4301	**80,5**	6480	521660	8,972	4,318	252,9	5090
74,1	5491	406869	8,608	4,200	232,8	4312	80,6	6496	523607	8,978	4,320	253,2	5102
74,2	5506	408518	8,614	4,202	233,1	4324	80,7	6512	525558	8,983	4,321	253,5	5115
74,3	5520	410172	8,620	4,204	233,4	4336	80,8	6529	527514	8,989	4,323	253,8	5128
74,4	5535	411831	8,626	4,206	233,7	4347	80,9	6545	529475	8,994	4,325	254,2	5140
74,5	5550	413494	8,631	4,208	234,0	4359	**81,0**	6561	531441	9,000	4,327	254,5	5153
74,6	5565	415161	8,637	4,210	234,4	4371	81,1	6577	533412	9,006	4,329	254,8	5166
74,7	5580	416833	8,643	4,212	234,7	4383	81,2	6593	535387	9,011	4,330	255,1	5178
74,8	5595	418509	8,649	4,213	235,0	4394	81,3	6610	537368	9,017	4,332	255,4	5191
74,9	5610	420190	8,654	4,215	235,3	4406	81,4	6626	539353	9,022	4,334	255,7	5204
75,0	5625	421875	8,660	4,217	235,6	4418	**81,5**	6642	541343	9,028	4,336	256,0	5217
75,1	5640	423565	8,666	4,219	235,9	4430	81,6	6659	543338	9,033	4,337	256,4	5230
75,2	5655	425259	8,672	4,221	236,2	4441	81,7	6675	545339	9,039	4,339	256,7	5242
75,3	5670	426958	8,678	4,223	236,6	4453	81,8	6691	547343	9,044	4,341	257,0	5255
75,4	5685	428661	8,683	4,225	236,9	4465	81,9	6708	549353	9,050	4,343	257,3	5268
75,5	5700	430369	8,689	4,227	237,2	4477	**82,0**	6724	551368	9,055	4,344	257,6	5281
75,6	5715	432081	8,695	4,228	237,5	4489	82,1	6740	553388	9,061	4,346	257,9	5294
75,7	5730	433798	8,701	4,230	237,8	4501	82,2	6757	555412	9,066	4,348	258,2	5307
75,8	5746	435520	8,706	4,232	238,1	4513	82,3	6773	557442	9,072	4,350	258,6	5320
75,9	5761	437245	8,712	4,234	238,4	4525	82,4	6790	559476	9,077	4,352	258,9	5333
76,0	5776	438976	8,718	4,236	238,8	4536	**82,5**	6806	561516	9,083	4,353	259,2	5346
76,1	5791	440711	8,724	4,238	239,1	4548	82,6	6823	563560	9,088	4,355	259,5	5359
76,2	5806	442451	8,729	4,240	239,4	4560	82,7	6839	565609	9,094	4,357	259,8	5372
76,3	5822	444195	8,735	4,241	239,7	4572	82,8	6856	567664	9,099	4,359	260,1	5385
76,4	5837	445944	8,741	4,243	240,0	4584	82,9	6872	569723	9,105	4,360	260,4	5398
76,5	5852	447697	8,746	4,245	240,3	4596	**83,0**	6889	571787	9,110	4,362	260,8	5411
76,6	5868	449455	8,752	4,247	240,6	4608	83,1	6906	573856	9,116	4,364	261,1	5424
76,7	5883	451218	8,758	4,249	241,0	4620	83,2	6922	575930	9,121	4,366	261,4	5437
76,8	5898	452985	8,764	4,251	241,3	4632	83,3	6939	578010	9,127	4,367	261,7	5450
76,9	5914	454757	8,769	4,252	241,6	4645	83,4	6956	580094	9,132	4,369	262,0	5463
77,0	5929	456533	8,775	4,254	241,9	4657	**83,5**	6972	582183	9,138	4,371	262,3	5476
77,1	5944	458314	8,781	4,256	242,2	4669	83,6	6989	584277	9,143	4,373	262,6	5489
77,2	5960	460100	8,786	4,258	242,5	4681	83,7	7006	586376	9,149	4,374	263,0	5502
77,3	5975	461890	8,792	4,260	242,8	4693	83,8	7022	588480	9,154	4,376	263,3	5515
77,4	5991	463685	8,798	4,262	243,2	4705	83,9	7039	590590	9,160	4,378	263,6	5529
77,5	6006	465484	8,803	4,264	243,5	4717	**84,0**	7056	592704	9,165	4,380	263,9	5542

1

$n=d$	n^2	n^3	$\sqrt{n}$	$\sqrt[3]{n}$	$\pi \cdot d$	$\dfrac{\pi \cdot d^2}{4}$	$n=d$	n^2	n^3	$\sqrt{n}$	$\sqrt[3]{n}$	$\pi \cdot d$	$\dfrac{\pi \cdot d^2}{4}$
84,1	7073	594823	9,171	4,381	264,2	5555	90,6	8208	743677	9,518	4,491	284,6	6447
84,2	7090	596948	9,176	4,383	264,5	5568	90,7	8226	746143	9,524	4,493	284,9	6461
84,3	7106	599077	9,182	4,385	264,8	5581	90,8	8245	748613	9,529	4,495	285,3	6475
84,4	7123	601212	9,187	4,386	265,2	5595	90,9	8263	751089	9,534	4,496	285,6	6490
84,5	7140	603351	9,192	4,388	265,5	5608	91,0	8281	753571	9,539	4,498	285,9	6504
84,6	7157	605496	9,198	4,390	265,8	5621	91,1	8299	756058	9,545	4,500	286,2	6518
84,7	7174	607645	9,203	4,392	266,1	5635	91,2	8317	758551	9,550	4,501	286,5	6533
84,8	7191	609800	9,209	4,393	266,4	5648	91,3	8336	761048	9,555	4,503	286,8	6547
84,9	7208	611960	9,214	4,395	266,7	5661	91,4	8354	763552	9,560	4,505	287,1	6561
85,0	7225	614125	9,220	4,397	267,0	5675	91,5	8372	766061	9,566	4,506	287,5	6576
85,1	7242	616295	9,225	4,399	267,3	5688	91,6	8391	768575	9,571	4,508	287,8	6590
85,2	7259	618470	9,230	4,400	267,7	5701	91,7	8409	771095	9,576	4,509	288,1	6604
85,3	7276	620650	9,236	4,402	268,0	5715	91,8	8427	773621	9,581	4,511	288,4	6619
85,4	7293	622836	9,241	4,404	268,3	5728	91,9	8446	776152	9,586	4,513	288,7	6633
85,5	7310	625026	9,247	4,405	268,6	5741	92,0	8464	778688	9,592	4,514	289,0	6648
85,6	7327	627222	9,252	4,407	268,9	5755	92,1	8482	781230	9,597	4,516	289,3	6662
85,7	7344	629423	9,257	4,409	269,2	5768	92,2	8501	783777	9,602	4,518	289,7	6677
85,8	7362	631629	9,263	4,411	269,5	5782	92,3	8519	786330	9,606	4,519	290,0	6691
85,9	7379	633840	9,268	4,412	269,9	5795	92,4	8538	788889	9,612	4,521	290,3	6706
86,0	7396	636056	9,274	4,414	270,2	5809	92,5	8556	791453	9,618	4,523	290,6	6720
86,1	7413	638277	9,279	4,416	270,5	5822	92,6	8575	794023	9,623	4,524	290,9	6735
86,2	7430	640504	9,284	4,417	270,8	5836	92,7	8593	796598	9,628	4,526	291,2	6749
86,3	7448	642736	9,290	4,419	271,1	5849	92,8	8612	799179	9,633	4,527	291,5	6764
86,4	7465	644973	9,295	4,421	271,4	5863	92,9	8630	801765	9,638	4,529	291,9	6778
86,5	7482	647215	9,301	4,423	271,7	5877	93,0	8649	804357	9,644	4,531	292,2	6793
86,6	7500	649462	9,306	4,424	272,1	5890	93,1	8668	806954	9,649	4,532	292,5	6808
86,7	7517	651714	9,311	4,426	272,4	5904	93,2	8686	809558	9,654	4,534	292,8	6822
86,8	7534	653972	9,317	4,428	272,7	5917	93,3	8705	812166	9,659	4,536	293,1	6837
86,9	7552	656235	9,322	4,429	273,0	5931	93,4	8724	814781	9,664	4,537	293,4	6851
87,0	7569	658503	9,327	4,431	273,3	5945	93,5	8742	817400	9,670	4,539	293,7	6866
87,1	7586	660776	9,333	4,433	273,6	5958	93,6	8761	820026	9,675	4,540	294,1	6881
87,2	7604	663055	9,338	4,434	273,9	5972	93,7	8780	822657	9,680	4,542	294,4	6896
87,3	7621	665339	9,343	4,436	274,3	5986	93,8	8798	825294	9,685	4,544	294,7	6910
87,4	7639	667628	9,349	4,438	274,6	5999	93,9	8817	827936	9,690	4,545	295,0	6925
87,5	7656	669922	9,354	4,440	274,9	6013	94,0	8836	830584	9,695	4,547	295,3	6940
87,6	7674	672221	9,359	4,441	275,2	6027	94,1	8855	833238	9,701	4,548	295,6	6955
87,7	7691	674526	9,365	4,443	275,5	6041	94,2	8874	835897	9,706	4,550	295,9	6969
87,8	7709	676636	9,370	4,445	275,8	6055	94,3	8892	838662	9,711	4,552	296,3	6984
87,9	7726	679151	9,375	4,446	276,1	6068	94,4	8911	841232	9,716	4,553	296,6	6999
88,0	7744	681472	9,381	4,448	276,5	6082	94,5	8930	843909	9,721	4,555	296,9	7014
88,1	7762	683798	9,386	4,450	276,8	6096	94,6	8949	846591	9,726	4,556	297,2	7029
88,2	7779	686129	9,391	4,451	277,1	6110	94,7	8968	849278	9,731	4,558	297,5	7044
88,3	7797	688465	9,397	4,453	277,4	6124	94,8	8987	851971	9,737	4,560	297,8	7058
88,4	7815	690807	9,402	4,455	277,7	6138	94,9	9006	854670	9,742	4,561	298,1	7073
88,5	7832	693154	9,407	4,456	278,0	6151	95,0	9025	857375	9,747	4,563	298,5	7088
88,6	7850	695506	9,413	4,458	278,3	6165	95,1	9044	860085	9,752	4,565	298,8	7103
88,7	7868	697864	9,418	4,460	278,7	6179	95,2	9063	862801	9,757	4,566	299,1	7118
88,8	7885	700227	9,423	4,461	279,0	6193	95,3	9082	865523	9,762	4,568	299,4	7133
88,9	7903	702595	9,429	4,463	279,3	6207	95,4	9101	868251	9,767	4,569	299,7	7148
89,0	7921	704969	9,434	4,465	279,6	6221	95,5	9120	870984	9,772	4,571	300,0	7163
89,1	7939	707348	9,439	4,466	279,9	6235	95,6	9139	873723	9,778	4,572	300,3	7178
89,2	7957	709732	9,445	4,468	280,2	6249	95,7	9158	876467	9,783	4,574	300,7	7193
89,3	7974	712122	9,450	4,470	280,5	6263	95,8	9178	879218	9,788	4,576	301,0	7208
89,4	7992	714517	9,455	4,471	280,9	6277	95,9	9197	881974	9,793	4,577	301,3	7223
89,5	8010	716917	9,460	4,473	281,2	6291	96,0	9216	884736	9,798	4,579	301,6	7238
89,6	8028	719323	9,466	4,475	281,5	6305	96,1	9235	887504	9,803	4,580	301,9	7253
89,7	8046	721734	9,471	4,476	281,8	6319	96,2	9254	890277	9,808	4,582	302,2	7268
89,8	8064	724151	9,476	4,478	282,1	6333	96,3	9274	893056	9,813	4,584	302,5	7284
89,9	8082	726573	9,482	4,480	282,4	6348	96,4	9293	895841	9,818	4,585	302,8	7299
90,0	8100	729000	9,487	4,481	282,7	6362	96,5	9312	898632	9,823	4,587	303,2	7314
90,1	8118	731433	9,492	4,483	283,1	6376	96,6	9332	901429	9,829	4,588	303,5	7329
90,2	8136	733871	9,497	4,485	283,4	6390	96,7	9351	904231	9,834	4,590	303,8	7344
90,3	8154	736314	9,503	4,486	283,7	6404	96,8	9370	907039	9,839	4,592	304,1	7359
90,4	8172	738763	9,508	4,488	284,0	6418	96,9	9390	909853	9,844	4,593	304,4	7375
90,5	8190	741218	9,513	4,490	284,3	6433	97,0	9409	912673	9,849	4,595	304,7	7390

$n=d$	n^2	n^3	$\sqrt{n}$	$\sqrt[3]{n}$	$\pi \cdot d$	$\dfrac{\pi \cdot d^2}{4}$
97,1	9428	915499	9,854	4,596	305,0	7405
97,2	9448	918330	9,859	4,598	305,4	7420
97,3	9467	921167	9,864	4,599	305,7	7436
97,4	9487	924010	9,869	4,601	306,0	7451
97,5	9506	926859	9,874	4,603	306,3	7466
97,6	9526	929714	9,879	4,604	306,6	7482
97,7	9545	932575	9,884	4,606	306,9	7497
97,8	9565	935441	9,889	4,607	307,2	7512
97,9	9584	938314	9,894	4,609	307,6	7528
98,0	9604	941192	9,899	4,610	307,9	7543
98,1	9624	944076	9,905	4,612	308,2	7558
98,2	9643	946966	9,910	4,614	308,5	7574
98,3	9663	949862	9,915	4,615	308,8	7589
98,4	9683	952764	9,920	4,617	309,1	7605
98,5	9702	955672	9,925	4,618	309,4	7620
98,6	9722	958585	9,930	4,620	309,8	7636
98,7	9742	961505	9,935	4,621	310,1	7651
98,8	9761	964430	9,940	4,623	310,4	7667
98,9	9781	967362	9,945	4,625	310,7	7682
99,0	9801	970299	9,950	4,626	311,0	7698
99,1	9821	973242	9,955	4,628	311,3	7713
99,2	9841	976191	9,960	4,629	311,6	7729
99,3	9860	979147	9,965	4,631	312,0	7744
99,4	9880	982108	9,970	4,632	312,3	7760
99,5	9900	985075	9,975	4,634	312,6	7776
99,6	9920	988048	9,980	4,635	312,9	7791
99,7	9940	991027	9,985	4,637	313,2	7807
99,8	9960	994012	9,990	4,638	313,5	7823
99,9	9980	997003	9,995	4,640	313,8	7838
100,0	10000	1000000	10,000	4,642	314,2	7854
100,2	10040	1006008	10,010	4,645	314,8	7885
100,4	10080	1012032	10,020	4,648	315,4	7917
100,6	10120	1018100	10,030	4,650	316,0	7949
100,8	10160	1024200	10,040	4,653	316,6	7980
101,0	10200	1030300	10,050	4,657	317,3	8012
101,2	10241	1036433	10,060	4,660	317,9	8043
101,4	10281	1042590	10,070	4,663	318,6	8075
101,6	10322	1048772	10,080	4,666	319,2	8107
101,8	10363	1054977	10,090	4,669	319,8	8139
102,0	10404	1061208	10,099	4,672	320,4	8171
102,2	10444	1067462	10,109	4,675	321,1	8203
102,4	10485	1073741	10,119	4,678	321,7	8235
102,6	10526	1080045	10,129	4,681	322,3	8267
102,8	10567	1086373	10,139	4,684	323,0	8299
103,0	10609	1092727	10,149	4,687	323,6	8332
103,2	10650	1099104	10,159	4,691	324,2	8364
103,4	10691	1105507	10,169	4,694	324,8	8397
103,6	10732	1111934	10,178	4,697	325,5	8429
103,8	10774	1118386	10,188	4,700	326,1	8462
104,0	10816	1124864	10,198	4,703	326,7	8494
104,2	10857	1131366	10,208	4,706	327,4	8527
104,4	10899	1137893	10,217	4,709	328,0	8560
104,6	10941	1144445	10,226	4,712	328,6	8593
104,8	10983	1151022	10,235	4,715	329,2	8626
105,0	11025	1157625	10,247	4,718	329,8	8659
105,2	11067	1164252	10,257	4,721	330,5	8692
105,4	11109	1170905	10,267	4,724	331,1	8725
105,6	11151	1177583	10,277	4,727	331,7	8758
105,8	11193	1184287	10,287	4,730	332,4	8791
106,0	11236	1191016	10,296	4,733	333,0	8824
106,2	11278	1197770	10,306	4,736	333,6	8858
106,4	11320	1204550	10,315	4,739	334,3	8891
106,6	11363	1211355	10,325	4,742	334,9	8924
106,8	11406	1218186	10,334	4,745	335,5	8958
107,0	11449	1225043	10,344	4,748	336,2	8992

$n=d$	n^2	n^3	$\sqrt{n}$	$\sqrt[3]{n}$	$\pi \cdot d$	$\dfrac{\pi \cdot d^2}{4}$
107,2	11491	1231925	10,354	4,751	336,8	9025
107,4	11534	1238833	10,363	4,753	337,4	9059
107,6	11577	1245766	10,373	4,756	338,0	9092
107,8	11620	1252726	10,382	4,759	338,7	9127
108,0	11664	1259712	10,392	4,762	339,3	9160
108,2	11707	1266723	10,401	4,765	339,9	9194
108,4	11750	1273760	10,411	4,768	340,6	9228
108,6	11793	1280824	10,420	4,771	341,2	9263
108,8	11837	1287913	10,430	4,774	341,8	9297
109,0	11881	1295029	10,440	4,777	342,4	9331
109,2	11924	1302170	10,449	4,780	343,1	9365
109,4	11968	1309338	10,459	4,783	343,7	9399
109,6	12012	1316532	10,468	4,785	344,3	9434
109,8	12056	1323753	10,478	4,788	344,9	9468
110,0	12100	1331000	10,488	4,791	345,6	9503
110,2	12144	1338273	10,497	4,794	346,2	9537
110,4	12188	1345572	10,507	4,797	346,8	9572
110,6	12232	1352899	10,516	4,800	347,5	9607
110,8	12276	1360251	10,526	4,803	348,1	9642
111,0	12321	1367631	10,536	4,806	348,7	9676
111,2	12365	1375036	10,545	4,809	349,3	9711
111,4	12409	1382469	10,554	4,812	349,9	9746
111,6	12454	1389928	10,564	4,814	350,6	9781
111,8	12499	1397415	10,573	4,817	351,2	9816
112,0	12544	1404928	10,583	4,820	351,9	9852
112,2	12588	1412467	10,592	4,823	352,5	9887
112,4	12633	1420034	10,602	4,826	353,1	9922
112,6	12678	1427628	10,611	4,829	353,7	9957
112,8	12723	1435249	10,621	4,832	354,4	9993
113,0	12769	1442897	10,630	4,835	355,0	10028
113,2	12814	1450571	10,639	4,838	355,6	10064
113,4	12859	1458274	10,649	4,841	356,3	10099
113,6	12904	1466003	10,658	4,843	356,9	10135
113,8	12950	1473760	10,667	4,846	357,5	10171
114,0	12996	1481544	10,677	4,849	358,1	10207
114,2	13041	1489355	10,686	4,852	358,7	10242
114,4	13087	1497193	10,696	4,855	359,4	10278
114,6	13133	1505060	10,705	4,857	360,0	10314
114,8	13179	1512953	10,714	4,860	360,6	10350
115,0	13225	1520875	10,724	4,863	361,3	10386
115,2	13271	1528823	10,733	4,866	361,9	10423
115,4	13317	1536800	10,742	4,869	362,5	10460
115,6	13363	1544804	10,751	4,871	363,2	10495
115,8	13409	1552836	10,761	4,874	363,8	10531
116,0	13456	1560896	10,770	4,877	364,4	10568
116,2	13502	1568983	10,779	4,880	365,1	10604
116,4	13548	1577098	10,789	4,883	365,7	10641
116,6	13595	1585242	10,798	4,885	366,3	10677
116,8	13642	1593413	10,808	4,888	366,9	10714
117,0	13689	1601613	10,817	4,891	367,6	10751
117,2	13735	1609840	10,826	4,894	368,2	10788
117,4	13782	1618096	10,835	4,897	368,8	10825
117,6	13829	1626379	10,845	4,899	369,4	10861
117,8	13876	1634691	10,854	4,902	370,1	10898
118,0	13924	1643032	10,863	4,905	370,7	10935
118,2	13971	1651400	10,872	4,908	371,3	10973
118,4	14018	1659797	10,881	4,911	372,0	11010
118,6	14065	1668222	10,891	4,913	372,6	11047
118,8	14113	1676676	10,900	4,916	373,2	11084
119,0	14161	1685159	10,909	4,919	373,9	11122
119,2	14208	1693669	10,918	4,921	374,5	11159
119,4	14256	1702209	10,927	4,924	375,1	11196
119,6	14304	1710777	10,937	4,927	375,7	11234
119,8	14352	1719374	10,946	4,929	376,4	11272
120,0	14400	1728000	10,955	4,932	377,0	11309

▼ Sinus 0 ... 45°   **Kosinus 0 ... 45°**

Grad	0′	10′	20′	30′	40′	50′	60′	0′	10′	20′	30′	40′	50′	60′	
0	0,000	0,003	0,006	0,009	0,012	0,015	0,017	1,000	1,000	1,000	1,000	1,000	1,000	1,000	89
1	0,017	0,020	0,023	0,026	0,029	0,032	0,035	1,000	1,000	1,000	1,000	1,000	0,999	0,999	88
2	0,035	0,038	0,041	0,044	0,047	0,049	0,052	0,999	0,999	0,999	0,999	0,999	0,999	0,999	87
3	0,052	0,055	0,058	0,061	0,064	0,067	0,070	0,999	0,998	0,998	0,998	0,998	0,998	0,998	86
4	0,070	0,073	0,075	0,078	0,081	0,084	0,087	0,998	0,997	0,997	0,997	0,997	0,996	0,996	**85**
5	0,087	0,090	0,093	0,096	0,099	0,102	0,105	0,996	0,996	0,996	0,995	0,995	0,995	0,995	84
6	0,105	0,107	0,110	0,113	0,116	0,119	0,122	0,995	0,994	0,994	0,994	0,993	0,993	0,993	83
7	0,122	0,125	0,128	0,131	0,133	0,136	0,139	0,993	0,992	0,992	0,991	0,991	0,991	0,990	82
8	0,139	0,142	0,145	0,148	0,151	0,154	0,156	0,990	0,990	0,989	0,989	0,989	0,988	0,988	81
9	0,156	0,159	0,162	0,165	0,168	0,171	0,174	0,988	0,987	0,987	0,986	0,986	0,985	0,985	**80**
10	0,174	0,177	0,179	0,182	0,185	0,188	0,191	0,985	0,984	0,984	0,983	0,983	0,982	0,982	79
11	0,191	0,194	0,197	0,199	0,202	0,205	0,208	0,982	0,981	0,981	0,980	0,979	0,979	0,978	78
12	0,208	0,211	0,214	0,216	0,219	0,222	0,225	0,978	0,978	0,977	0,976	0,976	0,975	0,974	77
13	0,225	0,228	0,231	0,233	0,236	0,239	0,242	0,974	0,974	0,973	0,972	0,972	0,971	0,970	76
14	0,242	0,245	0,248	0,250	0,253	0,256	0,259	0,970	0,970	0,969	0,968	0,967	0,967	0,966	**75**
15	0,259	0,262	0,264	0,267	0,270	0,273	0,276	0,966	0,965	0,964	0,964	0,963	0,962	0,961	74
16	0,276	0,278	0,281	0,284	0,287	0,290	0,292	0,961	0,960	0,960	0,959	0,958	0,957	0,956	73
17	0,292	0,295	0,298	0,301	0,303	0,306	0,309	0,956	0,955	0,955	0,954	0,953	0,952	0,951	72
18	0,309	0,312	0,315	0,317	0,320	0,323	0,326	0,951	0,950	0,949	0,948	0,947	0,946	0,946	71
19	0,326	0,328	0,331	0,334	0,337	0,339	0,342	0,946	0,945	0,944	0,943	0,942	0,941	0,940	**70**
20	0,342	0,345	0,347	0,350	0,353	0,356	0,358	0,940	0,939	0,938	0,937	0,936	0,935	0,934	69
21	0,358	0,361	0,364	0,367	0,369	0,372	0,375	0,934	0,933	0,931	0,930	0,929	0,928	0,927	68
22	0,375	0,377	0,380	0,383	0,385	0,388	0,391	0,927	0,926	0,925	0,924	0,923	0,922	0,921	67
23	0,391	0,393	0,396	0,399	0,401	0,404	0,407	0,921	0,919	0,918	0,917	0,916	0,915	0,914	66
24	0,407	0,409	0,412	0,415	0,417	0,420	0,423	0,914	0,912	0,911	0,910	0,909	0,908	0,906	**65**
25	0,423	0,425	0,428	0,431	0,433	0,436	0,438	0,906	0,905	0,904	0,903	0,901	0,900	0,899	64
26	0,438	0,441	0,444	0,446	0,449	0,451	0,454	0,899	0,898	0,896	0,895	0,894	0,892	0,891	63
27	0,454	0,457	0,459	0,462	0,464	0,467	0,469	0,891	0,890	0,888	0,887	0,886	0,884	0,883	62
28	0,469	0,472	0,475	0,477	0,480	0,482	0,485	0,883	0,882	0,880	0,879	0,877	0,876	0,875	61
29	0,485	0,487	0,490	0,492	0,495	0,497	0,500	0,875	0,873	0,872	0,870	0,869	0,867	0,866	**60**
30	0,500	0,503	0,505	0,508	0,510	0,513	0,515	0,866	0,865	0,863	0,862	0,860	0,859	0,857	59
31	0,515	0,518	0,520	0,522	0,525	0,527	0,530	0,857	0,856	0,854	0,853	0,851	0,850	0,848	58
32	0,530	0,532	0,535	0,537	0,540	0,542	0,545	0,848	0,847	0,845	0,843	0,842	0,840	0,839	57
33	0,545	0,547	0,550	0,552	0,554	0,557	0,559	0,839	0,837	0,835	0,834	0,832	0,831	0,829	56
34	0,559	0,562	0,564	0,566	0,569	0,571	0,574	0,829	0,827	0,826	0,824	0,822	0,821	0,819	**55**
35	0,574	0,576	0,578	0,581	0,583	0,585	0,588	0,819	0,817	0,816	0,814	0,812	0,811	0,809	54
36	0,588	0,590	0,592	0,595	0,597	0,599	0,602	0,809	0,807	0,806	0,804	0,802	0,800	0,799	53
37	0,602	0,604	0,606	0,609	0,611	0,613	0,616	0,799	0,797	0,795	0,793	0,792	0,790	0,788	52
38	0,616	0,618	0,620	0,623	0,625	0,627	0,629	0,788	0,786	0,784	0,783	0,781	0,779	0,777	51
39	0,629	0,632	0,634	0,636	0,638	0,641	0,643	0,777	0,775	0,773	0,772	0,770	0,768	0,766	**50**
40	0,643	0,645	0,647	0,649	0,652	0,654	0,656	0,766	0,764	0,762	0,760	0,759	0,757	0,755	49
41	0,656	0,658	0,660	0,663	0,665	0,667	0,669	0,755	0,753	0,751	0,749	0,747	0,745	0,743	48
42	0,669	0,671	0,673	0,676	0,678	0,680	0,682	0,743	0,741	0,739	0,737	0,735	0,733	0,731	47
43	0,682	0,684	0,686	0,688	0,690	0,693	0,695	0,731	0,729	0,727	0,725	0,723	0,721	0,719	46
44	0,695	0,697	0,699	0,701	0,703	0,705	0,707	0,719	0,717	0,715	0,713	0,711	0,709	0,707	**45**
	60′	50′	40′	30′	20′	10′	0′	60′	50′	40′	30′	20′	10′	0′	Grad

Kosinus 45 ... 90°   **Sinus 45 ... 90° ▲**

Beispiel: α = 24° 20′
sin 24° 20′ = 0,412
cos 24° 20′ = 0,911

Beispiel: α = 74° 40′
sin 74° 40′ = 0,964
cos 74° 40′ = 0,264

Grad	Tangens 0 ... 45°							Kotangens 0 ... 45°							
	0′	10′	20′	30′	40′	50′	60′	0′	10′	20′	30′	40′	50′	60′	
0	0,000	0,003	0,006	0,009	0,012	0,015	0,017	∞	343,8	171,9	114,6	85 94	68,75	57,29	89
1	0,017	0,020	0,023	0,026	0,029	0,032	0,035	57,29	49,10	42,96	38,19	34,37	31,24	28,64	88
2	0,035	0,038	0,041	0,044	0,047	0,049	0,052	28,64	26,43	24,54	22,90	21,47	20,21	19,08	87
3	0,052	0,055	0,058	0,061	0,064	0,067	0,070	19,08	18,07	17,17	16,35	15,60	14,92	14,30	86
4	0,070	0,073	0,076	0,079	0,082	0,085	0,087	14,30	13,73	13,20	12,71	12,25	11,83	11,43	85
5	0,087	0,090	0,093	0,096	0,099	0,102	0,105	11,43	11,06	10,71	10,39	10,08	9,788	9,514	84
6	0,105	0,108	0,111	0,114	0,117	0,120	0,123	9,514	9,255	9,010	8,777	8,556	8,345	8,144	83
7	0,123	0,126	0,129	0,132	0,135	0,138	0,141	8,144	7,953	7,770	7,596	7,429	7,296	7,115	82
8	0,141	0,144	0,146	0,149	0,152	0,155	0,158	7,115	6,968	6,827	6,691	6,561	6,435	6,314	81
9	0,158	0,161	0,164	0,167	0,170	0,173	0,176	6,314	6,197	6,084	5,976	5,871	5,769	5,671	80
10	0,176	0,179	0,182	0,185	0,188	0,191	0,194	5,671	5,576	5,485	5,396	5,309	5,226	5,145	79
11	0,194	0,197	0,200	0,203	0,206	0,210	0,213	5,145	5,066	4,989	4,915	4,843	4,773	4,705	78
12	0,213	0,216	0,219	0,222	0,225	0,228	0,231	4,705	4,638	4,574	4,511	4,449	4,390	4,331	77
13	0,231	0,234	0,237	0,240	0,243	0,246	0,249	4,331	4,275	4,219	4,165	4,113	4,061	4,011	76
14	0,249	0,252	0,256	0,259	0,262	0,265	0,268	4,011	3,962	3,914	3,867	3,821	3,776	3,732	75
15	0,268	0,271	0,274	0,277	0,280	0,284	0,287	3,732	3,689	3,647	3,606	3,566	3,526	3,487	74
16	0,287	0,290	0,293	0,296	0,299	0,303	0,306	3,487	3,450	3,412	3,376	3,340	3,305	3,271	73
17	0,306	0,309	0,312	0,315	0,318	0,322	0,325	3,271	3,237	3,204	3,172	3,140	3,108	3,078	72
18	0,325	0,328	0,331	0,335	0,338	0,341	0,344	3,078	3,047	3,018	2,989	2,960	2,932	2,904	71
19	0,344	0,348	0 351	0,354	0,357	0,361	0,364	2,904	2,877	2,850	2,824	2,798	2,773	2,747	70
20	0,364	0,367	0,371	0,374	0,377	0,381	0,384	2,747	2,723	2,699	2,675	2,651	2,628	2,605	69
21	0,384	0,387	0,391	0,394	0,397	0,401	0,404	2,605	2,583	2,560	2,539	2,517	2,496	2,475	68
22	0,404	0,407	0,411	0,414	0,418	0,421	0,424	2,475	2,455	2,434	2,414	2,394	2,375	2,356	67
23	0,424	0,428	0,431	0,435	0,438	0,442	0,445	2,356	2,337	2,318	2,300	2,282	2,264	2,246	66
24	0,445	0,449	0,452	0,456	0,459	0,463	0,466	2,246	2,229	2,211	2,194	2,177	2,161	2,145	65
25	0,466	0,470	0,473	0,477	0,481	0,484	0,488	2,145	2,128	2,112	2,097	2,081	2,066	2,050	64
26	0,488	0,491	0,495	0,499	0,502	0,506	0,510	2,050	2,035	2,020	2,006	1,991	1,977	1,963	63
27	0,510	0,513	0,517	0,521	0,524	0,528	0,532	1,963	1,949	1,935	1,921	1,907	1,894	1,881	62
28	0,532	0,535	0,539	0,543	0,547	0,551	0,554	1,881	1,868	1,855	1,842	1,829	1,816	1,804	61
29	0,554	0,558	0,562	0,566	0,570	0,573	0,577	1,804	1,792	1,780	1,767	1,756	1,744	1,732	60
30	0,577	0,581	0,585	0,589	0,593	0,597	0,601	1,732	1,720	1,709	1,698	1,686	1,675	1,664	59
31	0,601	0,605	0,609	0,613	0,617	0,621	0,625	1,664	1,653	1,643	1,632	1,621	1,611	1,600	58
32	0,625	0,629	0,633	0,637	0,641	0,645	0,649	1,600	1,590	1,580	1,570	1,560	1,550	1,540	57
33	0,649	0,654	0,658	0,662	0,666	0,670	0,675	1,540	1,530	1,520	1,511	1,501	1,492	1,483	56
34	0,675	0,679	0,683	0,687	0,692	0,696	0,700	1,483	1,473	1,464	1,455	1,446	1,437	1,428	55
35	0,700	0,705	0,709	0,713	0,718	0,722	0,727	1,428	1,419	1,411	1,402	1,393	1,385	1,376	54
36	0,727	0,731	0,735	0,740	0,744	0,749	0,754	1,376	1,368	1,360	1,351	1,343	1,335	1,327	53
37	0,754	0,758	0,763	0,767	0,772	0,777	0,781	1,327	1,319	1,311	1,303	1,295	1,288	1,280	52
38	0,781	0,786	0,791	0,795	0,800	0,805	0,810	1,280	1,272	1,265	1,257	1,250	1,242	1,235	51
39	0,810	0,815	0,819	0,824	0,829	0,834	0,839	1,235	1,228	1,220	1,213	1,206	1,199	1,192	50
40	0,839	0,844	0,849	0,854	0,859	0,864	0,869	1,192	1,185	1,178	1,171	1,164	1,157	1,150	49
41	0,869	0,874	0,880	0,885	0,890	0,895	0,900	1,150	1,144	1,137	1,130	1,124	1,117	1,111	48
42	0,900	0,906	0,911	0,916	0,922	0,927	0,933	1,111	1,104	1,098	1,091	1,085	1,079	1,072	47
43	0,933	0,938	0,943	0,949	0,955	0,960	0,966	1,072	1,066	1,060	1,054	1,048	1,042	1,036	46
44	0,966	0,971	0,977	0,983	0,988	0,994	1,000	1,036	1,030	1,024	1,018	1,012	1,006	1,000	45
Grad	60′	50′	40′	30′	20′	10′	0′	60′	50′	40′	30′	20′	10′	0′	Grad

Kotangens 45 ... 90° | Tangens 45 ... 90° ▲

Beispiel: α = 25° 10′
tan 25° 10′ = 0,470
cot 25° 10′ = 2,128

Beispiel: α = 75° 40′
tan 75° 40′ = 3,914
cot 75° 40′ = 0,256

Einheiten im Meßwesen

Gesetzliche Einheiten

Durch das „Gesetz über Einheiten im Meßwesen" vom 2. Juli 1969 sind die Einheiten des Internationalen Einheitensystems (Systeme International = SI) für den amtlichen und geschäftlichen Verkehr in der Bundesrepublik rechtsverbindlich. Gesetzliche Einheiten sind: 1. die Basiseinheiten des Internationalen Einheitensystems: Meter, Kilogramm, Sekunde, elektrische Stromstärke, Kelvin und Candela, 2. die aus den Basiseinheiten abgeleiteten Einheiten und 3. die dezimalen Vielfachen und Teile von Basiseinheiten und abgeleiteten Einheiten.

SI-Basiseinheiten

Basisgröße		Basiseinheit		Definition
Länge	l	Meter	m	1 Meter ist das 1 650 763,73fache der Wellenlänge der vom Atom Krypton ausgesandten orangeroten Strahlung.
Masse	m	Kilogramm	kg	1 Kilogramm ist die Masse des Internationalen Kilogramm-Prototyps, das als Platin-Iridiumzylinder in Sevres bei Paris aufbewahrt wird.
Zeit	t	Sekunde	s	1 Sekunde ist die Zeitdauer von 9 192 631 770 Schwingungen des Atoms Zäsium in der Atomuhr.
elektrische Stromstärke	I	Ampere	A	1 Ampere ist die Stärke eines Stromes, der zwischen zwei im Abstand von 1 m parallel angeordneten Leitern eine elektrodynamische Kraft von $0,2 \cdot 10^{-6}$ N je 1 m Leiterlänge hervorrufen würde.
Temperatur	T	Kelvin	K	1 Kelvin ist der 273,16te Teil der thermodynamischen Temperatur des Tripelpunktes des Wassers.
Lichtstärke	I_v	Candela	cd	1 Candela ist die Lichtstärke, mit der (1/600 000) m^2 der Oberfläche eines Schwarzen Strahlers bei der Temperatur des beim Druck 101 325 N/m^2 erstarrenden Platins senkrecht zu seiner Oberfläche leuchtet.

Einheiten im Meßwesen

Größe		Einheit		Erläuterung
Länge	l	Meter	m	1 Meter ist das 1 650 763,73fache der Wellenlänge der vom Atom Krypton ausgesandten orangeroten Strahlung.
Fläche	A, S	Quadratmeter	m^2	1 Quadratmeter ist gleich der Fläche eines Quadrates von der Seitenlänge 1 m.
Volumen	V	Kubikmeter	m^3	1 Kubikmeter ist gleich dem Volumen eines Würfels von der Kantenlänge 1 m.
Winkel	$\alpha, \beta, \gamma \ldots$	Radiant	rad	1 Radiant ist gleich dem Zentriwinkel, der aus einem Kreis vom Halbmesser 1 m einen Bogen der Länge 1 m ausschneidet. 1 rad = 1 m/m
Masse	m	Kilogramm	kg	1 Kilogramm ist die Masse des Internationalen Kilogrammprototyps, das als Platin-Iridiumzylinder in Sevres bei Paris aufbewahrt wird.
längenbezogene Masse	m_L	Kilogramm durch Meter	$\frac{kg}{m}$	1 Kilogramm durch Meter ist die Masse von 1 kg auf 1 m Länge eines homogenen Körpers von konstantem Querschnitt.
flächenbezogene Masse	m_A	Kilogramm durch Quadratmeter	$\frac{kg}{m^2}$	1 Kilogramm durch Quadratmeter ist die Masse von 1 kg auf 1 m^2 Fläche eines homogenen Körpers von konstanter Dicke.
Dichte	ρ	Kilogramm durch Kubikmeter	$\frac{kg}{m^3}$	1 Kilogramm durch Kubikmeter ist gleich der Dichte eines homogenen Körpers, der bei 1 kg Masse ein Volumen von 1 m^3 hat.
Zeit	t	Sekunde	s	1 Sekunde ist die Zeitdauer von 9 192 631 770 Schwingungen des Atoms Zäsium in der Atomuhr.
Frequenz Periodenfrequenz	f	Hertz	Hz	1 Hertz ist gleich der Frequenz eines periodischen Vorganges von der Periodendauer 1 s. In Einheitengleichungen für 1 Hz = 1/s setzen.
Drehzahl Drehfrequenz	n	eins durch Sekunde	$\frac{1}{s}$	1 durch Sekunde (reziproke Sekunde) ist gleich dem Umlauf einer Umdrehung in der Zeitspanne 1 s.
Geschwindigkeit	v	Meter durch Sekunde	$\frac{m}{s}$	1 Meter durch Sekunde ist gleich der Geschwindigkeit eines sich gleichförmig bewegenden Körpers, der während 1 s die Strecke 1 m zurücklegt.
Beschleunigung Verzögerung	a	Meter durch Sekunde hoch zwei	$\frac{m}{s^2}$	1 Meter durch Sekunde hoch zwei ist gleich der Beschleunigung eines sich geradlinig bewegenden Körpers, dessen Geschwindigkeit sich während 1 s gleichmäßig um 1 m/s ändert.
Winkelgeschwindigkeit	ω	Radiant durch Sekunde	$\frac{rad}{s}$	1 Radiant durch Sekunde ist gleich der Geschwindigkeit eines sich gleichförmig drehenden Körpers, der sich während der Zeit 1 s um den Winkel 1 rad um die Rotationsachse dreht.
Volumenstrom	V, Q	Kubikmeter durch Sekunde	$\frac{m^3}{s}$	1 Kubikmeter durch Sekunde ist der Durchfluß von 1 m^3 einer homogenen Flüssigkeit durch einen Strömungsquerschnitt während der Zeit 1 s.

16

Länge	l	m	dm	cm	mm
Kilometer	km	1 000	10 000	100 000	1 000 000
Meter	m	1	10	100	1 000
Dezimeter	dm	0,1	1	10	100
Zentimeter	cm	0,01	0,1	1	10
Millimeter	mm	0,001	0,01	0,1	1
Mikrometer	µm	0,000001	0,00001	0,0001	0,001
Seemeile (für Seefahrt)	sm	1 852	—	—	—

Fläche	A	m^2	dm^2	cm^2	mm^2
Quadratkilometer	km^2	1 000 000	—	—	—
Hektar	ha	10 000	—	—	—
Ar	a	100	—	—	—
Quadratmeter	m^2	1	100	10 000	1 000 000
Quadratdezimeter	dm^2	0,01	1	100	10 000
Quadratzentimeter	cm^2	0,0001	0,01	1	100
Quadratmillimeter	mm^2	0,000001	0,0001	0,01	1

Volumen	V	m^3	dm^3	cm^3	mm^3
Kubikmeter	m^3	1	1 000	1 000 000	—
Kubikdezimeter, Liter	dm^3, l	0,001	1	1 000	1 000 000
Kubikzentimeter	cm^3	0,000001	0,001	1	1 000
Kubikmillimeter	mm^3	—	0,000001	0,001	1

Winkel	$\alpha, \beta, \gamma \ldots$	rad	°	′	″
Vollwinkel	pla	$2 \cdot \pi$	360	21 600	1 296 000
Rechter Winkel	L	$\pi/2$	90	5 400	324 000
Radiant	rad	1	57,296	3 438	206 265
Grad	°	$\pi/180$	1	60	3 600
Gon	gon	$\pi/200$	0,9	54	3 240
Minute	′	—	0,01667	1	60
Sekunde	″	—	0,00028	0,01667	1

Masse	m	t	kg	g	mg
Tonne	t	1	1 000	1 000 000	—
Kilogramm	kg	0,001	1	1 000	1 000 000
Gramm	g	0,000001	0,001	1	1 000
Milligramm	mg	—	0,000001	0,001	1

Dichte	ρ	kg/m^3	kg/dm^3	g/cm^3	
Kilogramm durch Kubikmeter	kg/m^3	1	0,001	0,001	
Kilogramm durch Kubikdezimeter	kg/dm^3	1 000	1	1	
Gramm durch Kubikzentimeter	g/cm^3	1 000	1	1	

Zeit	t	d	h	min	s
Jahr (in der Energiewirtschaft)	a	365	8 760	—	—
Tag	d	1	24	1 440	86 400
Stunde	h	0,0417	1	60	3 600
Minute	min	—	0,0167	1	60
Sekunde	s	—	0,00028	0,0167	1
Zeitspanne: 3 h, Zeitpunkt: 3^h = 3 Uhr					

Geschwindigkeit	v	m/s	km/h	m/min	kn
Meter durch Sekunde	m/s	1	3,6	60	1,944
Kilometer durch Stunde	km/h	0,2778	1	16,667	0,540
Meter durch Minute	m/min	0,0167	0,06	1	—
Seemeile durch Stunde (Knoten = kn)	kn	0,5144	1,852	30,866	1

17

Einheiten im Meßwesen

Größe		Einheit		Erläuterung
Kraft	F	Newton (njut^{e}n)	N	1 Newton ist gleich der Kraft, die einem Körper der Masse 1 kg die Beschleunigung 1 m/s^2 erteilt. 1 N = 1 kg m/s^2.
Druck	p	Newton durch Quadratmeter $\frac{N}{m^2}$ Pascal Pa		1 Newton durch Quadratmeter (1 Pascal) ist gleich dem Druck, bei dem senkrecht auf die Fläche 1 m^2 die Kraft 1 N ausgeübt wird. 1 Pa = 1 N/m^2. 1 Bar (bar) ist der besondere Name für 100 000 Pa.
mechanische Spannung, Zug-, Druck-, Schubspannung	p σ τ	Newton durch Quadratmeter $\frac{N}{m^2}$ Pascal Pa		1 Newton durch Quadratmeter (1 Pascal) ist gleich der mechanischen Spannung, bei dem senkrecht auf die Fläche 1 m^2 die Kraft 1 N ausgeübt wird. In vielen Fachgebieten wird die mechanische Spannung und Festigkeit in N/mm^2 angegeben: 1 N/mm^2 = 1 000 000 Pa = 1 MPa.
Arbeit Energie Wärmemenge	W Q	Joule (dschul)	J	1 Joule ist gleich der Arbeit, die verrichtet wird, wenn der Angriffspunkt der Kraft 1 N in Richtung der Kraft um 1 m verschoben wird. 1 J = 1 N m = 1 W s = 1 kg m^2/s^2, 3 600 000 J = 1 kWh.
Moment einer Kraft, Drehmoment	M	Newtonmeter Nm Joule J		1 Newtonmeter ist gleich dem Moment einer Kraft, das aus dem Produkt aus der Kraft 1 N und dem Hebelarm 1 m entsteht. 1 N m = 1 J = 1 W s = 1 kg m^2/s^2.
Leistung Energiestrom Wärmestrom	P Φ	Watt	W	1 Watt ist gleich der Leistung, bei der während der Zeit 1 s die Energie 1 J umgesetzt wird. Die Einheit Watt wird bei Angabe von elektrischen Scheinleistungen auch Voltampere genannt. 1 W = 1 J/s = 1 N m/s = 1 V A.
spezifischer Heizwert	H_u	Joule durch Kilogramm $\frac{J}{kg}$		1 Joule durch Kilogramm ist gleich der Wärmemenge, die bei vollständiger Verbrennung der Masse 1 kg die Energie 1 J freisetzt.
Kraftstoffverbrauch	b	Gramm durch Kilowattstunde $\frac{g}{kWh}$		1 Gramm durch Kilowattstunde ist gleich dem Kraftstoffverbrauch der Masse 1 g für die Arbeit 1 kWh.
dynamische Viskosität	η	Pascalsekunde Pa · s		1 Pascalsekunde ist gleich der dyn. Viskosität eines strömenden Fluids, in dem zwischen zwei parallelen Schichten im Abstand 1 m und dem Geschwindigkeitsunterschied 1 m/s die Schubspannung 1 Pa herrscht.
kinematische Viskosität	ν	Quadratmeter durch Sekunde $\frac{m^2}{s}$		1 Quadratmeter durch Sekunde ist gleich der kinematischen Viskosität eines Fluids der dynamischen Viskosität 1 Pa · s und der Dichte 1 kg/m^3.
Temperatur	T	Kelvin	K	1 Kelvin ist der 273,16te Teil der thermodynamischen Temperatur des Tripelpunktes des Wassers.
elektrische Stromstärke	I	Ampere	A	1 Ampere ist die Stärke eines Stromes, der zwischen zwei im Abstand von 1 m parallel angeordneten Leitern eine elektrodynamische Kraft von 0,2 · 10^{-6} N je 1 m Leiterlänge hervorrufen würde.
elektrische Spannung	U	Volt	V	1 Volt ist gleich der elektrischen Spannung zwischen zwei Punkten eines metallischen Leiters, in dem bei einem Strom von 1 A Stärke die Leistung 1 W umgesetzt wird.
elektrischer Widerstand	R	Ohm	Ω	1 Ohm ist gleich dem elektrischen Widerstand zwischen zwei Punkten eines metallischen Leiters, durch den bei 1 V Spannung ein Strom von 1 A Stärke fließt.
elektrischer Leitwert	G	Siemens	S	1 Siemens ist gleich dem elektrischen Leitwert eines Leiters vom elektrischen Widerstand 1 Ω.
Elektrizitätsmenge	Q	Coulomb C Amperesekunde As		1 Coulomb ist gleich der Elektrizitätsmenge, die während der Zeit 1 s bei 1 A Stromstärke durch den Leiterquerschnitt fließt.

Vorsätze für dezimale Vielfache und Teile

Vorsatz		Wert		Anwendung		
Mega	M	1 000 000	10^6	1 Megapascal	= 1 MPa	= 1 000 000 Pa
Kilo	k	1 000	10^3	1 Kilowatt	= 1 kW	= 1 000 W
Hekto	h	100	10^2	1 Hektoliter	= 1 hL	= 100 L
Deka	da	10	10^1	1 Dekanewton	= 1 daN	= 10 N
Dezi	d	0,1	10^{-1}	1 Dezimeter	= 1 dm	= 0,1 m
Zenti	c	0,01	10^{-2}	1 Zentimeter	= 1 cm	= 0,01 m
Milli	m	0,001	10^{-3}	1 Millimeter	= 1 mm	= 0,001 m
Mikro	μ	0,000001	10^{-6}	1 Mikrometer	= 1 μm	= 0,000001 m

Kraft

	F	kN	daN	N	mN
Meganewton	MN	1 000	100 000	1 000 000	—
Kilonewton	kN	1	100	1 000	1 000 000
Dekanewton	daN	0,01	1	10	10 000
Newton	N	0,001	0,1	1	1 000
Millinewton	mN	0,000001	0,0001	0,001	1

Druck   *1 bar = 10 $\frac{N}{cm^2}$*

	p	MPa N/mm²	bar daN/cm²	mbar	Pa N/m²
Megapascal (Newton/Quadratmillimeter)	MPa	1	10	10 000	1 000 000
Bar (Dekanewton/Quadratzentimeter)	bar	0,1	1	1 000	100 000
Millibar	mbar	0,0001	0,001	1	100
Pascal (Newton/Quadratmeter)	Pa	0,000001	0,00001	0,01	1

Mechanische Spannung

	p, σ, τ	daN/mm²	MPa N/mm²	daN/cm² bar	Pa N/m²
Dekanewton durch Quadratmillimeter	daN/mm²	1	10	100	10 000 000
Megapascal (Newton/Quadratmillimeter)	MPa	0,1	1	10	1 000 000
Dekanewton durch Quadratzentimeter (bar)	daN/cm²	0,01	0,1	1	100 000
Pascal (Newton/Quadratmeter)	Pa	—	0,000001	0,00001	1

Arbeit, Energie, Wärmemenge

	W, Q	kWh	MJ	kJ	J
Kilowattstunde	kWh	1	3,6	3 600	3 600 000
Megajoule	MJ	0,2778	1	1 000	1 000 000
Kilojoule	kJ	0,000278	0,001	1	1 000
Joule (Newtonmeter, Wattsekunde)	J	—	0,000001	0,001	1

Leistung, Energiestrom, Wärmestrom

	P	MW	kW	W	mW
Megawatt	MW	1	1 000	1 000 000	—
Kilowatt	kW	0,001	1	1 000	1 000 000
Watt (Joule/Sekunde, Newtonmeter/Sekunde)	W	0,000001	0,001	1	1 000
Milliwatt	mW	—	0,000001	0,001	1

Temperatur

		Temperaturpunkte		Temperaturunterschied	
	T	K	°C	K	°C
Kelvin	K	0	− 273	1	1
Grad Celsius	°C	273	0	1	1

Elektrische Stromstärke

	I	kA	A	mA
Kiloampere	kA	1	1 000	1 000 000
Ampere	A	0,001	1	1 000
Milliampere	mA	0,000001	0,001	1

Elektrische Spannung

	U	kV	V	mV
Kilovolt	kV	1	1 000	1 000 000
Volt (Watt/Ampere)	V	0,001	1	1 000
Millivolt	mV	0,000001	0,001	1

Elektrischer Widerstand

	R	kΩ	Ω	mΩ
Kiloohm	kΩ	1	1 000	1 000 000
Ohm	Ω	0,001	1	1 000
Milliohm	mΩ	0,000001	0,001	1

Elektrizitätsmenge

	Q	Ah	C (As)
Amperestunde	Ah	1	3 600
Coulomb (Amperesekunde = As)	C	0,000278	1

1

Größe		bisherige Einheit		neue Einheit		Umrechnungswerte		
Winkel	α	Neugrad	g	Gon	gon	1 g	= 1 gon	(bis 31. 12. 1974)
		Neuminute	c	Zentigon	cgon	1 c	= 1 cgon	
		Neusekunde	cc	Milligon	mgon	1 cc	= 1/10 mgon	
						1 mgon	= 10 cc	
Kraft	F	Kilopond	kp	Newton	N	1 kp	= 9,80665 N	$\approx$ 10 N
						1 N	= 0,10197 kp	$\approx$ 0,1 kp
Druck	p	$\dfrac{\text{Kilopond}}{\text{Zentimeter}^2}$	$\dfrac{\text{kp}}{\text{cm}^2}$	Pascal N/m²	Pa	1 kp/cm²	= 98 066,5 Pa	$\approx$ 100 000 Pa
						1 MPa	= 10,197 kp/cm²	$\approx$ 10 kp/cm²
		$\dfrac{\text{Kilopond}}{\text{Zentimeter}^2}$	$\dfrac{\text{kp}}{\text{cm}^2}$	$\dfrac{\text{Dekanewton}}{\text{Zentimeter}^2}$	$\dfrac{\text{daN}}{\text{cm}^2}$	1 kp/cm²	= 0,980665 daN/cm²	$\approx$ 1 daN/cm²
						1 daN/cm²	= 1,0197 kp/cm²	$\approx$ 1 kp/cm²
		technische Atmosphäre	at	Bar	bar	1 at	= 0,980665 bar	$\approx$ 1 bar
						1 bar	= 1,0197 at	$\approx$ 1 at
		physikalische Atmosphäre	atm	Bar	bar	1 atm	= 1,01325 bar	$\approx$ 1 bar
						1 bar	= 0,98692 atm	$\approx$ 1 atm
		m-Wassersäule	m WS	Millibar	mbar	1 m WS	= 98,0665 mbar	$\approx$ 100 mbar
						1 mbar	= 10,197 mm WS	$\approx$ 10 mm WS
		mm-Quecksilbersäule	mm Hg	Millibar	mbar	1 mm Hg	= 1,33322 mbar	
						1 mbar	= 0,75006 mm Hg	
mechanische Spannung, Festigkeit	p σ	$\dfrac{\text{Kilopond}}{\text{Zentimeter}^2}$	$\dfrac{\text{kp}}{\text{cm}^2}$	Pascal N/m²	Pa	1 kp/cm²	= 98 066,5 Pa	$\approx$ 100 000 Pa
						1 MPa	= 10,197 kp/cm²	$\approx$ 10 kp/cm²
		$\dfrac{\text{Kilopond}}{\text{Zentimeter}^2}$	$\dfrac{\text{kp}}{\text{cm}^2}$	$\dfrac{\text{Dekanewton}}{\text{Zentimeter}^2}$	$\dfrac{\text{daN}}{\text{cm}^2}$	1 kp/cm²	= 0,980665 daN/cm²	$\approx$ 1 daN/cm²
						1 daN/cm²	= 1,0197 kp/cm²	$\approx$ 1 kp/cm²
		$\dfrac{\text{Kilopond}}{\text{Millimeter}^2}$	$\dfrac{\text{kp}}{\text{mm}^2}$	$\dfrac{\text{Newton}}{\text{Millimeter}^2}$	$\dfrac{\text{N}}{\text{mm}^2}$	1 kp/mm²	= 9,80665 N/mm²	$\approx$ 10 N/mm²
						1 N/mm²	= 0,10197 kp/mm²	$\approx$ 0,1 kp/mm²
Moment einer Kraft	M	Kilopondmeter	kpm	Newtonmeter	Nm	1 kpm	= 9,80665 Nm	$\approx$ 10 Nm
						1 Nm	= 0,10197 kpm	$\approx$ 0,1 kpm
Arbeit	W	Kilopondmeter	kpm	Joule 1 J = 1 Nm = 1 Ws	J	1 kpm	= 9,80665 J	$\approx$ 10 J
						1 J	= 0,10197 kpm	$\approx$ 0,1 kpm
Wärmemenge	Q	Kilokalorie	kcal	Kilojoule	kJ	1 kcal	= 4,1868 kJ	$\approx$ 4,2 kJ
						1 kJ	= 0,2388 kcal	$\approx$ 0,24 kcal
Leistung	P	Pferdestärke	PS	Kilowatt 1 W = 1 Nm/s = 1 J/s	kW	1 PS	= 0,7355 kW	$\approx$ 0,736 kW
						1 kW	= 1,3596 PS	$\approx$ 1,36 PS
spezifischer Heizwert	H_u	$\dfrac{\text{Kilokalorie}}{\text{Kilogramm}}$	$\dfrac{\text{kcal}}{\text{kg}}$	$\dfrac{\text{Kilojoule}}{\text{Kilogramm}}$	$\dfrac{\text{kJ}}{\text{kg}}$	1 kcal/kg	= 4,1868 kJ/kg	$\approx$ 4,2 kJ/kg
						1 kJ/kg	= 0,2388 kcal/kg	$\approx$ 0,24 kcal/kg
		$\dfrac{\text{Kilokalorie}}{\text{Kubikmeter}}$	$\dfrac{\text{kcal}}{\text{m}^3}$	$\dfrac{\text{Kilojoule}}{\text{Kubikmeter}}$	$\dfrac{\text{kJ}}{\text{m}^3}$	1 kcal/m³	= 4,1868 kJ/m³	$\approx$ 4,2 kJ/m³
						1 kJ/m³	= 0,2388 kcal/m³	$\approx$ 0,24 kcal/m³
Kraftstoffverbrauch	b	$\dfrac{\text{Gramm}}{\text{PS-Stunde}}$	$\dfrac{\text{g}}{\text{PSh}}$	$\dfrac{\text{Gramm}}{\text{Kilowattstunde}}$	$\dfrac{\text{g}}{\text{kWh}}$	1 g/PSh	= 1,3596 g/kWh	$\approx$ 1,36 g/kWh
						1 g/kWh	= 0,7355 g/PSh	$\approx$ 0,736 g/PSh
Temperatur	T	Grad Kelvin	°K	Kelvin	K	1 °K	= 1 K	(bis 5. 7. 1975)
		Grad	grd	Kelvin	K	1 grd	= 1 K	(bis 31. 12. 1974)
Länge	l	Zoll	''	Millimeter	mm	1 ''	= 25,4 mm	(in Normen nicht mehr anwendbar)
						1 mm	= 0,03937 ''	

Grad ▶ Radiant (rad)										$rad = \dfrac{\pi \cdot \alpha \text{ in Grad}}{180°}$

Grad	0	1	2	3	4	5	6	7	8	9
0	0,0000	0,0175	0,0349	0,0524	0,0698	0,0873	0,1047	0,1222	0,1396	0,1571
10	0,1745	0,1920	0,2094	0,2269	0,2443	0,2618	0,2793	0,2967	0,3142	0,3316
20	0,3491	0,3665	0,3840	0,4014	0,4189	0,4363	0,4538	0,4712	0,4887	0,5061
30	0,5236	0,5411	0,5585	0,5760	0,5934	0,6109	0,6283	0,6458	0,6632	0,6807
40	0,6981	0,7156	0,7330	0,7505	0,7679	0,7854	0,8029	0,8203	0,8378	0,8552
50	0,8727	0,8901	0,9076	0,9250	0,9425	0,9599	0,9774	0,9948	1,0123	1,0297
60	1,0472	1,0647	1,0821	1,0996	1,1170	1,1345	1,1519	1,1694	1,1868	1,2043
70	1,2217	1,2392	1,2566	1,2741	1,2915	1,3090	1,3265	1,3439	1,3614	1,3788
80	1,3963	1,4137	1,4312	1,4486	1,4661	1,4835	1,5010	1,5184	1,5359	1,5533
90	1,5708	1,5882	1,6057	1,6232	1,6406	1,6580	1,6755	1,6930	1,7104	1,7279
100	1,7453	1,7628	1,7802	1,7977	1,8151	1,8326	1,8500	1,8675	1,8850	1,9024
110	1,9199	1,9373	1,9548	1,9722	1,9897	2,0071	2,0246	2,0420	2,0595	2,0769
120	2,0944	2,1118	2,1293	2,1468	2,1642	2,1817	2,1991	2,2166	2,2340	2,2515
130	2,2689	2,2864	2,3038	2,3213	2,3387	2,3562	2,3736	2,3911	2,4086	2,4260
140	2,4435	2,4609	2,4784	2,4958	2,5133	2,5307	2,5482	2,5656	2,5831	2,6005
150	2,6180	2,6354	2,6529	2,6704	2,6878	2,7053	2,7227	2,7402	2,7576	2,7751
160	2,7925	2,8100	2,8274	2,8449	2,8623	2,8798	2,8972	2,9147	2,9322	2,9496
170	2,9671	2,9845	3,0020	3,0194	3,0369	3,0543	3,0718	3,0892	3,1067	3,1241
180	3,1416	3,1590	3,1764	3,1939	3,2114	3,2288	3,2463	3,2637	3,2812	3,2986
190	3,3161	3,3335	3,3510	3,3684	3,3859	3,4033	3,4208	3,4382	3,4557	3,4731
200	3,4906	3,5081	3,5255	3,5430	3,5604	3,5779	3,5953	3,6128	3,6302	3,6477
210	3,6651	3,6826	3,7000	3,7175	3,7349	3,7524	3,7698	3,7873	3,8048	3,8222
220	3,8397	3,8571	3,8746	3,8920	3,9095	3,9269	3,9444	3,9618	3,9793	3,9967
230	4,0142	4,0316	4,0491	4,0665	4,0840	4,1015	4,1189	4,1364	4,1538	4,1713
240	4,1887	4,2062	4,2236	4,2411	4,2585	4,2760	4,2934	4,3109	4,3283	4,3458
250	4,3632	4,3807	4,3982	4,4156	4,4331	4,4505	4,4680	4,4852	4,5029	4,5203
260	4,5378	4,5552	4,5727	4,5901	4,6076	4,6250	4,6425	4,6600	4,6774	4,6549
270	4,7123	4,7298	4,7472	4,7647	4,7821	4,7996	4,8170	4,8345	4,8519	4,8694
280	4,8868	4,9043	4,9217	4,9392	4,9567	4,9741	4,9916	5,0090	5,0265	5,0439
290	5,0614	5,0788	5,0963	5,1137	5,1312	5,1486	5,1661	5,1835	5,2010	5,2184
300	5,2359	5,2534	5,2708	5,2883	5,3057	5,3232	5,3406	5,3581	5,3755	5,3930
310	5,4104	5,4279	5,4453	5,4628	5,4802	5,4977	5,5151	5,5326	5,5501	5,5675
320	5,5850	5,6024	5,6199	5,6373	5,6548	5,6722	5,6897	5,7071	5,7246	5,7420
330	5,7595	5,7769	5,7944	5,8118	5,8293	5,8468	5,8642	5,8817	5,8991	5,9166
340	5,9340	5,9515	5,9689	5,9864	6,0038	6,0213	6,0387	6,0562	6,0736	6,0911
350	6,1086	6,1260	6,1435	6,1609	6,1784	6,1958	6,2133	6,2307	6,2482	6,2656
360	6,2831									

Grad ▶ Gon										Gon = 1,111 · Grad

Grad	0	1	2	3	4	5	6	7	8	9
0	0,00	1,11	2,22	3,33	4,44	5,56	6,67	7,78	8,89	10,00
10	11,11	12,22	13,33	14,44	15,56	16,67	17,78	18,89	20,00	21,11
20	22,22	23,33	24,44	25,56	26,67	27,78	28,89	30,00	31,11	32,22
30	33,33	34,44	35,56	36,67	37,78	38,89	40,00	41,11	42,22	43,33
40	44,44	45,56	46,67	47,78	48,89	50,00	51,11	52,22	53,33	54,44
50	55,56	56,67	57,78	58,89	60,00	61,11	62,22	63,33	64,44	65,56
60	66,67	67,78	68,89	70,00	71,11	72,22	73,33	74,44	75,65	76,67
70	77,78	78,89	80,00	81,11	82,22	83,33	84,44	85,56	86,67	87,78
80	88,89	90,00	91,11	92,22	93,33	94,44	95,56	96,67	97,78	98,89
90	100,00									

Dezimalteile der Stunde, des Grades ▶ Minuten und Sekunden										Minuten = 60 · Stunden

Stunden (Grad)	0,00	0,01	0,02	0,03	0,04	0,05	0,06	0,07	0,08	0,09
0,00	0.00	0.36	1.12	1.48	2.24	3.00	3.36	4.12	4.48	5.24
0,10	6.00	6.36	7.12	7.48	8.24	9.00	9.36	10.12	10.48	11.24
0,20	12.00	12.36	13.12	13.48	14.24	15.00	15.36	16.12	16.48	17.24
0,30	18.00	18.36	19.12	19.48	20.24	21.00	21.36	22.12	22.48	23.24
0,40	24.00	24.36	25.12	25.48	26.24	27.00	27.36	28.12	28.48	29.24
0,50	30.00	30.36	31.12	31.48	32.24	33.00	33.36	34.12	34.48	35.24
0,60	36.00	36.36	37.12	37.48	38.24	39.00	39.36	40.12	40.48	41.24
0,70	42.00	42.36	43.12	43.48	44.24	45.00	45.36	46.12	46.48	47.24
0,80	48.00	48.36	49.12	49.48	50.24	51.00	51.36	52.12	52.48	53.24
0,90	54.00	54.36	55.12	55.48	56.24	57.00	57.36	58.12	58.48	59.24

1

Minuten ▶ Dezimalteile der Stunde (des Grades) — Stunden = Minuten : 60

Minuten	0	1	2	3	4	5	6	7	8	9
0	0,000	0,017	0,033	0,050	0,067	0,083	0,100	0,117	0,133	0,150
10	0,167	0,183	0,200	0,217	0,233	0,250	0,267	0,283	0,300	0,317
20	0,333	0,350	0,367	0,383	0,400	0,417	0,433	0 450	0,467	0,483
30	0,500	0,517	0,533	0,550	0,567	0,583	0,600	0,617	0,633	0,650
40	0,667	0,683	0,700	0,717	0,733	0,750	0,767	0,783	0,800	0,817
50	0,833	0,850	0,867	0,883	0,900	0,917	0,933	0,950	0,967	0,983

Sekunden ▶ Dezimalteile der Stunde (des Grades) — Stunden = Sekunden : 3600

Sekunde	0	1	2	3	4	5	6	7	8	9
0	0,00000	0,00028	0,00056	0,00083	0,00111	0,00139	0,00167	0,00194	0,00222	0,00250
10	0,00278	0,00306	0,00333	0,00361	0,00389	0,00417	0,00444	0,00472	0,00500	0,00528
20	0,00556	0,00583	0,00611	0,00639	0,00667	0,00694	0,00722	0,00750	0,00779	0,00806
30	0,00833	0,00861	0,00889	0,00917	0,00944	0,00972	0,01000	0,01028	0,01056	0,01083
40	0,01111	0,01139	0,01167	0,01194	0,01222	0,01250	0,01278	0,01306	0,01333	0,01361
50	0,01389	0,01417	0,01444	0,01472	0,01500	0,01528	0,01556	0,01583	0,01611	0,01639
60	0,01667									

Meter durch Sekunde ▶ Kilometer durch Stunde — km/h = 3,6 · m/s

m/s	0	1	2	3	4	5	6	7	8	9
0	0,00	3,60	7,20	10,80	14,40	18,00	21,60	25,20	28,80	32,40
10	36,00	39,60	43,20	46,80	50,40	54,00	57,60	61,20	64,80	68,40
20	72,00	75,60	79,20	82,80	86,40	90,00	93,60	97,20	100,80	104,40
30	108,00	111,60	115,20	118,80	122,40	126,00	129,60	133,20	136,80	140,40
40	144,00	147,60	151,20	154,80	158,40	162,00	165,60	169,20	172,80	176,40
50	180,00	183,60	187,20	190,80	194,40	198,00	201,60	205,20	208,80	212,40
60	216,00	219,60	223,20	226,80	230,40	234,00	237,60	241,20	244,80	248,40
70	252,00	255,60	259,20	262,80	266,40	270,00	273,60	277,20	280,80	284,40
80	288,00	291,60	295,20	298,80	302,40	306,00	309,60	313,20	316,80	320,40
90	324,00	327,60	331,20	334,80	338,40	342,00	345,60	349,20	352,80	356,40

Kilometer durch Stunde ▶ Meter durch Sekunde — m/s = km/h : 3,6

km/h	0	1	2	3	4	5	6	7	8	9
0	0,000	0,278	0,556	0,833	1,111	1,389	1,667	1 944	2,222	2,500
10	2,778	3,056	3,333	3,611	3,889	4,167	4,444	4,722	5,000	5,278
20	5,556	5,833	6,111	6,389	6,667	6,944	7,222	7,500	7,778	8,056
30	8,333	8,611	8,889	9,167	9,444	9,722	10,000	10,278	10,556	10,833
40	11,111	11,389	11,667	11,944	12,222	12,500	12,778	13,056	13,333	13,611
50	13,889	14,167	14,444	14,722	15,000	15,278	15,556	15,833	16,111	16,389
60	16,667	16,944	17,222	17,500	17,778	18,056	18,333	18,611	18,889	19,167
70	19,444	19,722	20,000	20,278	20,555	20,833	21,111	21,389	21,667	21,944
80	22,222	22,500	22,778	23,055	23,333	23,611	23,889	24,167	24,444	24,722
90	25,000	25,278	25,555	25,833	26,111	26,389	26,667	26,944	27,222	27,500
100	27,778	28,055	28,333	28,611	28,889	29,167	29,444	29,722	30,000	30,278
110	30,555	30,833	31,111	31,389	31,667	31,944	32,222	32,500	32,778	33,055
120	33,333	33,611	33,889	34,167	34,444	34,722	35,000	35,278	35,555	35,833
130	36,111	36,389	36,667	36,944	37,222	37,500	37,778	38,055	38,333	38,611
140	38,889	39,167	39,444	39,722	40,000	40,278	40,555	40,833	41,111	41,389
150	41,667	41,944	42,222	42,500	42,778	43,055	43,333	43,611	43,889	44,167
160	44,444	44,722	45,000	45,278	45,555	45,833	46,111	46,389	46,667	46,944
170	47,222	47,500	47,778	48,055	48,333	48,611	48,889	49,167	49,444	49,722
180	50,000	50,278	50,555	50,833	51,111	51,389	51,667	51,944	52,222	52,500
190	52,778	53,055	53,333	53,611	53,889	54,167	54,444	54,722	55,000	55,278
200	55,555	55,833	56,111	56,389	56,667	56,944	57,222	57,500	57,778	58,055
210	58,333	58,611	58,889	59,167	59,444	59,722	60,000	60,278	60,555	60,833
220	61,111	61,389	61,667	61,944	62,222	62,500	62,778	63,056	63,333	63,611
230	63,889	64,167	64,444	64,722	65,000	65,278	65,556	65,833	66,111	66,389
240	66,667	66,944	67,222	67,500	67,778	68,056	68,333	68,611	68,889	69,167

Kilopond ▶ Newton, Kilopondmeter ▶ Joule

N = 9,80665 · kp

kp / kpm	0	1	2	3	4	5	6	7	8	9
0	0,00	9,81	19,61	29,42	39,23	49,03	58,84	68,65	78,45	88,26
10	98,07	107,87	117,68	127,49	137,29	147,10	156,91	166,71	176,52	186,33
20	196,13	205,94	215,75	225,55	235,36	245,17	254,97	264,78	274,59	284,39
30	294,20	304,01	313,81	323,62	333,43	343,23	353,04	362,85	372,65	382,46
40	392,27	402,07	411,88	421,69	431,49	441,30	451,11	460,91	470,72	480,53
50	490,33	500,14	509,95	519,75	529,56	539,37	549,17	558,98	568,79	578,59
60	588,40	598,21	608,01	617,82	627,63	637,43	647,24	657,05	666,85	676,66
70	686,47	696,27	706,08	715,89	725,69	735,50	745,31	755,11	764,92	774,73
80	784,53	794,34	804,15	813,95	823,76	833,57	843,37	853,18	862,99	872,79
90	882,60	892,41	902,21	912,02	921,83	931,63	941,44	951,25	961,05	970,86
100	980,66	990,47	1 000,28	1 010,08	1 019,89	1 029,70	1 039,50	1 049,31	1 059,12	1 068,92
110	1 078,73	1 088,54	1 098,34	1 108,15	1 117,96	1 127,76	1 137,57	1 147,38	1 157,18	1 166,99
120	1 176,80	1 186,60	1 196,41	1 206,22	1 216,02	1 225,83	1 235,64	1 245,44	1 255,25	1 265,06
130	1 274,86	1 284,67	1 294,48	1 304,28	1 314,09	1 323,90	1 333,70	1 343,51	1 353,32	1 363,12
140	1 372,93	1 382,74	1 392,54	1 402,35	1 412,16	1 421,96	1 431,77	1 441,58	1 451,38	1 461,19
150	1 471,00	1 480,80	1 490,61	1 500,42	1 510,22	1 520,03	1 529,84	1 539,64	1 549,45	1 559,26
160	1 569,06	1 578,87	1 588,68	1 598,48	1 608,29	1 618,10	1 627,90	1 637,71	1 647,52	1 657,32
170	1 667,13	1 676,94	1 686,74	1 696,55	1 706,36	1 716,16	1 725,97	1 735,78	1 745,58	1 755,39
180	1 765,20	1 775,00	1 784,81	1 794,62	1 804,42	1 814,23	1 824,04	1 833,84	1 843,65	1 853,46
190	1 863,26	1 873,07	1 882,88	1 892,68	1 902,49	1 912,30	1 922,10	1 931,91	1 941,72	1 951,52
200	1 961,33	1 971,14	1 980,94	1 990,75	2 000,56	2 010,36	2 020,17	2 029,98	2 039,78	2 049,59
210	2 059,40	2 069,20	2 079,01	2 088,82	2 098,62	2 108,43	2 118,24	2 128,04	2 137,85	2 147,66
220	2 157,46	2 167,27	2 177,08	2 186,88	2 196,69	2 206,50	2 216,30	2 226,11	2 235,92	2 245,72
230	2 255,53	2 265,34	2 275,14	2 284,95	2 294,76	2 304,56	2 314,37	2 324,18	2 333,98	2 343,79
240	2 353,60	2 363,40	2 373,21	2 383,02	2 392,82	2 402,63	2 412,44	2 422,24	2 432,05	2 441,86
250	2 451,66	2 461,47	2 471,28	2 481,08	2 490,89	2 500,70	2 510,50	2 520,31	2 530,12	2 539,92
260	2 549,73	2 559,54	2 569,34	2 579,15	2 588,96	2 598,76	2 608,57	2 618,38	2 628,18	2 637,99
270	2 647,80	2 657,60	2 667,41	2 677,22	2 687,02	2 696,83	2 706,64	2 716,44	2 726,25	2 736,06
280	2 745,86	2 755,67	2 765,48	2 775,28	2 785,09	2 794,90	2 804,70	2 814,51	2 824,32	2 834,12
290	2 843,93	2 853,74	2 863,54	2 873,35	2 883,16	2 892,96	2 902,77	2 912,58	2 922,38	2 932,19
300	2 942,00	2 951,80	2 961,61	2 971,41	2 981,22	2 991,03	3 000,83	3 010,64	3 020,45	3 030,25
310	3 040,06	3 049,87	3 059,67	3 069,48	3 079,29	3 089,09	3 098,90	3 108,71	3 118,51	3 128,32
320	3 138,13	3 147,93	3 157,74	3 167,55	3 177,35	3 187,16	3 196,97	3 206,77	3 216,58	3 226,39
330	3 236,19	3 246,00	3 255,81	3 265,61	3 275,42	3 285,23	3 295,03	3 304,84	3 314,65	3 324,45
340	3 334,26	3 344,07	3 353,87	3 363,68	3 373,49	3 383,29	3 393,10	3 402,91	3 412,71	3 422,52

mm Quecksilbersäule ▶ Millibar

mbar = 1,33322 · mm Hg

mm Hg	0	1	2	3	4	5	6	7	8	9
700	933,3	934,6	935,9	937,3	938,6	939,9	941,3	942,6	943,9	945,3
710	946,6	947,9	949,3	950,6	951,9	953,3	954,6	955,9	957,3	958,6
720	959,9	961,3	962,6	963,9	965,3	966,6	967,9	969,3	970,6	971,9
730	973,3	974,6	975,9	977,3	978,6	979,9	981,2	982,6	983,9	985,2
740	986,6	987,9	989,2	990,6	991,9	993,2	994,6	995,9	997,2	998,6
750	999,9	1 001,2	1 002,6	1 003,9	1 005,2	1 006,6	1 007,9	1 009,2	1 010,6	1 011,9
760	1 013,2	1 014,6	1 015,9	1 017,2	1 018,6	1 019,9	1 021,2	1 022,6	1 023,9	1 025,2
770	1 026,6	1 027,9	1 029,2	1 030,6	1 031,9	1 033,2	1 034,6	1 035,9	1 037,2	1 038,6

Technische Atmosphäre ▶ Bar

bar = 0,980665 · at

at	0	1	2	3	4	5	6	7	8	9
0	0,0000	0,9807	1,9613	2,9420	3,9227	4,9033	5,8840	6,8647	7,8453	8,8260
10	9,8066	10,7873	11,7680	12,7486	13,7293	14,7100	15,6906	16,6713	17,6520	18,6326
20	19,6133	20,5940	21,5746	22,5553	23,5360	24,5166	25,4973	26,4780	27,4586	28,4393
30	29,4200	30,4006	31,3813	32,3619	33,3426	34,3233	35,3039	36,2846	37,2653	38,2459
40	39,2266	40,2073	41,1879	42,1686	43,1493	44,1299	45,1106	46,0913	47,0719	48,0526
50	49,0332	50,0139	50,9946	51,9752	52,9559	53,9366	54,9172	55,8979	56,8786	57,8592
60	58,8399	59,8206	60,8012	61,7819	62,7626	63,7432	64,7239	65,7046	66,6852	67,6659
70	68,6466	69,6272	70,6079	71,5885	72,5692	73,5499	74,5305	75,5112	76,4919	77,4725
80	78,4532	79,4339	80,4145	81,3952	82,3759	83,3565	84,3372	85,3179	86,2985	87,2792
90	88,2598	89,2405	90,2212	91,2018	92,1825	93,1632	94,1438	95,1245	96,1052	97,0858

Umrechnungstafeln

Pferdestärke ▶ Kilowatt

$kW = 0{,}7355 \cdot PS$

PS	0	1	2	3	4	5	6	7	8	9
0	0,000	0,736	1,471	2,206	2,942	3,677	4,413	5,148	5,884	6,619
10	7,355	8,090	8,826	9,561	10,297	11,032	11,768	12,503	13,239	13,974
20	14,710	15,445	16,181	16,916	17,652	18,387	19,123	19,858	20,594	21,329
30	22,065	22,800	23,536	24,271	25,007	25,742	26,478	27,213	27,949	28,684
40	29,420	30,155	30,891	31,626	32,362	33,097	33,833	34,568	35,304	36,039
50	36,775	37,510	38,246	38,981	39,717	40,452	41,188	41,923	42,659	43,394
60	44,130	44,865	45,601	46,336	47,072	47,807	48,543	49,278	50,014	50,749
70	51,485	52,220	52,956	53,691	54,427	55,162	55,898	56,633	57,369	58,104
80	58,840	59,575	60,311	61,046	61,782	62,517	63,253	63,988	64,724	65,459
90	66,195	66,930	67,666	68,401	69,137	69,872	70,608	71,343	72,079	72,814
100	73,550	74,285	75,021	75,756	76,492	77,227	77,963	78,698	79,434	80,169
110	80,905	81,640	82,376	83,111	83,847	84,582	85,318	86,053	86,789	87,524
120	88,260	88,995	89,731	90,466	91,202	91,937	92,673	93,408	94,144	94,879
130	95,615	96,350	97,086	97,821	98,557	99,292	100,028	100,763	101,499	102,234
140	102,970	103,705	104,441	105,176	105,912	106,647	107,383	108,118	108,854	109,589
150	110,325	111,060	111,796	112,532	113,267	114,002	114,738	115,474	116,209	116,944
160	117,680	118,416	119,151	119,886	120,622	121,358	122,093	122,828	123,564	124,300
170	125,035	125,770	126,506	127,242	127,977	128,712	129,448	130,184	130,919	131,654
180	132,390	133,126	133,861	134,596	135,332	136,068	136,803	137,538	138,274	139,010
190	139,745	140,480	141,216	141,952	142,687	143,422	144,158	144,894	145,629	146,364

Kilokalorie ▶ Kilojoule

$kJ = 4{,}1868 \cdot kcal$

kcal	0	10	20	30	40	50	60	70	80	90
0	0,0	41,9	83,7	125,6	167,5	209,3	251,2	293,1	334,9	376,8
100	418,7	460,5	502,4	544,3	586,2	628,0	669,9	711,8	753,6	795,5
200	837,4	879,2	921,1	963,0	1 004,8	1 046,7	1 088,6	1 130,4	1 172,3	1 214,2
300	1 256,0	1 297,9	1 339,8	1 381,6	1 423,5	1 465,4	1 507,2	1 549,1	1 591,0	1 632,9
400	1 674,7	1 716,6	1 758,5	1 800,3	1 842,2	1 884,1	1 925,9	1 967,8	2 009,7	2 051,5
500	2 093,4	2 135,3	2 177,1	2 219,0	2 260,9	2 302,7	2 344,6	2 386,5	2 428,3	2 470,2
600	2 512,1	2 553,9	2 595,8	2 637,7	2 679,6	2 721,4	2 763,3	2 805,2	2 847,0	2 888,9
700	2 930,8	2 972,6	3 014,5	3 056,4	3 098,2	3 140,1	3 182,0	3 223,8	3 265,7	3 307,6
800	3 349,4	3 391,3	3 433,2	3 475,0	3 516,9	3 558,8	3 600,6	3 642,5	3 684,4	3 726,3
900	3 768,1	3 810,0	3 851,9	3 893,7	3 935,6	3 977,5	4 019,3	4 061,2	4 103,1	4 144,9

	0	100	200	300	400	500	600	700	800	900
0	0	419	837	1 256	1 675	2 093	2 512	2 931	3 349	3 768
1 000	4 187	4 605	5 024	5 443	5 862	6 280	6 699	7 118	7 536	7 955
2 000	8 374	8 792	9 211	9 630	10 048	10 467	10 886	11 304	11 723	12 142
3 000	12 560	12 979	13 398	13 816	14 235	14 654	15 072	15 491	15 910	16 329
4 000	16 747	17 166	17 585	18 003	18 422	18 841	19 259	19 678	20 097	20 515
5 000	20 934	21 353	21 771	22 190	22 609	23 027	23 446	23 865	24 283	24 702
6 000	25 121	25 539	25 958	26 377	26 796	27 214	27 633	28 052	28 470	28 889
7 000	29 308	29 726	30 145	30 564	30 982	31 401	31 820	32 238	32 657	33 076
8 000	33 494	33 913	34 332	34 750	35 169	35 588	36 006	36 425	36 844	37 263
9 000	37 681	38 100	38 519	38 937	39 356	39 775	40 193	40 612	41 031	41 449
10 000	41 868	42 287	42 705	43 124	43 543	43 961	44 380	44 799	45 217	45 636
11 000	46 055	46 473	46 892	47 311	47 730	48 148	48 567	48 986	49 404	49 823
12 000	50 242	50 660	51 079	51 498	51 916	52 335	52 754	53 172	53 591	54 010
13 000	54 428	54 847	55 266	55 684	56 103	56 522	56 940	57 359	57 778	58 197
14 000	58 615	59 034	59 453	59 871	60 290	60 709	61 127	61 546	61 965	62 383

Zoll ▶ Millimeter

$mm = 25{,}4 \cdot Zoll$

Zoll	0,0	0,1	0,2	0,3	0,4	0,5	0,6	0,7	0,8	0,9
0	0,00	2,54	5,08	7,62	10,16	12,70	15,24	17,78	20,32	22,86
1	25,40	27,94	30,48	33,02	35,56	38,10	40,64	43,18	45,72	48,26
2	50,80	53,34	55,88	58,42	60,96	63,50	66,04	68,58	71,12	73,66
3	76,20	78,74	81,28	83,82	86,36	88,90	91,44	93,98	96,52	99,06
4	101,60	104,14	106,68	109,22	111,76	114,30	116,84	119,38	121,92	124,46
5	127,00	129,54	132,08	134,62	137,16	139,70	142,24	144,78	147,32	149,86
6	152,40	154,94	157,48	160,02	162,56	165,10	167,64	170,18	172,72	175,26
7	177,80	180,34	182,88	185,42	187,96	190,50	193,04	195,58	198,12	200,66
8	203,20	205,74	208,28	210,82	213,36	215,90	218,44	220,98	223,52	226,06
9	228,60	231,14	233,68	236,22	238,76	241,30	243,84	246,38	248,92	251,46

Bremsweg in m

$$s = \frac{v^2}{2 \cdot a}$$

Verzöge-rung ►	4,0	4,2	4,4	4,6	4,8	5,0	5,2	5,4	5,6	5,8 m/s²
v in km/h										
30	8,7	8,3	7,9	7,5	7,2	6,9	6,7	6,4	6,2	6,0
40	15,4	14,7	14,0	13,4	12,9	12,3	11,9	11,4	11,0	10,6
50	24,1	23,0	21,9	21,0	20,1	19,3	18,5	17,9	17,2	16,6
60	34,7	33,1	31,6	30,2	28,9	27,8	26,7	25,7	24,8	23,9
70	47,3	45,0	42,9	41,1	39,4	37,8	36,4	35,0	33,8	32,6
80	61,7	58,8	56,1	53,7	51,5	49,4	47,5	45,7	44,1	42,6
90	78,1	74,4	71,0	67,9	65,1	62,5	60,1	57,9	55,8	53,9
100	96,4	91,8	87,6	83,9	80,4	77,2	74,2	71,4	68,9	66,5
110	116,7	111,1	106,1	101,5	97,3	93,4	89,8	86,5	83,4	80,5
120	138,9	132,2	126,2	120,8	115,8	111,1	106,8	102,9	99,2	95,8

Spur in mm

$$c = \frac{2 \cdot \pi \cdot d \cdot \alpha}{360}$$

Felgen ∅ ►	10	12	13	14	15	16	17	18	20	22 Zoll
Spur										
0° 05′	0,41	0,49	0,52	0,56	0,62	0,65	0,70	0,73	0,80	0,90
0° 10′	0,83	0,97	1,05	1,12	1,25	1,30	1,40	1,45	1,60	1,80
0° 15′	1,24	1,46	1,51	1,68	1,87	1,95	2,10	2,18	2,40	2,70
0° 20′	1,65	1,95	2,10	2,25	2,50	2,60	2,80	2,91	3,20	3,60
0° 25′	2,06	2,43	2,65	2,82	3,12	3,25	3,45	3,63	4,00	4,55
0° 30′	2,48	2,92	3,15	3,40	3,75	3,90	4,10	4,36	4,80	5,50
0° 35′	2,89	3,41	3,67	3,97	4,37	4,55	4,80	5,09	5,60	6,40
0° 40′	3,30	3,89	4,20	4,55	5,00	5,20	5,50	5,82	6,40	7,30
0° 45′	3,71	4,38	4,72	5,12	5,60	5,85	6,20	6,54	7,20	8,20
0° 50′	4,12	4,87	5,25	5,70	6,20	6,50	6,90	7,27	8,00	9,10
0° 55′	4,54	5,35	5,77	6,25	6,85	7,15	7,60	8,00	8,80	10,05
1° 00′	4,95	5,84	6,30	6,80	7,50	7,80	8,30	8,72	9,60	11,00
1° 05′	5,36	6,33	6,82	7,37	8,10	8,45	9,00	9,45	10,40	11,90
1° 10′	5,78	6,81	7,35	7,95	8,70	9,10	9,70	10,17	11,20	12,80
1° 15′	6,19	7,30	7,87	8,52	9,30	9,75	10,35	10,90	12,00	13,70
1° 20′	6,60	7,79	8,40	9,10	9,90	10,40	11,00	11,63	12,80	14,60
1° 25′	7,01	8,27	8,92	9,65	10,55	11,05	11,70	12,36	13,60	15,50
1° 30′	7,42	8,76	9,45	10,20	11,20	11,70	12,70	13,10	14,40	16,40
1° 35′	7,84	9,25	9,97	10,80	11,80	12,35	13,10	13,83	15,20	17,30
1° 40′	8,25	9,73	10,50	11,40	12,40	13,00	13,80	14,55	16,00	18,20
1° 45′	8,66	10,22	11,02	11,95	13,00	13,65	14,50	15,27	16,80	19,10
1° 50′	9,07	10,71	11,55	12,50	13,60	14,30	15,20	16,00	17,60	20,00
1° 55′	9,49	11,19	12,07	13,05	14,20	14,95	15,90	16,72	18,40	20,90
2° 00′	9,90	11,68	12,60	13,60	14,80	15,60	16,60	17,45	19,20	21,80
2° 05′	10,31	12,16	13,13	14,16	15,62	16,25	17,29	18,16	20,00	22,71

Drehmoment in Nm

$$M = \frac{9550 \cdot P}{n}$$

n ►	2000	2400	2800	3200	3600	4000	4400	4800	5200	5600/min
P in kW										
30	143,2	119,4	102,3	89,5	79,6	71,6	65,1	59,7	55,1	51,2
35	167,1	139,3	119,4	104,4	92,8	83,6	76,0	69,6	64,3	59,7
40	191,0	159,2	136,4	119,4	106,1	95,5	86,8	79,6	73,5	68,2
45	214,9	179,1	153,5	134,3	119,4	107,4	97,7	89,5	82,6	76,7
50	238,8	199,0	170,5	149,2	132,6	119,4	108,5	99,5	91,8	85,3
55	262,6	218,9	187,6	164,1	145,9	131,3	119,4	109,4	101,0	93,8
60	286,5	238,8	204,6	179,1	159,2	143,2	130,2	119,4	110,2	102,3
65	310,4	258,6	221,7	194,0	172,4	155,2	141,1	129,3	119,4	110,8
70	334,2	278,5	238,8	208,9	185,7	167,1	151,9	139,3	128,6	119,4
75	358,1	298,4	255,8	223,8	199,0	179,1	162,8	149,2	137,7	127,9
80	382,0	318,3	272,9	238,8	212,2	191,0	173,6	159,2	146,9	136,4
85	405,9	338,2	289,9	253,7	225,5	202,9	184,5	169,1	156,1	145,0
90	429,8	358,1	307,0	268,6	238,8	214,9	195,3	179,1	165,3	153,5
95	453,6	378,0	324,0	283,5	252,0	226,8	206,2	189,0	174,5	162,0
100	477,5	397,9	341,1	298,4	265,3	238,8	217,0	199,0	183,7	170,5
105	501,4	417,8	358,1	313,4	278,5	250,7	227,9	208,9	192,8	179,1
110	525,2	437,7	375,2	328,3	291,8	262,6	238,8	218,9	202,0	187,6
115	549,1	457,6	392,2	343,2	305,1	274,6	249,6	228,8	211,2	196,1
120	573,0	477,5	409,3	358,1	318,3	286,5	260,5	238,8	220,4	204,6
125	596,9	497,4	426,3	373,0	331,6	298,4	271,3	248,7	229,6	213,2

Rechentafeln

Fahrgeschwindigkeit in km/h

$$v = \frac{60 \cdot \pi \cdot d \cdot n}{1\,000}$$

Reifen ⌀ ▶	550	560	570	580	590	600	610	620	630	640 mm
n Reifen in 1/min										
100	10,4	10,6	10,7	10,9	11,1	11,3	11,5	11,7	11,9	12,1
200	20,7	21,1	21,5	21,9	22,2	22,6	23,0	23,4	23,8	24,1
300	31,1	31,7	32,2	32,8	33,4	33,9	34,5	35,1	35,6	36,2
400	41,5	42,2	43,0	43,7	44,5	45,2	46,0	46,7	47,5	48,3
500	51,8	52,8	53,7	54,7	55,6	56,6	57,5	58,4	59,4	60,3
600	62,2	63,3	64,5	65,6	66,7	67,9	69,0	70,1	71,3	72,4
700	72,6	73,9	75,2	76,5	77,8	79,2	80,5	81,8	83,1	84,4
800	82,9	84,4	86,0	87,5	89,0	90,5	92,0	93,5	95,0	96,5
900	93,3	95,0	96,7	98,4	100,1	101,8	103,5	105,2	106,9	108,6
1 000	103,7	105,6	107,4	109,3	111,2	113,1	115,0	116,9	118,8	120,6
1 100	114,0	116,1	118,2	120,3	122,3	124,4	126,5	128,6	130,6	132,7
1 200	124,4	126,7	128,9	131,2	133,5	135,7	138,0	140,2	142,5	144,8
1 300	134,8	137,2	139,7	142,1	144,6	147,0	149,5	151,9	154,4	156,8
1 400	145,1	147,8	150,4	153,1	155,7	158,3	161,0	163,6	166,3	168,9
1 500	155,5	158,3	161,2	164,0	166,8	169,6	172,5	175,3	178,1	181,0

Kolbengeschwindigkeit in m/s

$$v_m = \frac{s \cdot n}{30}$$

Hub ▶	70	72	74	76	78	80	82	84	86	88 mm
n Motor in 1/min										
3 200	7,47	7,68	7,89	8,11	8,32	8,53	8,75	8,96	9,17	9,39
3 400	7,93	8,16	8,39	8,61	8,84	9,07	9,29	9,52	9,75	9,97
3 600	8,40	8,64	8,88	9,12	9,36	9,60	9,84	10,08	10,32	10,56
3 800	8,87	9,12	9,37	9,63	9,88	10,13	10,39	10,64	10,89	11,15
4 000	9,33	9,60	9,87	10,13	10,40	10,67	10,93	11,20	11,47	11,73
4 200	9,80	10,08	10,36	10,64	10,92	11,20	11,48	11,76	12,04	12,32
4 400	10,27	10,56	10,85	11,15	11,44	11,73	12,03	12,32	12,61	12,91
4 600	10,73	11,04	11,35	11,65	11,96	12,27	12,57	12,88	13,19	13,49
4 800	11,20	11,52	11,84	12,16	12,48	12,80	13,12	13,44	13,76	14,08
5 000	11,67	12,00	12,33	12,67	13,00	13,33	13,67	14,00	14,33	14,67
5 200	12,13	12,48	12,83	13,17	13,52	13,87	14,21	14,56	14,91	15,25
5 400	12,60	12,96	13,32	13,68	14,04	14,40	14,76	15,12	15,48	15,84
5 600	13,07	13,44	13,81	14,19	14,56	14,93	15,31	15,68	16,05	16,43
5 800	13,53	13,92	14,31	14,69	15,08	15,47	15,85	16,24	16,63	17,01
6 000	14,00	14,40	14,80	15,20	15,60	16,00	16,40	16,80	17,20	17,60

Zylinderhubraum in cm³

$$V_h = \frac{\pi \cdot d^2}{4} \cdot s$$

Hub ▶	70	72	74	76	78	80	82	84	86	88 mm
Bohrung in mm										
75	309,3	318,1	326,9	335,8	344,6	353,4	362,3	371,1	379,9	388,8
76	317,5	326,6	335,7	344,7	353,8	362,9	372,0	381,0	390,1	399,2
77	326,0	335,3	344,6	353,9	363,2	372,6	381,9	391,2	400,5	409,8
78	334,5	344,0	353,6	363,1	372,7	382,2	391,8	401,4	410,9	420,5
79	343,1	352,9	362,7	372,6	382,4	392,2	402,0	411,8	421,6	431,4
80	351,9	361,9	372,0	382,1	392,1	402,2	412,2	422,3	432,3	442,4
81	360,7	371,0	381,3	391,6	401,9	412,2	422,5	432,9	443,2	453,5
82	369,7	380,2	390,8	401,4	411,9	422,5	433,0	443,6	454,2	464,7
83	378,8	389,6	400,4	411,2	422,1	432,9	443,7	454,5	465,3	476,2
84	387,9	399,0	410,1	421,2	432,3	443,4	454,4	465,5	476,6	487,7
85	397,2	408,6	420,0	431,3	442,6	454,0	465,4	476,7	488,0	499,4
86	406,6	418,2	429,9	441,5	453,1	464,7	476,3	488,0	499,6	511,2
87	416,2	428,0	439,9	451,8	463,7	475,6	487,5	499,4	511,3	523,2
88	425,7	437,9	450,1	462,2	474,4	486,6	498,7	510,9	523,0	535,2
89	435,5	447,9	460,4	472,8	485,2	497,7	510,1	522,6	535,0	547,4
90	445,3	458,1	470,8	483,5	496,2	509,0	521,7	534,4	547,1	559,9
92	465,4	478,7	492,0	505,2	518,5	531,8	545,1	558,4	571,7	585,0
94	485,8	499,7	513,6	527,4	541,3	555,2	569,1	583,0	596,8	610,7
96	506,7	521,1	535,6	550,1	564,6	579,0	593,6	608,0	622,4	636,9
98	528,0	543,1	558,2	573,3	588,4	603,4	618,5	633,6	648,7	663,8

Korrekturfaktor K für Ottomotoren in 1/1000

$$P_o = K \cdot P_{eff}$$ 1000 mbar, 25 °C

Luftdruck in mbar ▶	973	976	979	981	984	987	989	992	995	997	1000	1003	1005	1008	1011	1013
in mm Hg ▶	730	732	734	736	738	740	742	744	746	748	750	752	754	756	758	760
Temperatur °C / K																
10 / 283	1002	998	995	993	990	987	985	982	979	977	975	972	970	967	964	962
11 / 284	1003	1000	997	995	992	989	987	984	981	979	976	973	971	968	966	964
12 / 285	1005	1002	999	997	994	991	989	986	983	981	978	975	973	970	967	965
13 / 286	1007	1004	1001	999	996	993	991	988	985	983	980	977	975	972	969	967
14 / 287	1009	1006	1002	1000	997	994	992	989	986	984	981	978	976	974	971	969
15 / 288	1010	1007	1004	1002	999	996	994	991	988	986	983	980	978	975	972	970
16 / 289	1012	1009	1006	1004	1001	998	996	993	990	988	985	982	980	977	974	972
17 / 290	1014	1011	1008	1006	1003	999	997	994	991	989	986	984	982	979	976	974
18 / 291	1016	1012	1009	1007	1004	1001	999	996	993	991	988	985	983	980	977	976
19 / 292	1017	1014	1011	1009	1006	1003	1001	998	995	993	990	987	985	982	979	977
20 / 293	1019	1016	1013	1011	1008	1005	1003	1000	997	995	992	989	987	984	981	979
21 / 294	1021	1018	1015	1013	1009	1006	1004	1001	998	996	993	990	988	985	982	981
22 / 295	1023	1019	1016	1014	1011	1008	1006	1003	1000	998	995	992	990	987	984	982
23 / 296	1024	1021	1018	1016	1013	1010	1008	1005	1002	1000	997	994	992	989	986	984
24 / 297	1026	1023	1020	1018	1015	1011	1009	1006	1003	1001	998	995	993	990	987	986
25 / 298	1028	1025	1021	1019	1016	1013	1011	1008	1005	1003	1000	997	995	992	989	987
26 / 299	1029	1026	1023	1021	1018	1015	1013	1010	1007	1005	1002	999	997	994	991	989
27 / 300	1031	1028	1025	1023	1020	1017	1015	1011	1008	1006	1003	1000	998	995	992	990
28 / 301	1033	1030	1027	1024	1021	1018	1016	1013	1010	1008	1005	1002	1000	997	994	992
29 / 302	1035	1031	1028	1026	1023	1020	1018	1015	1012	1010	1007	1004	1002	999	996	994
30 / 303	1036	1033	1030	1028	1025	1022	1020	1016	1013	1011	1008	1005	1003	1000	997	995
31 / 304	1038	1035	1032	1030	1026	1023	1021	1018	1015	1013	1010	1007	1005	1002	999	997
32 / 305	1040	1037	1033	1031	1028	1025	1023	1020	1017	1015	1012	1009	1007	1004	1001	999
33 / 306	1041	1038	1035	1033	1030	1027	1025	1022	1018	1016	1013	1010	1008	1005	1002	1000
34 / 307	1043	1040	1037	1035	1031	1028	1026	1023	1020	1018	1015	1012	1010	1007	1004	1002
35 / 308	1045	1042	1038	1036	1033	1030	1028	1025	1022	1020	1017	1014	1012	1009	1006	1004

Innerhalb des Temperaturbereiches von 10 °C und 35 °C kann der Einfluß der relativen Luftfeuchtigkeit auf den Wert des Korrekturfaktors vernachlässigt werden.

Abbremsung in %

$$z = \frac{F_B}{g \cdot m} \cdot 100\%$$

Bremskraft ▶ Masse kg	5500	5750	6000	6250	6500	6750	7000	7250	7500	7750	8000	8250	8500	8750	9000	9250 N
800	70,1	73,3	76,5	79,6	82,8	86,0	89,2	92,4	95,6	98,7	101,9	105,1	108,3	111,5	114,7	117,9
825	68,0	71,0	74,1	77,2	80,3	83,4	86,5	89,6	92,7	95,8	98,8	101,9	105,0	108,1	111,2	114,3
850	66,0	69,0	72,0	75,0	78,0	80,9	83,9	86,9	89,9	92,9	95,9	98,9	101,9	104,9	107,9	110,9
875	64,1	67,0	69,9	72,8	75,7	78,6	81,5	84,5	87,4	90,3	93,2	96,1	99,0	101,9	104,8	107,8
900	62,2	65,1	68,0	70,8	73,6	76,5	79,3	82,1	84,9	87,8	90,6	93,4	96,3	99,1	101,9	104,8
925	60,6	63,4	66,1	68,9	71,6	74,4	77,1	79,9	82,6	85,4	88,2	90,9	93,7	96,4	99,2	101,9
950	59,1	61,7	64,4	67,1	69,7	72,4	75,1	77,8	80,5	83,2	85,8	88,5	91,2	93,9	96,6	99,3
975	57,5	60,1	62,7	65,3	67,9	70,6	73,2	75,8	78,4	81,0	83,6	86,3	88,9	91,5	94,1	96,7
1000	56,1	58,6	61,2	63,7	66,3	68,8	71,4	73,9	76,5	79,0	81,5	84,1	86,6	89,2	91,7	94,3
1025	54,7	57,2	59,7	62,2	64,6	67,1	69,6	72,1	74,6	77,1	79,6	82,0	84,5	87,0	89,5	92,0
1050	53,4	55,8	58,2	60,7	63,1	65,5	67,9	70,4	72,8	75,2	77,7	80,1	82,5	84,9	87,4	89,8
1075	52,2	54,5	56,9	59,3	61,6	64,0	66,4	68,7	71,1	73,5	75,9	78,2	80,6	82,9	85,3	87,7
1100	51,0	53,3	55,6	57,9	60,2	62,5	64,9	67,2	69,5	71,8	74,1	76,5	78,8	81,1	83,4	85,7
1125	49,8	52,1	54,4	56,6	58,9	61,2	63,4	65,7	68,0	70,2	72,5	74,8	77,0	79,3	81,5	83,8
1150	48,8	51,0	53,2	55,4	57,6	59,8	62,0	64,3	66,5	68,7	70,9	73,1	75,3	77,6	79,8	82,0
1175	47,7	49,9	52,1	54,2	56,4	58,6	60,7	62,9	65,1	67,2	69,4	71,6	73,7	75,9	78,1	80,2
1200	46,7	48,8	51,0	53,1	55,2	57,3	59,5	61,6	63,7	65,8	68,0	70,1	72,2	74,3	76,5	78,6
1125	45,8	47,8	49,9	52,0	54,1	56,2	58,2	60,3	62,4	64,5	66,6	68,6	70,7	72,8	74,9	77,0
1250	44,8	46,9	48,9	51,0	53,0	55,0	57,1	59,1	61,1	63,2	65,2	67,3	69,3	71,3	73,4	75,4
1275	44,0	46,0	48,0	50,0	52,0	54,0	56,0	58,0	60,0	62,0	64,0	66,0	68,0	70,0	72,0	74,0
1300	43,1	45,1	47,0	49,0	51,0	52,9	54,9	56,8	58,8	60,8	62,7	64,7	66,6	68,6	70,6	72,5
1325	42,3	44,2	46,2	48,1	50,0	51,9	53,9	55,8	57,7	59,6	61,5	63,5	65,4	67,3	69,2	71,2
1350	41,5	43,4	45,3	47,2	49,1	51,0	52,9	54,7	56,6	58,5	60,4	62,3	64,2	66,1	68,0	69,8
1375	40,8	42,6	44,5	46,3	48,2	50,0	51,9	53,7	55,6	57,5	59,3	61,2	63,0	64,9	66,7	68,6
1400	40,0	41,9	43,7	45,5	47,3	49,1	51,0	52,8	54,6	56,4	58,2	60,1	61,9	63,7	65,5	67,4
1425	39,3	41,1	42,9	44,7	46,5	48,3	50,1	51,9	53,7	55,4	57,2	59,0	60,8	62,6	64,4	66,2
1450	38,7	40,4	42,2	43,9	45,7	47,5	49,2	51,0	52,7	54,5	56,2	58,0	59,8	61,5	63,3	65,0
1475	38,0	39,7	41,5	43,2	44,9	46,6	48,4	50,1	51,8	53,6	55,3	57,0	58,7	60,5	62,2	63,9
1500	37,4	39,1	40,8	42,5	44,2	45,9	47,6	49,3	51,0	52,7	54,4	56,1	57,8	59,5	61,2	62,9

Allgemeines Rechnen

Dreisatzrechnen

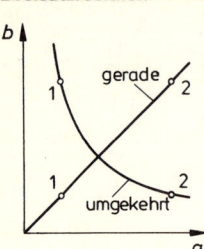

Gerades Verhältnis:
20 L Öl kosten 120,– DM (Aussage)
12 L Öl kosten x   DM (Frage)

$$\text{Preis} = \frac{120,- \text{DM} \cdot 12\,\text{L}}{20\,\text{L}} = 72,- \text{DM}$$

Umgekehrtes Verhältnis:
20 Arbeiter brauchen 120 h (Aussage)
12 Arbeiter brauchen x   h (Frage)

$$\text{Zeit} = \frac{120\,\text{h} \cdot 20\,\text{Arbeiter}}{12\,\text{Arbeiter}} = 200\,\text{h}$$

Ein Handwerker verdient in 45 h 405,– DM. Wieviel erhält er in 170 h?

In 45 h verdient er 405,– DM
in 170 h verdient er x   DM

$$\text{Lohn} = \frac{405,- \text{DM} \cdot 170\,\text{h}}{45\,\text{h}} = 1\,530,- \text{DM}$$

Für eine Arbeit brauchen 3 Arbeiter 16 Stunden. Wie lange brauchen 8 Arbeiter?

3 Arbeiter brauchen 16 Stunden
8 Arbeiter brauchen x Stunden

$$\text{Zeit} = \frac{16\,\text{h} \cdot 3\,\text{Arbeiter}}{8\,\text{Arbeiter}} = 6\,\textbf{Stunden}$$

Mischungsrechnen

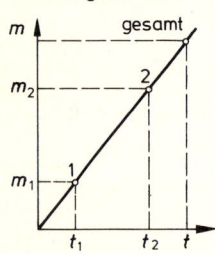

$$m_1 = \frac{m \cdot t_1}{t} \qquad m_2 = m - m_1$$

$$t_1 = \frac{t \cdot m_1}{m} \qquad t_2 = t - t_1$$

$$m = \frac{m_1 \cdot t}{t_1} \qquad m = m_1 + m_2$$

m Gesamtmenge
t Gesamtteile
m_1, m_2 Teilmenge
t_1, t_2 Teilzahl

Kühlwassermischung: 6 Teile Wasser, 4 Teile Frostschutz, Kühlerinhalt 8 L. Gesucht: Wasser- und Frostschutzmenge.

$$\text{Wasser} = \frac{8\,\text{L} \cdot 6\,\text{Teile}}{10\,\text{Teile}} = 4,8\,\text{L}$$

Frostschutz = 8 L – 4,8 L = **3,2 L**

Zweitaktermischung: Tankinhalt 39 L, Mischungsverhältnis 1 : 25. Wieviel L Öl und Benzin sind in der Mischung?

$$\text{Benzinmenge} = \frac{39\,\text{L} \cdot 25\,\text{Teile}}{26\,\text{Teile}} = 37,5\,\text{L}$$

Ölmenge   = 39 L – 37,5 L   = **1,5 L**

Verteilungsrechnen

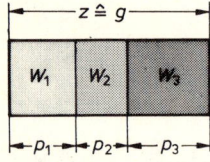

$$w = \frac{g \cdot p}{z}$$

$$g = \frac{w \cdot z}{p} \qquad p = \frac{w \cdot z}{g}$$

g Gesamtwert
w Anteilwert
p Anteilzahl
z Gesamtteile

Prämie 1 200,– DM verteilen auf 3 Monteure: A 160 h, B 120 h, C 200 h. Wieviel Prämie erhält jeder Monteur?

$$\text{Monteur A} = \frac{1\,200\,\text{DM} \cdot 160\,\text{h}}{480\,\text{h}} = 400\,\textbf{DM}$$

$$\text{Monteur B} = \frac{1\,200\,\text{DM} \cdot 120\,\text{h}}{480\,\text{h}} = 300\,\textbf{DM}$$

$$\text{Monteur C} = \frac{1\,200\,\text{DM} \cdot 200\,\text{h}}{480\,\text{h}} = 500\,\textbf{DM}$$

Prozentrechnen

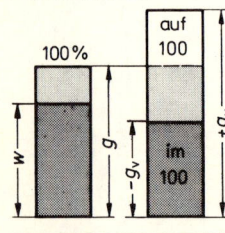

$$w = \frac{g \cdot p}{100} \qquad w = \frac{g_v \cdot p}{(100 \pm p)}$$

$$g = \frac{100 \cdot w}{p} \qquad g_v = \frac{w \cdot (100 \pm p)}{p}$$

$$p = \frac{100 \cdot w}{g} \qquad p = \frac{w \cdot (100 \pm p)}{g_v}$$

g Grundwert
g_v vermehrter Wert (+)
   verminderter Wert (–)
w Prozentwert
p Prozentsatz

Rechnungsbetrag 600,– DM, Skonto 3%. Wie hoch ist der Betrag bei Barzahlung?

Rechnungsbetrag   = 600,– DM

$$\text{Skonto} = \frac{600\,\text{DM} \cdot 3}{100} = 18,- \text{DM}$$

Barzahlungsbetrag   = **582,— DM**

Bruttolohn 1 700,– DM, Nettolohn 1 445,– DM. Wieviel Prozent beträgt der Abzug?

Abzug = (1 700 – 1 445) DM = 255,– DM

$$\text{Abzug} = \frac{100 \cdot 255\,\text{DM}}{1\,700\,\text{DM}} = 15\ \%$$

Zinsrechnen

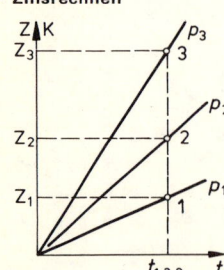

$$Z = \frac{K \cdot p \cdot t}{100 \cdot 360} \qquad Z_1 = \frac{K \cdot p}{100}$$

$$K = \frac{100 \cdot 360 \cdot Z}{p \cdot t} \qquad K = \frac{100 \cdot Z_1}{p}$$

$$p = \frac{100 \cdot 360 \cdot Z}{K \cdot t} \qquad p = \frac{100 \cdot Z_1}{K}$$

$$t = \frac{100 \cdot 360 \cdot Z}{K \cdot p}$$

Z Zins t Zeit in Tagen:
Z_1 Jahreszins   1 Monat 30 Tage
K Kapital   1 Jahr 360 Tage
p Zinsfuß

Kapital 8 000,– DM, Zinsfuß 4%, Zeit vom 1. 2. bis 15. 12. d.J. Wie hoch ist das Kapital am 15. 12. dieses Jahres?

Zeit = 1. 2. bis 15. 12.   = 315 Tage
Anfangskapital   = 8 000,– DM

$$\text{Zins} = \frac{8\,000\,\text{DM} \cdot 4 \cdot 315\,\text{T.}}{100 \cdot 360\,\text{Tage}} = 280,- \text{DM}$$

Endkapital   = **8 280,— DM**

Zins 300,– DM, Zinsfuß 5%, Zeit vom 15. 3. bis 30. 10. dieses Jahres. Wie hoch ist das eingesetzte Kapital?

Zeit   = 15. 3. bis 30. 10.   = 225 Tage

$$\text{Kapital} = \frac{100 \cdot 360 \cdot 300\,\text{DM}}{5 \cdot 225\,\text{Tage}} = 9\,600,— \text{DM}$$

1

Allgemein	Buchstaben sind Platzhalter für bestimmte Zahlen. Gleiche Größen werden immer mit gleichen Buchstaben bezeichnet.	$+ a + a + a = 3$ mal $(+ a) = + 3a$ $- a - a - a = 3$ mal $(- a) = - 3a$
	Zahlen vor den Buchstaben geben an, wieviel mal die Variable zu nehmen ist.	$3a$ Zahl 3 Vorzahl, Beizahl a Variable, Platzhalter
	Zusammengehörende Rechnungsgänge werden in Klammern gesetzt.	$5 \cdot (3a + 5b)$ $7 \cdot [4a - 2 \cdot (5a + 6b - 3c)]$
Vor—, Rechenzeichen Allgemein	Zahlen ohne Vorzeichen sind immer positiv. Zahlen mit Minus-Vorzeichen sind negativ.	$5a = + 5a$ $(- 5a) = - 5a$
Addieren und Subtrahieren von Zahlen	Sind Rechen- und Vorzeichen gleich, so wird die Zahl addiert; sind Rechen- und Vorzeichen verschieden, so wird die Zahl subtrahiert.	$+ (+ a) = + a$ $- (- a) = + a$ $+ (- a) = - a$ $- (+ a) = - a$
Addieren und Subtrahieren von Summen	Beim Auflösen einer Plusklammer bleiben die Rechenzeichen, beim Auflösen einer Minusklammer ändern sich die Rechenzeichen. Innenklammern werden zuerst aufgelöst.	$a + (b + c - d) = a + b + c - d$ $a - (b + c - d) = a - b - c + d$ $- [a - (b + c - d)] = - [a - b - c + d]$ $\qquad\qquad\qquad\quad = - a + b + c - d$
Multiplizieren von Zahlen	Das Produkt zweier Zahlen mit gleichen Vorzeichen ist immer positiv, das Produkt zweier Zahlen mit verschiedenen Vorzeichen ist immer negativ.	$(+ a) \cdot (+ b) = + (ab)$ $(- a) \cdot (- b) = + (ab)$ $(+ a) \cdot (- b) = - (ab)$ $(- a) \cdot (+ b) = - (ab)$
Zusammenzählen, Abziehen	Vorzahlen der gleichnamigen Buchstaben nach Rechenzeichen zusammenzählen oder abziehen.	$+ 18b + 5b + 7b = 30b$ $- 25a - 8a - 5a = - 38a$ $+ 15c - 7c + 3c = 11c$
	Nur gleichnamige Buchstaben addieren!	$+ 12b + 4a - 7b = 4a + 5b$
Vervielfachen Zahlen mit Zahlen	Vorzahlen miteinander malnehmen und alle Buchstaben ohne Malzeichen hinter das Produkt der Vorzahlen setzen.	$2 \cdot 4a = 2 \cdot 4 \cdot a = 8a$ $3a \cdot 5b \cdot 4 = 3 \cdot 5 \cdot 4 \cdot a \cdot b = 60ab$ $5a \cdot (- 7b) = 5 \cdot (- 7) \cdot a \cdot b = - 35ab$
Zahlen mit Summen	Jedes Glied der Summe in der Klammer mit der Zahl vor bzw. hinter der Klammer malnehmen.	$4 \cdot (a + b) = 4a + 4b$ $3a \cdot (4b - 7) = 12ab - 21a$ $(- 2a) \cdot (5b - 3c) = - 10ab + 6ac$
Summen mit Summen	Jeden Summanden der einen Klammer mit jedem Summanden der anderen Klammer malnehmen.	$(a + b) \cdot (a + b) = a^2 + 2ab + b^2$ $(a + b) \cdot (a - b) = a^2 - b^2$
Teilen Zahl durch Zahl	Vorzahlen durcheinander teilen und gleiche Buchstaben miteinander kürzen.	$10a : 2 = (10 : 2) \cdot a = 5a$ $28a : (- 4a) = [28 : (- 4)] \cdot (a : a) = - 7$
Summen durch Zahlen	Jedes Glied der Summe in der Klammer (Dividend) durch die Zahl hinter der Klammer (Divisor) teilen.	$(9a + 6b) : 3 = 3a + 2b$ $\underline{9a}$ $\quad + 6b$ $\quad \underline{6b}$ $\quad \underline{\quad}$
Summen durch Summen	Jeden Summanden der einen Klammer (Dividend) durch jeden Summanden der anderen Klammer (Divisor) teilen.	$(a^2 + 2ab + b^2) : (a + b) = a + b$ $\underline{a^2 +} \quad ab$ $\quad\quad \underline{ab + b^2}$ $\quad\quad ab + b^2$ $\quad\quad \underline{\quad\quad}$
Zerlegen in Faktoren Bilden einer Klammer	Gemeinsamen Faktor einer Summe vor eine Klammer setzen und die Restfaktoren in der Klammer zusammenfassen.	$8a + 8b + 8c = 8 \cdot (a + b + c)$ $4ab - 4ac + 4ae = 4a \cdot (b - c + e)$ $3bx - 9ax + 15cx = 3x \cdot (b - 3a + 5c)$
Auflösen einer Klammer	a) Rechnung in der Klammer ausführen.	$(5a + 2a - 3a) + 8a = 4a + 8a = 12a$
	b) Jedes Glied in der Klammer mit der Zahl vor der Klammer malnehmen.	$(5a + 2b - 3c) \cdot 8 = 40a + 16b - 24c$ $(- 8) \cdot (5a + 2b - 3c) = - 40a - 16b + 24c$
	c) Plusklammern ohne Änderung streichen, bei Minusklammern Rechenzeichen ändern.	$5a + (4b - 3c + 2d) = 5a + 4b - 3c + 2d$ $5a - (4b - 3c + 2d) = 5a - 4b + 3c - 2d$

Bruchrechnen

Allgemein	Ein Bruch ist eine Zahl, die eine Einheit – ein Ganzes – in eine bestimmte Anzahl gleicher Teile zerlegt. Die Zahl unter dem Bruchstrich heißt Nenner, er bezeichnet die Größe der Teilstücke. Die Zahl über dem Bruchstrich heißt Zähler, er gibt die Anzahl der Teilstücke an.	$\dfrac{2a}{2b} = \dfrac{\text{Zähler}}{\text{Nenner}}$ $\dfrac{3}{4}$ echter Bruch $\quad \dfrac{7}{4}$ unechter Bruch $1\dfrac{3}{4}$ gemischter Bruch $\quad 0{,}75$ Dezimalbruch
Kürzen Zahlen	Zähler und Nenner durch die gleiche Zahl teilen. Der Wert des Bruches bleibt gleich.	$\dfrac{12ab}{9a} = \dfrac{12ab : 3a}{9a : 3a} = \dfrac{4b}{3}$
Summen	Bei Summen im Zähler oder Nenner alle Glieder der Summe durch die gleiche Zahl teilen.	$\dfrac{ab + ac}{a} = \dfrac{(ab + ac) : a}{a : a} = b + c$
Erweitern Zahlen	Zähler und Nenner mit der gleichen Zahl malnehmen. Der Bruchwert bleibt gleich.	$\dfrac{3a}{4b} = \dfrac{3a \cdot 2c}{4b \cdot 2c} = \dfrac{6ac}{8bc}$
Summen	Bei Summen im Zähler oder Nenner alle Glieder mit der gleichen Zahl malnehmen.	$\dfrac{a + b}{2} = \dfrac{(a + b) \cdot 2c}{2 \cdot 2c} = \dfrac{2ac + 2bc}{4c}$
Hauptnenner	Der Hauptnenner ist die kleinste gemeinsame Zahl, in der alle Nenner enthalten sind. Er wird aus den Primzahlen der Nenner ermittelt: 1. Nenner in Primzahlen zerlegen, 2. Primzahlen so zusammenstellen, daß alle Primzahlen eines Nenners einmal in dem Hauptnenner enthalten sind, 3. gemeinsame Primzahlen miteinander malnehmen.	Nenner: $6ab$, $8b$, $10ab$, 12, $15a$. Wie heißt der Hauptnenner? $6ab = 2 \cdot 3 \cdot a \cdot b$ $8b = 2 \cdot 2 \cdot 2 \cdot b$ $10ab = 2 \cdot 5 \cdot a \cdot b$ $12 = 2 \cdot 2 \cdot 3$ $15a = 3 \cdot 5 \cdot a$ $\overline{2 \cdot 2 \cdot 2 \cdot 3 \cdot 5 \cdot a \cdot b} = 120ab$
Zusammenzählen, Abziehen gleichnamige Brüche	Zähler nach Rechenzeichen zusammenzählen oder voneinander abziehen und den gemeinsamen Nenner beibehalten.	$\dfrac{2b}{3a} + \dfrac{5b}{3a} - \dfrac{4b}{3a} = \dfrac{2b + 5b - 4b}{3a}$ $= \dfrac{3b}{3a} = \dfrac{b}{a}$
ungleichnamige Brüche	Nenner zuerst gleichnamig machen: 1. Hauptnenner bestimmen, 2. Erweiterungszahl M ermitteln, 3. Brüche durch Erweitern gleichnamig machen, 4. Zähler nach Rechenzeichen zusammenzählen oder abziehen.	$\dfrac{3x}{4a} + \dfrac{5x}{8a} - \dfrac{7x}{12a} = \dfrac{18x + 15x - 14x}{24a} = \dfrac{19x}{24a}$ $4a = 2 \cdot 2 \cdot a \qquad\quad M = 2 \cdot 3 = 6$ $8a = 2 \cdot 2 \cdot 2 \cdot a \qquad M = 3 = 3$ $12a = 2 \cdot 2 \cdot 3 \cdot a \qquad M = 2 = 2$ $\overline{2 \cdot 2 \cdot 2 \cdot 3 \cdot a} = 24a$
Vervielfachen Bruch mit Zahl	Einzelzahl mit dem Zähler malnehmen oder Einzelzahl durch den Nenner teilen.	$12b \cdot \dfrac{4a}{3b} = \dfrac{12b \cdot 4a}{3b} = \dfrac{48ab}{3b} = 16a$
Bruch mit Bruch	Zähler mit Zähler und Nenner mit Nenner malnehmen.	$\dfrac{5a}{9b} \cdot \dfrac{2c}{7a} = \dfrac{5a \cdot 2c}{9b \cdot 7a} = \dfrac{10ac}{63ab} = \dfrac{10c}{63b}$
Teilen Bruch durch Zahl	Zähler durch die Einzelzahl teilen oder Nenner mit der Einzelzahl malnehmen.	$\dfrac{6ac}{7b} : 3a = \dfrac{6ac : 3a}{7b} = \dfrac{2c}{7b}$ $\dfrac{6ac}{7b} : 3a = \dfrac{6ac}{7b \cdot 3a} = \dfrac{6ac}{21ab} = \dfrac{2c}{7b}$
Bruch durch Bruch	Teiler (zweiter Bruch) umkehren und die Teilungszahl (erster Bruch) mit dem Kehrwert des Teilers malnehmen.	$\dfrac{21x}{8b} : \dfrac{7a}{4b} = \dfrac{21x}{8b} \cdot \dfrac{4b}{7a} = \dfrac{21x \cdot 4b}{8b \cdot 7a} = \dfrac{3x}{2a}$
Umwandlung Bruch in eine Dezimalzahl	Zähler durch Nenner teilen oder Bruch erweitern, daß der Nenner eine Zehnerzahl wird.	$\dfrac{7}{8} = 7 : 8 = 0{,}875$
Dezimalzahl in einen Bruch	Dezimalzahl mit 10 (100, 1 000) erweitern und Ergebnis in Bruchform anschreiben.	$0{,}4 = \dfrac{0{,}4 \cdot 10}{1 \cdot 10} = \dfrac{4}{10}$

1

Allgemein	Gleich große Faktoren eines Produkts lassen sich kürzer in Potenzform darstellen.	$5 \cdot 5 \cdot 5 = 5^3$ („fünf hoch drei") $= 125$
	Die Anzahl, wie oft die Faktoren mit sich selbst malgenommen werden, schreibt man als Hochzahl hinter die Grundzahl.	5^3 Potenz 5 Grundzahl, Basis 3 Hochzahl, Exponent 125 Potenzwert
Potenzwert	Den Potenzwert errechnet man, in dem man die Grundzahl so oft mit sich selbst malnimmt, wie es die Hochzahl angibt.	$4^3 = 4 \cdot 4 \cdot 4 = 64$ $a^4 = a \cdot a \cdot a \cdot a$
Vorzeichen Grundzahl positiv	Potenzwerte mit positiven Grundzahlen sind immer positiv.	$(+4)^3 = (+4) \cdot (+4) \cdot (+4) = +4^3 = +64$ $(+a)^4 = (+a) \cdot (+a) \cdot (+a) \cdot (+a) = +a^4$
Grundzahl negativ, Hochzahl gerade	Potenzwerte mit negativen Grundzahlen und geraden Hochzahlen sind immer positiv.	$(-4)^2 = (-4) \cdot (-4) = +4^2 = +16$ $(-a)^4 = (-a) \cdot (-a) \cdot (-a) \cdot (-a) = +a^4$
Grundzahl negativ, Hochzahl ungerade	Potenzwerte mit negativen Grundzahlen und ungeraden Hochzahlen sind immer negativ.	$(-4)^3 = (-4) \cdot (-4) \cdot (-4) = -4^3 = -64$ $(-a)^3 = (-a) \cdot (-a) \cdot (-a) = -a^3$
Zusammenzählen	Vorzahlen der gleichen Potenzen zusammenzählen und die Summe der Vorzahlen mit der gemeinsamen Potenz malnehmen.	$3 \cdot 4^2 + 5 \cdot 4^2 = (3+5) \cdot 4^2 = 8 \cdot 4^2$ $5a^2 + 7a^2 + 4a^2 = (5+7+4) \cdot a^2 = 16a^2$
Abziehen	Vorzahlen der gleichen Potenzen abziehen und die Differenz der Vorzahlen mit der gemeinsamen Potenz malnehmen.	$9 \cdot 5^3 - 7 \cdot 5^3 = (9-7) \cdot 5^3 = 2 \cdot 5^3$ $15a^2 - 8a^2 - 4a^2 = (15-8-4) \cdot a^2 = 3a^2$
Vervielfachen Grundzahl gleich	Hochzahlen zusammenzählen und die gemeinsame Grundzahl mit der Summe der Hochzahlen potenzieren.	$4^2 \cdot 4^3 \cdot 4^2 = 4^{2+3+2} = 4^7$ $2a^2 \cdot 5a^3 \cdot a^4 = 2 \cdot 5 \cdot a^{2+3+4} = 10a^9$
Hochzahl gleich	Grundzahlen miteinander malnehmen und das Produkt der Grundzahlen mit der gemeinsamen Hochzahl potenzieren.	$4^2 \cdot 3^2 \cdot 5^2 = (4 \cdot 3 \cdot 5)^2 = 60^2$ $3a^2 \cdot 5b^2 = 3 \cdot 5 \cdot (a \cdot b)^2 = 15(ab)^2$
Teilen Grundzahl gleich	Hochzahlen voneinander abziehen und die gemeinsame Grundzahl mit der Differenz der Hochzahlen potenzieren.	$4^5 : 4^2 = 4^{5-2} = 4^3$ $8a^5 : 2a^3 = 8 : 2 \cdot a^{5-3} = 4a^2$
Hochzahlen gleich	Grundzahlen durcheinander teilen und den Quotient der Grundzahlen mit der gemeinsamen Hochzahl potenzieren.	$10^3 : 2^3 = (10 : 2)^3 = 5^3$ $12a^2 : 4b^2 = (12 : 4) \cdot (a : b)^2 = 3 \cdot (a/b)^2$
Potenzieren	Hochzahlen miteinander malnehmen und die Grundzahlen mit dem Produkt der Hochzahlen potenzieren.	$(3^2)^3 = 3^{2 \cdot 3} = 3^6$ $(a^3)^4 = a^{3 \cdot 4} = a^{12}$
Sonderfälle Hochzahl negativ	Eine Potenz mit negativer Hochzahl ist gleich dem Kehrwert der Potenz mit positiver Hochzahl.	$3^{-2} = \dfrac{1}{3^2} = \dfrac{1}{9}$ $a^{-3} = \dfrac{1}{a^3}$
Hochzahl = 1	Eine Potenz mit der Hochzahl „eins" ist gleich der Grundzahl.	$4^1 = 4$ $a^1 = a$
Hochzahl = 0	Eine Potenz mit der Hochzahl „null" ist gleich „eins".	$4^0 = 1$ $a^0 = 1$

Wurzelrechnen

Allgemein	Die Wurzelrechnung ist die Umkehrung der Potenzrechnung: Hochzahlen und Potenzwerte sind bekannt, Grundzahlen werden gesucht. Dafür bedient man sich der Schreibweise: $\sqrt{25} = x$ – sprich „zweite Wurzel aus 25" oder „Quadratwurzel aus 25".	$\sqrt[3]{64} = 4$ („dritte Wurzel aus 64") $\sqrt[3]{64}$ dritte Wurzel 3 Wurzelhochzahl 64 Radikand 4 Wurzelwert
Zusammenzählen	Vorzahlen der Wurzeln mit gleichen Hochzahlen und gleichen Radikanden zusammenzählen und Summe mit der gemeinsamen Wurzel malnehmen.	$6 \cdot \sqrt{9} + 4 \cdot \sqrt{9} = (6+4) \cdot \sqrt{9} = 10 \cdot \sqrt{9}$ $8 \cdot \sqrt{a} + 6 \cdot \sqrt{a} = (8+6) \cdot \sqrt{a} = 14 \cdot \sqrt{a}$
Abziehen	Vorzahlen der Wurzeln mit gleichen Hochzahlen und gleichen Radikanden abziehen und Differenz mit der gemeinsamen Wurzel malnehmen.	$9 \cdot \sqrt{4} - 6 \cdot \sqrt{4} = (9-6) \cdot \sqrt{4} = 3 \cdot \sqrt{4}$ $6 \cdot \sqrt{a} - 4 \cdot \sqrt{a} = (6-4) \cdot \sqrt{a} = 2 \cdot \sqrt{a}$
Vervielfachen Wurzelhochzahl gleich	Radikanden der Wurzeln mit gleichen Hochzahlen malnehmen und das Produkt mit der gemeinsamen Wurzel radizieren.	$\sqrt{4} \cdot \sqrt{9} = \sqrt{4 \cdot 9} = \sqrt{36}$ $2\sqrt{a} \cdot 3\sqrt{b} = 2 \cdot 3 \cdot \sqrt{a \cdot b} = 6\sqrt{ab}$
Teilen Wurzelhochzahl gleich	Radikanden der Wurzeln mit gleichen Hochzahlen durcheinander teilen und Quotient mit der gemeinsamen Wurzel radizieren.	$\sqrt{64} : \sqrt{4} = \sqrt{64 : 4} = \sqrt{16} = 4$ $\sqrt{a} : \sqrt{b} = \sqrt{a : b}$
Potenzieren	Hochzahl des Radikanden mit der Hochzahl der Potenz malnehmen und Potenz mit der gemeinsamen Wurzel radizieren.	$(\sqrt{4})^3 = \sqrt{4^3} = \sqrt{64}$ $(\sqrt{4^3})^2 = \sqrt{4^{3 \cdot 2}} = \sqrt{4^6}$
Radizieren Zahl	Zahl ermitteln, die so oft mit sich selbst vervielfacht werden muß, wie die Wurzelhochzahl angibt, um den Radikand zu erhalten. In der Praxis zieht man die Wurzel mit Hilfe einer Tabelle, eines Rechenschiebers oder eines Taschenrechners.	$\sqrt{64} = 8$ Probe: $8 \cdot 8 = 64$ $\sqrt[3]{64} = 4$ Probe: $4 \cdot 4 \cdot 4 = 64$ $\sqrt{a^2} = a$ Probe: $a \cdot a = a^2$ $\sqrt[3]{a^3} = a$ Probe: $a \cdot a \cdot a = a^3$
Summe, Differenz	Summanden nach Rechenzeichen zusammenfassen und Wurzel von der Summe ziehen. Nur die Summe radizieren, nicht die Einzelglieder.	$\sqrt{9 + 16} = \sqrt{25} = 5$ $\sqrt{64 - 28} = \sqrt{36} = 6$
Produkt	Faktoren miteinander malnehmen und Produkt radizieren oder Wurzel von jedem Faktor ziehen und Wurzelwerte miteinander malnehmen.	$\sqrt{9 \cdot 16} = \sqrt{144} = 12$ $\sqrt{9 \cdot 16} = \sqrt{9} \cdot \sqrt{16} = 3 \cdot 4 = 12$
Quotient	Dividend durch Divisor teilen und Quotient radizieren oder Wurzel von Dividend und Divisor ziehen und Wurzelwerte durcheinander teilen.	$\sqrt{\dfrac{16}{4}} = \sqrt{4} = 2$ oder $\sqrt{\dfrac{16}{4}} = \dfrac{\sqrt{16}}{\sqrt{4}} = \dfrac{4}{2} = 2$
Potenz	Potenzwert ermitteln und gefundenen Potenzwert radizieren oder Wurzel aus dem Radikanden ziehen und Wurzelwert mit der Potenzhochzahl potenzieren. Gleiche Wurzelhochzahlen und Potenzhochzahlen heben sich gegenseitig auf: Wurzelwert gleich Grundzahl des Radikanden.	$\sqrt{4^3} = \sqrt{4 \cdot 4 \cdot 4} = \sqrt{64} = 8$ $\sqrt{4^3} = (\sqrt{4})^3 = 2^3 = 2 \cdot 2 \cdot 2 = 8$ $\sqrt{a^2} = a$ $\sqrt[3]{a^3} = a$
Berechnung der Quadratwurzel	1. Größere Radikanden vom Komma aus nach links in Gruppen (Kolonnen) von je 2 Ziffern zerlegen. 2. Wurzel nach der Formel $(a+b)^2 = a^2 + 2ab + b^2$ ziehen. 3. Bei Radikanden mit mehr als 2 Gruppen Verfahren mehrmals nacheinander anwenden.	$\sqrt{13\ 69} = 30 + 7 = 37$ $a^2 = 30^2$ ... $\dfrac{9\ 00}{4\ 69}$ $2\,ab = 2 \cdot 30 \cdot 7$ ... $\dfrac{4\ 20}{49}$ $b^2 = 7^2$ ... $\dfrac{49}{-}$ Probe: $(30+7)^2 = 30 \cdot 30 + 2 \cdot 30 \cdot 7 + 7 \cdot 7 = 1\ 369$

Allgemein	Gleichungen bestehen aus zwei Seiten. Da beide Seiten gleichwertig sind, wird zwischen den beiden Seiten ein Gleichheitszeichen gesetzt.	$3 + 5 = 8$ $x - 6 = 12$	$24 + 15 - 18 + 12 = 33$ $4a + 8a - 3a + 9a = 18a$
Umstellen der Glieder	Die Glieder einer Seite können in ihrer Reihenfolge beliebig umgestellt werden.	$15 + 7 = 22$ ▶ $16a + 5x = 37$ ▶	$7 + 15 = 22$ $5x + 16a = 37$
Vertauschen der Seiten	Die linke und die rechte Seite einer Gleichung können miteinander vertauscht werden.	$28 - 16 = 12$ ▶ $12b + 5x = 45$ ▶	$12 = 28 - 16$ $45 = 12b + 5x$
Veränderung der Seiten	Jede Veränderung der Gleichung muß auf beiden Seiten in gleicher Weise vorgenommen werden.	$6 + 14 = 20$ ▶ $x + 12 = 28$ ▶	$6 + 14 - 5 = 20 - 5$ $x + 12 - 12 = 28 - 12$
Kehrwert der Seiten	Wird für eine Seite der Kehrwert geschrieben, so muß auch die andere Seite der Gleichung mit dem reziproken Wert angesetzt werden.	$\dfrac{9}{15} = \dfrac{3}{5}$ $\left(\dfrac{9}{15}\right) = \left(\dfrac{3}{5}\right)$ $\dfrac{75}{x} = \dfrac{3}{2}$ ▶	$\dfrac{15}{9} = \dfrac{5}{3}$ $\dfrac{x}{75} = \dfrac{2}{3}$
Umformen von Summen und Produkten Rechenzeichen	Eine Gleichung wird so lange umgeformt, bis die unbekannte Größe x (y, z) auf der linken Seite alleine mit positivem Vorzeichen steht. Kommt dabei ein Glied von der einen Seite auf die andere Seite der Gleichung, so ändert sich das Rechenzeichen des umgestellten Gliedes wie folgt: aus $+$ wird $-$ aus $\cdot$ wird $:$ aus $-$ wird $+$ aus $:$ wird $\cdot$	$x + 5 = 22$ $\quad x = 22 - 5$ $x - 4 = 16$ $\quad x = 16 + 4$ $x \cdot 5 = 30$ $\quad x = 30 : 5$ $x : 2 = 12$ $\quad x = 12 \cdot 2$	$x + a = 8a$ $\quad x = 8a - a$ $x - a = 8a$ $\quad x = 8a + a$ $x \cdot a = 8a$ $\quad x = 8a : a$ $x : a = 8a$ $\quad x = 8a \cdot a$
Umformen von Brüchen mehrere ungleichnamige Brüche Unbekannte im Nenner	Ist in der Gleichung die unbekannte Größe x (y, z) mit Brüchen verbunden, so müssen diese Brüche durch Umformen oder Erweitern beseitigt werden. Dabei gilt: aus „Zähler" werden „Nenner" aus „Nenner" werden „Zähler" Besteht die Gleichung aus mehreren ungleichnamigen Brüchen, so werden die Brüche vor der Umformung durch Erweitern auf einen Hauptnenner gebracht. Kommt die unbekannte Größe x (y, z) im Nenner eines Bruches vor, so werden vor dem Umformen beide Seiten der Gleichung mit dem Kehrwert angeschrieben.	$\dfrac{5 \cdot x}{8} = 15$ $5 \cdot x = 15 \cdot 8$ $x = \dfrac{15 \cdot 8}{5}$ $x = 24$ $\dfrac{4x}{3} + \dfrac{5x}{4} - \dfrac{3x}{6} = 50$ $\dfrac{16x + 15x - 6x}{12} = 50$ $\dfrac{25x}{12} = 50$ $25x = 50 \cdot 12$ $x = 24$ $\dfrac{3}{x + 2} = \dfrac{6}{10}$ $\dfrac{x + 2}{3} = \dfrac{10}{6}$ $x + 2 = \dfrac{3 \cdot 10}{6}$ $x = 5 - 2$ $x = 3$	$\dfrac{3x}{8} = \dfrac{12}{16}$ $\dfrac{3x \cdot 8}{8} = \dfrac{12 \cdot 8}{16}$ $3x = 6$ $x = 6 : 3$ $x = 2$ $\dfrac{5}{x} = \dfrac{15}{24}$ $\dfrac{x}{5} = \dfrac{24}{15}$ $x = \dfrac{24 \cdot 5}{15}$ $x = 8$
Umformen von Potenzen	Steht die unbekannte Größe x (y, z) auf der einen Seite der Gleichung als Potenz, so muß bei der Umformung die andere Seite radiziert werden: aus „Potenzen" werden „Wurzeln" aus „Wurzeln" werden „Potenzen".	$5^2 = 25$ $5 = \sqrt{25}$ $x^2 = 16$ $x = \sqrt{16}$	$\sqrt{16} = 4$ $16 = 4^2$ $\sqrt{a} = x$ $a = x^2$
Umformen von Klammern	Steht die unbekannte Größe x (y, z) in einer Klammer, dann wird die Klammer zuerst aufgelöst und müssen alle bekannten Größen außerhalb der Klammer durch Seitenwechsel von der Klammer getrennt werden.	$5 \cdot (x + 2) = 40$ $5x + 10 = 40$ $5x = 40 - 10$ $x = \dfrac{30}{5} = 6$	$5 \cdot (x + 2) = 40$ $(x + 2) = \dfrac{40}{5}$ $x = 8 - 2$ $x = 6$

Verhältnisse, Verhältnisgleichungen

Verhältnisse	Gleichartige Größen kann man zueinander ins Verhältnis setzen. Aus der Gegenüberstellung ergeben sich bestimmte Kennzahlen, die Tatbestände einfach und klar aufzeigen.	$2 : 3 = \dfrac{2}{3}$ $\qquad\qquad a : b = \dfrac{a}{b}$ Übersetzungsverhältnis: $\quad n_1 : n_2$
	Es gibt arithmetische und geometrische Verhältnisse. Letztere kommen in der Technik am meisten vor.	Verdichtungsverhältnis: $(V_h + V_c) : V_c$ Hubverhältnis: $\qquad\qquad s : d$ Steigungsverhältnis: $\qquad h : l$
	Verhältnisse haben mindestens zwei Glieder und werden in Teilungs- oder Bruchform angeschrieben.	Querschnittsverhältnis: $\quad H : B$ Winkelfunktion: $\qquad \sin \alpha = a : c$

Kürzen	Bei einem Verhältnis können beide Glieder durch die gleiche Zahl geteilt werden, ohne daß sich der Wert des Verhältnisses ändert.	$\dfrac{24}{18} = \dfrac{24:3}{18:3} = \dfrac{8}{6} \qquad \dfrac{15}{25} = \dfrac{15:5}{25:5} = \dfrac{3}{5}$
	Durch Kürzen kann man Verhältnisse mit den kleinsten ganzen Zahlen ausdrücken oder das Verhältnis der Größen zueinander auf die Zahl „eins" beziehen.	$\dfrac{15}{18} = \dfrac{15:3}{18:3} = \dfrac{5}{6} \qquad \dfrac{32}{20} = \dfrac{32:20}{20:20} = \dfrac{1,6}{1}$ $\dfrac{14}{28} = \dfrac{14:14}{28:14} = \dfrac{1}{2} \qquad \dfrac{14}{28} = \dfrac{14:28}{28:28} = \dfrac{0,5}{1}$

Erweitern	Bei einem Verhältnis können beide Glieder mit der gleichen Zahl malgenommen werden. Der Wert des Verhältnisses ändert sich dabei nicht.	$\dfrac{2}{3} = \dfrac{2 \cdot 12}{3 \cdot 12} = \dfrac{24}{36} \qquad \dfrac{25}{40} = \dfrac{25 \cdot 8}{40 \cdot 8} = \dfrac{200}{320}$
	Durch Erweitern kann man Verhältnisse in Prozent oder in der Form 1 : 100 angeben.	$\dfrac{4}{1} = \dfrac{4 \cdot 100}{1 \cdot 100} = \dfrac{400}{100} = 400 : 100 = 400\%$

Vervielfachen	Mehrere gleichartige Verhältnisse können zu einem Gesamtverhältnis zusammengefaßt werden, indem man die ersten Glieder (Zähler) und die zweiten Glieder (Nenner) jeweils miteinander malnimmt.	$(3 : 5) \cdot (4 : 7) = (3 \cdot 4) : (5 \cdot 7) = 12 : 35$ $\dfrac{24}{16} \cdot \dfrac{32}{20} \cdot \dfrac{10}{36} = \dfrac{24 \cdot 32 \cdot 10}{16 \cdot 20 \cdot 36} = \dfrac{7\,680}{11\,520} = \dfrac{2}{3}$

Verhältnisgleichung allgemein	Zwei gleichwertige Verhältnisse können zu einer Gleichung zusammengefaßt werden. Die Gleichung heißt Verhältnisgleichung oder Proportion. Eine Proportion hat 4 Glieder: 2 Außenglieder und 2 Innenglieder.	$4 : 5 = 8 : 10 \qquad 2 : 1 = 50 : 25$ $a_1 : a_2 = b_1 : b_2 \quad a_1 : a_2 = b_2 : b_1$
gerades Verhältnis	Ist die Reihenfolge der Glieder auf beiden Seiten gleich, so liegt ein gerades oder direktes Verhältnis vor.	$a_1 : a_2 = b_1 : b_2$ $\qquad$ Hydraulische Übersetzung: $F_1 : F_2 = A_1 : A_2$
umgekehrtes Verhältnis	Ist die Reihenfolge der beiden Glieder auf beiden Seiten umgekehrt, so spricht man von einem umgekehrten oder indirekten Verhältnis.	$a_1 : a_2 = b_2 : b_1$ $\qquad$ Zahnradtrieb: $n_1 : n_2 = z_2 : z_1$

Vertauschen Innenglieder	Bei einer Verhältnisgleichung können die Innenglieder miteinander vertauscht werden.	aus $a : b = c : d$ aus $2 : 3 = 4 : 6$	wird wird	$a : c = b : d$ $2 : 4 = 3 : 6$
Außenglieder	Bei einer Verhältnisgleichung können die Außenglieder miteinander vertauscht werden.	aus $a : b = c : d$ aus $2 : 3 = 4 : 6$	wird wird	$d : b = c : a$ $6 : 3 = 4 : 2$
Innenglieder mit Außengliedern	Bei einer Verhältnisgleichung können die Innenglieder mit den Außengliedern vertauscht werden.	aus $a : b = c : d$ aus $2 : 3 = 4 : 6$	wird wird	$b : a = d : c$ $3 : 2 = 6 : 4$

Umformen	Sind drei Glieder einer Verhältnisgleichung gegeben, so kann das vierte Glied durch Umformen berechnet werden.	$x : b = c : d \qquad\qquad x = \dfrac{b \cdot c}{d}$

Produktengleichung	Bei einer Verhältnisgleichung ist das Produkt der Innenglieder gleich dem Produkt der Außenglieder.	aus $2 : 3 = 6 : 9$ aus $a : b = c : d$	wird wird	$2 \cdot 9 = 3 \cdot 6$ $a \cdot d = b \cdot c$
	Zwei gleichwertige Produkte bilden zusammen eine Produktengleichung.	Riementrieb: aus $n_1 : n_2 = d_2 : d_1$	wird	$n_1 \cdot d_1 = n_2 \cdot d_2$

Sinus

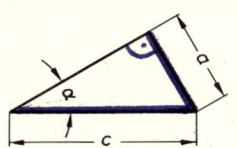

Sinus $= \dfrac{\text{Gegenkathete}}{\text{Hypotenuse}}$

$$\sin \alpha = \dfrac{a}{c}$$

$$a = c \cdot \sin \alpha \qquad c = \dfrac{a}{\sin \alpha}$$

Rechtwinkliges Dreieck: $a = 75$ mm, $c = 150$ mm. Wie groß ist der Winkel α?

$$\sin \alpha = \dfrac{75 \text{ mm}}{150 \text{ mm}} = 0,500$$

α aus der Winkeltabelle   **= 30°**

Rechtwinkliges Dreieck: $c = 120$ mm, $\alpha = 32°$. Wie lang ist die Gegenkathete a?

$\sin 32°$ aus Winkeltabelle   = 0,530
$a = 120$ mm $\cdot$ 0,530   **= 63,6 mm**

Kosinus

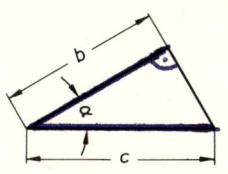

Kosinus $= \dfrac{\text{Ankathete}}{\text{Hypotenuse}}$

$$\cos \alpha = \dfrac{b}{c}$$

$$b = c \cdot \cos \alpha \qquad c = \dfrac{b}{\cos \alpha}$$

Rechtwinkliges Dreieck: $b = 130$ mm, $c = 150$ mm. Wie groß ist der Winkel α?

$$\cos \alpha = \dfrac{130 \text{ mm}}{150 \text{ mm}} = 0,866$$

α aus der Winkeltabelle   **= 30°**

Rechtwinkliges Dreieck: $c = 152$ mm, $\alpha = 51°20'$. Wie lang ist die Ankathete b?

$\cos 51°20'$ (Winkeltabelle)   = 0,625
$b = 152$ mm $\cdot$ 0,625   **= 95,0 mm**

Tangens

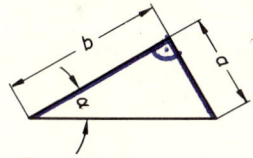

Tangens $= \dfrac{\text{Gegenkathete}}{\text{Ankathete}}$

$$\tan \alpha = \dfrac{a}{b}$$

$$a = b \cdot \tan \alpha \qquad b = \dfrac{a}{\tan \alpha}$$

Rechtwinkliges Dreieck: $a = 75$ mm, $b = 130$ mm. Wie groß ist der Winkel α?

$$\tan \alpha = \dfrac{75 \text{ mm}}{130 \text{ mm}} = 0,577$$

α aus der Winkeltabelle   **= 30°**

Rechtwinkliges Dreieck: $b = 160$ mm, $\alpha = 39°10'$. Wie lang ist die Gegenkathete?

$\tan 39°10'$ (Winkeltabelle)   = 0,815
$a = 160$ mm $\cdot$ 0,815   **= 130,4 mm**

Kotangens

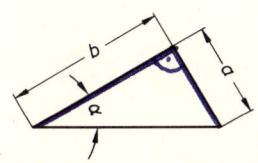

Kotangens $= \dfrac{\text{Ankathete}}{\text{Gegenkathete}}$

$$\cot \alpha = \dfrac{b}{a}$$

$$b = a \cdot \cot \alpha \qquad a = \dfrac{b}{\cot \alpha}$$

Rechtwinkliges Dreieck: $a = 75$ mm, $b = 130$ mm. Wie groß ist der Winkel α?

$$\cot \alpha = \dfrac{130 \text{ mm}}{75 \text{ mm}} = 1,733$$

α aus der Winkeltabelle   **= 30°**

Rechtwinkliges Dreieck: $a = 68$ mm, $\alpha = 38°40'$. Wie lang ist die Ankathete?

$\cot 38°40'$ (Winkeltabelle)   = 1,250
$b = 68$ mm $\cdot$ 1,25   **= 85,0 mm**

Lehrsatz des Pythagoras

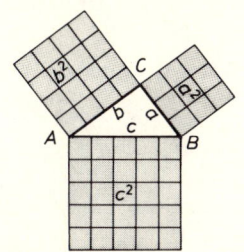

In jedem rechtwinkligen Dreieck ist das Quadrat über der Hypotenuse gleich der Summe der Quadrate über den Katheten.

$$c^2 = a^2 + b^2 \qquad c = \sqrt{a^2 + b^2}$$
$$a^2 = c^2 - b^2 \qquad a = \sqrt{c^2 - b^2}$$
$$b^2 = c^2 - a^2 \qquad b = \sqrt{c^2 - a^2}$$

Verhalten sich in einem Dreieck die Seiten 3 : 4 : 5, so ist es immer rechtwinklig.

a, b Katheten
c Hypotenuse

Rechtwinkliges Dreieck: $a = 60$ mm, $b = 80$ mm. Wie lang ist die Seite c in mm?

$$c = \sqrt{60^2 \text{ mm}^2 + 80^2 \text{ mm}^2} = \textbf{100 mm}$$

Rechtwinkliges Dreieck: $a = 21$ cm, $c = 35$ cm. Wie lang ist die Seite b in cm?

$$b = \sqrt{35^2 \text{ cm}^2 - 21^2 \text{ cm}^2} = \textbf{28 cm}$$

Rechtwinkliges Dreieck: $b = 48$ m, $c = 60$ m. Wie lang ist die Seite a in m?

$$a = \sqrt{60^2 \text{ m}^2 - 48^2 \text{ m}^2} = \textbf{36 m}$$

Schlüsselweite, Eckenmaß

Zweikant 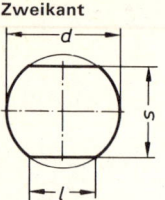	$d = \sqrt{s^2 + l^2}$ $s = \sqrt{d^2 - l^2}$ $l = \sqrt{d^2 - s^2}$ d Durchmesser s Schlüsselweite l Seitenlänge	Zweikant: $d = 57{,}5$ mm, $l = 28{,}4$ mm. Wie groß ist die Schlüsselweite in mm? $s = \sqrt{57{,}5^2 \text{ mm}^2 - 28{,}4^2 \text{ mm}^2}$ **= 50,0 mm** Zweikant: $d = 38$ mm, $s = 32$ mm. Wie groß ist die Seitenlänge l in mm? $l = \sqrt{38^2 \text{ mm}^2 - 32^2 \text{ mm}^2}$ **= 20,5 mm**
Gleichseitiges Dreieck 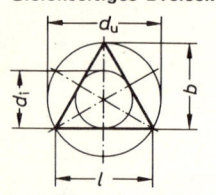	$d_u = 1{,}155 \cdot l$ $d_i = 0{,}578 \cdot l$ $l = 0{,}866 \cdot d_u$ $b = 0{,}866 \cdot l$ d_u Umkreisdurchmesser d_i Inkreisdurchmesser l Seitenlänge b Höhe	Gleichseitiges Dreieck: $l = 24$ mm. Wie groß ist der Umkreisdurchmesser in mm? $d_u = 1{,}155 \cdot 24$ mm **= 27,7 mm** Gleichseitiges Dreieck: $d_u = 36$ mm. Wie groß ist die Seitenlänge l in mm? $l = 0{,}866 \cdot 36$ mm **= 31,2 mm**

Quadrat
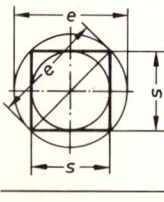
	$e = 1{,}414 \cdot s$ $s = 0{,}707 \cdot e$
	
	e Eckenmaß
	    Umkreisdurchmesser
	s Schlüsselweite
	    Inkreisdurchmesser
	    Seitenlänge
		Quadrat: $s = 17$ mm. Wie groß ist das Eckenmaß e in mm?
		
		$e = 1{,}414 \cdot 17$ mm **= 24,0 mm**
		
		Quadrat: $e = 32$ mm. Wie groß ist die Schlüsselweite s in mm?
		
		$s = 0{,}707 \cdot 32$ mm **= 22,6 mm**

Gleichseitiges Sechseck
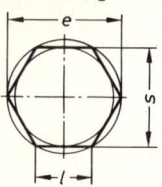
	$e = 1{,}155 \cdot s$ $s = 0{,}866 \cdot e$
	
	$l = 0{,}5 \cdot e$ $l = 0{,}577 \cdot s$
	
	e Eckenmaß
	    Umkreisdurchmesser
	s Schlüsselweite
	    Inkreisdurchmesser
	l Seitenlänge
		Gleichseitiges Sechseck: $s = 21$ mm. Wie groß ist das Eckenmaß e in mm?
		
		$e = 1{,}155 \cdot 21$ mm **= 24,3 mm**
		
		Gleichseitiges Sechseck: $e = 45$ mm. Wie groß ist die Schlüsselweite s in mm?
		
		$s = 0{,}866 \cdot 45$ mm **= 39,0 mm**

Gleichseitiges Achteck
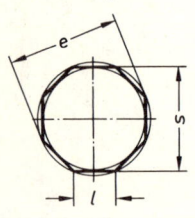
	$e = 1{,}082 \cdot s$ $s = 0{,}924 \cdot e$
	
	$l = 0{,}414 \cdot s$ $l = 0{,}383 \cdot e$
	
	e Eckenmaß
	    Umkreisdurchmesser
	s Schlüsselweite
	    Inkreisdurchmesser
	l Seitenlänge
		Gleichseitiges Achteck: $s = 32$ mm. Wie groß ist das Eckenmaß e in mm?
		
		$e = 1{,}082 \cdot 32$ mm **= 34,6 mm**
		
		Gleichseitiges Achteck: $e = 45$ mm. Wie groß ist die Schlüsselweite s in mm?
		
		$s = 0{,}924 \cdot 45$ mm **= 41,6 mm**

Gleichseitiges Zehneck
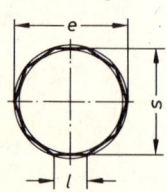
	$e = 1{,}052 \cdot s$ $s = 0{,}951 \cdot e$
	
	$l = 0{,}325 \cdot s$ $l = 0{,}309 \cdot e$
	
	e Eckenmaß
	    Umkreisdurchmesser
	s Schlüsselweite
	    Inkreisdurchmesser
	l Seitenlänge
		Gleichseitiges Zehneck: $s = 50$ mm. Wie groß ist das Eckenmaß e in mm?
		
		$e = 1{,}052 \cdot 50$ mm **= 52,6 mm**
		
		Gleichseitiges Zehneck: $e = 36$ mm. Wie groß ist die Schlüsselweite s in mm?
		
		$s = 0{,}951 \cdot 36$ mm **= 34,2 mm**

Quadrat 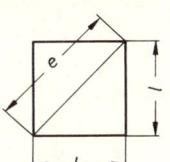	$U = 4 \cdot l$ $\qquad e = 1,414 \cdot l$ $l = \dfrac{U}{4}$ $\qquad l = 0,707 \cdot e$ U Umfang l Seitenlänge e Eckenmaß	Quadrat: Seitenlänge $l = 70$ mm. Wie lang ist der Umfang U in mm? $U = 4 \cdot 70$ mm $\qquad$ **= 280 mm** Quadrat: Umfang $U = 192$ mm. Wie lang ist eine Seite l in mm? $l = 192$ mm : 4 $\qquad$ **= 48 mm**
Rechteck 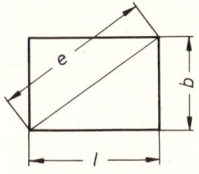	$U = 2 \cdot (l + b)$ $\qquad e = \sqrt{l^2 + b^2}$ $l = \dfrac{U}{2} - b$ $\qquad b = \dfrac{U}{2} - l$ U Umfang l Länge b Breite e Eckenmaß	Rechteck: Länge $l = 75$ mm, Breite $b = 45$ mm. Wie groß ist der Umfang in mm? $U = 2 \cdot (75$ mm $+ 45$ mm$)$ $\qquad$ **= 240 mm** Rechteck: Umfang $U = 360$ mm, Länge $l = 124$ mm. Wie breit ist das Rechteck? $b = \dfrac{360 \text{ mm}}{2} - 124$ mm $\qquad$ **= 56 mm**
Regelmäßiges Vieleck 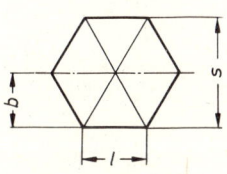	$U = n \cdot l$ $l = \dfrac{U}{n}$ $\qquad n = \dfrac{U}{l}$ U Umfang l Seitenlänge n Eckenzahl	Regelmäßiges Sechseck: Seitenlänge $l = 32$ mm. Wie lang ist der Umfang in mm? $U = 32$ mm $\cdot 6$ $\qquad$ **= 192 mm** Regelmäßiges Achteck: Umfang $U = 448$ mm. Wie lang ist eine Seite in mm? $l = 448$ mm : 8 $\qquad$ **= 56 mm**
Dreieck, Trapez, unregelmäßige Vielecke 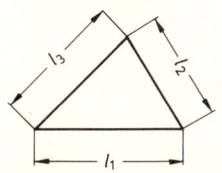	$U =$ Summe aller Seiten $U = l_1 + l_2 + l_3 + \ldots$ U Umfang l_1 Seitenlänge 1 l_2 Seitenlänge 2 l_3 Seitenlänge 3 l_n Seitenlänge n	Trapez: $l_1 = 150$ mm, $l_2 = 120$ mm, $l_3 = 40$ mm, $l_4 = 50$ mm. Wie lang ist der Umfang U des Trapezes in mm? $U = (150 + 120 + 40 + 50)$ mm $=$ **360 mm** Dreieck: $l_1 = 260$ mm, $l_2 = 180$ mm, $l_3 = 160$ mm. Wie lang ist der Umfang U? $U = (260 + 180 + 160)$ mm $\qquad$ **= 600 mm**
Kreis 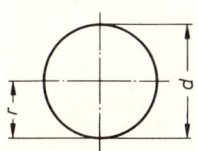	$U = \pi \cdot d$ $\qquad U = 2 \cdot \pi \cdot r$ $d = \dfrac{U}{\pi}$ $\qquad r = \dfrac{U}{2 \cdot \pi}$ U Umfang d Durchmesser r Halbmesser π pi $\approx 3,14$ genau $3,14159 \ldots$	Kreis: Durchmesser $d = 50$ mm. Wie lang ist der Umfang U in mm? $U = 3,14 \cdot 50$ mm $\qquad$ **= 157,1 mm** Kreis: Umfang $U = 230$ mm. Wie groß ist der Durchmesser d in mm? $d = 230$ mm : $3,14$ $\qquad$ **= 73,2 mm**
Ellipse 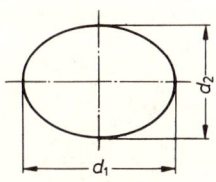	$U \approx \dfrac{\pi}{2} \cdot (d_1 + d_2)$ $d_1 \approx \dfrac{2 \cdot U}{\pi} - d_2$ $\quad d_2 \approx \dfrac{2 \cdot U}{\pi} - d_1$ U Umfang d_1 große Achse d_2 kleine Achse	Ellipse: $d_1 = 150$ mm, $d_2 = 90$ mm. Wie lang ist der Umfang der Ellipse in mm? $U \approx \dfrac{3,14}{2} \cdot (150$ mm $+ 90$ mm$) =$ **377 mm** Ellipse: $d_2 = 44$ mm, $U = 188,5$ mm. Wie lang ist die große Achse d_1 in mm? $d_1 \approx \dfrac{2 \cdot 188,5 \text{ mm}}{3,14} - 44$ mm $\qquad$ **= 76 mm**

Länge

Maßstäbe

Natür-liche Größe	Ver-größe-rungen	Ver-kleine-rungen
1 : 1	2 : 1	1 : 2,5
	5 : 1	1 : 5
	10 : 1	1 : 10
		1 : 20
		1 : 50
		1 : 100

$$M = l_Z : l_N$$

$$l_Z = l_N \cdot M \qquad l_N = l_Z : M$$

M Maßstab
l_Z Zeichnungsmaß
l_N natürliches Maß, Maß am Werkstück

Bolzen: Länge 150 mm, Maßstab 1 : 5. Wie lang ist der Bolzen in der Zeichnung?

$$l_Z = 150 \text{ mm} \cdot 1/5 \qquad = \mathbf{30{,}0 \text{ mm}}$$

Wanderkarte M 1 : 40000, Abstand zweier Punkte 85 mm. Wie groß ist die wirkliche Entfernung in km?

$$l_N = \frac{85 \text{ mm} \cdot 40\,000}{1 \cdot 1\,000\,000} = \mathbf{3{,}4 \text{ km}}$$

Steigung, Gefälle

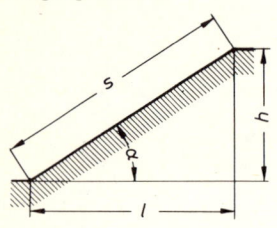

Bei kleinen Steigungen kann die waagrechte Länge gleich der schrägen Länge gesetzt werden.

Bei einer Steigung von 5% beträgt der Höhenunterschied 5 m auf 100 m waagrechter Länge.

Steigung 1 : 5 ist gleich 1 m Höhenunterschied auf 5 m Länge.

$$1 : i = \frac{h}{l} \qquad P = \frac{100 \cdot h}{l}$$

$$\tan \alpha = \frac{h}{l}$$

$$h = \frac{1 \cdot l}{i} \qquad l = \frac{h \cdot i}{1}$$

$$h = \frac{P \cdot l}{100} \qquad l = \frac{100 \cdot h}{P}$$

$$h = \tan \alpha \cdot l \qquad l = \frac{h}{\tan \alpha}$$

$1 : i$ Steigungsverhältnis
P Steigung in %
h Höhenunterschied
l waagrechte Länge
s schräge Länge
α Steigungswinkel

Bergstraße: waagrechte Länge 2,5 km, Höhenunterschied 125 m. Wie groß ist
a) das Steigungsverhältnis 1 : i?
b) die Steigung P in Prozent?
c) der Steigungswinkel α?
d) die genaue Weglänge s in m?

$$1 : i = \frac{125 \text{ m}}{2\,500 \text{ m}} = \mathbf{1 : 20}$$

$$P = \frac{100 \cdot 125 \text{ m}}{2\,500 \text{ m}} = \mathbf{5 \text{ \%}}$$

$$\tan \alpha = \frac{125 \text{ m}}{2\,500 \text{ m}} = \mathbf{0{,}050}$$

α aus der Winkeltabelle $= \mathbf{3°}$

$$s = \sqrt{2\,500^2 \text{ m}^2 + 125^2 \text{ m}^2} = \mathbf{2503{,}1 \text{ m}}$$

Ski-Schlepplift: 35% Steigung, waagrechte Länge 280 m. Wie groß ist der Höhenunterschied h in m?

$$h = \frac{35 \cdot 280 \text{ m}}{100} = \mathbf{98{,}0 \text{ m}}$$

Teilung von Längen
ohne Endstücke

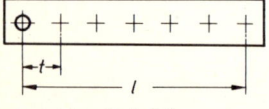

mit gleichen Endstücken

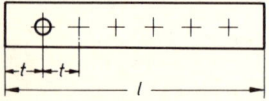

endlos

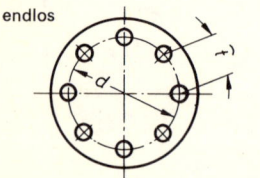

$$t = \frac{l}{z} \qquad z = \frac{l}{t}$$

$$l = t \cdot z$$

ohne Endstücke:
$$n = z + 1 \qquad z = n - 1$$

mit gleichen Endstücken:
$$n = z - 1 \qquad z = n + 1$$

endlos (Umfang):
$$n = z \qquad z = n$$

l Teilungslänge, Umfang
t Teilung, Teilelänge, Abstand der Lochmitten
z Teilezahl, Stückzahl
n Teilstriche, Lochzahl, Anzahl der Sägeschnitte

Flachstahl: $l = 1\,800$ mm, $n = 5$, ohne Endstücke. Wie groß ist die Teilung t in mm?

$$z = 5 - 1 = 4$$
$$t = 1\,800 \text{ mm} : 4 = \mathbf{450 \text{ mm}}$$

Zierleiste: $l = 1\,800$ mm, $n = 5$, mit Endstücken. Wie groß ist die Teilung t in mm?

$$z = 5 + 1 = 6$$
$$t = 1\,800 \text{ mm} : 6 = \mathbf{300 \text{ mm}}$$

Lochkreis: $U = 1\,800$ mm, $n = 5$, endlos. Wie groß ist die Teilung t in mm?

$$z = 5$$
$$t = 1\,800 \text{ mm} : 5 = \mathbf{360 \text{ mm}}$$

Kettenlänge

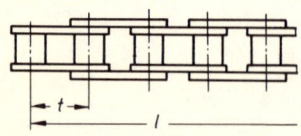

$$l = t \cdot z$$

$$t = \frac{l}{z} \qquad z = \frac{l}{t}$$

l Kettenlänge
t Teilung
z Gliederzahl

Rollenkette 2 × 12,7 × 3,3, $z = 42$. Wie lang ist die Kette in mm?

$$l = 12{,}7 \text{ mm} \cdot 42 = \mathbf{533{,}4 \text{ mm}}$$

Bezeichnung einer Rollenkette:

1	×	15,8	×	6,48 mm
Glied-reihe		Teilung		innere Gliedbreite

Gestreckte Länge, Kreisbogenlänge, Reifenabmessungen

Gestreckte Länge 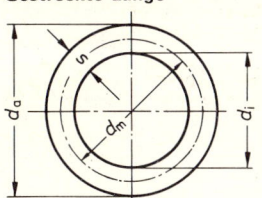	$l = \pi \cdot d_m$ $d_m = \dfrac{l}{\pi}$ $d_m = d_a - s$ $d_m = d_i + s$ l gestreckte Länge, Länge der neutralen Faser d_m mittlerer Durchmesser d_a Außendurchmesser d_i Innendurchmesser s Materialdicke über 3 mm	Ring: Außendurchmesser d_a = 120 mm, Materialdicke s = 20 mm. Wie groß ist die gestreckte Länge l in mm? l = 3,14 · (120 − 20)mm = **314 mm** Stahlreifen: Innendurchmesser d_i = 600 mm, Materialdicke s = 30 mm. Wie lang ist die neutrale Faser l in mm? l = (600 + 30) mm · 3,14 = **1979 mm**
Federlänge 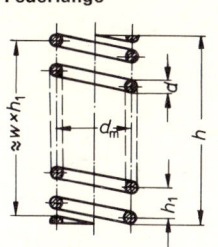	$l = \pi \cdot d_m \cdot (w + 1,5^*)$ $h = h_1 \cdot w + d$ $w = \dfrac{h-d}{h_1}$ l Drahtlänge h Federhöhe h_1 Wickelsteigung w Windungszahl d Drahtdurchmesser d_m mittlerer Federdurchmesser * bei Zugfedern 2,0	Druckfeder: d = 4 mm, d_m = 40 mm, w = 8 Windungen. Wie lang ist der Federdraht in mm? l = 3,14 · 40 mm (8 + 1,5) = **1194 mm** Zugfeder: d = 3 mm, d_m = 40 mm, w = 6 Windungen, h_1 = 15 mm. Wie groß ist a) die Federhöhe h in mm? b) die Drahtlänge l in mm? h = 15 mm · 6 + 3 mm = **93 mm** l = 40 mm · 3,14 (6 + 2,0) = **1 005 mm**
Kreisbogenlänge 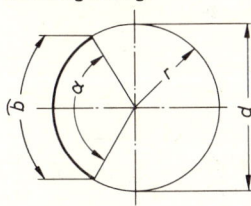	$b = \dfrac{\pi \cdot d \cdot \alpha}{360}$ $b = \dfrac{\pi \cdot r \cdot \alpha}{180}$ $d = \dfrac{b \cdot 360}{\pi \cdot \alpha}$ $\alpha = \dfrac{b \cdot 360}{\pi \cdot d}$ b Bogenlänge d Durchmesser r Halbmesser α Mittelpunktswinkel in Grad	Riementrieb: d = 85 mm, α = 120°. Wie groß ist die Bogenlänge b in mm? $b = \dfrac{3,14 \cdot 85 \text{ mm} \cdot 120°}{360°}$ = **89 mm** Schwungrad: d = 228 mm, b = 119,4 mm. Wie groß ist der Bogenwinkel α in Grad? $\alpha = \dfrac{119,4 \text{ mm} \cdot 360°}{3,14 \cdot 228 \text{ mm}}$ = **60°**
Kurvenlänge 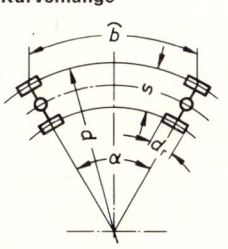	$b = \dfrac{\pi \cdot d \cdot \alpha}{360}$ $z = \dfrac{b}{\pi \cdot d_r}$ $b = \pi \cdot d_r \cdot z$ $d_r = \dfrac{b}{\pi \cdot z}$ d Spurkreisdurchmesser d_r Reifendurchmesser b Kurvenlänge z Radumdrehungen α Kurvenwinkel in Grad	Spurkreisdurchmesser d = 12 m, Kurvenwinkel α = 120°, Reifendurchmesser d_r = 570 mm. Wie groß ist a) die Kurvenlänge b in m? b) die Radumdrehung z? $b = \dfrac{3,14 \cdot 12 \text{ m} \cdot 120°}{360°}$ = **12,57 m** $z = \dfrac{12570 \text{ mm}}{3,14 \cdot 570 \text{ mm}}$ = **7 Umdr.**
Reifenabmessungen 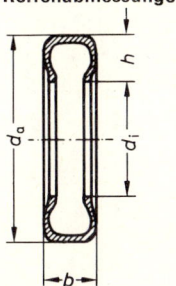	$d_a = d + 2 \cdot H/B \cdot b$ $h = H/B \cdot b$ $U = \pi \cdot d_a$ Umrechnung: mm = Zoll · 25,4 Zoll = $\dfrac{\text{mm}}{25,4}$ d_a Außendurchmesser d Felgendurchmesser H/B Querschnittsverhältnis b Reifenbreite h Reifenhöhe U Reifenumfang	Reifen 5,90–13, Querschnittsverhältnis H/B 0,95. Wie groß ist der Außendurchmesser d_a des Reifens in mm? b = 5,90'' · 25,4 mm = **150 mm** d = 13'' · 25,4 mm = **330 mm** d_a = 330 mm + 2 · 0,95 · 150 mm = **615 mm** Reifen 165 SR 14, Querschnittsverhältnis 0,80. Wie groß ist der Umfang des Reifens in mm? d = 14'' · 25,4 mm = **356 mm** d_a = 356 mm + 2 · 0,80 · 165 mm = **620 mm** U = 620 mm · 3,14 = **1 948 mm**

Flächen

Quadrat

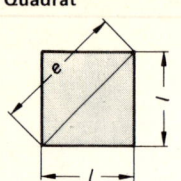

$A = l \cdot l$	$U = 4 \cdot l$
$l = \sqrt{A}$	$e = 1{,}414 \cdot l$

A	Fläche	l	Seitenlänge
U	Umfang	e	Eckenmaß

Quadrat: Seitenlänge $l = 9$ mm. Wie groß ist der Flächeninhalt A in mm²?

$A = 9$ mm $\cdot$ 9 mm $\qquad$ **= 81 mm²**

Quadrat: Flächeninhalt $A = 144$ mm². Wie lang ist die Seite l in mm?

$l = \sqrt{144 \text{ mm}^2}$ $\qquad$ **= 12 mm**

Rechteck

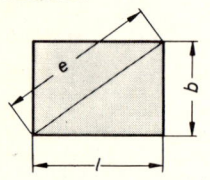

$A = l \cdot b$	$U = 2 \cdot (l + b)$
$l = \dfrac{A}{b}$	$b = \dfrac{A}{l}$
$e = \sqrt{l^2 + b^2}$	$b = \dfrac{U}{2} - l$

A	Fläche	b	Breite
l	Länge	e	Eckenmaß

Rechteck: $l = 18$ mm, $b = 12$ mm. Wie groß ist der Flächeninhalt A in mm²?

$A = 18$ mm $\cdot$ 12 mm $\qquad$ **= 216 mm²**

Rechteck: $A = 128$ cm², $b = 8$ cm. Wie lang ist das Rechteck in cm?

$l = 128$ cm² : 8 cm $\qquad$ **= 16 cm**

Parallelogramm

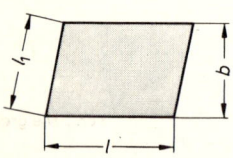

$A = l \cdot b$	$U = 2 \cdot (l + l_1)$
$l = \dfrac{A}{b}$	$b = \dfrac{A}{l}$

A	Fläche	l	Länge
U	Umfang	l_1	Länge der
b	Breite		Schrägseite

Parallelogramm: $l = 25$ m, $b = 15$ m. Wie groß ist der Flächeninhalt A in m²?

$A = 25$ m $\cdot$ 15 m $\qquad$ **= 375 m²**

Parallelogramm: $A = 84$ m², $l = 7$ m. Wie breit ist das Parallelogramm in m?

$b = 84$ m² : 7 m $\qquad$ **= 12 m**

Trapez

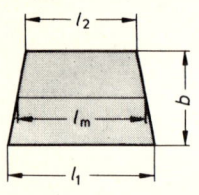

$A = \dfrac{l_1 + l_2}{2} \cdot b$	$A = l_m \cdot b$
$l_1 = \dfrac{2 \cdot A}{b} - l_2$	$l_m = \dfrac{l_1 + l_2}{2}$
$l_2 = \dfrac{2 \cdot A}{b} - l_1$	$b = \dfrac{2 \cdot A}{l_1 + l_2}$

l_1	große Länge	b	Breite
l_2	kleine Länge	l_m	mittl. Länge

Trapez: $l_1 = 28$ m, $l_2 = 20$ m, $b = 15$ m. Wie groß ist der Flächeninhalt A in m²?

$A = \dfrac{28 \text{ m} + 20 \text{ m}}{2} \cdot 15$ m $\qquad$ **= 360 m²**

Trapez: $A = 900$ m², $l_1 = 40$ m, $l_2 = 32$ m. Wie breit ist das Trapez in m?

$b = \dfrac{2 \cdot 900 \text{ m}^2}{40 \text{ m} + 32 \text{ m}}$ $\qquad$ **= 25 m**

Dreieck

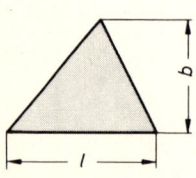

$A = \dfrac{l \cdot b}{2}$	$U =$ Summe der drei Seiten
$l = \dfrac{2 \cdot A}{b}$	$b = \dfrac{2 \cdot A}{l}$

A	Fläche	l	Länge
U	Umfang	b	Breite

Dreieck: $l = 45$ dm, $b = 30$ dm. Wie groß ist der Flächeninhalt A in dm²?

$A = \dfrac{45 \text{ dm} \cdot 30 \text{ dm}}{2}$ $\qquad$ **= 675 dm²**

Dreieck: $A = 500$ cm², $l = 40$ cm. Wie breit ist das Dreieck in cm?

$b = \dfrac{2 \cdot 500 \text{ cm}^2}{40 \text{ cm}}$ $\qquad$ **= 25 cm**

Regelmäßiges Vieleck

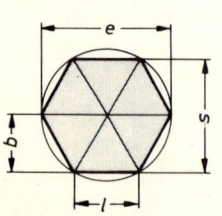

$A = \dfrac{l \cdot b}{2} \cdot n$	$U = l \cdot n$

Sechseck	**Achteck**
$A = 0{,}866 \cdot s^2$	$A = 0{,}828 \cdot s^2$
$s = 0{,}866 \cdot e$	$s = 0{,}924 \cdot e$
$e = 1{,}155 \cdot s$	$e = 1{,}082 \cdot s$
	$s = 2{,}474 \cdot l$

l	Seitenlänge	s	Schl'weite
n	Eckenzahl	b	Breite,
e	Eckenmaß		Schl'weite/2

Regelmäßiges Sechseck: $s = 17$ mm. Wie groß ist der Flächeninhalt A in mm²?

$A = 0{,}866 \cdot 17^2$ mm² $\qquad$ **= 250,3 mm²**

Regelmäßiges Zwölfeck: $l = 16$ m, $b = 30$ m. Wie groß ist der Flächeninhalt?

$A = \dfrac{16 \text{ m} \cdot 30 \text{ m}}{2} \cdot 12$ $\qquad$ **= 2880 m²**

1

Unregelmäßiges Vieleck

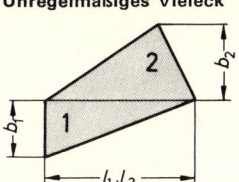

$A = A_1 + A_2 + ...$ $U =$ Summe der Seiten

$A_1 = \dfrac{l_1 \cdot b_1}{2}$ $A_2 = \dfrac{l_2 \cdot b_2}{2}$

A	Gesamtfläche	U	Umfang
A_1	Teilfläche 1	l ...	Längen
A_2	Teilfläche 2	b ...	Breiten

Unregelmäßiges Vieleck: $l_1 = 110$ mm, $l_2 = 110$ mm, $b_1 = 100$ mm, $b_2 = 35$ mm. Wie groß ist der Flächeninhalt in mm²?

$A_1 = \dfrac{110 \text{ mm} \cdot 100 \text{ mm}}{2} = 5500 \text{ mm}^2$

$A_2 = \dfrac{110 \text{ mm} \cdot 35 \text{ mm}}{2} = 1925 \text{ mm}^2$

$A = 7425 \text{ mm}^2$

Kreis

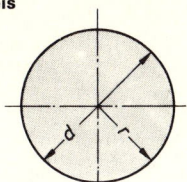

$A = \dfrac{\pi \cdot d^2}{4}$ $U = \pi \cdot d$

$A = 0{,}785 \cdot d^2$

$A = \pi \cdot r^2$ $d = \sqrt{\dfrac{A}{0{,}785}}$

A	Fläche	d	Durchmesser
U	Umfang	r	Halbmesser

Kreis: Durchmesser $d = 18$ mm. Wie groß ist der Flächeninhalt A in mm²?

$A = \dfrac{3{,}14 \cdot 18^2 \text{ mm}^2}{4} = 254{,}5 \text{ mm}^2$

Kreis: Flächeninhalt $A = 380{,}1$ cm². Wie groß ist der Durchmesser d in cm?

$d = \sqrt{\dfrac{380{,}1 \text{ cm}^2}{0{,}785}} = 22 \text{ cm}$

Kreisring

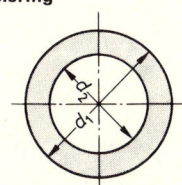

$A = A_1 - A_2$ $A = \dfrac{\pi \cdot (d_1{}^2 - d_2{}^2)}{4}$

$A = \dfrac{\pi \cdot d_1{}^2}{4} - \dfrac{\pi \cdot d_2{}^2}{4}$

$d_1 = \sqrt{\dfrac{A + A_2}{0{,}785}}$ $d_2 = \sqrt{\dfrac{A_1 - A}{0{,}785}}$

A	Ringfläche	d_1	Außen⌀
A_1	Gesamtfläche	d_2	Innen⌀
A_2	Innenfläche		

Kreisring: $d_1 = 30$ mm, $d_2 = 22$ mm. Wie groß ist der Flächeninhalt A in mm²?

$A_1 = 0{,}785 \cdot 30^2 \text{ mm}^2 = 706{,}9 \text{ mm}^2$
$A_2 = 0{,}785 \cdot 22^2 \text{ mm}^2 = 380{,}1 \text{ mm}^2$
$A = 326{,}8 \text{ mm}^2$

Kreisring: $A = 367$ cm², $d_2 = 36$ cm. Wie groß ist der Außendurchmesser?

$d_1 = \sqrt{\dfrac{367 \text{ cm}^2 + 1018 \text{ cm}^2}{0{,}785}} = 42 \text{ cm}$

Kreisausschnitt (Sektor)

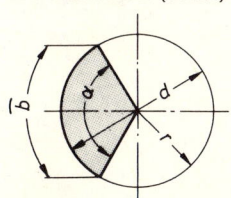

$A = \dfrac{0{,}785 \cdot d^2 \cdot \alpha}{360}$ $A = \dfrac{b \cdot r}{2}$

$d = \sqrt{\dfrac{360 \cdot A}{0{,}785 \cdot \alpha}}$ $r = \dfrac{2 \cdot A}{b}$

$\alpha = \dfrac{360 \cdot A}{0{,}785 \cdot d^2}$ $b = \dfrac{2 \cdot A}{r}$

d	Durchmesser	r	Halbmesser
α	Innenwinkel	b	Bogenlänge

Kreisausschnitt: $d = 80$ mm, $\alpha = 120°$. Wie groß ist der Flächeninhalt in mm²?

$A = \dfrac{0{,}785 \cdot 80^2 \text{ mm}^2 \cdot 120°}{360°} = 1676 \text{ mm}^2$

Kreisausschnitt: $A = 885$ cm², $d = 52$ cm. Wie groß ist der Innenwinkel α?

$\alpha = \dfrac{360° \cdot 885{,}0 \text{ cm}^2}{0{,}785 \cdot 52^2 \text{ cm}^2} = 150°$

Kreisabschnitt (Segment)

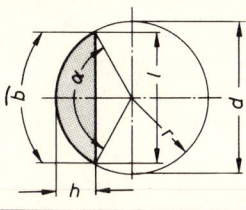

$\left(A = \dfrac{b \cdot r - l(r - h)}{2} \right)$ $A \approx \dfrac{2}{3} \cdot l \cdot h$

$h = r - \sqrt{r^2 - l^2/4}$ $l = 2\sqrt{2rh - h^2}$

r	Halbmesser	l	Sehnenlänge
b	Bogenlänge	h	Höhe
A	Fläche		

Kreisabschnitt: $b = 74{,}2$ mm, $r = 40$ mm, $l = 64$ mm, $h = 16$ mm. Wie groß ist der Flächeninhalt A in mm²?

Flächeninhalt $A = $
$\dfrac{74{,}2 \text{ mm} \cdot 40 \text{ mm} - 64 \text{ mm} (40 \text{ mm} - 16 \text{ mm})}{2}$
$= 716 \text{ mm}^2$

oder angenähert
$A \approx 2/3 \cdot 64 \text{ mm} \cdot 16 \text{ mm} = 683 \text{ mm}^2$

Ellipse

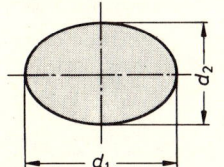

$A = \dfrac{\pi \cdot d_1 \cdot d_2}{4}$ $U \approx \dfrac{\pi}{2} \cdot (d_1 + d_2)$

$d_1 = \dfrac{4 \cdot A}{\pi \cdot d_2}$ $d_2 = \dfrac{4 \cdot A}{\pi \cdot d_1}$

A	Fläche	d_1	große Achse
U	Umfang	d_2	kleine Achse

Ellipse: $d_1 = 12{,}5$ m, $d_2 = 8$ m. Wie groß ist der Flächeninhalt A in m²?

$A = \dfrac{3{,}14 \cdot 12{,}5 \text{ m} \cdot 8 \text{ m}}{4} = 78{,}5 \text{ m}^2$

Ellipse: $A = 235{,}5$ mm², $d_1 = 20$ mm. Wie lang ist die kleine Achse d_2 in mm?

$d_2 = \dfrac{4 \cdot 235{,}5 \text{ mm}^2}{3{,}14 \cdot 20 \text{ mm}} = 15 \text{ mm}$

Gleichdicke Körper

Allgemein	$V = A \cdot h$ $\quad$ $A_0 = 2 \cdot A + U \cdot h$	Prisma: $A = 250\,cm^2$, $h = 18\,cm$. Wie groß ist das Volumen V in cm^3?
Würfel Prisma Zylinder Hohlzylinder	$A = \dfrac{V}{h}$ $\qquad$ $h = \dfrac{V}{A}$	$V = 250\,cm^2 \cdot 18\,cm \qquad = \mathbf{4500\,cm^3}$
	$\begin{array}{ll} V & \text{Volumen} \\ A_0 & \text{Oberfläche} \\ A & \text{Grundfläche} \end{array}$ $\begin{array}{ll} h & \text{Höhe} \\ U & \text{Umfang der} \\ & \text{Grundfläche} \end{array}$	Zylinder: $A = 40\,cm^2$, $V = 480\,cm^3$. Wie hoch ist der Zylinder in cm? $h = 480\,cm^3 : 40\,cm^2 \qquad = \mathbf{12\,cm}$

Würfel	$V = l \cdot l \cdot l \qquad V = l^3$	Würfel: Seitenlänge $l = 30\,mm$. Wie groß ist das Volumen des Würfels in mm^3?
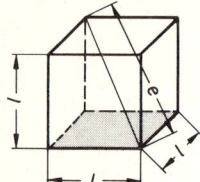	$A_0 = 6 \cdot l \cdot l \qquad A_0 = 6 \cdot l^2$	$V = 30\,mm \cdot 30\,mm \cdot 30\,mm = \mathbf{27\,000\,mm^3}$
	$l = \sqrt[3]{V} \qquad e = 1{,}732 \cdot l$	Würfel: Volumen $V = 4096\,cm^3$. Wie groß ist die Oberfläche des Würfels in cm^2?
	$\begin{array}{ll} V & \text{Volumen} \\ A_0 & \text{Oberfläche} \end{array}$ $\begin{array}{ll} l & \text{Seitenlänge} \\ e & \text{Eckenmaß} \end{array}$	$l = \sqrt[3]{4096\,cm^3} \qquad = 16\,cm$ $A_0 = 6 \cdot 16\,cm \cdot 16\,cm \quad = \mathbf{1536\,cm^2}$

Prisma	$V = l \cdot b \cdot h \qquad V = A \cdot h$	Prisma mit rechteckiger Grundfläche: $l = 80\,mm$, $b = 20\,mm$, $h = 60\,mm$. Wie groß ist das Volumen V in mm^3?
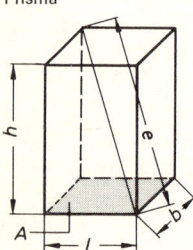	$A_0 = 2 \cdot l \cdot b + 2 \cdot (l + b) \cdot h$	$V = 80\,mm \cdot 20\,mm \cdot 60\,mm = \mathbf{96\,000\,mm^3}$
	$l = \dfrac{V}{b \cdot h} \qquad b = \dfrac{V}{l \cdot h}$	Prisma mit rechteckiger Grundfläche: $V = 72\,m^3$, $b = 3\,m$, $h = 4\,m$. Wie groß ist
	$h = \dfrac{V}{l \cdot b} \qquad e = \sqrt{l^2 + b^2 + h^2}$	a) die Länge des Prismas in m? b) die Oberfläche des Prismas in m^2?
	$\begin{array}{ll} V & \text{Volumen} \\ A_0 & \text{Oberfläche} \\ e & \text{Eckenmaß} \end{array}$ $\begin{array}{ll} l & \text{Länge} \\ b & \text{Breite} \\ h & \text{Höhe} \end{array}$	$l = 72\,m^3 : (3\,m \cdot 4\,m) \qquad = \mathbf{6\,m}$ $A_0 = 2 \cdot 6\,m \cdot 3\,m + 2 \cdot 4\,m\,(6\,m + 3\,m)$ $\qquad\qquad = \mathbf{108\,m^2}$

Zylinder	$V = \dfrac{\pi \cdot d^2}{4} \cdot h \qquad V = A \cdot h$	Zylinder: $d = 16\,mm$, $h = 80\,mm$. Wie groß ist das Volumen V in mm^3?
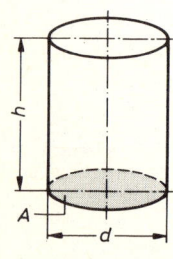	$A_0 = 2 \cdot \dfrac{\pi \cdot d^2}{4} + \pi \cdot d \cdot h$	$V = \dfrac{\pi \cdot 16^2\,mm^2}{4} \cdot 80\,mm \quad = \mathbf{16\,088\,mm^3}$
	$d = \sqrt{\dfrac{4 \cdot V}{\pi \cdot h}} \qquad h = \dfrac{4 \cdot V}{\pi \cdot d^2}$	Zylinder: $V = 94{,}26\,cm^3$, $d = 2\,cm$. Wie hoch ist der Zylinder in cm?
	$\begin{array}{ll} V & \text{Volumen} \\ A_0 & \text{Oberfläche} \\ A & \text{Grundfläche} \end{array}$ $\begin{array}{ll} d & \text{Durch-} \\ & \text{messer} \\ h & \text{Höhe} \end{array}$	$h = \dfrac{94{,}26\,cm^3 \cdot 4}{3{,}14 \cdot 2^2\,cm^2} \qquad = \mathbf{30\,cm}$

Hohlzylinder	$V = (A_1 - A_2) \cdot h \qquad V = A \cdot h$	Hohlzylinder: $d_1 = 30\,mm$, $d_2 = 20\,mm$, $h = 50\,mm$. Wie groß ist das Volumen V des Hohlzylinders in mm^3?
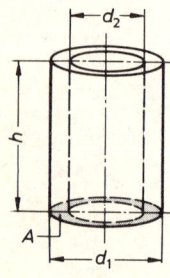	$V = \left(\dfrac{\pi \cdot d_1{}^2}{4} - \dfrac{\pi \cdot d_2{}^2}{4} \right) \cdot h$	$A_1 = \dfrac{3{,}14 \cdot 30^2\,mm^2}{4} \qquad = 706{,}9\,mm^2$
	$d_1 = \sqrt{\dfrac{V + A_2 \cdot h}{h \cdot 0{,}785}} \quad h = \dfrac{V}{A_1 - A_2}$	$A_2 = \dfrac{3{,}14 \cdot 20^2\,mm^2}{4} \qquad = 314{,}2\,mm^2$ $A \qquad\qquad\qquad = 392{,}7\,mm^2$
	$d_2 = \sqrt{\dfrac{A_1 \cdot h - V}{h \cdot 0{,}785}} \quad A_1 = \dfrac{V}{h} + A_2$	$V = 392{,}7\,mm^2 \cdot 50\,mm \quad = \mathbf{19\,635\,mm^3}$
	$\begin{array}{ll} V & \text{Volumen} \\ A & \text{Ringfläche} \\ A_1 & \text{Vollfläche} \end{array}$ $\begin{array}{ll} A_2 & \text{Innenfläche} \\ d_1 & \text{Außen}\varnothing \\ d_2 & \text{Innen}\varnothing \end{array}$	Hohlzylinder: $A_1 = 600\,cm^2$, $A_2 = 400\,cm^2$, $V = 1600\,cm^3$. Gesucht: Höhe in cm? $h = \dfrac{1600\,cm^3}{600\,cm^2 - 400\,cm^2} \qquad = \mathbf{8\,cm}$

1

Spitze Körper

Pyramide V Volumen
Kegel A_0 Oberfläche
  A Grundfläche
  h Höhe

$$V = \frac{A \cdot h}{3} \qquad A_0 = A + A_M$$

$$A = \frac{3 \cdot V}{h} \qquad h = \frac{3 \cdot V}{A}$$

Kegel: $A = 50 \text{ cm}^2$, $h = 6 \text{ cm}$. Wie groß ist das Volumen V in cm^3?

$$V = \frac{50 \text{ cm}^2 \cdot 6 \text{ cm}}{3} = \mathbf{100 \text{ cm}^3}$$

Abgestumpfte Körper

Pyramiden-stumpf A_m Mittelfläche
  A_M Mantelfläche
Kegelstumpf A_1 Grundfläche
  A_2 Deckfläche

$$V = A_m \cdot h \qquad A_0 = A_1 + A_2 + A_M$$

$$A_m = \frac{V}{h} \qquad h = \frac{V}{A_m} \qquad A_m = \frac{A_1 + A_2}{2}$$

Kegelstumpf: $A_1 = 75 \text{ cm}^2$, $A_2 = 50 \text{ cm}^2$ $h = 8 \text{ cm}$. Wie groß ist das Volumen?

$$V = \frac{(75 + 50) \text{ cm}^2}{2} \cdot 8 \text{ cm} = \mathbf{500 \text{ cm}^3}$$

Pyramide

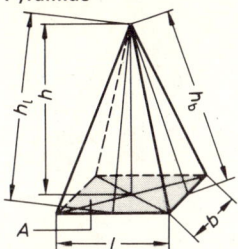

$$V = \frac{l \cdot b \cdot h}{3} \qquad V = \frac{A \cdot h}{3}$$

$$A_0 = l \cdot b + l \cdot h_l + b \cdot h_b$$

$$l = \frac{3 \cdot V}{b \cdot h} \qquad b = \frac{3 \cdot V}{l \cdot h} \qquad h = \frac{3 \cdot V}{l \cdot b}$$

$$h_l = \sqrt{h^2 + b^2/4} \qquad h_b = \sqrt{h^2 + l^2/4}$$

V Volumen l Länge
A_0 Oberfläche b Breite
h ... Mantelhöhe h Höhe

Pyramide: $l = 40 \text{ mm}$, $b = 25 \text{ mm}$, $h = 90 \text{ mm}$ Wie groß ist das Volumen V in mm^3?

$$V = \frac{(40 \cdot 25 \cdot 90) \text{ mm}^3}{3} = \mathbf{30\,000 \text{ mm}^3}$$

Pyramide: $V = 320 \text{ cm}^3$, $l = 8 \text{ cm}$, $b = 6 \text{ cm}$. Wie hoch ist die Pyramide in cm?

$$h = \frac{3 \cdot 320 \text{ cm}^3}{8 \text{ cm} \cdot 6 \text{ cm}} = \mathbf{20 \text{ cm}}$$

Kegel

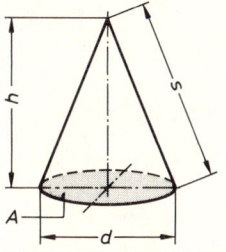

$$V = \frac{h}{3} \cdot \frac{d^2 \cdot \pi}{4} \qquad V = \frac{A \cdot h}{3}$$

$$A_0 = \frac{\pi \cdot d^2}{4} + \frac{\pi \cdot d \cdot s}{2}$$

$$h = \frac{12 \cdot V}{\pi \cdot d^2} \qquad d = \sqrt{\frac{12 \cdot V}{\pi \cdot h}}$$

V Volumen $s = \sqrt{h^2 + r^2}$
A_0 Oberfläche
d Durchmesser
s Mantelhöhe
r Halbmesser

Kegel: $d = 200 \text{ mm}$, $h = 600 \text{ mm}$. Wie groß ist das Volumen V in cm^3?

$$V = \frac{3,14 \cdot 20^2 \text{ cm}^2}{3 \cdot 4} \cdot 60 \text{ cm} = \mathbf{6284 \text{ cm}^3}$$

Kegel: $V = 78,54 \text{ cm}^3$, $d = 5 \text{ cm}$. Wie hoch ist der Kegel in mm?

$$h = \frac{12 \cdot 78540 \text{ mm}^3}{50^2 \text{ mm}^2 \cdot 3,14} = \mathbf{120 \text{ mm}}$$

Pyramidenstumpf

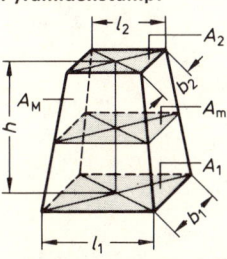

$$V \approx \frac{A_1 + A_2}{2} \cdot h \qquad V \approx A_m \cdot h$$

$$A_0 = A_1 + A_2 + 2 \cdot (A_{M1} + A_{M2})$$

$$V = h/3 \cdot (A_1 + A_2 + \sqrt{A_1 \cdot A_2})$$

$$h = \frac{2 \cdot V}{A_1 + A_2} \qquad A_1 = \frac{2 \cdot V}{h} - A_2$$

$$A_1 = l_1 \cdot b_1 \qquad A_2 = l_2 \cdot b_2$$

Pyramidenstumpf: $l_1 = 40 \text{ mm}$, $b_1 = 30 \text{ mm}$, $l_2 = 20 \text{ mm}$, $b_2 = 15 \text{ mm}$, $h = 60 \text{ mm}$. Wie groß ist das Volumen V in cm^3?

$A_1 = 4 \text{ cm} \cdot 3 \text{ cm}$ $= 12 \text{ cm}^2$
$A_2 = 2 \text{ cm} \cdot 1,5 \text{ cm}$ $= 3 \text{ cm}^2$
$A_m = \dfrac{12 \text{ cm}^2 + 3 \text{ cm}^2}{2}$ $= 7,5 \text{ cm}^2$
$V \approx 7,5 \text{ cm}^2 \cdot 6 \text{ cm}$ $= \mathbf{45 \text{ cm}^3}$

genau $V =$
$6 \text{ cm}/3 \cdot (12 \text{ cm}^2 + 3 \text{ cm}^2 + \sqrt{12 \text{ cm}^2 \cdot 3 \text{ cm}^2})$
     $= \mathbf{42 \text{ cm}^3}$

Kegelstumpf

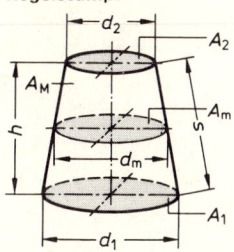

$$V \approx \frac{A_1 + A_2}{2} \cdot h \qquad V \approx \frac{\pi \cdot d_m^2}{4} \cdot h$$

$$A_0 = A_1 + A_2 + \frac{\pi \cdot s}{2} (d_1 + d_2)$$

$$V = \frac{\pi \cdot h}{12} \cdot (d_1^2 + d_2^2 + d_1 \cdot d_2)$$

$$h = \frac{2 \cdot V}{A_1 + A_2} \qquad A_2 = \frac{2 \cdot V}{h} - A_1$$

$$A_1 = \frac{\pi \cdot d_1^2}{4} \qquad A_2 = \frac{\pi \cdot d_2^2}{4}$$

Kegelstumpf: $d_1 = 12 \text{ cm}$, $d_2 = 8 \text{ cm}$, $h = 15 \text{ cm}$. Wie groß ist das Volumen V in cm^3?

$A_1 = 12^2 \text{ cm}^2 \cdot 3,14/4$ $= 113,1 \text{ cm}^2$
$A_2 = 8^2 \text{ cm}^2 \cdot 3,14/4$ $= 50,3 \text{ cm}^2$
$A_m = \dfrac{113,1 \text{ cm}^2 + 50,3 \text{ cm}^2}{2}$ $= 81,7 \text{ cm}^2$
$V \approx 81,7 \text{ cm}^2 \cdot 15 \text{ cm}$ $= \mathbf{1225,5 \text{ cm}^3}$

genau $V = 3,14 \cdot 15 \text{ cm}/12 \cdot$
   $(12^2 \text{ cm}^2 + 8^2 \text{ cm}^2 + 12 \text{ cm} \cdot 8 \text{ cm})$
     $= \mathbf{1193,8 \text{ cm}^3}$

Kugel, zusammengesetzte Körper, Guldinsche Regel

Kugel

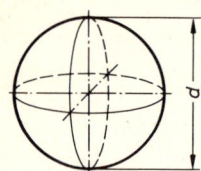

$$V = \frac{\pi \cdot d^3}{6} \qquad V = \frac{4}{3} \cdot \pi \cdot r^3$$

$$A_0 = \pi \cdot d^2 \qquad V = 0{,}523 \cdot d^3$$

$$d = \sqrt[3]{\frac{6 \cdot V}{\pi}} \qquad d = \sqrt{\frac{A_0}{\pi}}$$

V	Volumen	d	Durchmesser
A_0	Oberfläche	r	Halbmesser

Kugel: Durchmesser $d = 8$ mm. Wie groß ist das Volumen V in mm³?

$$V = \frac{3{,}14 \cdot 8^3 \ \text{mm}^3}{6} = \mathbf{268 \ mm^3}$$

Kugel: Volumen $V = 904{,}9$ m³. Wie groß ist der Durchmesser d in m?

$$d = \sqrt[3]{\frac{904{,}9 \ \text{m}^3 \cdot 6}{3{,}14}} = \mathbf{12 \ m}$$

Zusammengesetzte Körper

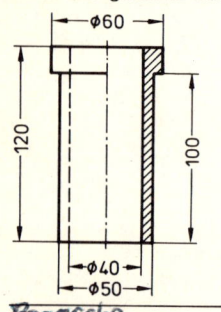

$$V = V_1 + V_2 - V_3$$

1. Zusammengesetzten Körper in einfache Grundkörper zerlegen.
2. Volumen der einfachen Grundkörper ausrechnen.
3. Volumen der Grundkörper zusammenzählen oder abziehen.

V	Volumen des zusammengesetzten Körpers
V_n	Volumen der einfachen Grundkörper

Bundbüchse nach nebenstehender Abbildung. Wie groß ist das Volumen in cm³?

$$V_1 = \frac{5^2 \ \text{cm}^2 \cdot 3{,}14}{4} \cdot 10 \ \text{cm} = 196{,}35 \ \text{cm}^3$$

$$V_2 = \frac{6^2 \ \text{cm}^2 \cdot 3{,}14}{4} \cdot 2 \ \text{cm} = 56{,}55 \ \text{cm}^3$$

$$V_1 + V_2 = 252{,}90 \ \text{cm}^3$$

$$V_3 = \frac{4^2 \ \text{cm}^2 \cdot 3{,}14}{4} \cdot 12 \ \text{cm} = 150{,}80 \ \text{cm}^3$$

$$V = \mathbf{102{,}10 \ cm^3}$$

Guldinsche Regel

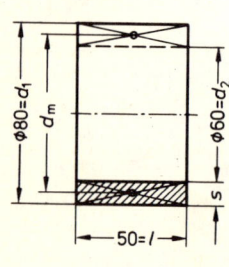

V	Volumen
S	einfacher Querschnitt
U	Querschnittsumfang
A_0	Oberfläche
U_m	mittlerer Körperumfang

$$V = S \cdot U_m \qquad U_m = \pi \cdot d_m$$

$$A_0 = U \cdot U_m \qquad d_m = \frac{d_1 + d_2}{2}$$

$$S = \frac{V}{U_m} \qquad U = \frac{A_0}{U_m}$$

Zylindrische Büchse: $S = 20$ cm², $d_m = 18$ cm, $U = 16$ cm. Wie groß ist
a) das Volumen V in cm³?
b) die Oberfläche A_0 in cm²?

$$V = 3{,}14 \cdot 20 \ \text{cm}^2 \cdot 18 \ \text{cm} = \mathbf{1131{,}0 \ cm^3}$$
$$A_0 = 3{,}14 \cdot 16 \ \text{cm} \cdot 18 \ \text{cm} = \mathbf{904{,}8 \ cm^2}$$

Drehkörper

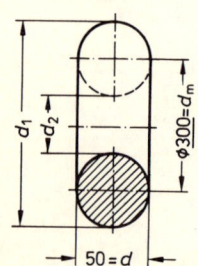

$$V = \pi \cdot s \cdot l \cdot d_m$$

$$A_0 = 2 \cdot \pi \cdot (s + l) \cdot d_m$$

$$s = \frac{d_1 - d_2}{2} \qquad d_m = \frac{d_1 + d_2}{2}$$

$$l = \frac{V}{\pi \cdot s \cdot d_m} \qquad d_m = \frac{V}{\pi \cdot s \cdot l}$$

V	Volumen	d_m	mittl. ⌀
A_0	Oberfläche	d_1	Außen⌀
s	Dicke	d_2	Innen⌀
l	Länge		

Büchse nach nebenstehender Abbildung. Wie groß
a) das Volumen V in cm³?
b) die Oberfläche A_0 in cm²?

$$s = \frac{80 \ \text{mm} - 60 \ \text{mm}}{2} = 10 \ \text{mm}$$

$$d_m = \frac{80 \ \text{mm} + 60 \ \text{mm}}{2} = 70 \ \text{mm}$$

$$V = 3{,}14 \cdot 1 \ \text{cm} \cdot 5 \ \text{cm} \cdot 7 \ \text{cm} = \mathbf{110 \ cm^3}$$
$$U = 2 \cdot (1 \ \text{cm} + 5 \ \text{cm}) = 12 \ \text{cm}$$
$$A_0 = 3{,}14 \cdot 12 \ \text{cm} \cdot 7 \ \text{cm} = \mathbf{263{,}9 \ cm^3}$$

Ringkörper

$$V = \frac{\pi^2}{4} \cdot d_m \cdot d^2$$

$$A_0 = \pi^2 \cdot d_m \cdot d$$

$$d = \sqrt{\frac{4 \cdot V}{\pi^2 \cdot d_m}} \qquad d_m = \frac{4 \cdot V}{\pi^2 \cdot d^2}$$

$$d_m = d_1 - d \qquad d_m = d_2 + d$$

V	Volumen	d_m	mittl.
A_0	Oberfläche		Ring⌀
d	Material⌀	d_1	Außen⌀
		d_2	Innen⌀

Ring nach nebenstehender Abbildung. Wie groß ist
a) das Volumen V in cm³?
b) die Oberfläche A_0 in cm²?

$$S = \frac{3{,}14 \cdot 5^2 \ \text{cm}^2}{4} = 19{,}635 \ \text{cm}^2$$

$$V = 3{,}14 \cdot 19{,}6 \ \text{cm}^2 \cdot 30 \ \text{cm} = \mathbf{1847 \ cm^3}$$
$$U = 3{,}14 \cdot 5 \ \text{cm} = 15{,}71 \ \text{cm}$$
$$A_0 = 3{,}14 \cdot 15{,}71 \ \text{cm} \cdot 30 \ \text{cm} = \mathbf{1480 \ cm^2}$$

1

Dichte

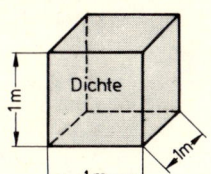

gasförmige Stoffe (273 K, 1 013 mbar)	$\frac{kg}{m^3}$	flüssige Stoffe	$\frac{g}{cm^3}$,	$\frac{kg}{dm^3}$	feste Stoffe	$\frac{g}{cm^3}$	$\frac{kg}{dm^3}$
Acetylen	1,17	Alkohol		0,80	Aluminium		2,7
Kohlenoxid	1,25	Benzin		0,74	Blei		11,3
Kohlendioxid	1,98	Benzol		0,88	Gußeisen		7,25
Leuchtgas	0,58	Dieselkraftstoff		0,86	Kupfer		8,93
Luft	1,29	Heizöl		0,86	Magnesium		1,74
Methan	0,72	Motorenöl		0,92	Nickel		8,85
Sauerstoff	1,43	Quecksilber		13,60	Stahl		7,86
Stickstoff	1,25	Schwefelsäure, konz.		1,84	Zink		7,14
Wasserstoff	0,09	Wasser (277 K)		1,00	Zinn		7,28

Masse

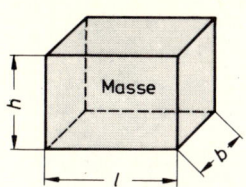

$m = V \cdot \rho$

$V = \dfrac{m}{\rho}$ $\qquad \rho = \dfrac{m}{V}$

m Masse
V Volumen
ρ Dichte

$V = 8\,dm^3$, Stahl $\rho = 7,86\ kg/dm^3$. Wie groß ist die Masse m in kg?

$m = 8\,dm^3 \cdot 7,86\ kg/dm^3$ = **62,88 kg**

$m = 24,3\ kg$, Aluminium $\rho = 2,7\ kg/dm^3$. Wie groß ist das Volumen V in cm^3?

$V = \dfrac{24\,300\ g}{2,7\ g/cm^3}$ = **9000 cm³**

Flächenbezogene Masse

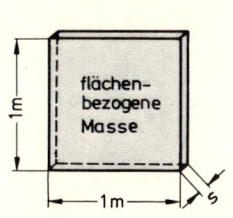

$m = A \cdot m_A$ $\qquad m = A \cdot s \cdot \rho$

$A = \dfrac{m}{m_A}$ $\qquad A = \dfrac{m}{s \cdot \rho}$

$m_A = \dfrac{m}{A}$ $\qquad s = \dfrac{m}{A \cdot \rho}$

m_A flächenbezogene Masse in kg/m²
A Fläche in m²
ρ Dichte in kg/dm³
s Blechdicke in mm
m Masse in kg

Stahlblech, $A = 4\ m^2$, $m_A = 12\ kg/m^2$. Wie groß ist die Masse m in kg?

$m = 4 \cdot 12$ = **48 kg**

Kupferblech, $s = 2\ mm$, $A = 3\ m^2$, $\rho = 8,93\ kg/dm^3$. Wie groß ist die Masse m des Bleches in kg?

$m = 3 \cdot 2 \cdot 8,93$ = **53,58 kg**

Längenbezogene Masse

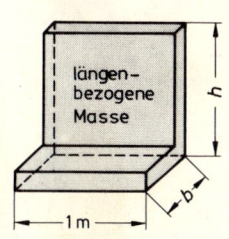

$m = l \cdot m_L$ $\qquad m = \dfrac{S \cdot l \cdot \rho}{1\,000}$

$l = \dfrac{m}{m_L}$ $\qquad S = \dfrac{1\,000 \cdot m}{l \cdot \rho}$

$m_L = \dfrac{m}{l}$ $\qquad l = \dfrac{1\,000 \cdot m}{S \cdot \rho}$

m_L längenbezogene Masse in kg/m
S Querschnitt in mm²
ρ Dichte in kg/dm³
l Länge in m
m Masse in kg

Gleichschenkliger Winkelstahl ∟ 35 × 4, $l = 8\ m$, $m_L = 2,1\ kg/m$. Wie groß ist die Masse m in kg?

$m = 8 \cdot 2,1$ = **16,8 kg**

Stahlrohr, $s = 2\ mm$, $d_a = 20\ mm$, $l = 7\ m$, $\rho = 7,86\ kg/dm^3$. Wie groß ist die Masse m in kg?

$d_m = 20\ mm - 2\ mm$ = **18 mm**
$S = 18\ mm \cdot 3,14 \cdot 2\ mm$ = **113,1 mm²**
$m = \dfrac{113,1 \cdot 7 \cdot 7,86}{1\,000}$ = **6,222 kg**

Gewichtskraft

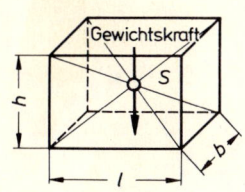

$G = m \cdot g$ $\qquad G = V \cdot \rho \cdot g$

$m = \dfrac{G}{g}$ $\qquad V = \dfrac{G}{\rho \cdot g}$

$g = \dfrac{G}{m}$ $\qquad \rho = \dfrac{G}{V \cdot g}$

G Gewichtskraft $\quad V$ Volumen
m Masse $\qquad\quad \rho$ Dichte
g Fallbeschleunigung
Normwert 9,80665 m/s²
angenähert 9,81 m/s² ≈ 10 m/s²

Kolben, $m = 600\ g$. Wie groß ist die Gewichtskraft G in N?

$G = 0,6\ kg \cdot 9,81\ m/s^2$ = **5,886 N**

Stahlkugel, $V = 15\ cm^3$, $\rho = 7,86\ g/cm^3$. Wie groß ist die Gewichtskraft G in mN?

$G = 15\ cm^3 \cdot 7,86\ g/cm^3 \cdot 9,81\ m/s^2$
= **1156,6 mN**

Durchschnittsgeschwindigkeit

$$v = \frac{s}{t}$$

$$t = \frac{s}{v} \qquad\qquad s = v \cdot t$$

v Durchschnittsgeschwindigkeit
s zurückgelegter Weg
t Zeit, Fahrzeit

Umrechnung
$$\frac{km/h}{3{,}6} = m/s; \qquad 1\ m/s = 3{,}6\ km/h$$

Ein Lkw legt in $t = 3$ h 30 min den Weg $s = 189$ km zurück. Wie groß ist v in km/h und in m/s?

$$v = \frac{189\ km}{3{,}5\ h} = \textbf{54 km/h};$$

$$v = \frac{54\ km/h}{3{,}6} = \textbf{15 m/s}$$

Ein Pkw benötigt für den Weg $s = 750$ m die Zeit $t = 30$ s. Wie groß ist die Durchschnittsgeschwindigkeit in m/s und km/h?

$$v = \frac{750\ m}{30\ s} = 25\ m/s \cdot 3{,}6 = \textbf{90 km/h}$$

Fahrgeschwindigkeit

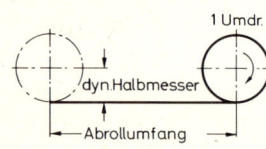

Reifentabelle S. 122

$$v = \frac{120 \cdot \pi \cdot r \cdot n}{1\,000} \qquad v = \frac{60 \cdot U_R \cdot n}{1\,000}$$

$$n = \frac{1\,000 \cdot v}{120 \cdot \pi \cdot r} \qquad r = \frac{1\,000 \cdot v}{120 \cdot \pi \cdot n}$$

v Fahrgeschwindigkeit in km/h
r dynamischer Reifenhalbmesser in m
n Raddrehzahl in 1/min
U_R Abrollumfang in m

Pkw: dyn. Reifenhalbmesser 305 mm, Raddrehzahl $n = 540$/min. Wie groß ist die Fahrgeschwindigkeit in km/h?

$$v = \frac{120 \cdot 3{,}14 \cdot 0{,}305 \cdot 540}{1\,000} = \textbf{62 km/h}$$

Pkw: Abrollumfang 2040 mm, Raddrehzahl 750/min. Wie groß ist die Fahrgeschwindigkeit in km/h?

$$v = \frac{60 \cdot 2{,}04 \cdot 750}{1\,000} = \textbf{91,8 km/h}$$

Mittlere Kolbengeschwindigkeit

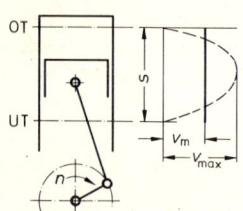

$$v_m = \frac{2 \cdot s \cdot n}{60} \qquad v_m = \frac{s \cdot n}{30}$$

$$s = \frac{30 \cdot v_m}{n} \qquad n = \frac{30 \cdot v_m}{s}$$

v_m mittlere Kolbengeschwindigkeit in m/s
s Kolbenhub in m ← **!!!**
n Motordrehzahl in 1/min
$v_{max} \approx 1{,}6 \cdot v_m$

Ottomotor: Hub $s = 70$ mm, Drehzahl $n = 3\,600$ 1/min. Wie groß ist die mittlere Kolbengeschwindigkeit in m/s?

$$v_m = \frac{0{,}070 \cdot 3\,600}{30} = \textbf{8,4 m/s}$$

Dieselmotor: Hub $s = 140$ mm, mittlere Kolbengeschwindigkeit $v_m = 9{,}8$ m/s. Wie groß ist die Motordrehzahl in 1/min?

$$n = \frac{30 \cdot 9{,}8}{0{,}140} = \textbf{2100 1/min}$$

Umfangsgeschwindigkeit

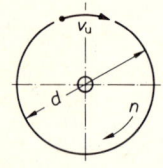

$$v_u = \frac{\pi \cdot d \cdot n}{60}$$

$$n = \frac{60 \cdot v_u}{\pi \cdot d} \qquad d = \frac{60 \cdot v_u}{\pi \cdot n}$$

v_u Umfangsgeschwindigkeit in m/s
d Durchmesser in m
n Drehzahl in 1/min

Schwungrad: $d = 350$ mm, $n = 4\,200$ 1/min. Wie groß ist die Umfangsgeschwindigkeit?

$$v_u = \frac{3{,}14 \cdot 0{,}350 \cdot 4\,200}{60} = \textbf{76,9 m/s}$$

Schleifscheibe: $d = 150$ mm, $v_u = 25$ m/s. Wie groß ist die Drehzahl n in 1/min?

$$n = \frac{60 \cdot 25}{3{,}14 \cdot 0{,}150} = \textbf{3185 1/min}$$

Winkelgeschwindigkeit

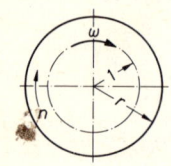

$$\omega = \frac{\pi \cdot n}{30}$$

Umrechnung
$$v_u = \omega \cdot r \qquad \omega = \frac{v_u}{r}$$

ω Winkelgeschwindigkeit in 1/s
n Drehzahl in 1/min
v_u Umfangsgeschwindigkeit in m/s
r Halbmesser in m

Schwungrad: Drehzahl $n = 600$ 1/min. Wie groß ist die Winkelgeschwindigkeit?

$$\omega = \frac{3{,}14 \cdot 600}{30} = \textbf{62,8 1/s}$$

Schleifscheibe: $d = 300$ mm, Umfangsgeschwindigkeit $v_u = 12$ m/s. Wie groß ist die Winkelgeschwindigkeit ω?

$$\omega = \frac{12\ m/s}{0{,}15\ m} = \textbf{80 1/s}$$

Aufholweg = $S_A = \ell_1 + \ell_2 + \ell_3 + \ell_4$

1

Beschleunigung aus dem Stillstand

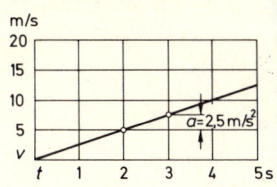

$$a = \frac{v}{t} \qquad a = \frac{v^2}{2 \cdot s} \qquad a = \frac{2 \cdot s}{t^2}$$

a   Beschleunigung in m/s²
v   Geschwindigkeit nach dem Beschleunigen in m/s
t   Beschleunigungszeit in s
s   Beschleunigungsweg in m

Ein Pkw wird in 10 s vom Stillstand auf 90 km/h gleichmäßig beschleunigt. Wie groß ist die Beschleunigung in m/s²?

$v = 90$ km/h : 3,6 $\qquad = 25$ m/s

$a = \dfrac{25 \text{ m/s}}{10 \text{ s}} \qquad = \mathbf{2,5 \text{ m/s}^2}$

Ein Pkw wird auf $s = 150$ m Weg von Null auf 90 km/h beschleunigt. Wie groß ist die Beschleunigung in m/s²?

$a = \dfrac{25 \text{ m/s} \cdot 25 \text{ m/s}}{2 \cdot 150 \text{ m}} \qquad = \mathbf{2,08 \text{ m/s}^2}$

Bremsen bis zum Stillstand

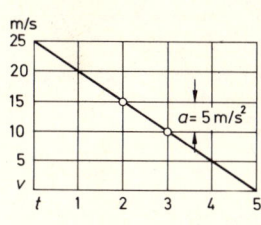

$$a = \frac{v}{t} \qquad a = \frac{v^2}{2 \cdot s} \qquad a = \frac{2 \cdot s}{t^2}$$

a   Bremsverzögerung in m/s²
v   Geschwindigkeit vor dem Bremsen in m/s
t   Bremszeit in s
s   Bremsweg in m

Ein Pkw wird in 8 s aus 100 km/h bis zum Stillstand gebremst. Wie groß ist die Bremsverzögerung in m/s²?

$v = 100$ km/h : 3,6 = 27,77 m/s

$a = \dfrac{27,77 \text{ m/s}}{8 \text{ s}} \qquad = \mathbf{5,55 \text{ m/s}^2}$

Bei einer Bremsprobe wird ein Pkw mit 100 km/h nach 60 m Bremsweg zum Stehen gebracht. Wie groß ist die Bremsverzögerung?

$a = \dfrac{27,77 \text{ m/s} \cdot 27,77 \text{ m/s}}{2 \cdot 60 \text{ m}} \qquad = \mathbf{6,42 \text{ m/s}}$

Beschleunigungszeit Bremszeit

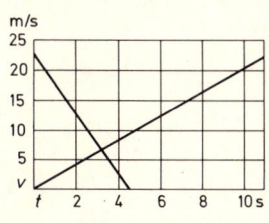

$$t = \frac{v}{a} \qquad t = \frac{2 \cdot s}{v} \qquad t = \sqrt{\frac{2 \cdot s}{a}}$$

t   Beschleunigungszeit oder Bremszeit in s
v   Geschwindigkeit nach dem Beschleunigen oder vor dem Bremsen in m/s
a   Beschleunigung oder Bremsverzögerung in m/s²
s   Beschleunigungsweg oder Bremsweg in m

Auf einer 120 m langen Autobahneinfahrt wird ein Pkw von Null auf 80 km/h beschleunigt. Wie groß ist die Beschleunigungszeit?

$v = 80$ km/h : 3,6 = 22,2 m/s

$t = \dfrac{2 \cdot 120 \text{ m}}{22,2 \text{ m/s}} \qquad = \mathbf{10,8 \text{ s}}$

Ein Pkw mit 5 m/s² Bremsverzögerung wird aus 80 km/h bis zum Stillstand gebremst. Wie groß ist die Bremszeit in s?

$t = \dfrac{22,2 \text{ m/s}}{5 \text{ m/s}^2} \qquad = \mathbf{4,4 \text{ s}}$

Beschleunigungsweg Bremsweg

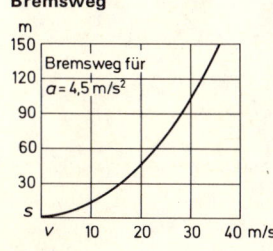

Bremsweg für $a = 4,5$ m/s²

$$s = \frac{v \cdot t}{2} \qquad s = \frac{v^2}{2 \cdot a} \qquad s = \frac{a \cdot t^2}{2}$$

s   Beschleunigungsweg oder Bremsweg in m
v   Geschwindigkeit nach dem Beschleunigen oder vor dem Bremsen in m/s
t   Beschleunigungszeit oder Bremszeit in s
a   Beschleunigung oder Bremsverzögerung in m/s²

Ein Lkw wird in 20 s von Null auf 50 km/h beschleunigt. Wie groß ist der Beschleunigungsweg s in m?

$v = 50$ km/h : 3,6 = 13,88 m/s

$s = \dfrac{13,88 \text{ m/s} \cdot 20 \text{ s}}{2} \qquad = \mathbf{138,88 \text{ m}}$

Ein Lkw mit 4,5 m/s² Bremsverzögerung wird aus 50 km/h bis zum Stillstand gebremst. Wie groß ist der Bremsweg s in m?

$s = \dfrac{13,88 \text{ m/s} \cdot 13,88 \text{ m/s}}{2 \cdot 4,5 \text{ m/s}^2} \qquad = \mathbf{21,4 \text{ m}}$

Geschwindigkeit nach dem Beschleunigen oder vor dem Bremsen

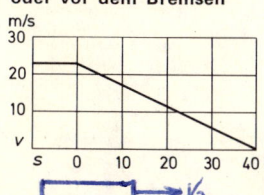

$$v = a \cdot t \qquad v = \frac{2 \cdot s}{t} \qquad v = \sqrt{2a \cdot s}$$

v   Geschwindigkeit nach dem Beschleunigen oder vor dem Bremsen in m/s
a   Beschleunigung oder Bremsverzögerung in m/s²
t   Beschleunigungszeit oder Bremszeit in s
s   Beschleunigungsweg oder Bremsweg in m

Ein Pkw hat nach 10 s langer Beschleunigung 125 m zurückgelegt. Wie groß ist die Geschwindigkeit nach dem Beschleunigen?

$v = \dfrac{2 \cdot 125 \text{ m}}{10 \text{ s}} = 25 \text{ m/s} \qquad = \mathbf{90 \text{ km/h}}$

Ein Pkw mit 6,5 m/s² Bremsverzögerung kommt nach 40 m Bremsweg zum Stehen. Wie groß war seine Geschwindigkeit?

$v = \sqrt{2 \cdot 6,5 \text{ m/s}^2 \cdot 40 \text{ m}} \qquad = \mathbf{22,8 \text{ m/s}}$

Beschleunigung, Bremsverzögerung, *Bremsprüfung*

1

Beschleunigung aus der Bewegung

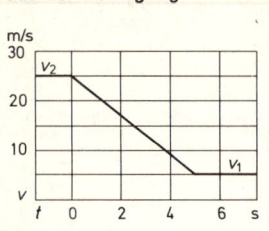

$$a = \frac{v_2 - v_1}{t} \qquad a = \frac{v_2{}^2 - v_1{}^2}{2 \cdot s}$$

a	Beschleunigung in m/s²
v_1	Geschwindigkeit vor dem Beschleunigen in m/s
v_2	Geschwindigkeit nach dem Beschleunigen in m/s
t	Beschleunigungszeit in s
s	Beschleunigungsweg in m

Ein Pkw wird in 6 s gleichmäßig von 40 km/h auf 90 km/h beschleunigt. Wie groß ist die Beschleunigung a in m/s²?

$$v_1 = \frac{40 \text{ km/h}}{3{,}6} = 11{,}1 \text{ m/s}; \quad v_2 = 25 \text{ m/s}$$

$$a = \frac{25 \text{ m/s} - 11{,}1 \text{ m/s}}{6 \text{ s}} \qquad = \mathbf{2{,}3 \text{ m/s}^2}$$

Ein Pkw wird auf 100 m Weg von 40 km/h auf 90 km/h beschleunigt. Wie groß ist die Beschleunigung a in m/s²?

$$a = \frac{25^2 \text{ m}^2/\text{s}^2 - 11{,}1^2 \text{ m}^2/\text{s}^2}{2 \cdot 100 \text{ m}} = \mathbf{2{,}5 \text{ m/s}^2}$$

Verzögerung in der Bewegung

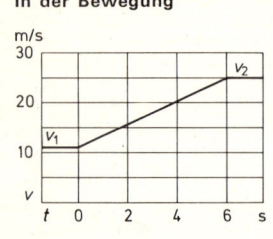

$$a = \frac{v_2 - v_1}{t} \qquad a = \frac{v_2{}^2 - v_1{}^2}{2 \cdot s}$$

a	Bremsverzögerung in m/s²
v_1	Geschwindigkeit nach dem Bremsen in m/s
v_2	Geschwindigkeit vor dem Bremsen in m/s
t	Bremszeit in s
s	Bremsweg in m

Ein Kraftrad wird in 5 s gleichmäßig von 90 km/h auf 20 km/h abgebremst. Wie groß ist die Bremsverzögerung a in m/s²?

$$v_1 = \frac{20 \text{ km/h}}{3{,}6} = 5{,}5 \text{ m/s}; \quad v_2 = 25 \text{ m/s}$$

$$a = \frac{25 \text{ m/s} - 5{,}5 \text{ m/s}}{5 \text{ s}} \qquad = \mathbf{3{,}9 \text{ m/s}^2}$$

Ein Kraftrad wird auf 60 m Weg von 90 km/h auf 20 km/h abgebremst. Wie groß ist die Bremsverzögerung a in m/s²?

$$a = \frac{25^2 \text{ m}^2/\text{s}^2 - 5{,}5^2 \text{ m}^2/\text{s}^2}{2 \cdot 60 \text{ m}} = \mathbf{4{,}9 \text{ m/s}^2}$$

Beschleunigungsweg in der Bewegung

$F_B = m \cdot a$

$F_{B_{max}} = G \cdot \mu_H$

$a_{max} = g \cdot \mu_H$

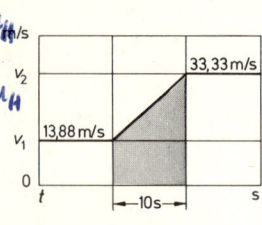

$$s = \frac{(v_1 + v_2)}{2} \cdot t \qquad s = \frac{v_2{}^2 - v_1{}^2}{2 \cdot a}$$

$$s = v_1 \cdot t + \frac{a \cdot t^2}{2}$$

s	Beschleunigungsweg in m
v_1	Geschwindigkeit vor dem Beschleunigen in m/s
v_2	Geschwindigkeit nach dem Beschleunigen in m/s
t	Beschleunigungszeit in s
a	Beschleunigung in m/s²

Ein Pkw wird in 10 s gleichmäßig von 50 km/h auf 120 km/h beschleunigt. Wie groß ist der Beschleunigungsweg s in m?

$$v_1 = 13{,}88 \text{ m/s}; \quad v_2 = 33{,}33 \text{ m/s}$$

$$s = \frac{(13{,}88 + 33{,}33) \text{ m/s}}{2} \cdot 10 \text{ s} = \mathbf{236 \text{ m}}$$

Ein Pkw wird aus 50 km/h Geschwindigkeit 5 s lang mit 2,5 m/s² beschleunigt. Wie groß ist der Beschleunigungsweg s in m?

$$s = 13{,}8 \text{ m/s} \cdot 5 \text{ s} + \frac{2{,}5 \text{ m/s}^2 \cdot 5^2 \text{ s}^2}{2} = \mathbf{100 \text{ m}}$$

Bremsweg in der Bewegung

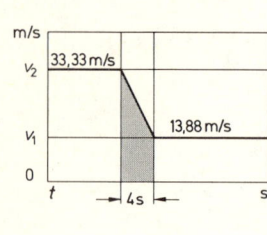

$$s = \frac{(v_1 + v_2)}{2} \cdot t \qquad s = \frac{v_2{}^2 - v_1{}^2}{2 \cdot a}$$

$$s = v_1 \cdot t + \frac{a \cdot t^2}{2}$$

s	Bremsweg in m
v_1	Geschwindigkeit nach dem Bremsen in m/s
v_2	Geschwindigkeit vor dem Bremsen in m/s
t	Bremszeit in s
a	Bremsverzögerung in m/s²

Ein Pkw wird aus 120 km/h Geschwindigkeit gleichmäßig in 4 s auf 50 km/h abgebremst. Wie groß ist der Bremsweg in m?

$$s = \frac{(13{,}88 + 33{,}33) \text{ m/s}}{2} \cdot 4 \text{ s} = \mathbf{94{,}4 \text{ m}}$$

Ein Pkw wird mit 4 m/s² Bremsverzögerung in 3 s auf 50 km/h abgebremst. Wie groß ist der Bremsweg in m?

$$s = 13{,}8 \text{ m/s} \cdot 3 \text{ s} + \frac{4 \text{ m/s}^2 \cdot 3^2 \text{ s}^2}{2} = \mathbf{59{,}6 \text{ m}}$$

Anhalteweg

$a = \frac{v_2 - v_1}{t}$

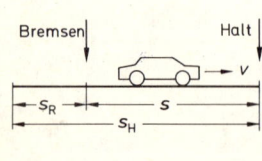

$$s_H = v \cdot t_R + \frac{v^2}{2 \cdot a}$$

s_H	Anhalteweg in m
t_R	Reaktionszeit in s
v	Geschwindigkeit in m/s

Näherungsformel

$$s_H = 3 \cdot \frac{v}{10} + \left(\frac{v}{10}\right)^2$$

v	Geschwindigkeit in km/h

Ein Lastzug mit $a = 5{,}5$ m/s² wird aus 75 km/h bei 0,8 s Reaktionszeit zum Halten gebracht. Wie groß ist der Anhalteweg s_H?

$$v = \frac{75 \text{ km/h}}{3{,}6} = 20{,}8 \text{ m/s}$$

$$s_H = 20{,}8 \text{ m/s} \cdot 0{,}8 \text{ s} + \frac{20{,}8^2 \text{ m}^2/\text{s}^2}{2 \cdot 5{,}5 \text{ m/s}^2} = \mathbf{56 \text{ m}}$$

Die Werte in der Näherungsformel sind:
$t_R = 1{,}08$ s und $a = 3{,}9$ m/s².

48

$z = \frac{F_B}{G} \cdot 100 \qquad z = \frac{a}{g} \cdot 100 \qquad u = \frac{F_{B_1} - F_{B_2}}{F_{B_1}} \cdot 100 \% \qquad g = 9{,}81 \text{ m/s}^2$

$u = $ Unterschied der Bremskr

$z = $ Abbremsung in % $\qquad G = $ Gewichtskraft in N $\qquad a = $ Bremsverzögerung m/s² $\qquad 1 = $ größer

$F_B = $ Gesamtbremskraft in N $\qquad\qquad$ $2 = $ kleiner

1

Darstellung einer Kraft 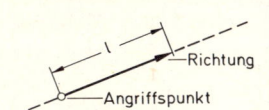	$l = \dfrac{F}{KM}$ $F = l \cdot KM \qquad KM = \dfrac{F}{l}$ l zeichnerische Pfeillänge F Größe der darzustellenden Kraft KM Kräftemaßstab in Kraft je Längen- einheit	Kraft: $F = 2750$ N, Kräftemaßstab 1 mm $\triangleq$ 50 N. Wie groß ist die zeichnerische Pfeillänge? $l = \dfrac{2750\ \text{N}}{50\ \text{N}} \qquad = \mathbf{55\ mm}$ Pfeillänge $l = 86$ mm, Kräftemaßstab 1 mm $\triangleq$ 15 N. Wie groß ist die Kraft F in N? $F = 86\ \text{mm} \cdot 15\ \text{N/mm} \qquad = \mathbf{1290\ N}$
Kräfte in gleicher Richtung 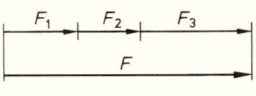	$F = F_1 + F_2 + F_3$ F Ersatzkraft, Gesamtkraft F_1 Einzelkraft F_2 Einzelkraft F_3 Einzelkraft	Lkw-Anhänger: Rollwiderstand 2,5 kN, Luftwiderstand 625 N, Steigungswiderstand 5,75 kN. Wie groß ist der Fahrwiderstand? $F = (2,5 + 0,625 + 5,75)\ \text{kN} = \mathbf{8,875\ kN}$ Hauptzylinder: Kolbenstangenkraft $F_1 = 1250$ N, Membrankraft $F_2 = 2050$ N. Wie groß ist die Druckstangenkraft F in N? $F = 1250\ \text{N} + 2050\ \text{N} \qquad = \mathbf{3300\ N}$
Kräfte in entgegengesetzter Richtung 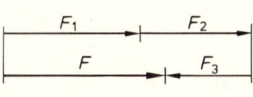	$F = F_1 + F_2 - F_3$ F Ersatzkraft F_1 Einzelkraft F_2 Einzelkraft F_3 Einzelkraft	Zugkraft auf Wohnanhänger wirkend, $F_1 = 425$ N, Fahrwiderstand 340 N. Wie groß ist die Kraft F zum Beschleunigen? $F = 425\ \text{N} - 340\ \text{N} \qquad = \mathbf{85\ N}$ Pkw: Gefällekraft 580 N, Antriebskraft 250 N, Fahrwiderstand 625 N. Wie groß ist die Kraft F zum Beschleunigen? $F = 580\ \text{N} + 250\ \text{N} - 625\ \text{N} \qquad = \mathbf{205\ N}$
Kräfte in verschiedener Wirkungslinie 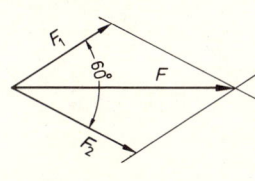	Ersatzkraft F = Diagonale des Kräfteparallelogramms 1. Kräftemaßstab wählen, zum Beispiel 1 mm $\triangleq$ 20 N. 2. Einzelkräfte F_1 und F_2 maßstäblich aufzeichnen und zum Parallelogramm ergänzen. 3. Die Diagonale AB des Kräfteparallelogramms ergibt Größe und Richtung der Ersatzkraft F.	Die Kräfte $F_1 = 1200$ N und $F_2 = 1800$ N greifen im Punkt A unter einem Winkel von 60° an. Der Kräftemaßstab ist 1 mm $\triangleq$ 20 N. Gesucht ist die Größe und Richtung der Ersatzkraft F. $F_1 \triangleq \dfrac{1200\ \text{N}}{20\ \text{N/mm}} \qquad = 60\ \text{mm}$ $F_2 \triangleq \dfrac{1800\ \text{N}}{20\ \text{N/mm}} \qquad = 90\ \text{mm}$ $F = 131\ \text{mm} \cdot 20\ \text{N/mm} \qquad = \mathbf{2620\ N}$
Zerlegung einer Kraft in Einzelkräfte 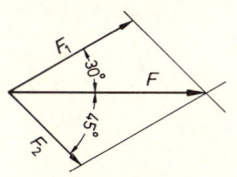	Einzelkräfte F_1 und F_2 = Seiten des Kräfteparallelogramms 1. Kräftemaßstab wählen, zum Beispiel 1 mm $\triangleq$ 100 N. 2. Kraft F maßstäblich aufzeichnen und die Wirkungslinien von F_1 und F_2 durch A verlaufend einzeichnen. 3. Die Parallelen durch B ergeben Größe und Richtung der Einzelkräfte F_1 und F_2.	Die Kraft $F = 640$ N soll in die Einzelkräfte F_1 und F_2 zerlegt werden, deren Wirkungslinien unter 30° und 45° zur Kraft F verlaufen. KM 1 mm $\triangleq$ 10 N. $F \triangleq \dfrac{640\ \text{N}}{10\ \text{N/mm}} \qquad = 64\ \text{mm}$ $F_1 = 47\ \text{mm} \cdot 10\ \text{N/mm} \qquad = \mathbf{470\ N}$ $F_2 = 33\ \text{mm} \cdot 10\ \text{N/mm} \qquad = \mathbf{330\ N}$
Kräfte an der schiefen Ebene 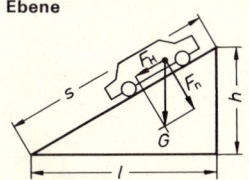	$F_H = \dfrac{G \cdot h}{s} \qquad F_n = \dfrac{G \cdot l}{s}$ F_H Hangabtriebskraft F_n Normalkraft G Gewichtskraft h Höhenunterschied l waagrechte Länge s schräge Weglänge	Ein Pkw mit 1200 kg Gesamtgewicht steht auf einer schrägen Auffahrt von $h = 1,20$ m, $l = 4,65$ m und $s = 4,80$ m. Wie groß ist die Hangabtriebskraft F_H und die Normalkraft F_n in N? $G = 1200\ \text{kg} \cdot 9,81\ \text{m/s}^2 \qquad = 11772\ \text{N}$ $F_H = \dfrac{11772\ \text{N} \cdot 1,20\ \text{m}}{4,80\ \text{m}} \qquad = \mathbf{2943\ N}$ $F_n = \dfrac{11772\ \text{N} \cdot 4,65\ \text{m}}{4,80\ \text{m}} \qquad = \mathbf{11404\ N}$

Gaskraft = Druck × Fläche

$F = p \times A$

Moment, Hebel, Auflagerkräfte, Achskräfte

1

Moment einer Kraft, Drehmoment

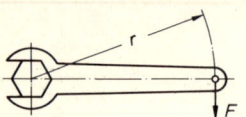

$$M = F \cdot r \quad \text{(Radius!!!) in m!!!}$$

$$F = \frac{M}{r} \qquad r = \frac{M}{F}$$

M Moment einer Kraft, Drehmoment
F Kraft
r Halbmesser, Hebelarm

Schraubenschlüssel: $r = 180$ mm, $F = 125$ N. Wie groß ist das Drehmoment in Nm?

$M = 125$ N $\cdot 0{,}180$ m   **$= 22{,}5$ Nm**

Starterritzel: $M = 12$ Nm, $r = 16$ mm. Wie groß ist die Zahnkraft F in N?

$F = \dfrac{12 \text{ Nm}}{0{,}016 \text{ m}}$ **$= 750$ N**

Hebelgesetz

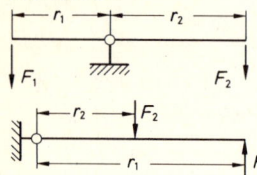

$$F_1 \cdot r_1 = F_2 \cdot r_2$$

$$F_1 = \frac{F_2 \cdot r_2}{r_1} \qquad F_2 = \frac{F_1 \cdot r_1}{r_2}$$

$$r_1 = \frac{F_2 \cdot r_2}{F_1} \qquad r_2 = \frac{F_1 \cdot r_1}{F_2}$$

F_1, F_2 Kräfte am Hebel
r_1, r_2 Hebelarme

Hebel: $r_1 = 120$ mm, $r_2 = 300$ mm, $F_2 = 200$ N. Wie groß ist die Kraft F_1 in N?

$F_1 = \dfrac{200 \text{ N} \cdot 300 \text{ mm}}{120 \text{ mm}}$ **$= 500$ N**

Hebel: $F_1 = 120$ N, $F_2 = 640$ N, $r_1 = 560$ mm. Wie groß ist der Hebelarm r_2 in mm?

$r_2 = \dfrac{120 \text{ N} \cdot 560 \text{ mm}}{640 \text{ N}}$ **$= 105$ mm**

Hebelübersetzung

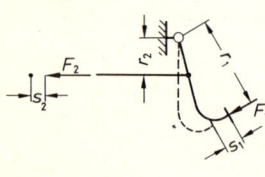

$$i = \frac{F_1}{F_2} = \frac{r_2}{r_1} = \frac{s_2}{s_1}$$

$$F_1 = F_2 \cdot i \qquad F_2 = \frac{F_1}{i}$$

i Hebelübersetzung
F_1, F_2 Kräfte am Hebel
r_1, r_2 Hebelarme
s_1, s_2 Kraftwege

Pedal: $r_1 = 198$ mm, $r_2 = 36$ mm, $F_1 = 450$ N, $s_1 = 44$ mm. Wie groß ist die Kraft F_2 in N, der Weg s_2 in mm und die Hebelübersetzung i?

$i = \dfrac{36 \text{ mm}}{198 \text{ mm}} = \dfrac{1}{5{,}5}$ **$= 1 : 5{,}5$**

$F_2 = \dfrac{450 \text{ N} \cdot 5{,}5}{1}$ **$= 2475$ N**

$s_2 = \dfrac{44 \text{ mm} \cdot 1}{5{,}5}$ **$= 8{,}0$ mm**

Auflagerkräfte

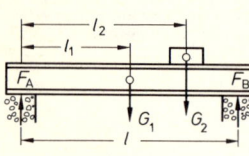

$$F_B = \frac{G_1 \cdot l_1 + G_2 \cdot l_2}{l}$$

$$F_A = G_1 + G_2 - F_B$$

F_A, F_B Auflagerkräfte
G_1, G_2 Gewichtskräfte
l_1, l_2 Abstände der Gewichtskräfte
l Abstand der Auflager

Träger mit Hebezug: Eigenlast des Trägers 240 kg, Hublast 1500 kg, Abstände $l = 4{,}20$ m, $l_1 = 2{,}0$ m, $l_2 = 3{,}0$ m. Wie groß sind die Gewichtskräfte G_1 und G_2 in N und die Auflagerkräfte F_A und F_B in N?

$G_1 = 240$ kg $\cdot 9{,}81$ m/s²   **$= 2354$ N**
$G_2 = 1500$ kg $\cdot 9{,}81$ m/s²   **$= 14715$ N**

$F_B = \dfrac{2354 \text{ N} \cdot 2 \text{ m} + 14715 \text{ N} \cdot 3 \text{ m}}{4{,}2 \text{ m}}$ **$= 11632$ N**

$F_A = 2354$ N $+ 14715$ N $- 11632$ N   **$= 5437$ N**

Belastungskräfte auf Achsen

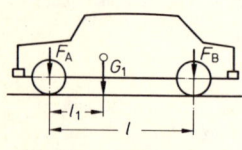

$$F_B = \frac{G_1 \cdot l_1}{l} \qquad F_A = G_1 - F_B$$

$$l_1 = \frac{F_B \cdot l}{G_1} \qquad G_1 = \frac{F_B \cdot l}{l_1}$$

F_A Vorderachskraft
F_B Hinterachskraft
G_1 Gewichtskraft des Fahrzeugs
l_1 Schwerpunktsabstand
l Radstand

Pkw: Gesamtgewicht 1300 kg, Radstand 2500 mm, Schwerpunktsabstand 1150 mm. Wie groß sind die Gewichtskraft des Fahrzeugs in N und die Belastungskräfte auf die Achsen?

$G_1 = 1300$ kg $\cdot 9{,}81$ m/s²   **$= 12753$ N**

$F_B = \dfrac{12753 \text{ N} \cdot 1150 \text{ mm}}{2500 \text{ mm}}$ **$= 5866$ N**

$F_A = 12753$ N $- 5866$ N   **$= 6887$ N**

Belastungskräfte auf Achsen bei Zuladung

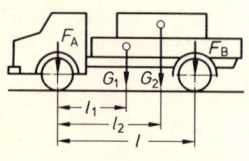

$$F_B = \frac{G_1 \cdot l_1 + G_2 \cdot l_2}{l}$$

$$F_A = G_1 + G_2 - F_B$$

F_A Vorderachskraft
F_B Hinterachskraft
G_1 Gewichtskraft des Fahrzeugs
G_2 Gewichtskraft der Zuladung
l_1 Schwerpunktsabstand, Fahrzeug
l_2 Schwerpunktsabstand, Zuladung
l Radstand

Lkw: Leergewicht 2500 kg, Zuladung 3000 kg, Radstand 3200 mm, Schwerpunktsabstand des Fahrzeugs 1200 mm, der Zuladung 2500 mm. Wie groß sind die Gewichtskräfte G_1 und G_2, die Belastungskräfte F_A und F_B in N?

$G_1 = 2500$ kg $\cdot 9{,}81$ m/s²   **$= 24525$ N**
$G_2 = 3000$ kg $\cdot 9{,}81$ m/s²   **$= 29430$ N**

$F_B = \dfrac{24525 \text{ N} \cdot 1{,}2 \text{ m} + 29430 \text{ N} \cdot 2{,}5 \text{ m}}{3{,}2 \text{ m}}$ **$= 32189$ N**

$F_A = 24525$ N $+ 29430$ N $- 32189$ N   **$= 21766$ N**

$F_H = \dfrac{m \cdot g}{}$ ↑

1

Haftreibung	$F_H = F_n \cdot \mu_H$	Stahlkörper: $m = 15$ kg, auf gußeiserner Platte, Haftreibungszahl $\mu_H = 0,18$. Wie groß ist die Normalkraft F_n und die Haftreibung F_H in N?
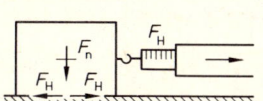	$F_n = \dfrac{F_H}{\mu_H}$ $\mu_H = \dfrac{F_H}{F_n}$	
	F_H Haftreibung F_n Normalkraft μ_H Haftreibungszahl	$F_n = 15$ kg $\cdot$ 9,81 m/s² $\quad= \mathbf{147\ N}$ $F_H = 147$ N $\cdot$ 0,18 $\quad= \mathbf{26,5\ N}$

Gleitreibung	$F_G = F_n \cdot \mu_G$	Gußkörper: $m = 20$ kg, gleitet auf geschmierter gußeiserner Platte, Gleitreibungszahl $\mu_G = 0,01$. Wie groß ist die Normalkraft F_n und die Gleitreibung F_H?
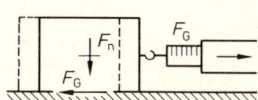	$F_n = \dfrac{F_G}{\mu_G}$ $\mu_G = \dfrac{F_G}{F_n}$	
	F_G Gleitreibung F_n Normalkraft μ_G Gleitreibungszahl	$F_n = 20$ kg $\cdot$ 9,81 m/s² $\quad= \mathbf{196\ N}$ $F_G = 196$ N $\cdot$ 0,01 $\quad= \mathbf{1,96\ N}$

Rollreibung	$F_R = \dfrac{F_n \cdot f}{r}$	Rasenwalze wird gezogen: Gewicht $m = 120$ kg, Durchmesser 800 mm, Rollreibungszahl $f = 6,5$ cm. Wie groß ist die Rollreibung?
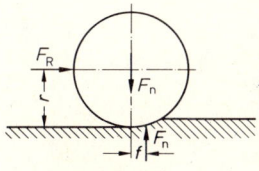	$F_n = \dfrac{F_R \cdot r}{f}$ $f = \dfrac{F_R \cdot r}{F_n}$	
	F_R Rollreibung F_n Normalkraft f Rollreibungszahl in cm r Halbmesser in cm	$F_n = 120$ kg $\cdot$ 9,81 m/s² $= \mathbf{1177\ N}$ $F_R = \dfrac{1177\ N \cdot 6,5\ cm}{40\ cm} = \mathbf{191\ N}$

Reibungsmoment und Reibungsleistung	$M_R = F_n \cdot \mu_G \cdot r$ $P_R = \dfrac{M_R \cdot n}{9550}$	Kurbelwelle: Durchmesser der Lager $d = 40$ mm, Normalkraft $F_n = 8000$ N, Gleitreibungszahl $\mu_G = 0,015$, Drehzahl $n = 4100$ 1/min. Wie groß ist das Reibungsmoment in Nm und die Reibungsleistung in kW?
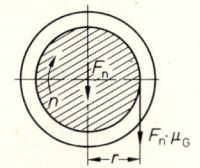	M_R Reibungsmoment in Nm F_n Normalkraft in N r Halbmesser in m P_R Reibungsleistung in kW n Drehzahl in 1/min μ_G Gleitreibungszahl	$M_R = 8000$ N $\cdot$ 0,015 $\cdot$ 0,02 m $= \mathbf{2,4\ Nm}$ $P_R = \dfrac{2,4 \cdot 4100}{9550} = \mathbf{1,0\ kW}$

Reibungsarbeit und Reibungswärme	$W_R = F_n \cdot \mu_G \cdot s$ $Q_R = F_n \cdot \mu_G \cdot s$	Kurbelwelle: Lagerdurchmesser $d = 50$ mm, Normalkraft $F_n = 25000$ N, Gleitreibungszahl $\mu_G = 0,008$, Drehzahl $n = 2000$ 1/min. Wie groß ist die Reibungsarbeit in Nm und die Reibungswärme in kJ während 1 min?
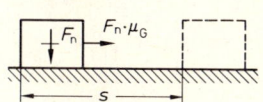	W_R Reibungsarbeit F_n Normalkraft s Reibungsweg Q_R Reibungswärme μ_G Gleitreibungszahl	$s = 0,05$ m $\cdot$ 3,14 $\cdot$ 2000 $= \mathbf{314\ m}$ $W_R = 25000$ N $\cdot$ 0,008 $\cdot$ 314 m $= \mathbf{62800\ Nm}$ $Q_R = 62800$ Nm $= 62800$ J $= \mathbf{62,8\ kJ}$

Reibungszahlen (Mittelwerte)	Haftreibung μ_H		Gleitreibung μ_G		Haftreibung μ_H von Bereifung auf Fahrbahn		
	trocken	mit Öl	trocken	mit Öl	Straße, Reifenprofil	50 km/h	80 km/h
Stahl auf Stahl	0,15	0,10	0,10	0 01	trocken, Profil neu	0,85	0 80
Stahl auf Gußeisen	0,18	0,10	0,16	0,01	naß, Profil neu	0,60	0,45
Stahl auf Cu-Sn-Legierung	0,18	0,10	0,16	0,01	Pfützen, Profil neu	0,50	0,10
Reibbelag auf Stahl (Bremsbelag)	0,50	0,20	0,25	0,10			
	Rollreibung f				trocken, Profil 1 mm	0,90	0,85
					naß, Profil 1 mm	0,45	0,20
Stahl auf Stahl	0,008	0,005	—	—	Pfützen, Profil 1 mm	0,15	0,05
Wälzlager (Fettschmierung)	—	0,001	—	—	vereist, Profil 1 mm	0,10	—

Druck, mechanische Spannung, Hydraulik

Flüssigkeitsdruck, Gasdruck

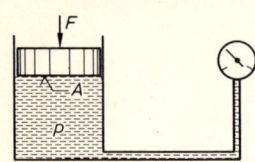

$$P = \frac{F}{A}$$

$$F = p \cdot A \qquad A = \frac{F}{p}$$

p	Flüssigkeitsdruck, Gasdruck
F	Kolbenkraft
A	Kolbenfläche

Hydraulikzylinder: Kolbendurchmesser $d = 20$ mm, Kolbenkraft $F = 200$ N. Wie groß ist der Flüssigkeitsdruck p in bar?

$$A = \frac{2\,\text{cm} \cdot 2\,\text{cm} \cdot 3,14}{4} = 3,14\,\text{cm}^2$$

$$p = \frac{200\,\text{N}}{3,14\,\text{cm}^2} = 63,7\,\text{N/cm}^2 = \textbf{6,37 bar}$$

Mechanische Spannung

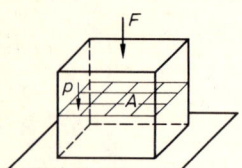

$$p = \frac{F}{A}$$

$$F = p \cdot A \qquad A = \frac{F}{p}$$

p	mechanische Spannung
F	Kraft, Druckkraft
A	Fläche, Querschnittsfläche

Gußeisen: Querschnitt 40×16 mm, Druckkraft $F = 8\,000$ N. Wie groß ist die mechanische Spannung p in N/mm²?

$$A = 40\,\text{mm} \cdot 16\,\text{mm} = 640\,\text{mm}^2$$

$$p = \frac{8\,000\,\text{N}}{640\,\text{mm}^2} = \textbf{12,5 N/mm}^2$$

Hydraulische Kraftübertragung

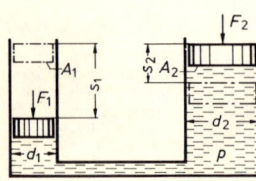

$$\frac{F_1}{F_2} = \frac{A_1}{A_2} \qquad s_1 \cdot A_1 = s_2 \cdot A_2$$

$$F_1 = p \cdot A_1 \qquad F_2 = p \cdot A_2$$

$$F_1 = \frac{F_2 \cdot A_1}{A_2} \qquad A_1 = \frac{A_2 \cdot F_1}{F_2}$$

$$F_2 = \frac{F_1 \cdot A_2}{A_1} \qquad A_2 = \frac{A_1 \cdot F_2}{F_1}$$

$$i_h = \frac{F_1}{F_2} \qquad i_h = \frac{A_1}{A_2}$$

F_1, F_2	Kolbenkräfte
A_1, A_2	Kolbenflächen
s_1, s_2	Kolbenwege
i_h	hydraulische Übersetzung
p	Flüssigkeitsdruck

Hydraulische Presse: Kolbendurchmesser $d_1 = 19$ mm, $d_2 = 25$ mm, Kolbenkraft $F_1 = 1\,000$ N. Wie groß ist die Kolbenkraft F_2 in N und das hydraulische Übersetzungsverhältnis i_h?

$$A_1 = \frac{1,9^2\,\text{cm}^2 \cdot 3,14}{4} = 2,83\,\text{cm}^2$$

$$A_2 = \frac{2,5^2\,\text{cm}^2 \cdot 3,14}{4} = 4,91\,\text{cm}^2$$

$$F_2 = \frac{1\,000\,\text{N} \cdot 4,91\,\text{cm}^2}{2,83\,\text{cm}^2} = \textbf{1\,735 N}$$

$$i_h = \frac{2,83\,\text{cm}^2}{4,91\,\text{cm}^2} = \frac{1}{1,73} = \textbf{1 : 1,73}$$

Bodendruck, Seitendruck

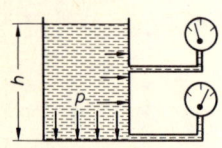

$$p = h \cdot \rho \cdot g$$

$$h = \frac{p}{\rho \cdot g} \qquad \rho = \frac{p}{h \cdot g}$$

p	Bodendruck, Seitendruck in Pa
h	Druckhöhe in m
ρ	Dichte der Flüssigkeit in kg/m³
g	Fallbeschleunigung in m/s²

Lagertank für Benzin: Füllhöhe $h = 5$ m, Benzindichte $\rho = 0,74$ kg/dm³. Wie groß ist der Druck am Boden des Behälters in Pa (N/m²) und in bar?

$$p = 5 \cdot 740 \cdot 9,81 = \textbf{36\,297 Pa}$$

$$p = \frac{36\,297\,\text{Pa}}{100\,000} = \textbf{0,36 bar}$$

Druckbezeichnungen

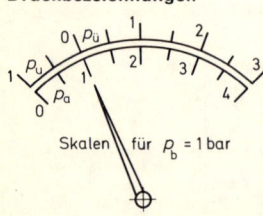

Skalen für $p_b = 1$ bar

$$p_a = p_b + p_\ddot{u} \qquad p_a = p_b - p_u$$

$$p_\ddot{u} = p_a - p_b \qquad p_u = p_b - p_a$$

p_a	absoluter Druck, bezogen auf den luftleeren Raum
$p_\ddot{u}$	Überdruck, Druck über dem atmosphärischen Luftdruck
p_u	Unterdruck, Druck unter dem atmosphärischen Luftdruck
p_b	atmosphärischer Luftdruck, barometrischer Luftdruck

Bereifung: Überdruck $p_\ddot{u} = 1,75$ bar, barometrischer Luftdruck $p_b = 1\,050$ mbar. Wie groß ist der absolute Druck in bar?

$$p_a = 1,05\,\text{bar} + 1,75\,\text{bar} = \textbf{2,80 bar}$$

Ansaugrohr: Unterdruck $p_u = 0,25$ bar, barometrischer Luftdruck $p_b = 1\,000$ mbar. Wie groß ist der absolute Druck in bar?

$$p_a = 1,0\,\text{bar} - 0,25\,\text{bar} = \textbf{0,75 bar}$$

1

Druck und Volumen von Gasen

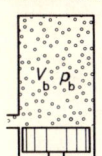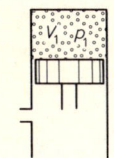

Die Temperatur wird als gleichbleibend angenommen

$$V_b \cdot p_b = V_1 \cdot p_1$$

$$V_b = \frac{V_1 \cdot p_1}{p_b} \qquad p_1 = \frac{V_b \cdot p_b}{V_1}$$

V_b Gasvolumen beim barometrischen Druck
V_1 Gasvolumen, verdichtet
p_b Atmosphärendruck, barometrischer Luftdruck
p_1 Druck des verdichteten Gases (absoluter Druck)

Verdichtung von Luft: $V_b = 400\ \text{cm}^3$ auf $V_1 = 50\ \text{cm}^3$, $p_b = 1\,020$ mbar. Wie groß ist der Druck p_1 nach dem Verdichten in bar?

$$p_1 = \frac{400\ \text{cm}^3 \cdot 1{,}02\ \text{bar}}{50\ \text{cm}^3} \qquad = \textbf{8,16 bar}$$

Druckluft-Vorratsbehälter: $V_1 = 37$ L, Überdruck 7,3 bar, Atmosphärendruck 1 050 mbar. Wieviel L entspannte Luft sind im Behälter?

$$V_b = \frac{37\ \text{L} \cdot (7{,}3 + 1{,}05)\ \text{bar}}{1{,}05\ \text{bar}} = \textbf{294 L}$$

Gasvolumen von Druckbehältern

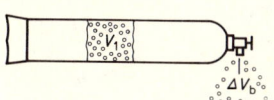

$$\Delta V_b = \frac{V_1 \cdot \Delta p}{p_b} \qquad \Delta V_b \approx V_1 \cdot \Delta p$$

ΔV_b verbrauchtes Gasvolumen
V_1 Volumen des Druckbehälters
Δp Druckunterschied (vor der Entnahme — nach der Entnahme)
p_b Atmosphärendruck, barometrischer Luftdruck

Sauerstoffflasche: $V_1 = 40$ L, Druck bei Beginn der Arbeit 135 bar, am Ende 118 bar, Atmosphärendruck 980 mbar. Wieviel L Sauerstoff (entspannt) wurden verbraucht?

$$\Delta p = 135\ \text{bar} - 118\ \text{bar} = 17\ \text{bar}$$

$$\Delta V_b = \frac{40\ \text{L} \cdot 17\ \text{bar}}{0{,}980\ \text{bar}} = \textbf{694 L}$$

$$\Delta V_b \approx 40\ \text{L/bar} \cdot 17\ \text{bar} = \textbf{680 L}$$

Auftrieb, Auftriebskraft

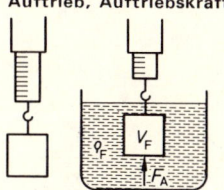

$$F_A = V_F \cdot \rho_F \cdot g$$

$$V_F = \frac{F_A}{\rho_F \cdot g} \qquad \rho_F = \frac{F_A}{V_F \cdot g}$$

F_A Auftriebskraft
V_F Volumen der verdrängten Flüssigkeit
ρ_F Dichte der Flüssigkeit
g Fallbeschleunigung

Körper: $V = 2\ \text{dm}^3$, ganz in Wasser eingetaucht. Wieviel N Auftrieb entstehen?

$$F_A = 2\ \text{dm}^3 \cdot 1\ \text{kg/dm}^3 \cdot 9{,}81\ \text{m/s}^2 = \textbf{19,6 N}$$

Schwimmer: 60×40 mm, in Benzin $\rho = 0{,}75\ \text{g/cm}^3$ 10 mm tief eingetaucht. Wie groß ist die Auftriebskraft?

$$F_A = (6 \cdot 4 \cdot 1)\ \text{cm}^3 \cdot 0{,}75\ \text{g/cm}^3 \cdot 9{,}81\ \text{m/s}^2 = \textbf{176 mN}$$

Eintauchtiefe schwimmender Körper

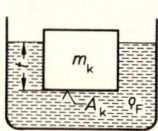

$$t = \frac{G_K}{\rho_F \cdot g \cdot A_K} \qquad t = \frac{m_K}{\rho_F \cdot A_K}$$

$$t = \frac{V_F}{A_K} \qquad V_F = \frac{m_K}{\rho_F}$$

t Eintauchtiefe des Körpers
m_K Masse (Gewicht) des Körpers
G_K Gewichtskraft des Körpers
A_K Grundfläche des Körpers
V_F Volumen der verdrängten Flüssigkeit
ρ_F Dichte der Flüssigkeit
g Fallbeschleunigung

Schwimmer: $d = 30$ mm, $m_K = 10$ g, in Benzin $\rho = 0{,}74\ \text{g/cm}^3$ eingetaucht. Wie groß ist die Eintauchtiefe t in cm?

$$t = \frac{10\ \text{g}}{0{,}74\ \text{g/cm}^3 \cdot 3^2 \cdot 0{,}785} = \textbf{1,9 cm}$$

Schwimmer: $A_K = 50 \times 30$ mm, $G_K = 128$ mN, in Benzin $\rho = 0{,}72\ \text{g/cm}^3$. Wie tief taucht der Schwimmer ein?

$$t = \frac{128\ \text{mN}\ (\text{gm/s}^2)}{0{,}72\ \text{g/cm}^3 \cdot 9{,}81\ \text{m/s}^2 \cdot 15\ \text{cm}^2} = \textbf{1,2 cm}$$

Unterdruck in Gasströmungen

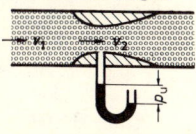

$$\Delta p = \frac{\rho}{200}\,(v_2^2 - v_1^2) \qquad p_u \approx \left(\frac{v_2}{4}\right)^2 : 10$$

Δp Druckunterschied im Lufttrichter in mbar
v_1, v_2 Strömungsgeschwindigkeit in m/s
ρ Luftdichte in kg/m^3
p_u Unterdruck in mbar

Lufttrichter, $v_1 = 60$ m/s, $v_2 = 90$ m/s, $\rho = 1{,}2\ \text{kg/m}^3$. Gesucht: Druckunterschied und Unterdruck.

$$\Delta p = \frac{1{,}2}{200}\,(90^2 - 60^2) = \textbf{27,0 mbar}$$

$$p_u \approx \left(\frac{90}{4}\right)^2 : 10 = \textbf{50,6 mbar}$$

Strömungen

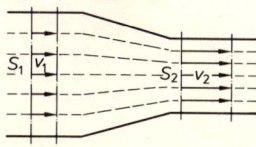

$$S_1 \cdot v_1 = S_2 \cdot v_2$$

$$S_1 = \frac{S_2 \cdot v_2}{v_1} \qquad v_1 = \frac{S_2 \cdot v_2}{S_1}$$

$$S_2 = \frac{S_1 \cdot v_1}{v_2} \qquad v_2 = \frac{S_1 \cdot v_1}{S_2}$$

S_1, S_2 Strömungsquerschnitte
v_1, v_2 Strömungsgeschwindigkeiten

Vergaser: Saugkanal $d_1 = 36$ mm, Strömungsgeschwindigkeit des Kraftstoffluftgemischs $v_1 = 75$ m/s, Lufttrichter $d_2 = 24$ mm. Wie groß ist v_2 im Lufttrichter?

$$S_1 = 3{,}6^2\ \text{cm}^2 \cdot 0{,}785 = \textbf{10,2 cm}^2$$

$$S_2 = 2{,}4^2\ \text{cm}^2 \cdot 0{,}785 = \textbf{4,5 cm}^2$$

$$v_2 = \frac{10{,}2\ \text{cm}^2 \cdot 75\ \text{m/s}}{4{,}5\ \text{cm}^2} = \textbf{170 m/s}$$

Festigkeit

Zugfestigkeit

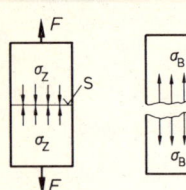

$$\sigma_z = \frac{F}{S} \qquad \sigma_{zul} = \frac{\sigma_B}{v}$$

$$F = \sigma_z \cdot S \qquad S = \frac{F}{\sigma_z} \qquad v = \frac{\sigma_B}{\sigma_{zul}}$$

F	Zugkraft
S	Querschnittsfläche
σ_z	Zugspannung
$\sigma_B (R_m)$*	Zugfestigkeit
σ_{zul}	zulässige Zugspannung
v	Sicherheitszahl

* Nach DIN 50145 für Zugfestigkeit R_m

Flachstahl: St 34, $S = 20 \times 5$ mm, $\sigma_B = 340$ N/mm², $F = 4250$ N. Wie groß ist die Zugspannung in N/mm² und die Sicherheitszahl?

$$\sigma_z = \frac{4250\ \text{N}}{100\ \text{mm}^2} \qquad = 42,5\ \text{N/mm}^2$$

$$v = \frac{340\ \text{N/mm}^2}{42,5\ \text{N/mm}^2} \qquad = 8,0$$

Zugstange: $F = 4,5$ kN, $\sigma_{zul} = 75$ N/mm². Wie groß muß der Querschnitt sein?

$$S = \frac{4500\ \text{N}}{75\ \text{N/mm}^2} \qquad = 60\ \text{mm}^2$$

Druckfestigkeit

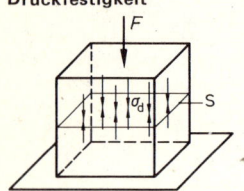

$$\sigma_d = \frac{F}{S} \qquad \sigma_{dzul} = \frac{\sigma_{dB}}{v}$$

$$F = \sigma_d \cdot S \qquad S = \frac{F}{\sigma_d} \qquad v = \frac{\sigma_{dB}}{\sigma_{dzul}}$$

F	Druckkraft
S	Querschnittsfläche
σ_d	Druckspannung
σ_{dB}	Druckfestigkeit
σ_{dzul}	zulässige Druckspannung
v	Sicherheitszahl

Gußeisen: $S = 25 \times 25$ mm, $\sigma_{dB} = 800$ N/mm², Druckkraft $F = 5000$ N. Wie groß ist die Druckspannung in N/mm² und die Sicherheit?

$$\sigma_d = \frac{5000\ \text{N}}{125\ \text{mm}^2} \qquad = 40\ \text{N/mm}^2$$

$$v = \frac{800\ \text{N/mm}^2}{40\ \text{N/mm}^2} \qquad = 20,0$$

Schubfestigkeit: Abscheren

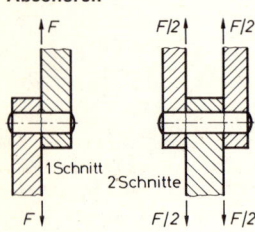

1 Schnitt   2 Schnitte

$$\tau_a = \frac{F}{S} \qquad \tau_{azul} = \frac{\tau_{aB}}{v}$$

$$F = \tau_a \cdot S \qquad S = \frac{F}{\tau_a} \qquad v = \frac{\tau_{aB}}{\tau_{azul}}$$

F	Scherkraft
S	Querschnittsfläche
τ_a	Scherspannung
τ_{aB}	Scherfestigkeit
τ_{azul}	zulässige Scherspannung
v	Sicherheitszahl

Für τ_{aB} gilt auch: $\tau_{aB} = 0,8 \cdot \sigma_B$

Stift aus St 42; einschnittig, $d = 5$ mm, $F = 300$ N, $\tau_{aB} = 320$ N/mm². Wie groß sind Scherspannung τ_a und Scherkraft F?

$$\tau_a = \frac{300\ \text{N}}{0,785 \cdot 5^2\ \text{mm}^2} \qquad = 15,3\ \text{N/mm}^2$$

$$F = 320\ \text{N/mm}^2 \cdot 19,6\ \text{mm}^2 = \mathbf{6272\ N}$$

Anmerkung: Für Schubspannungen, die mit Biegespannungen verbunden sind, gilt:

Schubspannung $\tau_S = c \cdot \dfrac{F}{S}$;

Formzahl c, querschnittsabhängig: Rechteck 1,5, Kreis 1,33 und Kreisring 2,0.

Biegefestigkeit

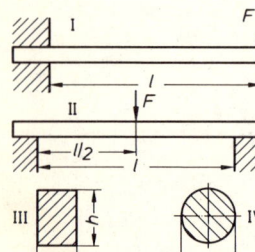

I F

l

II F

$l/2$ l

III h, b IV d

$$\sigma_{bzul} = \frac{M_b}{W_b}$$

$$M_b = \sigma_{bzul} \cdot W_b \qquad W_b = \frac{M_b}{\sigma_{bzul}}$$

σ_{bzul}	zulässige Biegespannung
M_b	Biegemoment
W_b	Widerstandsmoment

Gleichungen für die Momente:

(I) $M_b = F \cdot l$ (II) $M_b = \dfrac{F \cdot l}{4}$

(III) $W_b = \dfrac{b \cdot h^2}{6}$ (IV) $W_b = \dfrac{\pi \cdot d^2}{32}$

Rundstahl einseitig eingespannt: $d = 40$ mm, $l = 0,5$ m, $F = 1200$ N. Wie groß ist die Biegespannung in N/mm²?

$$W_b = \frac{3,14 \cdot 40^3\ \text{mm}^3}{32} \qquad = 6280\ \text{mm}^3$$

$$\sigma_b = \frac{1200\ \text{N} \cdot 500\ \text{mm}}{6280\ \text{mm}^3} \qquad = 95\ \text{N/mm}^2$$

Flachstahl auf zwei Stützen: $S = 60 \times 30$ mm, $l = 2,0$ m, $\sigma_{bzul} = 120$ N/mm². Wie groß darf die Kraft F in N in der Mitte sein?

$$W_b = \frac{30\ \text{mm} \cdot 60^2\ \text{mm}^2}{6} \qquad = 18000\ \text{mm}^3$$

$$M_b = 120\ \text{N/mm}^2 \cdot 18000\ \text{mm}^3$$
$$= 2160000\ \text{Nmm}$$

$$F = \frac{4 \cdot 2160000\ \text{Nmm}}{2000\ \text{mm}} \qquad = \mathbf{4320\ N}$$

Drehfestigkeit

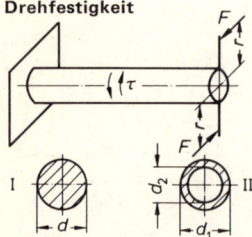

I d II d_2, d_1

$$\tau_t = \frac{M_t}{W_t}$$

(I) $W_t = \dfrac{d^3}{5}$ (II) $W_t = \dfrac{d_1{}^4 - d_2{}^2}{5 \cdot d_1}$

τ_t	Drehspannung
M_t	Torsionsmoment
W_t	Verdrehwiderstandsmoment

Drehstabfeder: $d = 20$ mm, $M_t = 120$ Nm. Wie groß ist die Drehspannung in N/mm²?

$$W_t = \frac{20^3\ \text{mm}^3}{5} \qquad = 1600\ \text{mm}^3$$

$$\tau_t = \frac{120000\ \text{Nmm}}{1600\ \text{mm}^3} \qquad = 75\ \text{N/mm}^2$$

Riementrieb
einfache Übersetzung

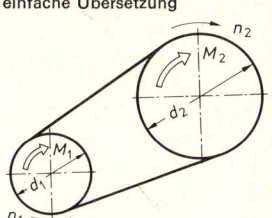

M_1 Moment, treibend
M_2 Moment, getrieben
η Wirkungsgrad

$$d_1 \cdot n_1 = d_2 \cdot n_2 \qquad i = \frac{n_1}{n_2} = \frac{d_2}{d_1}$$

$$M_1 = \frac{M_2}{i \cdot \eta} \qquad M_2 = M_1 \cdot i \cdot \eta$$

$$d_1 = \frac{d_2 \cdot n_2}{n_1} \qquad n_1 = \frac{d_2 \cdot n_2}{d_1}$$

$$d_2 = \frac{d_1 \cdot n_1}{n_2} \qquad n_2 = \frac{d_1 \cdot n_1}{d_2}$$

d_1 Durchmesser, treibende Scheibe
d_2 Durchmesser, getriebene Scheibe
n_1 Drehzahl, treibende Scheibe
n_2 Drehzahl, getriebene Scheibe
i Übersetzungsverhältnis

Riementrieb: $n_1 = 960$ 1/min, $n_2 = 1\,200$ 1/min, $d_2 = 100$ mm. Wie groß ist der Durchmesser d_1 und das Übersetzungsverhältnis i?

$$d_1 = \frac{100 \text{ mm} \cdot 1\,200 \text{ 1/min}}{960 \text{ 1/min}} = 125 \text{ mm}$$

$$i = \frac{960 \text{ 1/min}}{1\,200 \text{ 1/min}} = \frac{1}{1,25} = 0,8$$

Riementrieb: $d_1 = 60$ mm, $d_2 = 150$ mm, treibendes Moment $M_1 = 20$ Nm, $\eta = 0,9$. Wie groß sind Übersetzung i und Moment M_2?

$$i = \frac{150 \text{ mm}}{60 \text{ mm}} = \frac{2,5}{1} = 2,5$$

$$M_2 = 20 \text{ Nm} \cdot 2,5 \cdot 0,9 = 45 \text{ Nm}$$

Riementrieb
doppelte Übersetzung

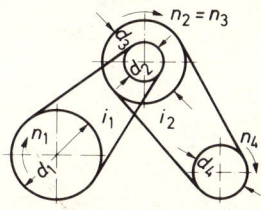

$$i = \frac{d_2 \cdot d_4}{d_1 \cdot d_3} \qquad i = \frac{n_1}{n_4}$$

$$n_1 = n_4 \cdot i \qquad n_4 = \frac{n_1}{i}$$

i Gesamtübersetzungsverhältnis
$d_{1,3}$ Durchmesser, treibende Scheiben
$d_{2,4}$ Durchmesser, getriebene Scheiben
n_1 Antriebsdrehzahl
n_4 Enddrehzahl

Riementrieb für doppelte Übersetzung: $d_1 = 240$ mm, $d_2 = 120$ mm, $d_3 = 225$ mm, $d_4 = 90$ mm. Antriebsdrehzahl $n_1 = 250$ 1/min. Wie groß ist die Gesamtübersetzung und die Enddrehzahl?

$$i = \frac{120 \text{ mm} \cdot 90 \text{ mm}}{240 \text{ mm} \cdot 225 \text{ mm}} = \frac{1}{5} = 0,2$$

$$n_4 = \frac{250 \text{ 1/min}}{0,2} = 1\,250 \text{ 1/min}$$

Zahnradtrieb
einfache Übersetzung

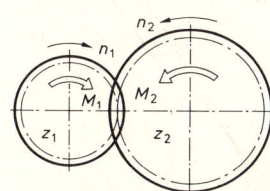

M_1 Moment, treibend
M_2 Moment, getrieben
η Wirkungsgrad

$$z_1 \cdot n_1 = z_2 \cdot n_2 \qquad i = \frac{n_1}{n_2} = \frac{z_2}{z_1}$$

$$M_1 = \frac{M_2}{i \cdot \eta} \qquad M_2 = M_1 \cdot i \cdot \eta$$

$$z_1 = \frac{z_2 \cdot n_2}{n_1} \qquad n_1 = \frac{z_2 \cdot n_2}{z_1}$$

$$z_2 = \frac{z_1 \cdot n_1}{n_2} \qquad n_2 = \frac{z_1 \cdot n_1}{z_2}$$

z_1 Zähnezahl, treibendes Rad
z_2 Zähnezahl, getriebenes Rad
n_1 Drehzahl, treibendes Rad
n_2 Drehzahl, getriebenes Rad
i Übersetzungsverhältnis

Zahnradtrieb: $z_1 = 24$, $z_2 = 36$, $n_1 = 975$ 1/min. Wie groß ist die Drehzahl n_2 und das Übersetzungsverhältnis i?

$$n_2 = \frac{24 \cdot 975 \text{ 1/min}}{36} = 650 \text{ 1/min}$$

$$i = \frac{36}{24} = \frac{1,5}{1} = 1,5$$

Zahnradtrieb: $z_1 = 70$, $z_2 = 28$, Moment $M_2 = 114$ Nm, $\eta = 0,95$. Wie groß sind Übersetzung i und Antriebsmoment M_1?

$$i = \frac{28}{70} = \frac{1}{2,5} = 0,4$$

$$M_1 = \frac{114 \text{ Nm}}{0,4 \cdot 0,95} = 300 \text{ Nm}$$

Zahnradtrieb
doppelte Übersetzung

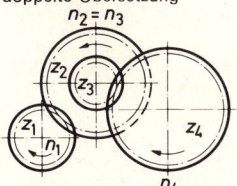

$$i = \frac{z_2 \cdot z_4}{z_1 \cdot z_3} \qquad i = \frac{n_1}{n_4}$$

$$n_1 = n_4 \cdot i \qquad n_4 = \frac{n_1}{i}$$

i Gesamtübersetzungsverhältnis
$z_{1,3}$ Zähnezahl, treibende Räder
$z_{2,4}$ Zähnezahl, getriebene Räder
n_1 Antriebsdrehzahl
n_4 Enddrehzahl

Zahnradtrieb für doppelte Übersetzung: $z_1 = 18$, $z_2 = 55$, $z_3 = 25$, $z_4 = 45$. Enddrehzahl $n_4 = 500$ 1/min. Wie groß ist die Gesamtübersetzung und die Antriebsdrehzahl?

$$i = \frac{55 \cdot 45}{18 \cdot 25} = \frac{5,5}{1} = 5,5$$

$$n_1 = 500 \text{ 1/min} \cdot 5,5 = 2\,750 \text{ 1/min}$$

Schneckentrieb

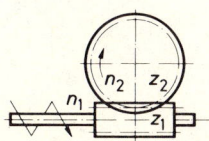

$$z_1 \cdot n_1 = z_2 \cdot n_2 \qquad i = \frac{n_1}{n_2} = \frac{z_2}{z_1}$$

z_1 Gangzahl der Schnecke
z_2 Zähnezahl des Schneckenrades
n_1 Drehzahl der Schnecke
n_2 Drehzahl des Schneckenrades
i Übersetzungsverhältnis

Zweigängige Schnecke: $n_1 = 925$ 1/min, Schneckenrad $z_2 = 37$. Wie groß ist die Drehzahl des Schneckenrades und das Übersetzungsverhältnis i?

$$n_2 = \frac{2 \cdot 925 \text{ 1/min}}{37} = 50 \text{ 1/min}$$

$$i = \frac{37}{2} = \frac{18,5}{1} = 18,5$$

Flaschenzug, Winde, schiefe Ebene, Schraube

1

Rollenflaschenzug

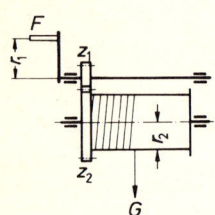

$$F = \frac{G}{n} \qquad F = \frac{m \cdot g}{n} \qquad s = h \cdot n$$

$$G = F \cdot n \qquad\qquad m = \frac{F \cdot n}{g}$$

F	Kraft am Zugseil
G	Gewichtskraft der Last
m	Masse, Last
n	Anzahl der Rollen
s	Weg am Zugseil
h	Weg der Last
g	Fallbeschleunigung

Rollenflaschenzug: $n = 4$ Rollen, Last $m = 128$ kg, $h = 1,25$ m. Wie groß ist die Kraft F in N und der Weg s in m?

$$F = \frac{128 \text{ kg} \cdot 9{,}81 \text{ m/s}^2}{4} \qquad = 314 \text{ N}$$

$$s = 1{,}25 \text{ m} \cdot 4 \qquad\qquad = 5{,}0 \text{ m}$$

Flaschenzug: $n = 2$ Rollen, $F = 100$ N. Welche Last m in kg kann gehoben werden?

$$m = \frac{100 \text{ N} \cdot 2}{9{,}81 \text{ m/s}^2} \qquad = 20{,}4 \text{ kg}$$

Winde

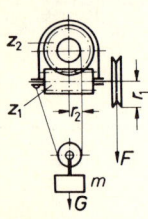

$$F = \frac{G \cdot r_2 \cdot z_1}{r_1 \cdot z_2} \qquad F = \frac{m \cdot g \cdot r_2 \cdot z_1}{r_1 \cdot z_2}$$

$$G = \frac{F \cdot r_1 \cdot z_2}{r_2 \cdot z_1} \qquad m = \frac{F \cdot r_1 \cdot z_2}{g \cdot r_2 \cdot z_1}$$

F	Kraft an der Kurbel
G	Gewichtskraft der Last
m	Masse, Last
$r_{1,2}$	Halbmesser
$z_{1,2}$	Zähnezahlen
g	Fallbeschleunigung

Seilwinde: $r_1 = 300$ mm, $z_1 = 17$, $r_2 = 125$ mm $z_2 = 85$, Last $m = 80$ kg. Wie groß ist die Kraft F an der Kurbel in N?

$$F = \frac{80 \text{ kg} \cdot 9{,}81 \text{ m/s}^2 \cdot 125 \text{ mm} \cdot 17}{300 \text{ mm} \cdot 85}$$
$$= 65{,}4 \text{ N}$$

Seilwinde $F = 120$ N, $r_1 = 350$ mm, $z_1 = 18$, $r_2 = 150$ mm, $z_2 = 99$. Wie groß ist die Last m in kg?

$$m = \frac{120 \text{ N} \cdot 350 \text{ mm} \cdot 99}{9{,}81 \text{ m/s}^2 \cdot 150 \text{ mm} \cdot 18} = 157 \text{ kg}$$

Schraubenflaschenzug

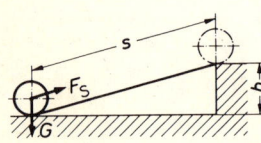

$$F = \frac{G \cdot r_2 \cdot z_1}{2 \cdot r_1 \cdot z_2} \qquad F = \frac{m \cdot g \cdot r_2 \cdot z_1}{2 \cdot r_1 \cdot z_2}$$

$$G = \frac{2 \cdot F \cdot r_1 \cdot z_2}{r_2 \cdot z_1} \qquad m = \frac{2 \cdot F \cdot r_1 \cdot z_2}{g \cdot r_2 \cdot z_1}$$

F	Kraft an der Zugkette
G	Gewichtskraft der Last
m	Masse, Last
$r_{1,2}$	Halbmesser
z_1	Gangzahl der Schnecke
z_2	Zähnezahl des Schneckenrades

Schraubenflaschenzug: $r_1 = 90$ mm, $z_1 = 1$, $z_2 = 20$, $r_2 = 50$ mm, Last $m = 720$ kg. Wie groß ist die Kraft F in N?

$$F = \frac{720 \text{ kg} \cdot 9{,}81 \text{ m/s}^2 \cdot 50 \text{ mm} \cdot 1}{2 \cdot 90 \text{ mm} \cdot 20} = 98 \text{ N}$$

Wie groß ist die Kraft F bei einem Wirkungsgrad des Flaschenzuges von 80%?

$$F = \frac{98 \text{ N}}{0{,}8} \qquad\qquad = 122{,}5 \text{ N}$$

Schiefe Ebene

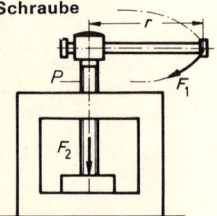

$$F_S = \frac{G \cdot h}{s} \qquad F_S = \frac{m \cdot g \cdot h}{s}$$

F_S	Kraft
G	Gewichtskraft
m	Masse, Gewicht
s	Kraftweg
h	Lastweg
g	Fallbeschleunigung

Gewichtskraft $G = 10\,000$ N, $h = 0{,}85$ m, $s = 5$ m. Wie groß ist die Kraft F_S in N?

$$F_S = \frac{10\,000 \text{ N} \cdot 0{,}85 \text{ m}}{5 \text{ m}} \qquad = 1\,700 \text{ N}$$

Pkw auf schiefer Ebene: $m = 850$ kg, $h = 1{,}5$ m, $s = 10$ m. Wie groß ist die Kraft F_S?

$$F_S = \frac{850 \text{ kg} \cdot 9{,}81 \text{ m/s}^2 \cdot 1{,}5 \text{ m}}{10 \text{ m}} = 1\,250 \text{ N}$$

Schraube

$$F_1 = \frac{F_2 \cdot P}{2 \cdot \pi \cdot r}$$

$$F_2 = \frac{2 \cdot \pi \cdot F_1 \cdot r}{P}$$

F_1	Drehkraft
F_2	Druckkraft der Schraube
r	Hebelarm
P	Gewindesteigung

Gewindespindel: $P = 2$ mm, $F_1 = 60$ N, $r = 250$ mm. Wie groß ist F_2 in N?

$$F_2 = \frac{2 \cdot 3{,}14 \cdot 60 \text{ N} \cdot 250 \text{ mm}}{2 \text{ mm}} = 47\,100 \text{ N}$$

Schraube: $F_2 = 15\,000$ N, $P = 1{,}5$ mm, $r = 150$ mm. Wie groß ist F_1 in N?

$$F_1 = \frac{15\,000 \text{ N} \cdot 1{,}5 \text{ mm}}{2 \cdot 3{,}14 \cdot 150 \text{ mm}} \qquad = 23{,}8 \text{ N}$$

1

Mechanische Arbeit

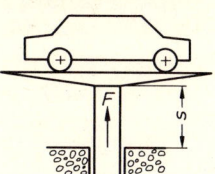

$$W = F \cdot s$$

$$F = \frac{W}{s} \qquad s = \frac{W}{F}$$

W mechanische Arbeit
F Kraft
s Kraftweg

Hebebühne: Hubkraft $F = 12\,500$ N, Hub $s = 1,75$ m. Wie groß ist die mechanische Arbeit W in Nm?

$$W = 12\,500 \text{ N} \cdot 1,75 \text{ m} \qquad = \mathbf{21\,875 \text{ Nm}}$$

Mechanische Energie der Bewegung

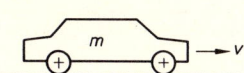

$$W = \frac{m \cdot v^2}{2}$$

$$m = \frac{2 \cdot W}{v^2} \qquad v = \sqrt{\frac{2 \cdot W}{m}}$$

W Energie der Bewegung
m Masse, Gewicht
v Geschwindigkeit

Pkw: $m = 950$ kg, $v = 90$ km/h $= 25$ m/s. Wie groß ist die Energie der Bewegung?

$$W = \frac{950 \text{ kg} \cdot 25^2 \text{ m}^2/\text{s}^2}{2} \qquad = \mathbf{296\,875 \text{ Nm}}$$

Bei welcher Geschwindigkeit erreicht ein Kfz mit $m = 1\,000$ kg eine Bewegungsenergie von $W = 50\,000$ Nm?

$$v = \sqrt{\frac{2 \cdot 50\,000 \text{ Nm}}{1\,000 \text{ kg}}} = 10 \text{ m/s} = \mathbf{36 \text{ km/h}}$$

Temperatur

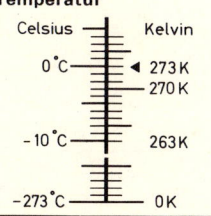

$$T = T_0 + t \qquad t = T - T_0$$

$$\Delta t = t_1 - t_2 = \Delta T \qquad \Delta T = T_1 - T_2$$

T Kelvin-Temperatur
T_0 Kelvin-Temperatur 273 K
t Celsius-Temperatur
ΔT Temperaturdifferenz
Δt Temperaturdifferenz

Ottomotor: Abgastemperatur $t = 750\,°$C. Wie groß ist die Kelvin-Temperatur?

$$T = 273 \text{ K} + 750 \text{ K} \qquad = \mathbf{1\,023 \text{ K}}$$

Dieselmotor: Öltemperatur $T = 520$ K. Wie groß ist die Celsius-Temperatur?

$$t = 520 \text{ K} - 273 \text{ K} \qquad = \mathbf{247\,°C}$$

Wärmemenge

Mittelwerte für H_u in kJ/kg

Fahrbenzin	43 000
Superkraftstoff	42 700
Dieselkraftstoff	42 300
Motorenbenzol	40 200
Äthylalkohol	26 800
Methanol	19 700

$$Q = m \cdot H_u$$

$$m = \frac{Q}{H_u} \qquad H_u = \frac{Q}{m}$$

Q Wärmemenge
m Masse, Gewicht
H_u spezifischer Heizwert

Verbrennung von 12 kg Heizöl, $H_u = 42\,500$ kJ. Wie groß ist die freiwerdende Wärmemenge in kJ?

$$Q = 12 \text{ kg} \cdot 42\,500 \text{ kJ/kg} \qquad = \mathbf{510\,000 \text{ kJ}}$$

Wieviel kg Heizöl, $H_u = 42\,500$ kJ/kg, sind zur Erzeugung von $Q = 2,55$ MJ erforderlich?

$$m = \frac{2\,550\,000 \text{ kJ}}{42\,500 \text{ kJ/kg}} \qquad = \mathbf{60 \text{ kg}}$$

Wärmemenge

Mittelwerte für c in kJ/kgK

Wasser	4,1868
Mineralöl	1,8840
Aluminium	0,9043
Gußeisen	0,5340
Stahl	0,4814
Kupfer	0,3887

$$Q = m \cdot c \cdot \Delta T$$

$$m = \frac{Q}{c \cdot \Delta T} \qquad \Delta T = \frac{Q}{m \cdot c}$$

Q Wärmemenge
m Masse, Gewicht
c spezifische Wärmekapazität
ΔT Temperaturzunahme

10 l Wasser, $c = 4,1868$ kJ/kg, von 20 °C auf 100 °C erwärmen. Wie groß ist die erforderliche Wärmemenge?

$$Q = 10 \text{ kg} \cdot 4,1868 \text{ kJ/kgK} \cdot 80 \text{ K} = \mathbf{3349 \text{ kJ}}$$

Wieviel l Wasser von 25 °C können mit $Q = 785$ kJ auf 100 °C erwärmt werden?

$$m = \frac{785 \text{ kJ}}{4,1868 \text{ kJ/kgK} \cdot 75 \text{ K}} \qquad = \mathbf{2,5 \text{ l}}$$

Wärmemenge

Mittelwerte für h in kJ/kg

Wasser	2257
Methanol	1110
Äthylalkohol	854
Dieselkraftstoff	628
Benzin	419

$$Q = m \cdot h$$

Q Wärmemenge
m Masse, Gewicht
h spezifische Verdampfungswärme

Wieviel kJ Wärmemenge werden benötigt, um 5 l Wasser von Siedetemperatur in Dampf von derselben Temperatur zu verwandeln?

$$Q = 5 \text{ kg} \cdot 2257 \text{ kJ/kg} \qquad = \mathbf{11\,285 \text{ kJ}}$$

Mechanische Leistung, Wirkungsgrad

1

Mechanische Leistung		

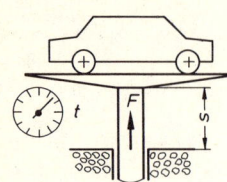

$$P = \frac{W}{t} \qquad P = \frac{F \cdot s}{t}$$

$$W = P \cdot t \qquad F = \frac{P \cdot t}{s}$$

$$t = \frac{W}{P} \qquad t = \frac{F \cdot s}{P}$$

P mechanische Leistung in W
W mechanische Arbeit in Nm
t Zeit in s
F Kraft in N
s Weg in m

Hebebühne: Hubkraft $F = 12\,000$ N, $s = 1,75$ m, $t = 35$ s. Wie groß ist die mechanische Leistung in W?

$$P = \frac{12\,000 \text{ N} \cdot 1,75 \text{ m}}{35 \text{ s}} = \textbf{600 W}$$

Hebebühne: mechanische Arbeit $W = 27$ kNm, Hubzeit $t = 15$ s. Wie groß ist die mechanische Leistung in kW?

$$P = \frac{27\,000 \text{ Nm}}{15 \text{ s}} = 1\,800 \text{ Nm/s} = \textbf{1,8 kW}$$

Mechanische Leistung		

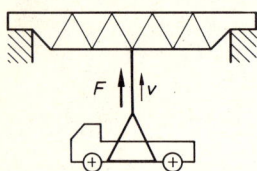

$$P = F \cdot v$$

$$F = \frac{P}{v} \qquad v = \frac{P}{F}$$

P mechanische Leistung in W
F Kraft in N
v Geschwindigkeit in m/s

Verladekran: Hubgeschwindigkeit $v = 0,5$ m/s, Hubkraft $F = 80$ kN. Wie groß ist die Leistung in kW?

$$P = 80\,000 \text{ N} \cdot 0,5 \text{ m/s} = 40\,000 \text{ Nm/s}$$
$$= 40\,000 \text{ W}$$
$$= \textbf{40,0 kW}$$

Mechanische Leistung bei Drehbewegung		

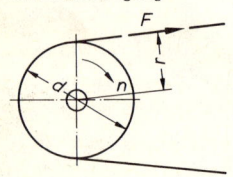

$$P = \frac{\pi \cdot M \cdot n}{30}$$

$$M = \frac{30 \cdot P}{\pi \cdot n} \qquad n = \frac{30 \cdot P}{\pi \cdot M}$$

P mechanische Leistung in W
M Drehmoment in Nm
n Drehzahl in 1/min

Keilriemenscheibe: wirksamer Durchmesser $d = 130$ mm, Riemenzugkraft $F = 80$ N, Drehzahl $n = 1\,500$ 1/min. Wie groß ist das Drehmoment M in Nm und die mechanische Leistung P in W?

$$M = 80 \text{ N} \cdot 0,065 \text{ m} = \textbf{5,2 Nm}$$

$$P = \frac{3,14 \cdot 5,2 \text{ Nm} \cdot 1\,500 \text{ 1/min}}{30} = \textbf{816 W}$$

Mechanische Leistung bei Drehbewegung		

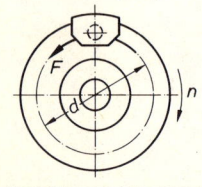

$$P \approx \frac{M \cdot n}{9550}$$

$$M \approx \frac{9550 \cdot P}{n} \qquad n \approx \frac{9550 \cdot P}{M}$$

P mechanische Leistung in kW
M Drehmoment in Nm
n Drehzahl in 1/min

Bremsscheibe: wirksamer Durchmesser $d = 200$ mm, Bremskraft $F = 150$ N, Drehzahl $n = 1\,275$ 1/min. Wie groß ist das Drehmoment M in Nm und die Leistung P in kW?

$$M = 150 \text{ N} \cdot 0,1 \text{ m} = \textbf{15 Nm}$$

$$P \approx \frac{15 \text{ Nm} \cdot 1\,275 \text{ 1/min}}{9550} = \textbf{2,0 kW}$$

Wirkungsgrad, einfach		

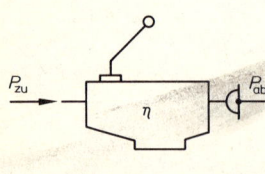

$$\eta = \frac{P_{ab}}{P_{zu}}$$

$$P_{ab} = P_{zu} \cdot \eta \qquad P_{zu} = \frac{P_{ab}}{\eta}$$

η Wirkungsgrad
P_{ab} abgegebene Leistung
P_{zu} zugeführte Leistung

Wechselgetriebe: $P_{zu} = 60$ kW, $P_{ab} = 57$ kW. Wie groß ist der Wirkungsgrad η?

$$\eta = \frac{57 \text{ kW}}{60 \text{ kW}} = \textbf{0,95}$$

Wechselgetriebe: $\eta = 0,92$, $P_{zu} = 75$ kW. Wie groß ist die abgegebene Leistung?

$$P_{ab} = 75 \text{ kW} \cdot 0,92 = \textbf{69 kW}$$

Wirkungsgrad, mehrfach		

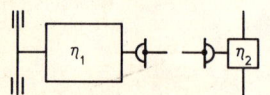

$$\eta = \eta_1 \cdot \eta_2 \cdot \eta_3 \cdots$$

η Gesamtwirkungsgrad
η_1 Einzelwirkungsgrad
η_2 Einzelwirkungsgrad

Wechselgetriebe $\eta_1 = 0,95$, Ausgleichsgetriebe $\eta_2 = 0,92$. Wie groß ist der Gesamtwirkungsgrad η?

$$\eta = 0,95 \cdot 0,92 = \textbf{0,874}$$

1

Längenausdehnung

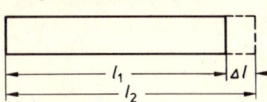

$$\Delta l = l_1 \cdot \alpha \cdot \Delta T \qquad l_2 = l_1 + \Delta l$$

$$l_1 = \frac{\Delta l}{\alpha \cdot \Delta T} \qquad \Delta T = \frac{\Delta l}{\alpha \cdot l_1}$$

Längenausdeh- nungszahlen	mm/mmK
Aluminium	0,0000238
Aluminiumlegierung	0,0000220
Kupfer	0,0000170
Stahl	0,0000115
Gußeisen	0,0000105

Δl Längenausdehnung
l_1 Länge vor Erwärmung
l_2 Länge nach Erwärmung
ΔT Temperaturdifferenz
α Längenausdehnungszahl

Auslaßventil: Länge $l_1 = 125$ mm bei $t_1 = 20°C$, erwärmt sich auf $t_2 = 480°C$, $\alpha = 0,000008$ mm/mmK. Wie groß ist die Längenausdehnung Δl und die Länge l_2 in mm nach der Erwärmung?

$$\Delta T = 480°C - 20°C \qquad = 460\ K$$

$$\Delta l = 125\ mm \cdot 0,000008\ mm/mmK \cdot 460\ K \\ = \mathbf{0,46\ mm}$$

$$l_2 = 125\ mm + 0,46\ mm \qquad = \mathbf{125,46\ mm}$$

Längenschrumpfung

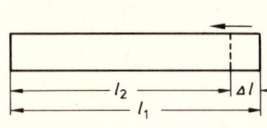

$$\Delta l = l_1 \cdot \alpha \cdot \Delta T \qquad l_2 = l_1 - \Delta l$$

$$l_1 = \frac{\Delta l}{\alpha \cdot \Delta T} \qquad \Delta T = \frac{\Delta l}{\alpha \cdot l_1}$$

Δl Längenschrumpfung
l_1 Länge vor Abkühlung
l_2 Länge nach Abkühlung
ΔT Temperaturdifferenz
α Längenausdehnungszahl

Ventilsitzring: Durchmesser $d_1 = 48,07$ mm bei $t_1 = 20°C$, wird auf $t_2 = -70°C$ abgekühlt, $\alpha = 0,0000178$ mm/mmK. Wie groß ist die Durchmesser-Schrumpfung Δd und der Durchmesser d_2 in mm?

$$\Delta T = 20°C + 70°C \qquad = 90\ K$$

$$\Delta d = 48,07\ mm \cdot 0,0000178\ mm/mmK \cdot 90\ K \\ = \mathbf{0,077\ mm}$$

$$d_2 = 48,07\ mm - 0,077\ mm = \mathbf{47,993\ mm}$$

Volumenausdehnung

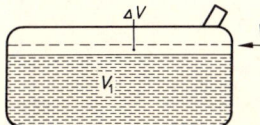

$$\Delta V = V_1 \cdot \gamma \cdot \Delta T \qquad V_2 = V_1 + \Delta V$$

$$V_1 = \frac{\Delta V}{\gamma \cdot \Delta T} \qquad \Delta T = \frac{\Delta V}{\gamma \cdot V_1}$$

Volumenausdeh- nungszahl	dm³/dm³K
Dieselkraftstoff	0,00122
Benzin	0,00100
Äthylalkohol	0,00110
Mineralöl	0,00080
Wasser	0,00018

ΔV Volumenausdehnung
V_1 Volumen vor Erwärmung
V_2 Volumen nach Erwärmung
ΔT Temperaturdifferenz
γ Volumenausdehnungszahl

Kraftstofftank: Benzininhalt $V_1 = 65$ dm³ bei $t_1 = 20°C$, erwärmt sich auf $t_2 = 42°C$, $\gamma = 0,001$ dm³/dm³K. Wie groß ist die Volumenausdehnung ΔV und das Volumen V_2?

$$\Delta T = 42°C - 20°C \qquad = 22\ K$$

$$\Delta V = 65\ dm³ \cdot 0,001\ dm³/dm³K \cdot 22\ K \\ = \mathbf{1,43\ dm³}$$

$$V_2 = 65\ dm³ + 1,43\ dm³ \qquad = \mathbf{66,43\ dm³}$$

Wärmewirkung bei Gasen
Volumenänderung

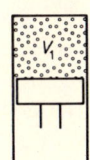 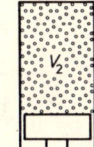

$$\frac{V_1}{V_2} = \frac{T_1}{T_2}$$

$$V_1 = \frac{T_1 \cdot V_2}{T_2} \qquad T_1 = \frac{V_1 \cdot T_2}{V_2}$$

$$V_2 = \frac{T_2 \cdot V_1}{T_1} \qquad T_2 = \frac{V_2 \cdot T_1}{V_1}$$

V_1 Volumen vor Erwärmung
V_2 Volumen nach Erwärmung
T_1 Temperatur vor Erwärmung
T_2 Temperatur nach Erwärmung

Ballon: Gasinhalt $V_1 = 700$ m³, Erwärmung durch Sonneneinwirkung von $15°C$ auf $32°C$. Wie groß ist das Volumen des erwärmten Gases V_2?

$$T_1 = 273\ K + 15\ K \qquad = 288\ K$$

$$T_2 = 273\ K + 32\ K \qquad = 305\ K$$

$$V_2 = \frac{305\ K \cdot 700\ m³}{288\ K} \qquad = \mathbf{741,3\ m³}$$

Wärmewirkung bei Gasen
Druckänderung

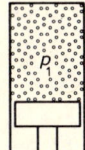 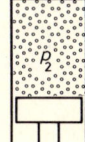

$$\frac{p_1}{p_2} = \frac{T_1}{T_2}$$

$$p_1 = \frac{T_1 \cdot p_2}{T_2} \qquad T_1 = \frac{p_1 \cdot T_2}{p_2}$$

$$p_2 = \frac{T_2 \cdot p_1}{T_1} \qquad T_2 = \frac{p_2 \cdot T_1}{p_1}$$

p_1 Gasdruck vor Erwärmung
p_2 Gasdruck nach Erwärmung
T_1 Temperatur vor Erwärmung
T_2 Temperatur nach Erwärmung

Sauerstoffflasche: $p_1 = 151$ bar bei $20°C$, Erwärmung durch Sonneneinwirkung auf $45°C$. Auf wieviel bar ist der Druck gestiegen?

$$T_1 = 273\ K + 20\ K \qquad = 293\ K$$

$$T_2 = 273\ K + 45\ K \qquad = 318\ K$$

$$p_2 = \frac{318\ K \cdot 151\ bar}{293\ K} \qquad = \mathbf{164\ bar}$$

Verbrennungsraum

Hubraum

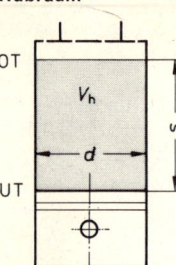

$$V_h = A \cdot s \qquad V_H = V_h \cdot z$$

$$A = \frac{\pi \cdot d^2}{4} \qquad V_h = \frac{V_H}{z}$$

$$A = \frac{V_h}{s} \qquad s = \frac{V_h}{A}$$

$$d = \sqrt{\frac{V_h}{0,785 \cdot s}} \qquad d = \sqrt{\frac{A}{0,785}}$$

V_h Zylinderhubraum	z Zylinderzahl
V_H Motorhubraum	d Zyl'bohrung
A Zyl'querschnitt	s Kolbenhub

Vierzylinder: $d = 80$ mm, $s = 84$ mm. Wie groß ist der Motorhubraum in cm³?

$$A = \frac{3,14 \cdot 8^2 \text{ cm}^2}{4} = 50,27 \text{ cm}^2$$

$$V_h = 50,27 \text{ cm}^2 \cdot 8,4 \text{ cm} = 422,3 \text{ cm}^3$$

$$V_H = 422,3 \text{ cm}^3 \cdot 4 = \mathbf{1\,689 \text{ cm}^3}$$

Einzylinder: $V_h = 47$ cm³, $s = 42$ mm. Wie groß ist die Zylinderbohrung in mm?

$$A = 47 \text{ cm}^3 : 4,2 \text{ cm} = 11,2 \text{ cm}^2$$

$$d = \sqrt{\frac{1\,120 \text{ mm}^2}{0,785}} = \mathbf{37,8 \text{ mm}}$$

Verdichtungsverhältnis

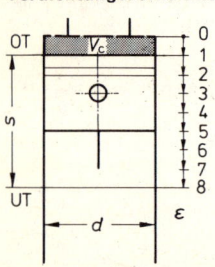

$$\varepsilon = \frac{V_h + V_c}{V_c} \qquad \varepsilon = \frac{V_h}{V_c} + 1$$

$$V_h = V_c \cdot (\varepsilon - 1) \qquad V_c = \frac{V_h}{\varepsilon - 1}$$

$$V_h = \frac{\pi \cdot d^2}{4} \cdot s \qquad V_h = \frac{V_H}{z}$$

ε	Verdichtungsverhältnis
V_c	Verdichtungsraum
V_h	Zylinderhubraum

Vierzylinder: $V_H = 1\,200$ cm³, $V_c = 50$ cm³. Wie groß ist das Verdichtungsverhältnis ε?

$$V_h = 1\,200 \text{ cm}^3 : 4 = 300 \text{ cm}^3$$

$$\varepsilon = \frac{300 \text{ cm}^3 + 50 \text{ cm}^3}{50 \text{ cm}^3} = \mathbf{7:1}$$

Einzylinder: $V_c = 12,6$ cm³, $\varepsilon = 8,7:1$. Wie groß ist der Zylinderhubraum in cm³?

$$V_h = 12,6 \text{ cm}^3 \cdot (8,7 - 1) = \mathbf{97 \text{ cm}^3}$$

Verdichtungsänderung

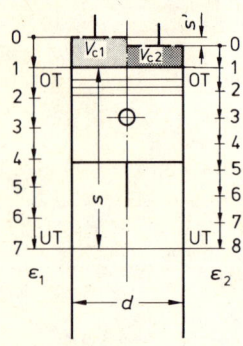

Höhenabnahme

$$s' = \frac{s}{\varepsilon_1 - 1} - \frac{s}{\varepsilon_2 - 1}$$

$$\varepsilon_2 = \frac{V_h + V_{c2}}{V_{c2}}$$

$$V_{c2} = V_{c1} - V_c'$$

$$V_c' = A \cdot s'$$

$$s' = \frac{V_{c1} - V_{c2}}{A}$$

Höhenzunahme

$$s' = \frac{s}{\varepsilon_2 - 1} - \frac{s}{\varepsilon_1 - 1}$$

$$\varepsilon_2 = \frac{V_h + V_{c2}}{V_{c2}}$$

$$V_{c2} = V_{c1} + V_c'$$

$$V_c' = A \cdot s'$$

$$s' = \frac{V_{c2} - V_{c1}}{A}$$

$\ldots_1$	vor der Änderung
$\ldots_2$	nach der Änderung
s'	Änderung der V_c-Höhe
V_c'	Änderung des Verdichtungsraumes

$s = 84$ mm, $\varepsilon_1 = 8:1$, $\varepsilon_2 = 9:1$. Wieviel mm ändert sich die Höhe des Verdichtungsraumes s'?

$$s' = \frac{84 \text{ mm}}{8 - 1} - \frac{84 \text{ mm}}{9 - 1} = \mathbf{1,5 \text{ mm}}$$

Sechszylinder: $d = 82$ mm, $s' = 1$ mm, $V_H = 2304$ cm³, $\varepsilon_1 = 9,3:1$. Wie groß ist das Verdichtungsverhältnis ε_2?

$$V_h = 2304 \text{ cm}^3 : 6 = 384 \text{ cm}^3$$

$$V_{c1} = 384 \text{ cm}^3 : (9,3 - 1) = 46,3 \text{ cm}^3$$

$$A = 0,785 \cdot 8,2^2 \text{ cm}^2 = 52,8 \text{ cm}^2$$

$$V_c' = 52,8 \text{ cm}^2 \cdot 0,1 \text{ cm} = 5,28 \text{ cm}^3$$

$$V_{c2} = 46,3 \text{ cm}^3 - 5,3 \text{ cm}^3 = 41,0 \text{ cm}^3$$

$$\varepsilon_2 = \frac{384 \text{ cm}^3 + 41,0 \text{ cm}^3}{41,0 \text{ cm}^3} = \mathbf{10,4:1}$$

Hubverhältnis

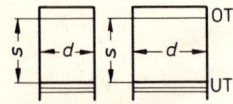

$$\alpha = \frac{s}{d} \qquad s = \alpha \cdot d \qquad d = \frac{s}{\alpha}$$

α	Hubverhältnis
s	Kolbenhub
d	Zylinderbohrung

Ottomotor: $s = 80,5$ mm, $d = 70$ mm. Wie groß ist das Hubverhältnis α?

$$\alpha = \frac{80,5 \text{ mm}}{70 \text{ mm}} = \mathbf{1,15}$$

Erfahrungswerte:

| Ottomotor | $0,8 \ldots 1,15$ | Langhuber $\alpha > 1$ |
| Dieselmotor | $0,9 \ldots 1,6$ | Kurzhuber $\alpha < 1$ |

Liefergrad
Füllungsgrad

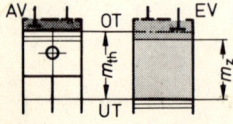

$$\lambda_L = \frac{m_z}{m_{th}} \qquad m_z = m_{th} \cdot \lambda_L$$

λ_L	Liefergrad, Füllungsgrad
m_z	angesaugte Frischgasmasse
m_{th}	theoretische Frischgasmasse

Ottomotor: $m_z = 0,412$ g, $m_{th} = 0,515$ g. Wie groß ist der Liefergrad λ_L?

$$\lambda_L = \frac{0,412 \text{ g}}{0,515 \text{ g}} = \mathbf{0,8}$$

Ottomotoren Viertakt	$\lambda_L = 0,7 \ldots 0,9$
Zweitakt	$\lambda_L = 0,5 \ldots 0,7$
Dieselmotoren	$\lambda_L = 0,8 \ldots 0,9$

Maße

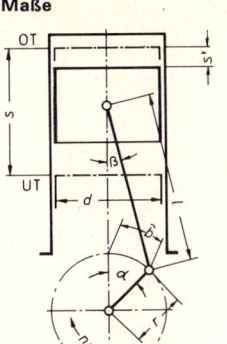

$$U = \pi \cdot s \qquad b = \frac{\pi \cdot s \cdot \alpha}{360}$$

$$r = \frac{s}{2} \qquad \lambda = \frac{r}{l}$$

$$A = \frac{\pi \cdot d^2}{4} \qquad \sin \beta = \frac{r \cdot \sin \alpha}{l}$$

$$s = \frac{360 \cdot b}{\pi \cdot \alpha} \qquad \alpha = \frac{360 \cdot b}{\pi \cdot s}$$

$$s' \approx r \left(1 - \cos \alpha \pm \frac{r \cdot \sin^2 \alpha}{2 \cdot l} \right) \quad \begin{array}{l} + \text{OT} \blacktriangleright \text{UT} \\ - \text{UT} \blacktriangleright \text{OT} \end{array}$$

s Kolbenhub	λ Pleuelstangen-
s' Kolbenweg	verhältnis
r Kurbelradius	l Pleuelaugen-
α Kurbelwinkel in °	abstand
β Pleuelwinkel	A Kolbenfläche
U Umfang des	d Kolben ∅
Kurbelkreises	b Kurbelbogen

Kolbenhub 80 mm, Pleuelaugenabstand 160 mm, Kurbelwinkel 60°. Gesucht:
a) Kurbelradius,
b) Umfang des Kurbelkreises,
c) Bogen des Kurbelwinkels,
d) Pleuelwinkel,
e) Pleuelstangenverhältnis,
f) Kolbenweg vom oberen Totpunkt.

$$r = 80 \text{ mm} : 2 = \mathbf{40 \text{ mm}}$$
$$U = 3{,}14 \cdot 80 \text{ mm} = \mathbf{251{,}3 \text{ mm}}$$
$$b = \frac{3{,}14 \cdot 80 \text{ mm} \cdot 60°}{360°} = \mathbf{41{,}9 \text{ mm}}$$
$$\sin \beta = \frac{40 \text{ mm} \cdot 0{,}866}{160 \text{ mm}} = \mathbf{0{,}2165}$$
$$\beta \text{ nach Sinustabelle} = \mathbf{12° \, 30'}$$
$$\lambda = 40 \text{ mm} : 160 \text{ mm} = \mathbf{0{,}25}$$
$$s' \approx 40 \text{ mm} \left(1 - 0{,}5 + \frac{40 \text{ mm} \cdot 0{,}866^2}{2 \cdot 160} \right) = \mathbf{23{,}7 \text{ mm}}$$

Kräfte

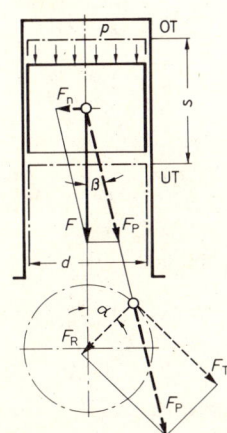

$$F = A \cdot p \qquad F_m = m_1 \cdot a$$

$$F_n = F \cdot \tan \beta \qquad F_P = \frac{F}{\cos \beta}$$

$$F_T = \frac{F \cdot \sin (\alpha + \beta)}{\cos \beta} \qquad F_R = \frac{F \cdot \cos (\alpha + \beta)}{\cos \beta}$$

$$F_Z = \frac{m_2 \cdot v_u^2}{r} \qquad F_L = \frac{F}{\cos \beta}$$

$$W = A \cdot p_m \cdot s \qquad p_L = \frac{F_L}{l \cdot b}$$

$$p = \frac{F}{A} \qquad p_m = \frac{12\,000 \cdot P_i}{A \cdot s \cdot n \cdot z}$$

F	Kolbenkraft	A	Kolbenfläche
F_m	Massenkraft	m_1	Kolbenmasse
F_n	Seitenkraft	m_2	drehende Masse
F_P	Pleuelkraft	α	Kurbelwinkel
F_T	Tangentialkraft	β	Pleuelwinkel
F_R	Radialkraft	a	Kolbenbeschl.
F_L	Lagerkraft	v_u	Umfangsgesch.
F_Z	Fliehkraft	r	Kurbelradius
p	Gasdruck	l	Lagerdurchm.
p_m	Arbeitsdruck	b	Lagerbreite
p_L	Flächenpressung	W	Arbeit eines
P_i	Innenleistung		Arbeitsaktes

Verbrennungsdruck 40 bar, mittlerer Arbeitsdruck 10 bar, Kolbenfläche 50 cm², Kolbenhub 80 mm, Kurbelwinkel 60°, Pleuelwinkel 12° 30′, Lagerbreite 30 mm, Lagerdurchmesser 60 mm, Kolbenbeschl. 6 000 m/s², Kolbenmasse 250 g. Gesucht:
a) Kolbenkraft,   f) Lagerkraft,
b) Seitenkraft,   g) Massenkraft,
c) Pleuelkraft,   h) Arbeit eines
d) Tang'kraft,   Arbeitsaktes,
e) Radialkraft,   i) Flächenpressung

$$F = 50 \text{ cm}^2 \cdot 400 \text{ N/cm}^2 = \mathbf{20\,000 \text{ N}}$$
$$F_n = 20\,000 \text{ N} \cdot 0{,}222 = \mathbf{4440 \text{ N}}$$
$$F_P = 20\,000 \text{ N} : 0{,}976 = \mathbf{20\,492 \text{ N}}$$
$$F_T = \frac{20\,000 \text{ N} \cdot 0{,}954}{0{,}976} = \mathbf{19\,549 \text{ N}}$$
$$F_R = \frac{20\,000 \text{ N} \cdot 0{,}301}{0{,}976} = \mathbf{6168 \text{ N}}$$
$$F_L = 20\,000 \text{ N} : 0{,}976 = \mathbf{20\,492 \text{ N}}$$
$$F_m = 0{,}25 \text{ kg} \cdot 6\,000 \text{ m/s}^2 = \mathbf{1\,500 \text{ N}}$$
$$W = 50 \cdot 100 \text{ N} \cdot 0{,}08 \text{ m} = \mathbf{400 \text{ Nm}}$$
$$p_L = \frac{20\,492 \text{ N}}{6 \text{ cm} \cdot 3 \text{ cm}} = \mathbf{1138 \text{ N/cm}^2}$$

Bewegungen

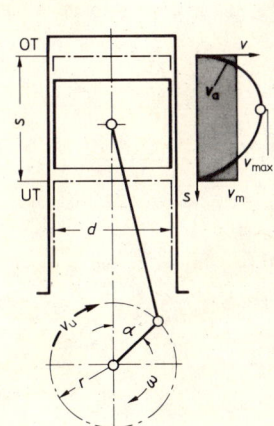

$s = $ *Kolbenhub in m*

$$v_m = \frac{s \cdot n}{30} \qquad v_{max} \approx 1{,}6 \cdot v_m$$

$$v_a \approx r \cdot \omega \cdot \sin \alpha \, (1 \pm \lambda \cos \alpha)$$

$$s = \frac{30 \cdot v_m}{n} \qquad n = \frac{30 \cdot v_m}{s}$$

$$n = \frac{1\,000 \cdot v \cdot i}{60 \cdot \pi \cdot d_R} \qquad t = \frac{\alpha}{6 \cdot n}$$

$$v_u = \frac{\pi \cdot s \cdot n}{60} \qquad \omega = \frac{\pi \cdot n}{30}$$

$$a \approx \frac{s \cdot n^2}{183} (1 \pm \lambda) \approx r \cdot \omega^2 (1 \pm \lambda)$$

v_m	mittlere Kolbengeschwindigkeit in m/s
v_{max}	max. Kolbengeschwindigkeit in m/s
v_a	absolute Kolbengeschwindigkeit in m/s, + OT▶UT, − UT▶OT
v_u	Umfangsgeschwindigkeit am Kurbelzapfen in m/s
ω	Winkelgeschwindigkeit in 1/s
v	Fahrgeschwindigkeit in km/h
a	Kolbenbeschleunigung im OT/UT in m/s², + im OT, − im UT
d_R	Reifen ∅ in m $\quad s$ Kolbenhub in m
i	Übersetzung $\quad n$ Motordrehzahl
α	Kurbelwinkel in° $\quad r$ Kurbelradius in m
t	Laufzeit in s $\quad \lambda$ Pleuelst'verhältnis

Kolbenhub 80 mm, Pleuelaugenabstand 160 mm, Motordrehzahl 4200/min, Kurbelwinkel 60°. Berechnen Sie:
a) mittlere Kolbengeschwindigkeit,
b) größte Kolbengeschwindigkeit,
c) Pleuelstangenverhältnis,
d) Winkelgeschwindigkeit,
e) absolute Kolbengeschwindigkeit,
f) Umfangsgeschw. des Kurbelzapfens,
g) Laufzeit für 60° Kurbelwinkel,
h) Kolbenbeschleunigung im OT und UT!

$$v_m = \frac{0{,}08 \cdot 4200}{30} = \mathbf{11{,}2 \text{ m/s}}$$
$$v_{max} \approx 1{,}6 \cdot 11{,}2 \text{ m/s} = \mathbf{17{,}9 \text{ m/s}}$$
$$r = 80 \text{ mm} : 2 = \mathbf{40 \text{ mm}}$$
$$\lambda = 40 \text{ mm} : 160 \text{ mm} = \mathbf{0{,}25}$$
$$\omega = \frac{3{,}14 \cdot 4200}{30} = \mathbf{439{,}8 \, 1/s}$$
$$v_a = 0{,}04 \cdot 439{,}8 \cdot 0{,}87 \times \\ \times (1 + 0{,}25 \cdot 0{,}5) = \mathbf{17{,}1 \text{ m/s}}$$
$$v_u = \frac{3{,}14 \cdot 0{,}08 \cdot 4200}{60} = \mathbf{17{,}6 \text{ m/s}}$$
$$t = \frac{60}{6 \cdot 4200} = \mathbf{0{,}002 \text{ s}}$$
$$a_{OT} \approx 0{,}04 \cdot 439{,}8^2 \cdot 1{,}25 = \mathbf{9671 \text{ m/s}^2}$$
$$a_{UT} \approx 0{,}04 \cdot 439{,}8^2 \cdot 0{,}75 = \mathbf{5803 \text{ m/s}}$$

Motorsteuerung

Kurbelwinkel, Kurbelkreis

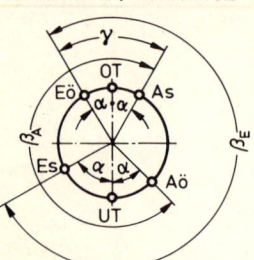

$\alpha_{E\ddot{o}}$ = Eö bis OT $\qquad$ $\alpha_{A\ddot{o}}$ = Aö bis UT

α_{Es} = Es bis UT $\qquad$ α_{As} = As bis OT

$\beta = \alpha_{\ddot{o}} + 180° + \alpha_s$ $\qquad$ $\gamma = \alpha_{E\ddot{o}} + \alpha_{As}$

$U = \pi \cdot s$ $\qquad$ $U = \pi \cdot 2r$

α Steuerwinkel $\qquad$ U Kurbelkreisumfang
β Öffnungswinkel
γ Überschneidungswinkel $\qquad$ s Kolbenhub
$\qquad$ r Kurbelradius

Ottomotor: s = 80 mm, Steuerwinkel α:
Eö = 15° vor dem oberen Totpunkt
Es = 75° nach dem unteren Totpunkt
Aö = 60° vor dem unteren Totpunkt
As = 30° nach dem oberen Totpunkt

Öffnungswinkel β:
EV = 15° + 180° + 75° $\quad$ = **270°**
AV = 60° + 180° + 30° $\quad$ = **270°**

Ventilüberschneidung:
γ = 15° + 30° $\qquad$ = **45°**

Kurbelkreis = 3,14 · 80 mm = **251,3 mm**

Bogenlänge

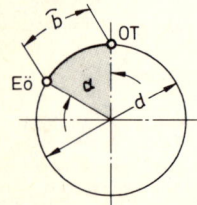

$$b = \frac{\pi \cdot d \cdot \alpha}{360}$$

$$d = \frac{360 \cdot b}{\pi \cdot \alpha} \qquad \alpha = \frac{360 \cdot b}{\pi \cdot d}$$

b Bogenlänge (Steuerbogen)
d Durchmesser der Schwungscheibe
α Steuerwinkel

Eö 15° vor OT, Durchmesser d = 260 mm.
Wie groß ist die Bogenlänge b in mm?

$$b = \frac{3,14 \cdot 260 \text{ mm} \cdot 15°}{360°} = \textbf{34 mm}$$

Es 60° nach UT, Bogenlänge b = 135 mm.
Wie groß ist der ⌀ der Schwungscheibe?

$$d = \frac{135 \text{ mm} \cdot 360°}{3,14 \cdot 60°} = \textbf{258 mm}$$

Ventilöffnungszeit

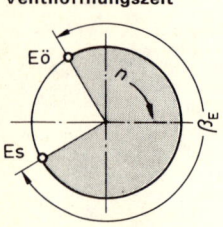

$$t_1 = \frac{\beta}{6 \cdot n} \qquad t_2 = \frac{\beta}{12}$$

$$n = \frac{\beta}{6 \cdot t_1} \qquad t_2 = \frac{n \cdot t_1}{2}$$

$$\beta = 6 \cdot t_1 \cdot n \qquad \beta = 12 \cdot t_2$$

t_1 Ventilöffnungszeit/Arbeitsspiel in s
t_2 Ventilöffnungszeit/Minute in s
β Öffnungswinkel in Grad
n Motordrehzahl in 1/min

Eö 15° vor OT, Es 75° nach UT, n = 3600/min. Wie groß ist

a) die Öffnungszeit je Arbeitsspiel?
b) die Öffnungszeit in einer Minute?

β = 15° + 180° + 75° $\quad$ = **270°**

$$t_1 = \frac{270°}{6 \cdot 3600} = \textbf{0,0125 s}$$

$$t_2 = \frac{270°}{12} = \textbf{22,5 s}$$

Ventilöffnungsfläche

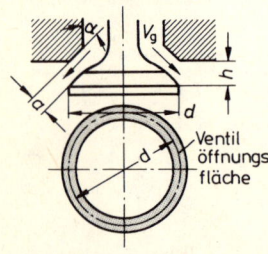

$$A_V = \pi \cdot \sin \alpha \cdot h \cdot d$$

für α = 45° bzw. $\sin 45°$ = 0,71 gilt:

$$A_V = 0,71 \cdot \pi \cdot h \cdot d$$

$$h = \frac{A_V}{0,71 \cdot \pi \cdot d} \qquad d = \frac{A_V}{0,71 \cdot \pi \cdot h}$$

A_V Ventilöffnungsfläche
α Sitzwinkel
h Ventilhub
d Ventilteller-Durchmesser

Auslaßventil: d = 49 mm, h = 9 mm, α = 45°. Wie groß ist der Durchflußquerschnitt des Ventils in mm²?

$$A_V = 0,71 \cdot 3,14 \cdot (9 \cdot 49) \text{ mm}^2 = \textbf{984 mm}^2$$

Einlaßventil: A_V = 821 mm², α = 45°, d = 46 mm. Berechnen Sie den Ventilhub!

$$h = \frac{821 \text{ mm}^2}{0,71 \cdot 3,14 \cdot 46 \text{ mm}} = \textbf{8 mm}$$

Gasgeschwindigkeit

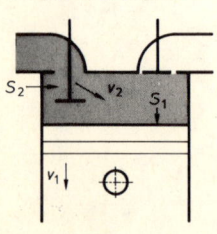

$$S_1 \cdot v_1 = S_2 \cdot v_2$$

$$v_1 = \frac{S_2 \cdot v_2}{S_1} \qquad v_2 = \frac{S_1 \cdot v_1}{S_2}$$

$$S_1 = \frac{S_2 \cdot v_2}{v_1} \qquad S_2 = \frac{S_1 \cdot v_1}{v_2}$$

S_1 Zylinderquerschnitt
S_2 Ventilöffnungsquerschnitt
v_1 Kolbengeschwindigkeit
v_2 Gasgeschwindigkeit am Ventil

Ventilöffnungsfläche S_2 = 10 cm², Zylinderquerschnitt S_1 = 50 cm², Kolbengeschwindigkeit v_1 = 12 m/s. Wie groß ist die Strömungsgeschwindigkeit in der Ventilöffnungsfläche in m/s?

$$v_2 = \frac{50 \text{ cm}^2 \cdot 12 \text{ m/s}}{10 \text{ cm}^2} = \textbf{60 m/s}$$

S_1 = 60 cm², v_1 = 15 m/s, v_2 = 75 m/s. Wie groß ist die Ventilöffnungsfläche?

$$S_2 = \frac{60 \text{ cm}^2 \cdot 15 \text{ m/s}}{75 \text{ m/s}} = \textbf{12 cm}^2$$

Kraftstoffbehälter

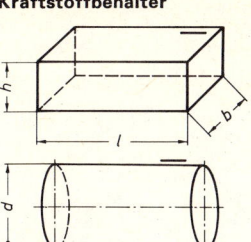

$$V = l \cdot b \cdot h \qquad V = \frac{\pi \cdot d^2}{4} \cdot h$$

$$A_o = 2\,l \cdot b + 2\,h\,(l+b) \qquad A_o = \pi\left(\frac{d^2}{2} + d \cdot h\right)$$

$$m_V = V \cdot \rho \qquad \dot{m}_o = A_o \cdot m_A$$

$$m = m_V + m_o \qquad G = m \cdot g$$

V	Volumen	m_V	Kraftstoffmasse
l	Länge	m_o	Behältermasse
b	Breite	m_A	Flächenmasse
h	Höhe	m	Masse des
d	Durchmesser		vollen Behälters
A_o	Oberfläche	G	Gewichtskraft
ρ	Dichte K'stoff	g	Fallbeschleunig.

Behälter für DK mit rechteckiger Grundfläche: Länge 80 cm, Breite 50 cm, Höhe 30 cm, Dichte des Kraftstoffes 0,86 kg/dm³ flächenbezogene Masse 9,2 kg/m². Berechnen Sie:
a) Volumen,
b) Oberfläche,
c) Masse des DK,
d) Masse, Tank leer,
e) Masse, Tank voll,
f) Gewichtskraft!

$V = 8\,\text{dm} \cdot 5\,\text{dm} \cdot 3\,\text{dm}$ = **120 l**
$A_o = 2 \cdot 0{,}8\,\text{m} \cdot 0{,}5\,\text{m} +$
$\quad + 2 \cdot 0{,}3\,\text{m}\,(0{,}8\,\text{m} + 0{,}5\,\text{m})$ = **1,58 m²**
$m_V = 120\,\text{l} \cdot 0{,}86\,\text{kg/l}$ = **103,2 kg**
$m_o = 1{,}58\,\text{m}^2 \cdot 9{,}2\,\text{kg/m}^2$ = **14,5 kg**
$m = 103{,}2\,\text{kg} + 14{,}5\,\text{kg}$ = **117,7 kg**
$G = 117{,}7\,\text{kg} \cdot 9{,}81\,\text{m/s}^2$ = **1154,6 N**

Druck, Auftrieb
(Schwimmkörper)

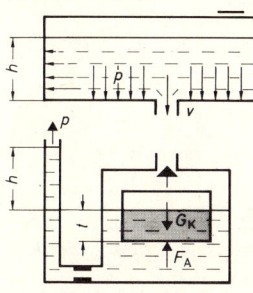

$$p = \frac{h \cdot \rho \cdot g}{10} \qquad h = \frac{10 \cdot p}{\rho \cdot g}$$

$$v = \sqrt{\frac{2 \cdot g \cdot h}{100}} \qquad h = \frac{100 \cdot v^2}{2 \cdot g}$$

$$F_A = A \cdot t \cdot \rho \cdot g \qquad F_A = V \cdot \rho \cdot g$$

$$A = \frac{F_A \text{ oder } G_K}{t \cdot \rho \cdot g} \qquad t = \frac{F_A \text{ oder } G_K}{A \cdot \rho \cdot g}$$

p	Boden-, Seiten-, Saugdruck in mbar	F_A	Auftrieb (Gewichtskraft des Körpers) in mN
ρ	Dichte in g/cm³	t	Eintauchtiefe, cm
h	Druck- oder Saughöhe in cm	v	Ausflußgeschwindigkeit in m/s
g	Fallbeschleunig.		
A	Mittelfläche des Körpers in cm²	G_K	Gewichtskraft des Schwimmers in mN
V	Verdr'volumen		

Lagertank für VK: Flüssigkeitshöhe 800 cm, Dichte 0,75 g/l. Gesucht:
a) Bodendruck in mbar,
b) Ausflußgeschwindigkeit am Boden.

$p = \dfrac{800 \cdot 0{,}75 \cdot 9{,}81}{10}$ = **589 mbar**

$v = \sqrt{\dfrac{2 \cdot 9{,}81 \cdot 800}{100}}$ = **12,5 m/s**

Zyl. Schwimmer: Gewichtskraft 25 mN, Dichte des Benzins 0,75 g/cm³, Mittelfläche 3 cm². Berechnen Sie:
a) Eintauchtiefe in cm,
b) Auftrieb bei 0,8 g/cm³ Dichte.

$t = \dfrac{25}{3 \cdot 0{,}75 \cdot 9{,}81}$ = **1,13 cm**

$F_A = 3 \cdot 1{,}13 \cdot 0{,}8 \cdot 9{,}81$ = **26,6 mN**

Geschwindigkeiten und Drücke im Saugrohr

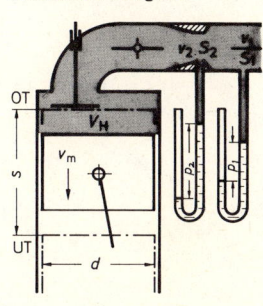

$$S_1 \cdot v_1 = S_2 \cdot v_2 \qquad v_2 = \frac{S_1 \cdot v_1}{S_2}$$

$$v_1 \approx \frac{A \cdot v_m}{S_1} \qquad v_1 \approx \frac{d^2 \cdot s \cdot n}{30 \cdot d_1^2}$$

$$v_1 = \frac{V_H \cdot n \cdot \lambda_L}{12\,000 \cdot S_1} \qquad d_1 = \sqrt{\frac{V_H \cdot n \cdot \lambda_L}{9425 \cdot v_1}}$$

$$\Delta_p = \frac{\rho}{200}\,(v_2^2 - v_1^2) \qquad \Delta_p = p_1 - p_2 \text{ in mbar}$$

v_1	Geschw. 1 in m/s	A	Kol'fläche, cm²
v_2	Geschw. 2 in m/s	V_H	M'hubraum, cm³
v_m	Kol'geschw. m/s	n	Motordrehzahl
S_1	Querschnitt 1, cm²	s	Kolbenhub in m
S_2	Querschnitt 2, cm²	ρ	Dichte in kg/m³
d_1	Durchmes. 1, cm	p_1	Druck 1 in mbar
d_2	Durchmes. 2, cm	p_2	Druck 2 in mbar
d	Zyl'bohrung in cm	λ_L	Liefergrad

Vierzylindermotor: Motorhubraum 1 200 cm³, Motordrehzahl 4 800/min, Liefergrad 0,8, Dichte der Luft 1,2 kg/m³, Durchmesser im Lufttrichter 23 mm, Durchmesser im Saugrohr 28 mm. Berechnen Sie:
a) Geschwindigkeit im Lufttrichter,
b) Geschwindigkeit im Saugrohr,
c) Druckdifferenz im Lufttrichter Δp!

$S_1 = \dfrac{3{,}14 \cdot 2{,}8^2 \text{ cm}^2}{4}$ = **6,15 cm²**

$S_2 = \dfrac{3{,}14 \cdot 2{,}3^2 \text{ cm}^2}{4}$ = **4,15 cm²**

$v_1 = \dfrac{1\,200 \cdot 4800 \cdot 0{,}8}{12\,000 \cdot 6{,}15}$ = **62,4 m/s**

$v_2 = \dfrac{1\,200 \cdot 4800 \cdot 0{,}8}{12\,000 \cdot 4{,}15}$ = **92,5 m/s**

$\Delta p = \dfrac{1{,}2}{200}\,(92{,}5^2 - 62{,}4^2)$ = **28,0 mbar**

Motorkühlung

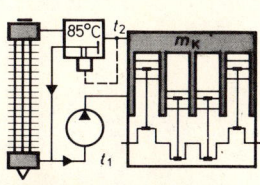

$$Q_K = m \cdot c \cdot \Delta t \qquad Q_K = \frac{B \cdot H_u \cdot f}{100}$$

$$m = \frac{Q_K}{c \cdot \Delta t} \qquad B = \frac{b \cdot P_{eff}}{1000}$$

$$\Delta t = t_2 - t_1 \qquad \Delta t = \frac{Q_K}{m \cdot c}$$

$$z = \frac{m}{m_K} \qquad z = \frac{B \cdot H_u \cdot f}{100 \cdot c \cdot \Delta t \cdot m_K}$$

Q_K	Wä'menge, kJ/h	t_1	Eintr'temperatur
c	spez. Wärmekapazität in kJ/kgK	t_2	Austr'temperatur
		Δt	Temp'differenz
m	Kühlwasserdurchsatz in kg/h	B	K'verbrauch, kg/h
		b	spez. Kraftstoffverbrauch, g/kWh
m_K	Füllmenge des Kühlsystems in kg	H_u	Heizwert, kJ/kg
z	Umläufe je h	P_e	effektive Motorleistung in kW
f	Wärmefluß in %		

Viertakt-Ottomotor: Spezifischer Kraftstoffverbrauch 300 g/kWh, effektive Motorleistung 40 kW, Heizwert 42 000 kJ/kg, Wärmefluß 33 %, spezifische Wärmekapazität 4,2 kJ/kgK, Füllmenge des Kühlsystems 10 l, Eintrittstemperatur 70 °C, Austrittstemperatur 80 °C. Gesucht:
a) Kraftstoffverbrauch in kg/h,
b) abzuführende Wärmemenge in kJ/h,
c) Kühlwasserdurchsatz in kg/h,
d) Kühlwasserumläufe in 1 Stunde.

$B = \dfrac{300\,\text{g/kWh} \cdot 40\,\text{kW}}{1\,000\,\text{g/kg}}$ = **12 kg/h**

$Q_K = \dfrac{12 \cdot 42\,000 \cdot 33}{100}$ = **166 320 kJ/h**

$m = \dfrac{166\,320\,\text{kJ/h}}{4{,}2\,\text{kJ/kgK} \cdot 10\,\text{K}}$ = **3960 kg/h**

$z = \dfrac{3960\,\text{kg/h}}{10\,\text{kg}}$ = **396 Uml./h**

1

Luftbedarf

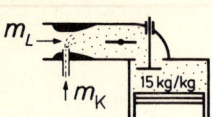

$$L = \frac{m_L}{m_K} \qquad m_L = L \cdot m_K$$

L Luftbedarf in kg je kg Kraftstoff
m_L Luftmenge in kg
m_K Kraftstoffmenge in kg

Motorische Verbrennung: $m_K = 8{,}7$ kg, $m_L = 126{,}15$ kg. Wie groß ist der Luftbedarf in kg je kg Kraftstoff?

$$L = \frac{126{,}15 \text{ kg}}{8{,}7 \text{ kg}} \qquad = \textbf{14,5 kg/kg}$$

Luftverhältnis

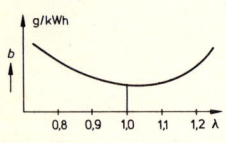

$$\lambda = \frac{L}{L_{th}} \qquad L = \lambda \cdot L_{th}$$

λ Luftverhältnis
L tatsächlicher Luftbedarf in kg/kg
L_{th} theoretischer Luftbedarf in kg/kg

Motorische Verbrennung: Luftbedarf 16,28 kg für 1 kg Fahrbenzin, theoretischer Luftbedarf 14,8 kg/kg. Wie groß ist das Luftverhältnis λ?

$$\lambda = \frac{16{,}28 \text{ kg/kg}}{14{,}8 \text{ kg/kg}} \qquad = \textbf{1,10}$$

Kraftstoffverbrauch nach DIN

$$k = \frac{110 \cdot K}{s} \qquad s = \frac{110 \cdot K}{k}$$

k Kraftstoffverbrauch nach DIN in l/100 km
K gemessener Kraftstoffverbrauch in l
s Prüfstrecke in km

Prüfungsfahrt mit Pkw: $s = 20{,}5$ km, $K = 2{,}15$ l. Wie groß ist der DIN-Verbrauch?

$$k = \frac{110 \cdot 2{,}15 \text{ l}}{20{,}5 \text{ km}} \qquad = \textbf{11,5 l/100 km}$$

Kraftstoff-Streckenverbrauch

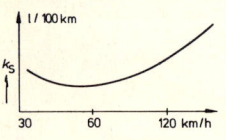

$$k_S = \frac{100 \cdot K}{s} \qquad s = \frac{100 \cdot K}{k_S}$$

k_S Kraftstoff-Streckenverbrauch in l/100 km
K gemessener Kraftstoffverbrauch in l
s gefahrene Strecke in km

Lastkraftwagen: $s = 140$ km, $K = 34{,}3$ l. Wie groß ist der Kraftstoff-Streckenverbrauch in l/100 km?

$$k_S = \frac{100 \cdot 34{,}3 \text{ l}}{140 \text{ km}} \qquad = \textbf{24,5 l/100 km}$$

Spezifischer Kraftstoffverbrauch

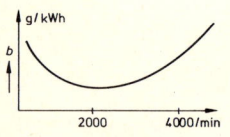

$$b = \frac{3600 \cdot K \cdot \rho}{t \cdot P_{eff}}$$

b spezifischer Kraftstoffverbrauch in g/kWh
K gemessener Verbrauch in cm³
t Prüfzeit in s
ρ Kraftstoffdichte in g/cm³
P_{eff} Motorleistung in kW

Pkw auf dem Prüfstand: $K = 100$ cm³, $t = 25$ s, $P_{eff} = 32$ kW, $\rho = 0{,}74$ g/cm³. Wie groß ist der spezifische Kraftstoffverbrauch in g/kWh?

$$b = \frac{3600 \cdot 100 \cdot 0{,}74}{25 \cdot 32} \qquad = \textbf{333 g/kWh}$$

Ölverbrauch, Viertaktmotor

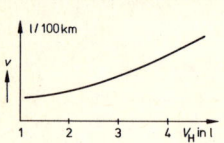

$$v = \frac{100 \cdot m}{\rho \cdot s} \qquad m = \frac{v \cdot \rho \cdot s}{100}$$

v Ölverbrauch in l/100 km
m verbrauchte Ölmenge in kg
s gefahrene Strecke in km
ρ Dichte des Öls in kg/dm³

Pkw: $m = 115$ g auf $s = 150$ km, $\rho = 0{,}9$ kg/dm³. Wie groß ist der Ölverbrauch in l/100 km?

$$v = \frac{100 \cdot 0{,}115 \text{ kg}}{0{,}9 \text{ kg/dm}^3 \cdot 150 \text{ km}} = \textbf{0,085 l/100 km}$$

Ölverbrauch, Zweitaktmotor

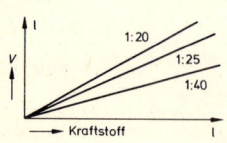

$$V = K \cdot z \qquad v = \frac{100 \cdot V}{s}$$

V Ölverbrauch in l
v Ölverbrauch in l/100 km
s gefahrene Strecke in km
K Kraftstoffverbrauch in l
z Mischungsverhältnis Öl/Kraftstoff

Zweitaktmotor: $K = 35$ l Benzin, $z = 1 : 25$, $s = 280$ km. Wie groß ist der Ölverbrauch in l und in l/100 km?

$$V = \frac{35 \text{ l} \cdot 1}{25} \qquad = \textbf{1,4 l}$$

$$v = \frac{100 \cdot 1{,}4 \text{ l}}{280 \text{ km}} \qquad = \textbf{0,5 l/100 km}$$

Innenleistung
aus dem Arbeitsdruck

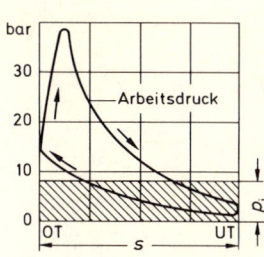

Viertaktmotor

$$P_i = \frac{A \cdot p_i \cdot s \cdot n \cdot z}{12\,000} \qquad P_i = \frac{V_H \cdot p_i \cdot n}{1\,200}$$

Zweitaktmotor

$$P_i = \frac{A \cdot p_i \cdot s \cdot n \cdot z}{6\,000} \qquad P_i = \frac{V_H \cdot p_i \cdot n}{600}$$

P_i Innenleistung in kW
A Kolbenfläche in cm²
p_i mittlerer indizierter Arbeitsdruck in bar
s Kolbenhub in m
n Motordrehzahl in 1/min
z Zylinderzahl
V_H Motorhubraum in l

Viertaktmotor: $d = 80$ mm, $s = 85$ mm, $p_i = 10$ bar, $n = 4000$ 1/min, $z = 4$. Wie groß ist die Innenleistung in kW?

$$A = \frac{3{,}14}{4} \cdot 8{,}0^2 \text{ cm}^2 = 50{,}27 \text{ cm}^2$$

$$P_i = \frac{50{,}27 \cdot 10 \cdot 0{,}085 \cdot 4000 \cdot 4}{12\,000} = \mathbf{57 \text{ kW}}$$

Viertaktmotor: $V_H = 1{,}5$ l, $p_i = 8$ bar, $n = 3600$ 1/min. Wie groß ist die Innenleistung in kW?

$$P_i = \frac{1{,}5 \cdot 8 \cdot 3600}{1\,200} = \mathbf{36 \text{ kW}}$$

Mechanischer Wirkungsgrad

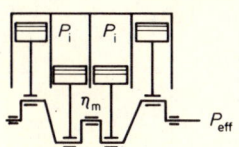

$$\eta_m = \frac{P_{eff}}{P_i}$$

$$P_{eff} = P_i \cdot \eta_m \qquad P_i = \frac{P_{eff}}{\eta_m}$$

η_m mechanischer Wirkungsgrad
P_{eff} Nutzleistung
P_i Innenleistung

Ottomotor: $P_i = 54$ kW, $P_{eff} = 46$ kW. Wie groß ist der mechanische Wirkungsgrad?

$$\eta_m = \frac{46 \text{ kW}}{54 \text{ kW}} = \mathbf{0{,}85}$$

Dieselmotor: $P_i = 94$ kW, $\eta_m = 0{,}82$. Wie groß ist die Nutzleistung in kW?

$$P_{eff} = 94 \text{ kW} \cdot 0{,}82 = \mathbf{77 \text{ kW}}$$

Nutzleistung
aus dem Drehmoment

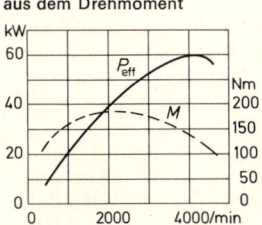

$$P_{eff} \approx \frac{M \cdot n}{9550}$$

$$M \approx \frac{9550 \cdot P_{eff}}{n} \qquad n \approx \frac{9550 \cdot P_{eff}}{M}$$

P_{eff} Nutzleistung in kW
M Motordrehmoment in Nm
n Motordrehzahl in 1/min

Ottomotor: $M = 85$ Nm bei $n = 5000$ 1/min. Wie groß ist die Nutzleistung in kW?

$$P_{eff} \approx \frac{85 \cdot 5000}{9550} = \mathbf{44{,}5 \text{ kW}}$$

Dieselmotor: $P_{eff} = 135$ kW bei $n = 1500$ 1/min. Wie groß ist das Drehmoment?

$$M \approx \frac{9550 \cdot 135}{1500} = \mathbf{859 \text{ Nm}}$$

Nutzleistung
aus der Wärmemenge

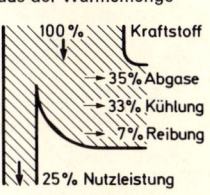

100 % Kraftstoff
→ 35 % Abgase
→ 33 % Kühlung
→ 7 % Reibung
↓ 25 % Nutzleistung

$$P_{eff} = \frac{B \cdot H_u \cdot \eta_e}{3600}$$

$$\eta_e = \frac{3600 \cdot P_{eff}}{B \cdot H_u} \qquad B = \frac{3600 \cdot P_{eff}}{\eta_e \cdot H_u}$$

P_{eff} Nutzleistung in kW
B Kraftstoffverbrauch in kg/h
H_u spezifischer Heizwert in kJ/kg
η_e Nutzwirkungsgrad

Ottomotor: $B = 8$ kg/h mit $H_u = 43000$ kJ/kg, $\eta_e = 0{,}25$. Wie groß ist die Nutzleistung in kW?

$$P_{eff} = \frac{8 \cdot 43000 \cdot 0{,}25}{3600} = \mathbf{23{,}8 \text{ kW}}$$

Dieselmotor: $P_{eff} = 190$ kW, $B = 52$ kg/h, $H_u = 43200$ kJ/kg. Nutzwirkungsgrad?

$$\eta_e = \frac{3600 \cdot 190}{52 \cdot 43200} = \mathbf{0{,}30}$$

Hubraumleistung

Erfahrungswerte	kW/l
Ottomotor, Kraftrad	30 … 70
Ottomotor, Pkw	25 … 50
Dieselmotor, Pkw	18 … 25
Dieselmotor, Lkw	18 … 28

$$P_H = \frac{P_{eff}}{V_H}$$

P_H Hubraumleistung in kW/l
P_{eff} größte Nutzleistung in kW
V_H Motorhubraum in l

Ottomotor: $V_H = 1750$ cm³, $P_{eff} = 70$ kW. Wie groß ist die Hubraumleistung?

$$P_H = \frac{70 \text{ kW}}{1{,}75 \text{ l}} = \mathbf{40 \text{ kW/l}}$$

Leistungsgewicht

Erfahrungswerte	kg/kW
Ottomotor, Kraftrad	5 … 2,5
Ottomotor, Pkw	4 … 2
Dieselmotor, Pkw	6,5 … 5
Dieselmotor, Lkw	9,5 … 5,5

$$m_P = \frac{m}{P_{eff}}$$

m_P Leistungsgewicht in kg/kW
m Motorgewicht in kg
P_{eff} größte Nutzleistung in kW

Dieselmotor: $P_{eff} = 110$ kW, $m = 715$ kg. Wie groß ist das Leistungsgewicht?

$$m_P = \frac{715 \text{ kg}}{110 \text{ kW}} = \mathbf{6{,}5 \text{ kg/kW}}$$

Gewichtsleistung: $P_m = \frac{P_e}{m_g}$

P_m = Gewichtsleistung
P_e = größte Nutzleistung in kW
m_g = zul. Gesamtgewicht

1

Kupplung

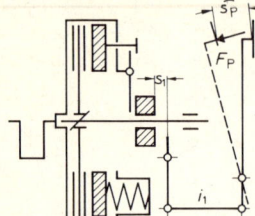

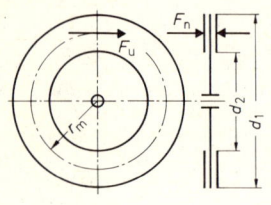

$$M_K = M_M \cdot S \qquad M_K = F_n \cdot \mu_H \cdot z \cdot r_m$$

$$F_U = F_n \cdot \mu_H \cdot z \qquad F_n = \frac{M_K}{\mu_H \cdot z \cdot r_m}$$

$$F_U = \frac{M_M}{r_m} \qquad M_M \approx \frac{9550 \cdot P_{eff}}{n}$$

$$S = \frac{M_K}{M_M} \qquad p = \frac{F_n}{A} \text{ in N/cm}^2$$

$$F_P = F_n \cdot i \qquad s_P = \frac{s_1}{i_1}$$

$$r_m \approx \frac{1}{4} \cdot (d_1 + d_2) \qquad r_m \; \bcancel{\frac{1}{3} \cdot \frac{d_1^3 - d_2^3}{d_1^2 - d_2^2}}$$

$$A = \frac{\pi}{4} \cdot (d_1^2 - d_2^2) \qquad F_n = p \cdot A$$

M_M	Motormoment	A	Belagfläche
M_K	Kuppl'moment	d_1	Außendurchm.
S	Sicherheit	d_2	Innendurchm.
F_U	Umfangskraft	s_P	Pedalweg
F_n	Anpreßkraft	s_1	Kupplungsspiel
F_P	Pedalkraft	i	Gesamt- und
μ_H	Belagreibwert	i_1	Teilübersetzung
r_m	Momenthalbm.	p	Belagpressung
z	Reibflächenzahl	P_{eff}	Motorleistung

Motorleistung 50 kW, Motordrehzahl 4775/min, Sicherheit 2, Belagreibzahl 0,4, Außen ⌀ 200 mm, Innen ⌀ 120 mm, Reibflächen 2, Gesamtübersetzung 1:25, Teilübersetzung Ausrücker-Pedal 1:10, Kupplungsspiel 2 mm. Berechnen Sie:

a) Motormoment e) Pedalkraft
b) Umfangskraft f) Pedalspiel
c) Kupplungsmoment g) Belag-
d) Anpreßkraft   pressung

$$M_M = \frac{9550 \cdot 50\,\text{kW}}{4775/\text{min}} = 100\,\text{Nm}$$

$$r_m \approx \frac{1}{4} \cdot (200 + 120)\,\text{mm} = 80\,\text{mm}$$

$$F_U = 100\,\text{Nm} : 0,08\,\text{m} = 1250\,\text{N}$$

$$M_K = 100\,\text{Nm} \cdot 2 = 200\,\text{Nm}$$

$$F_n = \frac{200\,\text{Nm}}{0,4 \cdot 2 \cdot 0,08\,\text{m}} = 3125\,\text{N}$$

$$F_P = 3125\,\text{N} \cdot 1/25 = 125\,\text{N}$$

$$s_P = \frac{2\,\text{mm}}{1/10} = 20\,\text{mm}$$

$$A = \pi/4 \cdot (20^2 - 12^2)\,\text{cm}^2 = 201,1\,\text{cm}^2$$

$$p = \frac{3125\,\text{N}}{201,1\,\text{cm}^2} = 15,5\,\text{N/cm}^2$$

Wechselgetriebe

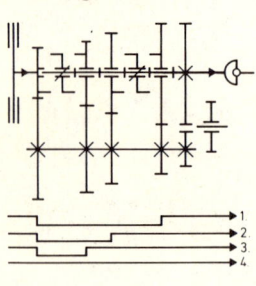

$$i = i_1 \cdot i_2 = \frac{z_2}{z_1} \cdot \frac{z_4}{z_3} = \frac{n_1}{n_2} = \frac{M_2}{M_1 \cdot \eta}$$

$$M_2 = M_1 \cdot i \cdot \eta \qquad n_2 = \frac{n_1}{i}$$

$$M_1 = \frac{M_2}{i \cdot \eta} \qquad n_1 = n_2 \cdot i$$

$$P_2 = P_1 \cdot \eta \qquad \eta = \frac{M_2 \cdot n_2}{M_1 \cdot n_1}$$

$$M_T = N_M \cdot i$$

M_1	Motormoment	i	Gesamtübersetz.
M_2	Abtriebsmoment	i_1	Teilübersetzung 1
n_1	Motordrehzahl	η	Wirkungsgrad
n_2	Abtriebsdrehzahl	P_1	Motorleistung
z	Zähnezahlen	P_2	Abtriebsleistung

Motorleistung 50 kW, Motordrehzahl 4775/min, $z_1 = 20$, $z_2 = 30$, $z_3 = 40$, $z_4 = 60$, Wirkungsgrad 0,9. Berechnen Sie:
a) Gesamtübersetzung,
b) Abtriebsdrehzahl in 1/min,
c) Abtriebsmoment in Nm,
d) Abtriebsleistung in kW!

$$M_1 = \frac{9550 \cdot 50\,\text{kW}}{4775/\text{min}} = 100\,\text{Nm}$$

$$i = \frac{30}{20} \cdot \frac{60}{40} = 2,25:1$$

$$n_2 = 4775/\text{min} : 2,25 = 2122/\text{min}$$

$$M_2 = 100\,\text{Nm} \cdot 2,25 \cdot 0,9 = 202,5\,\text{Nm}$$

$$P_2 = 50\,\text{kW} \cdot 0,9 = 45\,\text{kW}$$

Planetengetriebe

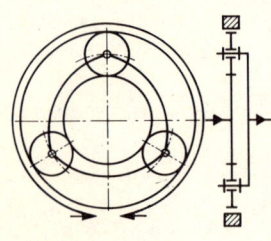

Hohl-rad	Träger	Sonne	
fest	getr.	treib.	$i = \dfrac{z\,\text{treib.} + z\,\text{fest}}{z\,\text{treibend}}$
treib.	getr.	fest	
fest	treib.	getr.	$i = \dfrac{z\,\text{getrieben}}{z\,\text{getr.} + z\,\text{fest}}$
getr.	treib.	fest	
getr.	fest	treib.	$i = \dfrac{z\,\text{getrieben}}{z\,\text{treibend}}$
treib.	fest	getr.	

i Übersetzungsverhältnis
z Zähnezahlen der treibenden, feststehenden und getriebenen Zähnräder

	Hohlrad 75 Zähne	Träger —	Sonnenrad 50 Zähne
a)	fest	Abtrieb	Antrieb
b)	fest	Antrieb	Abtrieb
c)	Abtrieb	fest	Antrieb
d)	Antrieb	Abtrieb	fest

$$i_a = \frac{50\,\text{Zähne} + 75\,\text{Zähne}}{50\,\text{Zähne}} = 2,5:1$$

$$i_b = \frac{50\,\text{Zähne}}{50\,\text{Zähne} + 75\,\text{Zähne}} = 1:2,5$$

$$i_c = 75\,\text{Zähne} : 50\,\text{Zähne} = 1,5:1$$

$$i_d = \frac{75\,\text{Zähne} + 50\,\text{Zähne}}{75\,\text{Zähne}} = 1,67:1$$

Drehmomentwandler

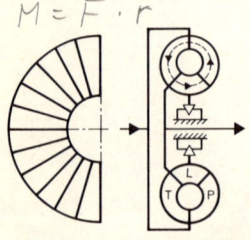

$$M = F \cdot r$$

$$i = \frac{n_P}{n_T} \qquad v = \frac{n_T}{n_P} \qquad \mu = \frac{M_T}{M_P}$$

$$\eta = \frac{P_T}{P_P} \qquad \eta = v \cdot \mu \qquad \eta = \frac{M_T \cdot n_T}{M_P \cdot n_P}$$

$$M_T = M_P \cdot i \cdot \eta \qquad M_T = M_P \cdot \mu$$

i	Übersetzung	M_P	Pumpenmoment
v	Drehzahl-verhältnis	M_T	Turbinenmoment
μ	Wandlung	M_L	Leitradmoment
η	Wirkungsgrad	n_P	Pumpendrehzahl
		n_T	Turbinendrehz.

Motorleistung 50 kW, Motordrehzahl 4775/min, Wandlung im Anfahrpunkt 2,5, Turbinendrehzahl 1528/min. Gesucht:
a) Pumpenmoment d) Drehzahl-
b) Turbinenmoment   verhältnis
c) Wirkungsgrad e) Übersetzung

$$M_P = \frac{9550 \cdot 50\,\text{kW}}{4775/\text{min}} = 100\,\text{Nm}$$

$$M_T = 100\,\text{Nm} \cdot 2,5 = 250\,\text{Nm}$$

$$v = \frac{1528/\text{min}}{4775/\text{min}} = 0,32$$

$$\eta = 0,32 \cdot 2,5 = 0,80$$

$$i = 4775/\text{min} : 1528/\text{min} = 3,1:1$$

$v = \dfrac{d \cdot \pi \cdot 60\,mm}{1000} \cdot i$

Drehmoment = Kraft × Hebelarm

Gelenkwelle, Achsantrieb, Radaufhängung

Gelenkwelle

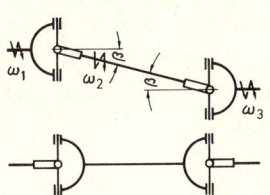

$$\omega_1 = \frac{\pi \cdot n}{30} \qquad \omega_{2min} = \omega_1 \cdot \cos \beta$$

$$\omega_{2max} = \frac{\omega_1}{\cos \beta} \qquad U = \frac{\omega_{2max} - \omega_{2min}}{\omega_1}$$

$$\alpha_d = \alpha_1 - \alpha_2 \qquad \tan \alpha_{d\,max} = \pm \frac{1 - \cos \beta}{2 \cdot \sqrt{\cos \beta}}$$

M_1 für ω_1 eingesetzt gibt M_{2min} (M_{2max}).

α_1	Drehwinkel 1	ω_1	Winkelgeschw. 1
α_2	Drehwinkel 2	ω_2	Winkelgeschw. 2
α_d	Differenzwinkel		min bei $\alpha_1 = 0°$
	min bei $\alpha_1 \approx 45°$		max bei $\alpha_1 = 90°$
	max bei $\alpha_1 \approx 135°$	U	Ungleichförmigk.
n	Motordrehzahl	β	Beugungswinkel

Kreuzgelenk: Beugungswinkel 30°, Winkelgeschw. der Welle 1 = 400/s. Gesucht:
a) Winkelgeschw. 2 bei $\alpha_1 = 0°$ und 90°,
b) Ungleichförmigkeitsgrad,
c) max. Differenzwinkel (Kardanfehler),
d) Drehwinkel 2 bei $\alpha_1 = 45°$ und 135°

$$\omega_{2min} = 400/s \cdot 0,866 \qquad = 346,4/s$$
$$\omega_{2max} = 400/s : 0,866 \qquad = 461,9/s$$
$$U = \frac{461,9/s - 346,4/s}{400/s} = 0,2887$$
$$\tan \alpha_d = \frac{1 - 0,866}{2 \cdot \sqrt{0,866}} = 0,072 \quad \alpha_d = 4°07'$$
$$\alpha_{2min} = 45° - 4°07' = 40°53'$$
$$\alpha_{2max} = 135° + 4°07' = 139°07'$$

Achsantrieb

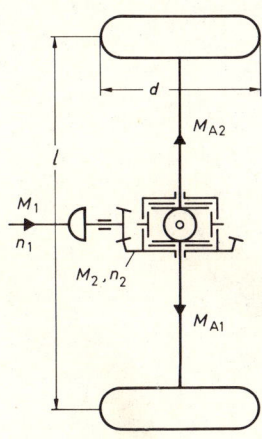

$$M_2 = M_1 \cdot i \cdot \eta \qquad n_2 = \frac{n_1}{i}$$
$$M_1 = \frac{M_2}{i \cdot \eta} \qquad n_1 = n_2 \cdot i$$
$$i = \frac{z_2}{z_1} = \frac{n_1}{n_2} \qquad b = \frac{\pi \cdot d \cdot \alpha}{360}$$
$$u = \frac{d \cdot \alpha}{360 \cdot d_R} \qquad \text{mit Ausgleichssperre}$$
$$\Delta u = \frac{2 \cdot l \cdot \alpha}{360 \cdot d_R} \qquad S = \frac{M_{A1} - M_{A2}}{M_{A1} + M_{A2}}$$
$$M_{A1} = \frac{M_2(100 + S)}{200}$$

ohne Ausgl'sperre
$$M_{A1} = M_{A2} = M_2 : 2 \qquad M_{A2} = M_2 - M_{A1}$$

Geradeausfahrt $\qquad$ Kurvenfahrt
$$u_T = u_a = u_i \qquad u_T = \frac{u_a + u_i}{2}$$

M_1	Kegelradmoment	u	Radumdrehungen
M_2	Tellerradmoment	u_T	Umdr. Tellerrad
M_A	Achse'moment.a.	u_a	Umdr. Außenrad
i	Übersetzung	u_i	Umdr. Innenrad
η	Wirkungsgrad	l	Spurweite
b	Kurvenlänge	d	Spurkreisdurchm.
α	Kurvenwinkel in °	d_R	Reifendurchm.
n_1	Drehzahl Ke'rad	z_1	Zähnezahl Ke'rad
n_2	Drehzahl Te'rad	z_2	Zähnezahl Te'rad
S	Sperrwert	Δu	Umdr'ausgleich

Kegelrad $n_1 = 4800$/min, $M_1 = 200$ Nm, $z_1 = 9$, Tellerrad $z_2 = 36$, Wirkungsgrad 0,9, Spurweite 1,4 m, Spurkreis $\varnothing$ außen 12 m, Kurvenwinkel 180°, Reifen $\varnothing$ 60 cm, Sperrwert 50%. Gesucht:
a) Übersetzung, f) Unterschied der
b) Moment und Radumdrehung.
c) Drehzahl Te'rad, g) Umdr. Innenrad,
d) Kurvenlänge und h) Umdr. Tellerrad,
e) Umdrehungen i) Achswe'moment
des Außenrades ohne/mit Sperre

$$i = 36\text{ Zähne} : 9\text{ Zähne} = 4:1$$
$$M_2 = 200\text{ Nm} \cdot 4 \cdot 0,9 = 720\text{ Nm}$$
$$n_2 = 4800\text{/min} : 4 = 1200\text{/min}$$
$$b_a = \frac{3,14 \cdot 12\text{ m} \cdot 180°}{360°} = 18,85\text{ m}$$
$$u_a = \frac{12\text{ m} \cdot 180°}{360° \cdot 0,6\text{ m}} = 10\text{ Umdr.}$$
$$\Delta u = \frac{2 \cdot 1,4\text{ m} \cdot 180°}{360° \cdot 0,6\text{ m}} = 2,3\text{ Umdr.}$$
$$u_i = (10 - 2,3)\text{ Umdr.} = 7,7\text{ Umdr.}$$
$$u_T = \frac{(10 + 7,7)\text{ Umdr.}}{2} = 8,8\text{ Umdr.}$$
$$M_{A1} = M_{A2} = 720\text{ Nm} : 2 = 360\text{ Nm}$$
$$M_{A1} = \frac{720\text{ Nm}(100 + 50)}{200} = 540\text{ Nm}$$
$$M_{A2} = 720\text{ Nm} - 540\text{ Nm} = 180\text{ Nm}$$

Radaufhängung
Achslasten

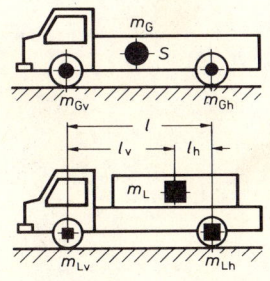

$$m_{Gv} = \frac{m_G \cdot p_v}{100} \qquad m_{Gh} = \frac{m_G \cdot p_h}{100}$$
$$m_{Lv} = \frac{m_L \cdot l_h}{l} \qquad m_{Lh} = \frac{m_L \cdot l_v}{l}$$
$$m_v = m_{Gv} + m_{Lv} \qquad m_h = m_{Gh} + m_{Lh}$$
$$p_v = \frac{100 \cdot m_{Gv}}{m_G} \qquad p_h = \frac{100 \cdot m_{Gh}}{m_G}$$
$$l_v = \frac{m_{Lh} \cdot l}{m_L} \qquad l_h = \frac{m_{Lv} \cdot l}{m_L}$$

m_G	Fahrzeugmasse	l_h	Abstand zur HA
m_{Gv}	Massenant. VA	m_L	Nutzlast
m_{Gh}	Massenant. HA	m_{Lv}	Lastanteil VA
p_v	Anteil VA in %	m_{Lh}	Lastanteil HA
p_h	Anteil HA in %	m_v	Masse auf VA
l	Radstand	m_h	Masse auf HA
l_v	Abstand zur VA		

Lastwagen: Fahrzeuggewicht 7000 kg, Nutzlast 9000 kg, Gewichtsverteilung auf Vorderachse 60%, Schwerpunktsabstand der Nutzlast auf Vorderachse 2,7 m, Radstand 4,5 m. Berechnen Sie:
a) Gewichtsanteil auf Vorderachse,
b) Gewichtsanteil auf Hinterachse,
c) Lastanteil auf die Vorderachse,
d) Lastanteil auf die Hinterachse,
e) Gesamtmasse auf VA und HA!

$$m_{Gv} = \frac{7000\text{ kg} \cdot 60\%}{100\%} = 4200\text{ kg}$$
$$m_{Gh} = 7000\text{ kg} - 4200\text{ kg} = 2800\text{ kg}$$
$$m_{Lh} = \frac{9000\text{ kg} \cdot 2,7\text{ m}}{4,5\text{ m}} = 5400\text{ kg}$$
$$m_{Lv} = 9000\text{ kg} - 5400\text{ kg} = 3600\text{ kg}$$
$$m_v = 4200\text{ kg} + 3600\text{ kg} = 7800\text{ kg}$$
$$m_h = 2800\text{ kg} + 5400\text{ kg} = 8200\text{ kg}$$

Achskräfte

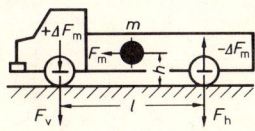

$$G_v = m_v \cdot g \qquad G_h = m_h \cdot g$$
$$F_m = m \cdot a \qquad \Delta F_m = \frac{m \cdot a \cdot h}{l}$$
$$F_v = G_v + \Delta F_m \qquad F_h = G_h - \Delta F_m$$

G_v	stat. VA-Kraft	a	Bremsverzöger.
G_h	stat. HA-Kraft	h	Schwerpu'höhe
g	Fallbeschleun.	l	Radstand
F_m	Massenkraft	F_v	dyn. VA-Kraft
ΔF_m	dyn. Zusatzkraft	F_h	dyn. HA-Kraft

Obiger Lkw leer: Bremsverzögerung 5 m/s². Schwerpunkthöhe 1 m. Berechnen Sie:
a) statische Vorderachskraft,
b) dynamische Zusatzkraft,
c) dynamische Vorderachskraft.

$$G_v = 4200\text{ kg} \cdot 9,81\text{ m/s}^2 = 41202\text{ N}$$
$$F_m = 7000\text{ kg} \cdot 5,0\text{ m/s}^2 = 35000\text{ N}$$
$$\Delta F_m = \frac{7000\text{ kg} \cdot 5,0\text{ m/s}^2 \cdot 1\text{ m}}{4,5\text{ m}} = 7778\text{ N}$$
$$F_v = 41202\text{ N} + 7778\text{ N} = 48980\text{ N}$$

$\Delta G = G \cdot \mu_H \cdot \frac{h}{l}$

Radstellung, Lenkung, Federung

Radstellung

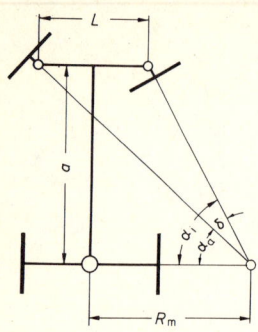

$$c = l_1 - l_2 \qquad c = \frac{\pi \cdot d \cdot \beta}{180}$$

$$\beta = \frac{180 \cdot c}{\pi \cdot d} \qquad \beta' = \beta_{ungedr.} - \beta_{ged.}$$

$$\tan \alpha_a = \frac{a}{R_m + L/2} \qquad \tan \alpha_i = \frac{a}{R_m - L/2}$$

$$\delta = \alpha_a - \alpha_i \text{ (Spur 0°)} \qquad 2\delta = \delta_r + \delta_l \pm 2\beta$$

$$\varepsilon = \frac{(\gamma_l - \gamma_r)}{40} \text{ in}' \qquad \varepsilon = 1,5\,(\gamma_l - \gamma_r) \text{ in}°$$

c	Gesamtspur, mm	δ	Spurdiff'winkel
β	Spurwinkel in °	α_a	Einschlag außen
β'	Gelenkspiel in °	α_i	Einschlag innen
l_1	Spurweite hint.	ε	Nachlauf in °
l_2	Spurweite vorn	γ_l	Sturz 20° links
L	Lenkzapfenspur	γ_r	Sturz 20° rechts
d	Felgenhorn ⌀	δ_r	Spuwi 20° rechts
a	Radstand	δ_l	Spuwi 20° links
R_m	mittl. Halbm.		

Personenkraftwagen: Spurwinkel +30′, Felgenhorndurchmesser 300 mm, Radstand 2750 mm, Lenkzapfenspurweite 1300 mm, mittlerer Halbmesser 8,20 m, Sturz bei 20° Linkseinschlag +1°40′, bei 20° Rechtseinschlag −40′. Gesucht:
a) Gesamtspur in mm,
b) Einschlagwinkel des äußeren Rades,
c) Einschlagwinkel des inneren Rades,
d) Spurdifferenzwinkel
e) Nachlauf des linken Rades.

$$c = \frac{3,14 \cdot 300 \cdot 0,5}{180} = \mathbf{2,6\ mm}$$

$$\tan \alpha_a = \frac{2750\ mm}{(8\,200 + 1\,300/2)\ mm} = 0,311$$

$$\tan \alpha_i = \frac{2750\ mm}{(8\,200 - 1\,300/2)\ mm} = 0,364$$

nach Tabelle $\alpha_a = \mathbf{17°20'} \qquad \alpha_i = \mathbf{20°00'}$

$\delta = 17°20' - 20°00' = \mathbf{-2°40'}$

$$\varepsilon = \frac{100' - (-40')}{40'} = 3,5° = \mathbf{3°30'}$$

Lenkung

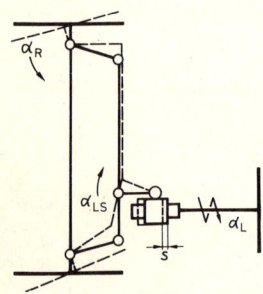

$$i = \frac{\alpha_L}{\alpha_R} \qquad i_1 = \frac{\alpha_L}{\alpha_{LS}} = \frac{z_2}{z_1}$$

$$\alpha_L = \alpha_{LS} \cdot i_1 \qquad i_1 = \frac{2\pi \cdot r}{P}$$

$$b = \frac{\pi \cdot d \cdot \alpha_L}{360} \qquad u = \frac{\alpha_L}{360} \text{ in Umdr.}$$

$$s = \frac{\alpha_L \cdot P}{360} = P \cdot u \qquad \alpha_{LS} = \frac{180 \cdot s}{\pi \cdot r}$$

i	Übersetzung	r	Kurbelradius bzw.
i_1	Lenkgetriebe		Teilkreisradius
α_L	Lenkradeinschlag	s	Weg der Lenkmut.
α_{LS}	Winkeleinschlag	z_1	Schnecke
	Lenkstockhebel	z_2	Schneckenrad
α_R	Radeinschlag	b	Bogen am Lenkr.
P	Steigung	d	Lenkraddurchm.

Kugelumlauflenkung: Kurbelradius für Lenkstockhebel 30 mm, Steigung der Lenkmutter 10 mm, Winkeleinschlag des Lenkstockhebels 80°, Lenkraddurchmesser 350 mm. Berechnen Sie:
a) Übersetzung des Lenkgetriebes,
b) Winkeleinschlag am Lenkrad,
c) Umdrehungen u am Lenkrad,
d) Bogen am Lenkrad in mm,
e) Weg der Lenkmutter.

$$i_1 = \frac{2 \cdot 3,14 \cdot 30\ mm}{10\ mm} = \mathbf{18,85:1}$$

$\alpha_L = 80° \cdot 18,85 = \mathbf{1508°}$

$u = 1508° : 360° = \mathbf{4,19\ Umdr.}$

$$b = \frac{3,14 \cdot 0,35\ m \cdot 1508°}{360°} = \mathbf{4,61\ m}$$

$s = 10\ mm/U \cdot 4,19\ U = \mathbf{41,9\ mm}$

Federung
Schraubenfederung

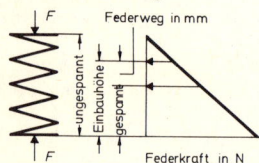

$$s = l - l_1 \qquad l_1 = l - s$$

$$c = \frac{F}{s} \qquad s = \frac{F}{c} \qquad s' = \frac{1\,000 \cdot s}{F}$$

s Federweg in cm für c
l Federlänge ungespannt
l_1 Federlänge gespannt
c Federkonstante in N/cm
F Federkraft in N
s' Federweg je 1 000 N Federkraft

Schraubenfeder: Tragkraft leer 5 000 N, ungesp. Länge 400 mm, Einbauhöhe leer 275 mm, Zuladung 1 000 N. Gesucht:
a) Federweg für den Einbau,
b) Federkonstante,
c) Federweg bei Zuladung,
d) Federlänge beladen.

$s = 400\ mm - 275\ mm = \mathbf{125\ mm}$
$c = 5\,000\ N : 12,5\ cm = \mathbf{400\ N/cm}$
$s = 1\,000\ N : 400\ N/cm = \mathbf{2,5\ cm}$
$l_1 = 275\ mm - 25\ mm = \mathbf{250\ mm}$

Luftfeder

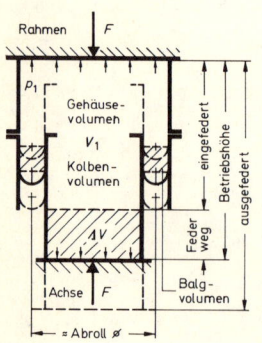

$$F = p \cdot A \qquad p = \frac{F}{A}$$

$$V_b = \frac{V_1 \cdot p_1}{p_b} \qquad V_2 = \frac{V_1 \cdot p_1}{p_2}$$

$$V_1 = \frac{V_2 \cdot p_2}{p_1} \qquad \Delta V_b = \frac{(V_1 - V_2) \cdot p_2}{p_b}$$

$$\Delta V = V_1 - V_2 \qquad s \approx \frac{\Delta V}{A}$$

F	Federkraft, Tragkraft
A	Kolbenfläche des Abrollstempels
p	Druck über dem barometrischen Druck
p_1	absoluter Druck, Fahrzeug unbeladen
p_2	absoluter Druck, Fahrzeug beladen
p_b	barometrischer Druck
V_1	Volumen der Luftfeder, unbeladen
V_2	Volumen der Luftfeder, beladen
V_b	Gasvolumen bei barometr. Druck
ΔV	Volumenabnahme der Luftfeder
ΔV_b	Gasvolumen für Niveauregulierung
s	Federweg beim Beladen

Luftfeder: Abrollstempel $A = 500\ cm^2$, Volumen der Luftfeder unbeladen 7,5 l, Druck unbeladen 6 bar über barometrischem Druck, Nutzlast 15 000 N. Gesucht:
a) Tragkraft der Luftfeder, unbeladen,
b) Gasdruck über bar. Druck, beladen,
c) Gasvolumen bei barometrischem Druck
d) Volumen der Luftfeder beladen und
e) Volumenabnahme der Luftfeder beim Beladen ohne Niveauregulierung,
f) Gasvolumen für Niveauregulierung

$F = 500\ cm^2 \cdot 60\ N/cm^2 = \mathbf{30\,000\ N}$

$$p = \frac{3\,000\ dN + 1\,500\ dN}{500\ cm^2} = \mathbf{9\ bar}$$

$$V_b = \frac{7,5\ l \cdot 7\ bar}{1\ bar} = \mathbf{52,5\ l}$$

$$V_2 = \frac{7,5\ l \cdot 7\ bar}{1\ bar} = \mathbf{5,25\ l}$$

$\Delta V = 7,5\ l - 5,25\ l = \mathbf{2,25\ l}$

$$\Delta V_b = \frac{(7,5 - 5,25)\ l \cdot 10\ bar}{1\ bar} = \mathbf{22,5\ l}$$

$s = 2\,250\ cm^3 : 500\ cm^2 = \mathbf{4,5\ cm}$

Bereifung

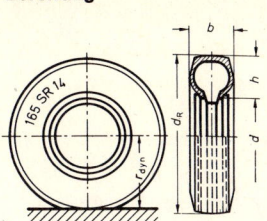

$$d_R \approx d + 2 \cdot H/B \cdot b \qquad U_R = 2\pi \cdot r_{dyn}$$

$$v = \frac{120 \cdot \pi \cdot r_{dyn} \cdot n}{1\,000} \qquad v = \frac{60 \cdot U_R \cdot n}{1\,000}$$

$$A \approx \frac{F_n}{p} \qquad d\,(mm) = d\,('') \cdot 25,4$$

d_R	Außendurchm.	r_{dyn}	Reifenradius, m
d	Felgendurchm.	n	Reifendrehzahl
H/B	Querschnitts-	F_n	Aufstandskraft
	verhältnis	A	Aufstandsfläche
b	Reifenbreite	p	Reifendruck
U_R	Abrollumfang	v	Fahrgeschwin-
	in m		digkeit in km/h

Reifen 175 SR 14, Querschnittsverhältnis 0,8, Abrollumfang 1 920 mm, Reifendruck 2,5 bar, Tragfähigkeit 5 500 N, Reifendrehzahl 1 000/min. Gesucht:
a) Felgendurchmesser in mm,
b) Außendurchmesser des Reifens in mm
c) Fahrgeschwindigkeit in km/h,
d) Aufstandsfläche in cm².

$$d = 14'' \cdot 25,4\,mm \qquad = \mathbf{355,6\ mm}$$
$$d_R = 355,6 + 2 \cdot 0,8 \cdot 175 \qquad = \mathbf{635,6\ mm}$$
$$v = \frac{60 \cdot 1\,920 \cdot 1\,000}{1\,000} \qquad = \mathbf{115,2\ km/h}$$
$$A \approx 5\,500\ N : 25\ N/cm^2 \qquad = \mathbf{220\ cm^2}$$

Hydraulische Bremsanlage

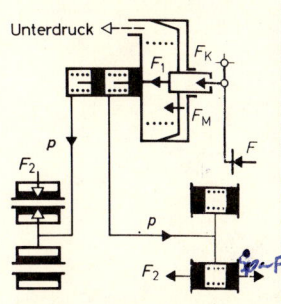

$$F_K = \frac{F \cdot r_1}{r_2} \qquad F_M = A_M \cdot \Delta p$$

$$F_1 = F_K + F_M \qquad F_2 = \frac{F_1 \cdot A_2}{A_1}$$

$$F_2 = p \cdot A_2 \qquad p = \frac{F_1}{A_1} = \frac{F_2}{A_2}$$

$$i_m = \frac{r_2}{r_1} \qquad i_h = \frac{A_1}{A_2} \qquad i = \frac{F}{F_2}$$

F	Fußkraft	A_1	Kolbenfläche HZ
F_K	Kolbenst'kraft	A_2	Kolbenfläche RZ
F_M	Membrankraft	p	Leitungsdruck
F_1	Druckt'kraft	Δp	Druckunterschied
F_2	Anpreßkraft RZ	i_m	Hebelübersetz.
r	Pedalhebelarme	i_h	hydr. Übersetz.
A_M	Membranfläche	i	Ges'übersetzung

Pedalhebelarme $r_1 = 250$ mm, $r_2 = 50$ mm, Fußkraft 200 N, Membranfläche 300 cm², Druckunterschied 0,7 bar, Kolbenfläche HZ 5 cm², RZ 12 cm². Gesucht:
a) Kolbenst'kraft, d) Leitungsdruck,
b) Membrankraft, e) Anpreßkraft
c) Druckt'kraft, f) Ges'übersetzung

$$F_K = \frac{200\ N \cdot 250\ mm}{50\ mm} \qquad = \mathbf{1\,000\ N}$$
$$F_M = 300\ cm^2 \cdot 7\ N/cm^2 \qquad = \mathbf{2\,100\ N}$$
$$F_1 = 1\,000\ N + 2\,100\ N \qquad = \mathbf{3\,100\ N}$$
$$p = 310\ dN : 5\ cm^2 \qquad = \mathbf{62\ bar}$$
$$F_2 = 620\ N/cm^2 \cdot 12\ cm^2 \qquad = \mathbf{7\,440\ N}$$
$$i = \frac{200\ N}{7\,440\ N} \qquad = \mathbf{1:37,2}$$

Radbremse

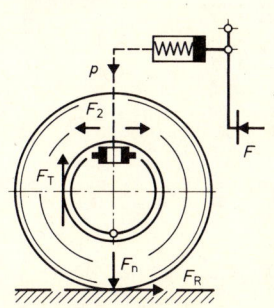

$$F_n = \frac{F_R}{\mu_H} \qquad F_R = \frac{m \cdot a \cdot t}{2}$$

Trommelbremse   **Scheibenbremse**

$$F_T = F_2 \cdot C^* \qquad F = 2 \cdot F_2 \cdot \mu_G$$

$$F_R = \frac{F_T \cdot r_T}{r_{dyn}} \qquad F_R = \frac{F_S \cdot r_S}{r_{dyn}}$$

$$F_2 = \frac{m \cdot a \cdot t \cdot r_{dyn}}{2 \cdot r_T \cdot C^*} \qquad F_2 = \frac{m \cdot a \cdot t \cdot r_{dyn}}{4 \cdot r_S \cdot \mu_G}$$

F_T	Br'kraft Trommel	μ_H	Reifenreibzahl
F_S	Br'kraft Scheibe	r_T	Trommelradius
F_R	Br'kraft Reifen	r_S	Scheibenradius
F_2	Anpreßkraft RZ	r_{dyn}	Reifenradius dyn.
F_n	Aufstandskraft	m	Fahrzeuggew.
C^*	inn. Übersetzung	a	Br'verzögerung
μ_G	Belagreibzahl	t	Br'kraftanteil

Scheibenbremse: Anpreßkraft der Bremszange 7 440 N, Belagreibungszahl 0,4, wirksamer Scheibenhalbmesser 80 mm, dynamischer Reifenhalbmesser 300 mm, Haftreibungszahl des Reifens 0,7, Fahrzeugmasse 1 200 kg, Bremskraftanteil der Achse 0,6. Berechnen Sie:
a) Bremskraft an der Scheibe,
b) Bremskraft an den Reifen,
c) erford. Aufstandskraft am Reifen,
d) erford. Anpreßkraft der Bremszange für 6 m/s² Bremsverzögerung.

$$F_S = 2 \cdot 7\,440\ N \cdot 0,4 \qquad = \mathbf{5\,952\ N}$$
$$F_R = \frac{5\,952\ N \cdot 80\ mm}{300\ mm} \qquad = \mathbf{1\,587\ N}$$
$$F_n = 1\,587\ N : 0,7 \qquad = \mathbf{2\,267\ N}$$
$$F_2 = \frac{1\,200 \cdot 6 \cdot 0,6 \cdot 300}{4 \cdot 80 \cdot 0,4} \qquad = \mathbf{10\,125\ N}$$

Bremsarbeit, Bremsleistung

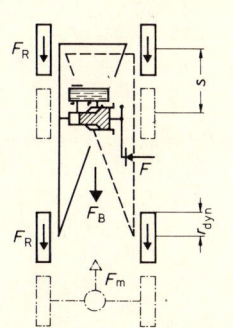

$$W_B = F_B \cdot s \qquad W_B = \frac{m \cdot v^2}{2}$$

$$F_B = m \cdot a \qquad M_B = \frac{F_B \cdot r_{dyn}}{}$$

$$P_B = \frac{W_B}{t}\ in\ W \qquad P_B = \frac{F_B \cdot v}{2\,000}\ in\ kW$$

$$F_B = \Sigma F_R \qquad z = \frac{100 \cdot \Sigma F_R}{m \cdot g}$$

$$a_{maz} = \frac{z \cdot g}{100} \qquad a_m = a_{max} \cdot x$$

W_B	Bremsarbeit am	v	Fahrgeschwin-
	Fahrzeug in J		digkeit in m/s
M_B	Bremsmoment	r_{dyn}	dyn. Reifenhalb-
	am Reifen in Nm		messer in m
P_B	Bremsleistung	g	Fallbeschleun.
F_B	Bremskraft am		Abbremsung
	Fahrzeug in N		des Kfz in %
F_R	Br'kraft Reifen	a	Br'verzögerung
s	Bremsweg in m	a_m	mittl. Verzögern
t	Bremszeit in s	a_{max}	max. Verzögern
m	Fahrzeuggewicht	x	Gütegrad, $\approx 0,7$

Fahrzeugmasse 1 200 kg, Fahrgeschwindigkeit 30 m/s, Bremsverzögerung 6 m/s². Berechnen Sie:
a) Bremskraft am Fahrzeug in N,
b) Bremsarbeit in J,
c) Bremsleistung in kW,
d) Abbremsung, maximale und mittlere Bremsverzögerung bei einer Bremskraftsumme von 6 600 N und $x = 0,7$!

$$F_B = 1\,200\ kg \cdot 6\ m/s^2 \qquad = \mathbf{7\,200\ N}$$
$$W_B = \frac{1\,200\ kg \cdot (30\ m/s)^2}{2} \qquad = \mathbf{540\,000\ J}$$
$$P_B = \frac{7\,200\ N \cdot 30\ m/s}{2\,000} \qquad = \mathbf{108\ kw}$$
$$z = \frac{100 \cdot 6\,600\ N}{1\,200\ kg \cdot 9,81\ m/s^2} \qquad = \mathbf{56\,\%}$$
$$a_{max} = \frac{56\,\% \cdot 9,81\ m/s^2}{100} \qquad = \mathbf{5,5\ m/s^2}$$
$$a_m = 5,5\ m/s^2 \cdot 0,7 \qquad = \mathbf{3,85\ m/s^2}$$

$$\frac{N}{cm^2} : 10 = bar$$

Fahrmechanik

1

Rollwiderstand Rollwiderstandszahl f für Luftreifen auf: Betonstraße 0,015 Asphaltstraße 0,015 Schotterstraße, gewalzt 0,020 Erdweg, fest 0,050	$F_R = m \cdot g \cdot f$ F_R Rollwiderstand m Fahrzeuggewicht g Fallbeschleunigung f Rollwiderstandszahl	Pkw: $m = 1\,250$ kg, auf Betonstraße mit $f = 0,015$. Wie groß ist der Rollwiderstand? $F_R = 1\,250$ kg $\cdot$ 9,81 m/s² $\cdot$ 0,015 $= \mathbf{184\ N}$
Luftwiderstand Luftwiderstandszahl c_w: Pkw, strömungsgünstig 0,2 ... 0,3 Pkw, normaler Aufbau 0,3 ... 0,4 Omnibus, Normalaufbau 0,4 ... 0,6 Lkw, Kastenaufbau 0,8 ... 1,5 Kraftrad 0,6 ... 0,7 Luftdichte in: 200 m Höhe 1,20 kg/m³ 1 000 m Höhe 1,11 kg/m³	$F_L = 0,5 \cdot \rho \cdot A \cdot v^2 \cdot c_w$ *$\rho = 1,2$ kg/m³ wenn keine andere Angabe geg. ist* F_L Luftwiderstand in N ρ Luftdichte in kg/m³ A Fahrzeugstirnfläche in m² v Geschwindigkeit in m/s c_w Luftwiderstandszahl $A \approx 0,8 \cdot h \cdot b$ des Fahrzeugs	Pkw: $b = 1\,800$ mm, $h = 1\,400$ mm, $v = 90$ km/h, $c_w = 0,4$; Luftdichte $\rho = 1,2$ kg/m³. Wie groß ist der Luftwiderstand F_L in N? $A = 0,8 \cdot 1,4$ m $\cdot 1,8$ m $= 2,0$ m² $v = \dfrac{90\ \text{km/h}}{3,6} = 25$ m/s $F_L = 0,5 \cdot 1,2 \cdot 2 \cdot 25^2 \cdot 0,4 = \mathbf{300\ N}$
Steigungswiderstand 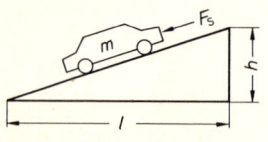	$F_S \approx \dfrac{m \cdot g \cdot h}{l} \qquad F_S \approx \dfrac{m \cdot g \cdot p}{100}$ F_S Steigungswiderstand m Fahrzeuggewicht, Masse g Fallbeschleunigung h Höhenunterschied l waagrechte Entfernung p Steigung in %	Pkw: Gesamtgewicht $m = 1\,200$ kg, fährt auf einer Steigung mit 5 %. Wie groß ist der Steigungswiderstand F_S in N? $F_S \approx \dfrac{1\,200\ \text{kg} \cdot 9,81\ \text{m/s}^2 \cdot 5}{100} = \mathbf{588\ N}$
Gesamtfahrwiderstand 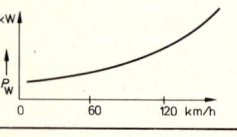	$F_W = F_R + F_L + F_S$ F_W Gesamtfahrwiderstand F_R Rollwiderstand F_L Luftwiderstand F_S Steigungswiderstand	Kraftomnibus auf einer Bergstraße: Rollwiderstand $F_R = 1\,035$ N, Luftwiderstand $F_L = 325$ N, Steigungswiderstand $F_S = 3\,240$ N. Wie groß ist der Gesamtfahrwiderstand? $F_W = (1\,035 + 325 + 3\,240)$ N $= \mathbf{4\,600\ N}$
Fahrleistung 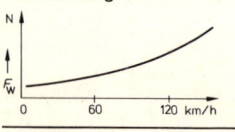	$P_W = \dfrac{F_W \cdot v}{3\,600}$ P_W Fahrleistung in kW F_W Gesamtfahrwiderstand in N v Geschwindigkeit in km/h	Pkw: Gesamtfahrwiderstand $F_W = 1\,800$ N bei $v = 90$ km/h. Wie groß ist die Fahrleistung in kW? $P_W = \dfrac{1\,800 \cdot 90}{3\,600} = \mathbf{45\ kW}$
Antriebskraft 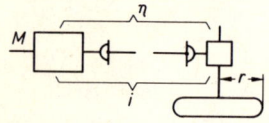	$F_A = \dfrac{M \cdot i \cdot \eta}{r}$ F_A Antriebskraft M Motordrehmoment i Gesamtübersetzung η Gesamtwirkungsgrad r dynamischer Reifenhalbmesser	Pkw: Motordrehmoment $M = 110$ Nm, Kraftübertragung $i = 12,32$, $\eta = 0,82$, dynamischer Reifenhalbmesser $r = 300$ mm. Wie groß ist die Antriebskraft F_A in N? $F_A = \dfrac{110\ \text{Nm} \cdot 12,32 \cdot 0,82}{0,3\ \text{m}} = \mathbf{3\,704\ N}$
Beschleunigungskraft 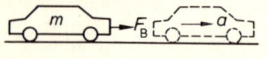	$F_B = m \cdot a$ F_B Beschleunigungskraft m Fahrzeuggewicht, Masse a Beschleunigung	Pkw: Beschleunigung $a = 2$ m/s², $m = 1\,200$ kg. Wie groß ist die Beschleunigungskraft? $F_B = 1\,200$ kg $\cdot 2$ m/s² $= \mathbf{2\,400\ N}$
Fliehkraft 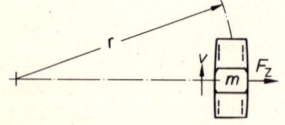	$F_Z = \dfrac{m \cdot v^2}{r}$ F_Z Fliehkraft, Zentrifugalkraft m Fahrzeuggewicht, Masse v Geschwindigkeit r Kurvenhalbmesser	Pkw in einer Kurve: $v = 90$ km/h, $r = 120$ m, $m = 1\,500$ kg. Wie groß ist die Fliehkraft? $v = \dfrac{90\ \text{km/h}}{3,6} = 25$ m/s $F_Z = \dfrac{1\,500\ \text{kg} \cdot 25^2\ \text{m}^2/\text{s}^2}{120\ \text{m}} = \mathbf{7\,812\ N}$

$$M = \frac{P \cdot 9550}{n}$$

Geschwindigkeit

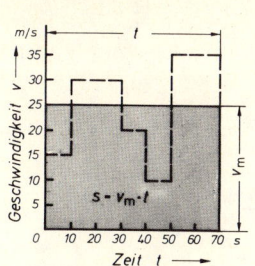

$$v_m = \frac{s}{t} \qquad s = v_m \cdot t$$

$$t = \frac{s}{v_m} \qquad 1\ m/s = 3{,}6\ km/h$$

$$v = \frac{60 \cdot \pi \cdot d \cdot n_1}{1\,000 \cdot i} \qquad v = \frac{60 \cdot \pi \cdot d \cdot n_2}{1\,000}$$

$$n_1 = \frac{1\,000 \cdot i \cdot v}{60 \cdot \pi \cdot d} \qquad d = \frac{1\,000 \cdot v}{60 \cdot \pi \cdot n_2}$$

v Fahrgeschwindig-	d 2×dyn. Reifen-
keit in km/h	halbmesser in m
v_m Durchschnitts-	n_1 Motordrehzahl
geschwindigkeit	n_2 Reifendrehzahl
s Fahrstrecke	i Übersetzung der
t Fahrzeit	Kraftübertragung

Abfahrt 8.00 Uhr, Ankunft 11.00 Uhr, zurückgelegter Weg 216 km. Gesucht: Durchschnittsgeschwindigkeit in m/s.

Fahrzeit = 8.00 bis 11.00   = 3 h

$$v_m = \frac{216\ km}{3\ h} = 72\ km/h \qquad = \textbf{20 m/s}$$

Motordrehzahl 4500/min, Übersetzung 4:1, dyn. R'halbmesser 300 mm. Gesucht:
a) Fahrgeschwindigkeit in km/h,
b) Motordrehzahl bei 90 km/h.

$$v = \frac{60 \cdot 3{,}14 \cdot 0{,}6 \cdot 4500}{1\,000 \cdot 4} = \textbf{127 km/h}$$

$$n_1 = \frac{1\,000 \cdot 4 \cdot 90}{60 \cdot 3{,}14 \cdot 0{,}6} = \textbf{3183/min}$$

Anhalten, Anfahren

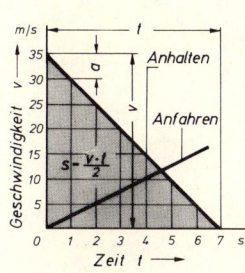

$$a = \frac{v}{t} \qquad a = \frac{2 \cdot s}{t^2} \qquad a = \frac{v^2}{2 \cdot s}$$

$$t = \frac{v}{a} \qquad t = \frac{2 \cdot s}{v} \qquad t = \sqrt{\frac{2 \cdot s}{a}}$$

$$s = \frac{v \cdot t}{2} \qquad s = \frac{a \cdot t^2}{2} \qquad s = \frac{v^2}{2 \cdot a}$$

$$v = \frac{2 \cdot s}{t} \qquad v = a \cdot t \qquad v = \sqrt{2 \cdot a \cdot s}$$

$$s_H = s_R + s \qquad s_R = v \cdot t_R \qquad t_H = t_R + t$$

a Beschleunigung,	s Anfahrweg oder
Verzögerung m/s²	Bremsweg in m
t Anfahrzeit oder	s_H Anhalteweg in m
Bremszeit in s	s_R Reaktionsweg, m
v Fahrgeschwindig-	t_R Reaktionszeit in s
keit in m/s	t_H Anhaltezeit in s

Fahrgeschwindigkeit vor dem Bremsen 30 m/s, Bremsverzögerung 5 m/s², Reaktionszeit 0,8 s. Berechnen Sie:
a) Bremszeit in s,   b) Anhalteweg in m.

$$t = 30\ m/s : 5\ m/s^2 = \textbf{6 s}$$

$$s = \frac{(30\ m/s)^2}{2 \cdot 5\ m/s^2} = \textbf{90 m}$$

$$s_R = 30\ m/s \cdot 0{,}8\ s = \textbf{24 m}$$

$$s_H = 90\ m + 24\ m = \textbf{114 m}$$

Geschwindigkeit nach dem Beschleunigen 90 km/h. Anfahrzeit 10 s. Gesucht:
a) Anfahrweg, b) Beschleunigung.

$$v = 90\ km/h : 3{,}6 = \textbf{25 m/s}$$

$$s = \frac{25\ m/s \cdot 10\ s}{2} = \textbf{125 m}$$

$$a = 25\ m/s : 10\ s = \textbf{2,5 m/s}^2$$

Beschleunigen, Verzögern
in der Bewegung

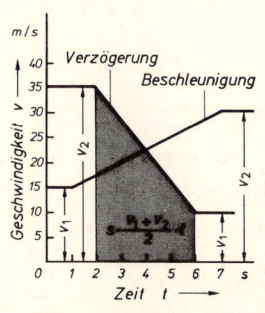

$$a = \frac{v_2 - v_1}{t} \qquad a = \frac{v_2^2 - v_1^2}{2 \cdot s}$$

$$a = \frac{2(s - v_1 \cdot t)}{t^2} \qquad s = v_1 \cdot t + \frac{a \cdot t^2}{2}$$

$$s = \frac{(v_1 + v_2) \cdot t}{2} \qquad s = \frac{v_2^2 - v_1^2}{2 \cdot a}$$

$$t = \frac{v_2 - v_1}{a} \qquad t = \frac{2 \cdot s}{v_2 + v_1}$$

$$v_2 = v_1 + a \cdot t \qquad v_2 = \sqrt{v_1^2 + 2 \cdot a \cdot s}$$

$$v_1 = v_2 - a \cdot t \qquad v_1 = \sqrt{v_2^2 - 2 \cdot a \cdot s}$$

v_1 kleine und	s Beschleunigungs-,
v_2 große Geschwin-	Bremsweg in m
digkeit in m/s	t Beschleunigungs-,
a Beschleunigung,	Bremszeit in s
Verzögerung m/s²	

Geschwindigkeit vor dem Beschleunigen 36 km/h, nach Beschleunigen 108 km/h, Beschleunigungszeit 10 s. Gesucht:
a) Beschleunigung in m/s²,
b) Beschleunigungsweg in m.

$$v_2 = 36\ km/h = 10\ m/s, \qquad v_1 = 30\ m/s$$

$$a = \frac{30\ m/s - 10\ m/s}{10\ s} = \textbf{2 m/s}^2$$

$$s = \frac{(30 + 10)\ m/s \cdot 10\ s}{2} = \textbf{200 m}$$

Auffahren auf ein Hindernis: Geschw. vor dem Bremsen 72 km/h, Bremsverzögerung 6 m/s², Bremsweg 17 m. Gesucht:
a) Aufprallgeschwindig., b) Bremszeit.

$$v_2 = 72\ km/h : 3{,}6 = \textbf{20 m/s}$$

$$v_1 = \sqrt{20^2 - 2 \cdot 6 \cdot 17} = \textbf{14 m/s}$$

$$t = \frac{20\ m/s - 14\ m/s}{6\ m/s^2} = \textbf{1 s}$$

Überholen
mit gleichbleibender Beschleunigung und gleicher Geschwindigkeit vor dem Überholen.

mit gleichbleibenden Geschwindigkeiten beim Überholvorgang

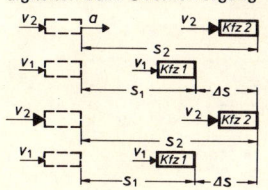

$$t = \sqrt{\frac{2 \cdot \Delta s}{a}} \qquad t = \frac{2 \cdot \Delta s}{v_{2E} - v_{2A}}$$

$$s_1 = t \cdot v_1 \qquad s_2 = t \cdot v_1 + \frac{a \cdot t^2}{2}$$

$$t = \frac{\Delta s}{v_2 - v_1} \qquad t = \frac{s_1 + \Delta s}{v_2}$$

$$s_2 = t \cdot v_2 \qquad s_2 = \frac{\Delta s \cdot v_2}{v_2 - v_1}$$

t Überholzeit	v_1 Geschw. des Überhol-
s_1 Weg des überhol-	ten Kfz in m
ten Kfz in m	v_2 Geschw. des Über-
s_2 Weg des überho-	holenden Kfz in m/s
lenden Kfz in m	a Beschleunig. des
Δs Aufholweg in m	überholenden Kfz

Geschwindigkeit beider Kfz vor dem Überholen 72 km/h, Aufholweg 36 m, Beschleunigung 2 m/s². Berechnen Sie:
a) Überholzeit,   b) Überholweg in m.

$$t = \sqrt{\frac{2 \cdot 36\ m}{2\ m/s^2}} = \textbf{6 s}$$

$$s_2 = 6 \cdot 20 + \frac{2 \cdot 6^2}{2} = \textbf{156 m}$$

Geschwindigkeit des überholten Kfz 90 km/h, des überholenden Kfz 126 km/h, Aufholweg 50 m. Berechnen Sie:
a) Überholzeit, b) Überholweg in m.

$$t = \frac{50\ m}{35\ m/s - 25\ m/s} = \textbf{5 s}$$

$$s_2 = 5\ s \cdot 35\ m/s = \textbf{175 m}$$

$$s_a = \frac{a \cdot t^2}{2} \qquad s_a\ \text{Aufholweg}$$

Prüfungen am Fahrzeug

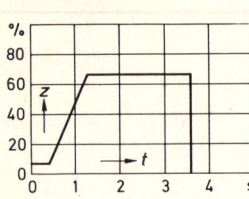

Abbremsung	$z = \dfrac{100 \cdot F_B}{G}$ $\qquad z = \dfrac{100 \cdot F_B}{m \cdot g}$	Bremsprüfung an einem Pkw: $m = 900$ kg, Bremskräfte vorn 1 300/1 500 N, hinten 950/850 N. Wie groß ist die Abbremsung z?

$z = \dfrac{100 \cdot a}{g} \qquad a = \dfrac{z \cdot g}{100}$

$F_B = (1\,300 + 1\,500 + 950 + 850)\ \text{N} = 4\,600\ \text{N}$

z Abbremsung in %
F_B Gesamtbremskraft in N
G Gewichtskraft des Fahrzeugs in N
m Gewicht, Masse des Fahrzeugs in kg
g Fallbeschleunigung in m/s²
a Bremsverzögerung in m/s²

$z = \dfrac{100 \cdot 4\,600\ \text{N}}{900\ \text{kg} \cdot 9,81\ \text{m/s}^2} \qquad = 52\ \%$

Pkw: $a = 6,0$ m/s². Wie groß ist die Abbremsung z in %?

$z = \dfrac{100 \cdot 6,0\ \text{m/s}^2}{9,81\ \text{m/s}^2} \qquad = 61\ \%$

Abweichung der Bremskräfte

links   rechts

$U = 100 \cdot \dfrac{F_{B1} - F_{B2}}{F_{B1}}$

U Abweichung der Bremskräfte in %
F_{B1} größere Bremskraft in N
F_{B2} kleinere Bremskraft in N

Pkw: Bremskräfte vorn 1 600/1 750 N, hinten 1 000/850 N. Wie groß ist die Abweichung der Bremskräfte vorn und hinten in %?

$U_v = 100 \cdot \dfrac{1\,750\ \text{N} - 1\,600\ \text{N}}{1\,750\ \text{N}} = \textbf{8,5 \%}$

$U_h = 100 \cdot \dfrac{1\,000\ \text{N} - 850\ \text{N}}{1\,000\ \text{N}} = \textbf{15 \%}$

Leistungsprüfung am Motor

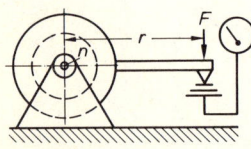

$P_{eff} \approx \dfrac{M \cdot n}{9\,550} \qquad P_{eff} \approx \dfrac{F \cdot r \cdot n}{9\,550}$

P_{eff} Nutzleistung in kW
M Motordrehmoment in Nm
F Kraft in N
r Hebelarm in m
n Motordrehzahl in 1/min

Motorprüfstand: Hebelarm $r = 716$ mm, gemessene Kraft $F = 267$ N bei Drehzahl $n = 2500$ 1/min. Wie groß ist die Nutzleistung?

$P_{eff} \approx \dfrac{267 \cdot 0,716 \cdot 2\,500}{9\,550} \qquad = 50\ \text{kW}$

Leistungsprüfung am Fahrzeug

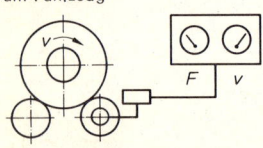

$P_{eff} = \dfrac{F_A \cdot v}{3\,600 \cdot \eta}$

P_{eff} Nutzleistung in kW
F_A Antriebskraft in N
v Fahrgeschwindigkeit in km/h
η Wirkungsgrad der Kraftübertragung

Pkw auf dem Leistungsprüfstand: $F_A = 2700$ N bei $v = 60$ km/h, $\eta = 0,80$. Wie groß ist die Nutzleistung des Motors?

$P_{eff} = \dfrac{2\,700 \cdot 60}{3\,600 \cdot 0,8} \qquad = 56\ \text{kW}$

Vorspur

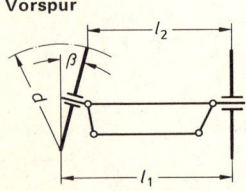

$c = l_1 - l_2 \qquad c = \dfrac{2 \cdot \pi \cdot d \cdot \beta}{360°}$

c Vorspur in mm
β Vorspur in Grad
l_1 Spurweite, hinteres Maß in mm
l_2 Spurweite, vorderes Maß in mm
d Felgenhorndurchmesser in mm

Pkw: $l_1 = 1\,252$ mm, $l_2 = 1\,248,5$ mm. Wie groß ist die Vorspur in mm?

$c = 1\,252\ \text{mm} - 1\,248,5\ \text{mm} = \textbf{3,5 mm}$

Vorspur $c = 0°45'$, $d = 300$ mm. Wie groß ist die Vorspur in mm?

$c = \dfrac{2 \cdot 3,14 \cdot 300\ \text{mm} \cdot 0,75°}{360°} = \textbf{3,9 mm}$

Spurdifferenzwinkel

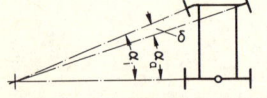

$\delta = \alpha_i - \alpha_a$

δ Spurdifferenzwinkel
α_i Einschlagwinkel kurveninneres Rad
α_a Einschlagwinkel kurvenäußeres Rad

Pkw: Spurdifferenzwinkel $\delta = 1°45'$. Wie groß ist der Einschlagwinkel des kurvenäußeren Rades?

$\alpha_a = 20° - 1°45' \qquad = \textbf{18°15'}$

Nachlaufwinkel

$\varepsilon = \dfrac{\Delta\gamma\,(\text{min})}{40} \qquad c = 1,5 \cdot \Delta\gamma\,(\text{Grad})$

ε Nachlaufwinkel in Grad
$\Delta\gamma$ Sturzdifferenzwinkel, min bzw. Grad

Pkw: Sturz bei 20° Linkseinschlag −40′, Rechtseinschlag +1°50′. Wie groß ist der Nachlaufwinkel?

$\varepsilon = \dfrac{110' - (-40')}{40} = 3,75° = \textbf{3°45'}$

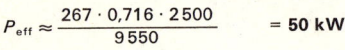

$\dfrac{P\,(W)}{U\,(V)}$

Ohmsches Gesetz		

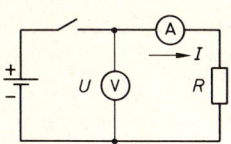

$$I = \frac{U}{R}$$

$$R = \frac{U}{I} \qquad U = R \cdot I$$

I elektrischer Strom in A
U elektrische Spannung in V
R elektrischer Widerstand in Ω

Generator-Feldwicklung: $R = 4{,}8\ \Omega$, $U = 12$ V. Wieviel A Erregerstrom fließen?

$$I = \frac{12\ \text{V}}{4{,}8\ \Omega} = \textbf{2{,}50 A}$$

Glühlampe: $U = 220$ V, $I = 0{,}35$ A. Wie groß ist der Betriebswiderstand in Ω?

$$R = \frac{220\ \text{V}}{0{,}35\ \text{A}} = \textbf{628}\ \boldsymbol{\Omega}$$

Elektrischer Leitwert

$$G = \frac{1}{R} \qquad R = \frac{1}{G}$$

G elektrischer Leitwert in S (Siemens)
R elektrischer Widerstand in Ω

Leitung: Widerstand $R = 0{,}025\ \Omega$. Wie groß ist der Leitwert in S (Siemens)?

$$G = \frac{1}{0{,}025\ \Omega} = \textbf{40 S}$$

Spezifischer elektrischer Widerstand, Leitfähigkeit

$$\rho = \frac{1}{\varkappa} \qquad \varkappa = \frac{1}{\rho}$$

ρ spezifischer Widerstand in $\Omega\text{mm}^2/\text{m}$
$\varkappa$ Leitfähigkeit in $\text{m}/\Omega\text{mm}^2$

Leitungskupfer: spezifischer elektrischer Widerstand $\rho = 0{,}0178\ \Omega\text{mm}^2/\text{m}$. Wie groß ist die Leitfähigkeit $\varkappa$?

$$\varkappa = \frac{1}{0{,}0178\ \Omega\text{mm}^2/\text{m}} = \textbf{56 m/}\boldsymbol{\Omega}\textbf{mm}^2$$

Leiterwiderstand

$$R = \frac{\rho \cdot l}{S} \qquad R = \frac{l}{\varkappa \cdot S}$$

$$l = \frac{R \cdot S}{\rho} \qquad l = R \cdot S \cdot \varkappa$$

$$S = \frac{\rho \cdot l}{R} \qquad S = \frac{l}{\varkappa \cdot R}$$

R Leiterwiderstand in Ω
S Leiterquerschnitt in mm^2
l Leiterlänge in m
ρ spezifischer Widerstand in $\Omega\text{mm}^2/\text{m}$
$\varkappa$ Leitfähigkeit in $\text{m}/\Omega\text{mm}^2$

Kupferleitung: $l = 100$ m, $S = 1{,}5\ \text{mm}^2$, $\rho = 0{,}018\ \Omega\text{mm}^2/\text{m}$. Wie groß ist der Widerstand R in Ω?

$$R = \frac{0{,}018\ \Omega\text{mm}^2/\text{m} \cdot 100\ \text{m}}{1{,}5\ \text{mm}^2} = \textbf{1{,}20}\ \boldsymbol{\Omega}$$

Kupferleitung: $S = 2{,}5\ \text{mm}^2$, $R = 0{,}35\ \Omega$, $\varkappa = 56\ \text{m}/\Omega\text{mm}^2$. Wieviel m lang ist die Leitung?

$$l = 0{,}35\ \Omega \cdot 2{,}5\ \text{mm}^2 \cdot 56\ \text{m}/\Omega\text{mm}^2 = \textbf{49 m}$$

Spannungsverlust oder Spannungsabfall

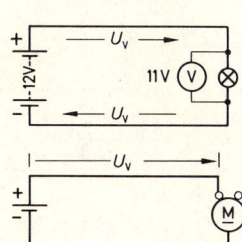

$$U_v = \frac{\rho \cdot l \cdot I}{S} \qquad U_v = \frac{l \cdot I}{\varkappa \cdot S}$$

$$S = \frac{\rho \cdot l \cdot I}{U_v} \qquad S = \frac{l \cdot I}{\varkappa \cdot U_v}$$

$$l = \frac{S \cdot U_v}{\rho \cdot I} \qquad l = \frac{S \cdot \varkappa \cdot U_v}{I}$$

$$I = \frac{S \cdot U_v}{\rho \cdot l} \qquad I = \frac{S \cdot \varkappa \cdot U_v}{l}$$

U_v Spannungsverlust oder Spannungsabfall in V
l Leiterlänge in m
S Leiterquerschnitt in mm^2
ρ spezifischer Widerstand in $\Omega\text{mm}^2/\text{m}$
$\varkappa$ Leitfähigkeit in $\text{m}/\Omega\text{mm}^2$

Starterleitung aus Kupfer: Länge $l = 2{,}5$ m, Querschnitt $S = 35\ \text{mm}^2$, Strom $I = 700$ A. Wie groß ist der Spannungsverlust in der Leitung?

$$U_v = \frac{0{,}018\ \Omega\text{mm}^2/\text{m} \cdot 2{,}5\ \text{m} \cdot 700\ \text{A}}{35\ \text{mm}^2} = \textbf{0{,}9 V}$$

Starterleitung aus Kupfer: $l = 1{,}8$ m, $I = 750$ A, zulässiger Spannungsverlust $U_v = 0{,}5$ V. Wieviel mm^2 Querschnitt sind erforderlich?

$$S = \frac{1{,}8\ \text{m} \cdot 750\ \text{A}}{56\ \text{m}/\Omega\text{mm}^2 \cdot 0{,}5\ \text{V}} = \textbf{48{,}2 mm}^2$$

Gewählter Normquerschnitt = **50 mm²**

Stromdichte

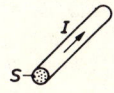

$$J = \frac{I}{S}$$

$$S = \frac{I}{J} \qquad I = J \cdot S$$

J Stromdichte in A/mm^2
I Strom in A
S Leiterquerschnitt in mm^2

Lichtleitung: $S = 1{,}5\ \text{mm}^2$, $I = 9{,}3$ A. Wie groß ist die Stromdichte J?

$$J = \frac{9{,}3\ \text{A}}{1{,}5\ \text{mm}^2} = \textbf{6{,}2 A/mm}^2$$

Starterleitung: $I = 700$ A, zulässig ist $J = 20\ \text{A}/\text{mm}^2$. Wie groß muß S sein?

$$S = \frac{700\ \text{A}}{20\ \text{A}/\text{mm}^2} = \textbf{35 mm}^2$$

Elektrotechnik

1

Elektrische Leistung 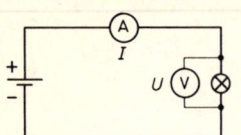	$P = U \cdot I$ $I = \dfrac{P}{U}$ $\qquad U = \dfrac{P}{I}$ P elektrische Leistung in W U Spannung in V I Strom in A	Glühlampe: $U = 12$ V, $I = 3,75$ A. Wie groß ist die elektrische Leistung in W? $P = 12$ V $\cdot$ 3,75 A $\qquad$ **= 45 W** Halogenlampe: $P = 55$ W, $U = 12,2$ V. Wieviel A Strom nimmt die Lampe auf? $I = \dfrac{55\ \text{W}}{12,2\ \text{V}}$ $\qquad$ **= 4,5 A**
Elektrische Leistung 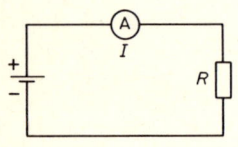	$P = I^2 \cdot R$ $\qquad P = \dfrac{U^2}{R}$ $R = \dfrac{P}{I^2}$ $\qquad R = \dfrac{U^2}{P}$ $I = \sqrt{\dfrac{P}{R}}$ $\qquad U = \sqrt{P \cdot R}$ P elektrische Leistung in W I Strom in A U Spannung in V R Widerstand in Ω	Glühstiftkerze: $R = 1,14\ \Omega$, $I = 8,9$ A. Wie groß ist die elektrische Leistung in W? $P = 8,9$ A $\cdot$ 8,9 A $\cdot$ 1,14 Ω $\quad$ **= 90 W** Glühkerze: $U = 1,2$ V, $R = 0,024\ \Omega$. Wie groß ist die elektrische Leistung in W? $P = \dfrac{1,2\ \text{V} \cdot 1,2\ \text{V}}{0,024\ \Omega}$ $\qquad$ **= 60 W**
Elektrische Arbeit 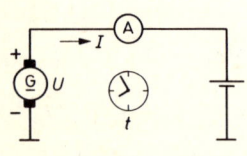	$W = P \cdot t$ $\qquad W = U \cdot I \cdot t$ $P = \dfrac{W}{t}$ $\qquad I = \dfrac{W}{U \cdot t}$ $t = \dfrac{W}{P}$ $\qquad t = \dfrac{W}{U \cdot I}$ W elektrische Arbeit in Wh P elektrische Leistung in W t Zeit, Einschaltdauer in h U Spannung in V I Strom in A	Generator im Kraftfahrzeug: $U = 14$ V, $I = 30$ A, Betriebsdauer 2,5 h. Wie groß ist die elektrische Arbeit in Wh und kWh? $W = 14$ V $\cdot$ 30 A $\cdot$ 2,5 h $\quad$ **= 1 050 Wh** $\qquad\qquad\qquad\qquad\quad$ **= 1,05 kWh** Wie lange kann eine Glühlampe 220 V/60 W brennen, bis 1 kWh verbraucht ist? $t = \dfrac{1\,000\ \text{Wh}}{60\ \text{W}} = 16,66$ h $\quad$ **= 16 h 40 min**
Elektrische Leistung bei Wechselstrom 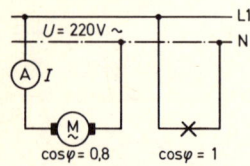	$P = U \cdot I \cdot \cos\varphi$ $I = \dfrac{P}{U \cdot \cos\varphi}$ $\qquad U = \dfrac{P}{I \cdot \cos\varphi}$ P $\quad$ Wirkleistung in W U $\quad$ Spannung in V I $\quad$ Strom in A $\cos\varphi$ Leistungsfaktor	Wechselstrommotor: $U = 220$ V, $I = 2,84$ A, $\cos\varphi = 0,8$. Wie groß ist die aufgenommene Wirkleistung in W? $P = 220$ V $\cdot$ 2,84 A $\cdot$ 0,8 $\quad$ **= 500 W** Wechselstrommotor: $P = 750$ W, $U = 220$ V, $\cos\varphi = 0,85$. Wie groß ist der Strom I? $I = \dfrac{750\ \text{W}}{220\ \text{V} \cdot 0,85}$ $\qquad$ **= 4,0 A**
Elektrische Leistung bei Drehstrom 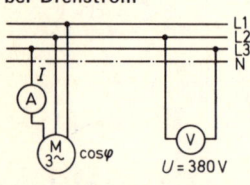	$P = \sqrt{3} \cdot U \cdot I \cdot \cos\varphi$ $I = \dfrac{P}{\sqrt{3} \cdot U \cdot \cos\varphi}$ P $\quad$ Wirkleistung in W U $\quad$ Leiterspannung in V I $\quad$ Leiterstrom in A $\cos\varphi$ Leistungsfaktor	Drehstromgenerator: Leiterspannung $U = 380$ V, Leiterstrom $I = 3,8$ A, Leistungsfaktor $\cos\varphi = 0,8$. Wie groß ist die abgegebene Wirkleistung in kW? $P = \sqrt{3} \cdot 380$ V $\cdot$ 3,8 A $\cdot$ 0,8 = 2 000 W $\qquad\qquad\qquad\qquad\qquad\qquad$ **= 2,0 kW**
Leistungsfaktor 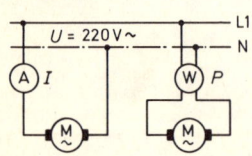	$\cos\varphi = \dfrac{P}{S}$ $S = U \cdot I$ $\qquad S = \sqrt{3} \cdot U \cdot I$ (Wechselstrom) $\quad$ (Drehstrom) $\cos\varphi$ Leistungsfaktor S $\quad$ Scheinleistung in VA P $\quad$ Wirkleistung in W	Wechselstrommotor: $U = 220$ V, $I = 4,0$ A, Wattmeteranzeige $P = 750$ W. Wie groß ist der Leistungsfaktor $\cos\varphi$? $S = 220$ V $\cdot$ 4,0 A $\qquad$ **= 880 VA** $\cos\varphi = \dfrac{750\ \text{W}}{880\ \text{VA}}$ $\qquad$ **= 0,85**

Reihenschaltung

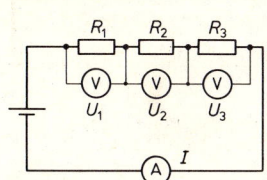

$$R = R_1 + R_2 + R_3 + \ldots$$
$$U = U_1 + U_2 + U_3 + \ldots$$
$$I = I_1 = I_2 = I_3 = \ldots$$

$$U_1 = R_1 \cdot I \qquad U_2 = R_2 \cdot I$$

R	Gesamtwiderstand in Ω
$R_{1,2,3}$	Einzelwiderstände in Ω
U	Gesamtspannung in V
$U_{1,2,3}$	Einzelspannungen in V

Reihenschaltung von Widerständen: $R_1 = 4\,\Omega$, $R_2 = 6\,\Omega$, $R_3 = 10\,\Omega$, Spannung $U = 24\,V$. Wie groß sind: Gesamtwiderstand R, Strom I und Teilspannungen U_1, U_2, U_3?

$$R = 4\,\Omega + 6\,\Omega + 10\,\Omega = 20\,\Omega$$
$$I = \frac{24\,V}{20\,\Omega} = \mathbf{1{,}2\,A}$$
$$U_1 = 4\,\Omega \cdot 1{,}2\,A = \mathbf{4{,}8\,V}$$
$$U_2 = 6\,\Omega \cdot 1{,}2\,A = \mathbf{7{,}2\,V}$$
$$U_3 = 10\,\Omega \cdot 1{,}2\,A = \mathbf{12\,V}$$

Parallelschaltung

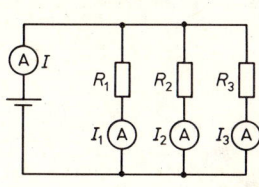

$$\frac{1}{R} = \frac{1}{R_1} + \frac{1}{R_2} + \frac{1}{R_3} + \ldots$$
$$U = U_1 = U_2 = U_3 = \ldots$$
$$I = I_1 + I_2 + I_3 + \ldots$$

$$I_1 = \frac{U}{R_1} \qquad I_2 = \frac{U}{R_2}$$

R	Ersatzwiderstand in Ω
$R_{1,2,3}$	Einzelwiderstände in Ω
I	Gesamtstrom in A
$I_{1,2,3}$	Einzelströme in A

Parallelschaltung von Widerständen: $R_1 = 10\,\Omega$, $R_2 = 15\,\Omega$, $R_3 = 30\,\Omega$, $U = 12\,V$. Wie groß sind: Ersatzwiderstand R, Teilströme I_1, I_2, I_3 und Gesamtstrom I?

$$\frac{1}{R} = \frac{1}{10\,\Omega} + \frac{1}{15\,\Omega} + \frac{1}{30\,\Omega} = \frac{6}{30\,\Omega}$$
$$R = \frac{30\,\Omega}{6} = \mathbf{5\,\Omega}$$
$$I_1 = \frac{12\,V}{10\,\Omega} = \mathbf{1{,}2\,A} \quad I_2 = \frac{12\,V}{15\,\Omega} = \mathbf{0{,}8\,A}$$
$$I_3 = \frac{12\,V}{30\,\Omega} = \mathbf{0{,}4\,A} \quad I = \mathbf{2{,}4\,A}$$

Zwei Parallelwiderstände

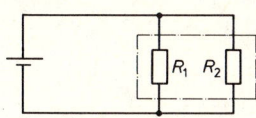

$$R = \frac{R_1 \cdot R_2}{R_1 + R_2}$$

$$R_1 = \frac{R_2 \cdot R}{R_2 - R} \qquad R_2 = \frac{R_1 \cdot R}{R_1 - R}$$

R	Ersatzwiderstand in Ω
$R_{1,2}$	Einzelwiderstände in Ω

Parallelschaltung von zwei Widerständen, $R_1 = 6\,\Omega$ und $R_2 = 12\,\Omega$. Wie groß ist der Ersatzwiderstand R in Ω?

$$R = \frac{6\,\Omega \cdot 12\,\Omega}{6\,\Omega + 12\,\Omega} = \mathbf{4{,}0\,\Omega}$$

Mehrere gleiche Parallelwiderstände

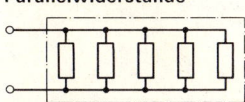

$$R = \frac{R_1}{n}$$

R	Ersatzwiderstand in Ω
R_1	Einzelwiderstand in Ω
n	Anzahl der gleichen Einzelwiderstände

Wie groß ist der Ersatzwiderstand R von 5 parallelgeschalteten Einzelwiderständen von je $50\,\Omega$?

$$R = \frac{50\,\Omega}{5} = \mathbf{10\,\Omega}$$

Batterie-Kapazität

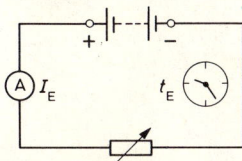

$$K_E = I_E \cdot t_E$$

$$I_E = \frac{K_E}{t_E} \qquad t_E = \frac{K_E}{I_E}$$

K_E	Entladekapazität in Ah
I_E	Entladestrom in A
t_E	Entladezeit in h

Kfz-Batterie: $I_E = 4{,}1\,A$, $t_E = 20{,}5\,h$. Wie groß ist die Entladekapazität in Ah?
$$K_E = 4{,}1\,A \cdot 20{,}5\,h = \mathbf{84\,Ah}$$

Kfz-Batterie: $K_E = 44\,Ah$, $I_E = 2{,}5\,A$. Wie groß ist die Entladezeit in h?
$$t_E = \frac{44\,Ah}{2{,}5\,A} = \mathbf{17{,}6\,h}$$

Batterie-Wirkungsgrad

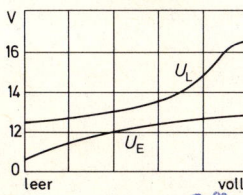

$$\eta_{Wh} = \frac{U_E \cdot I_E \cdot t_E}{U_L \cdot I_L \cdot t_L} \qquad \eta_{Ah} = \frac{I_E \cdot t_E}{I_L \cdot t_L}$$

η_{Wh}	Energie-Wirkungsgrad
η_{Ah}	Strommengen-Wirkungsgrad
U_E	mittlere Entladespannung in V
U_L	mittlere Ladespannung in V
I_E	Entladestrom in A
I_L	Ladestrom in A
t_E	Entladezeit in h
t_L	Ladezeit in h

Kfz-Batterie: Entladung in 20 h mit 2,2 A bei 11,5 V, Ladung in 11 h mit 4,4 A und 14 V. Wie groß ist der Strommengen- und der Energie-Wirkungsgrad?

$$\eta_{Wh} = \frac{11{,}5\,V \cdot 2{,}2\,A \cdot 20\,h}{14{,}0\,V \cdot 4{,}4\,A \cdot 11\,h} = \mathbf{0{,}74}$$

$$\eta_{Ah} = \frac{2{,}2\,A \cdot 20\,h}{4{,}4\,A \cdot 11\,h} = \mathbf{0{,}90}$$

1

Berechnungen aus der Werkstatt

Kegelverhältnis

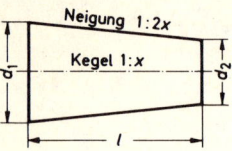

$$1 : x = \frac{d_1 - d_2}{l} \qquad 1 : 2x = \frac{d_1 - d_2}{2 \cdot l}$$

$$l = \frac{d_1 - d_2}{1 : x} \qquad d_1 = (1 : x) \cdot l + d_2$$

$1 : x$	Kegelverhältnis
$1 : 2x$	Kegelneigung
d_1	großer Kegeldurchmesser
d_2	kleiner Kegeldurchmesser
l	Kegellänge

Kegel: $d_1 = 32$ mm, $d_2 = 26$ mm, $l = 60$ mm. Wie groß ist das Kegelverhältnis $1 : x$ und die Kegelneigung $1 : 2x$?

$$1 : x = \frac{32 \text{ mm} - 26 \text{ mm}}{60 \text{ mm}} = \frac{1}{10} = \mathbf{1 : 10}$$

$$1 : 2x = \frac{32 \text{ mm} - 26 \text{ mm}}{2 \cdot 60 \text{ mm}} = \frac{1}{20} = \mathbf{1 : 20}$$

Einstellwinkel

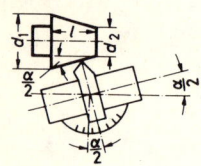

$$\tan \alpha/2 = \frac{d_1 - d_2}{2 \cdot l}$$

$\alpha/2$	Einstellwinkel
d_1	großer Kegeldurchmesser
d_2	kleiner Kegeldurchmesser
l	Kegellänge

Einstellwinkel α nach Tangenstabelle S. 15

Kegel: $d_1 = 40$ mm, $d_2 = 30$ mm, $l = 50$ mm. Wie groß ist der Einstellwinkel für diesen Kegel am Oberschlitten?

$$\tan \alpha/2 = \frac{40 \text{ mm} - 30 \text{ mm}}{2 \cdot 50 \text{ mm}} = \mathbf{0{,}100}$$

$\alpha/2$ nach Tangenstabelle $= \mathbf{5° \ 40'}$

Reitstockverstellung

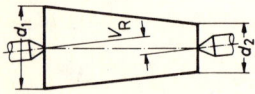

$$V_R = \frac{d_1 - d_2}{2}$$

V_R	Reitstockverstellung
d_1	großer Kegeldurchmesser
d_2	kleiner Kegeldurchmesser

Kegel zwischen den Spitzen drehen: $d_1 = 32$ mm, $d_2 = 26{,}6$ mm. Wie groß ist die Reitstockverstellung?

$$V_R = \frac{32 \text{ mm} - 26{,}6 \text{ mm}}{2} = \mathbf{2{,}7 \text{ mm}}$$

Reitstockverstellung

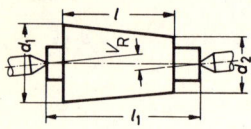

$$V_R = \frac{d_1 - d_2}{2 \cdot l} \cdot l_1$$

V_R	Reitstockverstellung
d_1	großer Kegeldurchmesser
d_2	kleiner Kegeldurchmesser
l	Kegellänge
l_1	Werkstücklänge

Werkstück mit Kegel: $d_1 = 42$ mm, $d_2 = 34$ mm, Kegellänge $l = 160$ mm, Werkstücklänge $l_1 = 360$ mm. Wie groß ist die Reitstockverstellung in mm?

$$V_R = \frac{42 \text{ mm} - 34 \text{ mm}}{2 \cdot 160 \text{ mm}} \cdot 360 \text{ mm} = \mathbf{9{,}0 \text{ mm}}$$

Wechselräderberechnung

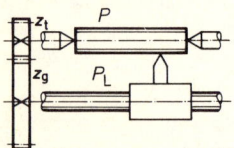

$$\frac{z_t}{z_g} = \frac{P}{P_L}$$

z_t	Zähnezahl, treibende Räder
z_g	Zähnezahl, getriebene Räder
P	Steigung des Gewindes
P_L	Steigung der Leitspindel

Metrisches Gewinde, $P = 1{,}75$ mm, mit Leitspindel $P_L = 6$ mm schneiden. Welche Wechselräder sind erforderlich?

$$\frac{z_t}{z_g} = \frac{1{,}75 \text{ mm}}{6 \text{ mm}} = \frac{7}{6 \cdot 4}$$

$$= \frac{7 \cdot 5}{24 \cdot 5} = \mathbf{\frac{35}{120}}$$

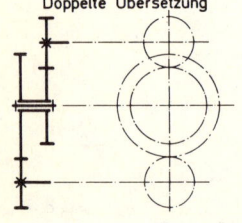

Doppelte Übersetzung

Umrechnungswerte:

$$1'' = 25{,}4 \text{ mm} = \frac{127}{5} \text{ mm}$$

$$1'' \quad \frac{330}{13} \text{ mm} \quad \frac{1\,600}{63} \text{ mm}$$

Steigung bei Zollgewinden:

$$P = \frac{1''}{\text{Gangzahl}}$$

Wechselrädersatz:
20, 20, 25, 30, 35, 40, 45, 50, 55, 60, 65, 70, 75, 80, 85, 90, 95, 100, 105, 110, 115, 120, 125, 127, 130.

Zollgewinde, 12 Gänge auf 1'', Leitspindelsteigung $P_L = 1/4''$. Wie groß sind die Zähnezahlen der Wechselräder?

$$\frac{z_t}{z_g} = \frac{1'' \cdot 4}{12 \cdot 1''} = \frac{4}{12}$$

$$= \frac{4 \cdot 10}{12 \cdot 10} = \mathbf{\frac{40}{120}}$$

Zollgewinde, 18 Gänge auf 1'', Leitspindelsteigung $P_L = 6$ mm. Wie groß sind die Zähnezahlen der Wechselräder?

$$\frac{z_t}{z_g} = \frac{1 \cdot 25{,}4 \text{ mm} \cdot 5}{18 \cdot 6 \text{ mm} \cdot 5}$$

$$= \frac{1 \cdot 127}{6 \cdot 90} = \mathbf{\frac{20 \cdot 127}{120 \cdot 90}}$$

Beim Aufstecken von vier Rädern muß $(z_1 + z_2)$ um mindestens 15 größer sein als z_3 und $(z_3 + z_4)$ um 15 größer als z_2.

1

Zahnradberechnung

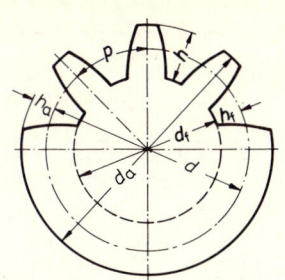

Modulreihe (DIN 780, Auswahl)

1	1,75	2,5	3,25	4
1,25	2	2,75	3,5	4,5
1,5	2,25	3	3,75	5

$$p = \pi \cdot m \qquad m = \frac{d}{z}$$

$$d = m \cdot z \qquad h_a = m$$

$$d_a = m(z + 2) \qquad h_f = \frac{7}{6}\,m$$

$$d_f = m\left(z - \frac{7}{3}\right) \qquad h = \frac{13}{6}\,m$$

$$a = \frac{d_1 + d_2}{2} \qquad a = \frac{m(z_1 + z_2)}{2}$$

p Teilung m Modul
d Teilkreis$\varnothing$ h_a Zahnkopfhöhe
d_a Kopfkreis$\varnothing$ h_f Zahnfußhöhe
d_f Fußkreis$\varnothing$ h Zahnhöhe
a Achsenabstand z Zähnezahl
Die Formeln gelten für ein Kopfspiel von 1/6 Modul.

Stirnrad: $z = 36$, $m = 3$ mm. Wie groß sind die Abmessungen?

$$p = 3,14 \cdot 3 \text{ mm} \qquad = \mathbf{9,42 \text{ mm}}$$

$$d = 3 \text{ mm} \cdot 36 \qquad = \mathbf{108 \text{ mm}}$$

$$d_a = 3 \text{ mm} \cdot (36 + 2) \qquad = \mathbf{114 \text{ mm}}$$

$$d_f = 3 \text{ mm} \cdot \left(36 - \frac{7}{3}\right) \qquad = \mathbf{101 \text{ mm}}$$

$$h_a = m \qquad = \mathbf{3 \text{ mm}}$$

$$h_f = \frac{7}{6} \cdot 3 \text{ mm} \qquad = \mathbf{3,5 \text{ mm}}$$

$$h = \frac{13}{6} \cdot 3 \text{ mm} \qquad = \mathbf{6,5 \text{ mm}}$$

Zahnrädertrieb: $z_1 = 36$, $z_2 = 54$, $m = 3$ mm. Wie groß ist der Achsenabstand a in mm?

$$a = \frac{3 \text{ mm} \cdot (36 + 54)}{2} \qquad = \mathbf{135 \text{ mm}}$$

Schnittgeschwindigkeit

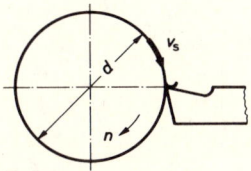

$$v_s = \frac{\pi \cdot d \cdot n}{1\,000}$$

$$d = \frac{1\,000 \cdot v_s}{\pi \cdot n} \qquad n = \frac{1\,000 \cdot v_s}{\pi \cdot d}$$

v_s Schnittgeschwindigkeit in m/min
d Durchmesser in mm
n Drehzahl in 1/min

Langdrehen einer Welle: $d = 80$ mm, $n = 100$ 1/min. Wie groß ist die Schnittgeschwindigkeit v_s in m/min?

$$v_s = \frac{3,14 \cdot 80 \cdot 100}{1\,000} \qquad = \mathbf{25 \text{ m/min}}$$

Wendelbohrer: $d = 20$ mm, $v_s = 18$ m/min. Wie groß ist die Drehzahl n in 1/min?

$$n = \frac{1\,000 \cdot 18}{3,14 \cdot 20} \qquad = \mathbf{286 \text{ 1/min}}$$

Hauptzeit
Lang- und Plandrehen

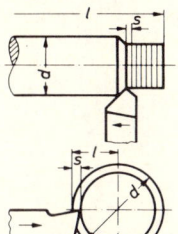

$$t_h = \frac{\pi \cdot d \cdot l \cdot i}{1\,000 \cdot v_s \cdot s} \qquad t_h = \frac{l \cdot i}{n \cdot s}$$

Beim Plandrehen ist der Drehweg l bei voller bzw. ringförmiger Stirnfläche:

$$l = \frac{d}{2} \qquad l = \frac{d - d_1}{2}$$

t_h Hauptzeit in min
l Drehlänge, Drehweg in mm
s Vorschub in mm/Umdrehung
n Drehzahl in 1/min
d Rohdurchmesser in mm
v_s Schnittgeschwindigkeit in m/min
i Anzahl der Schnitte

Welle langdrehen: $d = 40$ mm, $l = 250$ mm, $s = 0,5$ mm/Umdrehung, $v_s = 25$ m/min, $i = 2$. Wie groß ist die Hauptzeit in min?

$$t_h = \frac{3,14 \cdot 40 \cdot 250 \cdot 2}{1\,000 \cdot 25 \cdot 0,5} \qquad = \mathbf{5 \text{ min}}$$

Scheibe plandrehen: $d = 240$ mm, $n = 150$ 1/min, $s = 0,4$ mm/Umdrehung, $i = 1$. Wie groß ist die Hauptzeit in min?

$$t_h = \frac{120 \cdot 1}{150 \cdot 0,4} \qquad = \mathbf{2 \text{ min}}$$

Hauptzeit
Bohren

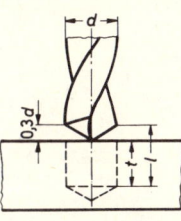

$$t_h = \frac{\pi \cdot d \cdot l \cdot i}{1\,000 \cdot v_s \cdot s} \qquad t_h = \frac{l \cdot i}{n \cdot s}$$

$$l = t + 0,3 \cdot d$$

t_h Hauptzeit in min
d Bohrerdurchmesser in mm
l Bohrweg in mm
t Bohrlochtiefe in mm
s Vorschub in mm/Umdrehung
n Drehzahl in 1/min
v_s Schnittgeschwindigkeit in m/min
i Anzahl der Bohrungen

Bohrung: $d = 20$ mm, $t = 40$ mm, $s = 0,1$ mm/Umdrehung, $v_s = 15$ m/min, $i = 1$. Wie groß ist die Hauptzeit in min?

$$l = 40 \text{ mm} + 0,3 \cdot 20 \text{ mm} = 46 \text{ mm}$$

$$t_h = \frac{3,14 \cdot 20 \cdot 46 \cdot 1}{1\,000 \cdot 15 \cdot 0,1} \qquad = \mathbf{1,9 \text{ min}}$$

Wendelbohrer: $d = 15$ mm, $n = 240$ 1/min, $s = 0,1$ mm/Umdrehung. 6 Bohrungen mit $t = 30$ mm. Wie groß ist die Hauptzeit in min?

$$t_h = \frac{(30 + 4,5) \cdot 6}{240 \cdot 0,1} \qquad = \mathbf{8,6 \text{ min}}$$

Hauptzeit
Gewindeschneiden

$$t_h = \frac{t_1 \cdot l}{10}$$

Gewinde	M 12	M 14	M 16	M 20
p in mm	1,75	2,0	2,0	2,5
t_1 min	1,1	1,1	1,2	1,0

t_h Hauptzeit in min
t_1 Tabellenwert in min
l Gewindelänge in mm

Gewinde schneiden: M 16, $l = 75$ mm. Wie groß ist die Hauptzeit in min?

$$t_h = \frac{1,2 \cdot 75}{10} \qquad = \mathbf{9,0 \text{ min}}$$

Betriebskunde

Lohnberechnung

Zeitlohn

Die Höhe des Zeitlohnes wird durch die Zeitdauer der Arbeitsleistung bestimmt.

$$\text{Zeitlohn} = \text{Arbeitszeit} \times \text{Stundenlohn}$$

$$\text{Arbeitszeit} = \frac{\text{Zeitlohn}}{\text{Stundenlohn}}$$

Arbeitszeit 170 h, Stundenlohn 9,50 DM. Wie hoch ist der Zeitlohn?

$$\text{Zeitlohn} = 170 \cdot 9,50 \qquad = \mathbf{1\,615,- \, DM}$$

Leistungslohn

Leistungslohnarbeit liegt vor, wenn die zur Ausführung der Arbeit notwendige Zeit oder das für die Arbeit zu zahlende Entgelt vorher festgelegt und vorgegeben wird. Der Zeitverbrauch und das mengenmäßige Arbeitsergebnis müssen vom Arbeiter beeinflußbar sein.

Die Festsetzung der Vorgaben erfolgt unter Zugrundelegung der Normalleistung eines Arbeiters und unter Berücksichtigung der betrieblichen Arbeitsverhältnisse.

$$\text{Leistungslohn} = \text{Istleistung in AW} \times \text{AW-Vergütung}$$

$$\text{Leistungslohn} = \text{Normallohn} + \text{Mehrleistungszulage}$$

$$\text{Leistungslohn} = \text{Leistungsstunden} \times \varnothing \text{ Leistungslohn}$$

$$\text{AW-Vergütung} = \frac{\text{Stundenlohn}}{\text{Werkstattfaktor}}$$

$$\text{Normallohn} = \text{Leistungslohnstunden} \times \text{Stundenlohn}$$

$$\varnothing \text{ Leistungslohn} = \frac{\text{Stundenlohn} \times (100 + \text{M'leistung in \%})}{100}$$

Istleistung 2400 AW, Lohnsatz 10,80 DM, W-Faktor 12 AW. Gesucht: Leistungslohn.

$$\text{L'lohn} = \frac{2\,400 \cdot 10,80}{12} \qquad = \mathbf{2160,- \, DM}$$

Arbeitszeit 160 h, Lohnsatz 10,20 DM, Mehrleistung 480 AW, AW-Prämie 0,80 DM. Wie hoch ist der Leistungslohn?

Normallohn = 160 · 10,20 = 1 632,– DM
Mehrleistung = 480 · 0,80 = 384,– DM
Leistungslohn = **2016,– DM**

155 Leistungsstunden, Lohnsatz 10,20 DM, Mehrleistung 30 %. Leistungslohn? DM.

$\varnothing$ L'lohn = 10,20 · 1,3 = 13,26 DM
L'lohn = 155 · 13,26 = **2055,30 DM**

Zeit- und Leistungslohn

Aus der Lohnabrechnung müssen u.a. die Leistungslohnstunden und der Leistungslohnverdienst sowie etwaige Zeitlohnstunden und der Stundenlohn bzw. der Wochen- oder Monatslohn ersichtlich sein.

$$\text{Arbeitslohn} = \text{Zeitlohn} + \text{Leistungslohn}$$

$$\text{Zeitlohn} = \text{Zeitlohnstunden} \times \text{Stundenlohn}$$

$$\text{Leistungslohn} = \text{Leistungsstunden} \times \varnothing \text{ Leistungslohn}$$

Arbeitszeit 180 h, davon 90 % produktiv, Stundenlohn 10,– DM, Mehrleistung 20 %. Wie hoch ist der Arbeitslohn?

$\varnothing$ L'lohn = 10 · 1,2 = 12,– DM
L'stunden = 180 · 90% = 162 h
Z'lohn = 18 · 10 = 180,– DM
L'lohn = 162 · 12 = 1 944,– DM
Arbeitslohn = **2124,– DM**

Mehrleistungszulage

Bei Leistungen über dem Werkstattfaktor hat der Leistungslohnarbeiter Anspruch auf eine Zulage. Er wird damit an dem Ergebnis seiner über der Norm liegenden Arbeitsleistung beteiligt.

$$\text{Mehrleistungszulage} = \text{Mehrleistung in AW} \times \text{AW-Prämie}$$

$$\text{Mehrleistungszulage} = \frac{\text{Mehrleistung in AW} \times \text{Stundenlohn}}{\text{Werkstattfaktor}}$$

$$\text{Mehrleistungszulage} = \frac{\text{Normallohn} \times \text{Mehrleistung in \%}}{100}$$

Istleistung 2400 AW, produktive Arbeitszeit 160 h, Werkstattfaktor 12 AW, Lohnsatz 10,20 DM. Wie hoch ist die ML-Zulage?

Istleistung = 2400,– AW
Solleistung = 160 · 12 = 1 920,– AW
Mehrleistung = 480,– AW

$$\text{ML-Zulage} = \frac{480 \cdot 10,20}{12} = \mathbf{408,- \, DM}$$

Lohnzuschläge

Mehrarbeit	25 %/50 %
Nachtarbeit	50 %
Sonntagsarbeit	50 %
Feiertagsarbeit	100 %/150 %

Die Zuschläge werden von dem Durchschnittsverdienst der laufenden Lohnperiode errechnet.

$$\text{Lohnzuschlag} = \text{Zuschl'pfl. Zeit} \times \text{Zuschlag je h}$$

$$\text{Lohnzuschlag je Stunde} = \frac{\text{Durchschnittslohn} \times \text{Zuschlag in \%}}{100}$$

$$\text{Durchschnittslohn} = \frac{\text{Arbeitslohn der laufenden Periode}}{\text{tatsächliche Arbeitszeit}}$$

Mehrarbeit 6 h, Zuschlagsatz 25 %, Arbeitslohn der laufenden Lohnperiode 2040,– DM, Arbeitszeit 170 h. Wie hoch ist der Mehrarbeitszuschlag?

$\varnothing$ Lohn = 2040 : 170 = 12,– DM
$\text{Zuschlag je h} = \dfrac{12 \cdot 25}{100} = 3,- \text{ DM}$
Zuschlag = 6 · 3 = **18,– DM**

Akkordlohn

Bei Akkordarbeit richtet sich die Lohnhöhe nach dem Ergebnis der Arbeitsleistung in einem vorgegebenen Zeitabschnitt (siehe Leistungslohn).

$$\text{Akkordlohn} = \text{Vorgabezeit} \times \text{Stückzahl} \times \text{min-Faktor}$$

$$\text{Akkordlohn} = \text{Stückzahl} \times \text{Stücklohn}$$

$$\text{Minutenfaktor} = \frac{\text{Akkordstundenlohn}}{60 \text{ min}}$$

300 Bolzen abdrehen, Vorgabezeit 9,6 min/Stück, Akkord-Richtsatz 11,40 DM. Wie hoch ist der Akkordlohn?

min-Faktor = 11,40 : 60 = 0,19 DM
Lohn = 9,6 · 300 · 0,19 = **547,20 DM**

Prämienlohn

Bei Prämienlohn wird die Mehrleistung durch einen besonderen, anteilmäßigen Prämienzuschlag belohnt (siehe Leistungslohn).

$$\text{Prämienlohn} = \text{Grundlohn} + \text{Prämienzuschlag}$$

$$\text{Prämienzuschlag} = \frac{\text{Mehrerlöse} \times \text{Prämiensatz}}{100}$$

$$\text{Grundlohn} = \text{Arbeitszeit} \times \text{Stundenlohn}$$

Arbeitszeit 172 h, Stundenlohn 10,50 DM, Mehrerlöse 896,– DM, Prämie 25 %. Wie hoch ist der Prämienlohn?

Grundlohn = 172 · 10,50 = 1 806,– DM
Prämie = 896 · 25 % = 224,– DM
Prämienlohn = **2030,– DM**

78

Mehrleistung
Übersoll

Mehrleistung ist die über die Normalleistung erbrachte Arbeitsleistung. Bei Leistungen über der Norm hat der Arbeitnehmer Anspruch auf Prämie.

Mehrleistung in AW =
Istleistung − Solleistung

Mehrleistung in AW je Stunde =
Pers. Leistungsfaktor − W'faktor

Mehrleistung in % =
$$\frac{\text{Mehrleistung in AW} \times 100}{\text{Solleistung}}$$

Istleistung 2400 AW, Zeit im Leistungswert 160 h, Werkstattfaktor 12 AW. Wie groß ist die Mehrleistung in Prozent?

Istleistung	= 2400 AW
Soll-Leistung = 160 · 12	= 1920 AW
Mehrleistung	= 480 AW

$$\text{Mehrleistung} = \frac{480 \cdot 100}{1920} = \textbf{25 \%}$$

Mehrleistung bei Mitarbeit eines Auszubildenden

Bei der Berechnung der Mehrleistung eines Gesellen muß die Mitarbeit des Auszubildenden berücksichtigt werden.

Anrechnung (Beispiel)

im 1. Jahr 0 AW = 0 %	⎫	vom
im 2. Jahr 1 AW ≈ 10 %	⎪	Werk-
im 3. Jahr 2 AW ≈ 20 %	⎬	statt-
im 4. Jahr 3 AW ≈ 30 %	⎭	faktor

Istleistung Geselle + Azubi
− Anteil des Auszubildenden
= Istleistung des Gesellen
− Soll-Leistung des Gesellen
= Mehrleistung des Gesellen

Anteil des Auszubildenden =
Mitarbeitszeit × Anteil je Stunde

Anteil je Stunde =
$$\frac{\text{Werkstattfaktor} \times \text{Anrechnung in \%}}{100}$$

Istleistung Gese + Azubi 2340 AW, prod. Arbeitszeit Gese 150 h, Azubi 100 h, Werkstattfaktor 12 AW, Anrechnung 30 %. Wie hoch ist die Mehrleistung in %?

Anteil Azubi /h = 12 · 30 %	= 3,6 AW
Istleistung Gese + Azubi	= 2340 AW
Anteil Azubi = 100 · 3,6	= 360 AW
Istleistung Geselle	= 1980 AW
Soll-Leistung = 150 · 12	= 1800 AW
Mehrleistung	= 180 AW

$$\text{Mehrleistung} = \frac{180 \cdot 100}{1800} = \textbf{10 \%}$$

Durchschnittslohn
der Werkstatt

Der Durchschnittslohn der Werkstatt ist die durchschnittliche Vergütung aller Gesellen für eine Arbeitsstunde während eines größeren Zeitraumes unter Berücksichtigung der tatsächlich geleisteten Lohnstunden.

$$\varnothing \text{ Werkstattlohn} = \frac{\text{Summe der Normallöhne}}{\text{Summe der Arbeitszeit}}$$

$$\varnothing \text{ Werkstattlohn} = \frac{\text{Stunden-Verrechnungssatz}}{\text{Werkstattindex}}$$

$$\varnothing \text{ Werkstattlohn} = \frac{\text{AW-Satz} \times \text{Werkstattfaktor}}{\text{Werkstattindex}}$$

$$\varnothing \text{ Werkstattlohn} \approx \frac{\text{Summe der Stundenlöhne}}{\text{Anzahl der Stundenlöhne}}$$

Geselle A 175 Arbeitsstunden je 9,60 DM
Geselle B 160 Arbeitsstunden je 10,20 DM
Geselle C 125 Arbeitsstunden je 10,56 DM
Geselle D 180 Arbeitsstunden je 9,20 DM
Geselle E 140 Arbeitsstunden je 10,80 DM
Berechnen Sie den ∅ Werkstattlohn!

Geselle A = 175 · 9,60	= 1680,− DM
Geselle B = 160 · 10,20	= 1632,− DM
Geselle C = 125 · 10,56	= 1320,− DM
Geselle D = 180 · 9,20	= 1656,− DM
Geselle E = 140 · 10,80	= 1512,− DM
Summe 780 50,36	= 7800,− DM

∅ W'lohn = 7800 : 780 = **10,− DM**
∅ W'lohn ≈ 50,36 : 5 = **10,07 DM**

Durchschnittslohn
eines Gesellen

Der ∅ Lohn eines Gesellen ist die durchschnittliche Vergütung für eine Arbeitsstunde im Zeit- und Leistungslohn innerhalb der laufenden Lohnperiode oder während der letzten drei Monate.

Der ∅ Leistungslohn ist die durchschnittliche Vergütung für eine Arbeitsstunde im Leistungslohn.

$$\varnothing \text{ Lohn} = \frac{\text{Arbeitslohn in einer Lohnperiode einschließlich Mehrarbeitszuschlag}}{\text{Anzahl der Gesamt-Arbeitsstunden}}$$

$$\varnothing \text{ Leistungslohn} = \frac{\text{Arbeitsverdienst im Leistungswert}}{\text{Arbeitsstunden im Leistungslohn}}$$

$$\varnothing \text{ Leistungslohn} = \frac{\text{Stundenlohn} \times (100 + \text{M'leistung in \%})}{100}$$

∅ Leistungslohn =
Stundenlohn + Leistungszuschlag je h

Monatsabrechnung: Arbeitslohn 1870,− DM, gesamte Arbeitszeit 170 h. Wie hoch ist der Durchschnittslohn?

∅ Lohn = 1870 : 170 = **11,− DM**

Arbeitszeit im Leistungslohn 150 h, Normallohn 1500,− DM, Mehrarbeitszulage 360,− DM. Wie hoch ist der durchschnittliche Leistungslohn?

Normallohn	= 1500,− DM
Mehrleistungszulage	= 360,− DM
Leistungslohn	= 1860,− DM

∅ L'lohn = 1860 : 150 = **12,40 DM**

Lohngruppen (LG)

Zur Berücksichtigung der verschiedenen Anforderungen an die gewerblichen Arbeiter in den Betrieben zur Instandsetzung von Kraftfahrzeugen wurden 7 Lohngruppen mit der Bezeichnung 1 bis 7 gebildet.

LG 1: Ungelernte, einfache Arbeiten
LG 2: Angelernte mit Kenntnissen und Fertigkeiten, die bis zu einem Monat Anlernzeit erfordern.
LG 3: Angelernte mit mehr Übung und Erfahrung
LG 4b: Arbeiter im 1. Gesellenjahr
LG 4a: Arbeiter nach 1. Gesellenjahr
LG 5: Facharbeiter, die Arbeiten fachgemäß ausführen können
LG 6: Facharbeiter, die Arbeiten selbständig ausführen können
LG 7: Facharbeiter, die Arbeiten meisterlich ausführen können

Tariflöhne in Baden-Württemberg	1977	19··
Ungelernte		
Lohngruppe 1	7,22 DM	····
Angelernte		
Lohngruppe 2	7,62 DM	····
Lohngruppe 3	8,04 DM	····
Facharbeiter		
Lohngruppe 4 b	8,48 DM	····
Lohngruppe 4 a	8,89 DM	····
Lohngruppe 5	9,78 DM	····
Lohngruppe 6	10,68 DM	····
Lohngruppe 7	11,55 DM	····

2

Abzugstabelle für Lohnsteuer und Kirchensteuer (Auszug)

Wochen-lohn DM	Steuerklasse I		Steuerklasse III		Monats-lohn DM	Steuerklasse I		Steuerklasse III	
	Lohn-St.	K.-St.	Lohn-St.	K.-St.		Lohn-St.	K.-St.	Lohn-St.	K.-St.
380,20	54,65	4,37	37,95	3,03	1 501,99	208,40	16,67	138,50	11,08
383,70	55,43	4,43	38,50	3,08	1 514,49	211,10	16,88	141,80	11,34
387,20	56,21	4,49	39,23	3,13	1 526,99	213,90	17,11	144,00	11,52
390,70	57,30	4,58	39,78	3,18	1 539,49	216,00	17,28	146,10	11,68
394,20	58,21	4,65	40,52	3,24	1 551,99	218,80	17,50	148,50	11,88
397,70	59,30	4,74	41,06	3,28	1 564,49	221,00	17,68	150,60	12,04
401,20	60,21	4,81	41,80	3,34	1 576,99	223,80	17,90	152,80	12,22
404,70	61,32	4,90	42,35	3,38	1 589,49	226,50	18,12	155,00	12,40
408,20	62,45	4,99	43,08	3,44	1 601,99	228,70	18,29	157,10	12,56
411,70	63,38	5,07	43,86	3,50	1 614,49	231,50	18,52	159,50	12,76
415,20	64,49	5,15	44,37	3,54	1 626,99	233,70	18,69	161,60	12,92
418,70	65,45	5,23	45,15	3,61	1 639,49	236,50	18,92	165,00	13 20
422,20	66,57	5,32	45,65	3,65	1 651,99	239,40	19,15	167,10	13,36
425,70	67,53	5,40	46,43	3,71	1 664,49	242,50	19,40	169,30	13,54
429,20	68,67	5,49	46,93	3,75	1 676,99	246,30	19,70	171,50	13,72
432,70	69,63	5,57	47,71	3,81	1 689,49	249,50	19,96	173,60	13,88
436,20	70,79	5,66	48,22	3,85	1 701,99	253,40	20,27	176,00	14,08
439,70	71,76	5,74	49,00	3,92	1 714,49	257,30	20,58	178,10	14,24
443,20	72,93	5,83	49,77	3,98	1 726,99	260,50	20,84	180,30	14,42
446,70	74,10	5,92	50,28	4,02	1 739,49	264,40	21,15	182,50	14,60
450,20	75,28	6,02	51,06	4,08	1 751,99	267,60	21,40	184,60	14,76
453,70	76,47	6,11	51,83	4,14	1 764,49	271,60	21,72	188,00	15,04
457,20	77,66	6,21	52,61	4,20	1 776,99	275,60	22,04	190,10	15,20
460,70	78,86	6,30	53,12	4,24	1 789,49	278,80	22,30	192,50	15,40
464,20	80,07	6,40	53,90	4,31	1 801,99	282,90	22,63	194,60	15,56
467,70	81,27	6,50	54,63	4,37	1 814,49	286,10	22,88	196,80	15,74
471,20	82,48	6,59	55,41	4,43	1 826,99	290,20	23,21	199,00	15,92
474,70	83,70	6,69	55,92	4,47	1 839,49	294,30	23,54	201,10	16,08
478,20	84,93	6,79	56,70	4,53	1 851,99	297,60	23,80	203,50	16,28
481,70	86,15	6,89	57,47	4,59	1 864,49	301,70	24,13	205,60	16,44
485,20	87,40	6,99	58,25	4,66	1 876,99	305,00	24,40	207,80	16,62
488,70	88,64	7,09	58,76	4,70	1 889,49	309,20	24,73	211,10	16,88
492,20	89,89	7,19	59,53	4,76	1 901,99	313,40	25,07	213,30	17,06
495,70	91,13	7,29	60,31	4,82	1 914,49	317,50	25,40	215,50	17,24
499,20	92,40	7,39	61,05	4,88	1 926,99	321,80	25,74	218,80	17,50
502,70	93,66	7,49	61,83	4,94	1 939,49	326,00	26,08	221,00	17,68
506,20	94,92	7,59	62,33	4,98	1 951,99	330,30	26,42	223,10	17,84
509,70	96,21	7,69	63,11	5,04	1 964,49	334,50	26,76	226,50	18,12
513,20	97,49	7,79	63,89	5,11	1 976,99	338,80	27,10	228,60	18,28
516,70	98,77	7,90	64,67	5,17	1 989,49	343,10	27,44	231,00	18,48
520,20	100,06	8,00	65,17	5,21	2 001,99	347,40	27,79	233,10	18,64
523,70	101,34	8,10	65,95	5,27	2 014,49	351,70	28,13	236,50	18,92
527,20	102,64	8,21	66,73	5,33	2 026,99	356,10	28,48	238,60	19,08
530,70	103,95	8,31	67,47	5,39	2 039,49	360,50	28,84	240,80	19,26
534,20	105,27	8,42	68,01	5,44	2 051,99	364,90	29,19	244,10	19,52
537,70	106,57	8,52	68,75	5,50	2 064,49	369,20	29,53	246,30	19,70
541,20	107,89	8,63	69,53	5,56	2 076,99	373,60	29,88	248,50	19,88
544,70	109,21	8,73	70,31	5,62	2 089,49	378,00	30,24	251,80	20,14
548,20	110,56	8,84	70,81	5,66	2 101,99	382,50	30,60	254,00	20,32
551,70	111,88	8,95	71,59	5,72	2 114,49	387,00	30,96	256,10	20,48
555,20	113,22	9,05	72,37	5,78	2 126,99	391,50	31,32	258,50	20,68
558,70	114,56	9,16	73,15	5,85	2 139,49	396,00	31,68	261,60	20,92
562,20	115,92	9,27	73,65	5,89	2 151,99	400,50	32,04	264,00	21,12
565,70	117,26	9,38	74,43	5,95	2 164,49	405,00	32,40	266,10	21,28
569,20	118,63	9,49	75,17	6,01	2 176,99	409,50	32,76	269,50	21,56
572,70	119,99	9,59	75,95	6,07	2 189,49	414,10	33,12	271,60	21,72
576,20	121,35	9,70	76,45	6,11	2 201,99	418,70	33,49	273,80	21,90
579,70	122,73	9,81	77,23	6,17	2 214,49	423,30	33,86	277,10	22,16
583,20	124,11	9,92	78,01	6,24	2 226,99	427,90	34,23	279,30	22,34
586,70	125,49	10,03	78,78	6,30	2 239,49	432,50	34,60	281,50	22,52
590,20	126,87	10,14	79,56	6,36	2 251,99	437,10	34,96	283,60	22,68
593,70	128,25	10,26	80,07	6,40	2 264,49	441,80	35,34	287,00	22,96
597,20	129,65	10,37	80,85	6,46	2 276,99	446,50	35,72	289,10	23,12
600,70	131,05	10,48	81,58	6,52	2 289,49	451,10	36,08	291,50	23,32
604,20	132,45	10,59	82,36	6,58	2 301,99	455,80	36,46	294,60	23,56

Anmerkung: Kirchensteuersatz in der Tabelle 8 % und bei 0 Kindern

(Auszug) Abzugstabelle für Sozialversicherungen (Versichertenanteile)

Wochen-lohn DM	G 12,8 %	K/L 18 %	M 3 %	H 14,8 %	Monats-lohn DM	G 12,8 %	K/L 18 %	M 3 %	H 14,8 %
380,20	24,36	34,27	5,71	28,17	1501,99	96,05	135,07	22,51	111,05
383,70	24,53	34,49	5,75	28,36	1514,49	96,85	136,19	22,70	111,98
387,20	24,85	34,94	5,82	28,73	1526,99	97,65	137,32	22,89	112,90
390,70	25,01	35,17	5,86	28,91	1539,49	98,45	138,44	23,07	113,83
394,20	25,17	35,39	5,90	29,10	1551,99	99,25	139,57	23,26	114,75
397,70	25,49	35,84	5,97	29,47	1564,49	100,05	140,69	23,45	115,68
401,20	25,65	36,07	6,01	29,65	1576,99	100,85	141,82	23,64	116,60
404,70	25,97	36,52	6,09	30,02	1589,49	101,65	142,94	23,82	117,53
408,20	26,13	36,74	6,12	30,21	1601,99	102,45	144,07	24,01	118,45
411,70	26,29	36,97	6,16	30,39	1614,49	103,25	145,19	24,20	119,38
415,20	26,61	37,42	6,24	30,76	1626,99	104,05	146,32	24,39	120,30
418,70	26,77	37,64	6,27	30,95	1639,49	104,85	147,44	24,57	121,23
422,20	27,09	38,09	6,35	31,32	1651,99	105,65	148,57	24,76	122,15
425,70	27,25	38,32	6,39	31,50	1664,49	106,45	149,69	24,95	123,08
429,20	27,41	38,54	6,42	31,69	1676,99	107,25	150,82	25,14	124,00
432,70	27,73	38,99	6,50	32,06	1689,49	108,05	151,94	25,32	124,93
436,20	27,89	39,22	6,54	32,24	1701,99	108,85	153,07	25,51	125,85
439,70	28,21	39,67	6,61	32,61	1714,49	109,65	154,19	25,70	126,78
443,20	28,37	39,89	6,65	32,80	1726,99	110,45	155,32	25,89	127,70
446,70	28,53	40,12	6,69	32,98	1739,49	111,25	156,44	26,07	128,63
450,20	28,85	40,57	6,76	33,35	1751,99	112,05	157,57	26,26	129,55
453,70	29,01	40,79	6,80	33,54	1764,49	112,85	158,69	26,45	130,48
457,20	29,33	41,24	6,87	33,91	1776,99	113,65	159,82	26,64	131,40
460,70	29,49	41,47	6,91	34,09	1789,49	114,45	160,94	26,82	132,33
464,20	29,65	41,69	6,95	34,28	1801,99	115,25	162,07	27,01	133,25
467,70	29,97	42,14	7,02	34,65	1814,49	116,05	163,19	27,20	134,18
471,20	30,12	42,37	7,06	34,83	1826,99	116,85	164,32	27,39	135,10
474,70	30,45	42,82	7,14	35,20	1839,49	117,65	165,44	27,57	136,03
478,20	30,61	43,04	7,17	35,39	1851,99	118,45	166,57	27,76	136,95
481,70	30,77	43,27	7,21	35,57	1864,49	119,25	167,69	27,95	137,88
485,20	31,09	43,72	7,29	35,94	1876,99	120,05	168,82	28,14	138,80
488,70	31,25	43,94	7,32	36,13	1889,49	120,85	169,94	28,32	139,73
492,20	31,57	44,39	7,40	36,50	1901,99	121,65	171,07	28,51	140,65
495,70	31,72	44,62	7,44	36,68	1914,49	122,45	172,19	28,70	141,58
499,20	31,89	44,84	7,47	36,87	1926,99	123,25	173,32	28,89	142,50
502,70	32,21	45,29	7,55	37,24	1939,49	124,05	174,44	29,07	143,43
506,20	32,37	45,52	7,59	37,42	1951,99	124,85	175,57	29,26	144,35
509,70	32,69	45,97	7,66	37,79	1964,49	125,65	176,99	29,45	145,28
513,20	32,85	46,19	7,70	37,98	1976,99	126,45	177,82	29,64	146,20
516,70	33,01	46,42	7,74	38,16	1989,49	127,25	178,94	29,82	147,13
520,20	33,33	46,87	7,81	38,53	2001,99	128,05	180,07	30,01	148,05
523,70	33,49	47,09	7,85	38,72	2014,49	128,85	181,19	30,20	148,98
527,20	33,81	47,54	7,92	39,09	2026,99	129,65	182,32	30,39	149,90
530,70	33,97	47,77	7,96	39,27	2039,49	130,45	183,44	30,57	150,83
534,20	34,13	47,99	8,00	39,46	2051,99	131,25	184,57	30,76	151,75
537,70	34,45	48,44	8,07	39,83	2064,49	132,05	185,69	30,95	152,68
541,20	34,61	48,67	8,11	40,01	2076,99	132,85	186,82	31,14	153,60
544,70	34,77	49,12	8,19	40,15	2089,49	133,65	187,49	31,32	154,53
548,20	35,09	49,34	8,22	40,15	2101,99	134,45	189,07	31,51	155,45
551,70	35,25	49,57	8,26	40,15	2114,49	135,25	190,19	31,70	156,38
555,20	35,57	50,02	8,34	40,15	2126,99	136,05	191,32	31,89	157,30
558,70	35,73	50,24	8,37	40,15	2139,49	136,85	192,44	32,07	158,23
562,20	36,05	50,47	8,41	40,15	2151,99	137,65	193,57	32,26	159,15
565,70	36,21	50,69	8,45	40,15	2164,49	138,45	194,69	32,45	160,08
569,20	36,37	50,92	8,49	40,15	2176,99	139,25	195,82	32,64	161,00
572,70	36,69	51,59	8,60	40,15	2189,49	140,05	196,94	32,82	161,93
576,20	36,85	51,82	8,64	40,15	2201,99	140,85	198,07	33,01	162,85
579,70	37,01	52,27	8,71	40,15	2214,49	141,65	199,19	33,20	163,78
583,20	37,33	52,49	8,75	40,15	2226,99	142,45	200,32	33,39	164,70
586,70	37,49	52,72	8,79	40,15	2239,49	143,25	201,44	33,57	165,63
590,20	37,81	53,17	8,86	40,15	2251,99	144,05	202,57	33,76	166,55
593,70	37,97	53,39	8,90	40,15	2264,49	144,85	203,69	33,95	167,48
597,20	38,29	53,84	8,97	40,15	2276,99	145,65	204,82	34,14	168,40
600,70	38,45	54,07	9,01	40,15	2289,49	146,45	205,94	34,32	169,33
604,20	38,77	54,29	9,05	40,15	2301,99	147,25	207,07	34,51	170,25

G   Krankenversicherung, allgemeiner Beitragssatz
K/L   Rentenversicherung der Arbeiter und Angestellten
M   Arbeitslosenversicherung
H   Krankenversicherung, erhöhter Beitragssatz

Lohnabrechnung

Arbeitslohn (Bruttobetrag)

Sparzulage	
steuerfreie Bezüge	
Zuschläge, Bezüge	
Zeitlohn	
Leistungslohn	

st. pfl. Lohn | Gesamtarbeitslohn

Lohn für Zeitlohnarbeit
+ Lohn für Leistungslohnarbeit
+ Zuschläge für Mehrarbeit
+ Lohnfortzahlung bei Krankheit
+ Lohn für Tarif- und Sonderurlaub
+ Lohn für gesetzliche Feiertage
+ sonstige Bezüge: 13. Monatsgehalt
    Weihnachtsgeld, Urlaubsgeld u. a.
+ AG-Anteil zur Vermögensbildung
= steuerpflichtiger Arbeitslohn
+ steuerfreie Bezüge: Zuschläge für
    Nacht-, Sonn- und Feiertagsarbeit
+ steuerfreie Zuwendungen: Heirat ...
+ Arbeitnehmer-Sparzulage
= Gesamt-Arbeitslohn (Bruttobetrag)

Beispiel einer Monatslohn-Abrechnung:

Z'lohn	$= 20\,h \cdot 9{,}60\,DM =$	192,00 DM
L-Lohn	$= 118\,h \cdot 11{,}4\,DM =$	1 345,20 DM
M-Arb.	$= 10\,h \cdot 2{,}70\,DM =$	27,00 DM
Krkh.	$= 16\,h \cdot 10{,}8\,DM =$	172,80 DM
Urlaub	$= 8\,h \cdot 10{,}80\,DM =$	86,40 DM
Feiert.	$= 16\,h \cdot 10{,}8\,DM =$	172,80 DM
Url'g.	$= 86{,}40\,DM \cdot 30\% =$	25,92 DM
Weihnachtsgeld		300,00 DM
AG-Anteil Verm.-Bild.		26,00 DM
steuerpfl. Arbeitslohn	=	2348,12 DM
Fahrtkostenersatz	=	52,28 DM
Sparzulage	=	15,60 DM
Gesamt-Arbeitslohn	**=**	**2416,00 DM**

Lohnfortzahlung

Die wegen Krankheit, Urlaub, Feiertagen und Betriebsstörungen ausgefallene Arbeitszeit wird mit dem Durchschnittsverdienst der letzten drei Monate weiterbezahlt.

Höhe der Lohnfortzahlung =
Durchschnittslohn × Ausfallstunden

$$\text{Durchschnittslohn} = \frac{\text{Arbeitslohn der letzten 3 Monate}}{\text{tatsächliche Arbeitszeit}}$$

Ausfallstunden =
regelm. Arbeitszeit × Ausfalltage

Lohnabrechnung: Jan. 1 890 DM für 175 h, Febr. 2 030 DM für 170 h, März 1 960 DM für 180 h. Wie hoch ist die Lohnfortzahlung für 10 Tage Krankheit (je 8 h)?

Lohn	$= 1\,890 + 2\,030 +$	
	$+1\,960$	$= 5\,880{,}-$ DM
Zeit	$= 175 + 170 + 180$	$= 525$ h
Ø Lohn	$= 5\,880 : 525$	$= 11{,}20$ DM
Lohnfz.	$= 10 \cdot 8 \cdot 11{,}20$	$= 896{,}-$ DM

Auszuzahlender Arbeitslohn (Nettobetrag)

Sozialversicherung	
Kirchensteuer	
Lohnsteuer	
auszuzahlender Arbeitslohn	

Nettolohn | Bruttolohn

    Gesamt-Arbeitslohn (Bruttobetrag)
– Lohnsteuer
– Ergänzungsabgabe
– Kirchensteuer
– AN-Anteil Krankenversicherung
    Rentenversicherung
    Arbeitslosenversicherung
– Vermögenswirksame Leistungen
– Sonstige Abzüge: Gewerkschaft
    Lohnpfändung, Arbeitskleidung, ...
– Lohnabschlagszahlung
= auszuzahlender Arbeitslohn

Beispiel einer Monatslohn-Abrechnung:

Gesamt-Arbeitslohn	=	2416,00 DM
Lohnsteuer	=	239,60 DM
Kirchensteuer	=	9,57 DM
Anteil: Krankenversich.	=	140,88 DM
Rentenversich.	=	211,33 DM
Arbeitslosenvers.	=	35,22 DM
Vermögenswirks. Leist.	=	52,00 DM
Gewerkschaftsbeitrag	=	10,00 DM
Lohnabschlagszahlung	=	800,00 DM
auszuzahlender Arb.lohn	**=**	**917,40 DM**

Lohnsteuer

Steuerklassen

I	Ledige < 50 J., ohne Kind
II	Ledige > 50 J., mit Kind
III	Verheir., 1 Ehegatte mit A-Lohn
IV	Verheir., beide Ehegatten A-Lohn
V	Verheir., 1 Ehegatte in III
VI	AN mit mehreren A-Löhnen

Steuersatz	Ledige	Verheiratete
22 % bis	16 000	32 000 DM
30,8 ... 56 %	130 000	260 000 DM
56 % über	130 000	260 000 DM

    Steuerpflichtiger Arbeitslohn
– persönliche Freibeträge (LStK)
– Weihnachts-Freibetrag (Dezember)
– Versorgungs-Freibetrag ⎫
– Altersentlastungsbetrag ⎬ 3 000 DM
= in Tabelle anzuwendender A-Lohn

In die Tabelle eingearbeitet sind:
- Grundfreibetrag 3 000/6 000 DM
- AN-Freibetrag 480 DM
- Sonderausgaben 240/480 DM
- Werbungskosten 564 DM
- Vorsorgeaufwendung 16 % × Jalohn *
- Haushalts-Freibetrag 840/3 000 DM

Kfz-Mechaniker, verheiratet, 38 Jahre, 2 Kinder, Alleinverdiener, steuerpfl. Monatslohn im Dezember 2 348,12 DM, persönlicher Freibetrag 200,– DM (LStK). Wie hoch ist die Lohnsteuer?

Steuerklasse		III/2
steuerpfl. Monatslohn	=	2 348,12 DM
persönlicher Freibetrag	=	200,00 DM
Weihnachts-Freibetrag	=	100,00 DM
anzuwend. Monatslohn	=	2 048,12 DM
Lohnsteuer nach Tabelle	=	239,60 DM

* Jahresarbeitslohn, maximal 16 % von der Beitragsbemessungsgrenze (BBG)

Sozialversicherung

Beitragssätze bis BBG:

Krankenversicherung	= 12,8 %
Rentenversicherung	= 18 %
Arbeitslosenversicherung	= 3 %

Beitragsbemessungsgrenze (BBG):
RV und AV 1977 = 40 800 DM
KV für 1977 = 75 % der BBG

    Beitrag zur Krankenversicherung
+ Beitrag zur Rentenversicherung
+ Beitrag zur Arbeitslosenversicherung
= Beitrag zur Sozialversicherung

$$\text{Versicherungsbeitrag} = \frac{\text{sozialvers.pfl. Lohn} \times \text{Beitragssatz}}{100}$$

$$\text{AN-Anteil} = \frac{\text{Versicherungsbeiträge}}{2}$$

Sozialvers.pflichtiger Lohn 2 348,12 DM, Beitragssätze KV 12,8 %, RV 18 %, AV 3 %. Wie hoch ist der Beitragsanteil des Arbeitnehmers zur Sozialversicherung?

KV	$2\,348{,}12 \cdot 12{,}8\%$	= 300,55 DM
RV	$2\,348{,}12 \cdot 18\%$	= 422,66 DM
AV	$2\,348{,}12 \cdot 3\%$	= 70,44 DM
Sozialversicherungsbeitr.		= 793,65 DM
AN-Anteil	$= 793{,}65 : 2$	**= 396,83 DM**

Kirchensteuer

Kirchensteuer 8 bzw. 9 %
Kürzungsbetrag für Kinder:

bei einem Kind	50 DM
bei zwei Kindern	120 DM
jedes weitere Kind	120 DM

$$\text{Kirchensteuer} = \frac{\text{anzuwend. Lohnsteuer} \times \text{Steuersatz}}{100}$$

Anzuwendende Lohnsteuer =
Lohnsteuer Kl. II/III – Kürzungsbetrag

Kfz-Mech., wohnhaft in Ba-Wü, 2 Kinder, Lohnsteuer 239,60 DM. Wie hoch ist die Kirchensteuer?

Lohnsteuer	=	239,60 DM
Kürzungsbetrag	=	120,00 DM
anzuwend. Lohnsteuer	=	119,60 DM
K-Steuer	$= 139{,}60 \cdot 8\%$	**= 9,57 DM**

Fertigungslöhne (FL)

Produktive, direkte Löhne

Löhne für

- Instandsetzungen von Kundenfahrzeugen (K-Aufträge)
- innerbetriebliche Leistungen (I-Aufträge), z. B.
  - Arbeiten für andere Abt.
  - Ablieferungsdurchsicht
  - Inspektion von Vorführwagen
  - vertraglicher Kundendienst
  - Gewährleistung, Kulanz
  - Überführung neuer Kfz.
  - Reparat. an Gebrauchtwagen
  - Investitionsarbeiten

Normallöhne für Kundenfahrzeuge
+ Normallöhne für innerbetr. Leist.
+ Vergütung der Mehrleistung
+ Zuschläge für Mehrarbeit
+ produktive Ausbildungsvergütung
+ Löhne für Fremdleistungen
= Summe der Fertigungslöhne

Normallöhne =
Fertigungszeit × Stundenlohn

Vergütung der Mehrleistung =
Mehrleistung in AW × AW-Vergütung

Zuschlag für Mehrarbeit =
Mehrarbeitsstunden × Zuschlag je h

Monteure extern 960 h einschl. 120 h Mehrarbeit, intern 80 h, Lohnsatz 10,20 DM, Mehrleistung 2880 AW je 0,85 DM, Auszubildende produktiv 240 h je 3,– DM. Wie hoch sind die Fertigungslöhne?

MA-Zuschl. = $10,20 \cdot 25\,\%$ = 2,55 DM

FL extern = $960 \cdot 10,20$	=	9792,– DM
FL intern = $80 \cdot 10,20$	=	816,– DM
M-Leist. = $2880 \cdot 0,85$	=	2448,– DM
M-Arbeit = $120 \cdot 2,55$	=	306,– DM
Fl-Azubi = $240 \cdot 3,–$	=	720,– DM

Summe der Fertigungslöhne = **14082,– DM**

Hilfslöhne (HL)

Unproduktive, indirekte Löhne

Hilfslöhne sind nicht direkt verrechenbare Löhne für werkstatteigene Aufträge (W-Aufträge). Sie werden über die Gemeinkosten verrechnet und heißen daher auch Gemeinkostenlöhne.

Hilfslöhne =
Hilfslohnstunden × Stundenlohn

W 1 Allgemeine Werkstattarbeiten
W 2 Leerlauf- und Wartezeiten
W 3 Reparatur von Werkstattwagen
W 4 Nacharbeiten zu Lasten der Werkstatt
W 5 Urlaub, Feiertag, Krankheit, Freizeit für Weiterbildung

W-Aufträge eines Monteurs: W1 = 3 h, W2 = 6 h, W3 = 5 h, W4 = 1 h, W5 = 40 h. Stundenlohn 9,60 DM. Wieviel DM werden auf das Konto „Hilfslöhne" der Gemeinkosten verbucht?

Hilfszeit = $3 + 6 + 5 + 1 + 40 = 55$ h
Hilfslohn = $55 \cdot 9,60$ = **528,– DM**

Gemeinkosten (GK)

Indirekte Kosten

Aufwendungen, die für den einzelnen Auftrag nicht genau ermittelt werden können und daher für sämtliche Aufträge innerhalb eines bestimmten Zeitraumes gemeinsam erfaßt und verbucht werden.

Hilfslöhne (Gemeinkostenlöhne)
+ Gehälter für KD-Berater u. a.
+ Sozialaufwendungen
+ Raumkosten, Leasingkosten
+ AfA, Instandhaltung, Kfz-Kosten
+ Betriebsmittelkosten
+ Steuern, Versicherungen, Gebühren und Beiträge
+ sonstige Gemeinkosten
= Summe der Gemeinkosten

Gemeinkosten im letzten Halbjahr:

Hilfslöhne	= 6480 DM
Gehälter	= 21600 DM
Sozialaufwendungen	= 14520 DM
Raumkosten	= 17190 DM
AfA, Instandhaltung	= 14370 DM
Betriebsmittelkosten	= 8730 DM
Steuer, Versicherungen	= 6240 DM
sonstige Gemeinkosten	= 7670 DM

Summe der Gemeinkost. = **96800 DM**

Kalkulatorische Kosten (KK)

Zusatzkosten

Kosten, die bei der Kalkulation zusätzlich berücksichtigt werden, aber keine oder nur unwesentliche Aufwendungen verursachen oder nicht in der zu berechnenden Höhe als Aufwand zu Buche schlagen. Sie stellen einen Teil des Gegenwertes der eigenen Betriebsleistung dar.

Unternehmerlohn
+ Familienlohn für Mitarbeit
+ Kapitalverzinsung
+ Wagnisprämie
+ Mietwert des eigenen Betriebs
+ kalkulatorische Abschreibung
= Summe der kalkulatorischen Kosten

Kapitalverzinsung (Prämie) =
$$\frac{\text{notw. Kapital × Zinsfuß (Prämiensatz)}}{100}$$

Unternehmer- und Familienlohn =
Gehalt eines entspr. Angestellten

Kalkulatorische Abschreibung =
tatsächliche Wertminderung – AfA

Unternehmerlohn 2000 DM/mon., Lohn der mitarbeitenden Ehefrau 1200 DM/mon., notw. Betriebskapital 210000 DM, Zinsfuß 6 %, Wagnisprämie 1/3 % im Monat, Mietwert 2500 DM/mon. Wertminderung 11800 DM, AfA 8000 DM im Halbjahr. Wie hoch sind die kalkulatorischen Kosten im Halbjahr?

U-Lohn = $2000 \cdot 6$	=	12000 DM
F-Lohn = $1200 \cdot 6$	=	7200 DM
Zins = $210000 \cdot 6\% : 2$	=	6300 DM
Prämie = $210000 \cdot 2\%$	=	4200 DM
Miete = $2500 \cdot 6$	=	15000 DM
Abschr. = $11800 - 8000$	=	3800 DM

kalkulatorische Kosten = **48500 DM**

Verkaufskosten (VK)

Kundendienst-Sonderkosten

Kosten, die dem Kfz-Betrieb durch Kundendienst, Vermittlungsgebühren und eigene Fehlleistungen entstehen.

Fertigmachen der Fahrzeuge
+ vertraglicher Kundendienst
+ Verkäufer-, Vermittlerprovision
+ eig. Gewährleistung, Kulanz
+ vom Lieferwerk nicht vergütete Gewährleistung (Garantie)
= Summe der Verkaufskosten

Verkaufskosten im letzten Halbjahr:

Fertigmach. von Fahrzeug.	= 2600 DM
vertragl. Kundendienst	= 3900 DM
eigene Gewährleistung	= 4300 DM
nicht vergütete Garantie	= 3200 DM

Summe der Verkaufskosten = **14000 DM**

Kalkulatorische Gemeinkosten (KGK)

Summe aller Aufwendungen, die innerhalb eines bestimmten Zeitraumes gemeinsam erfaßt und bei der Kalkulation durch einen prozentualen Zuschlag gleichmäßig auf die einzelnen Aufträge verteilt werden.

Gemeinkosten
+ kalkulatorische Kosten
+ Verkaufskosten
+ Anteil der Verwaltungskosten
= kalkulatorische Gemeinkosten

kalkulatorischer Gemeinkostensatz =
$$\frac{\text{kalkulatorische Gemeinkosten × 100}}{\text{Summe der Fertigungslöhne}}$$

Fertigungslöhne	= 75000 DM
Gemeinkosten	= 96800 DM
kalkulatorische Kosten	= 33700 DM
Verkaufskosten	= 14000 DM
Verwaltungskostenanteil	= 28000 DM

kalkul. Gemeinkosten = **172500 DM**

KGK-Satz = $\dfrac{172500 \cdot 100}{75000}$ = **230 %**

Arbeitswerte

Arbeitswerte (AW)

Die Arbeitswerte sind Vorgabezeiten, die nach REFA-Grundsätzen ermittelt wurden. Sie enthalten alle Grund-, Verteil- und Erholzeiten, die zur ordnungsgemäßen Ausführung einer Kfz-Instandsetzung erforderlich sind. Die Zeiten beziehen sich auf Fahrzeuge mit durchschnittlicher Kilometerzahl und normalem Pflegezustand. Erschwernisse werden durch Zusatz-AW berücksichtigt.

Die Arbeitswerte dienen zur

- Auftragserteilung
- Terminplanung
- Vorkalkulation
- Rechnungserstellung
- Lohnabrechnung.

Arbeitswerte für einen in sich abgeschlossenen Arbeitsvorgang =

$$\frac{\text{Zeitaufwand für den Arbeitsvorgang}}{\text{Vorgabezeit für 1 AW}}$$

Zeitvorgabe für Arbeitsvorgang = Arbeitswerte × Vorgabezeit für 1 AW

$$\text{Vorgabezeit je AW} = \frac{60 \text{ min}}{\text{Werkstattfaktor}}$$

Vorgabezeit für 1 AW ≈
5 Normal- bzw. 8,3 Dezimalminuten

12 Arbeitswerte ≈ 1 Arbeitsstunde

Arbeitswerte für Grundarbeiten
+ Arbeitswerte für Verbundarbeiten
+ Zeitvorgabe durch AW-Meister für Arbeiten, die nicht durch Zeitstudien belegt werden können
+ Zusatz-AW für Erschwernisse
= Arbeitswerte für Reparaturauftrag

Instandsetzung eines Pkw: Anlasserkranz erneuern, sämtliche Bremsklötze erneuern, Bremsanlage entlüften, Vorderachse vermessen und einstellen, Vorderkotflügel erneuern. Ermitteln Sie die Arbeitswerte für den Reparaturauftrag!

Kupplung aus- und einbauen	15 AW
Schwungrad aus- und einbauen	6 AW
Anlasserkranz erneuern	5 AW
Laufräder ab- und anmontieren	6 AW
sämtliche Bremsklötze vorn/hinten aus- und einbauen, erneuern	7 AW
Vorderachse optisch vermessen und einstellen	12 AW
Stoßfänger vorn aus- und einb.	5 AW
Vorderkotflügel erneuern	34 AW
Unterbodenschutz anbringen	6 AW
Vorderkotflügel lackieren	33 AW
AW des Reparaturauftrags	**129 AW**

Werkstattfaktor
Soll-Leistung je Stunde

Der Werkstattfaktor legt die Zahl der Arbeitswerte fest, die jeder Geselle der Werkstatt in einer Stunde ausführen soll (Normal-Leistung).

Er berücksichtigt die Größe, Lage und Einrichtung der Werkstatt und ist daher für jede Werkstatt gesondert zu ermitteln.

Der Betriebsleistungsfaktor gibt an, wieviel Arbeitswerte alle Gesellen eines Betriebes in einer Stunde im Durchschnitt erzielt haben.

$$\text{Werkstattfaktor} = \frac{\text{Arbeitswertsumme der Zeitstudie}}{\text{aufgewendete Arbeitszeit}}$$

$$\text{Werkstattfaktor} = \frac{\text{Stunden-Verrechnungssatz}}{\text{AW-Verrechnungssatz}}$$

$$\text{Werkstattfaktor} = \frac{\text{Durchschnittslohn der Werkstatt}}{\text{Durchschnittslohn für 1 AW}}$$

$$\text{Werkstattfaktor} = \frac{60 \text{ min}}{\text{Zeit für 1 AW}}$$

Betriebsleistungsfaktor =

$$= \frac{\text{Arbeitsleistung aller Gesellen}}{\text{aufgewendete Arbeitszeit}}$$

Ergebnis einer Zeitstudie:

Geselle A 2000 Arbeitswerte in 160 h
Geselle B 2210 Arbeitswerte in 170 h
Geselle C 2070 Arbeitswerte in 180 h
Geselle D 2100 Arbeitswerte in 150 h
Geselle E 1540 Arbeitswerte in 140 h
Berechnen Sie den Werkstattfaktor!

Geselle A = 2000 AW : 160 h	= 12,5 AW
Geselle B = 2210 AW : 170 h	= 13,0 AW
Geselle C = 2070 AW : 180 h	= 11,5 AW
Geselle D = 2100 AW : 150 h	= 14,0 AW
Geselle E = 1540 AW : 140 h	= 11,0 AW
Summe 9920 AW 800 h	62,0 AW

W'faktor = 9920 AW : 800 h = **12,4 AW**

W'faktor ≈ 62,0 AW : 5 ≈ **12,4 AW**

Persönlicher Leistungsfaktor
Istleistung in einer Stunde

Der persönliche Leistungsfaktor gibt an, wieviel Arbeitswerte der Geselle in einer Stunde tatsächlich ausführt.

* ML Mehrleistung

Persönlicher Leistungsfaktor =

$$\frac{\text{Arbeitsleistung eines Gesellen}}{\text{aufgewendete Arbeitszeit}}$$

Persönlicher Leistungsfaktor =
Istleistung in einer Arbeitsstunde

Persönlicher Leistungsfaktor =

$$\frac{\text{Werkstattfaktor} \times (100 + \text{ML}^* \text{ in \%})}{100}$$

Berechnen Sie den pers. Leistungsfaktor!

Arbeitsleistung 2400 AW, aufgewendete Arbeitszeit 160 Stunden.

pers. Faktor = 2400 AW : 160 = **15 AW**

Soll-Leistung 12 AW, Mehrleistung 30 %.

$$\text{pers. Faktor} = \frac{12 \cdot 130}{100} = \textbf{15,6 AW}$$

Soll-Leistung
Normalleistung

Die Soll-Leistung ist die von Leistungslohnarbeitern erwartete Mindestleistung.
Die tatsächlich erbrachte Leistung heißt Istleistung.

Soll-Leistung =
Werkstattfaktor × Leistungsstunden

Soll-Leistung =
Mindestleistung eines Gesellen oder einer Gruppe in einer bestimmten Zeit

Istleistung =
tatsächlich erreichte Arbeitsleistung

Arbeitsgruppe mit 3 Gesellen, Zeit im Leistungswert je 155 h, Werkstattfaktor 12 AW. Wieviel AW kann die Werkstatt von den Gesellen mindestens erwarten?

Zeit im L'wert = 3 · 155 = 465 h
Solleistung = 465 · 12 = **5580 AW**

Soll-Leistung bei Mitarbeit eines Auszubildenden

Für die Mitarbeit eines Auszubildenden werden dem Gesellen auf seine Soll-Leistung zusätzliche AW angerechnet:

im 1. Jahr		0 AW oder 0 %
im 2. Jahr	≈	1 AW oder 10 %
im 3. Jahr	≈	2 AW oder 20 %
im 4. Jahr	≈	3 AW oder 30 %

vom Werkstattfaktor (Soll)

Soll-Leistung der Arbeitsgruppe =
Soll-Leistung Geselle + Anteil Azubi

Anteil des Auszubildenden =
Mitarbeitszeit × Anteil je Stunde

Anteil je Stunde =

$$\frac{\text{Werkstattfaktor} \times \text{Anrechnung in \%}}{100}$$

Soll-Leistung des Gesellen =
Werkstattfaktor × Leistungsstunden

Prod. Arbeitszeit des Gesellen 160 h, Mitarbeit des Azubi 120 h, Werkstattfaktor 12 AW, Anrechnung Azubi 20 %. Wie groß ist die Soll-Leistung der Arbeitsgruppe je Stunde und gesamt?

Werkstattfaktor	= 12,0 AW
Anteil Azubi = 12 · 20 %	= 2,4 AW
Soll-Leistung je Stunde	= **14,4 AW**
Soll Geselle = 160 · 12	= 1920 AW
Anteil Azubi = 120 · 2,4	= 288 AW
Soll-Leistung der Gruppe	= **2208 AW**

(Auszug)

Arbeitswert-Tabelle

Arb.-Nummer	Arbeitsvorgang	AW	Arb.-Nummer	Arbeitsvorgang	AW
01–010	Motor aus- und einbauen	74	35–025	HA-Achse komplett aus- und einbauen	47
015	Motor tauschen	104	040	Schräglenker komplett erneuern	27
045	Zylinderkopfhaube aus- und einbauen	4		(Hinterachse und Träger ausgebaut)	
060	Zylinderkopf ausbauen, Befund festlegen	25	072	Abdichtring für HA-Achse erneuern	18
070	Zylinderkopf einbauen	35	200	Hinterachswelle aus- und einbauen	21
350	Ölwanne aus- und einbauen, erneuern	58			
510	ausgebauten Motor zerlegen	40	40–014	alle Laufräder ab- und anmontieren	6
550	zerlegten Motor zusammenbauen	111	101	Reifen erneuern (Rad abmontiert)	5
560	Teilmotor fertigmontieren	81	510	Fahrzeug optisch vermessen und einstel.	15
622	Zyl'bohrungen prüfen und ausmessen	4			
			41–010	Gelenkwelle aus- und einbauen	19
03–090	Riemenscheibe der Kurbelwelle erneuern	6	031	Zwi'lager aus-, einbauen (GW ausgeb.)	6
120	Auswuchtscheibe an KW aus- und einb.	15			
130	Abdichtring der Kurbelwelle erneuern	18	42–010	Bremsanlage überprüfen	15
160	Kurbelwelle mit Lagern erneuern		060	Bremsanlage entlüften	6
	(Motor und Kupplung ausgebaut)	80	250	Bremsklötze vorn und hinten erneuern	4
210	sämtliche Kolben erneuern		290	Bremszange aus- und einbauen	6
	(Motor, Kupplung, Zyl'kopf ausgebaut)	151	350	Bremszange zerlegen und zusammenb.	9
			420	Bremsscheibe vorn aus- und einbauen	14
05–020	Ventile einstellen	6	500	Hauptzylinder aus- und einbauen	7
015	alle Zylinder auf Dichtheit prüfen	9	510	Hauptzylinder zerlegen, zusammenbauen	8
060	alle Ventildichtringe erneuern	25	530	Bremslichtschalter erneuern	6
100	Ventilpartie bearbeiten	95	550	Bremsgerät aus- und einbauen	13
110	alle Ventile bearbeiten (ausgebaut)	8			
121	alle Ventilführ. erneuern (Vent. ausgeb.)	8	46–050	Lenkung aus- und einbauen	17
270	Kettenspanner aus- und einbauen	10			
280	Rollenkette erneuern (Zyl'haube ausgeb.)	20	47–050	Kraftstoffbehälter aus- und einbauen	10
400	Nockenwelle mit Lagern aus- und einb.	31	120	Geber für Kraftstoffanz. aus-, einbauen	6
	(Zylinderkopfhaube ausgebaut)				
			49–020	Auspuffanlage vollständig aus-, einbauen	15
07–012	Leerlauf, Schl'winkel, Z'punkt einstellen	6			
015	Motortest	18	54–010	Batterie aus- und einbauen	3
062	Kraftstoff-Förderpumpe aus- und einb.	6	040	Batterie nachladen	4
300	Vergaser aus- und einbauen	9	120	Batterieklemme erneuern	4
250	Vergaser zerlegen und zusammenbauen	20	170	Sicherungsdose erneuern	16
			200	Signalhorn erneuern	3
14–110	Saugrohr mit A'krümmer aus- und einb.	32	250	Kombi-Instrument aus- und einbauen	8
350	Auspuffkrümmer komplett erneuern	35	260	Tachometer aus-, einbauen, tauschen	7
15–010	Zündkerzen reinigen und einstellen	5	50–100	sämtliche Kühlwasserschläuche erneuern	11
101	Schl'winkel prüfen, Z'punkt einstellen	4	300	sämtliche Heizwasserschläuche erneuern	19
102	Unterbrecherkontakte erneuern	7	460	Kühler aus-, einbauen, tauschen	12
130	Zündverteiler aus- und einbauen	9			
301	Zündspule erneuern (nach Funkt'prüf.)	3	67–040	Windschutzscheibe erneuern	24
510	Lichtmaschine aus- und einbauen	8	160	Rückwandfenster erneuern	23
700	Anlasser aus- und einbauen	21			
740	Anlasser instandsetzen (ausgebaut)	15	68–250	Himmel aus- und einbauen	90
			310	Schiebedach aus- und einbauen	11
18–100	Luftölkühler aus- und einbauen	11	315	Schiebedach erneuern, ausgebaut	25
250	Ölpumpe aus- und einbauen	18	620	Instrumententafel aus- und einbauen	45
20–010	Wasserpumpe aus-, einbauen, erneuern	12	72–020	Vordertüre erneuern und einpassen	12
050	Kühlwasserreglereinsatz erneuern	5	025	sämtl. Teile einer Vordertüre umbauen	38
215	Keilriemen erneuern	3	130	Türschloß erneuern und einstellen	9
25–040	Kupplung, Mitnehmerscheibe aus-, einb.	35	82–061	Leuchteinheit vorn komplett erneuern	5
090	Geber- und Nehmerzylinder aus-, einb.	18	065	Glühlampen für LE vorn erneuern	3
108	ausgeb. G'+ N'zylind. zerlegen, zus'bauen	8	080	Scheinwerfer-Reflektor erneuern	7
			250	Heckleuchte komplett aus-, einbauen	6
26–010	Schaltgetriebe aus- und einbauen	30	351	beide Kennzeichenleuchten erneuern	7
135	Getriebegehäusedeckel hi. aus-, einb.	28	390	Blinkgeber erneuern	4
155	Getriebeschaltdeckel aus- und einbauen	19	640	Scheibenwischermotor aus-, einbauen	8
210	Getriebe-Hauptteile aus- und einbauen	36			
	(Getriebe und Schaltgetriebe ausgebaut)		88–022	Stoßfänger vorn aus- und einbauen	5
240	Schaltdeckel zerlegen und zusammenb.	4	050	Vorderkotflügel vorn ab- und anmontier.	34
	(Schaltdeckel ausgebaut)		273	Kühlerverkleidung erneuern	13
270	Rückfahrlichtschalter erneuern	4	351	Motorhaube aus- und einbauen	8
300	Getriebe komplett zerlegen, zusam'bauen	54	570	Heckdeckel aus- und einbauen	9
32–048	sämtliche Stoßdämpfer tauschen	16	91–300	Vordersitz aus- und einbauen	5
080	Drehstab für Vorderachse erneuern	11	610	Fondsitz komplett aus- und einbauen	5
115	beide Vorderfedern aus- und einbauen	24			
			98–110	Vorderkotflügel lackieren	33
33–050	VA-Träger mit Achshälfte aus-, einbauen	40	120	Motorhaube lackieren	36
070	VA-Träger instandsetzen (ausgebaut)	72	130	Vordertüre lackieren	30
230	Vorderradnabe aus-, ein-, zus'bauen, zerl.	22	140	Fondtüre lackieren	27
400	Achsschenkel aus- und einbauen	18	170	Dach mit Hecksäulen lackieren	69
480	oberen Querlenker erneuern	14	190	Hinterkotflügel lackieren	33
630	Kugelpfannenköpfe einer Spurstange ern.	7	200	Heckdeckel lackieren	30

2

85

Betriebsabrechnung

Kostenverteilung

Kostenstellenrechnung

Die Leistungen eines Betriebes verursachen in den einzelnen Abteilungen verschieden hohe Gemeinkosten. Aus Gründen einer genauen Kalkulation ist es deshalb notwendig, den Betrieb in verschiedene Kostenstellen zu gliedern und die anfallenden Kosten nach Kostenarten getrennt auf die Kostenstellen zu verteilen.

Kostenstellen sind:

A Werkstatt   E Garage
B Teilelager   . . . .
C Kfz-Verkauf   . . . .
D Tankstelle   Z Verwaltung

$$\text{Kostenanteil der Kostenstelle} = \frac{\text{Gesamtbetrag}}{\text{der Kostenart}} \times \frac{\text{Bezugsgröße}}{\text{der Kostenstelle}}$$
$$= \frac{}{\text{Bezugsgröße des Gesamtbetriebes}}$$

$$\text{Kostenanteil der Kostenstelle} = \frac{\dfrac{\text{Gesamtbetrag}}{\text{der Kostenart}} \times \text{Umlagesatz}}{100}$$

$$\text{Umlagesatz der Kostenstelle} = \frac{\text{Bezugsgröße der Kostenstelle} \times 100}{\text{Bezugsgröße des Gesamtbetriebs}}$$

$$\text{Gemeinkostensatz der Kostenstelle} = \frac{\text{kalkulatorische Gemeinkosten} \times 100}{\text{Fertigungslöhne der Werkstatt oder Anschaffungskosten des Handels}}$$

Miete für Kfz-Betrieb 3360 DM, Flächenanteil der Kostenstellen: Werkstatt 480 m², Teilelager 160 m², Kfz-Verkauf 80 m², Tankstelle 120 m², Verwaltung 120 m². Wie hoch ist der Mietanteil für die Kostenstellen?

$$\text{Betrieb} = 480 + 160 + \\ + 80 + 120 + 120 = 960 \text{ m}^2$$

$$\text{Werk-} \atop \text{statt} = \frac{3360 \cdot 480}{960} = 1680 \text{ DM}$$

$$\text{Lager} = \frac{3360 \cdot 160}{960} = 560 \text{ DM}$$

$$\text{Verkauf} = \frac{3360 \cdot 80}{960} = 280 \text{ DM}$$

$$\text{Tankst.} = \frac{3360 \cdot 120}{960} = 420 \text{ DM}$$

$$\text{Verwalt.} = \frac{3360 \cdot 120}{960} = 420 \text{ DM}$$

Lohnerlöse

Lohn- oder Werkstattumsatz

Einnahmen der Werkstatt aus Kfz-Instandsetzungen für Kunden und innerbetrieblichen Leistungen abzüglich Umsatz aus dem Ersatzteil- und Zubehörverkauf innerhalb eines bestimmten Zeitraumes.

Lohnerlöse der Kfz-Werkstatt =
= Lohnerlöse aus Kundenaufträgen +
+ innerbetrieblichen Leistungen +
+ sonstige Lohnerlöse −
− Erlösschmälerungen der Werkstatt

Soll-Lohnerlöse der Werkstatt =
= Fertigungslöhne +
+ kalkulatorische Gemeinkosten +
+ Gewinnzuschlag,
ca. 10 % × (FL + KGK)

Kundenaufträge 86550 DM, innerbetriebliche Leistungen 22086 DM, sonstige Lohnerlöse 3035 DM, Erlösschmälerungen 4379 DM. Wie hoch sind die Lohnerlöse?

Lohnerlöse von Kunden =	86550 DM
innerbetr. Leistungen =	22086 DM
sonstige Lohnerlöse =	3035 DM
Zwischensumme =	111671 DM
Erlösschmälerungen =	4379 DM
Lohnerlöse der W'statt =	107292 DM

Bruttolohnertrag, Betriebsgewinn aus der Werkstatt

Die Differenz zwischen den Lohnerlösen der Werkstatt und den produktiven Fertigungslöhnen heißt Bruttolohnertrag oder Rohgewinn.

Der Unterschied zwischen dem Bruttolohnertrag der Werkstatt und den kalkulatorischen Gemeinkosten ergibt den Betriebsgewinn oder den Reingewinn, auch Umsatzrentabilität genannt

---

Bruttolohnertrag =
= Lohnerlöse − Fertigungslöhne

Betriebsgewinn =
= Bruttolohnertrag −
− kalkulatorische Gemeinkosten

$$\text{Bruttolohnertrag in Prozent} = \frac{\text{Bruttolohnertrag in DM} \times 100}{\text{Lohnerlöse}}$$

$$\text{Betriebsgewinn in Prozent} = \frac{\text{Betriebsgewinn in DM} \times 100}{\text{Lohnerlöse}}$$

Lohnerlöse 167290 DM, Fertigungslöhne 50187 DM, kalkulatorische Gemeinkosten 108738 DM. Wie hoch ist
a) der Bruttolohnertrag in DM?
b) der Betriebsgewinn in Prozent?

Lohnerlöse =	167290 DM
Fertigungslöhne =	50187 DM
Bruttolohnertrag =	117103 DM
kalk. Gemeinkosten =	108738 DM
Betriebsgewinn =	8365 DM

$$\text{Betriebsgewinn} = \frac{8365 \cdot 100}{167290} = 5\%$$

Verkaufserlöse
aus dem Handelsgeschäft

Verkaufserlöse sind Erlöse des Teilelagers und des Fahrzeughandels aus dem Verkauf von Waren an Werkstatt, an andere Betriebsabteilungen und direkt an Kunden. Sie werden ohne MWSt in den BAB eingeführt.

Verkaufserlöse aus dem Handel =
= Ersatzteile und Zubehör +
+ Reifen +
+ Kraft- und Schmierstoffe +
+ Neufahrzeuge +
+ Gebrauchtfahrzeuge +
+ sonstige Waren +
+ Agenturwaren

Ersatzteile, Zubehör =	42500 DM
Reifen =	6300 DM
Kraft-, Schmierstoffe =	25000 DM
Neufahrzeuge =	118000 DM
Gebrauchtfahrzeuge =	49200 DM
sonstige Waren =	4600 DM
Agenturwaren =	6400 DM
Verkaufserlöse Handel =	252000 DM

Bruttoertrag, Betriebsgewinn
aus dem Handelsgeschäft

Die Differenz zwischen den Erlösen aus dem Warenverkauf und den Bezugspreisen der eingekauften Waren heißt Bruttoertrag (Rohgewinn).

Mit dem Bruttoertrag müssen sämtliche Kosten des Handels und ein angemessener Gewinn abgedeckt werden.

Der Bruttoertrag ergibt sich bei Preisbindung durch den Hersteller aus dem Wiederverkäuferrabatt, bei freier Preisgestaltung durch eine selbständige Kalkulation.

Der Unterschied zwischen dem Bruttoertrag und den Handlungskosten heißt Betriebsgewinn.

Bruttoertrag =
= Verkaufserlöse − Anschaffungskosten

Betriebsgewinn =
= Bruttoertrag − Handlungskosten

Anschaffungskosten (Warenausgang) =
= Anfangsbestand des Lagers +
+ Wareneingang vom Lieferer −
− Rücksendung an Lieferer −
− Preisnachlaß des Lieferers −
− Schlußbestand des Lagers

$$\text{Bruttoertrag in Prozent} = \frac{\text{Bruttoertrag in DM} \times 100}{\text{Verkaufserlöse}}$$

$$\text{Betriebsgewinn in Prozent} = \frac{\text{Betriebsgewinn in DM} \times 100}{\text{Verkaufserlöse}}$$

Abrechnung eines Teilelagers: Anfangsbestand 35000 DM, Wareneingang 20000 DM, Rücksendung an Lieferer 1000 DM, Schlußbestand 30000 DM, Verkaufserlöse 32000 DM, Handlungskosten 6400 DM. Wie hoch ist der Betriebsgewinn in Prozent?

Anfangsbestand =	35000 DM
+ Wareneingang =	20000 DM
− Rücksendung =	1000 DM
− Schlußbestand =	30000 DM
Anschaffungskosten =	24000 DM
Verkaufserlöse =	32000 DM
Anschaffungskosten =	24000 DM
Bruttoertrag =	8000 DM
Handlungskosten =	6400 DM
Betriebsgewinn =	1600 DM

$$\text{Betriebsgewinn} = \frac{1600 \cdot 100}{32000} = 5\%$$

Zeile	Kontenbezeichnung	Konto-Nummer	Gesamt-betrieb	Werk-statt	Teile-Lager	Kfz-Verkauf	Tank-stelle	Ver-waltung
1	Verkaufserlöse, Lohnerlöse	8000	266 000	54 000	42 000	90 000	80 000	–
2	Anschaffungskosten, Fertigungslöhne	7/4000	195 000	15 000	31 000	75 000	74 000	–
3	**Bruttoertrag, Bruttolohnertrag**		71 000	39 000	11 000	15 000	6 000	–
4	Hilfslöhne	4100	5 900	2 400	2 000	–	1 500	–
5	Gehälter	4200	13 000	5 500	–	2 500	–	5 000
6	kalkulatorischer Unternehmerlohn	4240	5 000	2 500	300	800	200	1 200
7	gesetzliche Sozialaufwendungen	4300	7 000	4 800	400	500	300	1 000
8	freiwillige Sozialaufwendungen	4340	700	480	40	50	30	100
9	Personalnebenkosten	4390	500	320	30	40	20	90
10	Miete	4400	3 600	2 400	300	300	300	300
11	Leasingkosten für unbew. A'vermögen	4410	300	300	–	–	–	–
12	sonstige Raumkosten	4430	600	290	80	60	120	50
13	Wagnisprämie	4460	2 300	1 080	420	600	200	–
14	Abschreibung bew. A'vermögen (AfA)	4500	3 800	2 900	600	40	100	160
15	geringwertige bewegliche Anlagen	4510	1 200	1 000	100	–	40	60
16	kalkulatorische Abschreibung	4521	400	400	–	–	–	–
17	Vorführ-Kosten	4530	300	–	–	300	–	–
18	Aufwand für Betriebsfahrzeuge	4540	900	600	170	50	50	30
19	Instandhaltung beweglicher Anlagen	4550	200	100	60	–	20	20
20	Gebäudereinigung	4570	300	220	20	20	20	20
21	Datenverarbeitung	4580	–	–	–	–	–	–
22	Leasingkosten für bewegl. Anlagen	4590	100	–	–	–	–	100
23	Heizkosten	4610	1 100	800	100	50	50	100
24	Strom, Gas, Wasser	4620	500	250	50	50	100	50
25	Kanalgebühren	4630	60	20	–	–	40	–
26	Müllabfuhr	4640	40	10	10	–	10	10
27	Büromaterial	4660	400	120	60	40	30	150
28	Reinigungsmaterial (nicht Gebäude)	4680	150	100	20	–	30	–
29	Kleinmaterial	4690	600	600	–	–	–	–
30	sonstige Betriebsmittel	4691	800	500	100	50	100	50
31	Gewerbesteuer	4700	1 200	400	400	200	200	–
32	Beiträge, Gebühren, Honorare	4720	200	100	30	40	30	–
33	Versicherungen, Bewachungskosten	4730	300	160	40	40	40	20
34	Zins für betriebsnotwendiges Kapital	4740	2 500	1 300	600	200	200	200
35	Rechts- und Beratungskosten	4750	280	100	50	100	30	–
36	Einkaufs-Finanzierungskosten	4760	600	200	100	300	–	–
37	Porto, Fracht, Packmaterial	4800	300	60	110	60	20	50
38	Telefon, Fernschreiber, Telegramm	4810	270	40	40	40	10	140
39	Reisekosten	4820	450	150	150	150	–	–
40	Bewirtungskosten	4840	840	200	80	560	–	–
41	Zuwendungen	4850	–	–	–	–	–	–
42	Werbekosten	4870	620	280	120	150	70	–
43	Zeitungsanzeigen	4871	210	70	30	70	40	–
44	Drucksachen	4872	–	–	–	–	–	–
45	Zeitungen, Fachliteratur	4880	80	40	10	20	10	–
46	sonstige verschiedene Kosten	4890	730	290	120	160	60	100
47	**Gemeinkosten I (Zeile 4 ... 46)**		58 330	31 080	6 740	7 540	3 970	9 000
48	Fertigmachen von Fahrzeugen	4900	750	–	–	750	–	–
49	vertraglicher Kundendienst	4910	820	–	–	820	–	–
50	Verkäufer-Provision	4920	900	–	–	900	–	–
51	Vermittler-Provision	4930	100	–	–	100	–	–
52	sonstige Provisionen	4950	–	–	–	–	–	–
53	vom Werk nicht vergütete Garantie	4960	200	–	–	200	–	–
54	eigene Gewährleistung und Kulanz	4970	300	300	–	–	–	–
55	sonstige Verkaufskosten	4980	500	100	200	200	–	–
56	**Verkaufskosten (Zeile 48 ... 55)**		3 570	400	200	2 970		
57	**Gemeinkosten II (Zeile 47 + 56)**		61 900	31 480	6 940	10 510	3 970	9 000
58	Umlage der Kostenstelle Verwaltung		–	4 520	1 960	1 490	1 030	←⌐
59	**kalk. Gemeinkosten (Zeile 57 + 58)**		61 900	36 000	8 900	12 000	5 000	
60	**Betriebsgewinn (Zeile 3 – 59)**		**9 100**	**3 000**	**2 100**	**3 000**	**1 000**	
61	Betriebsgewinn in % $\left(\dfrac{\text{Zeile } 60 \cdot 100}{\text{Zeile } 1}\right)$		3,4	5,6	5,0	3,3	1,2	
62	kalk. Gemeinkosten $\left(\dfrac{\text{Zeile } 59 \cdot 100}{\text{Zeile } 2}\right)$		–	240	28,7	16,0	6,7	
63	Erlösindex, Kalk.-Faktor (Zeile 1 : 2)		–	3,6	1,35	1,20	1,08	

Kennzahlen

Kennzahl	Formel	Beispiel
Bruttolohnertrag (BLE)	Bruttolohnertrag in % = $\dfrac{\text{Bruttolohnertrag in DM} \times 100}{\text{Lohnerlöse}}$	LE = 160 000 DM, BLE = 112 000 DM = ? %. BLE $= \dfrac{112\,000 \cdot 100}{160\,000}$ **= 70 %**
Betriebsgewinn (BG) Umsatzrentabilität	Betriebsgewinn in % = $\dfrac{\text{Betriebsgewinn in DM} \times 100}{\text{Lohnerlöse}}$	LE = 160 000 DM, BG = 9600 DM = ? %. BG $= \dfrac{9600 \cdot 100}{160\,000}$ **= 6 %**
erzielter Werkstattindex Erlösindex (WI_e)	Erlösindex = $\dfrac{\text{Lohnerlöse der Werkstatt}}{\text{Fertigungslöhne}}$	LE = 160 000 DM, FL = 48 000 DM. WI_e? $WI_e = \dfrac{160\,000}{48\,000}$ **= 3,33**
kalkulierter Werkstattindex Kostenindex (WI_k)	Kostenindex = $\dfrac{\text{F'löhne + Gemeinkosten + Gewinn}}{\text{Fertigungslöhne}}$	FL 48 000 DM, GK 102 400 DM, GW 15 200 DM. WI_k? $WI_k = \dfrac{48\,000 + 102\,400 + 15\,200}{48\,000}$ **= 3,45**
erzielter Stunden-Verrechnungssatz (St-S)	erzielter Stundensatz = $\dfrac{\text{Lohnerlöse der Werkstatt}}{\text{Fertigungsstunden}}$	LE = 160 000 DM, F'zeit 4000 h. St-S? St-S $= \dfrac{160\,000}{4000}$ **= 40,00 DM**
erzielter Arbeitswert-Verrechnungssatz (AW-S)	erzielter AW-Satz = $\dfrac{\text{Lohnerlöse der Werkstatt}}{\text{verkaufte Arbeitswerte}}$	LE = 160 000 DM, Verkauf 50 000 AW. AW-S $= \dfrac{160\,000}{50\,000}$ **= 3,20 DM**
Lohnerlöse je Monteureinheit, Produktivität (LE/ME)	Lohnerlöse je ME = $\dfrac{\text{Lohnerlöse der Werkstatt}}{\text{Monteureinheiten}}$	LE = 160 000 DM, 20 Monteure, 15 Azubi. LE/ME $= \dfrac{160\,000}{(20 + 15 : 3)}$ **= 6400,– DM**
Gemeinkostensatz (KGS) für die Werkstatt	Gemeinkostensatz = $\dfrac{\text{kalkul. Gemeinkosten in DM} \times 100}{\text{Fertigungslöhne bzw. Bruttoertrag}}$	FL = 48 000 DM, KGK = 102 400 DM = ? %. KGS $= \dfrac{102\,400 \cdot 100}{48\,000}$ **= 213 %**
Wirtschaftlichkeit (WSK) der Werkstatt	Wirtschaftlichkeit = $\dfrac{\text{Lohnerlöse der Werkstatt}}{\text{Selbstkosten der Werkstatt}}$	LE = 160 000 DM, SK = 150 400 DM. WSK $= \dfrac{160\,000}{150\,400}$ **= 1,06**
Beschäftigungsgrad (BSG) der Werkstatt	Beschäftigungsgrad = $\dfrac{\text{erzieltes Arbeitsergebnis}}{\text{mögliches Arbeitsergebnis}}$	Erzielt 50 000 AW, möglich 55 000 AW. BSG $= \dfrac{50\,000}{55\,000}$ **= 0,91**
Werkstattfaktor (WF) Soll-Leistung je Stunde	Werkstattfaktor = $\dfrac{\text{AW-Summe bei der Zeitstudie}}{\text{aufgewendete Arbeitszeit}}$	Zeitstudie 8400 AW, Arbeitszeit 700 h. WF $= \dfrac{8400}{700}$ **= 12 AW**
pers. Leistungsfaktor (LF) Istleistung je Stunde	persönlicher Leistungsfaktor = $\dfrac{\text{AW-Summe der Lohnabrechnung}}{\text{Leistungslohnstunden}}$	Lohnabrechnung: 2400 AW in 160 Stunden. LF $= \dfrac{2400}{160}$ **= 15 AW**
Mehrleistung (ML) Übersoll	Mehrleistung in % = $\dfrac{\text{Mehrleistung in AW} \times 100}{\text{Soll-Leistung}}$	Mehrleistung 450 AW, Solleistung 1800 AW. ML $= \dfrac{450 \cdot 100}{1800}$ **= 25 %**
täglicher Wagendurchgang je Normalarbeitsplatz und Arbeitstag (TWD)	Wagendurchgang je NA und Tag = $\dfrac{\text{Wagendurchgang in der Werkstatt}}{\text{Normalarbeitsplätze} \times \text{Arbeitstage}}$	Durchgang 1200 Kfz, 25 NA, 20 A'tage. TWD $= \dfrac{1200}{25 \cdot 20}$ **= 2,4**
Werkstattkontaktzahl (WKZ) Anzahl der jährlichen Werkstattkontakte pro Fahrzeug	Werkstattkontaktzahl = $\dfrac{\text{Kundenaufträge im Jahr}}{\text{Kundenstamm}}$	Stammkunden 1600, Tagesdurchgang 24 Kfz, Arbeitstage 230. WKZ $= \dfrac{24 \cdot 230}{1600}$ **= 3,45**
Rentabilität (RE) des Eigenkapitals	Rentabilität des Eigenkapitals = $\dfrac{\text{Betriebsgewinn} \times 100}{\text{Eigenkapital}}$	Eigenkapital 96 000 DM, Gewinn 9600 DM. RE $= \dfrac{9600 \cdot 100}{96\,000}$ **= 10 %**
Rentabilität (RG) des Gesamtkapitals	Rentabilität des Gesamtkapitals = $\dfrac{(\text{Betr'gewinn + Fremdzins}) \times 100}{\text{Eigenkapital + Fremdkapital}}$	EK 96 000 DM, FK 84 000 DM, (Betriebsgewinn + Zins) 18 000 DM. RG $= \dfrac{18\,000 \cdot 100}{96\,000 + 84\,000}$ **= 10 %**
Umschlagshäufigkeit (UH) des Teilelagers	Umschlagshäufigkeit = $\dfrac{\text{Jahresumsatz des Teilelagers}}{\text{Durchschnittsbestand}}$	Umsatz 180 000 DM, ⌀ Bestand 60 000 DM UH $= \dfrac{180\,000}{60\,000}$ **= 3,0**
Lagerdauer (LD) im Durchschnitt	⌀ Lagerdauer = $\dfrac{360 \text{ Tage}}{\text{Umschlagshäufigkeit}}$	Umschlagshäufigkeit 3,0. LD $= \dfrac{360}{3,0}$ **= 120 Tage**
Lagerbestand im Durchschnitt	⌀ Lagerbestand = $\dfrac{\text{Anfangsbestand + Endbestände}}{\text{Anzahl der Bestandsaufnahmen}}$	AB 15 000, EB₁ 14 000, EB₂ 19 000 DM. LB $= \dfrac{15\,000 + 14\,000 + 19\,000}{3}$ **= 16 000 DM**

Kostenplanung

Löhne für Monteure:
∅ Stundenlohn × 173 h im Monat

Gehälter für Meister, KD-Berater:
ca. 65 % auf Werkstatt, Rest auf Teilelager

kalkulatorischer Unternehmerlohn:
ca. Gehalt eines Geschäftsführers

Personalnebenkosten:
ca. 30 % der Personalkosten einschließlich kalk. Unternehmerlohn

Miete für unbew. Anlagevermögen:
echt oder ca. 250 DM/AP und Monat

AfA für bewegl. Anlagevermögen:
echt oder ca. 120 DM/AP und Monat

sonstige AP-abhängige Kosten:
ca. 90 DM pro Arbeitspl. und Monat

monteurabhängige Gemeinkosten
ca. 100 DM pro ME und Monat

umsatzabhängige Gemeinkosten
ca. 5 % des geplanten Umsatzes

Verwaltungskosten:
ca. 10 % des geplanten Umsatzes

Werkstatt-Gesamtkosten =
= Personalkosten +
+ arbeitsplatzabhängige Kosten +
+ monteurabhängige Kosten +
+ umsatzabhängige Kosten +
+ Verwaltungskostenanteil

Personalkosten =
= Löhne für Monteure +
+ Gehälter für Meister +
+ Ausbildungsvergütung +
+ kalkulatorischer Unternehmerlohn +
+ Personalnebenkosten

arbeitsplatzabhängige Kosten =
= Miete für unbew. Anlagevermögen +
+ AfA für bewegl. Anlagevermögen +
+ sonst. arbeitsplatzabh. Kosten

Miete, AfA, sonstige AP-Kosten =
= Arbeitsplätze × Pauschbetrag

monteurabhängige Gemeinkosten =
= Monteureinheiten × Pauschbetrag

$$\text{umsatzabh. Kosten, Verwaltung} = \frac{\text{geplanter Umsatz} \times \text{Pauschsatz}}{100}$$

Erstellen Sie die Kostenplanung für Januar 19.. aus folgenden Werten:
10 Mechaniker, ∅ Stundenlohn 10,80 DM, 6 Auszubildende (2 pro Lehrjahr), ∅ Ausbildungsvergütung 450 DM, 2 Meister und KD-Berater, Monatsgehalt 2100 DM, kalk. Unternehmerlohn 2600 DM, Miete 2800 DM, AfA 1800 DM pro Monat, Soll-Umsatz 60000 DM.

Monteureinheiten = $10 \cdot 1 +$
$+ 2 \cdot 0,5 + 4 \cdot 0,3 \approx 12$ ME
Normalarbeitsplätze = 12 AP

Löhne = $10 \cdot 173 \cdot 10,80$	=	18684 DM
Gehälter = $2 \cdot 2100 \cdot 0,65$	=	2730 DM
Ausbildung = $6 \cdot 450$	=	2700 DM
Unternehmerlohn	=	2600 DM
Neb'kosten = $26714 \cdot 0,3$	=	8014 DM
Personalkosten	=	**34728 DM**
Personalkosten	=	34728 DM
Miete	=	2800 DM
AfA	=	1800 DM
sonst. AP. = $90 \cdot 12$	=	1080 DM
ME-Kosten = $100 \cdot 12$	=	1200 DM
US-Kosten = $60000 \cdot 0,05$	=	3000 DM
Verwaltung = $60000 \cdot 0,1$	=	6000 DM
Gesamtkosten geplant	=	**50608 DM**

Umsatzplanung

produktive Arbeitszeit für
K- und I-Aufträge ≈ 72 %
Arbeitszeit für W-Aufträge ≈ 28 %

∅ produktive Arbeitszeit je ME:
im Jahr 1540 h
im Monat 128 h
in der Woche 30 h
im Tag 6 h

Monteureinheiten:
1 Mechaniker 1,0 ME
1 mitarbeitender Meister 0,5 ME
1 Hilfskraft 0,5 ME

1 Auszubildender
im 1. Lehrjahr 0,0 ME
im 2. Lehrjahr 0,2 ME
im 3. Lehrjahr 0,4 ME

Soll-Lohnumsatz =
= Monteureinheiten ×
× produktive Arbeitszeit ×
× Werkstattfaktor ×
× Arbeitswert-Verkaufspreis

Monteureinheiten =
= Summe aller ME in der Werkstatt

Werkstattfaktor in AW =
= Solleistung pro ME und Stunde

$$\text{produktive Arbeitszeit} = \frac{\text{Gesamtarbeitszeit} \times \text{prod. AZ in \%}}{100}$$

$$\text{AW-Verkaufspreis} = \frac{\varnothing \text{ Stundenlohn} \times \text{Kostenindex}}{\text{Werkstattfaktor}}$$

Erstellen Sie eine Umsatzplanung für Januar 19.. mit 12 Monteureinheiten, 12 AW Werkstattfaktor, 75 % produktiver Arbeitszeit, 8 h Gesamtarbeitszeit pro Tag, 22 Arbeitstage im Monat, 10,80 DM ∅ Stundenlohn, 3,6 Kostenindex!

prod. Arbeitszeit je ME und Monat =
$$= \frac{8 \cdot 22 \cdot 75\%}{100\%} = 132 \text{ h}$$

AW-Verkaufspreis =
$$= \frac{10,80 \cdot 3,6}{12} = 3,24 \text{ DM}$$

Soll-Umsatz im Monat =
= 12 ME × 132 h ×
× 12 AW × 3,24 DM = **61586 DM**

Auftragsplanung

Soll-Betreuung aus Eigenverkauf:
ca. 70 % der möglichen Kunden

Gesamtzahl der möglichen Kunden aus Eigenverkauf der letzten fünf Jahren einschließlich geplanter Stückzahl des laufenden Jahres

Kontaktfaktor, d.h. täglicher Fahrzeugdurchgang in der Werkstatt:
ca. 2 ... 3 % des Kundenpotentials

Kontaktzahl, d.h. Häufigkeit der jährlichen Werkstattkontakte eines Stammkunden:
ca. 2 ... 3 Kontakte pro Jahr

---

tägl. Gesamt-Fahrzeugdurchgang =
= tägl. Soll-Fahrzeugdurchgang +
+ tägl. innerbetriebl. Aufträge +
+ tägl. Touristenaufträge

$$\text{tägl. Soll-Fahrzeugdurchgang} = \frac{\text{Kundenpotential} \times \text{Kontaktfaktor}}{100}$$

Kundenpotential (Kundenstamm) =
= Sollbetreuung aus Eigenverkauf +
+ übrige Stammkunden

$$\text{Sollbetreuung aus Eigenverkauf} = \frac{\text{mögliche Kunden} \times \text{Betreuung in \%}}{100}$$

Beispiel für eine Auftragsplanung:
Eigenverkauf der letzten
5 Jahre zusammen = 980 Einh.
laufendes Jahr geplant = 210 Einh.

mögliche Kunden aus EV = 1190 Einh.

$$\text{Soll-Betr.} = \frac{1190 \cdot 70\%}{100\%} = 833 \text{ Kunden}$$

übrige Stammkunden = 167 Kunden

Kundenpotential = 1000 Kunden

$$\text{tägl. Fz-D.} = \frac{1000 \cdot 2,4\%}{100\%} = 24 \text{ Kunden}$$

innerbetr. Aufträge = 1 Kunde
tägl. Durchgangskunden = 2 Kunden
tägl. Gesamtdurchgang = **27 Kunden**

Personal-, Terminplanung

täglicher Soll-Durchgang pro Arbeitsplatz ca. 2 ... 3 Fahrzeuge

Umfang der Arbeit pro Durchgang
ca. 30 ... 40 Arbeitswerte (AW)

Werkstattfaktor ca. 12 AW

produktive Arbeitszeit und Monteureinheiten siehe Umsatzplanung

$$\frac{\text{produktives Personal}}{\text{unproduktives Personal}} \approx \frac{3}{1}$$

$$\text{Soll-Arbeitsplätze} = \frac{\text{tägl. Gesamt-Fahrzeugdurchgang}}{\text{tägl. Soll-Durchgang pro AP}}$$

$$\text{Soll-Monteureinheiten} = \frac{\text{tägl. Durchgang} \times \text{AW je Durchgang}}{\text{W'faktor} \times \text{tägl. Produktivzeit/ME}}$$

tägl. Werkstattkapazität =
= Monteureinheiten ×
× produktive Arbeitszeit pro Tag ×
× Werkstattfaktor

Unpr. Personal ≈ Prod. Personal × 1/3

Täglicher Werkstattdurchgang 27 Kfz mit je 32 AW, Arbeitsplatzdurchgang 2,25 Kfz, Arbeitszeit je ME 6 h, Werkstattfaktor 12 AW. Wie groß ist
a) die Zahl der Soll-Arbeitsplätze?
b) die Zahl der Monteureinheiten?
c) das unproduktive Personal?
d) die tägliche Werkstattkapazität?

Soll-AP	= 27 : 2,25	= **12 AP**
Soll-ME	= $\dfrac{27 \cdot 32}{12 \cdot 6}$	= **12 ME**
unpr. Pers.	= 12 : 3	= **4**
Kapazität	= $12 \cdot 6 \cdot 12$	= **864 AW**

2

Kalkulation in der Kfz-Werkstatt

Aufbau, Arbeitspreis

Mehrwertsteuer		
Kraft-, Schmierst.		Reparaturkosten / Rechnungsbetrag
Kleinmaterial		
Teilekosten		
Sonderleistung		
Fremdleistung		
Arbeitspreis		

Der Arbeitspreis ist der Betrag, der dem Kunden für die Ausführung einer Arbeit berechnet wird. Er enthält Fertigungslohn, Gemeinkostenanteil und Gewinnzuschlag.

Stundensatz = 25 ... 45 DM
AW-Satz = 2 ... 4 DM

Arbeitspreis
+ Fremdleistungen
+ Sonderleistungen
+ Teilekosten
+ Klein- und Reinigungsmaterial
+ Kraft- und Schmierstoffe
= Reparaturkosten
+ Mehrwertsteuer
= Rechnungsbetrag

$$\text{Mehrwertsteuer} = \frac{\text{Reparaturkosten} \times \text{Steuersatz}}{100}$$

Steuersatz z. Z. 11 %

Arbeitspreis =
Arbeitszeit × Stundenverrechnungssatz
Arbeitspreis =
Arbeitswert × AW-Verrechnungssatz
Arbeitspreis = Listenpreis (für besondere Arbeiten, z. B. Inspektionen)

Arbeitszeit =
Summe der Arbeitszeiten für alle Arbeitsvorgänge an Hand der Arbeitszeitkarte.

Arbeitswert =
Summe der Arbeitswerte für alle in sich abgeschlossenen Arbeitsvorgänge an Hand eines Arbeitswertbuches.

Reparatur eines Pkw: Arbeitspreis 520 DM, Teilekosten 480 DM, Fremdleistung 280 DM, Sonderleistung 110 DM, Kleinmaterial 10 DM. Ermitteln Sie den Rechnungsbetrag!

Arbeitspreis	=	520,— DM
Teilekosten	=	480,— DM
Fremdleistung	=	280,— DM
Sonderleistung	=	110,— DM
Kleinmaterial	=	10,— DM
Reparaturkosten	=	1 400,— DM
Mehrwertsteuer	=	154,— DM
Rechnungsbetrag	=	**1 554,— DM**

Motor aus- und eingebaut: Arbeitszeit 7,5 h, Stundenverrechnungssatz 36 DM. Wie hoch ist der Arbeitspreis?
Arbeitspreis = 7,5 · 36 = **270,— DM**

Sämtliche Ventilabdichtungen erneuert: Vorgabewert 30 AW, AW-Satz 3,— DM. Berechnen Sie den Arbeitspreis!
Arbeitspreis = 30 · 3 = **90,— DM**

Kundendienst Schein A durchgeführt: Listenpreis 125 DM. Wie hoch ist der Arbeitspreis?
Arbeitspreis = **125,— DM**

Teilekosten

Die Teilekosten umfassen:
- Ersatzteile,
- Austauschteile,
- Zubehör,
- Reifen,
- Kleinteile,
- Schmier- und Kraftstoffe,
- Reinigungsmaterial,
- Schweißmaterial,
- sonstiges Material.

Sämtliche Teile sind in der Rechnung einzeln zum Listenpreis ohne Mehrwertsteuer aufzuführen. Teile für andere Betriebsabteilungen werden zum Listenpreis abzüglich Rabatt berechnet.

Teilekosten =
Summe der Einzelteile nach Materialschein zum Listenpreis ohne MwSt.

Kleinteile, Reinigungs- und Schweißmaterial werden
a) von den Gemeinkosten erfaßt und in der Rechnung nicht aufgeführt.
b) von dem Wareneinkaufskonto erfaßt und in der Rechnung gesondert aufgeführt. Dabei sind

$$\text{Kleinteile} = \frac{\text{Teilekosten} \times \text{Kleinteile in \%}}{100}$$

$$\text{Kleinteile in \%} = \frac{\text{Summe der Kleinteile} \times 100}{\text{Summe der Teilekosten}}$$

Teile für die Instandsetzung eines Unfallwagens: 1 Scheinwerfer 54,30 DM, 1 Kotflügel 106,20 DM, 1 Stoßfänger 125,70 DM, 2 Radkappen je 9,20 DM. Wie hoch sind die Teilekosten?

1 Scheinwerfer	=	54,30 DM
1 Kotflügel	=	106,20 DM
1 Stoßfänger	=	125,70 DM
2 Radkappen je 9,20 DM	=	18,40 DM
Teilekosten	=	**304,60 DM**

Mitnehmerscheibe erneuert: Teilekosten 56 DM, Zuschlag für Kleinteile 3 %. Wie hoch ist der Zuschlag für Kleinteile?
Kleinteile = 56 · 3 % = **1,68 DM**

Fremdleistungen

Arbeiten einer Fremdwerkstatt an Kundenfahrzeugen im Auftrag der Kfz-Werkstatt des Kunden für:
- Zylinderschleifarbeiten,
- Kühlerreparaturen,
- Sattlerarbeiten,
- Lackierarbeiten,
- Karosseriearbeiten,
- Elektrikerarbeiten,
- Abschlepparbeiten,
- Runderneuerungen.

Fremdarbeiten können dem Kunden mit 10 ... 20 % Aufschlag für Eigenleistungen auf die Reparaturkosten der Kfz-Werkstatt in Rechnung gestellt werden.

* Steuerfaktor z. Z. 9,91 %

Rechnungsbetrag der Fremdwerkstatt
− Mehrwertsteuer (Vorsteuer)
= Reparaturkosten der Kfz-Werkstatt
− Händlerrabatt für die Kfz-Werkstatt
= Reparaturkosten der Kfz-Werkstatt

Rechnungsbetrag der Fremdwerkstatt
− Mehrwertsteuer (Vorsteuer)
= Reparaturkosten der Kfz-Werkstatt
+ Aufschlag der Kfz-Werkstatt
= Reparaturkosten für den Kunden

$$\text{Mehrwertsteuer (Vorsteuer)} = \frac{\text{Rechnungsbetrag} \times \text{Steuerfaktor}^*}{100}$$

$$\text{Händlerrabatt} = \frac{\text{Rep'kosten für Kunden} \times \text{Rabatt in \%}}{100}$$

$$\text{Aufschlag der Kfz-Werkstatt} = \frac{\text{Rep'kosten Werkst.} \times \text{Aufschlag in \%}}{100}$$

Lackierung eines Pkw außer Haus: 1 665 DM einschl. 11 % MwSt, Händlerrabatt 30 %. Ermitteln Sie die Kosten für den Kunden und für die Kfz-Werkstatt!

Rechnungsbetrag	=	1 665,— DM
MwSt = 1 665 · 9,91 %	=	165,— DM
Rep'kosten für Kunden	=	1 500,— DM
Rabatt = 1 500 · 30 %	=	450,— DM
Rep'kosten für Werkstatt	=	**1 050,— DM**

Karosseriearbeiten außer Haus: 1 332 DM einschl. 11 % MwSt, Aufschlag für Eigenleistung 15 %. Wie hoch sind die Reparaturkosten für die Kfz-Werkstatt und für den Kunden?

Rechnungsbetrag	=	1 332,— DM
MwSt = 1 332 · 9,91 %	=	132,— DM
Rep'kosten für Werkstatt	=	1 200,— DM
Aufschl. = 1 200 · 15 %	=	180,— DM
Rep'kosten für Kunden	=	**1 380,— DM**

Abschleppkosten
Sonderkosten

Erfahrungswerte für Pkw
Leerkilometer   0,80 ... 1,60 DM
Schleppkilometer 1,00 ... 2,00 DM
Mietpreis/h   10,– ... 20,– DM
Stundenlohn   12,– ... 16,– DM

Zeitzuschläge
Nachtarbeit 19 ... 6 Uhr   50 %
Sonntagsarbeit   50 %
Feiertagsarbeit   100 %

Gefahrenzulage
Löscharbeiten   ⎫ 50 ...300 %
Explosionsgefahr   ⎬ der Lohn-
Schneefall   ⎪ bzw. Miet-
Steilhang   ⎭ kosten

    Kosten der Leerfahrt
+ Kosten der Schleppfahrt
+ Miete für Abschleppwagen
+ Löhne der Bergungsmechaniker
+ Zeitzuschläge
+ Gefahrenzulagen
= Abschleppkosten
+ Mehrwertsteuer
= Rechnungsbetrag

Fahrtkosten =
Kilometerpreis × Fahrstrecke

Miete für Abschleppgerät =
Mietpreis je h × Abschleppdauer

Löhne der Bergungsmechaniker =
Stundenlohn × Abschleppdauer

Bergung und Abschleppen eines Unfallwagens: Nachtzeit, Anfahrt 1 h, Bergung aus Steilhang 1 h, Rückfahrt 1,5 h, Entfernung 40 km, Leerkilometer 1,20 DM, Schleppkilometer 1,60 DM, Mietpreis/h 22,– DM, Stundenlohn 16,– DM, Gefahrenzulage 50 %. Gesucht: Rechnungsbetrag.

Leerfahrt	$= 1,20 \cdot 40$	$=$	48,00 DM
Schleppen	$= 1,60 \cdot 40$	$=$	64,00 DM
Miete	$= 22,00 \cdot 3,5$	$=$	77,00 DM
Lohn	$= 16,00 \cdot 3,5$	$=$	56,00 DM
Zuschlag	$= 56,00 \cdot 50\,\%$	$=$	28,00 DM
G'zulage	$= 56,00 \cdot 50\,\%$	$=$	28,00 DM
Abschleppkosten			301,00 DM
MwSt	$= 301,00 \cdot 11\,\%$	$=$	33,11 DM
Rechnungsbetrag		$=$	**334,11 DM**

Werkstattindex (WI)

Der Werkstattindex gibt an, wieviel mal mehr der Kunde für eine Instandsetzung bezahlen muß, als der Kfz-Mechaniker für die Ausführung der Arbeit erhält.
Man unterscheidet den kalkulierten Index (Kostenindex) und den erzielten Index (Erlösindex).

Werkstattindex =
$$\frac{\text{Stunden-Verrechnungssatz}}{\varnothing\ \text{Werkstattlohn}}$$

Werkstattindex (Erlösindex) =
$$\frac{\text{Lohnerlöse der Abrechnungsperiode}}{\text{Fertigungslöhne}}$$

Werkstattindex =
$$\frac{\text{AW-Verrechnungssatz}}{\text{AW-Lohnsatz}}$$

Werkstattindex =
$$\frac{\text{Arbeitspreis einer Reparatur}}{\text{Arbeitslohn}}$$

Berechnen Sie den Werkstattindex!

Stundensatz 36,– DM, $\varnothing$ Lohn 10,– DM.
Index $= 36,- : 10,- $ $= $ **3,6**

Arbeitspreis 588,– DM, $\varnothing$ Werkstattlohn 10,50 DM, Arbeitszeit 16 Stunden.
Lohn $= 10,50 \cdot 16$ $= 168,00$ DM
Index $= 588,- : 168,-$ $= $ **3,5**

Lohnerlöse 68 000 DM, Fertigungslöhne 20 000 DM.
Erlösindex $= 68\,000 : 20\,000 = $ **3,4**

Kostenindex (WI$_k$)
kalkulierter Werkstattindex

Der Kostenindex dient zur Ermittlung des Stunden-Verrechnungssatzes. Er geht von den Fertigungslöhnen und den kalkulatorischen Gemeinkosten der letzten Abrechnungsperiode aus. Als Gewinn sollen zirka 10 % der Fertigungslöhne und Gemeinkosten zugeschlagen werden.

$$\text{Kosten-index} = \frac{FL + KGK + GWZ}{FL}$$

$$\text{Kosten-index} = \frac{\text{Soll-Lohnumsatz}}{\text{Fertigungslöhne}}$$

$$\text{Gewinn-zuschlag} = \frac{(FL + KGK) \times GWZ \text{ in \%}}{100}$$

FL   Fertigungslöhne
KGK kalkulatorische Gemeinkosten
GWZ Gewinnzuschlag

Fertigungslöhne 8000 DM, kalkul. Gemeinkosten 20 000 DM, Gewinnzuschlag 10 %. Wie hoch ist der Kostenindex?

GWZ $= 28\,000 \cdot 10\,\% = 2800$ DM

$$WI_k = \frac{8000 + 20\,000 + 2800}{8000} = \textbf{3,85}$$

Soll-Lohnumsatz 42 000 DM, Fertigungslöhne 12 000 DM. Gesucht: Kostenindex.

$$\text{Kostenindex} = \frac{42\,000}{12\,000} = \textbf{3,50}$$

Stunden-Verrechnungssatz
Stundensatz

Der Stundensatz ist der Arbeitspreis, den der Kunde für eine Arbeitsstunde an seinem Fahrzeug bezahlen muß.
Dabei können Werkstatt-Abteilungen oder spezielle Reparaturleistungen getrennt erfaßt werden (gespreizter Stundensatz).

kalkulierter Stundensatz =
$\varnothing$ Werkstattlohn × Kostenindex

erzielter Stundensatz =
$$\frac{\text{Lohnerlöse der Abrechnungsperiode}}{\text{produktive Fertigungszeit}}$$

Stunden-Verrechnungssatz =
$$\frac{\text{Arbeitspreis einer Reparatur}}{\text{Arbeitszeit}}$$

Stunden-Verrechnungssatz =
AW-Verrech'satz × Werkstattfaktor

$\varnothing$ Werkstattlohn 9,80 DM, Werkstattindex 3,75. Wie hoch ist der Stundensatz?

Stundensatz $= 9,80 \cdot 3,75 = $ **36,75 DM**

Lohnerlöse im letzten Monat 28 000 DM, produktive Fertigungszeit 800 h. Wie hoch ist der erzielte Stundensatz?

$$\text{Stundensatz} = \frac{28\,000}{800} = \textbf{35,00 DM}$$

AW-Verrechnungssatz
AW-Satz, AW-Verkaufspreis

Der AW-Verrechnungssatz ist der Verkaufspreis für einen Arbeitswert.
Bei Inspektionen, Wagenpflege und bestimmten Kleinarbeiten sind meist besondere Listenpreise vorgegeben.

kalkulierter AW-Satz =
$$\frac{\varnothing\ \text{Werkstattlohn} \times \text{Werkstattindex}}{\text{Werkstattfaktor}}$$

erzielter AW-Satz =
$$\frac{\text{Lohnerlöse der Abrechnungsperiode}}{\text{Anzahl der verkauften Arbeitswerte}}$$

AW-Verrechnungssatz =
$$\frac{\text{Stunden-Verrechnungssatz}}{\text{Werkstattfaktor}}$$

AW-Verrechnungssatz =
AW-Vergütung × Werkstattindex

Stundensatz 36,– DM, Werkstattfaktor 12 AW. Wie hoch ist der AW-Satz?

AW-Satz $= 36,- : 12$ **3,00 DM**

$\varnothing$ Werkstattlohn 9,60 DM, Werkstattindex 3,6, Werkstattfaktor 12 AW. Wie hoch ist der AW-Verrechnungssatz?

$$\text{AW-Satz} = \frac{9,60 \cdot 3,6}{12} = \textbf{2,88 DM}$$

Autohaus Heinz Meister

Neckarstraße ...

7000 Stuttgart

Personenwagen
Lastkraftwagen
Omnibusse

Reparaturbetrieb
Betriebsstoffe
Ersatzteile
Autozubehör

Firma
Dieter Kunde
Rotenbergstr. ...

7000 Stuttgart

Fernsprecher:	Stuttgart 46 92 ..
Postscheckkonto:	Stuttgart 38 72 ..
Bankkonto:	Girokasse 48 39 ..

Kunden-Nummer	6894..
Auftrags-Nummer	26..
Rechnungs-Nummer	28..

RECHNUNG

Typ	Pol. Kennzeichen	Telefon	km-Stand	Rechnungsdatum
XY 200	S-BA...	4691..	85 720	24.Juni 19..

Fahrgestell-Nr.	Motor-Nr.	Erstzulassung	angenommen durch	Reparaturdatum
......	615.913-10-036413	18.Februar 19..	Herrn Ratgeber	15.Juni 19..

Arbeits-Nr. Teile-Nr.	AW Stück	Leistungen und Lieferungen	Einzel-preis	DM
003		Beleuchtungskontrolle durchgeführt		12,00
030		Schaltgetriebe aus- und eingebaut, Getriebelager erneuert		120,00
010		Schaltdeckel aus- und eingebaut		40,00
036		Getriebe-Hauptteile aus- und eingebaut, Rillenkugellager erneuert		144,00
009		Getriebe-Hauptwelle zerlegen und zusammen-bauen, Synchronringe und Gleichlaufkörper 1./2. Gang erneuert		36,00
015		beide Motorlager und einen Motordämpfer erneuert		60,00
014		beide vordere Stoßdämpfer erneuert		56,00
020		Fahrzeug optisch vermessen und eingestellt		80,00
		Arbeitspreis		548,00
	1 Satz	Getriebelager		19,30
	6	Rillenkugellager	14,50	87,00
	4	Synchronringe	8,50	34,00
	1	Gleichlaufkörper		84,00
	1 Satz	Getriebedichtungen		12,60
	1 Satz	Motorlager		36,50
	1	Motoranschlag		11,60
	1	Motordämpfer		49,00
	2	Stoßdämpfer	81,00	162,00
		Teilepreis		496,00
	2,25 l	Getriebeöl	5,60	12,60
		Klein- und Reinigungsmaterial		8,40

Die Leistungen und Lieferungen erfolgten im Rahmen der Geschäftsbedingungen für die Ausführung von Arbeiten an Kraftfahrzeugen, Anhängern und Teilen.

Laut Erlaß des Bundesfinanzministeriums vom 12. 3. 1969 sind zusätzlich zum Austauschbetrag 10% des Bruttopreises der Tauschteile zu versteuern.

Erfüllungsort und Gerichtsstand für beide Teile ist der Wohnort des Schuldners.

Der Rechnungsbetrag ist sofort zahlbar ohne Abzug.

Zusammenstellung:	DM
Arbeitspreis	548,00
Fremdleistungen	–, –
Teile	496,00
Kraft- und Schmierstoffe	12,60
Kleinmaterial	8,40
Reparaturkosten	1065,00
Umsatzsteuer	117,15
USt auf Altwert	–, –
Agenturware mit USt	–, –
Rechnungsbetrag	1182,15

Geschäftsbedingungen (Kurzfassung)

für die Ausführung von Arbeiten an Kraftfahrzeugen,
Anhängern, Aggregaten und deren Teilen

1. Auftragserteilung

Vereinbarungen zwischen dem Auftraggeber (Kunden) und dem Auftragnehmer (Werkstatt) über Arbeiten an Kraftfahrzeugen sind verbindlich, wenn der Kunde einen Auftragsschein unterzeichnet, der die Geschäftsbedingungen enthält oder in dem auf die im Geschäftslokal aushängenden Bedingungen hingewiesen wird. Dasselbe gilt, wenn der Kunde den Auftrag schriftlich bestätigt hat. Die zu erbringenden Leistungen und der voraussichtliche oder verbindliche Fertigstellungstermin sind anzugeben.

Die Geschäftsbedingungen gelten nicht für mündliche Vereinbarungen über Arbeiten an Kraftfahrzeugen. Der Auftragnehmer ist ermächtigt, Unteraufträge zu erteilen sowie Probe- und Überführungsfahrten durchzuführen.

2. Preisangaben, Kostenvoranschlag

Auf Verlangen des Kunden werden im Auftragsschein die voraussichtlichen Preise angegeben. An Stelle der Preisangabe kann auch auf die entsprechenden Positionen der aufliegenden Preis- oder Arbeitswertkataloge hingewiesen werden. Preisangaben dürfen ohne Zustimmung des Auftraggebers bei Aufträgen bis zu 500,– DM um nicht mehr als 20 %, bei Aufträgen über 500,– DM um nicht mehr als 15 % überschritten werden. Kostenüberschreitungen infolge notwendiger aber nicht vereinbarter Arbeiten dürfen ohne Zustimmung des Auftraggebers ebenfalls nicht höher sein als diese Prozentsätze.

Für verbindliche Preisangaben ist ein schriftlicher Kostenvoranschlag notwendig, an den der Auftragnehmer drei Wochen lang nach Abgabe gebunden ist. Der Gesamtpreis im Kostenvoranschlag darf nur mit Zustimmung des Auftraggebers überschritten werden.

3. Fertigstellung

Hält ein Auftragnehmer einen schriftlich als verbindlich zugesagten Fertigstellungstermin für eine Kfz-Instandsetzung länger als 24 Stunden schuldhaft nicht ein, so hat der Auftragnehmer nach eigener Wahl dem Auftraggeber ein möglichst gleichwertiges Ersatzfahrzeug kostenlos zur Verfügung zu stellen oder 80 % der Kosten für die tatsächliche Inanspruchnahme eines entsprechenden Mietfahrzeuges zu erstatten.

Bei gewerblich genutzten Fahrzeugen kann der Auftragnehmer statt dieser Leistungen auch den durch die verzögerte Fertigstellung entstandenen Nutzungsausfall ersetzen. Bei Terminverzögerung infolge höherer Gewalt oder Betriebsstörungen besteht für den Auftragnehmer keine Verpflichtung zu den genannten Leistungen.

4. Abnahme

Mit der Übergabe durch den Auftragnehmer und der Annahme durch den Auftraggeber gilt der Auftragsgegenstand als abgenommen. Der Auftraggeber kommt in Abnahmeverzug, wenn er nicht innerhalb einer Woche nach Meldung der Fertigstellung und Zustellung der Rechnung den Auftragsgegenstand abgeholt hat. Bei Arbeiten, die innerhalb eines Tages fertig sind, verkürzt sich die Abholfrist auf zwei Tage. Der Auftragnehmer kann bei Abnahmeverzug eine Aufbewahrungsgebühr berechnen. Kosten und Gefahren der Aufbewahrung gehen zu Lasten des Auftraggebers.

5. Berechnung des Auftrags

In der Rechnung sind Preise oder Preisfaktoren für jede in sich abgeschlossene Arbeitsleistung sowie für Ersatzteile und Materialien jeweils gesondert auszuweisen. Besteht ein verbindlicher Kostenvoranschlag, so genügt eine Bezugnahme auf den Kostenvoranschlag, wobei lediglich zusätzliche Arbeiten besonders aufzuführen sind.

Rechnungsberichtigungen sowie Beanstandungen müssen schriftlich innerhalb von vier Wochen nach Zugang der Rechnung erfolgen.

6. Zahlungen

Zahlungen sind bei Abnahme des Auftragsgegenstandes oder spätestens eine Woche nach Fertigstellung und Zustellung der Rechnung zu leisten. Verzugszinsen werden mindestens in Höhe von 2 % über dem Diskontsatz berechnet.

7. Pfandrecht

Dem Auftragnehmer steht wegen seiner Forderungen aus dem Auftrag ein vertragliches Pfandrecht an den auf Grund des Auftrages in seinen Besitz gelangten Gegenständen zu. Das Pfandrecht kann auch wegen Forderungen aus früheren Aufträgen geltend gemacht werden.

8. Gewährleistung

Der Auftragnehmer leistet für die in Auftrag gegebenen Arbeiten in folgender Weise Gewähr:

1) Nimmt der Auftraggeber den Auftragsgegenstand trotz Kenntnis eines Mangels ab, stehen ihm Gewährleistungsansprüche nur zu, wenn er sich diese bei Abnahme vorbehält.

2) Für nicht erkannte Mängel wird Gewähr geleistet, wenn der Mangel innerhalb von drei Monaten seit Abnahme, spätestens bis zu einer Fahrleistung von 3 000 km gemeldet wird. Mängel müssen unverzüglich nach ihrer Feststellung schriftlich oder persönlich angezeigt werden.

3) Bestreitet der Auftragnehmer das Vorliegen eines gewährleistungspflichtigen Mangels, entscheidet die zuständige Schiedsstelle des Kfz-Handwerks. Besteht keine für den Sitz des Auftragnehmers zuständige Schiedsstelle, so entscheidet ein vereidigter Kraftfahrzeugsachverständiger.

4) Die Gewährleistung beschränkt sich auf die Verpflichtung des Auftragnehmers, auf seine Kosten den Mangel in seinem Betrieb zu beheben. Wenn ein zwingender Notfall vorliegt, kann die Mängelbeseitigung in einer anderen Fachwerkstatt durchgeführt werden.

5) Erfolgt die Mängelbeseitigung in einer anderen Fachwerkstatt, so ist der Auftragnehmer hiervon unverzüglich zu benachrichtigen. Die ausgebauten Teile müssen während einer angemessenen Frist zur Verfügung gehalten werden. Der Auftragnehmer ist zur Erstattung der dem Auftraggeber nachweislich entstandenen Reparaturkosten verpflichtet.

6) Die Gewährleistungspflicht erlischt, wenn der Auftragsgegenstand dem Auftragnehmer nicht unverzüglich nach Feststellung des Mangels zugestellt wird, oder wenn die Anzeige über die Notfall-Reparatur in einer fremden Werkstatt dem Auftragnehmer nicht unverzüglich zugeht, oder wenn die Gewährleistungs-Reparatur ohne einen zwingenden Grund in einer fremden Werkstatt in Auftrag gegeben wurde.

9. Haftung

Der Auftragnehmer haftet für Schäden und Verluste an den Auftragsgegenständen, soweit ihn oder seine Erfüllungsgehilfen ein Verschulden trifft. Das gleiche gilt für Schäden aus etwaigen Probe- oder Überführungsfahrten. Für den zusätzlichen Wageninhalt haftet der Auftragnehmer nur, soweit er ihn ausdrücklich zur Verwahrung angenommen hat.

Das Risiko einer Probefahrt geht zu Lasten des Auftragnehmers, wenn er selbst oder sein Beauftragter das Fahrzeug während der Probefahrt lenkt. Schadenersatzansprüche gegen Erfüllungsgehilfen des Auftragnehmers werden im rechtlich zulässigen Umfang ausgeschlossen.

Der Auftraggeber ist verpflichtet, Schäden und Verluste, für die der Auftragnehmer aufzukommen hat, dem Auftragnehmer unverzüglich nach ihrer Feststellung schriftlich oder persönlich anzuzeigen.

10. Eigentumsvorbehalt

An allen eingebauten Zubehörteilen, Ersatzteilen und Tauschaggregaten behält sich der Auftragnehmer bis zur vollständigen Bezahlung aller Rechnungen aus der Geschäftsverbindung das Eigentumsrecht vor.

Wenn nichts anderes vereinbart ist, gehen ersetzte Teile in das Eigentum des Auftragnehmers über.

11. Gerichtsstand

Für sämtliche gegenwärtigen und zukünftigen Ansprüche aus der Geschäftsverbindung mit Vollkaufleuten sowie für Ansprüche, die im Wege des Mahnverfahrens geltend gemacht werden, ist ausschließlicher Gerichtsstand .... (Ort des Firmensitzes). Derselbe Gerichtsstand gilt auch, wenn der Auftraggeber keinen allgemeinen Gerichtsstand im Inland hat, oder seinen Wohnsitz oder Aufenthaltsort ins Ausland verlegt.

Kalkulation im Warenhandel

Einkaufskalkulation

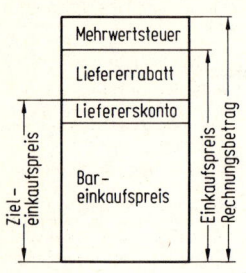

Rechnungsbetrag
− Mehrwertsteuer
= Einkaufspreis
− Liefererrabatt
= Zieleinkaufspreis
− Liefererskonto
= Bareinkaufspreis

Mehrwertsteuer =
$$\frac{\text{Rechnungsbetrag} \times \text{Steuerfaktor}^*}{100}$$

Liefererrabatt =
$$\frac{\text{Einkaufspreis} \times \text{Rabatt in \%}}{100}$$

Liefererskonto =
$$\frac{\text{Zieleinkaufspreis} \times \text{Skonto in \%}}{100}$$

Einkauf einer Hebebühne für eine Kfz-Werkstatt: Rechnungsbetrag einschließlich Mehrwertsteuer 3885 DM, Händlerrabatt 20 %, bei Barzahlung 3 % Skonto. Wie hoch ist der Bareinkaufspreis?

Rechnungsbetrag		= 3885,− DM
MwSt $= \dfrac{3885 \cdot 9{,}91}{100}$		= 385,− DM
Einkaufspreis		= 3500,− DM
Rabatt $= \dfrac{3500 \cdot 20}{100}$		= 700,− DM
Zieleinkaufspreis		= 2800,− DM
Skonto $= \dfrac{2800 \cdot 3}{100}$		= 84,− DM
Bareinkaufspreis		**= 2716,− DM**

* Steuerfaktor z. Z. 9,91%

Verkaufskalkulation
zergliedert

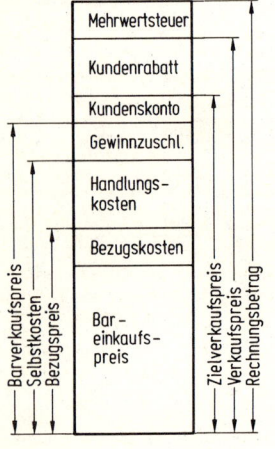

Bareinkaufspreis
+ Bezugskosten (Fracht, ...)
= Bezugspreis (Einstandspreis)
+ Handlungskostenzuschlag
= Selbstkosten
+ Gewinnzuschlag
= Barverkaufspreis
+ Kundenskonto
= Zielverkaufspreis
+ Kundenrabatt
= Verkaufspreis
+ Mehrwertsteuer
= Rechnungsbetrag im Verkauf

Handlungskostenzuschlag =
$$\frac{\text{Bezugspreis} \times \text{Handlungskosten in \%}}{100}$$

Gewinnzuschlag =
$$\frac{\text{Selbstkosten} \times \text{Gewinnzuschlag in \%}}{100}$$

Kundenskonto =
$$\frac{\text{Barverkaufspreis} \times \text{Skonto in \%}}{100 - \text{Skonto in \%}}$$

Kundenrabatt =
$$\frac{\text{Zielverkaufspreis} \times \text{Rabatt in \%}}{100 - \text{Rabatt in \%}}$$

Kalkulation für den Verkauf eines Pkw-Anhängers: Bareinkaufspreis 735,− DM, Überführung 65,− DM, Handlungskostenzuschlag 30 %, Gewinnzuschlag 10 %, Skonto bei Barzahlung 2 %, Kundenrabatt 12 %, Mehrwertsteuer 11 %. Berechnen Sie den Rechnungsbetrag im Verkauf!

Bareinkaufspreis		= 735,00 DM
Bezugskosten		= 65,00 DM
Bezugspreis		= 800,00 DM
H'kost. $= \dfrac{800 \cdot 30}{100}$		= 240,00 DM
Selbstkosten		= 1040,00 DM
Gewinn $= \dfrac{1040 \cdot 10}{100}$		= 104,00 DM
Barverkaufspreis		= 1144,00 DM
Skonto $= \dfrac{1144 \cdot 2}{100 - 2}$		= 23,35 DM
Zielverkaufspreis		= 1167,35 DM
Rabatt $= \dfrac{1167{,}35 \cdot 12}{100 - 12}$		= 159,18 DM
Verkaufspreis		= 1326,53 DM
MwSt $= \dfrac{1326{,}53 \cdot 11}{100}$		= 145,92 DM
Rechnungsbetrag		**= 1472,45 DM**

Verkaufskalkulation
vereinfacht

In Betrieben mit vielen verschiedenen Ersatzteilen wird die Kalkulation vereinfacht, indem die allgemeinen Handlungskosten, die Lagerzinsen, der Gewinn und die Zuschläge für Provision, Skonto und Rabatt zu dem sogenannten Kalkulationszuschlag zusammengefaßt werden. Dieser enthält alle Zuschläge in einem Prozentsatz, bezogen auf den Bezugspreis (Einstandspreis).

Der Kalkulationsfaktor gibt den Verkaufspreis für 1,− DM Bezugspreis an.

Die Handelsspanne ist der Unterschied zwischen Verkaufspreis und Bezugspreis. Ihr Prozentsatz wird auf den Verkaufspreis bezogen.

Verkaufspreis =
Bezugspreis + Kalkulationszuschlag

Verkaufspreis =
Bezugspreis + Handelsspanne

Verkaufspreis =
Bezugspreis × Kalkulationsfaktor

Kalkulationszuschlag =
$$\frac{\text{Bezugspreis} \times \text{Kalkul'zuschlag in \%}}{100}$$

Handelsspanne =
$$\frac{\text{Bezugspreis} \times \text{Handelsspanne in \%}}{100 - \text{Handelsspanne in \%}}$$

Kalkulationszuschlag in % =
$$\frac{\text{Kalkulationszuschlag in DM} \times 100}{\text{Bezugspreis}}$$

Handelsspanne in % =
$$\frac{\text{Handelsspanne in DM} \times 100}{\text{Verkaufspreis}}$$

Kalkulationsfaktor =
$$\frac{\text{Verkaufspreis}}{\text{Bezugspreis}}$$

Kalkulation für einen Tauschmotor: Bareinkaufspreis 650,− DM, Bezugskosten 50,− DM, Kalkulationszuschlag 60 %. Berechnen Sie den Verkaufspreis!

Bareinkaufspreis		= 650,− DM
Bezugskosten		= 50,− DM
Bezugspreis		= 700,− DM
K'zuschlag $= \dfrac{700 \cdot 60}{100}$		= 420,− DM
Verkaufspreis		**= 1120,− DM**

Kalkulation für Schonbezüge: Bareinkaufspreis 112,− DM, Bezugskosten 8,− DM, Handelsspanne 25 %. Wie hoch ist der Rechnungsbetrag?

Bareinkaufspreis		= 112,− DM
Bezugskosten		= 8,− DM
Bezugspreis		= 120,− DM
H'spanne $= \dfrac{120 \cdot 25}{100 - 25}$		= 40,− DM
Verkaufspreis		= 160,− DM
MWSt $= \dfrac{160 \cdot 11}{100}$		= 17,6 DM
Rechnungsbetrag		**= 177,6 DM**

Divisionskalkulation

Die Divisionskalkulation ist dort möglich, wo es sich um Serienfertigung von gleichartigen Erzeugnissen handelt. Dabei werden die Gesamtkosten zu gleichen Teilen auf die Einzelstücke umgelegt.

$$\text{Kosten je Einheit} = \frac{\text{Gesamtkosten der Serienfertigung}}{\text{Anzahl der Erzeugnisse}}$$

Materialkosten
+ Fertigungslöhne
+ Gemeinkosten
= Gesamtkosten der Serie

Massenfertigung von 5000 Bolzen: Material 320,– DM, Löhne 480,–DM, Gemeinkosten 1200,– DM. Wie hoch sind die Kosten je Einheit?

Materialkosten	=	320,– DM
Fertigungslöhne	=	480,– DM
Gemeinkosten	=	1200,– DM
Gesamtkosten	=	2000,– DM

Kosten/Einh. = 2000 : 5000 = **0,40 DM**

Zuschlagskalkulation
zergliedert

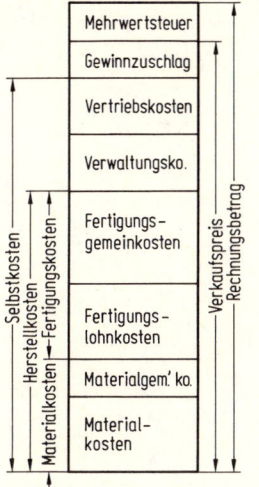

Materialeinzelkosten
+ Materialgemeinkosten
= Materialkosten
  Fertigungslohnkosten
  + Fertigungsgemeinkosten
+ Fertigungskosten
= Herstellkosten
+ Verwaltungsgemeinkosten
+ Vertriebsgemeinkosten
= Selbstkosten
+ Gewinnzuschlag
= Verkaufspreis der Ware

$$\text{Materialgemeinkosten} = \frac{\text{Materialeinzelkosten} \times \text{MGK in \%}}{100}$$

$$\text{Fertigungsgemeinkosten} = \frac{\text{Fertigungslohnkosten} \times \text{FGK in \%}}{100}$$

$$\text{Verwaltungsgemeinkosten} = \frac{\text{Herstellkosten} \times \text{Verwalt.-GK in \%}}{100}$$

$$\text{Vertriebsgemeinkosten} = \frac{\text{Herstellkosten} \times \text{Vertriebs-GK in \%}}{100}$$

$$\text{Gewinnzuschlag} = \frac{\text{Selbstkosten} \times \text{Gewinnzuschlag in \%}}{100}$$

Zergliederte Zuschlagskalkulation für eine Bohrvorrichtung: Materialeinzelkosten 80,– DM, Materialgemeinkosten 25 %, Fertigungslohnkosten 12 h je 10,– DM, Fertigungsgemeinkosten 150 %, Verwaltungsgemeinkosten 15 %, Vertriebsgemeinkosten 10 %, Gewinnzuschlag 6 %, Mehrwertsteuer 11 %. Wie hoch ist der Rechnungsbetrag in DM?

Materialeinzelkosten		= 80,00 DM
Material-GK =	$\frac{80 \cdot 25}{100}$	= 20,00 DM
Materialkosten		= 100,00 DM
Lohnkosten =	$12 \cdot 10,- $	= 120,00 DM
Fertig.-GK =	$\frac{120 \cdot 150}{100}$	= 180,00 DM
Herstellkosten		= 400,00 DM
Verwaltung =	$\frac{400 \cdot 15}{100}$	= 60,00 DM
Vertrieb =	$\frac{400 \cdot 10}{100}$	= 40,00 DM
Selbstkosten		= 500,00 DM
Gewinn =	$\frac{500 \cdot 6}{100}$	= 30,00 DM
Verkaufspreis		= 530,00 DM
MwSt =	$\frac{530 \cdot 11}{100}$	= 58,30 DM
Rechnungsbetrag		= **588,30 DM**

Zuschlagskalkulation
vereinfacht

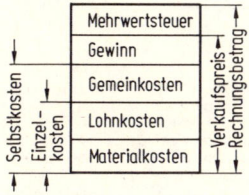

Materialkosten
+ Fertigungslohnkosten
= Einzelkosten
+ Gemeinkostenzuschlag
= Selbstkosten
+ Gewinnzuschlag
= Verkaufspreis

$$\text{Gemeinkostenzuschlag} = \frac{\text{Fertigungslohnkosten} \times \text{GKZ in \%}}{100}$$

Gewinnzuschlag wie oben

Herstellung eines Montagebocks: Material 120,– DM, Löhne 15 h je 12,– DM, Gemeinkosten 250 %, Gewinn 8 %. Wie hoch ist der Verkaufspreis?

Materialkosten		= 120,– DM
Lohnkosten =	$15 \cdot 12,-$	= 180,– DM
Gemeink. =	$\frac{180 \cdot 250}{100}$	= 450,– DM
Selbstkosten		= 750,– DM
Gewinn =	$\frac{750 \cdot 8}{100}$	= 60,– DM
Verkaufspreis		= **810,– DM**

Zuschlagsätze
in Prozent

Bei der zergliederten Zuschlagskalkulation werden die materialabhängigen Gemeinkosten auf das Material, die lohnabhängigen Gemeinkosten auf die Fertigungslöhne und die Verwaltungs- und Vertriebsgemeinkosten auf die Herstellkosten in getrennten Prozentsätzen verrechnet.

In kleinen Betrieben werden die gesamten Gemeinkosten in einem gemeinsamen Prozentsatz auf Einzelkosten, z.B. Fertigungslöhne, geschlagen.

$$\text{Materialgemeinkosten} = \frac{\text{Materialgemeinkosten in DM} \times 100}{\text{Materialeinzelkosten}}$$

$$\text{Fertigungsgemeinkosten} = \frac{\text{Fertigungsgemeinkosten in DM} \times 100}{\text{Fertigungslohnkosten}}$$

$$\text{Verwaltungsgemeinkosten} = \frac{\text{Verwaltungsgemeinkosten in DM} \times 100}{\text{Herstellkosten}}$$

$$\text{Vertriebsgemeinkosten} = \frac{\text{Vertriebsgemeinkosten in DM} \times 100}{\text{Herstellkosten}}$$

$$\text{Gemeinkostenzuschlag} = \frac{\text{kalkul. Gemeinkosten in DM} \times 100}{\text{Fertigungslohnkosten}}$$

Materialeinzelkosten 150000 DM, Materialgemeinkosten 22500 DM, Fertigungslöhne 120000 DM, Fertigungsgemeinkosten 228000 DM, Verwaltungskosten 52050 DM, Vertriebskosten 41640 DM. Berechnen Sie die Zuschlagsätze!

Herstellkosten = 520500 DM
Kalkul. Gemeinkosten = 344190 DM

Material-GK =	$\frac{22500 \cdot 100}{150000}$	= **15%**
Fertig.-GK =	$\frac{228000 \cdot 100}{120000}$	= **190%**
Verwalt.-GK =	$\frac{52050 \cdot 100}{520500}$	= **10%**
Vertriebs-GK =	$\frac{41640 \cdot 100}{520500}$	= **8%**
Gemeinkost. =	$\frac{344190 \cdot 100}{120000}$	= **287%**

Umsatzsteuer, Mehrwertsteuer

2

Steuerberechnung
aus dem Nettowert

Bemessungsgrundlage ist grundsätzlich das vereinbarte Entgelt (Sollbesteuerung).

| Regelsteuersatz | 11 % |
| ermäßigter Steuersatz | 5,5 % |

$$\text{Umsatzsteuer} = \frac{\text{Nettoverkaufspreis} \times \text{Steuersatz}}{100}$$

$$\text{Bruttoverkaufspreis} = \text{Nettoverkaufspreis} + \text{Umsatzsteuer}$$

$$\text{Bruttoverkaufspreis} = \frac{\text{Nettoverkaufspreis} \times (100 + \%\text{-Satz})}{100}$$

Pkw: Nettoverkaufspreis 8000 DM, Steuersatz 11%. Wie hoch ist der Bruttoverkaufspreis?

| Nettoverkaufspreis | = | 8000,– DM |

$$\text{USt} = \frac{8000 \cdot 11}{100} = 880,\!– \text{ DM}$$

Bruttoverkaufspreis = **8880,– DM**
oder

$$\text{Brutto-VP} = \frac{8000 \cdot 111}{100} = 8880,\!– \text{ DM}$$

Steuerberechnung
aus dem Bruttowert

Rechnungen unter 50,– DM müssen den Steuerbetrag nicht offen ausweisen. Es genügt die Angabe des Steuersatzes. Der Steuerbetrag muß erst aus dem Bruttowert ausgerechnet werden.

Steuersatz	Steuerteiler	Steuerfaktor
11 %	10,09	9,91
5,5 %	19,18	5,21

$$\text{Umsatzsteuer} = \frac{\text{Bruttoverkaufspreis} \times \text{Steuersatz}}{(100 + \text{Steuersatz})}$$

$$\text{Umsatzsteuer} = \frac{\text{Bruttoverkaufspreis} \times \text{Steuerfaktor}}{100}$$

$$\text{Umsatzsteuer} = \frac{\text{Bruttoverkaufspreis}}{\text{Steuerteiler}}$$

$$\text{Nettoverkaufspreis} = \text{Bruttoverkaufspreis} - \text{Umsatzsteuer}$$

$$\text{Nettoverkaufspreis} = \frac{\text{Bruttoverkaufspreis} \times 100}{(100 + \text{Steuersatz})}$$

Tankstellenrechnung: Bruttoverkaufspreis 38,85 DM, Steuersatz 11%. Wie hoch ist die Umsatzsteuer und der Nettoverkaufspreis?

$$\text{USt} = \frac{38,\!85 \cdot 11}{111} = 3,\!85 \text{ DM}$$
oder
$$\text{USt} = \frac{38,\!85 \cdot 9,\!91}{100} = 3,\!85 \text{ DM}$$
oder
$$\text{USt} = \frac{38,\!85}{10,\!09} = 3,\!85 \text{ DM}$$

Bruttoverkaufspreis	=	38,85 DM
Umsatzsteuer	=	3,85 DM
Nettoverkaufspreis	=	**35,00 DM**

oder
$$\text{Netto-VP} = \frac{38,\!85 \cdot 100}{111} = 35,\!00 \text{ DM}$$

Steuerberechnung
bei Austauschteilen

Austauschteile werden bei Rückgabe der Altteile billiger verkauft. Das steuerbare Entgelt setzt sich deshalb aus dem Wert der Austauschteile und dem Wert der Altteile zusammen. Der Wert des Altteils wird mit 10% des Listenpreises angesetzt.

Netto-VP der Austauschteile
+ USt der Austauschteile
+ Umsatzsteuer der Altteile
= Brutto-VP der Tauschteile

$$\text{USt der Tauschteile} = \frac{\text{Nettoverkaufspreis} \times \text{Steuersatz}}{100}$$

$$\text{USt der Altteile} = \frac{\text{Wert der Altteile} \times \text{Steuersatz}}{100}$$

$$\text{Wert der Altteile} = \frac{\text{Nettoverkaufspreis der Tauschteile}}{10}$$

Austauschmotor: Listenpreis 1 500,– DM, Steuersatz 11%. Wie hoch ist der Bruttoverkaufspreis?

$$\text{Wert AT} = \frac{1500}{10} = 150,\!00 \text{ DM}$$

| Nettoverkaufspreis | = | 1500,00 DM |

$$\text{USt TT} = \frac{1500 \cdot 11}{100} = 165,\!00 \text{ DM}$$

$$\text{USt AT} = \frac{150 \cdot 11}{100} = 16,\!50 \text{ DM}$$

Bruttoverkaufspreis = **1 681,50 DM**

Steuerberechnung
bei Agenturgeschäften

Im Agenturgeschäft verkauft der Kfz-Betrieb Waren im fremden Namen und auf fremde Rechnung. Für die Vermittlung erhält er eine Provision, die der Umsatzsteuer unterliegt.

$$\text{Umsatzsteuer} = \frac{\text{Vermittlerprovision} \times \text{Steuersatz}}{100}$$

Verkaufspreis vom Käufer
– Provision für Vermittler
– Umsatzsteuer für Provision
= Gutschrift für Auftraggeber

Lastschrift für Auftraggeber =
Vermittlerprovision + Umsatzsteuer

Gebrauchtwagen-Verkauf im Auftrag des Kunden: Verkaufserlös 4000 DM, Provision 10%, Steuersatz 11%. Wie hoch ist die Gutschrift für den Kunden?

| Verkaufserlös | = | 4000,– DM |

$$\text{Provision} = \frac{4000 \cdot 10}{100} = 400,\!– \text{ DM}$$

$$\text{USt} = \frac{400 \cdot 11}{100} = 44,\!– \text{ DM}$$

Gutschrift für Kunden = **3556,– DM**

Umsatzsteuerschuld
an das Finanzamt

Der Unternehmer hat nur den Steuerbetrag für den von ihm geschaffenen Mehrwert an das Finanzamt abzuführen. Deshalb kann er die von seinen Lieferern in Rechnung gestellte Umsatzsteuer (Vorsteuer) von dem Steuerbetrag, den er seinen Kunden im gleichen Zeitraum berechnet, abziehen.

Zu entrichtende Umsatzsteuer =
Umsatzsteuerschuld – Vorsteuer

Entgelt aus Lieferungen
+ Entgelt aus Leistungen
+ Eigenverbrauch
= steuerpflichtiger Umsatz

$$\text{Umsatzsteuerschuld} = \frac{\text{steuerpfl. Umsatz} \times \text{Steuersatz}}{100}$$

Vorsteuerabzüge = Bruttoeinkaufspreis – Nettoeinkaufspreis

USt-Voranmeldung: Entgelt für Lieferungen 40000 DM, für Leistungen 30000 DM, für Eigenverbrauch 5000 DM, Vorsteuer 3500 DM, Steuersatz 11%. Wie hoch ist die zu entrichtende Umsatzsteuer?

$$\text{USt Lief.} = \frac{40000 \cdot 11}{100} = 4400,\!– \text{ DM}$$

$$\text{USt Lei.} = \frac{30000 \cdot 11}{100} = 3300,\!– \text{ DM}$$

$$\text{USt Eig.} = \frac{5000 \cdot 11}{100} = 550,\!– \text{ DM}$$

Umsatzsteuerschuld	=	8250,– DM
Vorsteuerbeträge	=	3500,– DM
zu entricht. Umsatzst.	=	**4750,– DM**

Variable Kosten

Proportionale, direkte oder mengenabhängige Kosten

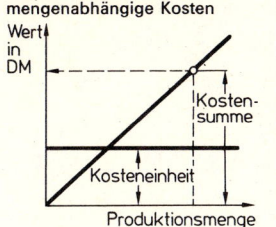

Variable Kosten je Einheit konstant

**Variable Kostensumme =
var. Kosten/LE × Produktionsmenge**

„Je größer die erstellte Menge, desto größer sind die variablen Kosten."

Wichtige variable Kosten sind:
- Materialeinzelkosten
- Fertigungslöhne und
- technische Gehälter
- einschließlich Sozialabgaben
- Lohnzuschläge
- Hilfs- und Betriebsstoffe
- Abschreibung nach Leistung

Variable Kosten je LE 3,– DM, Produktionsmenge 5 000 Stück. Wie hoch ist die variable Kostensumme?

Variable K. = 5 000 · 3,–   = **15 000,– DM**

Variable Kosten je Einheit: Material 9,– DM, Fertigungslöhne 2,– DM, sonstige Einzelkosten 4,– DM. Wie hoch sind die variablen Kosten je Einheit?

Materialkosten	=	9,– DM
Fertigungslöhne	=	2,– DM
sonstige Einzelkosten	=	4,– DM
variable Kosten je Einheit	=	**15,– DM**

Feste Kosten

Fixe, indirekte oder zeitabhängige Kosten, Kosten der Betriebsbereitschaft

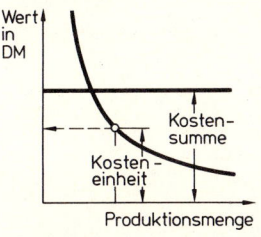

Summe der festen Kosten konstant

**Feste Kosten je Einheit =
Summe der festen Kosten einer Periode
───────────────────
Produktionsmenge**

„Je größer die Produktionsmenge, desto kleiner sind die festen Kosten je Mengeneinheit."

Wichtige feste Kosten sind:
- kaufmännische Gehälter
- einschließlich Sozialabgaben
- Unternehmerlohn
- Mietwert und Raumkosten
- Verzinsung des notwend. Kapitals
- Abschreibung nach Lebensdauer
- Beiträge und Versicherungen

Feste Kosten einer Kfz-Werkstatt:

kaufmännische Gehälter	=	12 000 DM
Sozialabgaben	=	2 400 DM
Unternehmerlohn	=	3 500 DM
Raumkosten	=	2 800 DM
Verzinsung	=	600 DM
Abschreibung	=	700 DM
sonstige feste Kosten	=	8 000 DM
feste Kosten im Monat	=	**30 000 DM**

Feste Kosten 38 600 DM, Produktionsmenge A 19 300 AW, B 15 440 AW. Wie hoch sind die Fixkosten je Arbeitswert?

Fixk. A = 38 600 : 19 300   = **2,00 DM**
Fixk. B = 38 600 : 15 440   = **2,50 DM**

Deckungsbeitrag (DB), Kostendeckungspunkt (KDP)

Gewinnschwelle

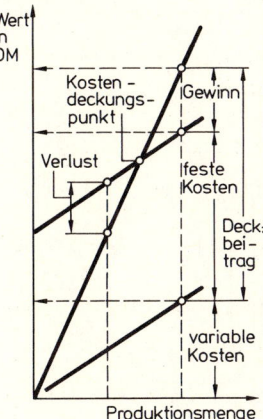

**Deckungsbeitrag I =
Lohn-, Verkaufserlöse – Variakosten**

**Deckungsbeitrag II (Gewinn) =
Deckungsbeitrag I – feste Kosten**

Deckungsbeitrag je Einheit oder spezifischer Deckungsbeitrag =
$$\frac{\text{Deckungsbeitrag I}}{\text{Produktionsmenge}}$$

Lohn-, Verkaufserlöse =
Verkaufspreis × Verkaufsmenge

spezifischer Deckungsbeitrag =
Lohnerlöse/LE – variable Kosten/LE

Lohnerlöse 25 000 DM, variable Kosten 8 000 DM. Wie hoch ist der Deckungsbeitrag?

Lohnerlöse	= 25 000 DM
variable Kosten	= 8 000 DM
Deckungsbeitrag I	= **17 000 DM**

Lohnerlöse/LE 3,– DM, verkaufte Menge 1 000 LE, variable Kosten/LE 2,– DM. Wie hoch ist der spez. Deckungsbeitrag?

Lohnerlöse = 1 000 · 3,–	= 3 000,– DM
Variakosten = 1 000 · 2,–	= 2 000,– DM
Deckungsbeitrag I	= 1 000,– DM

$$\text{spez. Deck'beitrag} = \frac{1\,000,-}{1\,000} = \textbf{1,— DM}$$

**Kostendeckungspunkt =
Produktionsmenge × feste Kosten
─────────────────
Deckungsbeitrag I**

**Kostendeckungspunkt =
feste Kosten
──────────
spez. Deckungsbeitrag**

Im Kostendeckungspunkt sind:
Deckungsbeitrag = feste Kosten

Produktionsmenge 10 000 AW, Deckungsbeitrag 25 000 DM, feste Kosten 22 000 DM. Wo liegt der Kostendeckungspunkt?

$$\text{KDP} = \frac{10\,000 \cdot 22\,000}{25\,000} = \textbf{8800 AW}$$

Fixkosten 22 000 DM, spez. DB 2,50 DM. Wo liegt der Kostendeckungspunkt?

KDP = 22 000 : 2,50   = **8800 AW**

Kosten je Einheit

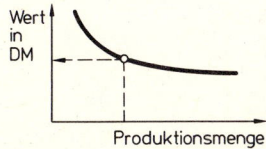

**Kosten je Einheit =
Variakosten/LE +
feste Kosten
────────────
Produktionsmenge**

**Kosten je Einheit =
Gesamtkosten der Produktion
──────────────────
Produktionsmenge**

Kosten/LE werden „Grenzkosten",wenn „Kosten je LE = Variakosten je LE"

Variakosten je km 0,16 DM, feste Kosten im Jahr 4 000 DM, Jahresleistung 20 000 km. Wie hoch sind die Kosten je km?

$$\frac{\text{Kosten}}{\text{je km}} = 0,16 + \frac{4\,000}{20\,000} = \textbf{0,36 DM}$$

Gesamtkosten 15 000 DM, Laufzeit 1 000 h. Wie hoch sind die Kosten je Stunde?

Kosten/h = 15 000,– : 1 000   = **15,– DM**

Abschreibung

Lineare Absetzung nach Nutzungsdauer

$$\text{AfA/Jahr} = \frac{\text{Anschaffungswert}}{\text{Nutzungsdauer}}$$

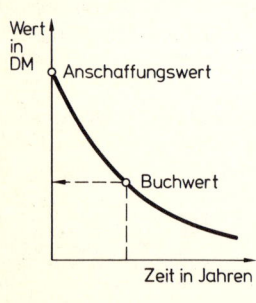

Wert in DM — Anschaffungswert, Buchwert, Zeit in Jahren

$$\text{AfA/Jahr} = \frac{\text{Ansch'wert} \times \text{AfA-Satz}}{100}$$

$$\text{AfA-Satz} = \frac{100}{\text{Nutzungsdauer}}$$

$$\text{Buchwert} = \text{Anschaffungswert} - \text{AfA}$$

AfA	Absetzung für Abnutzung
AfA/Jahr	gleichbleibende Quoten
AfA-Satz	vom Anschaffungswert

Säulen-Bohrmaschine, Anschaffungswert 8500 DM, Nutzungsdauer 10 Jahre. Wie hoch ist

a) der jährliche Absetzungsbetrag?
b) der Absetzungssatz?
c) der Buchwert nach 3 Jahren?

$$\text{AfA/Jahr} = \frac{8500}{10} = \mathbf{850\,DM}$$

$$\text{AfA-Satz} = \frac{100}{10} = \mathbf{10\%}$$

Anschaffungswert	= 8500 DM
AfA 3 J. = 850 · 3	= 2550 DM
Buchwert	= **5950 DM**

Lineare Absetzung nach Leistung

Die Absetzung nach Leistung berücksichtigt die Wertminderung durch Abnutzung und Beschädigung während der Benützung des Gegenstandes.

$$\text{AfA/Jahr} = \frac{\text{A'wert} \times \text{Jahresleistung}}{\text{Gesamtleistung}}$$

$$\text{AfA-Satz} = \frac{\text{Jahresleistung} \times 100}{\text{Gesamtleistung}}$$

$$\text{AfA/100 km} = \frac{\text{A'wert} \times 100\ \text{km}}{\text{Gesamtfahrleistung}}$$

Bereifung eines Lkw: 4 Reifen zu je 750 DM, Gesamtfahrleistung 40000 km, Jahresleistung 60000 km. Wie hoch ist der Absetzungsbetrag im Jahr?

$$\text{A'wert} = 750 \cdot 4 = 3000\ \text{DM}$$

$$\text{AfA/Jahr} = \frac{3000 \cdot 60000}{40000} = \mathbf{4500\,DM}$$

Lineare Absetzung nach Nutzungsdauer und Leistung

Bei der Ermittlung der Unterhaltskosten von Kfz wird die Abschreibung zu je 50% nach der Nutzungsdauer und nach der Fahrleistung errechnet.

$$\text{AfA}_{\text{Nutz}} = \frac{\text{Anschaffungswert}}{2 \times \text{Nutzungsdauer}}$$

$$\text{AfA}_{\text{Lstg}} = \frac{\text{A'wert} \times \text{Jahresleistung}}{2 \times \text{Gesamtleistung}}$$

$$\text{AfA/Jahr} = \text{AfA}_{\text{Nutz}} + \text{AfA}_{\text{Lstg}}$$

Pkw, A'wert ohne Reifen 12000 DM, Nutzung 6 Jahre, Leistung gesamt 200000 km, im Jahr 30000 km. Wie hoch ist die lineare Absetzung im Jahr?

$$\text{AfA}_{\text{Nutz}} = \frac{12000}{2 \cdot 6} = 1000\ \text{DM}$$

$$\text{AfA}_{\text{Lstg}} = \frac{12000 \cdot 30000}{2 \cdot 200000} = 900\ \text{DM}$$

$$\text{AfA/Jahr} = \mathbf{1900\,DM}$$

Degressive Absetzung

Wert in DM — Anschaffungswert, Buchwert, Zeit in Jahren

$$\text{AfA/Jahr} = \frac{\text{Buchwert} \times \text{AfA-Satz}}{100}$$

Anschaffungswert
− AfA im 1. Jahr
= Buchwert nach 1 Jahr
− AfA im 2. Jahr
= Buchwert nach 2 Jahren
− AfA im 3. Jahr
= Buchwert nach 3 Jahren
− AfA im ... Jahr
= Buchwert nach ... Jahren

AfA	Absetzung für Abnutzung
AfA/Jahr	fallende Quoten
AfA-Satz	vom Buchwert max. 20%

Anschaffungswert einer Maschine 12000 DM. Nutzungsdauer 10 Jahre, degressiver AfA-Satz 20%. Wie hoch ist der Buchwert der Maschine nach 4 Jahren?

Anschaffungswert	= 12000 DM

$$\text{AfA 1. Jahr} = \frac{12000 \cdot 20}{100} = 2400\ \text{DM}$$

Buchwert nach 1 Jahr = 9600 DM

$$\text{AfA 2. Jahr} = \frac{9600 \cdot 20}{100} = 1920\ \text{DM}$$

Buchwert nach 2 Jahren = 7680 DM

$$\text{AfA 3. Jahr} = \frac{7680 \cdot 20}{100} = 1536\ \text{DM}$$

Buchwert nach 3 Jahren = 6144 DM

$$\text{AfA 4. Jahr} = \frac{6144 \cdot 20}{100} = 1229\ \text{DM}$$

Buchwert nach 4 Jahren = **4915 DM**

Degressiv-Lineare AfA

Bei der degressiven AfA werden bei fortschreitender Nutzungsdauer die AfA-Quoten immer niedriger. Deshalb kann man von der degressiven auf die lineare AfA wechseln. Der Zeitpunkt des Wechsels ist beliebig.

$$\text{AfA}_{\text{degr}} = \frac{\text{Buchwert} \times \text{AfA-Satz}}{100}$$

$$\text{AfA}_{\text{lin}} = \frac{\text{Rest-Buchwert}}{\text{Rest-Nutzungsdauer}}$$

Wechsel von der degressiven auf die lineare Absetzung, wenn „AfA degressiv = AfA linear" ist.

Maschine A'wert 20000 DM, degr. AfA-Satz 20%, N'dauer 8 Jahre, AfA-Wechsel nach 3 Jahren. Wie hoch wird die lineare Absetzungsquote?

Buchwert 1 = 20000 − 4000 = 16000 DM
Buchwert 2 = 16000 − 3200 = 11800 DM
Buchwert 3 = 11800 − 2360 = 9440 DM

AfA lin. = 9440 : 5 = **1888 DM**

Kalkulatorische Abschreibung

Für kalkulatorische Zwecke muß die Abschreibung verrechnet werden, die der tatsächlichen Wertminderung entspricht.

Kalkulatorische Abschreibung = tatsächliche Wertminderung − AfA

tatsächliche Wertminderung = Buchwert − Verkehrswert

Prüfgerät, A'wert 6000 DM, Nutzung 6 Jahre. Verkauf nach 3 Jahren um 800 DM. Wie hoch ist die kalkulatorische Abschreibung?

Buchwert 3 = 6000 − 3000 = 3000 DM
Verkaufserlös = 800 DM
kalkulatorische Abschreibung = **2200 DM**

Prüfstände	DM
Anlasser-Prüfstand	4 500
Bremsprüfstand	17 000
Leistungs-Funktionsprüfstand, Kühlgebläse	27 000
Lichtmaschinen-Prüfstand	11 000

Prüf- und Testgeräte

	DM
Abgastester	1 000
Achsmeßgerät, optisch	6 000
Ausrichtschlitten für Achsmeßgerät	700
Bremsprüf- und Entlüftungsgerät	1 000
Bremsprüfkoffer (Lkw)	850
Bremspedalbelaster, -kraftmesser	600
Bremsverzögerungs-, Pedalkraftschreiber	800
CO-Abgastester, Lastkondenser	3 500
CO-Abgastester für Dieselmotoren	300
Dichtheitsprüfgerät für Kühlsystem	120
Diodenprüfgerät	400
Drehzahlmesser für Dieselmotoren	400
Drehzahl- und Schließwinkelmeßgerät	600
Druck- und Unterdruckprüfgerät	400
Düsenprüfgerät für Dieselmotoren	260
Fahrtschreiberprüf- und Kontrollgeräte	5 000
Kompressionsdruckschreiber für Ottomotoren	250
Kompressionsdruckschreiber für Dieselmotoren	250
Motortester mit Oszilloscope	6 000
Prüfstecker	80
Reifendruck- und Füllmesser	250
Reifenfüllmesser tragbar mit Druckbehälter	500
Reifenprüfwanne	150
Scheinwerferprüf-, Einstellgerät, Luxmeter	900
Spurmeßgerät mit Meßuhr	450
Synchrontester für Mehrvergaseranlagen	170
Volt-Ampere-Tester	400
Zündkerzenprüf- und Reinigungsgerät	400
Zündzeitprüf- und Einstell-Lampe	250
Zylinderausleuchtlampe	1 600
Zylinderdichtheitsprüfgerät	450

Instandsetzungsgeräte für Aggregate und Teile

	DM
Batterieladegerät	1 400
Bördel-, Biege-, Schneidwerkz. für Bremsleitungen	280
Bremsbackenabdrehgerät (Lkw)	8 000
Bremsbackenabschleifgerät (Lkw)	2 600
Bremsbelag-Nietmaschine (Lkw)	1 200
Bremstrommeldreh- und Schleifmaschine	12 000
Kollektorsäge	950
Radauswuchtmaschine stationär	5 000
Radauswuchtmaschine mobil	4 500
Reifenmontiergeräte mit Montageplatte	2 500
Sonderwerkzeuge z. B. Abziehvorrichtungen	• • • •
Spezialwerkzeug nach Fabrikat verschieden	• • • •
Ventilkegel-Bearbeitungsgeräte	1 650
Ventilsitz-Drehwerkzeug	2 500
Ventilsitz-Schleifmaschine	4 400

Instandsetzungsgeräte für Karosserie und Rahmen

	DM
Blechknabber	900
Farbspritzpistole	220
Karosserie-Richtbank mit Zubehör	24 000
Karosserie-Richtgeräte	4 800
Spannwerkzeuge	200
Sprühpistole für Hohlraumkonservierung	150

Werkstatteinrichtung

	DM
Arbeitsplatzleuchte	80
Ballon für Säure und Wasser	120
Bankwerkzeuge, ein Satz	400
Batteriedienstkasten	150
Batteriewagen	120
Handlampen	80
Feuerlöscher	140
Filterreinigungsgerät	300
Gewindeschneidwerkzeuge, ein Satz	120
Hebelschere	450

	DM
Hochdruck-Heißwasserstrahler	5 500
Kehrmaschine	3 000
Kotflügelschoner	30
Lederwringe	130
Luftkompressor	2 100
Meßwerkzeuge: Schieb-, Schraublehre, Meßuhr	300
Montageregal	250
Montageroller	120
Montagewerkzeuge, ein Satz	900
Reibahlen, ein Satz	150
Richtplatte	800
Sägemehl- und Putzwollbehälter	200
Schneidwerkzeuge	160
Spiralbohrer, ein Satz	130
Staubsauger	1 000
Teile-Reinigungsanlage	2 200
Tropfwanne	60
Verbandskasten	150
Wasserkanne	40
Wasserwaage	60
Werkbank 3 000 × 850 × 800 mit Schraubstock	500
Werkstattpult	200
Werkzeugkasten leer	50
Werkzeugschrank leer	200
Werkzeugwagen	750

Allgemeine Werkzeugmaschinen und Geräte

	DM
Druckluft-Handbohrmaschine	350
Elektro-Handbohrmaschine	500
Ständerbohrmaschine	4 500
Tischbohrmaschine	1 600
Drehmaschine mit Zug- und Leitspindel	12 200
Meißelhammer	800
Achsschenkelbolzenpresse	2 100
Hydraulische Werkstattpresse	7 000
Tischdornpresse	800
Poliermaschine	700
Schlagschrauber	800
Handschleifmaschine	600
Winkelschleifmaschine	700
Doppelschleifbock	800
Schweißbrennergarnitur für Gas/Sauerstoff	500
Lötgeräte	180
Elektro-Schweißgerät	1 500
Schutzgasschweißgerät	4 800
Punktschweißgerät	3 500

Ölgeräte

	DM
Abschmierpresse	960
Fahrbare Altölwanne	250
Ölspender	2 000
Getriebeölfüller	350

Hebezeuge

	DM
Grubenlift	800
Dreiebenenstand (Triostand)	6 000
Hebebühne, 1-Stempel, für Waschhalle	4 000
Hebebühne, 2-Säulen, für Werkstatt	6 800
Nachhub-Einrichtung für Hebebühne	2 800
Hebegeräte fahrbar	7 000
Kettenzug	800
Hubstabler	25 000
Motor- und Getriebeheber	3 500
Transportwagen	500
Unterstellböcke	80
Wagenheber	200
Rangierheber	2 000

Kraftfahrzeuge

	DM
Geschäftswagen (Transporter)	18 000
Vorführwagen	10 000
Abschleppwagen	25 000
Abschleppachsen	1 500

2

Maschinenkosten, Arbeitsplatzkosten

Anschaffungswert

Der Anschaffungswert setzt sich zusammen aus dem Preis der Maschine und des Sonderzubehörs, den Kosten der Verpackung, des Transports und der Aufstellung. Wegen der Kostensteigerung können jährlich $\approx$ 6 % zugeschlagen werden.

	Kaufpreis der Maschine einschl. Normalzubehör
+	Sonderzubehör
−	Liefererrabatt
=	Einkaufspreis
+	Verpackungskosten
+	Transportkosten
+	Fundamentkosten
+	Aufstellungskosten
=	Anschaffungswert

Bohrmaschine, Bohrleistung 25/30 mm:

Kaufpreis der Maschine	= 4300,– DM
Kühlmitteleinrichtung	= 620,– DM
Motorschutzschalter	= 180,– DM
abzüglich Rabatt 10 %	= 510,– DM
Einkaufspreis	= 4590,– DM
Verpackung	= 50,– DM
Fracht	= 120,– DM
Aufstellung	= 80,– DM
Anschaffungswert	= 4840,– DM

Feste Kosten

Zeitabhängige Kosten, masch'abhängige Gemeinkosten

Nutzungsdauer
Maschinen   10 Jahre
Zinsfuß   6...8 %
vom halben Anschaffungswert
m²-Kosten im Jahr 40...70 DM
Flächenbedarf   10...20 m²
Instandhaltung I   3...8 %
von $^1/_3$ Anschaffungswert

$$\text{Abschreibung} = \frac{\text{Anschaffungswert}}{\text{Nutzungsdauer in Jahren}}$$

$$\text{kalkulatorische Verzinsung} = \frac{\text{Anschaffungswert} \times \text{Zinsfuß}}{2 \times 100}$$

$$\text{Raumkosten} = \text{Flächenbedarf} \times \text{m}^2\text{-Kosten}$$

$$\text{Instandhaltungskosten I} = \frac{\text{Anschaffungswert} \times \text{Prozentsatz}}{3 \times 100}$$

Fräsmaschine, Anschaffungswert 15 000 DM, Nutzungsdauer 10 Jahre, Zinsfuß 8 %, m²-Kosten 50 DM, Flächenbedarf 14 m², Instandhaltung 4 %. Wie groß sind die festen Kosten im Jahr?

Abschreibung = 15 000 : 10		= 1 500,– DM
Zins $= \dfrac{15\,000 \cdot 8}{2 \cdot 100}$		= 600,– DM
Raumkosten = 50 · 14		= 700,– DM
Instandhalt. $= \dfrac{15\,000 \cdot 4}{3 \cdot 100}$		= 200,– DM
feste Kosten im Jahr		= **3000,– DM**

Bewegliche Kosten

Mengenabhängige Kosten
a) masch'abh. Gemeinkosten
 • Instandhalt. II   3...8 %
 von $^2/_3$ Anschaff'wert
 • Energiekosten
 Laufzeit im Jahr 1 600 h
 bei voller Nutzung
 kWh-Preis 0,10...0,15 DM
 • Werkzeugkosten
 je Stunde 1,50...5,00 DM
b) Fertigungslohn
 Std'lohn   8,00...12,0 DM
c) Restgemeinkosten
 Gemein'satz 80...150 %

$$\text{Instandhaltungskosten II} = \frac{2 \times \text{Anschaffungswert} \times \text{Prozentsatz}}{3 \times 100}$$

$$\text{Energiekosten} = \text{Nennleistung} \times \text{Laufzeit} \times \text{kWh-Preis}$$

$$\text{Werkzeugkosten} = \text{Werkzeugkosten je Stunde} \times \text{Laufzeit im Jahr in Stunden}$$

$$\text{Fertigungslohn} = \text{Stundenlohn} \times \text{Laufzeit in Stunden}$$

$$\text{Restgemeinkosten} = \frac{\text{Fertigungslohn} \times \text{Gemeinkostensatz}}{100}$$

Schleifmaschine, Anschaffungswert 9 000 DM, Instandhaltung 5 %, Antriebsleistung 5 kW, kWh-Preis 0,10 DM, Laufzeit im Jahr 1 600 h, Werkzeugkosten je Stunde 2,50 DM, Stundenlohn 12 DM, Restgemeinkosten 80 %, Ausnutzung 50 %. Wie hoch sind die beweglichen Kosten?

Instand. = 2/3 · 9000 · 5%	=	300 DM
Energie = 5 · 1 600 · 0,10	=	800 DM
Werkz. = 2,50 · 1 600	=	4 000 DM
maschinenabhängige Kosten		5 100 DM
Lohn = 12 · 1 600	=	19 200 DM
Gemeink. = 19 200 · 80 %	=	15 360 DM
bewegliche Kosten Vollnutzg.	=	39 660 DM
bew. Ko. = 39 660 · 50 %	=	**19 830 DM**

Maschinenkosten

Die maschinenabhängigen Gemeinkosten werden außerhalb des BAB auf einer Maschinenkosten-Berechnungskarte unter Berücksichtigung der voraussichtlichen Laufzeit auf eine Betriebsstunde der Maschine bezogen.

	Abschreibung
+	kalkulatorische Verzinsung
+	Raumkosten
+	Instandhaltungskosten
+	Energiekosten
+	Werkzeugkosten
=	Maschinenkosten im Jahr

Maschinenkosten im Jahr =
= feste Kosten + bewegliche Kosten

$$\text{bewegl. Maschinenkosten im Jahr} = \text{bewegliche Kosten bei Vollnutzung} \times \frac{\text{Beschäft'grad}}{100}$$

$$\text{Maschinen-Stundensatz} = \frac{\text{Maschinenkosten im Jahr}}{\text{tatsächliche Laufzeit im Jahr}}$$

Drehmaschine 165 mm × 635 mm, Anschaffungswert 16 000 DM, Nutzungsdauer 8 Jahre, Zinsfuß 8 %, Flächenbedarf 15 m², m²-Kosten 48 DM, Instandhaltung 3 %, kWh-Preis 0,30 DM, Laufzeit 1 600 h, Antriebsleistung 5 kW, Werkzeugkosten 1,50 DM je Stunde, Stundenlohn 9 DM, Restgemeinkosten 120 %.
Wie hoch sind
a) der Maschinen-Stundensatz?
b) die Arbeitsplatzkosten je Stunde?

AfA	= 16 000 : 8	= 2 000 DM
Zins	= 16 000 : 2 · 8 %	= 640 DM
Raumk.	= 15 · 48	= 720 DM
Inst.	= 16 000 · 3 %	= 480 DM
Strom	= 5 · 0,3 · 1 600	= 2 400 DM
W'zeug	= 1 600 · 1,50	= 2 400 DM
Maschinenkosten im Jahr		= 8 640 DM
Lohn	= 1 600 · 9,00	= 14 400 DM
Restg.	= 14 400 · 120 %	= 17 280 DM
Arbeitsplatzkosten im Jahr		= 40 320 DM

Arbeitsplatzkosten

Die Kosten eines Arbeitsplatzes berechnen sich aus den Maschinenkosten und den Lohn- und Restgemeinkosten.

Die restlichen Gemeinkosten ergeben sich aus dem BAB, sie werden in einem Prozentsatz der Fertigungslöhne ausgedrückt.

	Maschinenkosten im Jahr
+	Fertigungslöhne im Jahr
+	Restgemeinkosten im Jahr
=	Arbeitsplatzkosten im Jahr

$$\text{Arbeitsplatzkosten je Stunde} = \frac{\text{Arbeitsplatzkosten im Jahr}}{\text{tatsächl. Laufzeit im Jahr}}$$

    Maschinen-Stundensatz
+ Fertigungslohn je Stunde
+ Restgemeinkosten je Stunde
= Arbeitsplatzkosten je Stunde

Maschinen-Stundensatz = 8 640 : 1 600		= **5,40 DM**
Arbeitsplatzkosten je Stunde = 40 320 : 1 600		= **25,20 DM**

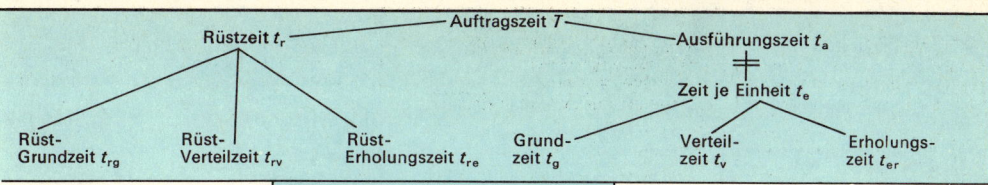

| Rüst-Grundzeit t_{rg} | Rüst-Verteilzeit t_{rv} | Rüst-Erholungszeit t_{re} | Grund-zeit t_g | Verteil-zeit t_v | Erholungs-zeit t_{er} |

Vorgabezeiten

Rüstzeit: Sollzeit zum Vor- und Nachbereiten der Betriebs- und Hilfsmittel.

Zeit je Einheit: Sollzeit zum Ausführen eines Arbeitsablaufes.

Ausführungszeit: Sollzeit zum Ausführen der Arbeitsabläufe der Menge m.

Auftragszeit: Sollzeit zum Rüsten und Ausführen innerhalb eines Auftrags.

Grundzeit
+ Verteilzeit
+ Erholungszeit
= Zeit je Einheit

Rüstgrundzeit
+ Rüstverteilzeit
+ Rüsterholungszeit
= Rüstzeit des Auftrags

Ausführungszeit t_a =
Zeit je Einheit × Auftragsmenge

Auftragszeit T =
Ausführungszeit + Rüstzeit

Dreharbeit: Bolzen überdrehen. Auftragsmenge 400 Stück, Grundzeit 2,5 min, Verteilzeit 10 % der Grundzeit, Erholungszeit 0 min, Rüstzeit 30 min. Berechnen Sie die Auftragszeit T!

Grundzeit	= 2,50 min
Verteilzeit = 2,5 · 10 %	= 0,25 min
Erholungszeit	= 0,00 min
Zeit je Einheit	= 2,75 min
Ausführ'zeit = 2,75 · 400	= 1100 min
Rüstzeit	= 30 min
Auftragszeit	= **1130 min**

Zeit je Einheit
Stückzeit

Grundzeit: Sollzeit für das planmäßige Ausführen eines Arbeitsablaufes.

Verteilzeit: Unregelmäßig auftretende, zusätzliche Zeit bei der Fertigung.

Erholungszeit: Zeit zur Erholung des Menschen.

Verteil- und Erholungszeit werden häufig als prozentualer Zuschlag zur Grundzeit angegeben.

Zeit je Einheit =
Grundzeit + Verteilzeit + Erholungszeit

Grundzeit = Hauptzeit + Nebenzeit

Hauptzeit beim Drehen in min =
$$\frac{\text{Drehlänge im Vorschub × Schnittzahl}}{\text{Vorschub je Umdr. × Drehzahl je min}}$$

Hauptzeit beim Bohren in min =
$$\frac{\text{Bohrweg im Vorschub × Lochzahl}}{\text{Vorschub je Umdr. × Drehzahl je min}}$$

Hauptzeit beim Fräsen in min =
$$\frac{\text{Fräsweg im Vorschub × Schnittzahl}}{\text{Vorschub je Umdr. × Drehzahl je min}}$$

Verteil- bzw. Erholungszeit =
$$\frac{\text{Grundzeit × Zuschlagsatz in \%}}{100}$$

Dreharbeit: Büchse ausdrehen. Auftragsmenge 200 Stück, Drehlänge 90 mm, Schnittzahl 2, Vorschub 0,2 mm/Umdr., Innen⌀ 50 mm, Drehzahl 300/min, Verteilzeit 10 %, Erholungszeit 0 min, Rüstzeit 30 min, Nebenzeit 0,5 min. Berechnen Sie die Auftragszeit T!

Hauptzeit = $\frac{90 \cdot 2}{0,2 \cdot 300}$	= 3,00 min
Nebenzeit	= 0,50 min
Grundzeit	= 3,50 min
Verteilzeit = $\frac{3,5 \cdot 10}{100}$	= 0,35 min
Erholungszeit	= 0,00 min
Zeit je Einheit	= 3,85 min
Ausführzeit = 3,85 · 200	= 770 min
Rüstzeit	= 30 min
Auftragszeit	= **800 min**

Fertigungskosten je Stück

Die Fertigungskosten je Stück geben an, welche Kosten die erzeugte Einheit an der betreffenden Kostenstelle verursacht.

Bei Massenfertigung von einheitlichen Erzeugnissen werden alle anfallenden Fertigungskosten (Fertigungslöhne + Gemeinkosten) gesondert ermittelt und auf das einzelne Stück der erzeugten Menge verteilt. Einfacher wird die Kostenrechnung, wenn man von den Platzkosten ausgeht, d.h. von den Fertigungskosten, die der erforderliche Arbeitsplatz in einer Arbeitsstunde verursacht.

Fertigungskosten je Stück =
$\frac{\text{Kosten}}{\text{je Einheit}} + \frac{\text{Rüstkosten}}{\text{je Einheit}}$

Kosten je Einheit =
$$\frac{\text{Zeit je Einheit × Platzkosten je h}}{60}$$

Rüstkosten je Einheit =
$$\frac{\text{Rüstzeit × Platzkosten je Stunde}}{60 × \text{Auftragsmenge}}$$

Fertigungskosten je Stück =
$$\frac{\text{Auftragszeit × Platzkosten/Stunde}}{60 × \text{Auftragsmenge}}$$

Fertigungskosten je Stück =
$\frac{\text{feste Auftragskosten}}{\text{Auftragsmenge}} + \frac{\text{bew. Kosten}}{\text{je Einheit}}$

Auftrag: 15 000 Ventilführungen herstellen. Zeit je Einheit 3 min, Rüstzeit 600 min, Arbeitsplatzkosten je Stunde 30,– DM. Wie groß sind die Fertigungskosten je Stück?

Kosten je LE = $\frac{3 \cdot 30}{60}$	= 1,50 DM
Rüst-kosten je LE = $\frac{600 \cdot 30}{60 \cdot 15\,000}$	= 0,02 DM
Fertigungskosten je Stück	= 1,52 DM

oder
Ausführ'zeit = 15 000 · 3	= 45 000 min
Rüstzeit	= 600 min
Auftragszeit	= 45 600 min
Fertigungs-kosten/Stück = $\frac{45\,600 \cdot 30}{60 \cdot 15\,000}$	= **1,52 DM**

Stückkosten
Verkaufspreis je Stück

Die Stückkosten werden aus den Material- und Fertigungskosten je Stück, dem Kostenanteil für Verwaltung und Vertrieb sowie einem kalkulatorischen Gewinnzuschlag ermittelt.

Materialkosten je Stück
+ Fertigungskosten je Stück
= Herstellkosten je Stück
+ Verwaltungs-, Vertriebskosten
= Selbstkosten
+ Gewinnzuschlag
= Stückkosten ohne Umsatzsteuer

Stückkosten = $\frac{\text{Kosten des Auftrags}}{\text{erzeugte Menge}}$

Kostenrechnung für eine Ventilführung:

Materialkosten	= 0,18 DM
Fertigungskosten	= 1,52 DM
Herstellkosten	= 1,70 DM
Verwalt'kosten = 1,70 · 50 %	= 0,85 DM
Selbstkosten	= 2,55 DM
Gewinnzuschlag = 2,55 · 20 %	= 0,51 DM
Verkaufspreis	= **3,06 DM**

2

Unterhaltskosten von Kraftfahrzeugen

Anschaffungskosten
Bezugspreis

Durchschnittliche Verzinsung aus 50 % der Anschaffungskosten mit Bereifung.

Abschreibung I und II je 50 % der Anschaffungskosten ohne Bereifung.

Kaufpreis ab Herstellerwerk
+ Überführungskosten
+ Zulassungskosten
= Anschaffungskosten mit Reifen

Anschaffungskosten des Kfz
− Kosten der Bereifung
= Anschaffungskosten ohne Reifen

Kosten der Bereifung =
Kaufpreis je Reifen × 5 Reifen

Kaufpreis ab Werk 15 630 DM, 5 Reifen je 160 DM, Überführung 240 DM, Zulassung 130 DM. Wie hoch sind die Anschaffungskosten ohne Bereifung?

Kaufpreis ab Werk	=	15 630 DM
Überführung	=	240 DM
Zulassung	=	130 DM
Anschaffungskosten m. R.	=	16 000 DM
Bereifung = 160 · 5	=	800 DM
Anschaffungskosten o. R.	=	**15 200 DM**

Feste Kosten
Haltungskosten

Feste Kosten entstehen zur Aufrechterhaltung der Fahrbereitschaft in einer bestimmten Zeitperiode unabhängig davon, ob gefahren wird oder nicht.

Zinsfuß	6 … 8 %
Lebensdauer Kfz	4 … 8 J.
Kfz-Steuer/100 cm³	14,40 DM
Versicherungssteuer	5 %

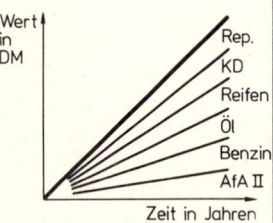

Verzinsung des Kapitals
+ Abschreibung nach Lebensdauer
+ Kraftfahrzeugsteuer
+ Kfz-Haftpflichtversicherung
+ Fahrzeugversicherung
+ Versicherungssteuer
+ Unterstellung des Kfz
+ Sonstiges, z. B. Fahrerlohn
= feste Kosten in einem Jahr

$$\text{Verzinsung} = \frac{\text{Anschaffungskosten m. R.} \times \text{Zinsfuß}}{2 \times 100}$$

$$\text{Abschreibung I} = \frac{\text{Anschaffungskosten ohne Bereifung}}{2 \times \text{Lebensdauer}}$$

$$\text{Unterstellkosten} = \text{Garagenmiete im Monat} \times 12 \text{ Monate}$$

$$\text{Versicherungssteuer} = \frac{\text{Versi'prämie im Jahr} \times \text{Steuersatz}}{100}$$

Versicherungsprämie siehe Tabelle

Anschaffungskosten 16 000 DM, 5 Reifen zu je 160 DM, Zinsfuß 7 %, Lebensdauer 8 Jahre, Motorhubraum 2 000 cm³, Haftpflicht 880 DM, Fahrzeugversicherung 140 DM, Versicherungssteuer 5 %, Garagenmiete im Monat 60 DM. Wie hoch sind die festen Kosten im Jahr?

Anschaffungskosten	=	16 000 DM
Bereifung = 160 · 5	=	800 DM
Anschaffungskosten o. R.	=	15 200 DM

$$\text{Verzinsung} = \frac{16\,000 \cdot 7}{2 \cdot 100} = 560 \text{ DM}$$

$$\text{Abschr. I} = \frac{15\,200}{2 \cdot 8} = 950 \text{ DM}$$

Kfz-Steuer = 20 · 14,40	=	288 DM
Haftpflicht		880 DM
Fahrzeugversicherung		140 DM

$$\text{V-Steuer} = \frac{1\,020 \cdot 5}{100} = 51 \text{ DM}$$

Garage = 60 · 12	=	720 DM
feste Kosten im Jahr	=	**3589 DM**

Bewegliche Kosten
Betriebskosten

Bewegliche Kosten entstehen durch den Betrieb des Kfz; sie sind abhängig von den gefahrenen Kilometern und verändern sich mit der Fahrleistung.

Ø Gesamtfahrleistung:
Pkw	200 000 km
Lkw	400 000 km
Reifen	20 000 … 40 000 km

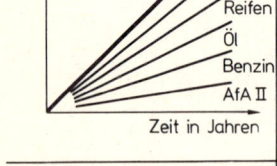

Abschreibung nach Fahrleistung
+ Kraftstoffkosten
+ Motorölkosten incl. Ölwechsel
+ Kostenanteil für Bereifung
+ Wartung laut KD-Scheckheft
+ Rücklage für Verschleißreparatur
= bewegliche Kosten auf 100 km

$$\text{Abschreibung II} = \frac{\text{Anschaffungskosten o. R.} \times 100 \text{ km}}{2 \times \text{Gesamtfahrleistung}}$$

$$\text{Kraftstoffkosten} = \text{Verbrauch auf 100 km} \times \text{Preis je l}$$

$$\text{Motorölkosten} = \text{Verbrauch auf 100 km} \times \text{Preis je l}$$

$$\text{Kostenanteil der Bereifung} = \frac{\text{Kosten der Bereifung} \times 100 \text{ km}}{\text{Gesamtfahrleistung der Reifen}}$$

$$\text{Bewegliche Kosten im Jahr} = \frac{\text{bew. Kosten auf 100 km} \times \text{Fahrleistung in einem Jahr}}{100 \text{ km}}$$

Anschaffungskosten ohne Bereifung 15 200 DM, Gesamtfahrleistung des Pkw 200 000 km, Fahrleistung im Jahr 30 000 km, Kraftstoffverbrauch auf 100 km 12,5 l zu 0,88 DM, Motorölverbrauch auf 100 km 0,2 l zu je 7,50 DM, Reifen 5 Stück nach 32 000 km zu je 160 DM, Wartung 1,40 DM/100 km, Rücklage für Verschleißreparaturen 5,30 DM je 100 km. Wie hoch sind die beweglichen Kosten im Jahr?

$$\text{Abschr. II} = \frac{15\,200 \cdot 100}{2 \cdot 200\,000} = 3,80 \text{ DM}$$

Kraftstoff = 12,5 · 0,88	=	11,00 DM
Motorenöl = 0,2 · 7,50	=	1,50 DM

$$\text{Bereifung} = \frac{5 \cdot 160 \cdot 100}{32\,000} = 2,50 \text{ DM}$$

Wartung		1,40 DM
Rücklage		5,30 DM
Bewegl. Kosten auf 100 km		25,50 DM

$$\text{bewegliche Kosten im Jahr} = \frac{25,50 \cdot 30\,000}{100} = \textbf{7650 DM}$$

Kilometerkosten

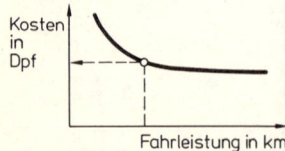

$$\text{Gesamtkosten im Jahr} = \text{feste Kosten} + \text{bewegliche Kosten}$$

$$\text{Kilometerkosten} = \frac{\text{Gesamtkosten im Jahr}}{\text{Fahrleistung im Jahr}}$$

$$\text{Kilometerkosten} = \frac{\text{bewegliche Kosten/km}}{} + \frac{\text{feste Kosten i. J.}}{\text{Fahrleistung i. J.}}$$

Feste Kosten im Jahr 3 590 DM, bewegliche Kosten/100 km 25,50 DM, Fahrleistung im Jahr 30 000 km. Wie hoch sind die Gesamtkosten und Kilometerkosten?

feste Kosten	=	3590 DM
bew. Kosten = 25,50 · 300	=	7650 DM
Gesamtkosten im Jahr	=	**11 240 DM**

$$\text{Kilometerkosten} = \frac{11\,240}{30\,000} = \textbf{0,375 DM}$$

Steuer für Zweiradfahrzeuge in DM

Hubraum cm³	1 Jahr	1/2 Jahr	1/4 Jahr	Hubraum cm³	1 Jahr	1/2 Jahr	1/4 Jahr
25	5,–	5,–	5,–	425	61,20	31,50	16,20
50	7,20	5,–	5,–	450	64,80	33,30	17,10
75	10,80	5,50	5,–	475	68,40	35,20	18,10
100	14,40	7,40	5,–	500	72,–	37,–	19,–
125	18,–	9,20	5,–	525	75,60	38,90	20,–
150	21,60	11,10	5,70	550	79,20	40,70	20,90
175	25,20	12,90	6,90	575	82,80	42,60	21,90
200	28,80	14,80	7,60	600	86,40	44,40	22,80
225	32,40	16,60	8,50	625	90,–	46,30	23,80
250	36,–	18,50	9,50	650	93,60	48,20	24,80
275	39,60	20,30	10,40	675	97,20	50,–	25,70
300	43,20	22,20	11,40	700	100,80	51,90	26,70
325	46,80	24,10	12,40	750	108,–	55,60	28,60
350	50,40	25,90	13,30	800	115,20	59,30	30,50
375	54,–	27,80	14,30	900	129,60	66,70	34,30
400	57,60	29,60	15,20	1 000	144,–	74,10	38,10

Steuer für Personen- und Kombinationskraftwagen in DM

Hubraum cm³	1 Jahr	1/2 Jahr	1/4 Jahr	Hubraum cm³	1 Jahr	1/2 Jahr	1/4 Jahr
1 100	158,40	81,50	41,90	3 100	446,40	229,80	118,20
1 200	172,80	88,90	45,70	3 200	460,80	237,30	122,10
1 300	187,20	96,40	49,60	3 300	475,20	244,70	125,90
1 400	201,60	103,80	53,40	3 400	489,60	252,10	129,70
1 500	216,–	111,20	57,20	3 500	504,–	259,50	133,50
1 600	230,40	118,60	61,–	3 600	518,40	266,90	137,30
1 700	244,80	126,–	64,80	3 700	532,80	274,30	141,10
1 800	259,20	133,40	68,60	3 800	547,20	281,80	145,–
1 900	273,60	140,90	72,50	3 900	561,80	289,20	148,80
2 000	288,–	148,30	76,30	4 000	576,–	296,60	152,60
2 100	302,40	155,70	80,10	4 100	590,40	304,–	156,40
2 200	316,80	163,10	83,90	4 200	604,80	311,40	160,20
2 300	331,20	170,50	87,70	4 300	619,20	318,80	164,–
2 400	345,60	177,90	91,50	4 400	633,60	326,30	167,90
2 500	360,–	185,40	95,40	4 500	648,–	333,70	171,20
2 600	374,40	192,80	99,20	4 600	662,40	341,10	175,50
2 700	388,80	200,20	103,–	4 700	676,80	348,50	179,30
2 800	403,20	207,60	106,80	4 800	691,20	355,90	183,10
2 900	417,60	215,–	110,60	4 900	705,60	363,30	186,90
3 000	432,–	222,40	114,60	5 000	720,–	370,80	190,80

Steuer für Lastkraftwagen, Anhänger, Omnibusse in DM/Jahr

Gesamt-gewicht kg	mit 2 Achsen	mehr als 2 Achsen	Gesamt-gewicht kg	mit 2 Achsen	mehr als 2 Achsen	Gesamt-gewicht kg	mit 2 Achsen	mehr als 2 Achsen
3 000	337,50	337,50	7 000	882,50	882,50	11 000	1 605,–	1 557,50
3 200	362,50	362,50	7 200	914,50	913,50	11 200	1 649,50	1 597,–
3 400	387,50	387,50	7 400	946,50	944,50	11 400	1 694,–	1 636,50
3 600	412,50	412,50	7 600	978,50	975,50	11 600	1 738,50	1 676,–
3 800	437,50	437,50	7 800	1 010,50	1 006,50	11 800	1 783,–	1 715,50
4 000	462,50	462,50	8 000	1 042,50	1 037,50	12 000	1 827,50	1 755,–
4 200	489,–	489,–	8 200	1 077,–	1 070,50	12 200	1 876,50	1 797,50
4 400	515,50	515,50	8 400	1 111,50	1 103,50	12 400	1 925,50	1 840,–
4 600	542,–	542,–	8 600	1 146,–	1 136,50	12 600	1 974,50	1 882,50
4 800	568,50	568,50	8 800	1 180,50	1 169,50	12 800	2 023,50	1 925,–
5 000	595,–	595,–	9 000	1 215,–	1 202,50	13 000	2 072,50	1 967,50
5 200	623,–	623,–	9 200	1 252,50	1 237,–	14 000	2 342,50	2 197,50
5 400	651,–	651,–	9 400	1 290,–	1 271,50	15 000	2 787,50	2 527,50
5 600	679,–	679,–	9 600	1 327,50	1 306,–	16 000	3 407,50	2 957,50
5 800	707,–	707,–	9 800	1 365,–	1 340,50	17 000	4 057,50	3 407,50
6 000	735,–	735,–	10 000	1 402,50	1 375,–	18 000	4 737,50	3 877,50
6 200	764,50	764,50	10 200	1 443,–	1 411,50	19 000	5 447,50	4 367,50
6 400	794,–	794,–	10 400	1 483,50	1 448,–	20 000	6 187,50	4 877,50
6 600	823,50	823,50	10 600	1 524,–	1 484,50	21 000	6 957,50	5 407,50
6 800	853,–	853,–	10 800	1 564,50	1 521,–	22 000	7 757,50	5 957,50

Anmerkung: Bei halbjährlicher Entrichtung ist der entsprechende Teil der Jahressteuer mit einem Aufschlag von 3%, bei vierteljährlicher Entrichtung mit 6 % Aufschlag zu zahlen.

2

Kraftfahrt-Haftpflichtversicherung

Regionalklassen, Tarifgruppen

Ab 1. Januar 1977 richten sich die Beiträge der Haftpflichtversicherung für Personen- und Kombinationskraftwagen nach der Region, in welcher der Versicherungsnehmer wohnt. Ein Wohnort mit mehr als 300 000 Einwohnern bildet eine selbständige Region. In allen anderen Fällen bildet das Land bzw. der Regierungs- oder Verwaltungsbezirk des Landes, in dem der Wohnort liegt, eine Region. Jede Region wird einer Regionalklasse „R" zugeordnet, je nach den durchschnittlichen Schadenaufwendungen der letzten drei statistisch erfaßten Jahre.

Für Beamte, Angestellte und Arbeiter des öffentlichen Dienstes sowie für Körperschaften des öffentlichen Rechts gelten die Klassen „B". Für landwirtschaftliche Unternehmer gilt die Tarifgruppe „A" im ganzen Bundesgebiet.

Regional-klasse	Land, bzw. Regierungs- oder Verwaltungsbezirk einschließlich der Orte bis 300 000 Einwohner	Städte über 300 000 Einwohner
R I	Hildesheim, Braunschweig, Kassel	
R II	Schleswig-Holstein, Oberfranken, Arnsberg, Detmold, Hannover	Wuppertal, Duisburg, Bremen
R III	Lüneburg, Düsseldorf, Mittelfranken, Stade, Darmstadt, Koblenz Trier, Osnabrück, Oldenburg, Stuttgart, Münster, Aurich, Schwaben	Bielefeld, Essen, Bochum, Gelsenkirchen
R IV	Tübingen, Unterfranken, Rheinhessen-Pfalz	Düsseldorf, Dortmund, Nürnberg
R V	Saarland, Köln, Freiburg, Oberpfalz, Oberbayern, Niederbayern, Karlsruhe	Hannover, Stuttgart, Köln, Berlin
R VI		Hamburg, Frankfurt, Mannheim, München
B I	Hildesheim, Osnabrück, Braunschweig, Lüneburg, Kassel, Mittel-, Oberfranken, Stade, Aurich, Hannover, Detmold, Arnsberg	Bielefeld, Gelsenkirchen
B II	Unterfranken, Schwaben, Trier, Münster, Oldenburg, Koblenz, Nieder-, Oberbayern, Schleswig-Holstein, Darmstadt, Rheinhessen-Pfalz, Düsseldorf, Saarland, Stuttgart, Oberpfalz, Tübingen	Dortmund, Bremen, Bochum, Hannover, Duisburg, Wuppertal, Nürnberg
B III	Freiburg, Köln, Karlsruhe	Essen, Düsseldorf, Stuttgart, Frankfurt, Köln, Mannheim, München, Hamburg, Berlin

Personen- und Kombinationskraftwagen bis 6 Plätze — Beiträge in DM/Jahr für Deckung 2 Mio

Motor-leistung	Regionalklassen R I	R II	R III	R IV	R V	R VI	B I	B II	B III	A
bis 17 kW	289,–	307,–	327,–	340,–	357,–	379,–	247,–	271,–	302,–	255,–
bis 25 kW	454,–	483,–	510,–	531,–	558,–	594,–	382,–	421,–	467,–	393,–
bis 29 kW	485,–	515,–	546,–	568,–	597,–	634,–	410,–	453,–	502,–	421,–
bis 33 kW	497,–	528,–	561,–	582,–	612,–	650,–	422,–	465,–	516,–	441,–
bis 40 kW	607,–	644,–	682,–	709,–	745,–	794,–	509,–	562,–	623,–	535,–
bis 44 kW	683,–	727,–	770,–	801,–	842,–	894,–	575,–	635,–	704,–	599,–
bis 55 kW	710,–	756,–	801,–	833,–	875,–	929,–	595,–	656,–	728,–	633,–
bis 66 kW	772,–	821,–	869,–	903,–	950,–	1 010,–	647,–	713,–	793,–	692,–
bis 85 kW	812,–	864,–	914,–	951,–	998,–	1 062,–	680,–	750,–	834,–	732,–
bis 110 kW	935,–	994,–	1 052,–	1 094,–	1 149,–	1 223,–	786,–	868,–	963,–	849,–
über 110 kW	1 089,–	1 158,–	1 228,–	1 278,–	1 343,–	1 428,–	916,–	1 011,–	1 123,–	990,–

Lastkraftwagen — Beiträge in DM/Jahr für Deckung 2 Mio · Zugmaschinen — Beiträge in DM/Jahr für Deckung 2 Mio

Nutz-last	Werk-verkehr	Güternah-verkehr	Güterfern-verkehr	Motor-leistung	Werk-verkehr	Güternah-verkehr	Güterfern-verkehr
bis 2 t	974,–	1 759,–	4 437,–	bis 12 kW	154,–	1 785,–	7 183,–
bis 3 t	1 316,–	2 402,–	4 437,–	bis 18 kW	154,–	1 785,–	7 183,–
bis 4 t	1 548,–	2 402,–	4 437,–	bis 26 kW	431,–	1 785,–	7 183,–
bis 5 t	1 587,–	2 402,–	4 983,–	bis 33 kW	515,–	1 785,–	7 183,–
bis 6 t	1 716,–	2 402,–	5 522,–	bis 44 kW	855,–	1 785,–	7 183,–
bis 8 t	2 265,–	2 765,–	5 694,–	bis 59 kW	976,–	1 785,–	7 183,–
bis 10 t	2 551,–	3 480,–	5 694,–	bis 74 kW	1 526,–	1 785,–	7 183,–
über 10 t	2 551,–	3 782,–	5 694,–	bis 110 kW	2 267,–	5 018,–	7 183,–
				über 110 kW	2 883,–	5 018,–	7 183,–

Lieferwagen bis 1 t Nutzlast — Beiträge in DM/Jahr · Kleinkrafträder, Krafträder, Kraftroller — DM/Jahr

Motor-leistung	Deckungssummen 2 Mio	1 Mio	500 000	Hubraum, Leistung	Deckungssummen 2 Mio	1 Mio	500 000
bis 22 kW	440,–	437,–	435,–	bis 50 cm³	752,–	748,–	744,–
bis 29 kW	614,–	611,–	608,–	bis 7 kW	146,–	145,–	144,–
bis 37 kW	783,–	779,–	774,–	bis 13 kW	366,–	364,–	362,–
bis 44 kW	836,–	832,–	828,–	bis 20 kW	856,–	852,–	848,–
bis 51 kW	894,–	890,–	886,–	bis 37 kW	1 580,–	1 575,–	1 568,–
über 51 kW	894,–	890,–	886,–	über 37 kW	1 695,–	1 688,–	1 677,–

Personen- und Kombinationskraftwagen bis 6 Plätze Beiträge in DM/Jahr

Typklasse	Teilver-sicherung	Vollversicherung, SB 650[1] Tarif R, A	Tarif B	Typklasse	Teilver-sicherung	Vollversicherung, SB 650[1] Tarif R, A	Tarif B
10	21,–	301,–	241,–	23	91,–	1186,–	949,–
11	33,–	330,–	264,–	24	95,–	1262,–	1010,–
12	36,–	435,–	348,–	25	99,–	1333,–	1066,–
13	43,–	496,–	396,–	26	107,–	1431,–	1144,–
14	46,–	553,–	443,–	27	111,–	1472,–	1178,–
15	51,–	639,–	511,–	28	116,–	1543,–	1234,–
16	56,–	709,–	568,–	29	122,–	1612,–	1291,–
17	63,–	751,–	601,–	30	126,–	1669,–	1335,–
18	66,–	820,–	656,–	31	131,–	1753,–	1402,–
19	73,–	890,–	711,–	32	148,–	2046,–	1637,–
20	75,–	988,–	790,–	33	173,–	2228,–	1782,–
21	80,–	1044,–	835,–	34	203,–	2650,–	2127,–
22	86,–	1122,–	897,–	35	222,–	3013,–	2410,–

Lieferwagen bis 1 t Nutzlast Beiträge in DM/Jahr

Motor-leistung	Teilver-sicherung	Vollversicherung[1] SB 650	ohne SB
bis 22 kW	28,–	267,–	553,–
bis 29 kW	28,–	318,–	678,–
bis 37 kW	34,–	318,–	678,–
bis 44 kW	36,–	402,–	850,–
bis 51 kW	58,–	474,–	1012,–
über 51 kW	78,–	474,–	1012,–

Lkw über 1 t im Güterfernverkehr DM/Jahr

Nutz-last	Teilver-sicherung	Vollversicherung[1] SB 650	ohne SB
bis 3 t	185,–	1385,–	3110,–
bis 5 t	185,–	1705,–	3725,–
bis 6 t	185,–	2725,–	5980,–
bis 8 t	185,–	3445,–	7550,–
bis 10 t	238,–	3650,–	8150,–
über 10 t	445,–	4980,–	11020,–

Lkw über 1 t im Werkverkehr Beiträge in DM/Jahr

Nutz-last	Teilver-sicherung	Vollversicherung[1] SB 650	ohne SB
bis 2 t	53,–	441,–	945,–
bis 3 t	53,–	467,–	1005,–
bis 5 t	53,–	532,–	1154,–
bis 6 t	53,–	836,–	1825,–
bis 8 t	53,–	1062,–	2350,–
bis 10 t	67,–	1125,–	2490,–
über 10 t	127,–	1510,–	3352,–

Lkw über 1 t im Güternahverkehr DM/Jahr

Nutz-last	Teilver-sicherung	Vollversicherung[1] SB 650	ohne SB
bis 2 t	74,–	528,–	1115,–
bis 3 t	74,–	560,–	1200,–
bis 5 t	74,–	638,–	1385,–
bis 6 t	74,–	1002,–	2180,–
bis 8 t	74,–	1280,–	2780,–
bis 10 t	94,–	1360,–	3030,–
über 10 t	170,–	1835,–	4110,–

Schadenfreiheitsklassen SF, Schadenklassen S   **Rückstufung im Schadenfall**

Dauer des schaden-freien und ununter-brochenen Verlaufs	SF-(S)-Klasse	Beitragssätze Haft-pflicht	Fahrzeug-vollvers.	aus Klasse	bei 1 Schaden nach Klasse	bei 2 Schäden	bei 3 Schäden	bei 4 und mehr
Pkw und Kombi				**Pkw, Kombi**				
zehn und mehr Jahre	SF 10	40%	50%	SF 10	SF 9	SF 2	SF 1	S 3
neun Kalenderjahre	SF 9	40%	50%	SF 9	SF 4	SF 2	SF 1	S 3
acht Kalenderjahre	SF 8	45%	50%	SF 8	SF 3	SF 2	SF 1	S 3
sieben Kalenderjahre	SF 7	50%	50%	SF 7	SF 3	SF 2	SF 1	S 3
sechs Kalenderjahre	SF 6	55%	50%	SF 6	SF 3	SF 2	SF 1	S 3
fünf Kalenderjahre	SF 5	60%	50%	SF 5	SF 3	SF 2	SF 1	S 3
vier Kalenderjahre	SF 4	65%	60%	SF 4	SF 2	SF 1	SF 1/2	S 3
drei Kalenderjahre	SF 3	70%	70%	SF 3	SF 1	SF 1/2	S 1	S 3
zwei Kalenderjahre	SF 2	85%	80%	SF 2	SF 1	SF 1/2	S 1	S 3
ein Kalenderjahr	SF 1	100%	100%	SF 1	SF 1/2	S 1	S 2	S 3
siehe Anmerkung[2][3]	SF 1/2	125%	125%	SF 1/2	S 1	S 2	S 3	S 3
siehe Anmerkung[4]	0	175%	125%	0	S 1	S 2	S 3	S 3
bei nicht schaden-	S 1	175%	–	S 1	S 2	S 3	S 3	S 3
freiem Verlauf der	S 2	200%	–	S 2	S 3	S 3	S 3	S 3
Verträge	S 3	200%	–	S 3	S 3	S 3	S 3	S 3
übrige Fahrzeuge				**übrige Kfz**			bei 3 und mehr	
drei und mehr Jahre	SF 3	50%	50%	SF 3	SF 2	SF 1	0	–
zwei Kalenderjahre	SF 2	70%	70%	SF 2	SF 1	SF 1/2	0	–
ein Kalenderjahr	SF 1	90%	90%	SF 1	SF 1/2	0	0	–
siehe Anmerkung[3]	SF 1/2	95%	95%	SF 1/2	0	0	0	–
siehe Anmerkung[4]	0	100%	100%	0	0	0	0	–

Anmerkung
Die Beitragssätze in den Tabellen sind Mittelwerte der 100%-Beiträge (SF 1) einschließlich 5% Versicherungssteuer aus den Tarifen namhafter Versicherungsunternehmen.
[1] SB 650 bedeutet Selbstbeteiligung mit 650,– DM; ohne SB: ohne Selbstbeteiligung.
[2] Bei Abschluß eines Versicherungsvertrags für einen Zweitwagen, wenn der Versicherungsnehmer bereits in einer Scha-denfreiheitsklasse eingestuft ist.
[3] Bei Abschluß eines Versicherungsvertrags, wenn der Versicherungsnehmer eine 3jährige Fahrerlaubnis besitzt und während dieser Zeit kein Schaden einer Vorversicherung gemeldet ist.
[4] Bei Abschluß eines Versicherungsvertrages, wenn die Voraussetzungen nach [2] und [3] nicht vorliegen.

Inventar und Bilanz

Vorschriften und Leitsätze

Bei Geschäftseröffnung und zum Schluß eines jeden Geschäftsjahres ist ein Inventar und eine Bilanz aufzustellen.

Inventar und Bilanz müssen vom Geschäftsinhaber unterzeichnet werden.

Inventar und Bilanz müssen 10 Jahre, Buchungsbelege 7 Jahre aufbewahrt werden.

Das Inventar ist ein Verzeichnis der Vermögensteile und Schulden eines Geschäfts mit Ermittlung des Eigenkapitals.

Das Inventar wird in drei Teile zerlegt:
a) Geschäftsvermögen
b) Geschäftsschulden
c) Eigenkapital.

Das Geschäftsvermögen wird unterteilt in
a) Anlagevermögen
b) Umlaufvermögen.

Bei den Geschäftsschulden werden unterschieden
a) langfristige Schulden
b) kurzfristige Schulden.

Die Vermögensteile werden nach dem Grad der Flüssigkeit, die Schulden nach der Fälligkeit geordnet.

Der Überschuß des Vermögens über die Schulden heißt Eigenkapital (Reinvermögen).

Inventargleichung:

$$\text{Vermögen} - \text{Schulden} = \text{Eigenkapital}$$

Inventar der Firma Kurt Kraft zum 31. Dezember 19 . .

A. Vermögen

I. Anlagevermögen   DM

	DM
1. Grundstücke	230 000,–
2. Gebäude	620 000,–
3. Maschinen und Anlagen	72 500,–
4. Werkzeuge	9 600,–
5. Betriebs- und Geschäftsfahrzeuge	24 200,–
6. Betriebs- und Geschäftsausstattung	12 700,–

II. Umlaufvermögen

	DM
1. Neufahrzeuge	120 500,–
2. Gebrauchtfahrzeuge	28 200,–
3. Ersatzteile	49 100,–
4. Zubehör	8 700,–
5. Besitzwechsel laut Anlage	23 200,–
6. Kundenforderungen laut Anlage	9 300,–
7. Guthaben bei der Volksbank	7 400,–
8. Guthaben beim Postscheckamt	6 900,–
9. Kassenbestand	1 700,–
Summe des Vermögens	**1 224 000,–**

B. Schulden

I. Langfristige Schulden

	DM
1. Hypothek bei der Volksbank	274 000,–
2. Darlehensschuld bei der Sparkasse	23 000,–

II. Kurzfristige Schulden

	DM
1. Schuldwechsel laut Anlage	17 400,–
2. Liefererschulden laut Anlage	9 600,–
Summe der Schulden	**324 000,–**

C. Errechnung des Eigenkapitals

	DM
1. Summe des Vermögens	1 224 000,–
2. Summe der Schulden	324 000,–
Eigenkapital (Reinvermögen)	**900 000,–**

.........................., den 4. Januar 19 . .　　　　　gez. Kurt Kraft

---

Die Bilanz ist eine zweiseitige Darstellung des Vermögens (Aktiva) und des Kapitals (Passiva).

Die linke Seite der Bilanz zeigt das Vermögen, die rechte Seite das Kapital.

Die Bilanz ist richtig, wenn beide Seiten gleichwertig sind.

Bilanzgleichung:

$$\text{Vermögen} = \text{Eigenkapital} + \text{Schulden}$$

Leere Zwischenräume der Bilanz müssen mit dem Buchhaltungsriegel abgestrichen werden.

Es darf nicht radiert oder so durchgestrichen werden, daß die ursprüngliche Eintragung unleserlich ist.

Bilanz der Firma Kurt Kraft zum 31. Dezember 19 . .

Aktiva		Schlußbilanz		Passiva
I. Anlagevermögen	DM			DM
1. Grundstücke	230 000,–	I. Eigenkapital		900 000,–
2. Gebäude	620 000,–			
3. Maschinen, Anlagen	72 500,–	II. Fremdkapital		
4. Werkzeuge	9 600,–			
5. Geschäftsfahrzeuge	24 200,–	1. Langfristige Schulden		
6. Geschäftsausstattung	12 700,–	a) Hypothek		274 000,–
		b) Darlehensschuld		23 000,–
II. Umlaufvermögen				
1. Neufahrzeuge	120 500,–	2. Kurzfristige Schulden		
2. Gebrauchtfahrzeuge	28 200,–	a) Schuldwechsel		17 400,–
3. Ersatzteile	49 100,–	b) Liefererschulden		9 600,–
4. Zubehör	8 700,–			
5. Besitzwechsel	23 200,–			
6. Kundenforderungen	9 300,–			
7. Guthaben Volksbank	7 400,–			
8. Guthaben Postscheckamt	6 900,–			
9. Kassenbestand	1 700,–			
	1 224 000,–			**1 224 000,–**

...................., den 4. Januar 19 . .　　　　　gez. Kurt Kraft

Kontenform

Das Konto ist eine Rechnung über einen Bilanzposten. Es hat zwei Seiten. Die linke Seite heißt Soll, die rechte Seite heißt Haben.

Das Konto wird in verschiedenen Formen verwendet. Die einfachste Form ist das zweispaltige T-Konto. Bei der Maschinenbuchführung ist die Staffelform die Regel.

Soll	T-Konto	Haben
1. AB 2 500,–		

Staffelkonto Januar 19 . .

Tag	Geschäftsfälle	Soll	Haben
1.	Anfangsbestand	2 500,–	

Privatkonto Januar 19 . .

Tag	Geschäftsfälle	Soll	Haben
1.	Haushaltsgeld	500,–	
2.	Tageszeitung	12,–	
3.	Strom	85,–	
4.	Totogewinn		1 000,–
5.	Erbschaft		4 000,–
6.	Einkommensteuer	340,–	
7.	Farb-Fernseher	1 600,–	
8.	Wohnzimmer	2 400,–	
9.	Einlage		3 000,–

Bilanzkonten
Bestandskonten

Konten, die für einen Bilanzposten der Aktivseite eingerichtet werden, heißen Vermögens- oder Aktivkonten; Konten für einen Bilanzposten auf der Passivseite heißen Schulden- oder Passivkonten.

Anfangsbestände und Zugänge stehen im Konto immer auf der Seite, auf der das Konto in der Bilanz steht; die Abgänge und Endbestände auf der entgegengesetzten Seite.

Soll	Aktivkonten	Haben
Anfangsbestand		Abgänge
Zugänge		Verkäufe
Einkäufe		Endbestand

Soll	Passivkonten	Haben
Abgänge		Anfangsbestand
Endbestand		Zugänge

Aktivkonten	Passivkonten
Kasse, Bank	Lieferer, Schuld-
Waren, B-Wechsel	wechsel, E-Kapit.

Kasse Januar 19 . .

Tag	Geschäftsfälle	Soll	Haben
1.	Anfangsbestand	1 000,–	
2.	Lang, m. Zahlung		580,–
3.	Bankabhebung	1 600,–	
4.	Packmaterial		130,–
5.	Lieb, s. Nachnahme		145,–
6.	Kuhn, s. Zahlung	890,–	
7.	Briefmarken		30,–
8.	Link, m. Zahlung		235,–
9.	Bankeinzahlung		500,–
10.	Mehrwertsteuer		155,–
11.	Reparaturkosten		480,–
12.	elektr. Strom		90,–
13.	Werbekosten		75,–

Erfolgskonten
Ergebniskonten

Das Eigenkapitalkonto wird durch Aufwendungen und Erträge verändert. Zur einfacheren Darstellung werden für die Verbuchung von gleichartigen Aufwendungen und Erträgen Kapitalunterkonten eingerichtet. Sie haben keinen Anfangs- und Endbestand, weil sie nur laufende Veränderungen aufnehmen und sammeln.

Aufwendungen vermindern das Eigenkapital, daher Buchung im Soll; Erträge vermehren das Eigenkapital, daher Verbuchung im Haben.

Soll	Aufwandskonten	Haben
Aufwendungen		Aufwandsminderung
Kapitalabnahme		Saldo

Soll	Ertragskonten	Haben
Ertragsminderung		Ertrag
Saldo		Kapitalzunahme

Aufwandskonten	Ertragskonten
Material	Lohnerlöse
Fertigungslöhne	Teileerlöse
Hilfslöhne	Verkaufserlöse
Gehälter	Garagenerlöse
Sozialaufwendungen	Tankstellen-
Raumkosten u.a.	Erlöse

Sozialaufwendungen Januar 19 . .

Tag	Geschäftsfälle	Soll	Haben
1.	Sozialversicherung	450,–	
2.	Berufsgenossensch.	280,–	
3.	Berufskleidung	320,–	
4.	Weiterbildung	180,–	
5.	Gratifikationen	340,–	
6.	Essenszuschuß	130,–	
7.	Jubiläum	210,–	
8.	Umschulung	270,–	
9.	Fahrgelderstattung	120,–	
10.	Erste Hilfe	350,–	
11.	Pensionen	290,–	
12.	Weihnachtsfeier	170,–	
13.	Sozialversicherung	450,–	
14.	Arbeitsschuhe	320,–	

Laufende Buchungen

Jeder Geschäftsfall verändert mindestens 2 Konten und löst 2 Buchungen aus: eine Sollbuchung und eine Habenbuchung. Das Buchen auf der Sollseite heißt belasten, das Buchen auf der Habenseite erkennen. Wer empfängt, wird belastet, wer gibt, wird erkannt.

Die Summe der Sollseiten ist immer gleich der Summe der Habenseiten. Summenbilanz: Sollseiten = Habenseiten.

Die Verbuchung eines Geschäftsfalles wird mit dem Buchungssatz angegeben. Er wird gebildet, indem man die zwei betroffenen Konten mit dem Wörtchen „an" verbindet. Das Konto mit der Sollbuchung wird zuerst genannt: „Soll an Haben".

Keine Buchung ohne Belege!

Soll	Konto	Haben
empfängt		gibt
belasten		erkennen
Belastung		Gutschrift

Einfache Buchung:
Bareinzahlung bei der Bank 1 500,– DM

S	Kasse	H	S	Bank	H
	1 500,–		1 500,–		

Zusammengesetzte Buchung:
Zahlung eines Kunden mit Scheck 900,– DM und bar 300,– DM.

S	Kasse	H	S	Kunde	H
300,–				1 200,–	

S	Bank	H
900,–		

Beispiele

Meine Barzahlung für Teile 650,– DM.
Buchungssatz: Teile an Kasse.

S	Kasse	H	S	Teile	H
	650,–		650,–		

Lieferer erhält Scheck 800,– DM.
Buchungssatz: Lieferer an Bank.

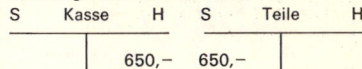

S	Bank	H	S	Lieferer	H
	800,–		800,–		

Kunde erhält Waren 900,– DM.
Buchungssatz: Kunde an Waren.

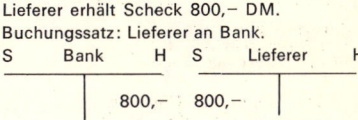

S	Kunde	H	S	Waren	H
900,–					900,–

Buchungen

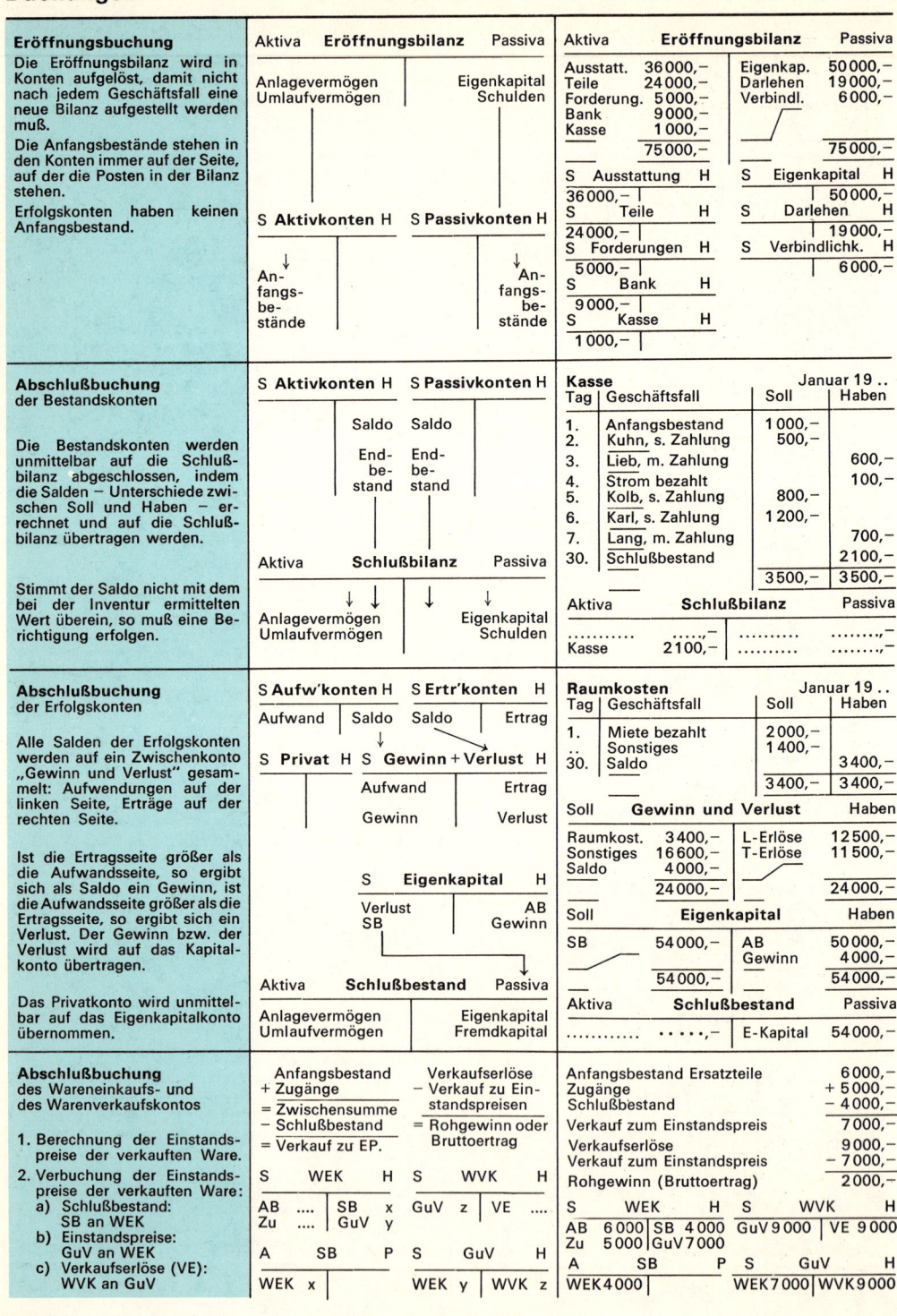

2

Eröffnungsbuchung

Die Eröffnungsbilanz wird in Konten aufgelöst, damit nicht nach jedem Geschäftsfall eine neue Bilanz aufgestellt werden muß.
Die Anfangsbestände stehen in den Konten immer auf der Seite, auf der die Posten in der Bilanz stehen.
Erfolgskonten haben keinen Anfangsbestand.

Aktiva	**Eröffnungsbilanz**	Passiva
Anlagevermögen Umlaufvermögen		Eigenkapital Schulden

S **Aktivkonten** H   S **Passivkonten** H
↓ Anfangs-be-stände   ↓ Anfangs-be-stände

Aktiva	**Eröffnungsbilanz**	Passiva
Ausstatt. 36 000,–		Eigenkap. 50 000,–
Teile 24 000,–		Darlehen 19 000,–
Forderung. 5 000,–		Verbindl. 6 000,–
Bank 9 000,–		
Kasse 1 000,–		
75 000,–		75 000,–

S Ausstattung H | S Eigenkapital H
36 000,– | | 50 000,–
S Teile H | S Darlehen H
24 000,– | | 19 000,–
S Forderungen H | S Verbindlichk. H
5 000,– | | 6 000,–
S Bank H
9 000,–
S Kasse H
1 000,–

Abschlußbuchung der Bestandskonten

Die Bestandskonten werden unmittelbar auf die Schlußbilanz abgeschlossen, indem die Salden – Unterschiede zwischen Soll und Haben – errechnet und auf die Schlußbilanz übertragen werden.

Stimmt der Saldo nicht mit dem bei der Inventur ermittelten Wert überein, so muß eine Berichtigung erfolgen.

S **Aktivkonten** H | S **Passivkonten** H
Saldo / Endbestand | Saldo / Endbestand

Aktiva	**Schlußbilanz**	Passiva
Anlagevermögen Umlaufvermögen		Eigenkapital Schulden

Kasse			Januar 19 ..
Tag	Geschäftsfall	Soll	Haben
1.	Anfangsbestand	1 000,–	
2.	Kuhn, s. Zahlung	500,–	
3.	Lieb, m. Zahlung		600,–
4.	Strom bezahlt		100,–
5.	Kolb, s. Zahlung	800,–	
6.	Karl, s. Zahlung	1 200,–	
7.	Lang, m. Zahlung		700,–
30.	Schlußbestand		2 100,–
		3 500,–	3 500,–

Aktiva	**Schlußbilanz**	Passiva
....	......,–	....,–
Kasse	2 100,–	....,–

Abschlußbuchung der Erfolgskonten

Alle Salden der Erfolgskonten werden auf ein Zwischenkonto „Gewinn und Verlust" gesammelt: Aufwendungen auf der linken Seite, Erträge auf der rechten Seite.

Ist die Ertragsseite größer als die Aufwandsseite, so ergibt sich als Saldo ein Gewinn, ist die Aufwandsseite größer als die Ertragsseite, so ergibt sich ein Verlust. Der Gewinn bzw. der Verlust wird auf das Kapitalkonto übertragen.

Das Privatkonto wird unmittelbar auf das Eigenkapitalkonto übernommen.

S **Aufw'konten** H | S **Ertr'konten** H
Aufwand / Saldo | Saldo / Ertrag
S **Privat** H | S **Gewinn + Verlust** H
Aufwand | Ertrag
Gewinn | Verlust
S **Eigenkapital** H
Verlust / SB | AB / Gewinn

Aktiva	**Schlußbestand**	Passiva
Anlagevermögen Umlaufvermögen		Eigenkapital Fremdkapital

Raumkosten			Januar 19 ..
Tag	Geschäftsfall	Soll	Haben
1.	Miete bezahlt	2 000,–	
..	Sonstiges	1 400,–	
30.	Saldo		3 400,–
		3 400,–	3 400,–

Soll	**Gewinn und Verlust**		Haben
Raumkost.	3 400,–	L-Erlöse	12 500,–
Sonstiges	16 600,–	T-Erlöse	11 500,–
Saldo	4 000,–		
	24 000,–		24 000,–

Soll	**Eigenkapital**		Haben
SB	54 000,–	AB	50 000,–
		Gewinn	4 000,–
	54 000,–		54 000,–

Aktiva	**Schlußbestand**	Passiva
....	....,–	E-Kapital 54 000,–

Abschlußbuchung des Wareneinkaufs- und des Warenverkaufskontos

1. Berechnung der Einstandspreise der verkauften Ware.
2. Verbuchung der Einstandspreise der verkauften Ware:
   a) Schlußbestand: SB an WEK
   b) Einstandspreise: GuV an WEK
   c) Verkaufserlöse (VE): WVK an GuV

Anfangsbestand
+ Zugänge
= Zwischensumme
– Schlußbestand
= Verkauf zu EP.

Verkaufserlöse
– Verkauf zu Einstandspreisen
= Rohgewinn oder Bruttoertrag

S WEK H | S WVK H
AB .... | SB x | GuV z | VE ....
Zu .... | GuV y |
A SB P | S GuV H
WEK x | | WEK y | WVK z

Anfangsbestand Ersatzteile 6 000,–
Zugänge + 5 000,–
Schlußbestand – 4 000,–
Verkauf zum Einstandspreis 7 000,–
Verkaufserlöse 9 000,–
Verkauf zum Einstandspreis – 7 000,–
Rohgewinn (Bruttoertrag) 2 000,–

S WEK H | S WVK H
AB 6 000 | SB 4 000 | GuV 9 000 | VE 9 000
Zu 5 000 | GuV 7 000 |
A SB P | S GuV H
WEK 4 000 | | WEK 7 000 | WVK 9 000

108

Grundbuch

Im Grundbuch (Tagebuch, einfaches Hauptbuch) werden für Konten, die häufig vorkommen, besondere Spalten eingerichtet. Die übrigen Konten werden in der Spalte „Verschiedene Konten" zusammengefaßt. Alle Geschäftsfälle werden in zeitlicher Reihenfolge eingetragen. Durch den Buchungstext wird der Geschäftsfall kurz aber eindeutig beschrieben. Die Kundennamen werden vorgestellt und unterstrichen.

Grundbuch (Auszug) — Monat Januar 19 . .

Tag	Geschäftsfall	Be-trag DM	Kasse S	Kasse H	Waren-einkauf S	Waren-einkauf H	Waren-verkauf S	Waren-verkauf H	Versch. Konten S	Versch. Konten H	Konto
1.	Lenz, Esslingen s. Lieferung bar	600		600	600						
2.	Kolb, Stuttgart m. Lieferung bar	850	850					850			
3.	Haushaltsgeld	500		500					500		Priv.
4.	Kuhn, Göppingen m. Lieferung a. R.	380						380	380		Ford.
5.	Lieb, Ludwigsburg s. Lieferung a. R.	940			940					940	Verb.
6.	Löhne bezahlt	860		860					860		Lohn

Hauptbuch

Im Hauptbuch werden am Jahresanfang die Konten eröffnet und die Anfangsbestände in die Bilanzkonten eingetragen.
Am Monatsende übernehmen die Bilanz- und Erfolgskonten von den Konten im Grundbuch die sachlich geordneten Monatssummen.
Die Konten des Hauptbuches werden am Jahresende mit der Summenbilanz abgeschlossen.

Hauptbuch (Auszug) — Beträge vereinfacht

Nr.	Monat	Kasse S	Kasse H	Forderungen S	Forderungen H	Verbindlichkeit S	Verbindlichkeit H	Wareneinkauf S	Wareneinkauf H	Warenverkauf S	Warenverkauf H
1.	Anfangsbest.	1 200		4 500			2 600	9 000			
2.	Januar	7 400	6 800	8 400	7 800	7 900	8 600	3 400	200	600	5 400
3.	Februar	8 300	7 900	9 100	8 400	4 500	5 700	6 200	300	400	6 100
.	.	.	.	.	.	.	.	.	.	.	.
.	.	.	.	.	.	.	.	.	.	.	.
12.	November	7 600	7 400	6 900	3 700	2 500	7 400	7 800	500	200	8 400
13.	Dezember	5 900	5 200	8 600	7 600	3 600	6 900	6 700	100	500	7 200
14.	Summenbil.	82 000	81 500	74 700	71 800	69 000	83 600	62 000	3 100	4 800	75 300

Betriebsübersicht

Die Spalte „Summenbilanz" übernimmt von den Konten im Hauptbuch die Jahressummen.
In der „Saldenbilanz" werden die Salden der Summenspalte eingetragen. Jeder Saldo wird auf der Seite eingesetzt, auf der in der Summenspalte der größere Betrag steht.
Zu den Umbuchungen gehören: Privatkonto auf Kapitalkonto, Wareneinkauf auf Verkaufserlöse, Ausstattung auf AfA u. a.
Die endgültigen Salden der Bestandskonten werden in die Spalte Schlußbestände gebracht und die Salden der Erfolgskonten in die Spalte Ergebnisse.
Die Differenz zwischen Aktiv- und Passivkonto bzw. der Unterschied zwischen Aufwand und Ertrag ist der Reingewinn

Betriebsübersicht — Beträge vereinfacht

Ko. Nr.	Kontenbezeichnung	Summen-Bilanz S	Summen-Bilanz H	Salden-Bilanz S	Salden-Bilanz H	Umbuchung S	Umbuchung H	Schluß-Bilanz A	Schluß-Bilanz P	Ergebnisse A	Ergebnisse E
. . .	Ausstattung	8 000	500	7 500			600	6 900			
. . .	Darlehen	300	2 000		1 700				1 700		
. . .	Kapital		7 400		7 400	700			6 700		
. . .	Kasse	1 900	1 800	100				100			
. . .	Bank	3 800	2 100	1 700				1 700			
. . .	Forderungen	3 200	2 600	600				600			
. . .	Verbindlich.	4 200	4 700		500				500		
. . .	Privat	700		700			700				
. . .	Wareneinkauf	5 700	2 900	2 800			1 200	1 600			
. . .	Ferti'löhne	1 300		1 300						1 300	
. . .	Perso'kosten	1 100		1 100						1 100	
. . .	Raumkosten	900		900						900	
. . .	AfA, Kfz, Inst.	1 200		1 200		600				1 800	
. . .	Hilfsstoffe	600		600						600	
. . .	Verschiedenes	1 600		1 600						1 600	
. . .	Lohnerlöse	900	7 000		6 100						6 100
. . .	Verk'erlöse	700	5 100		4 400	1 200				1 200	4 400
. . .	Gewinn/Verl.								2 000	2 000	
	Summen	36 100	36 100	20 100	20 100	2 500	2 500	10 900	10 900	10 500	10 500

Nebenbücher

Für bestimmte Sachkonten des Hauptbuchs werden zur besseren Übersicht Einzelkonten in Nebenbüchern geführt:

a) Kundenbuch
b) Liefererbuch
c) Warenbuch
d) Wechselkopiebuch
e) Kassenbuch

Kunde Kolb, Stuttgart — Januar 19 . .

Tag	Geschäftsfall	S	H
1.	Anfangsbestand	1 200	
4.	m. Lieferung a. R.	500	
7.	s. Überweisung		1 200
12.	m. Warensendung a. R.	900	
16.	m. Instandsetzung a. R.	1 600	
24.	s. Scheck		1 800
30.	Schlußbestand		1 200
		4 200	4 200

Lieferer Lenz, Esslingen — Januar 19 . .

Tag	Geschäftsfall	S	H
1.	Anfangsbestand		2 100
6.	m. Zahlung	1 500	
9.	s. Lieferung a. R.		800
14.	m. Überweisung	800	
19.	s. Ersatzteile a. R.		1 400
25.	m. Zahlkarte	1 200	
30.	Schlußbestand	800	
		4 300	4 300

2

Kontenplan für das Kfz-Handwerk

Klasse 0
Anlagen- und Kapitalkonten

00 **Bebaute Grundstücke,** Grund und Boden, Gebäude, Verwaltung, Lager, Werkstatt, Garage.

01 **Unbebaute Grundstücke,** im Bau befindliche Anlagen.

02 **Maschinen,** maschinelle Anlagen, Werkzeuge, Betriebs- und Geschäftsfahrzeuge.

03 **Betriebs- und Geschäftsausstattung,** geringwertige Anlagegüter.

05 **Beteiligung** eines Gesellschafters am Anlagevermögen.

06 **Langfristige Forderungen,** Rückkaufwert der Pensionsversicherung, Damnun, Disagio.

07 **Langfristige Verbindlichkeiten,** Darlehen von Gesellschaftern und Banken, Hypotheken.

08 **Kapital.**

09 **Rückstellungen** für Kulanz, Gewährleistung, Steuern, Pensionen u. a. **Wertberichtigungen** auf Gebäude, Maschinen, Werkzeuge, Gebrauchtwagen, Ersatzteile u. a.

Klasse 1
Finanzkonten

10 **Kasse.**

11 **Postscheckkonto.**

12 **Guthaben bei Bank.**

13 **Besitzwechsel,** ausstehende Schecks.

14 **Kurzfristige Forderungen** an Kunden auf Grund von Warenlieferungen und Leistungen.

15 **Guthaben bei Lieferanten,** Anzahlung, durchlaufende Posten, Lohn- und Gehaltsvorschüsse, noch nicht abgerechnete Garantie.

16 **Kurzfristige Verbindlichkeiten** bei Lieferanten auf Grund von Warenlieferungen und Leistungen.

17 **Schuldwechsel.**

18 **Kundenanzahlungen,** Verbindlichkeiten für Agenturwaren, aufgelaufene Lohnsteuer und Sozialversicherung, Gratifikation, Urlaubslöhne, Gewerbesteuer, Umsatzsteuer u. a.

19 **Privatentnahmen,** Privatsteuern.

Klasse 2
Abgrenzungskonten

20 **Außerordentliche und betriebsfremde Aufwendungen,** Schadensfälle, Ersatzfahrzeuge, Sonderabschreibung auf Anlagen.

21 **Außerordentliche und betriebsfremde Erträge,** Fin.-Provision, Diskont, Zins, Skonto, Ersatzfahrzeuge, Schadenersatz.

22 **Haus- und Grundstücksaufwendungen,** Grundsteuer, AfA, Instandsetzung, Hyp.-Zins, Wassergeld, Versicherg.

23 **Aufwand für Zins,** Diskont, Provision für Bankkredit, Skonto.

24 **Kalkulatorische Kosten,** Unternehmerlohn, Mietwert, Kapitalverzinsung, Abschreibung, Wagnisprämie.

26 **Kassendifferenzen.**

27 **Abgrenzungen,** Kundenaufträge in Arbeit, vorausbezahlte Gewerbesteuer, Kreditrechnungen.

28 **Auflösung von Wertberichtigungen, Rückstellungen.**

29 **Wertberichtigungen auf Forderungen,** Rückstellung für Gewährleistung.

Klasse 3
Warenbestandskonten

30 **neue Kraftfahrzeuge.**

32 **gebrauchte Kraftfahrzeuge** im Eigenhandel.

33 **Original-Teile** und Zubehör, Reifen, Kraft- und Schmierstoffe.

34 **Sonstige Handelswaren.**

36 **Fremdleistungen.**

Klasse 4
Konten der Kostenarten

40 **Fertigungslöhne** für Kunden und innerbetriebliche Aufträge, Leerlauf, Nacharbeit.

41 **Hilfslöhne,** Ausbildungsvergütung, Urlaubslöhne, tarifliches Urlaubsgeld, Lohnfortzahlung bei Krankheit, Feiertagslöhne, Wartezeit, Werkstatt-Aufträge u. a.

42 **Gehälter** für Abteilungsleiter, Angestellte, Verkäufer einschl. Urlaubsgeld, Lohnfortzahlung u. a.

43 **Sozialaufwendungen,** Sozialversicherung, Berufsgenossenschaft, Berufskleidung, Weiterbildungskosten, Gratifikationen, Pensionen, Personal-Nebenkosten.

44 **Miete,** Leasingkosten für unbew. Güter, kalk. Mietwert, Wagnisprämie, Kanalisation, Schornsteinfeger, Instandhaltung der Mietobjekte.

45 **Abschreibung für bewegliche Anlagen, Vorführkosten,** Aufwand für Betriebsfahrzeuge, Instandhaltung und Instandsetzung von Betriebseinrichtungen, Gebäudereinigung, Kosten für gemietete bewegliche Anlagen, Kosten für Datenverarbeitung.

46 **Betriebsmittelkosten,** Heizkosten, Strom, Gas, Wasser, Kanalgebühren, Müllabfuhr, Büromaterial, Reinigungsmaterial (nicht für Gebäude), Kleinmaterial, Hilfsstoffe.

47 **Steuern, Gebühren, Beiträge, Versicherungen,** Bewachungskosten, kalk. Zinsen, Rechts- und Beratungskosten, Einkaufs-Finanzierungskosten.

48 **Sonstige verschiedene Kosten,** Porto, Fracht, Packmaterial, Telefon, Fernschreiben, Telegramme, Reisekosten, Bewirtung, Zuwendungen, Werbekosten, Drucksachen, Zeitungen, Zeitschriften, Fachliteratur.

49 **Verkaufskosten,** Fertigmachen von Fahrzeugen, vertraglicher Kundendienst, Verkäufer- und Vermittlerprovision, vom Werk nicht vergütete Gewährleistung, eigene Kulanz und Gewährleistung.

Klasse 5 und 6
. . . .

frei für buchhalterische Betriebsabrechnungen.

Klasse 7
Wareneinsatzkonten zu verrechneten Anschaffungskosten

70 **Neue Kraftfahrzeuge,** Transport, Zulassung, Vorführwagen, sonstige Erlöse.

72 **Gebrauchte Kraftfahrzeuge,** Zulassung, Instandsetzung, Abschreibung.

73 **Original-Teile,** andere Teile und Zubehör, Reifen, eigene Kraft- und Schmierstoffe.

74 **Sonstige Handelswaren,** Warenbezugs- und Nebenkosten.

76 **Fremdleistungen.**

77 **Eigene Kraft- und Schmierstoffe** aus Tankstelle

Klasse 8
Verkaufs-Erlös-Konten

80 **Neue Kraftfahrzeuge,** Transport, Zulassung, Vorführfahrzeuge, sonstige Erlöse, Eingänge abgeschriebener Forderungen, Sonderrabatte, Erlösschmälerungen, uneinbringliche Forderungen.

82 **Gebrauchte Kraftfahrzeuge,** Zulassung, Provisionen in Agentur, sonstige Erlöse, Eingänge abgeschriebener Forderungen, Erlösschmälerungen, uneinbringliche Forderungen.

83 **Original-Teile,** andere Teile und Zubehör, Reifen, eigene Kraft- und Schmierstoffe, Provisionen für Schmierstoffe in Agentur.

84 **Sonstige Handelswaren,** sonstige Erlöse des Teilelagers, Eingänge abgeschriebener Forderungen, Erlösschmälerungen, uneinbringliche Forderungen.

86 **Lohnerlöse der Werkstatt** von Kunden und innerbetrieblichen Aufträgen, Fremdleistungen, Erlöse von Kleinmaterial, sonstige Erlöse der Werkstatt, Eingänge abgeschriebener Forderungen, Erlösschmälerungen, uneinbringliche Forderungen.

87 **Tankstellenerlöse,** eigene Kraft- und Schmierstoffe, Provisionen in Agentur, sonstige Erlöse der Tankstelle, Eingänge abgeschriebener Forderungen, Erlösschmälerungen, uneinbringliche Forderungen.

88 **Garagenerlöse.**

Klasse 9
Abgrenzungs- und Abschlußkonten

· · **Jahres-Gewinn- und Verlustkonto.**

· · **Jahres-Bilanzkonto.**

Sachgebiete	Vorschriften	Hinweise
Führen von Kraftfahrzeugen § 4	Wer auf öffentlichen Straßen ein Kraftfahrzeug führen will, benötigt dafür eine Fahrerlaubnis (Führerschein) der Verwaltungsbehörde. Ausgenommen sind Kraftfahrzeuge bis 6 km/h, Mofas bis 25 km/h und Krankenfahrstühle bis 10 km/h Höchstgeschwindigkeit sowie an Holmen geführte einachsige Zug- oder Arbeitsmaschinen.	Die angegebene Höchstgeschwindigkeit muß durch die Bauart des Fahrzeugs bedingt sein.
Einteilung der Fahrerlaubnisse § 5 **Mindestalter der Fahrzeugführer** § 7	Klasse 1: Krafträder (Zweiräder, auch mit Beiwagen) mit einem Hubraum von mehr als 50 cm^3.	Mindestalter 18 Jahre
	Klasse 2: Kraftfahrzeuge, deren zulässiges Gesamtgewicht mehr als 7,5 t beträgt, und Züge mit mehr als 3 Achsen.	Mindestalter 21 Jahre
	Klasse 3: Alle Kraftfahrzeuge, die nicht zu den Klassen 1, 2, 4 und 5 gehören.	Mindestalter 18 Jahre
	Klasse 4: Kraftfahrzeuge bis 50 cm^3 Hubraum, Krankenfahrstühle und Kraftfahrzeuge mit einer durch die Bauart bedingten Höchstgeschwindigkeit von nicht mehr als 25 km/h.	Mindestalter 16 Jahre
	Klasse 5: Fahrräder mit Hilfsmotor, Kleinkrafträder bis 40 km/h Höchstgeschwindigkeit, Krankenfahrstühle bis 50 cm^3 Hubraum und 20 km/h Höchstgeschwindigkeit (bauartbedingt).	Mindestalter 16 Jahre
Fahrerlaubnis zur Fahrgastbeförderung § 15e	Erforderlich ist ein Führerschein zur Fahrgastbeförderung in Verbindung mit a) Führerschein Klasse 3: Für Kraftdroschken, Mietwagen und Omnibusse über 8 bis 14 Fahrgastplätze. b) Führerschein Klasse 2: Omnibusse mit mehr als 14 Fahrgastplätzen.	a) Mindestalter 21 Jahre und 2jährige Fahrpraxis Klasse 3. b) Mindestalter 23 Jahre und 2jährige Fahrpraxis Klasse 2.
Zulassungspflicht § 18	Kraftfahrzeuge mit einer durch die Bauart bedingten Höchstgeschwindigkeit von mehr als 6 km/h und ihre Anhänger dürfen auf öffentlichen Straßen nur dann in Betrieb genommen werden, wenn sie durch Erteilung einer Betriebserlaubnis und durch Zuteilung eines amtlichen Kennzeichens von der Verwaltungsstelle (Zulassungsstelle) zum Verkehr zugelassen sind.	Ausgenommen von der Zulassungspflicht sind: Mofas, Mopeds, Spezialanhänger hinter Pkw, z. B. für Sportgerätetransport.
Allgemeine Betriebserlaubnis § 20	Für reihenweise zu fertigende oder gefertigte Fahrzeuge kann die Betriebserlaubnis dem Hersteller nach einer auf seine Kosten vorgenommenen Prüfung allgemein erteilt werden. Der Inhaber einer allgemeinen Betriebserlaubnis hat für jedes zulassungspflichtige Fahrzeug einen Fahrzeugbrief auszufüllen, der vom Kraftfahrtbundesamt ausgegeben wird.	Die Betriebserlaubnis erlischt, wenn Teile des Fahrzeugs verändert werden, deren Beschaffenheit vorgeschrieben ist.
Betriebserlaubnis für Einzelfahrzeuge § 21	Gehört ein Fahrzeug nicht zu einem genehmigten Typ, so hat der Hersteller oder ein anderer Verfügungsberechtigter (Fahrzeugeigentümer) die Betriebserlaubnis bei der Zulassungsstelle zu beantragen. Bei zulassungspflichtigen Fahrzeugen ist der Behörde mit dem Antrag ein Fahrzeugbrief vorzulegen. Der Vordruck hierfür kann von der Zulassungsstelle bezogen werden.	In dem Fahrzeugbrief muß ein amtlich anerkannter Sachverständiger die Vorschriftsmäßigkeit des Fahrzeugs bescheinigt haben.
Bauartgenehmigung für Fahrzeugteile § 22 a	Folgende Fahrzeugteile müssen in einer amtlich genehmigten Bauart ausgeführt sein: Heizungen für flüssige und gasförmige Brennstoffe, Scheiben aus Sicherheitsglas, Auflaufbremsen, Einrichtungen zur Verbindung von Fahrzeugen (außer Abschleppstangen und Abschleppseilen), die lichttechnischen Einrichtungen (außer Such- und Rückfahrscheinwerfer und Innenbeleuchtung), Fahrtschreiber, Kontrollgerät, Warneinrichtungen mit einer Klangfolge verschieden hoher Töne, Beiwagen für Krafträder, Sicherheitsgurte, Warndreiecke, Warnleuchten.	Prüfzeichen für die Bauartgenehmigung: Wellenlinie, Kennbuchstabe und Prüfnummer. International: Kreis mit E und Kennzahl des Staates, dann R und Prüfnummer. Bundesrepublik E1.
Abmessungen von Fahrzeugen und Zügen § 32	Höchstzulässige Maße für Kraftfahrzeuge und Anhänger. Breite: a) allgemein (ausgenommen Schneeräumgeräte) 2,50 m b) Arbeitsgeräte für Land- oder Forstwirtschaft 3,00 m c) Arbeitsgeräte für die Straßenunterhaltung 3,00 m d) Anhänger hinter Krafträdern 1,00 m Länge: a) Einzelfahrzeuge, ausgenommen Sattelanhänger 12,00 m b) Sattelkraftfahrzeuge 15,00 m c) Kraftomnibusse als Gelenkbusse ausgeführt 18,00 m d) Züge, bei Beachtung der Einzelfahrzeugmaße 18,00 m Höhe: a) für alle Fahrzeuge 4,00 m	Die angegebenen Werte sind die Maße über alles. Am Umriß der Fahrzeuge dürfen keine Teile so hervorragen, daß sie den Verkehr mehr als unvermeidbar gefährden.

2

Sachgebiete	Vorschriften	Hinweise
Achslast und Gesamtgewicht § 34	Die zulässige Achslast ist die Achslast, die unter Berücksichtigung der Werkstoffbeanspruchung, der Reifentragfähigkeit und der vorgeschriebenen Höchstwerte nicht überschritten werden darf. Zulässige Achslast: a) Einzelachse ... 10,0 t b) Doppelachse ... 16,0 t Zul. Gesamtgewicht: a) Fahrzeuge mit nicht mehr als 2 Achsen ... 16,0 t b) Fahrzeuge mit mehr als 2 Achsen ... 19,0 t c) Kraftomnibusse als Gelenkfahrzeuge ... 28,0 t d) Sattelkraftfahrzeuge ... 38,0 t e) Züge (jedoch Einzelfahrzeuge wie oben) ... 38,0 t	Bei Lastkraftwagen, Sattelzugmaschinen und Anhängern müssen die zulässigen Achslasten jeweils über den Rädern auf der rechten Seite des Fahrzeugs angeschrieben sein; das zulässige Gesamtgewicht bzw. die Aufliegelast am vorderen Teil des Fahrzeugs.
Motorleistung § 35	Die Mindestwerte der Motorleistung je Tonne des zulässigen Gesamtgewichts und des Anhängers betragen bei: a) Lastkraftwagen, Kraftomnibusse, Sattelkraftfahrzeuge, Lastkraftwagenzüge, Kraftomnibuszüge ... 4,4 kW/t b) Zugmaschinen und Zugmaschinenzüge ... 2,2 kW/t	Ausgenommen sind Zugmaschinen für Land- oder Forstwirtschaft sowie Fahrzeuge bis 25 km/h Höchstgeschwindigkeit (bauartbedingt).
Bremsen § 41	Kraftfahrzeuge müssen zwei voneinander unabhängige Bremsanlagen haben oder eine Bremsanlage mit zwei voneinander unabhängigen Bedienungseinrichtungen, von denen jede auch dann wirken kann, wenn die andere versagt. Bei Bruch eines Teils müssen noch mindestens zwei Räder, nicht auf derselben Seite liegend, gebremst werden können. Bei Kraftwagen muß die eine Bremse als Betriebsbremse, die andere als mechanisch zu betätigende Feststellbremse ausgebildet sein. Für Omnibusse ist eine zweikreisige Betriebsbremse vorgeschrieben. Mehrachsige Anhänger müssen eine feststellbare Bremse haben. Die Bremse muß vom ziehenden Fahrzeug aus bedient werden können oder selbsttätig wirken. Sie muß den Anhänger beim Lösen vom Zugfahrzeug auch bei Gefälle von etwa 20 % zum Stehen bringen. An Anhängern bis zu 8 t zulässigem Gesamtgewicht sind Auflaufbremsen zulässig. Beim Mitführen von Anhängern mit Druckluftbremsanlage ist eine Zweileitungsbremsanlage erforderlich. Kraftomnibusse mit mehr als 5,5 t zulässigem Gesamtgewicht und andere Kraftfahrzeuge mit mehr als 9 t zulässigem Gesamtgewicht müssen zusätzlich mit einer Dauerbremse ausgerüstet sein, wenn sie eine Geschwindigkeit von 25 km/h überschreiten.	Werte für die Mindestabbremsung bei Prüfung der Bremsen: Betriebsbremse bei Krafträdern ... 30 % bei anderen Kfz und Anhängern bis 20 km/h ... 25 % über 20 km/h ... 40 % Feststellbremse und Hilfskraftbremse bei Kfz, Anhängern ... 20 % Die höchstzulässige Abweichung der Bremskräfte an den Rädern einer Achse in % vom größeren Wert beträgt bei Rollenprüfständen 30 % Plattenprüfständen 20 %
Anhängelast hinter Kraftfahrzeugen § 42	Die Anhängelast darf nicht größer sein als das zulässige Gesamtgewicht des ziehenden Fahrzeugs; in Zügen mit durchgehender Bremsanlage bis zum 1,4fachen des zulässigen Gesamtgewichts. Ungebremste Anhänger hinter Personenkraftwagen und Krafträdern dürfen nur einachsig sein. Die Anhängelast darf bis zum halben Leergewicht des Zugfahrzeugs plus 75 kg, höchstens 750 kg, betragen.	Das Leergewicht ist das Gewicht des betriebsfertigen, ausgerüsteten und vollgetankten Fahrzeugs plus 75 kg (ausgenommen Pkw und Krad) Fahrergewicht.
Schallzeichen § 55	Hupen und Hörner müssen einen Klang mit gleichbleibenden Grundfrequenzen (auch harmonischer Akkord ist zulässig) erzeugen. Eine Warneinrichtung mit einer Folge von Klängen verschiedener Grundfrequenz (Einsatzhorn) muß an Fahrzeugen für blaues Blinklicht (Rundumlicht) angebracht sein (für andere Fahrzeuge unzulässig).	Maximale Lautstärke in 7 m Abstand vom Horn und in 0,5 bis 1,5 m Höhe über der Fahrbahn 104 Phon.
Geschwindigkeitsmesser § 57	Alle Kraftfahrzeuge mit einer durch die Bauart bedingten Höchstgeschwindigkeit von mehr als 25 km/h müssen mit einem Geschwindigkeitsmesser ausgerüstet sein, mit dem ein Wegstreckenzähler verbunden sein kann. Der Geschwindigkeitsmesser muß im Blickfeld des Fahrzeugführers liegen. Die Anzeige darf vom Sollwert abweichen.	Zulässige Abweichung: Ab 20 km/h keine Minusabweichung zulässig, ab 50 km/h bis +7 % vom Skalenendwert.
Fahrtschreiber Kontrollgerät § 57a	Fahrtschreiber sind vorgeschrieben für Fahrzeuge ab 7,5 t zulässigem Gesamtgewicht, für Zugmaschinen über 40 kW Leistung und für Kraftfahrzeuge zur Personenbeförderung mit mehr als 8 Fahrgastplätzen. Ausgenommen sind Fahrzeuge mit einer durch die Bauart bedingten Höchstgeschwindigkeit bis 40 km/h und Fahrzeuge der Bundeswehr, außer Kraftomnibussen und Fahrzeugen der Bundeswehrverwaltung. Fahrzeuge zum Gütertransport mit mehr als 3,5 t zulässigem Gesamtgewicht und Fahrzeuge zur Personenbeförderung mit mehr als 9 Personen (einschließlich Fahrer) müssen bei Zulassung nach dem 1. 1. 75 mit einem Kontrollgerät nach EG-Verordnung ausgerüstet sein.	Fahrtschreiber und Kontrollgerät müssen von Beginn bis zum Ende jeder Fahrt unterbrochen in Betrieb sein. Die Schaublätter sind zuständigen Personen auf Verlangen vorzulegen. Aufbewahrungspflicht 1 Jahr.
Kohlenmonoxid im Abgas Anlage XI, XIV	Der Gehalt an Kohlenmonoxid im Abgas bei Leerlauf muß möglichst niedrig sein; der CO-Emissionswert darf nicht mehr als 4,5 % sein. Geltungsbereich: Kraftfahrzeuge mit mehr als 400 kg zulässigem Gesamtgewicht und mindestens 50 km/h bauartbedingter Höchstgeschwindigkeit, außer land- oder forstwirtschaftlichen Zugmaschinen.	Grenzwert: 4,5 ± 1%. Meßbedingungen: Leerlauf, betriebswarmer Motor, Entnahmesonde mindestens 300 mm tief im Auspuffrohr.

2

Sachgebiete	Bedeutung	Vorschriften
Prüfungsfahrten § 28 (1)	Fahrten anläßlich der Prüfung des Fahrzeugs durch einen amtlich anerkannten Sachverständigen für den Kraftfahrzeugverkehr und Fahrten zur Verbringung des Fahrzeugs an den Prüfungsort und von dort wieder zurück zum Verwahrungsort.	Prüfungsfahrten, Probefahrten und Überführungsfahrten dürfen auch ohne Betriebserlaubnis unternommen werden. Auf solchen Fahrten müssen rote Kennzeichen an den Fahrzeugen geführt werden. Für die mit roten Kennzeichen versehenen Fahrzeuge sind besondere Fahrzeugscheine mitzuführen und zuständigen Personen auf Verlangen (z. B. bei Verkehrskontrollen) zur Prüfung auszuhändigen. Fahrten gegen Vergütung für Benutzung des Fahrzeugs gelten nicht als Probefahrten. Solche Fahrten dürfen daher nicht mit roten Kennzeichen ausgeführt werden.
Probefahrten § 28 (1)	Fahrten zur Feststellung und zum Nachweis der Gebrauchsfähigkeit von Fahrzeugen sowie Fahrten zur allgemeinen Anregung der Kauflust durch Vorführung in der Öffentlichkeit.	
Überführungs- **fahrten** § 28 (1)	Fahrten, die in der Hauptsache der Überführung des Fahrzeugs an einen anderen Ort dienen.	
Rote Kennzeichen § 28 (2, 3, 4)	Die Erkennungsnummern der roten Kennzeichen bestehen aus einer Null mit einer oder mehreren nachfolgenden Ziffern. Das Kennzeichen ist in roter Schrift auf weißem rotgerandeten Grund herzustellen. Es braucht am Fahrzeug nicht fest angebracht zu werden. Beim Führen roter Kennzeichen müssen etwa vorhandene andere Kennzeichen verdeckt sein.	Rote Kennzeichen und besondere Fahrzeugscheine hat die Zulassungsstelle bei nachgewiesenem Bedürfnis auszugeben. Solche für den einmaligen Gebrauch an einem bestimmten Fahrzeug sind nach Ablauf der Verwendungsdauer (meistens 3 Tage) unverzüglich zurückzugeben. Rote Kennzeichen für längere Einsatzdauer können an zuverlässige Hersteller, Händler oder Handwerker für wiederkehrende Verwendung, auch bei verschiedenen Fahrzeugen, ausgegeben werden. Der Empfänger hat für jedes Fahrzeug einen entsprechenden Schein zu verwenden und die Bezeichnung des Fahrzeugs vor Antritt der ersten Fahrt einzutragen. Über alle Fahrten sind fortlaufende Aufzeichnungen zu führen, aus denen das verwendete rote Kennzeichen, Tag der Fahrt, Fahrstrecke und die Fahrzeugdaten ersichtlich sind. Die Aufzeichnungen sind ein Jahr lang aufzubewahren und auf Verlangen zuständigen Personen jederzeit zur Prüfung vorzulegen. Rote Kennzeichen sind erst auszugeben, wenn der Nachweis einer Kraftfahrzeug-Haftpflichtversicherung erbracht ist.
Schleppen von **Fahrzeugen** § 33 (1, 2)	Fahrten des betriebsfähigen oder betriebsunfähigen Fahrzeugs mit fremder Kraft, z.B. von Werkstatt zu Werkstatt. Fahrzeuge, die nach ihrer Bauart zum Betrieb als Kraftfahrzeug bestimmt sind, dürfen nicht als Anhänger betrieben werden. Die Verwaltungsbehörde (Zulassungsstelle) kann in Einzelfällen Ausnahmen genehmigen. Im allgemeinen werden Kfz-Betrieben Ausnahmen als Dauergenehmigung für das ziehende Fahrzeug gewährt, ohne daß die Anzahl der Schleppvorgänge festgelegt wird.	Eine Ausnahmegenehmigung für das zu schleppende Fahrzeug oder eine Dauergenehmigung für das Schleppfahrzeug ist mitzuführen. Der Führer des Schleppfahrzeugs benötigt die Fahrerlaubnis Klasse 2. Das schleppende Fahrzeug darf nur ein Fahrzeug anhängen. Dabei muß das geschleppte Fahrzeug durch eine Person gelenkt werden, welche die erforderliche Fahrerlaubnis für dieses Fahrzeug besitzt. Dies gilt nicht, wenn beide Fahrzeuge durch eine Vorrichtung verbunden sind, die ein sicheres Lenken des geschleppten Fahrzeugs gewährleistet und die Anhängelast nicht mehr als die Hälfte des Leergewichts des ziehenden Fahrzeugs, in keinem Fall mehr als 750 kg, beträgt. Das geschleppte Fahrzeug unterliegt nicht den Vorschriften über das Zulassungsverfahren und bildet mit dem ziehenden Fahrzeug keinen Zug im Sinne des § 32. Es gilt bezüglich Bremsen, Schluß- und Kennzeichenlicht, Rückstrahler, Vorrichtung für Schallzeichen und Rückspiegel als Kraftfahrzeug. Die fahrttechnischen Einrichtungen, soweit sie für Anhänger nicht vorgeschrieben sind, brauchen nicht betriebsfähig zu sein. Fahrzeuge mit mehr als 4 t Gesamtgewicht dürfen nur mit Abschleppstangen geführt werden.
Abschleppen von **Fahrzeugen** §§ 18, 33, 42	Fahrten mit unterwegs liegengebliebenen, betriebsunfähig gewordenen Kraftfahrzeugen von der Schadensstelle zur nächstgelegenen, geeigneten Kfz-Reparaturwerkstatt oder zum nächstgelegenen, geeigneten Verwahrungsort. Auch Schrottfahrzeuge dürfen von ihrem Standort zu einem geeigneten, nahegelegenen Verwertungsbetrieb abgeschleppt werden.	Die Vorschriften für das Schleppen von Fahrzeugen gelten nicht für betriebsunfähig gewordene Fahrzeuge. Der Lenker des abzuschleppenden Fahrzeugs benötigt daher keine Fahrerlaubnis. Zur Führung des Schleppfahrzeugs genügt die Fahrerlaubnis für dessen Klasse. Abzuschleppende Fahrzeuge unterliegen nicht der Zulassungspflicht, deshalb brauchen sie z.B. keine Kennzeichenbeleuchtung und keine Bremsleuchten. Mit Abschleppwagen abgeschleppte betriebsunfähige Fahrzeuge müssen Schluß- und Bremsleuchten, Rückstrahler und Fahrtrichtungsanzeiger angeordnet sein und müssen vom Abschleppwagen aus betätigt werden können (§ 53 Abs. 8).

2

Sachgebiete	Vorschriften	Hinweise, Maße
Allgemeine Grundsätze § 49 a	An Kraftfahrzeugen und Anhängern dürfen nur die vorgeschriebenen und für zulässig erklärten lichttechnischen Einrichtungen angebracht sein. Sie dürfen nicht verschmutzt sein und müssen ständig betriebsfertig sein. Alle nach vorn wirkenden Leuchten (ausgenommen Parkleuchten und Fahrtrichtungsanzeiger) dürfen nur zusammen mit Schluß- und Kennzeichenbeleuchtung einschaltbar sein.	Für paarweise angebrachte Leuchten gilt: Gleiche Höhe über der Fahrbahn (ausgenommen Schlußleuchten bei Seitenwagenkrad) und symmetrisch zur Längsachse des Fahrzeugs. Sie müssen gleichfarbig sein und mit Ausnahme von Parkleuchten und Fahrtrichtungsanzeigern gleichzeitig und gleich stark leuchten. In Scheinwerfern und Leuchten dürfen nur die dafür bestimmten Glühlampen verwendet werden.
Scheinwerfer für Fern- und Abblendlicht § 50	2 Stück für Kraftfahrzeuge; 1 Stück für Kfz bis 1 m Breite und für Krankenfahrstühle. Für Kfz bis 30 km/h und Krafträder bis 40 km/h Höchstgeschwindigkeit genügt Dauerabblendlicht. Für Kfz bis 8 km/h Höchstgeschwindigkeit genügen Leuchten ohne Scheinwerferwirkung. Für das Fern- und das Abblendlicht dürfen besondere Scheinwerfer vorhanden sein; sie dürfen so geschaltet sein, daß bei Fernlicht die Abblendscheinwerfer mitbrennen. Bei Fernlichtschaltung dürfen auch die besonderen Abblendscheinwerfer Fernlicht abstrahlen.	Untere Spiegelkante bis 1 000 mm, bei land- und forstwirtschaftlichen Zugmaschinen bis 1 200 mm über der Fahrbahn; nur weißes Licht. Beleuchtungsstärke Bei Fernlicht in 100 m Entfernung vom Fahrzeug und in Höhe der Scheinwerfermitte mindestens: 0,25 lx bei Krafträdern bis 100 cm³ Hubraum, 0,50 lx bei Krafträdern über 100 cm³ Hubraum, 1,00 lx bei anderen Fahrzeugen. Bei Abblendlicht in 25 m Entfernung und in Höhe der Scheinwerfermitte und darüber hinaus höchstens 1 lx.
Begrenzungsleuchten § 51 **Spurhalteleuchten** § 51 **Parkleuchten** § 51	2 Stück für Kraftfahrzeuge über 1 m Breite, 1 Stück für Krafträder mit Beiwagen. Sie müssen mit Fern- und Abblendlicht leuchten. Zulässig ist je 1 Spurhalteleuchte am hinteren Ende der Längsseite von Anhängern. Zulässig für Pkw ohne Anhänger und für Fahrzeuge bis 6 m Länge und 2 m Breite beim Parken innerhalb geschlossener Ortschaften.	Weißes Licht; Abstand (äußerer Rand) vom Fahrzeugumriß höchstens 400 mm. Erlaubt sind 4 Stück, wenn 2 davon im Scheinwerfer sind. Weißes Licht; nach vorn wirkend zur Beobachtung des Spurverhaltens des Anhängers. 1 Parkleuchte, vorn weiß, nach hinten rot; Höhe 600 mm (unterer Rand) bis 1 550 mm (oberer Rand), oder eine Schluß- und Begrenzungsleuchte.
Zusätzliche Scheinwerfer und Leuchten § 52	Zulässig sind: 2 Nebelscheinwerfer für mehrspurige Kraftfahrzeuge, 1 Nebelscheinwerfer für Krafträder. Sie dürfen bei Nichtbenützung abgedeckt sein. 1 Suchscheinwerfer, höchstens 35 W Leistung. 1 oder 2 Rückfahrscheinwerfer; sie dürfen bei Vorwärtsfahrt und abgezogenem Schalterschlüssel nicht brennen. Kennleuchten für blaues Blinklicht (Rundumlicht). Kennleuchten für gelbes Blinklicht.	Weißes oder hellgelbes Licht; nicht höher als die Abblendscheinwerfer. Bei mehr als 400 mm Abstand (äußerer Rand) vom Fahrzeugumriß Schaltung mit Abblendlicht. Weißes Licht; darf nur zugleich mit Schluß- und Kennzeichenlicht einschaltbar sein. Weißes Licht; sie müssen so geneigt sein, daß sie die Fahrbahn höchstens auf 10 m hinter dem Fahrzeug beleuchten. Einsatzfahrzeuge von Polizei, Feuerwehr, Unfallhilfs- und Krankenkraftwagen. Fahrzeuge der Straßenreinigung, der Pannenhilfe, Abschleppfahrzeuge, Spezialtransporte.
Schlußleuchten § 53 **Bremsleuchten** § 53 **Rückstrahler** § 53 **Nebelschlußleuchte**	2 Stück für Kraftfahrzeuge und Anhänger, 1 Stück für Krafträder ohne Beiwagen. 2 zusätzliche Schlußleuchten, höher als 1 550 mm über der Fahrbahn, sind für Kraftfahrzeuge und Anhänger zugelassen. 2 Stück für Kraftfahrzeuge und Anhänger. Für Kfz bis 25 km/h Höchstgeschw. und für Krafträder sind zulässig, nicht vorgeschrieben. 2 Stück für Kraftfahrzeuge, 1 Stück für Krafträder. 2 dreieckige Rückstrahler mit der Spitze nach oben für Anhänger. Zugelassen ist 1 Nebelschlußleuchte an der Rückseite von Kraftfahrzeugen und Anhängern, bei mehrspurigen Fahrzeugen links.	Rotes Licht; Höhe 400 mm (unterer Rand) bis 1 550 mm (oberer Rand) über der Fahrbahn; bei Krafträdern genügen 250 mm. Seitlicher Abstand höchstens 400 mm (äußerer Rand) vom Fahrzeugumriß. Getrennte Sicherung oder Kontrollampe. Rotes oder gelbes Licht; höchstens 300 mm (unterer Rand) über den Schlußleuchten und höchstens 1 550 mm (oberer Rand) über der Fahrbahn. Farbe rot; höchstens 700 mm (unterer Rand) über der Fahrbahn, seitlich höchstens 400 mm (äußerer Rand) vom Fahrzeugumriß. Rotes Licht; höchstens 800 mm (oberer Rand) über der Fahrbahn, mindestens 100 mm vom Bremslicht entfernt, Kontrollampe grün.
Fahrtrichtungsanzeiger § 54	Paarweise Blinkleuchten für gelbes Licht, vorn und hinten an Kraftfahrzeugen und Anhängern. Bei mehr als 6 m Abstand zwischen den vorderen und hinteren Blinkleuchten sind zusätzlich seitliche Blinkleuchten erforderlich. Bei Kfz bis 4 m Länge und nicht breiter als 1,6 m genügen seitliche Fahrtrichtungsanzeiger.	Für paarweise Blinkleuchten an Krafträdern: Blinklichtabstand (innerer Rand) vorn mindestens 170 mm, hinten 120 mm. Abstand zur Scheinwerfer mindestens 100 mm von Rand zu Rand. Bei Blinkleuchten an den Längsseiten mindestens 280 mm Abstand (innerer Rand) von der Längsachse des Fahrzeugs und mindestens 350 mm über der Fahrbahn.

Untersuchung der Kraftfahrzeuge und Anhänger StVZO § 29

Untersuchungs-pflicht	(1) Die Halter von Fahrzeugen, die ein eigenes Kennzeichen haben müssen, haben ihre Fahrzeuge auf ihre Kosten in regelmäßigen Zeitabständen untersuchen zu lassen. Ausgenommen sind: Fahrzeuge mit rotem Kennzeichen oder mit Zollkennzeichen, Fahrzeuge der Bundeswehr und des Bundesgrenzschutzes sowie alle Fahrzeuge, die nur betriebserlaubnispflichtig (zulassungsfrei) sind, zum Beispiel Mopeds, Mofas, zulassungsfreie Anhänger.
	(2) Der Halter hat den Monat, in dem das Fahrzeug zur Hauptuntersuchung angemeldet werden muß, durch eine Prüfplakette nachzuweisen. Die Prüfplakette wird von der Zulassungsstelle oder vom amtlich anerkannten Prüfer oder Sachverständigen zugeteilt.
	(3) Die Prüfplakette muß am hinteren Kennzeichen des Fahrzeugs dauerhaft angebracht sein und darf weder verschmutzt noch verdeckt sein.
	(4) Monat und Jahr des Ablaufs der Frist für die Anmeldung zur nächsten Hauptuntersuchung müssen im Kraftfahrzeugschein vermerkt sein.
	(5) Die Prüfplakette wird mit dem Ablauf von 2 Monaten nach dem angegebenen Monat ungültig. Befindet sich an einem Fahrzeug, das mit einer Prüfplakette versehen sein muß, keine gültige Plakette, so kann die Zulassungsstelle für die Zeit bis zur Anbringung der erforderlichen Plakette den Betrieb des Fahrzeugs im öffentlichen Verkehr untersagen oder einschränken.
	(6) Einrichtungen aller Art, die zu Verwechslungen mit der Prüfplakette Anlaß geben könnten, dürfen an Kraftfahrzeugen und ihren Anhängern nicht angebracht sein.

Art der Untersuchung, StVZO Anlage VIII

Hauptunter-suchung	Bei der Hauptuntersuchung ist festzustellen, ob das Fahrzeug den Vorschriften der StVZO entspricht. Vor der Hauptuntersuchung ist bei prüfbuchpflichtigen Fanrzeugen zu prüfen, ob die vorgeschriebenen Zwischenuntersuchungen oder Bremsensonderuntersuchungen durchgeführt sind. Hauptuntersuchungen sind von amtlich anerkannten Sachverständigen oder Prüfern durchzuführen. Der Sachverständige oder Prüfer hat die Untersuchung abzulennen, wenn eine vorgeschriebene Bremsensonderuntersuchung nicht durchgeführt worden ist oder wenn der Zeitpunkt für die vorgeschriebene Prüfung des Fahrtschreibers oder Kontrollgerätes überschritten worden ist. Stellt der Sachverständige oder Prüfer Mängel fest und lehnt er die Zuteilung einer Prüfplakette ab, so hat der Halter das Fanrzeug zur Nachprüfung der Mängelbeseitigung spätestens bis zum Ablauf der 6. Woche wieder vorzuführen. Wird das Fanrzeug erst mehr als 2 Monate nach dem Tag der Hauptuntersuchung wieder vorgeführt, so ist eine neue Hauptuntersuchung durchzuführen. Werden Mängel festgestellt, die das Fahrzeug verkenrsunsicher machen, so muß der Sachverständige (Prüfer) die Prüfplakette entfernen und sofort die Zulassungsstelle benachrichtigen.
Zwischen-untersuchung	Bei der Zwischenuntersuchung sind die Verkehrssicherheit, die Geräuschentwicklung und das Abgasverhalten des Fanrzeugs zu überprüfen. Zwischenuntersuchungen werden im Herstellerwerk des Fahrzeugs oder in einer dafür amtlich anerkannten Kraftfahrzeugwerkstätte durchgeführt. Bei freiwilliger Zwischenuntersuchung in höchstens 6monatigen Abständen bei Fahrzeugen unter Nr. 3 (siehe Tabelle) und höcnstens 12monatigen Abständen bei Fanrzeugen unter Nr. 1 und 2 verdoppelt sich die Frist für die erste Hauptuntersuchung (siehe StVZO Anlage VIII).
Bremsensonder-untersuchung	Die Bremsensonderuntersuchung eines Fahrzeugs auf Verkehrssicherheit hat zu umfassen: Sicht- und Funktionsprüfung, Wirkungsprüfung, innere Untersuchung der einzelnen Bauteile der Bremsanlage. Bremsensonderuntersuchungen sind im Werk des Herstellers des Fahrzeugs, einem Bremsenherstellerwerk oder einem amtlich anerkannten Bremsendienst durchzuführen.

Zeitabstand der Untersuchungen, StVZO, Anlage VIII

Art der Fahrzeuge	Haupt-untersuchung	Zwischen-untersuchung	Bremsensonder-untersuchung	Prüfbücher vorgeschrieben
1. Krafträder, Personenkraftwagen, einachsige Anhänger bis 2 t zul. Gesamtgewicht, Wohnanhänger	24 Monate	—	—	—
2. Lastkraftwagen bis 2,8 t zul. Gesamtgewicht, Zugmaschinen bis 40 km/h Höchstgeschwindigkeit	24 Monate	—	—	—
3. Lastkraftwagen über 2,8 t bis 6 t zul. Gesamtgewicht, Anhänger bis 6 t zul. Gesamtgewicht, Kraftdroschken, Krankenkraftfahrzeuge, Mietwagen, Zugmaschinen bis 6 t zul. Gesamtgewicht und über 40 km/h Höchstgeschwindigkeit	12 Monate	—	—	—
4. Lastkraftwagen und Anhänger über 6 t bis 9 t zul. Gesamtgewicht	12 Monate	—	12 Monate	ja
5. Lastkraftwagen und Anhänger über 9 t, Zugmaschinen über 6 t zul. Gesamtgewicht	12 Monate	6 Monate	12 Monate	ja
6. Kraftomnibusse und andere Fahrzeuge mit mehr als 8 Fahrgastplätzen	12 Monate	3 Monate	12 Monate	ja
7. Fahrzeuge zur gewerbsmäßigen Vermietung	12 Monate	6 Monate	12 Monate	ja

Anlage VIII

Beurteilung von Mängeln	0 Fahrzeuge, bei denen keine Mängel festgestellt wurden.	0 ohne Beanstandung
	NK Fahrzeuge mit leichten Mängeln, deren Behebung durch eine Sichtprüfung feststellbar sein muß.	NK Nachkontrolle Teilnahme am Straßenverkehr möglich, weil die Mängel eine sichere Führung des Fahrzeugs nicht ausschließen.
	NP Fahrzeuge mit Mängeln, deren Behebung nicht nur durch eine Sichtprüfung sondern durch eine Untersuchung in einer Prüfstelle festgestellt werden kann.	NP Nachprüfung Teilnahme am Straßenverkehr unter besonderen Bedingungen und Auflagen noch möglich.
	VU Fahrzeuge, deren Zustand eine sichere Führung im Straßenverkehr nicht mehr gewährleistet.	VU verkehrsunsicher Teilnahme am Straßenverkehr in diesem Zustand nicht zulässig.
Abgrenzung geringer Mängel bei der Hauptuntersuchung	Geringe Mängel sind solche, die keinen nennenswerten Einfluß auf die Verkehrssicherheit des Fahrzeugs haben oder die eine kurzfristige und unerhebliche Abweichung von den Vorschriften darstellen. Bei der Lenkanlage und der Bremsanlage müssen es ganz eindeutig unbedenkliche Mängel sein. Prüfplaketten dürfen zugeteilt und angebracht werden, wenn das Fahrzeug geringe Mängel aufweist.	Beispiele für geringe Mängel Ausrüstung: Fabrikschild schlecht lesbar, Wirkung des Signalhorns nicht ausreichend, Glas beim Rückspiegel gesprungen. Beleuchtung: defekte Glühlampen, gesprungene Gläser, geringe Helligkeitsunterschiede zwischen paarweisen Leuchten, beschädigte Gehäuse. Rahmen: leichte Rostschäden. Räder: leichte Beulen, geringer Seitenschlag. Auspuff: leicht undicht, Aufhängung lose.
Prüfbücher	Halter von Fahrzeugen, die nach den Vorschriften Zwischenuntersuchungen und Bremsensonderuntersuchungen zu unterziehen sind, haben Prüfbücher zu führen. Im Prüfbuch hat der Prüfer den Zeitpunkt der Untersuchung, die festgestellten Mängel und ihre Beseitigung zu vermerken.	Die Prüfbücher sind auf Verlangen zuständigen Personen sowie bei der Hauptuntersuchung zur Prüfung vorzulegen. Wird festgestellt, daß die Zwischenuntersuchung nicht oder erheblich verspätet durchgeführt wurde, so ist die Zulassungsstelle zu benachrichtigen. Prüfbücher sind ein Jahr lang nach der letzten Eintragung aufzubewahren.
Untersuchung durch amtlich anerkannte Kfz-Werkstätten	Bei Fahrzeugen, die nicht Zwischenuntersuchungen oder Bremsensonderuntersuchungen unterzogen werden müssen, verdoppelt sich die Frist für die erste Hauptuntersuchung, die nach der erstmaligen Zuteilung eines amtlichen Kennzeichens fällig wird, wenn der Halter sein Fahrzeug durch eine amtlich anerkannte Kfz-Werkstatt untersuchen und festgestellte Mängel beseitigen läßt. Die Untersuchung muß mindestens den Umfang einer Zwischenuntersuchung haben. Die Kfz-Werkstatt muß dem Halter über die erste und zweite im Verdopplungszeitraum durchgeführte Untersuchung und über die Beseitigung der Mängel Bescheinigungen ausstellen und hierüber fortlaufend einen Nachweis führen. Der Nachweis ist fünf Jahre lang aufzubewahren. Über die Verwendung der Prüfplaketten ist ebenfalls ein Nachweis zu führen und fünf Jahre lang aufzubewahren.	Die freiwilligen Zwischenuntersuchungen müssen alle 6 Monate und bei Fahrzeugen mit einem Zeitabstand der Hauptuntersuchung von 24 Monaten, mindestens alle 12 Monate durchgeführt werden. Die Kfz-Werkstatt darf die Prüfplakette nach der zweiten Untersuchung und nach Beseitigung festgestellter Mängel nur anbringen, wenn der Monat, in dem die Untersuchung durchgeführt sein muß, noch nicht abgelaufen ist und die erste Untersuchung ebenfalls fristgerecht durchgeführt worden ist. Durch die Prüfplakette wird der Monat nachgewiesen, in dem die dritte Untersuchung im Verdopplungszeitraum fällig ist. Für die Anbringung der Plakette nach der dritten Untersuchung gelten die entsprechenden Bedingungen. Mit der Plakette wird der Monat der nächsten Hauptuntersuchung nachgewiesen. Die genannten Untersuchungsfristen dürfen um höchstens einen Monat überschritten werden, wenn die Werkstatt den Auftrag infolge Überlastung nicht rechtzeitig ausführen konnte.
Amtliche Anerkennung von Kfz-Werkstätten und Bremsendiensten	Kfz-Werkstätten, die Zwischenuntersuchungen oder Untersuchungen zur Verdopplung der Frist für die Hauptuntersuchung durchführen wollen und Bremsendienste, die Bremsensonderuntersuchungen durchführen wollen, bedürfen einer amtlichen Anerkennung. Der Antrag auf Anerkennung ist bei der obersten Landesbehörde für das Verkehrswesen oder der von ihr bestimmten Behörde in dreifacher Ausfertigung einzureichen. Mit der Anerkennung wird dem Kfz-Betrieb eine Kenn-Nummer zugeteilt.	Der Inhaber der Kfz-Werkstatt oder die für die Durchführung der Zwischenuntersuchung verantwortliche Person müssen durch eine Bescheinigung der Handwerkskammer nachweisen, daß die die Voraussetzungen zur selbständigen Verrichtung solcher Arbeiten erfüllen. Bei Bremsendiensten müssen der Inhaber oder die verantwortliche Person und mindestens ein geprüfter Monteur an einem wenigstens 4tägigen Bremsenlehrgang teilgenommen haben. Mindestens alle drei Jahre muß ein Wiederholungslehrgang besucht werden.

Fachbereich	Betreff	Erklärung
Allgemeines	Unfallver-sicherung	Die Berufsgenossenschaften sind die Träger der gesetzlichen Unfallversicherung. Sie sind vom Staat ermächtigt, Unfallverhütungsvorschriften rechtswirksam zu erlassen. Jeder Unternehmer ist gesetzlich verpflichtet, mit der Eröffnung seines Betriebes Mitglied bei der für seinen Gewerbezweig zuständigen Berufsgenossenschaft zu werden. Für Kfz-Betriebe sind die Eisen- und Stahl-Berufsgenossenschaften zuständig.
Schweiß-arbeiten	Personen	Personen unter 18 Jahren und Ungelernte dürfen nur unter Aufsicht schweißen. Frauen dürfen mit Schweißarbeiten, die mit besonderen Gefahren verbunden sind, nicht beschäftigt werden.
	Schutzmittel	Der Unternehmer muß die Schutzmittel zur Verfügung stellen, z. B. Schutzbrillen, Schutzhauben, Schutzkleidung, Schutzhandschuhe, Schürzen. Der Beschäftigte muß zur Benützung der Schutzmittel angehalten werden.
	Schweißräume	Räume, in denen ständig Schweißarbeiten ausgeführt werden, müssen mindestens 3 m hoch und gut belüftet sein. In kleinen Räumen sowie beim Schweißen von NE-Metallen, verzinkten oder verbleiten Gegenständen müssen die Gase und Dämpfe abgesaugt werden. Eine Belüftung mit Sauerstoff ist verboten.
Gasschweißen	Gasflaschen	Gasflaschen sind gegen Umfallen zu sichern und vor Erwärmung und vor Frost unter $-10\ ^{\circ}$C zu schützen. Außerdem dürfen sie nicht durch Funken gefährdet sein. Acetylenflaschen (Farbe gelb) müssen bei der Gasentnahme stehen oder mit dem Entnahmeventil mindestens 40 cm höher als der Flaschenfuß gelagert werden. Bei Sauerstoffflaschen (Farbe blau) müssen die Anschlüsse und Dichtungen fettfrei sein wegen Explosionsgefahr. Die Anschlußstutzen der Flaschenventile dürfen nicht auf andere Flaschen gerichtet sein.
	Druckminderer	Vor dem Anschließen der Druckminderer sind die Flaschenventile etwa 1 Sekunde lang auszublasen. Bei Acetylen ist der maximale Druck am Druckminderer 1,5 bar. Nach Abbau der Druckminderer sind Verschlußmuttern und Schutzkappen sofort wieder aufzuschrauben.
	Acetylenent-wickler	Der Arbeitsraum muß mindestens 20 m² Grundfläche und 60 m³ Luftraum haben. Der Mindestabstand des Entwicklers zu Zündquellen beträgt 3 m, die Schlauchlänge mindestens 5 m. Für Acetylenleitungen darf kein Kupfer verwendet werden.
	Wasser-vorlagen	Die Wasservorlagen müssen täglich und nach jedem Flammenrückschlag auf genügende Wasserfüllung überprüft werden.
Lichtbogen-schweißen	Berührungs-schutz	Alle spannungsführenden Teile der Schweißanlage müssen gegen eine zufällige Berührung geschützt sein.
	Strahlungs-schutz	Der Schweißer muß durch entsprechende Kleidung, durch Handschuhe und Gesichtsschutz vor Strahlen geschützt sein. Der Arbeitsplatz ist abzuschirmen und mit einem Hinweisschild „Vorsicht, nicht in die Flamme sehen!" zu versehen.
Farbspritzen	Lackierräume	Lackierarbeiten dürfen nur in entsprechenden Räumen vorgenommen werden; regelmäßige Spritzarbeiten nur an Spritzständen und in Spritzkabinen. Zwei möglichst gegenüberliegende Ausgänge müssen vorhanden sein. Die Fluchtwege müssen deutlich markiert sein und dürfen nicht durch Gegenstände versperrt sein.
	Brandschutz	Rauchen sowie der Umgang mit Feuer und funkenziehenden Maschinen ist verboten. Die elektrische Anlage muß explosionsgeschützt sein. Feuerlöscher und Löschdecken müssen in genügender Anzahl und leicht erreichbar zur Verfügung sein. Sauerstoff und brennbare Gase dürfen nicht zum Farbzerstäuben verwendet werden.
	Gesundheits-schutz	Bei nicht genügender Absaugung der Farbnebel müssen Frischluft-Atemgeräte getragen werden. Zum Schutze der Haut sind undurchlässige, nicht brennbare Handschuhe und Schürzen zu tragen.
Schleifkörper	Aufspannen	Schleifscheiben müssen sich leicht auf die Schleifspindel aufschieben lassen und sind vor dem Aufspannen freischwebend einer Klangprobe zu unterziehen. Zum Spannen sind gleich groß ausgesparte Befestigungsflansche und elastische Zwischenlagen zu verwenden. Nach jedem neuen Aufspannen müssen die Schleifscheiben (ausgenommen Scheiben für Handschleifmaschinen und solche unter 50 mm Durchmesser) einem Probelauf von mindestens 5 Minuten unterzogen werden.
	Umfangs-geschwindig-keit	Die höchstzulässige Umfangsgeschwindigkeit darf nicht überschritten werden. Sie beträgt bei keramischer und vegetabilischer Bindung der Schleifscheiben bei Zustellung von Hand 30 m/s, maschinell 35 m/s. Schleifscheiben für Umfangsgeschwindigkeiten über 35 m/s sind durch einen Farbstreifen über den ganzen Durchmesser gekennzeichnet.
	Schutz-maßnahmen	Schleifmaschinen müssen nachstellbare Schutzhauben haben; solche für Handschliff benötigen nachstellbare Werkzeugauflagen. Als Augenschutz sind Schutzbrillen oder Schutzfenster an der Maschine erforderlich.

2

Unfallverhütungsvorschriften

Fachbereich	Betreff	Erklärung
Kraftfahrzeug-Ausbesserungs-Werkstätten	Türen	Kfz-Werkstätten müssen mindestens eine nach außen aufschlagende Türe haben. Je nach Größe der Werkstatt müssen weitere Ausgänge vorhanden sein.
	Löschgeräte	An leicht erreichbaren Stellen sind geeignete Feuerlöscher, Löschdecken und Behälter mit trockenem Sand und Schaufeln bereitzuhalten.
	Rauchen	Das Rauchen ist verboten. Das Rauchverbot muß angeschlagen werden.
	Handlampen	Elektrische Handlampen müssen mit Überglas und Schutzkorb versehen sein, wegen der Gefahr des Zerplatzens der Glühlampe.
	Brennbare Gegenstände	Die Werkstatt ist von brennbaren Gegenständen (Kisten, Packmaterial) freizuhalten. Gebrauchte Putzmittel sind in dicht schließenden, feuersicheren Behältern aufzubewahren. Mittel, die zum Aufsaugen verschütteter Kraft- und Schmierstoffe benützt wurden, sind aus der Werkstatt zu entfernen.
	Reinigungs-arbeiten	Reinigungsarbeiten mit brennbaren Flüssigkeiten sind nur dann in der Werkstatt erlaubt, wenn der Flammpunkt der Reinigungsflüssigkeit über 21 °C liegt. Es dürfen nur Pinsel ohne Metallteile verwendet werden. Kurzschlußfunken sind durch Abklemmen der Batterie zu vermeiden.
	Abgetrennter Raum	Reinigungsarbeiten mit leicht brennbaren Flüssigkeiten, deren Flammpunkt unter 21 °C liegt, sind nur in einem abgetrennten Raum oder im Freien zulässig. Vorschriften für den abgetrennten Raum: Ausreichende Be- und Entlüftung, explosionsgeschützte elektrische Anlage, keine offenen Feuerstellen, keine funkenbildende Maschinen, keine Schweiß- und Lötarbeiten, alle Türen müssen nach außen aufschlagen.
	Angehobene Fahrzeuge	Durch Wagenheber oder Hebezeuge angehobene Fahrzeuge müssen sofort durch Klötze oder Unterstellböcke abgestützt werden. Hebevorrichtungen müssen so beschaffen sein, daß das Fahrzeug nicht abgleiten oder umkippen kann. Hebebühnen müssen mindestens einmal jährlich durch einen Sachverständigen überprüft werden.
	Arbeitsgruben	Arbeitsgruben müssen jederzeit leicht verlassen werden können. Gruben über 5 m Länge und über 1 m Tiefe müssen zwei Treppen haben; bis 5 m Länge genügen Steigeisen. Bei mehr als 1,40 m Tiefe muß eine Belüftungseinrichtung vorhanden sein, die vor dem Betreten in Gang zu setzen ist. Fest in Gruben eingebaute Beleuchtungen müssen mit Schutzglas und Schutzkorb versehen sein.
	Arbeiten mit Gruben	Die Fahrzeuge sind vor Beginn der Arbeit gegen unbeabsichtigte Bewegung zu sichern (Handbremse anziehen, abklotzen). Fahrzeuge dürfen nur über die Grube gefahren werden, wenn sich keine Personen in ihr aufhalten. Unbenutzte Gruben sind abzusichern oder abzudecken.
	Arbeiten mit offener Flamme	Bei Kraftstoffbehältern ist auf die Entwicklung explosiver Dämpfe zu achten. Kraftstoffbehälter sind zu entleeren, dann mit Stickstoff, Kohlensäure oder Wasser zu füllen. Bei kleinen Schweißarbeiten in der Nähe von Kraftstoffbehältern sind Abschirmplatten aus Asbest zu verwenden.
	Probelauf von Motoren	Bei laufenden Verbrennungsmotoren in geschlossenen Räumen müssen die gesundheitsschädlichen Abgase durch Schläuche oder Rohre ins Freie geleitet werden.
Laderäume für Akkumulatoren	Explosions-gefahr	Beim Laden von Batterien entwickeln sich Wasserstoff und Sauerstoff (Knallgas) sowie Säuredämpfe, deshalb müssen Laderäume ausreichend entlüftet sein. Beleuchtung und elektrische Installation müssen explosionsgeschützt sein.
Tankstellen	Lagerung von Kraftstoffen	Kraftstoffe der Gefahrenklasse AI müssen unterirdisch gelagert sein. Ausgenommen sind Kraftstoffe in Kleinzapfgeräten. Mischkannen und ortsbewegliche Gefäße dürfen nicht zur Aufbewahrung von Kraftstoffen verwendet werden.
	Gefahren-bereich	Der explosionsgefährdete Bereich entspricht einem gedachten Kegel, dessen Spitze in halber Höhe der Zapfsäule liegt, jedoch mindestens 80 cm über dem Erdboden. Seine Grundfläche hat 10 m Durchmesser (Kriechweg der Benzindämpfe 5 m) und liegt 25 cm über dem Erdboden.
	Feuerschutz	Mindestens 1 Trockenpulverlöscher von 6 kg, bei mehr als zwei Zapfsäulen ein zweiter, muß gut sichtbar und griffbereit vorhanden sein. Ein Hinweis auf das Rauchverbot innerhalb des Gefahrenbereichs ist deutlich sichtbar anzubringen.
Brennbare Flüssigkeiten	Einteilung	Gruppe A: Brennbare Flüssigkeiten, die sich nicht mit Wasser mischen lassen und deren Flammpunkt unter 100 °C liegt. Mit Wasser nicht löschbar. Gruppe B: Brennbare Flüssigkeiten, die sich mit Wasser in beliebigem Verhältnis mischen lassen und deren Flammpunkt unter 21°C liegt. Sie sind mit Wasser löschbar, z. B. Äthylalkohol, Methanol, Aceton.
	Gefahren-klasse	Gefahrenklasse I: Flammpunkt unter 21 °C, z. B. Fahrbenzin, Benzol, Äther. II: Flammpunkt 21 °C bis 55 °C, z. B. Testbenzin, Petroleum. III: Flammpunkt 55 °C bis 100 °C, z. B. Dieselkraftstoff.

Geschichte des Kraftfahrzeugs

Jahr	Person/Firma	Ereignis
1770	Nikolaus Cugnot	Dampfwagen
1860	Lenoir	Gasmaschine ohne Verdichtung mit Funkeninduktor und doppelt wirkendem Kolben
1864	Nikolaus Otto und Eugen Langen	Gründung der ersten Motorenfabrik in Deutz
1867	Nikolaus Otto (1832 bis 1891) mit Eugen Langen	Atmosphärische Gasmaschine ohne Verdichtung, Arbeit durch Außendruck der Luft
1876/78	Nikolaus Otto	Gasmotor mit Verdichtung in Viertaktarbeitsweise
1883	Gottlieb Daimler (1834 bis 1900) mit Wilhelm Maybach	Benzinmotor mit Glührohrzündung und Oberflächenvergaser
	Karl Benz (1844 bis 1929)	Gründung der „Benz & Cie.", Rheinische Gasmotorenfabrik in Mannheim
1884	Nikolaus Otto	Niederspannungs-Magnetzündung (Abschnappzündung)
1885	Gottlieb Daimler	Zweirad (Niederrad) mit Benzinmotor
	Karl Benz	Dreirad mit Benzinmotor und elektrischer Zündung
1886	Gottlieb Daimler	Vierradkutsche mit Benzinmotor
	Robert Bosch (1861 bis 1942)	Gründung der „Werkstätte für Feinmechanik und Elektrotechnik Robert Bosch"
1887	Robert Bosch	Elektromagnetische Hochspannungs-Abreißzündung für ortsfeste Motoren
1890	Gottlieb Daimler	Gründung „Daimler Motoren Gesellschaft", Cannstatt
	Dunlop	Luftreifen für Kraftwagen
1893	Henry Ford	Erstes Fahrzeug mit Benzinmotor in den USA
1893/97	Rudolf Diesel (1858 bis 1913)	Schwerölmotor mit Einspritzung und Selbstzündung
1896	Gebr. Stöver	Gründung der „Automobilfabrik Gebr. Stöver"
1898	Adam Opel (1837 bis 1895)	Beginn des Kraftwagenbaues, 1862 erste Nähmaschine, 1887 Aufnahme der Fahrradproduktion
1899		Gründung „Fiat" in Turin
1900	August Horch	Gründung der „Horch & Cie." in Köln-Ehrenfeld
1900/01		Daimler-Fahrzeuge erhalten nach der Tochter des Generalvertreters E. Jellinek die Bezeichnung „Mercedes"
1902	Robert Bosch	Hochspannungs-Magnetzünder von Gottlob Honold
	Büssing	Erster deutscher Lastwagen mit Benzinmotor
1903	Henry Ford	Gründung der „Ford Motor Company" in Detroit
1905	Borgward	Gründung der „Hansa-Werke" in Bremen
1909	Otto Vollnhals	Erster Ackerschlepper mit Dieselmotor
	August Horch	Gründung der „Audi-Werke"
	Wilhelm Maybach	Gründung der „Maybach Motoren GmbH"
1923	Bayerische Motorenwerke (BMW)	Beginn des Motorradbaues, 1929 erster BMW-Wagen 1917 Gründung der Bayerischen Motorenwerke
1923/24	Benz-MAN	Lastwagen mit Benz-Dieselmotoren
1926		Vereinigung der Stammfirmen Daimler und Benz
1928	Rasmussen	DKW-Zweizylinder-Zweitaktwagen
1930		Gründung der „Ford-Werke" in Köln
1930/31	Ferdinand Porsche (1875 bis 1951)	Eröffnung eines Konstruktionsbüros in Stuttgart, früher bei Lohner, Austro-Daimler und Daimler-Benz tätig
1932		Gründung der „Auto Union" durch Audi, Horch, Zschopauer Motorenwerke (DKW) und Wanderer
1936	Daimler-Benz AG	Erster serienmäßig hergestellter Diesel-Personenwagen Verbrennungsmotor mit Benzineinspritzung
1938		Grundsteinlegung des Volkswagenwerks, 1945 Produktionsaufnahme
1939	Brown-Boveri	Stationäre Gasmotoren
1950	Rover	Kraftwagen mit Turbinenmotor
1957/58	NSU/Wankel	Dreh- bzw. Kreiskolbenmotor

3

Kraftfahrtechnische Begriffe

Arbeitsspiel	Alle Vorgänge im Zylinder, angefangen von einem bestimmten Zustand bis zur nächsten Wiederholung des gleichen Zustandes.
Dauer- bzw. Kurzleistung	Größte Nutzleistung, die der Motor seinem Verwendungszweck entsprechend dauernd bzw. 15 Minuten schadlos abgeben kann.
Fahrzeugleergewicht (-masse)	Masse des betriebsfertigen Fahrzeugs mit gefülltem Kraftstoffbehälter einschließlich der Masse aller im Betrieb mitgeführten Ausrüstungsteile. Bei anderen Kfz als Krad oder Pkw zuzüglich 75 kg Fahrergewicht.
Füllung des Zylinders	Verhältnis der tatsächlich angesaugten Frischgasmenge während eines Arbeitsspiels zum Hubraum eines Zylinders.
Gesamthubraum	Summe der Hubräume aller Arbeitszylinder eines Motors.
Höchst- bzw. Dauergeschwindigkeit	Größte Geschwindigkeit, die das Fahrzeug über 1 km Meßstrecke bzw. dauernd einhalten kann.
Verbrennungshöchst- bzw. Verdichtungsenddruck	Höchster auf den Kolben wirkender Druck eines zündenden bzw. nicht zündenden, betriebswarmen Verbrennungsmotors.
Hubraum eines Zylinders	Vom Kolben während eines Hubes überstrichener Raum.
Hubraumleistung	Größte Nutzleistung, die 1 L des Gesamthubraums abgeben kann.
Innenleistung	Vom Kurbeltrieb im Innern des Zylinders aufgenommene Leistung.
Kolbenhub	Abstand zwischen den beiden Totpunkten des Kolbens.
Kraftstoffverbrauch nach DIN	Dem Motor zugeführte Kraftstoffmenge während der Ermittlung nach DIN 70030: halbe Nutzlast, betriebswarmer Motor, 10 km trockene Fahrbahn, höchstens 1,5 % Steigung und Windstärke 3 m/s, Hin- und Rückfahrt ohne Unterbrechung, $^3/_4$ der Höchstgeschwindigkeit, maximal 110 km/h, handelsüblicher Kraftstoff, Zuschlag 10 %.
Kurbelwinkel	Stellung des Kurbelzapfens zum oberen bzw. unteren Totpunkt.
Leistungsgewicht	Erforderliche Masse des fahrfertigen Fahrzeugs oder Motors für 1 kW.
Luftbedarf	Luftmenge, die 1 kg Kraftstoff zur vollständigen Verbrennung benötigt.
Luftverhältnis	Verhältnis der für die Verbrennung des Kraftstoffs angesaugten Luftmenge zu der für die vollkommene Verbrennung erforderlichen Luftmenge.
Mech. Wirkungsgrad	Verhältnis der Nutzleistung zur Innenleistung.
Mittlerer Arbeitsdruck	Mittlerer Druck auf den Kolben während des ganzen Arbeitstaktes.
Mittlere Kolbengeschwindigkeit	Weg, den der hin- und hergehende Kolben in einer Sekunde bei gleichbleibender Drehzahl zurücklegt.
Motordrehzahl	Anzahl der Umdrehungen der Kurbelwelle in der Minute.
Nutzleistung	Vom Motor an der Kupplung abgegebene nutzbare Leistung, wobei die zum Betrieb des Motors notwendigen Einrichtungen, z. B. Lüfter, Künlgebläse, Wasser-, Kraftstoff-, Einspritzpumpe und Generator
	a) in DIN-PS vom Motor angetrieben werden
	b) in SAE-P nicht berücksichtigt werden
Nutz- bzw. Innenwirkungsgrad	Verhältnis der Nutzleistung bzw. Innenleistung zur maximalen Leistung, die mit dem verfügbaren Kraftstoff gewonnen werden kann.
Oben- bzw. untengesteuerter Motor	Ventilteller und Gaswege liegen oberhalb bzw. in oder unterhalb einer Ebene, die auf dem im oberen Totpunkt befindlichen Kolben aufliegt.
Schmierölverbrauch	Vom Motor in der Zeiteinheit verbrauchte Schmierölmenge. Die beim Ölwechsel abgelassene Ölmenge wird nicht dazugerechnet.
Spez. Kraftstoffverbrauch	Dem Motor zugeführte Kraftstoffmenge je Einheit der Leistung und Zeit.
Streckenverbrauch	Ermittlung: 100 km Rundstrecke, normale Straßen, Fahren im Verkehr, Fahrzeug mit 2 Personen besetzt. Der Streckenverbrauch liegt ungefähr 10 % über DIN-Verbrauch.
Totpunkte	Umkehrpunkte des Kolbens an den Enden des Kolbenhubes.
Verbrennungsraum	Der allseitig von Arbeitszylinder, Zylinderdeckel und Kolben umschlossene Raum. Er ändert seine Größe während des Arbeitsspiels.
Verdichtungsraum	Kleinster Verbrennungsraum über dem oberen Totpunkt.
Verdichtungsverhältnis	Verhältnis des größten Verbrennungsraums über UT zum Verdichtungsraum.
Zylinderzahl	Anzahl der Arbeitszylinder eines Verbrennungsmotors.
Zulässiges Gesamtgewicht (Gesamtmasse)	Masse des Fahrzeugs, die unter Berücksichtigung der Werkstoffbeanspruchung, der zulässigen Achslasten und der in der StVZO festgelegten Höchstwerte nicht überschritten werden darf.

3

Fahrzeugtypen	Audi 80 S	BMW 316	D-B 200	Fiat 131	Ford Taunus	Opel Ascona	Porsche 924	Renault R 5	VW-Golf S
Motor									
Lage	vorn	vorn	vorn	vorn	vorn	vorn	vorn	vorn	vorn
Zylinderzahl	4	4	4	4	4	4	4	4	4
Anordnung	Reihe	Reihe	Reihe	Reihe	Reihe	Reihe	Reihe	Reihe	Reihe
Zylinderbohrung mm	79,5	84	87	84	87,7	85	86,5	58	79,5
Kolbenhub mm	80,0	71	83,6	71,5	66,0	69,8	84,4	80	80
Motorhubraum cm³	1 588	1 573	1 988	1 585	1 593	1 584	1 984	845	1 588
Verdichtung	8,2 : 1	8,3 : 1	9,0 : 1	9,2 : 1	9,2 : 1	8,8 : 1	9,3 : 1	8,0 : 1	8,2 : 1
Leistung DIN kW	55	66	69	55	53	55	92	26	55
bei Drehzahl 1/min	5 600	6 000	4 800	5 400	5 200	5 000	5 800	5 500	5 600
Drehmoment DIN Nm	121	125	158	124	118	117	165	57	119
bei Drehzahl 1/min	3 200	4 000	3 000	2 800	2 700	3 800	3 500	2 500	3 200
Kolbengeschw. m/s	14,9	14,2	13,4	12,9	12,1	11,6	16,3	14,7	14,9
Hubraumleist. kW/L	34,6	41,9	34,7	34,7	33,3	34,7	46,4	30,8	34,6
Kühlung	Wasser	Wasser	Wasser	Wasser	Wasser	Wasser	Wasser	Wasser	Wasser
Vergaser	Fallstr.	Register	Gleichstr.	Doppelv.	Fallstr.		K-Jetr.	Fallstr.	Fallstr.
Kraftübertragung									
Antrieb	V'rad	H'rad	H'rad	H'rad	H'rad	H'rad	H'rad	V'rad	V'rad
Getriebe 1./2. Gang	3,45/1,49	3,76/2,02	3,90/2,3	3,67/2,1	3,58/2,01	3,73/2,24	3,6/2,12	3,67/2,24	3,45/1,94
3./4. Gang	1,37/0,97	1,32/1,0	1,41/1,0	1,36/1,0	1,43/1,0	1,45/1,0	1,36/0,97	1,46/1,03	1,37/0,97
R.-Gang	3,17	4,09	3,66	3,53	3,32	3,90	3,5	3,08	3,17
Achsantrieb	4,11	4,1	4,08	3,9	3,89	3,67	3,44	4,12	3,90
Fahrwerk									
Vorderachse	Federbein Querlenk.	Federbein Querlenk.	Doppel-Querlenk.	Federbein Querlenk.	Doppel-Querlenk.	Doppel-Querlenk.	Federbein Querlenk.	Doppel-Querlenk.	Federbein Querlenk.
Spur	10′±15′	0°14′	0°25′±10′	1...5 mm	10′±30′	10′...30′	0°±5′	−10′...50′	−10′±15′
Sturz	25′±30′	0°±30′	0°15′	0°...1°	0°20′±45′	0°20′±30′	−20′±10′	0°...1°	30′±30′
Nachlauf	10′±30′	8°20′±30′	2°40′±20′	4°...5°	2°45′±1°	4°30′−7°	2°45′±30′	10°30′	2°±30′
Spurdifferenzwinkel	−1°15′	−1°30′	−0°30′±40′			− 50′	0°...30′		−1°30′
Hinterachse	Federbein Tor. Kurb.	Federbein Schrägl.	Diagonal-Pendel-A.	Starr-A. 4 Ll + QL	4-Lenker-H'achse	Zentral-Gelenk	Schräg-Lenker	Längs-Lenker	Verbund-Lenker
Vorderradfederung	Schraub.	Schraub.	Schraub.	Schraub.	Schraub.	Schraub.	Schraub.	Drehstab	Schraub.
Hinterradfederung	Schraub.	Schraub.	Schraub.	Schraub.	Schraub.	Schraub.	Drehstab	Drehstab	Schraub.
Lenkung	Zahnst.	Zahnst.	Kugeluml.	Zahnst.	Zahnst.	Zahnst.	Zahnst.	Zahnst.	Zahnst.
Lenkrollhalbmesser	negativ		null						negativ
Bremskreise	2-Servo	2-Servo	2-Servo	2-Servo	2-Servo	2-Servo	2-Servo	2	2
Anordnung	diagonal		vo-hi	vo-hi					diagonal
Vorderradbremse	Scheiben	Scheiben	Scheiben	Scheiben	Scheiben	Scheiben	Scheiben	Scheiben	Scheiben
Hinterradbremse	Trommel	Trommel	Scheiben	Trommel	Trommel	Trommel	Trommel	Trommel	Trommel
Bereifung	155 SR 13	165 SR 13	175 SR 14	155 SR 13	165 SR 13	165 SR 13	165 HR 14	145 SR 13	155 SR 13
Felge	4 1/2 J×13	5 J×13	5 1/2 J×14	4 1/2 J×13	4 1/2 J×13	4 1/2 J×13	5 1/2 J×14	4,00 B×13	5 J×13
Elektrische Anlage									
Batterie V/Ah	12/36	12/36	12/44	12/45	12/44	12/44	12/45	12/32	12/36
Generator V/A	14/35	14/35	14/44	14/44	14/45	14/45	14/75	14/22	14/35
Gewichte in kg									
Leergewicht	850	1 010	1 340	1 000	1 035	950	1 080	730	780
Nutzlast (Zuladung)	425	410	520	450	465	425	320	330	450
zul. Gesamtgewicht	1 275	1 420	1 860	1 450	1 500	1 375	1 400	1 060	1 230
zul. Vorderachslast	660	730	875	670	700	675	600		640
zul. Hinterachslast	660	770	985	800	840	795	840		600
Leistungsgew. kg/kW	23,2	21,5	26,6	26,4	27,0	25,0	15,2	40,8	22,4
Anhängelast ungebr.	450	500	705	480	520	500	500	350	400
gebremst	1 000	1 200	1 200	800	970	1 150	800	550	1 000
Fahrleistungen									
Höchstgeschw. km/h	160	160	160	160	152	158	200	122	162
Beschl. 0−100 km/h	13,2	13,8	15,2	12,8	16,8	14	10,5	16	12,3
Bergsteigfähigkeit %	36	52	45	36		39,5			37
Kraftstoffverbrauch nach DIN L/100 km	Normal 8,6	Normal 9,9	Super 10,9	Super 9,6	Super 10,2	Super 9,2	Super 7,7	Super 6,7	Normal 8,5
Abmessungen									
Länge cm	418	436	468	426	438	432	421	350	373
Breite cm	160	161	177	164	170	167	169	152	161
Höhe cm	136	138	144	136	136	138	127	140	141
Spurweite vorn cm	134	136	149	137	142	138	142	129	139
Spurweite hinten cm	134	138	144	132	142	138	137	124	135
Radstand cm	247	256	275	249	258	252	240	240/242	240
Wendekreis ⌀ m	10,3	10,3	11,0	10,5	10,7	10,1	10,0	9,8	10,3
Füllvolumen in L									
Kraftstoffbehälter	45	52	65	50	54	50	62	42	45
Kurbelgehäuse	3,5	4	5,0	4,0	3,75	3,5	4,0	3,0	3,0
Schaltgetriebe	1,8		1,6	1,4	1,9	1,1	2,6	1,8	1,25
Kühlsystem	6,5	9,5	7,4	5,75	6,5	6,5	7,0	5,5	6,5
Kofferraum - VDA	432		530		483	380			320/570

3

121

Reifengröße	Andere Ausführungen	Ply Rating PR	Felgengröße	Luftschlauch	Reifenabmessungen			Wirks. Halbm. stat. mm	Abrollumfang dynam. Halbm. mm	Tragfähigkeit N	Luftdruck bar
					Außendurchmesser mm	Nennbreite mm	Betriebsbreite mm				
Gürtelreifen in Super-Niederquerschnittbauart											
135 SR 12			4,00 × 12	1220	522	137	141	236	1 585	2 900	2,2
145 SR 12			4,00 × 12	1220	542	147	151	245	1 645	3 550	2,3
155 SR 12			4,00 × 12	1230	550	152	157	249	1 665	4 000	2,4
135 SR 13			4 J × 13	1320	548	137	141	249	1 665	3 100	2,2
145 SR 13			4 J × 13	1320	566	147	151	257	1 720	3 750	2,3
155 SR 13			41/2 J × 13	1330	578	157	162	263	1 750	4 250	2,4
165 SR 13	HR		41/2 J × 13	1330	596	167	172	271	1 800	4 700	2,4
175 SR 13			5 J × 13	1340	608	178	183	276	1 840	5 200	2,5
145 SR 14			4 J × 14	1420	590	147	151	269	1 795	3 950	2,3
155 SR 14			41/2 J × 14	1430	604	157	162	276	1 835	4 450	2,4
165 SR 14	HR		41/2 J × 14	1430	622	167	172	284	1 885	4 950	2,4
175 SR 14	HR		5 J × 14	1440	634	178	183	289	1 920	5 500	2,5
185 SR 14	HR, VR		51/2 J × 14	1440	650	188	194	296	1 965	5 900	2,5
195 SR 14	HR, VR		51/2 J × 14	1460	666	198	204	303	2010	6 400	2,5
135 SR 15			4 J × 15	1520	600	137	141	275	1 830	3 500	2,2
145 SR 15			4 J × 15	1520	616	147	151	282	1 875	4 150	2,3
155 SR 15	HR		41/2 J × 15	1530	630	157	162	289	1 915	4 750	2,4
165 SR 15	HR, VR		41/2 J × 15	1530	646	167	172	296	1 960	5 200	2,4
185 SR 15	HR		5 J × 15	1540	674	183	188	308	2040	6 150	2,5
Gürtel-Reifen „70"er Serie											
145/70 SR 12	HR, VR		4,00 × 12	1210	512	144	148	235	1 560	2 900	2,1
155/70 SR 13	HR, VR		4 J × 13	1320	550	151	155	253	1 675	3 550	2,2
165/70 SR 13	HR, VR		41/2 J × 13	1330	568	165	170	260	1 725	4 000	2,3
175/70 SR 13	HR, VR		5 J × 13	1330	580	176	181	265	1 760	4 450	2,3
185/70 SR 13	HR, VR		5 J × 13	1340	598	186	192	272	1 810	4 950	2,4
195/70 SR 13	HR, VR		51/2 J × 13	1340	608	197	203	276	1 840	5 500	2,4
175/70 SR 14	HR, VR		5 J × 14	1430	606	176	181	278	1 845	4 700	2,3
185/70 SR 14	HR, VR		5 J × 14	1440	624	186	192	285	1 890	5 250	2,4
195/70 SR 14	HR, VR		51/2 J × 14	1440	636	197	203	289	1 925	5 800	2,4
185/70 SR 15	HR, VR		5 J × 15	1540	648	186	192	297	1 970	5 500	2,4
Diagonal-Reifen in Super-Niederquerschnittbauart											nach DIN 7803
5,65/135-12		4	4,00 × 12	1220	526	137	145	244	249	2 800	2,1
6,15/155-13	S	4	41/2 J × 13	1330	282	157	166	273	278	3 850	2,1
6,45/165-13	S, H	4	41/2 J × 13	1330	600	167	177	279	285	4 250	2,1
6,95/175-13	S	4	5 J × 13	1340	610	178	189	282	289	4 750	2,1
6,45/165-14	S, H	4	41/2 J × 14	1430	626	167	177	290	296	4 550	2,1
6,95/175-14	S, H	4	5 J × 14	1440	638	178	189	295	302	5 050	2,1
7,35/185-14	H	6	51/2 J × 14	1440	654	188	199	300	308	6 150	2,5
7,75/195-14	H	6	51/2 J × 14	1460	670	198	210	305	314	6 700	2,5
Diagonal-Reifen in Niederquerschnittbauart											nach DIN 7803
5,00-12	S	4	3,50 × 12	1220	532	128	136	250	255	2 750	2,1
5,50-12		4	4,00 × 12	1220	552	142	151	260	265	3 150	2,1
6,00-12		4	4,00 × 12	1230	574	151	160	265	271	3 700	2,1
5,50-13		4	4 J × 13	1320	578	142	151	272	277	3 350	2,1
6,00-13	S	4	4 J × 13	1330	600	151	160	282	288	3 950	2,1
7,00-13	S, H	4	5 JK × 13	1340	644	178	189	299	305	5 100	2,1
7,25-13	S, H	4	5 JK × 13	1350	654	184	195	303	312	5 450	2,1
7,50-13	S, H	6	51/2 JK × 13	1350	666	190	201	306	315	6 250	2,3
6,00-14	S	4	41/2 J × 14	1430	626	156	165	294	300	4 150	2,1
6,50-14		6	41/2 J × 14	1440	650	166	176	304	310	5 300	2,5
7,00-14	S, H	6	5 JK × 14	1440	668	178	189	307	313	5 850	2,5
7,50-14		6	51/2 JK × 14	1450	688	190	201	319	325	6 550	2,5
6,00-15 L	S	4	41/2 J × 15	1530	650	156	165	304	309	4 400	2,1
7,00-15 L	S, H	6	5 J × 15	1540	694	178	189	320	326	6 100	2,5
Diagonal-Reifen in Super-Ballonbauart											nach DIN 7803
5,60-13	S	4	4 J × 13	1330	600	145	154	278	284	3 850	2,1
5,90-13	S	4	4 J × 13	1330	616	150	159	285	291	4 250	2,1
6,40-13	S	4	41/2 J × 13	1340	642	163	173	298	304	4 650	2,1
5,60-15	S	4	4 J × 13	1530	650	145	154	304	309	4 250	2,1

3

Otto- und Diesel-Viertaktmotoren

Verbrennungsmotor	Otto-Viertaktmotor	Diesel-Viertaktmotor
Abmessungen	kleiner	größer
Kraftstoff		
Art	Normalbenzin ≈ 92 OZ Superkraftstoff ≈ 98 OZ Flüssiggas ≈ 100 OZ	Dieselkraftstoff im Winter 45 CaZ im Sommer 55 CaZ Petroleum } für Vielstoffmotoren Benzin }
Flammpunkt	$-30 \ldots -50\,°C$	Dieselkraftstoff 55 ... 100 °C
Gefahrenklasse	A 1	A 3
Selbstentzündungs- temperatur	Normalbenzin 480 ... 550 °C Superkraftstoff 480 ... 700 °C	≈ 350 °C
Kraftstoffverbrauch	300 ... 380 g/kWh	230 ... 370 g/kWh
Ansaugen		
Gase	Kraftstoff-Luftgemisch	reine Luft
Füllung der Zylinder	0,7 ... 0,9	0,8 ... 0,9
Gemischbildung	außerhalb des Verbrennungsraumes (äußere Gemischbildung) a) Zerstäubung im Vergaser b) Einspritzung in das Saugrohr innerhalb des Verbrennungsraumes (innere Gemischbildung) c) Einspritzung in den Zylinder	innerhalb des Verbrennungsraumes a) direkt in dem Zylinder b) im kugelförmigen Brennraum des Zylin- ders (MAN-M-Verfahren) c) in der Vorkammer d) in der Wirbelkammer e) im Zylinder vor dem Luftspeicher
Luftbedarf	theoretisch 15 kg/kg Teillast (10 ... 30 % Luftüb.) 17 kg/kg Vollast (10 ... 0 % Luftmangel) 13 kg/kg Leerlauf (30 ... 40 % Luftmangel) 10 kg/kg Kaltstart 3 kg/kg Warmlauf 8 kg/kg	theoretisch 16 kg/kg über den ganzen Lastbereich Luftüberschuß wegen der Rauchgrenze Vollast bis 15 % Teillast ≈ 40 % Leerlauf bis 1 000 %
Luftverhältnis	0,7 ... 1,3	1,15 ... 10
Regelung	Veränderung der Kraftstoff-Luftgemisch- menge durch Verdrehen der Drosselklappe im Vergaser	Veränderung der eingespritzten Kraftstoff- menge durch Verdrehen des Kolbens in der Einspritzpumpe
Verdichten		
Gase	Kraftstoff-Luftgemisch	reine Luft
Verdichtungstemperatur	400 ... 600 °C	700 ... 900 °C
Verdichtungsverhältnis	7 ... 10 : 1, obere Grenze Klopffestigkeit des Kraftstoffs	14 ... 22 : 1, untere Grenze Selbstentzün- dungstemperatur des Kraftstoffs
Verdichtungsdruck	12 ... 18 bar	30 ... 50 bar
Arbeiten		
Zündung	Fremdzündung durch elektrischen Zünd- funken an der Zündkerze	Selbstzündung durch verdichtete heiße Luft, u.U. Starthilfe durch Glühkerze, Heiz- flansch oder Startpilot
Zünd- bzw. Einspritz- zeitpunkt	Grundeinstellung 10 ° vor bis 5 ° nach OT, Veränderung durch Fliehkraft- und Unter- druckversteller	Einspritzbeginn 22 ... 32 ° vor OT, Verände- rung durch Spritzversteller, Einspritzende veränderlich
Zündverzug	praktisch 0 s	1/1 000 s
Stau-, Einspritzdruck	0,3 ... 0,7 bar Unterdruck im Lufttrichter des Vergasers	90 ... 200 bar Überdruck an der Einspritz- düse
Verbrennung	Gleichraumverbrennung, Ausbreitung der Flamme 10 ... 25 m/s	Gleichdruckverbrennung
Klopfen, Dieseln	gegen Ende der Verbrennung entzündet sich das noch nicht verbrannte Kraftstoff-Luft- gemisch schlagartig von selbst, v Flamme = 200 ... 250 m/s	bei Beginn der Verbrennung durch zu großen Zündverzug (0,002 ... 0,2 s) und anschlie- ßende schlagartige Entzündung des Kraft- stoff-Luftgemisches
Verbrennungsdruck, max.	40 ... 60 bar	65 ... 90 bar
Verbrennungstemperatur	2 000 ... 2 500 °C	2 000 ... 2 500 °C
Ausstoßen		
Abgastemperatur	Vollast 700 ... 1 000 °C Leerlauf 300 ... 500 °C	Vollast 500 ... 600 °C Leerlauf 200 ... 300 °C
CO-Gehalt der Abgase	Leerlauf 4 ... 6 % Vollast 1 ... 4 %	Leerlauf bis 0,05 % Vollast bis 0,3 %
Kennwerte		
mittlerer Arbeitsdruck	6 ... 10 bar	5 ... 8 bar
Höchstdrehzahlen	3 600 ... 6 000 1/min	2 000 ... 4 000 1/min
Drehmoment	30 ... 600 Nm (Lkw 100 ... 150 Nm)	100 ... 120 Nm (Lkw 100 ... 700 Nm)
Drehmomentverlauf	stark drehzahlabhängig	gleichmäßiger, drehzahlunabhängiger
Hubraumleistung	22 ... 50 kW/l	18 ... 26 kW/l
Leistungsgewicht	2,7 ... 6,8 kg/kW	4,8 ... 9,5 kg/kW
Wirkungsgrad	nutzbringende Arbeit 24 % Verlust durch Kühlung 33 % Verlust durch Strahlung 7 % Verlust durch Abgase 36 %	nutzbringende Arbeit 32 % Verlust durch Kühlung 32 % Verlust durch Strahlung 7 % Verlust durch Abgase 29 %
Arbeitspreis	26 ... 46 Pf/kWh	19 ... 25 Pf/kWh

3

Verbrennungsmotor	Viertaktmotor	Zweitaktmotor	
Allgemein			
bewegliche Teile	aufwendiger	einfacher	
Kurbelgehäuse	geteilt, offen	geschlossen	
Arbeitsspiel	4 Takte auf 2 Kurbelwellenumdrehungen	2 Takte auf 1 Kurbelwellenumdrehung, bei niedrigen oder hohen Drehzahlen sowie bei schiebendem Wagen kann „Viertaktern" auftreten	
Steuerung	Ventilsteuerung mit Einlaß- und Auslaßventil	Schlitzsteuerung mit Einlaß-, Auslaß- und Überströmkanal, keine besonderen Steuerorgane, Betätigung durch Kolben oder Drehschieber	
Steuerzeiten	Eö 2 … 20° vor OT	symmetrisch	unsymmetrisch
	Es 40 … 60° nach UT	Eö 55 … 60° vor OT	87° vor OT
	Aö 35 … 60° vor UT	Es 55 … 60° nach OT	60° nach OT
	As 5 … 30° nach OT	Aö 60 … 65° vor UT	73° vor UT
		As 60 … 65° nach UT	55° nach UT
		Üö 55° vor UT	48° vor UT
		Üs 55° nach UT	66° nach UT
Schmierung	Druckumlauf- oder Trockensumpfschmierung	Mischungsschmierung oder Frischölautomatik	
Schmierölverbrauch	0,10 … 0,15 l/100 km	0,25 … 0,40 l/100 km	
Kraftstoffverbrauch	300 … 380 g/kWh, am geringsten bei Vollast und mittleren Drehzahlen	410 … 540 g/kWh, am geringsten bei Teillast und mittleren Drehzahlen, maximal bei Vollast und kleinen Drehzahlen	
Ansaugen			
ansaugen	in den Zylinderraum	in die Kurbelkammer oder Ladepumpe	
Füllung der Zylinder	0,7 … 0,9	0,5 … 0,7	
Verdichten			
Verdichtungsverhältnis	7 … 10 : 1	6 … 8 : 1	
Verdichtungsdruck	12 … 18 bar	8 … 12 bar	
Verdichtungstemperatur	400 … 600 °C	300 … 450 °C	
Vorverdichtung	ohne Auflader keine	durch Kurbelkammer 0,3 … 0,8 bar	
Verbrennen			
Verbrennungsdruck max.	40 … 60 bar	25 … 40 bar	
Verbrennungstemperatur	2 000 … 2 500 °C	2 000 … 2 500 °C	
Verbrennungsrückstände	keine	unvollständig verbrannte Öldämpfe können Abgase färben und Rückstände im Auspuffsystem bilden	
Ausstoßen			
Staudruck der Abgase	80 … 160 mbar bei Vollast	20 … 120 mbar	
	0 … 5 mbar bei Leerlauf		
Spülung	durch Kolben im Ausstoßtakt	durch überströmende Frischgase	
Spülverluste	keine	Querspülung	30 … 45 %
		Umkehrspülung	25 … 30 %
		Gleichstromspülung	20 … 25 %
Kenndaten			
mittlerer Arbeitsdruck	6 … 10 bar	4 … 6 bar	
Drehmoment	50 … 400 Nm	40 … 110 Nm	
Drehmomentverlauf	drehzahlabhängig, bei mittleren Drehzahlen am höchsten	gleichmäßiger, bei niedrigen Drehzahlen günstiger, aussetzender Leerlauf	
mittl. Kolbengeschwindigkeit	9 … 15 m/s	9 … 11 m/s	
Drehzahl	4 200 … 6 000 1/min	4 000 … 5 400 1/min	
Leistung max.	18 … 220 kW	11 … 40 kW	
Hubraumleistung	22 … 50 kW/l	30 … 40 kW/l	
Leistungsgewicht	6,1 … 3,4 kg/kW	5,4 … 2,7 kg/kW	
Arbeitspreis	25 … 33 Pf/kWh	35 … 48 Pf/kWh	
Wirkungsgrad	21 … 29 %	17 … 19 %	
Sonstiges			
Wärmebelastung	niedriger	höher	
Massenausgleich	besser	schlechter	
Ungleichförmigkeit	schlechter	besser	
Bremswirkung des Motors	besser	schlechter	
Motorhubraum	0,25 … 7,0 l	0,3 … 1,0 l	

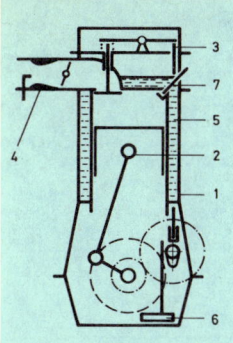

1 Motorgehäuse
2 Kurbeltrieb
3 Steuerung
4 Vergaser
5 Kühlung
6 Schmierung
7 Zündung

1. Nach Arbeitsspiel
   a) Zweitaktmotor
   b) Viertaktmotor

2. Nach Zündung
   a) Ottomotor: Fremdzündung
   b) Dieselmotor: Selbstzündung
   c) Glühkopfmotor: Glühschale

3. Nach Gemischbildung
   a) Vergasermotor: äußere
   b) Einspritzmotor: innere oder
      äußere

4. Nach Kraftstoff
   a) Vergasermotor (Leichtöl)
      Benzin, Benzol, Gemisch
   b) Dieselmotor (Schweröl)
   c) Vielstoffmotor
   d) Gasmotor
   e) Kohlenstaubmotor
   f) Brennstoffzellen

5. Nach Zylinderanordnung
   a) Reihenmotor
   b) V-Motor
   c) Boxermotor
   d) Doppelkolbenmotor
   e) Gegenkolbenmotor
   f) Sternmotor

6. Nach Zylinderzahl
   a) Einzylindermotor
   b) Zwei-, Mehrzylindermotor

7. Nach Steuerung
   a) Obengesteuerter Motor
   b) Untengesteuerter Motor

8. Nach Antrieb
   a) Hubkolbenmotor
   b) Kreiskolbenmotor (Wankel)
   c) Turbinenmotor (Gasturbine)
   d) Düsentriebwerk (Rückstoß)

9. Nach Kühlung
   a) Wassergekühlter Motor
   b) Luftgekühlter Motor

10. Nach Füllung des Motors
    a) Saugmotor
    b) Ladermotor

11. Nach Drehrichtung
    a) Rechtslaufmotor
    b) Linkslaufmotor

12. Nach Einbau des Motors
    a) Vornliegender Motor
    b) Heckmotor
    c) Unterflurmotor

3

Reihenmotor (Viertakt)

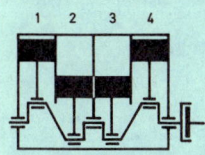

Zylinder in einer Reihe hintereinander angeordnet. Mehrzylindermotoren ergeben ungünstige Baulängen.

Bezeichnung der Zylinder in Richtung des Kraftflusses. Drehrichtung der Kurbelwelle auf die der Kraftabgabe gegenüberliegende Seite bezogen, in Richtung des Kraftflusses gesehen (DIN 73021).

4 Zyl.	1	3	4	2				
	1	2	4	3				
6 Zyl.	1	5	3	6	2	4		
	1	2	4	6	5	3		
	1	4	2	6	3	5		
	1	4	5	6	3	2		
8 Zyl.	1	6	2	5	8	3	7	4
	1	3	6	8	4	2	7	5
	1	4	7	3	8	5	2	6
	1	3	2	5	8	6	7	4

V-Motor

2 Zylinderreihen liegen parallel nebeneinander. Sie bilden einen Winkel, dessen Scheitelpunkt durch die Kurbelwellenachse geht.

Kürzere Baulängen. Zählung der Zylinder bei der linken Zylinderreihe beginnen.

4 Zyl.	1	2	4	3				
	1	3	4	2				
6 Zyl.	1	4	2	5	3	6		
8 Zyl.	1	6	3	5	4	7	2	8
	1	5	4	8	6	3	7	2
	1	8	3	6	4	5	2	7

Boxermotor

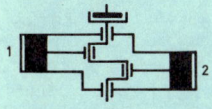

2 Zylinderreihen liegen auf gegenüberliegenden Seiten der Kurbelwellenachse und bilden einen gestreckten Winkel zueinander.

4 Zyl.	1	4	3	2

Sternmotor

Mehrere Zylinder sind in einer Ebene oder mehreren Ebenen sternförmig angeordnet.

Viertakt, Zylinderzahl ungerade
5 Zyl. 1 3 5 2 4
7 Zyl. 1 3 5 7 2 4 6
9 Zyl. 1 3 5 7 9 2 4 6 8

Zweitakt, Zylinderzahl gerade
6 Zyl. 1 2 3 4 5 6

Normale Verbrennung	Ein elektrischer Zündfunke entzündet das verdichtete Kraftstoff-Luftgemisch. Die Flamme breitet sich gleichmäßig im Brennraum aus. Das Gemisch verbrennt. Temperatur und Druck der Gase steigen an.	Luftbedarf	15 kg/kg
		Luftverhältnis	0,7 … 1,3
		v Flamme	10 … 25 m/s
		Verbrennungszeit	0,001 s
	Der Verbrennungsablauf wird beeinflußt von Kraftstoff, Füllung, Drehzahl, Temperatur, Mischungsverhältnis, Verdichtung, Wirbelung und Brennraumgestaltung.	oder	30 … 40 °KW
		Druckanstieg	1 bar/°KW
		Höchsttemperatur	2 000 … 2 500 °C
	Bei der Verbrennung entstehen Kohlenoxid (giftig) Kohlendioxid und Wasserdampf. Der Anteil des unvollständig verbrannten Kohlenoxids ist ein Maß für die Güte der Verbrennung.	Höchstdruck	40 … 60 bar
		Abgastemperatur	700 … 1 000 °C
		Bestandteile der Abgase	
		Kohlenoxid	1 … 6 %
		Kohlendioxid	6,5 … 13 %
		Wasserdampf	7 … 11 %
		Stickstoff	71 … 76 %

Zündungsklopfen	Der Zündfunke leitet die Verbrennung ein. Während sich die Flamme ausbreitet, steigen Temperatur und Druck der noch nicht brennenden Endgase an. Nach Erreichen der Zündtemperatur entzünden sie sich von selbst und verbrennen mit hoher Geschwindigkeit, wobei Temperatur und Druck im Brennraum schlagartig ansteigen. Diese unregelmäßige Verbrennung verursacht ein klopfendes Geräusch.	v Flamme	250 … 300 m/s
		Druckanstieg	8 bar/°KW
		Druckschwingungen	6 000 … 7 000 Hz
		Zündungsklopfen erhöht Lagerbelastung, Kraftstoffverbrauch und thermische Motorbelastung. Es verringert Leistung und Lebensdauer des Motors.	

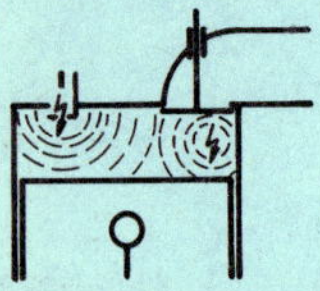

Oberflächenzündung	Ungesteuerte Zündung durch Glühstellen an überhitzten Teilen des Brennraums oder durch frei im Brennraum schwebende Fremdstoffe. Diese Erscheinung kann mit jedem Arbeitsspiel schneller werden, unregelmäßig oder als Mehrfachzündung vorkommen, vor oder nach der elektrischen Zündung auftreten, hörbar oder unhörbar sein. Sie verursacht härteren Motorlauf und kleinere Leistung.	Frühzündung: vor Überspringen des Zündfunkens
		Nachzündung: nach dem regulären Zündzeitpunkt
		Akkumulative Oberflächenzündung: von Arbeitsspiel zu Arbeitsspiel früher
		Unregelmäßiges Klingeln: unregelmäßig auftretende harte Schläge
		Rumpeln: niedrigfrequentes dumpfes Geräusch

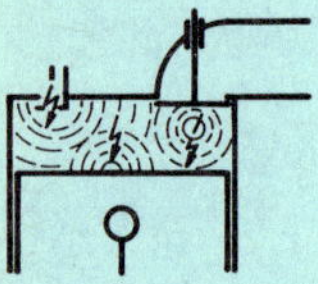

Nachlaufen (Dieseln)	Nach Abstellen der Zündung läuft der Motor weiter. Dabei handelt es sich um eine Verdichtungsselbstzündung, die durch hohe Motortemperatur, heiße Oberflächen oder Ablagerungen begünstigt wird. Die Nachlaufdauer ist abhängig von Motortemperatur und Vergasereinstellung. Elektromagnetische Abschaltventile unterbinden das Nachlaufen.	Drehzahl des Motors 175 … 375 1/min Nachlaufdauer verschieden
		Verringerung durch höhere Oktanzahl, aromatische Kraftstoffe, bessere Kühlung, Leerlaufdüse mit elektromagnetischem Abschaltventil

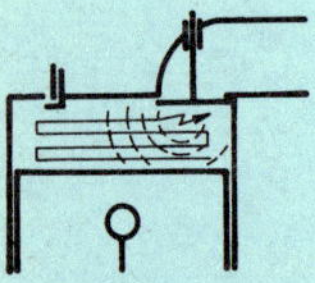

Dieselmotor

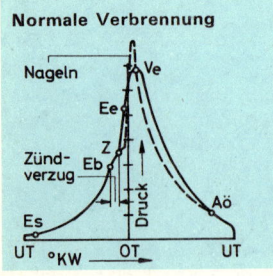

Normale Verbrennung	Der Kraftstoff wird in reine, verdichtete, heiße Luft eingespritzt. Dabei verdampft er und mischt sich mit der Luft zu einem zündfähigen Kraftstoff-Luftgemisch. Die Zeit für diese Gemischaufbereitung heißt Zündverzug.	Luftbedarf	16 kg/kg
		Luftüberschuß	15 … 1 000 %
		Höchstdruck	50 … 80 bar
		Höchsttemperatur	2 000 … 2 500 °C
	Nach Erreichen der Zündtemperatur entzündet sich das Gemisch von selbst. Die Flamme breitet sich gleichmäßig im Brennraum aus, und das Gemisch verbrennt. Der Verbrennung wird weiter Kraftstoff zugeführt. Damit erreicht man eine weichere Verbrennung und einen gleichbleibenden Verbrennungsdruck.	Zündverzug	0,001 s
		ab 0,002 s harter Motorlauf	
		Abgastemperatur	500 … 600 °C
		Bestandteile der Abgase	
		Kohlenoxid	0,05 … 0,3 %
		Kohlendioxid	3,5 … 7 %
		Wasserdampf	3,5 … 5 %
		Stickstoff	77 %
		Sauerstoff O_2	10 … 16 %

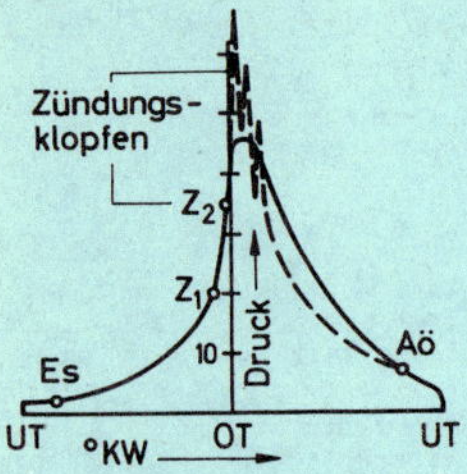

3

1. Takt: Ansaugen

Kolben im oberen Totpunkt, Einlaßventil geöffnet, Auslaßventil geschlossen, Verdichtungsraum mit heißen, unter kleinem Überdruck stehenden Abgasresten gefüllt.

Der Kolben bewegt sich zum unteren Totpunkt. Die Restgase dehnen sich aus. Im Zylinderraum entsteht ein Unterdruck. Aus dem Vergaser wird Kraftstoff-Luftgemisch angesaugt.

Füllung abhängig von Luftdruck, Temperatur, Drehzahl, Drosselklappenstellung, Verdichtungsverhältnis, Motorzustand, Saugrohr und Ventilöffnungszeiten.

EV öffnet	2 … 20 °	vor	OT
schließt	40 … 60 °	nach	UT
Messung der Steuerzeiten mit			
Prüfventilspiel, z. B. 0,4 mm			
Abgasreste			
Druck	0,2 … 0,6 bar		
Temperatur	400 … 600 °C		
Luftbedarf	15 kg/kg		
Luftverhältnis	0,7 … 1,3		
Unterdruck			
im Saugrohr	0,1 … 0,3 bar		
im Lufttrichter	0,4 … 0,7 bar		
Ansaugtemperatur	50 … 100 °C		
Füllungsgrad	0,7 … 0,9		

2. Takt: Verdichten

Kolben im unteren Totpunkt, Ein- und Auslaßventil geschlossen, Zylinderraum mit Kraftstoff-Luftgemisch gefüllt.

Der Kolben wird zum oberen Totpunkt bewegt. Dadurch wird das Kraftstoff-Luftgemisch auf den Verdichtungsraum zusammengepreßt. Die Kraftstoff- und Luftteilchen kommen enger zusammen. Der Druck und die Temperatur im Zylinder steigen an.

Verdichtungsverhältnis	7 … 10 : 1
Verdichtungsdruck	12 … 18 bar
Kompressionsdruck	6 … 12 bar
Verdichtungstemperatur	400 … 600 °C
Verdichtungserhöhung	5 auf 8 : 1
steigert Leistung um	≈ 20 %
vermindert Verbrauch um	≈ 18 %
Verdichtungserhöhung	6 auf 7 : 1
steigert Leistung um	6 %
vermindert Verbrauch um	5 %

3

3. Takt: Arbeiten

Kolben im oberen Totpunkt, beide Ventile geschlossen, Verdichtungsraum mit heißem, komprimiertem Kraftstoff-Luftgemisch gefüllt.

Ein elektrischer Zündfunke springt an den Elektroden der Zündkerze über; er entzündet das Gemisch. Die Flamme breitet sich aus, und das Gemisch verbrennt schnell. Die Gase werden heiß. Der Druck im Zylinder steigt an, und der Kolben wird zum unteren Totpunkt gedrückt.

Höchstdruck	40 … 60 bar
Höchsttemperatur	2 000 … 2 500 °C
mittlerer Arbeitsdruck	6 … 10 bar
Grundeinstellung des Zündzeitpunkts	
10 ° vor … 5 ° nach OT	
Verstellung durch	
Unterdruck bis	20 °KW
Fliehkraft bis	45 °KW
v Flamme	10 … 25 m/s
Verbrennungszeit	0,001 s
oder	30 … 40 °KW
Druckanstieg	1 at/°KW
Nutzbringende Arbeit	24 %

4. Takt: Ausstoßen

Kolben im unteren Totpunkt, Auslaßventil geöffnet, Einlaßventil geschlossen, Zylinderraum mit heißen, unter Überdruck stehenden Abgasen gefüllt.

Der Kolben wird zum oberen Totpunkt bewegt. Dadurch werden die Abgase zur Auslaßöffnung hinausgeschoben. Beim Ausstoßbeginn puffen die Gase wegen des im Zylinderraum herrschenden Überdrucks mit höherer Geschwindigkeit aus. Die schwankenden Strömungs- und Entspannungsverhältnisse rufen Schwingungen hervor.

Abgastemperaturen			
Vollast	700 … 1 000 °C		
Leerlauf	300 … 500 °C		
Abgasdruck			
Beginn	4 … 7 bar		
Ende	0,2 … 0,6 bar		
AV öffnet	35 … 60 °	vor	UT
schließt	5 … 30 °	nach	OT
Ventilüberschneidung	10 … 50 °KW		
Verlust durch Kühlung	33 %		
Strahlung	7 %		
Abgase	36 %		

Zusammensetzung der Abgase siehe „Verbrennung im Motor".

Viertakt-Dieselmotor

1. Takt: Ansaugen

Kolben im oberen Totpunkt, Einlaßventil offen, Auslaßventil geschlossen, Verdichtungsraum mit heißen, unter kleinem Überdruck stehenden Abgasresten gefüllt.

Der Kolben bewegt sich zum unteren Totpunkt. Dabei entspannen sich zuerst die Restgase; dann entsteht im Zylinderraum ein Unterdruck, der reine Luft ansaugt.

Füllung abhängig von Drehzahl, Temperatur, Luftdruck, Ansaugleitung, Belastung, Verdichtung und Motorzustand.

EV öffnet	5 ... 25 ° vor OT
schließt	35 ... 60 ° nach UT
Messung der Steuerzeiten mit	
Prüfventilspiel, z. B. 0,4 mm	
Abgasreste	
Druck	0,2 ... 0,6 bar
Temperatur	200 ... 300 °C
Luftbedarf	16 kg/kg
Luftverhältnis	1,5 ... 10
Unterdruck	
im Saugrohr	0,1 ... 0,2 bar
Füllungsgrad	0,8 ... 0,9
Ansaugtemperatur	70 ... 100 °C

2. Takt: Verdichten

Kolben im unteren Totpunkt, Ein- und Auslaßventil geschlossen, Zylinderraum mit reiner Luft gefüllt.

Der Kolben bewegt sich zum oberen Totpunkt. Dabei drückt er die reine Luft auf den Verdichtungsraum zusammen. Druck und Temperatur im Zylinder steigen an.

Hohe Verdichtung verbessert den thermischen Wirkungsgrad. Obere Grenze durch zulässige Höchstdrücke der Lager, untere durch Selbstentzündungstemperatur des Kraftstoffs bestimmt.

Verdichtungsverhältnis	14 ... 22 : 1
Verdichtungsdruck	30 ... 55 bar
Kompressionsdruck	15 ... 25 bar
Verdichtungstemperatur	600 ... 900 °C
Selbstentzündungstemperatur des	
Dieselkraftstoffs	300 ... 400 °C
Einspritzvolumen bei 1 000 U/min	
Leerlauf (9 mm)	9 ... 13 mm³/Hub
Teillast (15 mm)	30 ... 35 mm³/Hub
Vollast (18 mm)	38 ... 44 mm³/Hub
Klammerwerte: Regelstangenweg	

3. Takt: Arbeiten

Kolben im oberen Totpunkt, beide Ventile geschlossen, Verdichtungsraum mit heißer, verdichteter Luft gefüllt.

Der Dieselkraftstoff wird fein zerstäubt in den Verdichtungsraum eingespritzt. Er verdampft und entzündet sich an der heißen Luft. Die Flamme breitet sich aus, und der Kraftstoff verbrennt schnell. Dadurch steigen Temperatur und Druck der Gase im Verbrennungsraum an. Die Gase dehnen sich aus und drücken den Kolben zum unteren Totpunkt.

Höchstdruck	50 ... 80 bar
Höchsttemperatur	2 000 ... 2 500 °C
Mittlerer Arbeitsdruck	5 ... 8 bar
Einspritzbeginn	22 ... 32 ° vor OT
Einspritzdruck	90 ... 200 bar
Tröpfchengröße	4 ... 15 µm
Einspritzende veränderlich nach Kolbendrehung: 20 ° vor OT bis 2 ° nach OT	
Einspritzdauer	10 ... 40 °KW
Zündverzug	0,001 s
Verbrennungsdauer	75 ... 85 °KW
Nutzbringende Arbeit	32 %

4. Takt: Ausstoßen

Kolben im unteren Totpunkt, Einlaßventil geschlossen, Auslaßventil offen, Zylinderraum mit heißen, unter Überdruck stehenden Abgasen gefüllt.

Der Kolben bewegt sich zum oberen Totpunkt. Dadurch werden die Abgase zur Auslaßöffnung hinausgeschoben. Beim Ausstoßbeginn puffen die Gase wegen des im Zylinderraum herrschenden Überdrucks mit höherer Geschwindigkeit aus. Die schwankenden Strömungsverhältnisse rufen Schwingungen hervor.

Abgastemperaturen	
Vollast	500 ... 600 °C
Leerlauf	200 ... 300 °C
Abgasdruck	
Beginn	3 ... 5 bar
Ende	0,2 ... 0,4 bar
AV öffnet	35 ... 60 ° vor UT
schließt	5 ... 30 ° nach OT
Ventilüberschneidung	10 ... 55 °KW
Verlust durch Kühlung	32 %
Strahlung	7 %
Abgase	29 %
Zusammensetzung der Abgase siehe „Verbrennung im Motor".	

3

Direkte Einspritzung 	Der Kraftstoff wird durch Ein- oder Mehrlochdüsen fein zerstäubt unmittelbar in den Zylinder eingespritzt. Zum Starten des Motors sind keine Glühkerzen erforderlich, da die Abkühlungsoberfläche klein ist.	Einspritzdruck ≈ 200 bar geringe Wärmeverluste gute Starteigenschaft niedriger Kraftstoffverbrauch ≈ 245 g/kWh größerer Zündverzug gleichmäßige Gemischbildung schwieriger härterer Motorgang größere Höchstdrücke
Vorkammer-Verfahren 	Brennraum unterteilt. Der Kraftstoff wird durch eine Zapfendüse in eine Vorkammer eingespritzt. Die Vorkammer ist durch mehrere enge Bohrungen mit dem Zylinderraum verbunden. Zum Starten des Motors sind Glühkerzen notwendig, da die Abkühlungsoberfläche groß ist.	Einspritzdruck 90 ... 120 bar kleinere Höchstdrücke weicher und leiser Motorgang gleichmäßigere Gemischbildung höherer Kraftstoffverbrauch kleinerer Zündverzug
Wirbelkammer-Verfahren 	Brennraum unterteilt. Der Kraftstoff wird durch eine Zapfendüse mit breiter Strahlform in eine meist kugelförmige Wirbelkammer eingespritzt. Die Verbindungsöffnung mit dem Zylinder ist weit und verläuft meist tangential. Gute Durchwirbelung des Kraftstoffs mit der Luft. Zum Starten sind Glühkerzen notwendig.	Einspritzdruck 100 ... 125 bar kleinere Höchstdrücke und Verbrennungsstöße weicher und leiser Motorgang gute Gemischbildung kleiner Zündverzug höherer Kraftstoffverbrauch
Luftspeicher-Verfahren 	Brennraum unterteilt. Der Kraftstoff wird in den Zylinder gegen die Speichermündung (Drosselstelle) eingespritzt. Ein kleiner Teil davon gelangt in den Luftspeicher. Die Verbrennung wird während des Arbeitshubes durch die ausströmende Speicherluft angefacht. Glühkerzen sind nicht unbedingt erforderlich.	Einspritzdruck ≈ 120 bar kleinere Höchstdrücke und Verbrennungsstöße weicher und leiser Motorgang kleinerer Zündverzug vollständigere Verbrennung höherer Kraftstoffverbrauch
Mittenkugel-Verfahren (Kolbenkammer) 	Brennraum unterteilt. Kugelförmiger Verbrennungsraum in der Mitte des Kolbens. Ein Drallkanal in der Ansaugleitung erzeugt eine kräftige Wirbelung. Der Kraftstoff wird durch Ein- oder Zweilochdüsen fast unzerstäubt auf die Oberfläche des Brennraums gespritzt. Durch die heißen Luftwirbel wird der Kraftstofffilm verdampft. Das Kraftstoff-Luftgemisch brennt schichtweise ab.	Einspritzdruck ≈ 175 bar kleinere Höchstdrücke kleinerer Zündverzug weichere Verbrennung elastischer und leiser Motorgang kraftstoffunempfindlich (Vielstoffmotor) kleinerer Kraftstoffverbrauch 200 ... 230 g/kWh
Glühkopfmotor 	Der Kraftstoff wird während des Verdichtungshubes in die Brennkammer eingespritzt. Dort wird er durch einen Glühkopf gezündet, weil die Verdichtungstemperatur für eine Selbstzündung zu niedrig ist. Anheizung des Glühkopfs mit Heizlampe. Bei Bulldogmotoren elektrische Startvorrichtung mit Zündkerze und Benzin-Schwerölgemisch.	Einspritzdruck ≈ 80 bar Temperatur der Glühschale bei Bulldogmotoren 700 ... 800 °C Verdichtung 6 ... 10 : 1 Verdichtungsdruck 15 bar Drehzahl 500 ... 600 1/min Verdichtungstemperatur 400 °C Zweitaktverfahren

3

1. Takt		
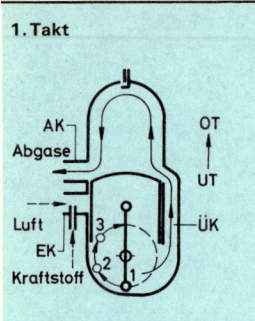	Stellung 1: Kolben im UT, AK und ÜK offen. EK geschlossen. Das Kraftstoff-Luftgemisch strömt aus der Kurbelkammer in den Zylinderraum, spült den Zylinder und schiebt die Abgase zum AK hinaus. Stellung 2: AK, ÜK und EK geschlossen. Der Kolben verdichtet das Gemisch im Zylinderraum. Im Kurbelgehäuse entsteht ein Unterdruck. Stellung 3: AK und ÜK geschlossen. EK offen. Im Zylinderraum wird das Gemisch verdichtet. Das Kurbelgehäuse saugt frisches Kraftstoff-Luftgemisch an.	AK schließt 60 ... 65 ° nach UT ÜK schließt ≈ 55 ° nach UT EK öffnet 55 ... 60 ° vor OT v Überström bis 100 m/s Füllungsgrad 0,5 ... 0,7 Spülverlust bei Vollast Querspülung 30 ... 45 % Umkehrspülung 25 ... 30 % Gleichstromspülung 20 ... 25 % Staudruck 20 ... 120 mbar Verdichtung 6 ... 8 : 1 Verdichtungsdruck 8 ... 12 bar Verdichtungstemperatur 300 ... 450 °C
2. Takt		
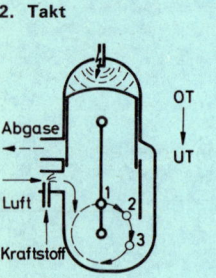	Stellung 1: Kolben im OT, AK und ÜK geschlossen, EK offen. Im Zylinderraum leitet ein elektrischer Zündfunke die Verbrennung ein. Das Kraftstoff-Luftgemisch verbrennt. Die Gase werden heiß, dehnen sich aus und drücken den Kolben zum UT. Das Gemisch strömt in das Kurbelgehäuse ein. Stellung 2: AK, ÜK und EK geschlossen. Im Zylinderraum schiebt der Gasdruck den Kolben weiter zum UT. Im Kurbelgehäuse werden die Frischgase vorverdichtet. Stellung 3: AK und ÜK offen, EK geschlossen. Die Frischgase strömen vom Kurbelgehäuse in den Zylinderraum, spülen und stoßen die Abgase hinaus.	AK öffnet 60 ... 65 ° vor UT ÜK öffnet ≈ 55 ° vor UT EK schließt 55 ... 60 ° nach OT Zündzeitpunkt ≈ 5 ° vor OT Höchstdruck 25 ... 40 bar Höchsttemp. 2000 ... 2500 °C Mittlerer Arbeitsdruck 4 ... 6 bar Drehmoment 40 ... 110 Nm Hubraumleistung ≈ 30 kW/l Vorverdichtung 0,2 ... 0,8 bar

1. Takt		

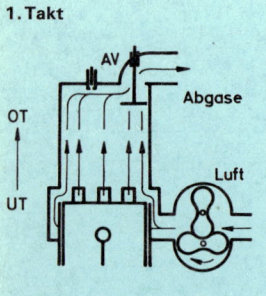	Stellung 1: Kolben im UT, Spülschlitze und Auslaßventile offen. Ein Rootsgebläse saugt reine Luft an und drückt sie durch Spülschlitze in den Zylinder. Tangentiale Anordnung der Spülschlitze bringt die Luft in wirbelnde Bewegung. Der Zylinder wird vollständig im Gleichstrom ausgespült und mit Frischluft gefüllt. Die Abgase strömen zum Auslaßventil hinaus.
	
	Stellung 2: Spülschlitze und Auslaßventil geschlossen. Der Kolben drückt die Frischluft auf den Verdichtungsraum zusammen. Die Temperatur der Luft erhöht sich stark.
		AV öffnet 92 ° vor UT
		  schließt 72 ° nach UT
		ES öffnet 53 ° vor UT
		  schließt 53 ° nach UT
		
		Verdichtung 15 ... 18 : 1
		Verdichtungsdruck bei Starterdrehzahl 25 ... 30 bar
		
		Drehzahl 1 900 ... 2 500 1/min
		Gleichstromspülung durch Einlaßschlitze und Auslaßventil
		
		Spülung durch Rootsgebläse

2. Takt		
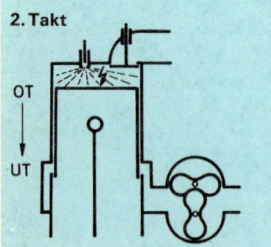	Stellung 1: Kolben im OT, Spülschlitze und Auslaßventile geschlossen. Der Kraftstoff wird direkt in den Zylinder eingespritzt. Durch die heiße Luft verdampft der Kraftstoff zu einem zündfähigen Kraftstoff-Luftgemisch. Nach Erreichen der Zündtemperatur entzündet sich das Gemisch von selbst und verbrennt. Die Hitze erhöht den Druck im Brennraum. Die Gase dehnen sich aus und drücken den Kolben zum unteren Totpunkt. Stellung 2: Spülschlitze und Auslaßventile offen. Die Gase entspannen sich. Der Zylinder wird für den nächsten Arbeitstakt wieder gefüllt.	Direkte Strahleinspritzung Einspritzdruck 175 ... 230 bar Förderbeginn ≈ 34 ° vor OT Förderende ≈ 13 ° vor OT Drehmoment 500 ... 800 Nm Verbrauch 235 ... 255 g/kWh Literleistung 20 ... 27 kW/l Obenliegende Nockenwelle betätigt Auslaßventil und Einzeleinspritzpumpe (Pumpendüse)

3

Spülverfahren beim Zweitaktmotor

Querstromspülung
(Gegenstrom)
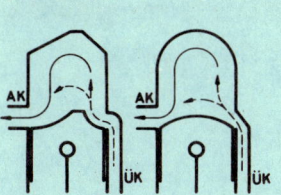
	Spül- und Auslaßschlitze liegen gegenüber. Kolben mit Ablenker (Nase) oder Zylinder mit schräg einmündenden Spülkanälen richten den Spülstrom gegen den Zylinderkopf.
	
	Die Nase bildet einen ungünstigen Brennraum, daher kleinere Verdichtung erforderlich. Ungleiche Länge der Strömungswege verursacht Spülverluste und unvollständige Spülung des Zylinderkopfs.
		Spülverlust 30…45 %
		Füllung ausreichend
		Kraftstoffverbrauch höher
		
		Symmetrisches Steuerdiagramm
		AK öffnet 60…65 ° vor UT
		    schließt 60…65 ° nach UT
		
		ÜK öffnet 55 ° vor UT
		    schließt 55 ° nach UT
		
		EK öffnet 55…60 ° vor OT
		    schließt 55…60 ° nach OT

Umkehrspülung (Gegenstrom) 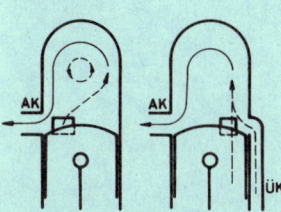	Spülkanäle liegen neben (Schnürle) oder unter dem Auslaßschlitz (MAN). Sie führen die Frischgase an die gegenüberliegende Zylinderwand. Der Spülstrom richtet sich dort auf und kehrt im Zylinderkopf wieder um. Die Frisch- und Abgase strömen entgegengesetzt aneinander vorbei. Dadurch können Wirbel entstehen, welche die Füllung herabsetzen. Bei der Steigstromspülung mit 3 Spülschlitzen (Zündapp) wird der Frischgasstrom durch 2 seitlich neben ihm in schräger Richtung eintretende Stützströme nach oben geführt.	Spülverlust 25…30 % Füllung befriedigend Kraftstoffverbrauch kleiner Symmetrisches Steuerdiagramm, Steuerwinkel für DKW EK 125…146 °KW ÜK 96…105 °KW AK 135…148 °KW Mit desaxierter Zylinderanordnung Unsymmetrie der Steuerwinkel (DKW 250)

Gleichstromspülung
(Längsspülung)
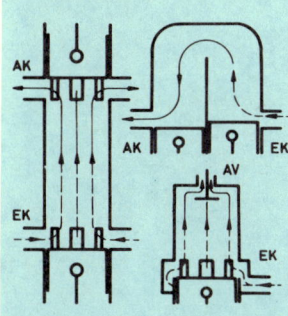
	Gegenkolbenmotor: Spül- und Auslaßschlitze liegen an entgegengesetzten Enden des Zylinders. Der untere Kolben steuert den Einlaß-, der obere den Auslaßschlitz. Der Spülstrom fließt in Richtung der Zylinderachse.
	Doppelkolbenmotor: Beide Kolben liegen nebeneinander, parallel oder senkrecht zur Kurbelwelle, durch eine Zylinderwand getrennt. Der eine Kolben steuert den Einlaß-, der andere den Auslaßschlitz. Liegen die Zylinder senkrecht zur Kurbelwelle, so eilt der Auslaßkolben vor.
	
	Spülung mit Auslaßventil: Die Spülschlitze werden durch die Kolbenoberkante gesteuert, der Auslaß mit mechanisch gesteuertem Kegelventil.
		Spülverlust 20…25 %
		Füllung gut
		Kraftstoffverbrauch niedrig
		
		Bei Gegenkolbenmotor Voreilung des Auslaßkolbens um
		    10…45 °KW
		
		Unsymmetr. Steuerdiagramm
		EK öffnet 87 ° vor OT
		    schließt 60 ° nach OT
		
		AK öffnet 73 ° vor UT
		    schließt 55 ° nach UT
		
		ÜK öffnet 48 ° vor UT
		    schließt 66 ° nach UT

Spülung mit Kolbenladepumpe 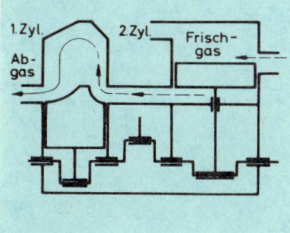	Die Kolbenladepumpe übernimmt Ansaugen und Vorverdichten für 2 Arbeitszylinder. Das Kurbelgehäuse bleibt druckfrei und kann für sparsamere Umlaufschmierung verwendet werden. Während unter dem abwärtsgehenden Kolben vorverdichtet und der 1. Zylinder befüllt wird, entsteht im oberen Pumpenraum Unterdruck, wodurch Frischgas aus dem Vergaser angesaugt wird.	Anstelle der Kolbenladepumpe werden heute zur Aufladung und Spülung des Zylinders Kreiselpumpen (Rootsgebläse) verwendet.

3

3

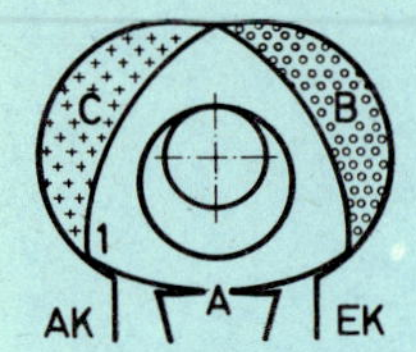

Die **Kammer A** ist mit dem Auslaß- und Einlaßkanal verbunden. Nachdem der letzte Rest verbrannter Gase ausgeschoben ist, schließt die Kolbenkante 1 den Auslaßkanal und der Ansaugtakt beginnt.

Die **Kammer B** ist mit frischem Kraftstoff-Luftgemisch gefüllt und verdichtet.

In der **Kammer C** dehnen sich die heißen Gase aus und treiben über den Kolben die Exzenterwelle an.

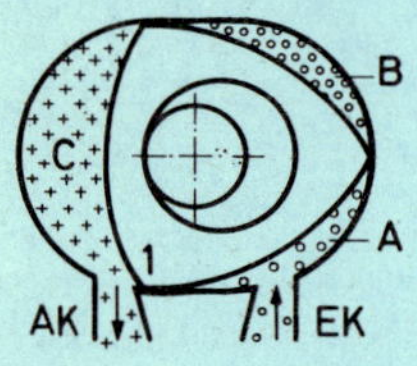

Die **Kammer A** steht mit dem Einlaßkanal in Verbindung und saugt weiter an.

In der **Kammer B** wird höher verdichtet. Der Kolben dreht sich dabei um 30° in seiner Trochoiden-Laufbahn, die Exzenterwelle macht eine Vierteldrehung.

Die Kolbenkante 1 hat die Auslaßsteueröffnung freigegeben und die verbrannten Gase der **Kammer C** strömen durch den Auslaßkanal ins Freie.

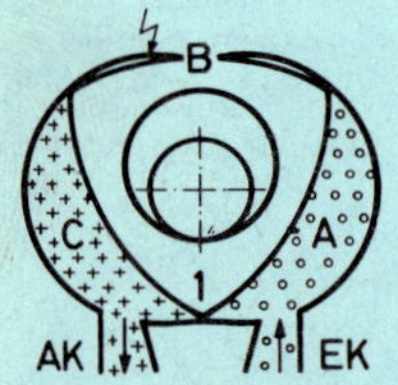

Die **Kammer A** setzt den Ansaugtakt fort. Die Bewegung des Kolbens wird durch seine Innenverzahnung gesteuert, die über ein feststehendes Ritzel abrollt.

In der **Kammer B** wird durch einen Zündfunken die Verbrennung des verdichteten Kraftstoff-Luftgemisches eingeleitet.

Die **Kammer C** ist mit dem Auslaßkanal verbunden und der Kolben schiebt die Abgase ins Freie.

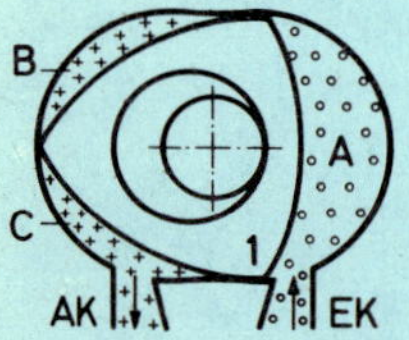

Die **Kammer A** ist mit Frischgas gefüllt. Durch die Kolbenkante 1 wird die Einlaßöffnung geschlossen, so daß die Verdichtung beginnt.

In der **Kammer B** expandieren die heißen Gase und treiben über den Kolben die Exzenterwelle an.

Der Kolben schiebt die Abgase der **Kammer C** durch den geöffneten Auslaßkanal weiter ins Freie.

Arbeitsspiel	4 Takte
Winkelbewegung des Kolbens	120 °
Drehbewegung der Exzenterwelle	360 °
Flammengeschwind.	bis 60 m/s
Saugrohrunterdruck	$\approx$ 0,4 bar
Kraftstoffverbauch	300 ... 380 g/kWh
Ölverbrauch	0,5 l/1 000 km

Wirkungsgrad:
Nutzbare Arbeit	$\approx$ 28 %
Verluste durch	
Kühlwasser	$\approx$ 13 %
Kühlöl	$\approx$ 7 %
Abgaswärme	$\approx$ 36 %
Strahlung	$\approx$ 4 %
unverbrannte Abgase	Rest

CO-Gehalt der Abgase
im Leerlauf   3,5 ... 4 %

Trochoidenkontur NSU-Spider:
Exzentrizität	14 mm
Erzeugter Radius	100 mm
Äquidistantenabstand	2 mm
Schwenkwinkel	$\pm$ 25 °

Technische Daten NSU-Ro 80:
Steuerzeiten
Aö 63 ° vor UT, As 71 ° nach OT
Eö 108 ° vor OT, Es 40 ° nach UT

Kammervolumen	2 × 498 cm³
Verdichtung	9 : 1

Leistung des Motors
    85 kW bei 5 500 U/min
maximales Drehmoment
    162 Nm bei 4 500 U/min

Leistungsgewicht   1,52 kg/kW

Eigenschaften:
Nur drehende Bewegungen,
niedrige Bauhöhe,
geringes Gewicht,
weniger Teile,
einfache Schlitzsteuerung,
je Umdrehung 1 Arbeitstakt,
geringe Klopfneigung.

Abgas-Turbolader   Ottomotor

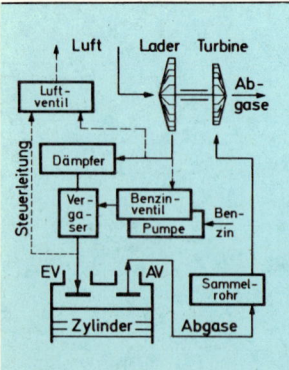

Abgas-Turbolader dienen zur Leistungssteigerung und Verbesserung des Wirkungsgrades. Die Energie der Abgase treibt über eine Gasturbine einen Lader an, der die Verbrennungsluft vorverdichtet und die Füllung des Motors erhöht.

Das Turbinenrad wird über ein Spiralgehäuse von den heißen Abgasen beaufschlagt. Der auf einer gemeinsamen Welle sitzende Lader saugt über ein Filter Luft an und drückt sie über die Laderspirale in einen Dämpfer und durch einen modifizierten Vergaser in den Zylinder. Ventile passen die Luftmenge und den Förderdruck der Benzinpumpe den Betriebsverhältnissen des Ottomotors an. Die Höchstdrehzahl des Motors ist begrenzt.

Ohne Aufladung: Leistung
    92 kW bei 5 500 U/min
maximales Drehmoment
    187 Nm bei 3 500 U/min

Beginn der Aufladung
Motordrehzahl	3 500 1/min
Laderdrehzahl	30 000 1/min

Mit gedrosselter Aufladung:
Leistung 132 kW bei 5 750 U/min
maximales Drehmoment
    228 Nm bei 5 100 U/min
Laderdrehzahl	70 000 1/min
Laderdruck	0,65 bar
Abgastemperatur	700 °C

innere Vergaser-Belüftung,
Drehzahlbegrenzung durch
Zündunterbrechung auf
    6 200 1/min

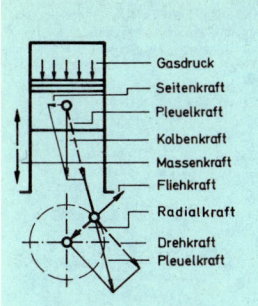

Gasdruck
Seitenkraft
Pleuelkraft
Kolbenkraft
Massenkraft
Fliehkraft
Radialkraft
Drehkraft
Pleuelkraft

1. Verbrennungsraum gegen das Kurbelgehäuse beweglich abdichten.	1. Kolben
	2. Kolbenring a) Verdichtungsring b) Ölabstreifring
2. Die bei der Verbrennung entstehenden Drücke aufnehmen und die Kolbenkraft auf das Schwungrad übertragen.	
3. Hin- und hergehende Bewegung des Kolbens in drehende Bewegung umwandeln.	3. Kolbenbolzen a) schwimmend b) fest im Pleuelkopf oder in Kolbenaugen
4. Drehende und schwingende Massen des Kurbeltriebs ausgleichen.	4. Pleuel
5. Kolben in den Leertakten bewegen und die dem jeweiligen Takt entsprechende Gasbewegung veranlassen.	5. Kurbelwelle a) Schwungrad b) Schwingungsdämpfer c) Ausgleichsmasse
6. Beim Zweitaktmotor Steuerung des Gaswechsels übernehmen.	6. Lagerschalen a) Stütz- und Paßlager b) Pleuellager

Kolben

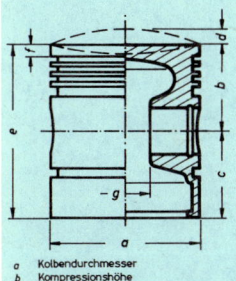

a Kolbendurchmesser
b Kompressionshöhe
c Kolbenschaft
d Höcker oder Mulde
e Gesamtlänge
f Feuersteg
g Augenabstand

1. Einmetallkolben a) Vollschaftkolben b) Schlitzmantelkolben (U-, T-Schlitz) c) Elastic-Kolben (Schaft dünnwandig) d) Röhrenkolben	Anforderungen: Geringes Gewicht gute Wärmeleitfähigkeit hohe Verschleiß- und Warmfestigkeit gute Laufeigenschaft geringe Wärmeausdehnung gute Bearbeitbarkeit
2. Regelkolben Schaftausdehnung beeinflussen durch Einguß von Streifen mit geringer Wärmeausdehnung, Bimetalleffekt oder Schrumpfwirkung. a) Stahlring: Ringstreifen-, Duoflex-, Debelack- und Perimatic-Kolben b) Stahlstreifen: Nelson-Bohnalite (Invarstahl)-, Autothermik-, Autothermatik-, Lochstreifen- und Formstreifenkolben	Laufflächenschutz: Verbleien (Plumbalverfahren) Verzinnen (Stannalverfahren) Graphitieren (Grafalverfahren) Eloxieren (Eloxalverfahren)
3. Sonderausführungen a) Kolben mit SAP-Platten b) Kolben mit Wärmesperring c) Kolben mit Ringträger d) Isostatik- und Sintalkolben	Kolbenspiel in $^0/_{00}$ vom ∅: Abhängig von Schaftform (oval, konisch, ballig), Arbeitsweise und Kühlung des Motors am Feuersteg 4 ... 6 oberen Schaftende 0,7 ... 2,5 unteren Schaftende 0,3 ... 0,8

Kolbenringe

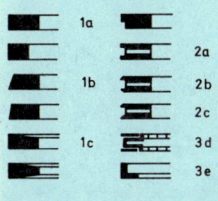

1a   2a
1b   2b
     2c
1c   3d
     3e

1. Verdichtungsringe a) Rechteckring, mit/ohne Innenfase b) Minutenring, normal/schwach c) Trapezring, ein-/doppelseitig	Abmessungen in mm: Stoßspiel 0,30 ... 0,70 Axialspiel 0,04 ... 0,11
2. Ölabstreif- und Ölrücklaufring a) Ölschlitzring, normal/breit b) Ölschlitz-Dachfasenring c) Ölschlitz-Gleichfasenring	Oberflächenbehandlung: Allseitige Ferrox-, Phosphat- oder Zinnschicht Lauffläche hartverchromt oder molybdängefüllt
3. Sonderausführungen a) Nasenring mit Expanderfeder b) Lamellenringe c) Ölschlitzring mit Schlauchfeder d) Ölring, 2 Lamellen und Ringfeder e) L-Ring	Spannen der Ringe 1. Thermische Spannung (Wärmebehandlung) 2. Naturspannung (Formdrehen) 3. Innenseite hämmern

Gleitlager

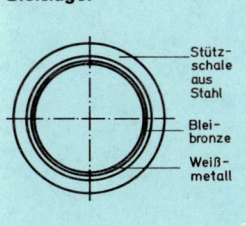

Stützschale aus Stahl
Bleibronze
Weißmetall

1. Einstofflager a) Massivlagerschalen aus Bleibronze, Leichtmetall oder Kunststoff b) Ausguß der Bohrung mit Weißmetall	Abmessungen der Schalen: Einbaufertig, auswechselbar, Lagerspiel H 6/s 6, 1 Normalstufe genau, 4 Reparaturstufen je 0,25 mm
2. Zweistofflager a) Stützschale aus Stahl, Zinnbronze oder Rotguß b) Ausguß mit Gleitwerkstoff: Weißmetall, Bleibronze oder Alu-Legierung	Lagerspiel: Abhängig von Lagermetall und Lagerdurchmesser radial 0,03 ... 0,06 mm axial 0,10 ... 0,30 mm
3. Dreistofflager a) Stützschale aus Stahl b) Bleibronzeausguß c) Weißmetallbelag (Elektrolyse)	Schichtdicke in mm: Weißmetall 0,025 ... 0,5 Bleibronze 0,300 ... 1,5

3

Steuerung des Motors

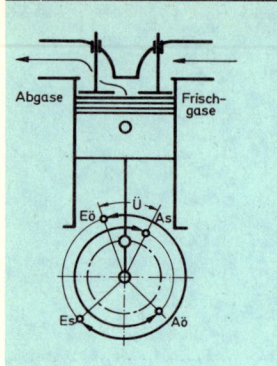

1. Frischgase während der Ansaugtakte in den Verbrennungsraum führen.
2. Gaskanäle im Verbrennungsraum während der Verdichtungs- und Arbeitstakte gasdicht abschließen.
3. Abgase während der Ausstoßtakte aus dem Verbrennungsraum leiten und den Verbrennungsraum spülen.

   Gute Füllung der Zylinder erfordert
4. strömungsgünstige und gleich lange Gaswege mit glatter Oberfläche,
5. gleichbleibende Querschnitte mit großer Einlaßöffnung,
6. regelmäßig hin- und herschwingende Gassäule,
7. gute Wärmeabfuhr der Auslaßventile.

1. Nach Lage der Gaswege
   a) obengesteuert
   b) untengesteuert

2. Nach Bauteilen
   a) Ventilsteuerung
      Normalsteuerung mit Rückholfeder
      Zwangssteuerung (desmodromische Ventilsteuerung)

   b) Schlitzsteuerung durch Kolben

   c) Schiebersteuerung
      Rohrschieber
      Drehschieber

   d) Kombinierte Ventil- und Schlitzsteuerung

Ventilsteuerung

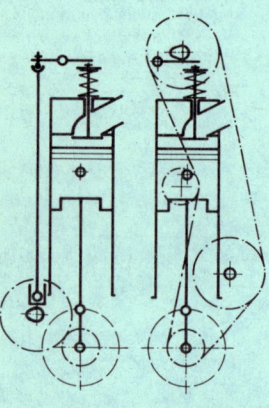

1. Ventile (Ein- und Auslaßventil)
   a) Ventilteller, Schaft mit Abdichtung
   b) Sonderausführungen: Sitzfläche und Schaftende gepanzert, Schaftende mit Druckstück, AV hohlgebohrt und mit Natrium gefüllt, Teller aluminisiert, Schirmventil oder Schwingventil

2. Ventilsitz
   a) Unmittelbar im Zylinderblock/-kopf
   b) Auswechselbarer Sitzring

3. Ventilfeder
   a) Zyl. Schraubenfeder, einfach/doppelt
   b) Haarnadelfeder
   c) Drehstabfeder

4. Federteller mit Sicherung
   a) Einfacher Federteller
   b) Teller mit Drehvorrichtung (Rotocap)
   c) Sicherung: Ventilkeile, Vorsteckscheibe, Hut- und Kontermutter

5. Ventilführung
   a) Bohrung unmittelbar im Zylinder
   b) Auswechselbare Ventilführung

6. Zwischenteile
   a) Ventilstößel: Teller-, Pilz-, Rollen-, Topf-, tanzender und hydr. Stößel
   b) Stößelstange: Rohr mit Kugelkopf
   c) Kipphebel mit Kipphebelachse und Lager oder Schwinghebel
   d) Nachstellschraube

7. Nockenwelle mit Nockenwellenlager
   Antrieb durch Steuerräder, Steuerkette, Königswelle oder Schubstange

Steuerzeiten bei Betriebs- oder Prüfventilspiel
Eö   10 … 25 ° vor OT
Es   35 … 60 ° nach UT
Aö   35 … 60 ° vor UT
As   5 … 30 ° nach OT

Bei der Messung ist das Ventilspiel aufzuheben, da eine spielfreie Übertragung genauere Werte ergibt.

Öffnungswinkel
EV   225 … 265 °KW
AV   220 … 270 °KW
Öffnungszeit bei 4 000 U/min
je Arbeitsspiel $\approx {}^{1}/_{100}$ s
je 1 min Motorlauf ≈ 20 s

Ventilspiel (kalt)
Auslaß   0,25 … 0,35 mm
Einlaß   0,08 … 0,15 mm

Übersetzungsverhältnis
Kurbelwelle : Nockenwelle = 2 : 1

Wärmebelastung
AV   650 … 800 °C
EV   300 … 400 °C

Ventilsitzbearbeitung
Breite   1,25 … 3 mm
Winkel   90 ° – 30'
Ventilhub   8 … 12 mm

Schiebersteuerung

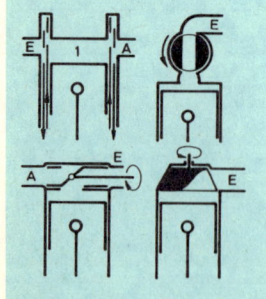

1. Rohrschiebersteuerung Knight
   Im Arbeitszylinder 2 ineinandergesteckte hin- und hergehende Hohlzylinder

2. Schwingschiebersteuerung Burt-MacCollum
   Im Arbeitszylinder 1 hin- und hergehender, gleichzeitig drehender Hohlzylinder

3. Drehschieber
   a) Flachschieber: Drehende Planscheibe mit Ein- und Auslaßöffnungen
   b) Walzenschiebersteuerung
      Getrennte Walzen für Ein- und Auslaß
      Gemeinsame Walze für Ein- und Auslaß
      (Baer- oder Cross-Schiebersteuerung)
   c) Kegelschiebersteuerung (Aspin)
      1 Steuerkanal im Drehschieber, 2 Öffnungen im Kopf, Zündung im Steuerkanal
   d) Lamellenschiebersteuerung (2-Takt)

Schlitze öffnen schneller und gleichmäßiger

Querschnitte größer

Füllung besser

Steuerung zwangsweise

Temperatur gleichmäßiger

Drehschieber hat keine hin- und hergehenden Massen

Steuerung ruhiger

Reibung größer

Schmierung umständlicher

Kühlung der Kolben bei Rohrschiebersteuerung schwieriger

Ausführung teurer

3

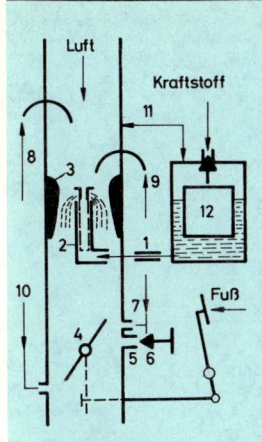

Luft
Kraftstoff

Fuß

1 Hauptdüse
2 Mischrohr
3 Lufttrichter
4 Drosselklappe
5 Leerlauf
6 Leerlaufgemisch-
  Regulierschraube
7 Übergang
8 Anreicherung
9 Beschleunigung
10 Starteinrichtung
11 Innenbelüftung
12 Schwimmer

1. Kraftstoff zerstäuben

2. Kraftstoff mit Luft mischen

3. Zündfähiges Mischungsverhältnis herstellen

4. Gemischmenge regeln, Leistung und Drehzahl des Motors beeinflussen

Arten

1. Nach Anordnung des Saugkanals
   a) Fallstromvergaser
   b) Steigstromvergaser
   c) Flacnstromvergaser

2. Nach Anzahl der Saugkanäle
   a) Einfachvergaser
   b) Doppelvergaser
   c) Stufenvergaser

3. Nach Regelung des Kraftstoffstandes
   a) Schwimmervergaser
   b) schwimmerloser Vergaser:
      Unterdruckmembrane mit Nadelventil
   c) Überlaufvergaser

4. Nach Aufbereitung des Kraftstoffs
   a) Oberflächenvergaser
   b) Spritzvergaser

1. Schwimmereinrichtung
   Schwimmer und -nadel, Kammer mit innerer, äußerer und umschaltbarer Belüftung

2. Hauptdüsenanlage
   Lufttrichter, Vorzerstäuber, Hauptdüse, Luftkorrekturdüse und Mischrohr

3. Gemisch- oder Luftregelung
   Drosselklappe, Dren-, Kolbenschieber, Reglervergaser

4. Startvorrichtung
   Starterdreh-, Kolbenschieber, Starterklappe, Tupfer

5. Leerlaufeinrichtung
   Gemisch- oder Luftregulierung, abhängig oder unabhängig

6. Anreicherungssystem
   für Voll- oder Teillast im Hauptdüsensystem oder Saugrohr

7. Beschleunigungspumpe
   Kolben- oder Membranpumpe, mechanisch oder pneumatisch, mit und ohne Anreicherung oder Abmagerung

8. Vorwärmeeinrichtung
   Kühlwasser oder Abgase

9. Sondereinrichtungen
   Höhenkorrektor, Kraftstoffrücklaufventil

3

Einfach-Fallstromvergaser

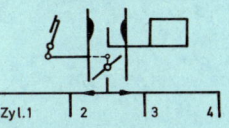

Zyl.1 2 3 4

Der Einfach-Fallstromvergaser ist über den Zylinder angeordnet. Er hat nur einen Saugkanal für die angeschlossenen Zylinder. Die nach unten gerichtete, fallende Strömung des Kraftstoff-Luftgemisches unterstützt das Ansaugen und begünstigt die Füllung. Für kleinere und mittlere Motoren bis 4 Zylinder geeignet.

Einfache Bauart, günstige Unterbringung, bequeme Einstellung und gute Montagemöglichkeit.

Saugleitungen für Motoren mit mehreren Zylindern ungleich lang und verschieden stark gekrümmt, daher Füllung ungleichmäßig. Luftdurchsatz durch Weite des Saugkanals begrenzt.

Doppelvergaser

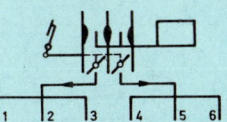

1 2 3 4 5 6

Beim Doppelvergaser liegen 2 gleiche Saugkanäle parallel nebeneinander. Sie haben eine gemeinsame Schwimmeranlage. Jeder Saugkanal versorgt über getrennte Saugrohre oder mehrere Zylinder des Motors. Beide Drosselklappen öffnen gleichzeitig. Sie werden gemeinsam vom Fahrfußhebel betätigt.

Luftdurchsatz entsprechend der Zylinderzahl auf 2 parallelliegende Saugkanäle verteilt. Länge und Krümmungen der Saugleitungen in die einzelnen Zylinder gleich; gleichmäßigere Strömungsverhältnisse und bessere Füllung der Zylinder, besonders bei Mehrzylindermotoren.

Stufenvergaser (Register)

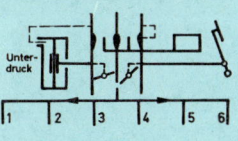

Unterdruck

1 2 3 4 5 6

Der Stufenvergaser hat 2 Saugkanäle (Stufen), die in ein gemeinsames Saugrohr für die angeschlossenen Zylinder münden. Sie werden nacheinander je nach Belastung geöffnet oder geschlossen. Die 1. Stufe arbeitet mit dem Fahrfußhebel, die 2. Stufe öffnet selbsttätig durch Unterdruck mit Unterdruckklappe oder -dose.

Luftdurchsatz entsprechend der Belastung und Drehzahl auf 2 hintereinander arbeitende Stufen verteilt, daher gleichmäßigere Strömungs- und Mischungsverhältnisse, bessere Füllung der Zylinder, besonders bei großvolumigen Motoren. Montage und Einstellung schwieriger.

Vergaser

Hauptdüsenanlage	Lufttrichter und Vorzerstäuber verengen den Durchflußquerschnitt, vergrößern die Luftgeschwindigkeit und erhöhen den Unterdruck. Der Unterdruck reißt Kraftstoff aus dem Mischrohr. Mit zunehmender Drehzahl wächst der Unterdruck mehr als die Luftgeschwindigkeit, so daß das Gemisch zu fett wird. Gleichbleibendes Mischungsverhältnis erfordert daher bei höherer Drehzahl und Belastung Abmagerung durch Mischrohr und Luftkorrekturdüse. Bei Einstellung der Hauptdüse auf Vollast muß Teillast angereichert werden.	Luftbedarf $\approx$ 15 kg/kg Luftverhältnis 0,7 … 1,3 Lufttrichter v Luft 100 … 300 m/s Unterdruck 0,4 … 0,7 bar Durchmesser 22 … 30 mm Vorzerstäuber 2 … 4 mm Hauptdüse 105 … 150 Luftkorrekturdüse 120 … 220 Mischrohr Nr. 0 … 37 (Vergleichswerte)
Starteinrichtung	Bei einem kalten Motor kondensiert Kraftstoff an Zylinderwand und Saugleitung. Das Gemisch magert ab und zündet nicht mehr. Daher fettes Startgemisch erforderlich. 1. Drehschieber mit 1 oder 2 Stufen, progressiv (stufenlos) und Luftventil 2. Starterkolbenschieber 3. Starterklappe mit Flatterventil oder außermittiger Lagerung (halbautomatisch), Bimetallfeder (1), Unterdruckkolben (2) und Stufenscheibe (3) (Startautomatik) 4. Niederdrücken des Schwimmers mit Tupfer	Luftbedarf Kaltstart $\approx$ 3 kg/kg Warmlauf $\approx$ 8 kg/kg Starterdüsen Kraftstoff 100 … 200 Luft 2,5 … 5 Kaltstart Drehzahl $\approx$ 1 600 1/min Drosselklappe $\approx$ 8 … 9 ° Öffnung der Starterklappe nach 3 … 4 min
Leerlaufeinrichtung	Bei Leerlauf ist der Unterdruck im Lufttrichter zu klein, um Kraftstoff aus dem Mischrohr zu heben. Außerdem kann durch langsame Strömung der Kraftstoff im Saugrohr ausfallen. Daher wird fettes Gemisch in einer Leerlaufanlage zubereitet und im Saugrohr mit Zusatzluft gemischt. 1. Regulierbohrung für Leerlauf 2. By-pass-Bohrung für Übergang von Leerlauf in unteren Teillastbereich 3. Gemisch- oder Luftregulierung 4. Leerlauf von Hauptdüse abhängig oder unabhängig	Luftbedarf $\approx$ 10 kg/kg Drehzahl 600 … 800 1/min Gemischregulierschraube 1 … 2 Umdrehungen Warmlauf Drehzahl 1 000 1/min Drosselklappe 5 … 6 ° Einstellung 1. Drosselklappe leicht anstellen 2. Gemisch einstellen 3. Leerlaufdrehzahl korrigieren
Anreicherungssystem	Vollast bei hohen Drehzahlen erfordert wegen größerer Leistungsabgabe ein fetteres Kraftstoff-Luftgemisch als Teillast. Deshalb wird das Gemisch im oberen Drehzahlbereich selbsttätig angereichert. 1. Vollast- oder Teillastanreicherung 2. Anreicherung über die Hauptdüse mit zusätzlicher Anreicherungsdüse 3. Vereinfachte Anreicherung mit einem Anreicherungsrohr im Saugkanal, dem Kraftstoff aus dem Schwimmergehäuse zufließt	Luftbedarf Vollast $\approx$ 13 kg/kg Teillast $\approx$ 17 kg/kg Teillastdüse 50 … 60 Vollastdüse 180 …220
Beschleunigungspumpe	Bei raschem Gasgeben sinkt der Unterdruck für einen Augenblick, die Kraftstoffabgabe aus dem Mischrohr stockt, und die Motorleistung fällt ruckartig ab. Daher wird zusätzlich Kraftstoff durch eine Pumpe in die Mischkammer eingespritzt. 1. Membran- oder Kolbenpumpe 2. mechanische oder pneumatische Betätigung 3. mit oder ohne Anreicherung, bzw. Abmagerung bei Vollast (fett, arm, neutral) 4. hohes oder niedriges Einspritzrohr	Unterdruck sinkt unter 0,1 bar Einspritzvolumen 0,5…2,5 cm^3 je Hub, regelbar durch Splint- oder Schraubenverstellung Einspritzzeit veränderlich durch Pumpendüse Einspritzrohr 0,3 … 0,5 kalibriert, niedrig, hoch Pumpendüse 50 … 80

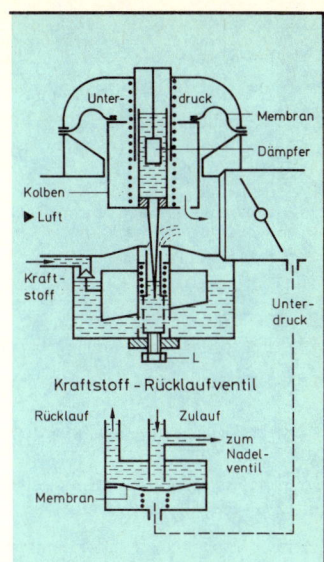

Kraftstoff - Rücklaufventil

Aufbau
Der Strombergvergaser hat einen durch einen Kolben veränderlichen Lufttrichterquerschnitt. Eine am Kolben befestigte kegelige Düsennadel taucht in eine Nadeldüse ein. Über dem Kolben befindet sich eine Unterdruckkammer. Das Schwimmergehäuse mit Doppelschwimmer und Nadelventil ist unten am Vergaser. Die Außenbelüftung wird während des Fahrens mittels des Drosselklappengestänges auf Innenbelüftung umgeschaltet. Ein unterdruckgesteuertes Kraftstoffrücklaufventil verhindert Dampfblasen.

Arbeitsweise
Beim Öffnen der Drosselklappe wird der Saugrohrunterdruck über die Ausgleichbohrung des Kolbens in der Unterdruckkammer wirksam. Der Kolben wird daher angehoben und der Lufttrichterquerschnitt proportional der durchströmenden Luftmenge vergrößert. Luftgeschwindigkeit und Unterdruck bleiben in allen Betriebszuständen fast gleich, deshalb wird keine besondere Leerlaufeinrichtung benötigt. Die richtige Kraftstoffzumessung wird durch die kegelige Düsennadel bewirkt, die mit zunehmendem Hub einen größeren Durchflußquerschnitt freigibt.

Beschleunigung
Beim raschen Öffnen der Drosselklappe verzögert der Dämpfer die Kolbenbewegung, deshalb entsteht kurzzeitig ein größerer Unterdruck, wodurch das Gemisch angereichert wird.

Kraftstoffrücklauf
Bei geschlossener Drosselklappe ist das Kraftstoffrücklaufventil infolge der Unterdruckwirkung geöffnet, somit wird bei kleinem Verbrauch mehr Kraftstoff umgewälzt und dadurch die Bildung von Dampfblasen verhindert.

Leerlaufdrehzahl
Einstellung mittels Leerlaufeinstellschraube durch verstellen des Drosselklappenanschlags.

Leerlaufgemisch
Durch Hineindrehen der Leerlauf-Kraftstoff-Regulierschraube (L) wird die Nadeldüse nach oben verschoben und dadurch der Ringspalt zwischen Düsennadel und Düse verkleinert und das Leerlaufgemisch abgemagert.

Düsenzentrierung
Ringspalt bei geschlossenem Kolben nur 0,02 mm, daher ist eine genaue Zentrierung nach Herstellervorschrift erforderlich.

Dämpfer
Dämpferölstand alle 5000 km prüfen

Mechanische Benzineinspritzung

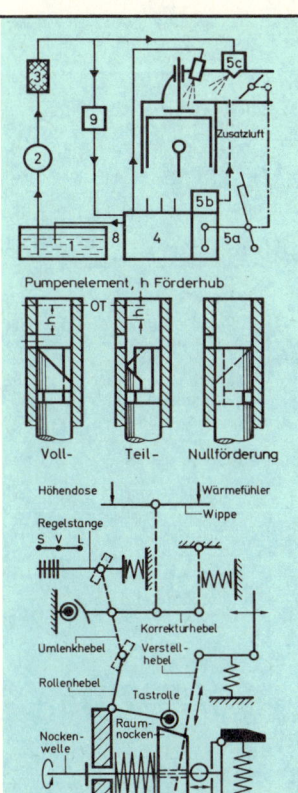

Pumpenelement, h Förderhub

Voll-   Teil-   Nullförderung

Einspritzarten
a) Direkteinspritzung in die Zylinder
b) Saugrohr- oder Kopfkanaleinspritzung
c) Einspritzung intermittierend (im Takt)
d) Einspritzung kontinuierlich (dauernd)

Bauteile
1 Kraftstoffbehälter
2 Kraftstoff-Förderpumpe, elektrisch
3 Kraftstoff-Feinfilter
4 Einspritzpumpe: ein Pumpenelement für einen oder für mehrere Zylinder
5 Regeleinrichtung und Korrekturgeräte
6 Klappenstutzen mit Drosselklappe
7 Einspritzventil, u. U. Mengenteiler
8 Rückleitung mit Überströmventil
9 Dämpferbehälter

Einspritzvorgang
Bei der Sechsstempelpumpe während des Ansaugtaktes. Bei Saugrohreinspritzung mit Zweistempelpumpe für mehrere Zylinder gleichzeitig, unabhängig von der Ventilstellung. Pumpenelemente mit Einlochzylinder, Kolben mit oben liegender Steuerkante; Hub gleichbleibend, Fördermenge durch Verdrehen des Pumpenkolbens veränderlich.

Regelung
Durch den Fahrfußhebel wird die Regelstange der Einspritzpumpe verstellt und die Drosselklappe geöffnet. Kraftstoff und Luft werden zwangsweise einander zugeordnet. Regelung der Einspritzmenge durch eine Kurvenscheibe oder Raumnocken, der von einer Rolle abgetastet wird und die Regelstange verschiebt. Der Raumnocken wird durch den Fahrfußhebel radial und durch den Fliehkraftregler axial verschoben.
Startanreicherung durch Startventil im Saugrohr und durch Verschieben der Regelstange mittels Kaltstartmagnet. Betätigung durch Thermozeitschalter und Zeitschalter. Warmlaufanreicherung über Kühlwasserwärmefühler. Er gibt Zusatzluft frei und verschiebt die Regelstange auf fett.
Anpassung an die Höhe durch Reduzierung der Einspritzmenge mittels Höhendose.

Der Kraftstoff wird fein zerstäubt eingespritzt; die Menge ist der Füllung, Belastung und Drehzahl genau angepaßt.

Eigenschaften
Zylinderfüllung besser
Hubraumleistung höher
Drehmoment gleichmäßiger
Übergang schneller
Kaltstarteigenschaften besser
Oktanzahlbedarf kleiner
Kraftstoffverbrauch geringer
Abgasverhältnisse besser
Wartung schwieriger
Preis höher

Einspritzpumpe, Förderbeginn
Vollast, mechanisch   10° vor OT
wirklich   0 ... 30° vor OT
Förderende konstant
mechanisch 20° bzw. 60° nach OT
wirklich   35° ... 140° nach OT
Einspritzdruck
direkt   40 ... 50 bar
Saugrohr   12 ... 20 bar

Einstellung an den Reglerfedern
Leerlaufzahl   700 ... 1200/min
Teillast, unten 1200 ... 2400/min
Teillast, oben 2400 ... 4200/min
Einspritzvolumen je Hub
Leerlauf   12 ... 18 mm³
Teillast   15 ... 30 mm³
Vollast   45 ... 60 mm³
Kaltstart   60 ... 120 mm³
Thermozeitschalter
Unter 35 °C Wassertemperatur geschlossen. Schließdauer bei −20 °C max. 12 s; je 5 °C Temperaturzunahme 1 s weniger.
Zeitschalter
Über 35 °C Wassertemperatur 1 s in Tätigkeit, Steuerung über Startschalter und Relais.
Kühlwasserwärmefühler Abschaltpunkt 68 °C

3

137

Elektronische Benzineinspritzung D-Jetronic

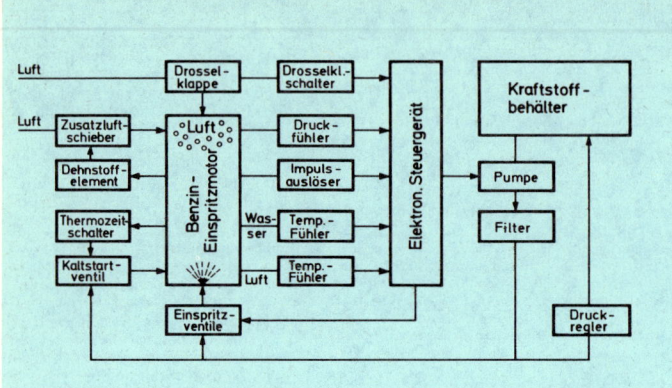

Vorzüge

1. Höhere Hubraumleistung,
2. höheres Drehmoment bei niedrigen Drehzahlen,
3. bessere Elastizität,
4. gutes Verhalten beim Gasgeben (Übergang),
5. reinere Abgase,
6. geringer Raumbedarf,
7. leichtes Gewicht,
8. kein eigener Antrieb,
9. Einbauort der Aggregate frei wählbar,
10. beliebige Korrekturgrößen möglich,
11. geringer Kraftstoffverbrauch.

3

Kraftstoffpumpe

Die Kraftstoffpumpe ist eine elektrisch angetriebene Rollenzellenpumpe. Sie fördert den Kraftstoff vom Behälter zu den Einspritzventilen und zum Startventil und erzeugt gleichzeitig den Einspritzdruck.

Druckregler

Im Druckregler ist eine federbelastete Membran, die bei konstant 2 bar Überdruck einen Überströmkanal freigibt, durch den der überschüssige Kraftstoff über die Rücklaufleitung zum Behälter zurückfließen kann.

Einspritzventile

Die Einspritzventile werden durch den Impulsgeber über das Steuergerät geöffnet. Durch Erregung einer Magnetwicklung hebt sich die Düsennadel von ihrem Sitz ab, und der Kraftstoff spritzt, durch einen kalibrierten Ringkanal fein verteilt, in den Saugkanal.

Elektronisches Steuergerät

Das Steuergerät bestimmt die Einspritzmenge durch Veränderung der Einspritzdauer unter Anpassung an die wechselnden Betriebsverhältnisse des Motors, z.B. Drehzahl und Saugrohrdruck, und steuert die Kraftstoffpumpe. Hierzu erhält es aus verschiedenen im Motor angebrachten Meßfühlern Informationen.

Saugrohr-Druckfühler

Zwei luftleere Membrandosen in einer Unterdruckkammer verschieben bei Druckänderung im Saugrohr den Anker einer Spule, wodurch deren Induktivität geändert wird. Die Induktivität wird als Kennwert in das elektronische Steuergerät eingegeben.

Impulsauslöser

Der drehzahlabhängige Impulsauslöser steuert den Einspritzzeitpunkt und setzt das Steuergerät in Betrieb. Dazu sind im Zündverteiler 2 um 180° zueinander versetzte Auslösekontakte angeordnet, die durch einen Nocken auf der Verteilerwelle betätigt werden. Jedem Kontakt ist eine Einspritzgruppe zugeordnet.

Temperaturfühler

Die Temperaturfühler bestehen aus temperaturabhängigen Widerständen. Sie messen die Kühlwasser- und Ansaugluft-Temperatur und passen über das Steuergerät die Einspritzmenge der Motortemperatur an.

Drosselklappenschalter

Der Drosselklappenschalter sperrt die Kraftstoffzufuhr im Schiebebetrieb und löst beim Beschleunigen zusätzlich Einspritzimpulse aus. Unterhalb einer bestimmten Drehzahl wird die Sperre aufgehoben.

Startventil

Das Startventil wird vom Fahrt- und Thermozeitschalter gesteuert. Beim Anlassen des kalten Motors wird zusätzlich durch eine Dralldüse fein zerstäubter Kraftstoff in das Saugrohr eingespritzt.

Zusatzluftschieber

Zum Warmlaufen benötigt der Motor mehr Kraftstoff. Die dazu notwendige Zusatzluft wird über den Zusatzluftschieber dem Saugrohr zugeleitet. Ein Dehnstoffelement verändert den Querschnitt des Schiebers.

Fördervolumen bei 12 V, 2 bar und 2500 U/min   120 L/h

Einschaltdauer ohne Starten   1 s

Kraftstoff- und Einspritzdruck   2 bar
                                           max. 3 … 4 bar
nach dem Ausschalten mindestens   1,2 bar

Öffnungszeiten
im Leerlauf   2,5 ms
bei Vollast   8,7 ms

Hub der Düsennadel   0,16 mm

Anzahl der elektr. Bauelemente
in gedruckter Schaltung   250
darunter Dioden   40
Transistoren   30

Zeitplan der intermittierenden Einspritzung:

Gruppe	Zylinder	Einspritzbeginn °KW	Zündung °KW
I	1	360	720
	5	360	120
	3	360	240
II	6	720	360
	2	720	480
	4	720	600

Impulszahl beim Beschleunigen max.   ≈ 10
Impulsdauer max.   2,5 ms

Aufhebung der Sperre zwischen 900 und 1 700 U/min

Einschalttemperatur des Startventils unter   35 °C

Einspritzzeit mit abnehmender Temperatur ansteigend,
bei − 20 °C   12 s

Zusammensetzung der Abgase:
2 … 3 % CO
                   bei 700 … 750 U/min

Elektronische Benzineinspritzung L-Jetronic

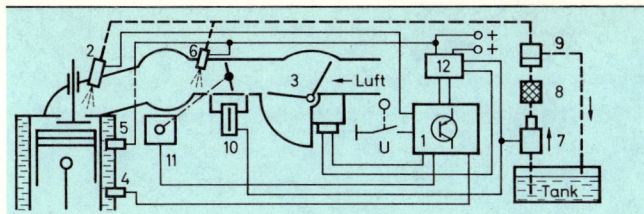

1 Elektronisches Steuergerät mit integrierten Schaltkreisen. Es wandelt die am Motor abgenommenen Angaben über Luftmenge, Kühlwassertemperatur, Drosselklappenstellung sowie Startvorgang, Motordrehzahl und Einspritzpunkt in elektrische Impulse um und gibt sie an die Einspritzventile. Dadurch ist die Einspritzdauer bzw. die eingespritzte Kraftstoffmenge bestimmt.
2 Einspritzventil, elektromagnetisch betätigt, sitzt im Saugrohr und spritzt den Kraftstoff jeweils vor das Einlaßventil.
3 Luftmengenmesser, gibt elektr. Spannungssignale (durch Verdrehen der Stauklappe ausgelöst) über die angesaugte Luftmenge an das Steuergerät.
4 Temperaturfühler, melden Kühlwassertemperatur und Zylinderkopftemperatur.
5 Thermozeitschalter, schaltet das Startventil je nach Kühlwassertemperatur.
6 Startventil, spritzt während des Startens zusätzlich Kraftstoff ein.
7 Elektrokraftstoffpumpe (Rollenzellenpumpe), fördert den Kraftstoff stetig.
8 Kraftstoffilter und (9) Kraftstoff-Druckregler für konstanten Druck.
10 Zusatzluftschieber, sorgt temperaturabhängig für Zusatzluft beim Warmlauf.
11 Drosselklappenschalter, meldet dem Steuergerät Leerlauf und Vollast.
12 Relaiskombination, schaltet Steuergerät, Kraftstoffpumpe, Thermozeitschalter.

Arbeitsprinzip

Einspritzung des Kraftstoffes durch elektronisch gesteuerte Einspritzventile. Das elektronische Steuergerät empfängt die am Motor erfaßten Einflußgrößen in Form elektrischer Signale. Die Haupteingangsgrößen, von denen die eingespritzte Kraftstoffmenge abhängt, sind die angesaugte Luftmenge und die Drehzahl des Motors.

Einspritzvorgang

Alle Einspritzventile spritzen gleichzeitig und zweimal je Nockenwellenumdrehung jeweils die Hälfte der benötigten Menge ein. Die Einspritzimpulse werden durch den Unterbrecher ausgelöst.

Vorzüge der Luftmengenmessung

Motorische Änderungen (Brennraumablagerungen, Verschleiß) werden erfaßt und dadurch gleichbleibende Abgaswerte erzielt.
Beschleunigungsanreicherung ergibt sich von selbst.
Abgasrückführung zur Brennraumkühlung problemlos möglich.

Benzineinspritzung K-Jetronic

3

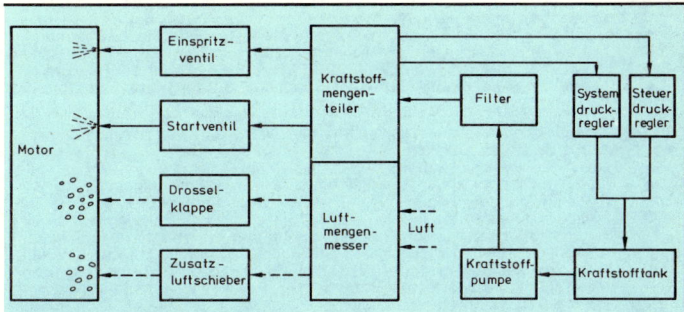

Arbeitsprinzip

Mechanisches Einspritzsystem ohne eigenen Antrieb. Der Kraftstoff wird fein zerstäubt kontinuierlich vor die Einlaßventile gespritzt. Ein Luftmengenmesser vor der Drosselklappe mißt die angesaugte Luftmenge. Entsprechend der gemessenen Luftmenge teilt ein Kraftstoffmengenteiler den Einspritzventilen die richtige Kraftstoffmenge zu. Luftmengenmesser und Kraftstoffmengenteiler sind in einem Gerät, dem Gemischregler, vereinigt.

Luftmengenmessung

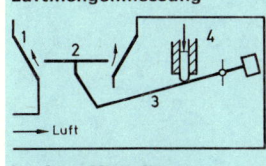

Kraftstoffzuteilung

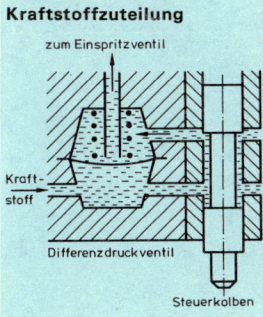

Der Luftmengenmesser besteht aus dem Lufttrichter (1) und der Stauscheibe (2), die an einem Hebel mit Gegengewicht (3) befestigt ist. Auf den Hebel wirkt der unter dem Steuerdruck stehende Steuerkolben (4). Die Ansaugluft hebt die Stauscheibe so lange an, bis die Hubkraft der Luft und die Druckkraft des Steuerkolbens im Gleichgewicht sind. Die Stauscheibe wird um so mehr angehoben, je größer die angesaugte Luftmenge ist.

Die Kraftstoffzuteilung zu den Einspritzventilen wird durch den Steuerkolben geregelt, an dem ein Schlitzträger beweglich eingepaßt ist. Für jeden Motorzylinder ist ein Steuerschlitz vorhanden, der je nach Stellung des Steuerkolbens mehr oder weniger geöffnet ist. Den einzelnen Steuerdrosseln ist ein Differenzdruckventil nachgeschaltet, das den Druckabfall konstant hält. Die Kraftstoffdurchflußmenge ist deshalb proportional der Öffnung eines Steuerschlitzes. Die Kraftstoffversorgung des Systems erfolgt durch eine elektrische Kraftstoffpumpe. Der zuviel geförderte Kraftstoff wird am Druckregler abgesteuert und fließt in den Tank zurück.

Beim Kaltstart wird durch ein elektromagnetisches Startventil zusätzlich Kraftstoff in die Saugleitung eingespritzt. Das Startventil wird durch einen Thermozeitschalter gesteuert.

Vorzüge der K-Jetronic

1. Genaue Zumessung der Kraftstoffmenge zu der angesaugten Luftmenge,
2. gleichmäßige Verbrennung in allen Zylindern,
3. geringerer spezifischer Kraftstoffverbrauch,
4. größere Hubraumleistung,
5. größeres Drehmoment im unteren Drehzahlbereich,
6. größere Motorelastizität,
7. weniger schädliche Bestandteile im Abgas.

Daten

Überdruck im Systemdruckkreis konstant	4,7 bar
Überdruck im Steuerdruckkreis bei sehr kaltem Motor	0,5 bar
bei 15 °C	1,5 bar
bei warmem Motor	3,7 bar
Öffnungsdruck der Einspritzventile	3,5 bar
Druckunterschied im Differenzdruckventil	0,1 bar
Fördermenge der Kraftstoffpumpe bei 12 V	2 ℓ/min

Einspritzanlage für Dieselmotoren

Aufbau

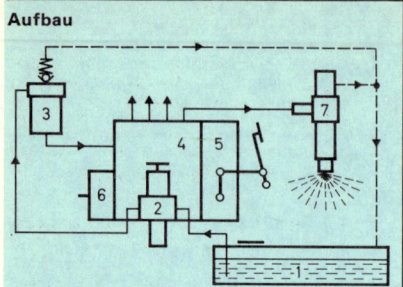

1 Kraftstoffbehälter, Saug- und Druckleitungen
2 Förderpumpe mit Vorreiniger und Handpumpe
3 Kraftstoffilter mit Überströmventil und Entlüftungsleitung
4 Reihen-Einspritzpumpe: Für jeden Zylinder ein Pumpenelement
   • Verteiler-Einspritzpumpe: Für alle Zylinder ein gemeinsamer Pumpenkolben, der zugleich als Verteiler ausgebildet ist
   • PT-Einspritzpumpe mit Pumpenkolben
5 Regler: Kulissen-Fliehkraft-, Verstell- oder Unterdruckregler
6 Spritzversteller: mechanische oder automatische Verstellung
7 Einspritzdüse mit Düsenhalter: Zapfendüse oder Lochdüse

Aufgaben
• Kraftstoff in den Verbrennungsraum einspritzen und verteilen
• Kraftstoffmenge der Belastung und Drehzahl anpassen
• Kraftstoffdruck dem Einspritzverfahren entsprechend erhöhen
• Einspritzzeitpunkt mit steigender Drehzahl vorverlegen

Reihen-Einspritzpumpe

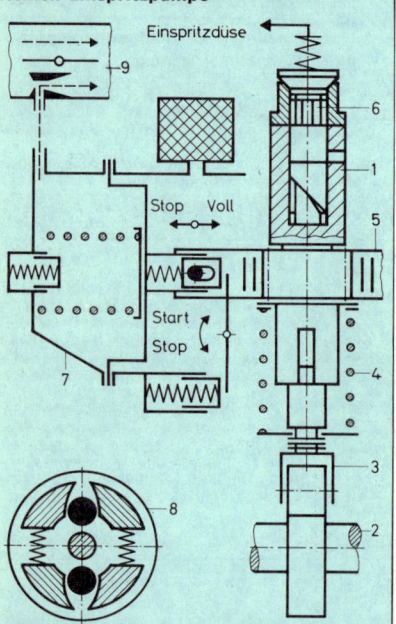

1 Pumpenelement	4 Kolbenfeder	7 Regler
2 Nockenwelle	5 Regelstange	8 Spritzversteller
3 Rollenstößel	6 Druckventil	9 Klappenstutzen

Füllen: Eine Kolbenpumpe fördert den Dieselkraftstoff über das Feinfilter in den Saugraum der Einspritzpumpe. Durch Steuerbohrungen im Pumpenzylinder gelangt der Kraftstoff in den Druckraum.

Förderbeginn: Die Nockenwelle bewegt den Pumpenkolben nach oben. Dabei werden die Steuerbohrungen verschlossen. Der Kraftstoff gelangt vom Druckraum über das Druckventil zur Einspritzdüse. Ist der Einspritzdruck erreicht, wird der Kraftstoff in den Verbrennungsraum eingespritzt. Das Druckventil verhindert ein Nachtropfen des Kraftstoffs in den Verbrennungsraum des Motors.

Förderende: Sobald der aufwärtsgehende Kolben mit seiner Steuerkante die Steuerbohrungen freigibt, wird der Kraftstoff über die Längs- und Ringnut des Kolbens in den Saugraum zurückgedrückt. Das Förderende und damit die Fördermenge richtet sich nach der Stellung der Steuerkante. Durch Verdrehen des Pumpenkolbens mit der Regelstange wird die Fördermenge stufenlos verändert. Bei Nullförderung steht die Längsnut über der Steuerbohrung.

Regler: Die Regelstange wird durch einen Regler verschoben. Er arbeitet in der Leerlauf- und Enddrehzahl selbsttätig. Um die Einspritzmenge bei Teil- und Vollast zu regeln, muß der Fahrer das Fahrpedal betätigen. Der Regelstangenweg wird durch Anschlag begrenzt. Der Fliehkraftregler wird von der Pumpenwelle angetrieben. Die Fliehgewichte arbeiten gegen eine Leerlauf- und zwei Endregelfedern. Ein Regelhebel mit verschiebbarem Drehpunkt überträgt die Bewegung der Fliehgewichte auf die Regelstange. Der pneumatische Regler arbeitet mit dem Unterdruck im Klappenstutzen. Der Unterdruck wirkt auf eine federbelastete Membrane. Die Bewegung der Membrane wird auf die Regelstange übertragen.

Spritzversteller: Mit steigender Motordrehzahl wird der Einspritzbeginn vorverlegt. Dabei wird die Pumpenwelle gegenüber der Kurbelwelle verdreht. Die Verstellung erfolgt durch Fliehgewichte, die auf die Kurvenbahnen der Verstellscheibe drücken.

Verteiler-Einspritzpumpe

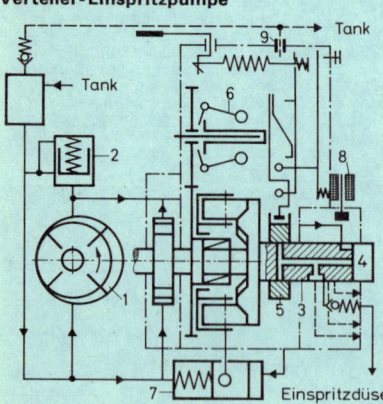

1 Flügelzellenpumpe	4 Hochdruckraum	7 Spritzversteller
2 Drucksteuerventil	5 Regelschieber	8 Absteller
3 Verteilerkolben	6 Fliehkraftregler	9 Überströmdrossel

Füllen: Eine Flügelzellenpumpe saugt den Dieselkraftstoff an und fördert ihn in den Pumpeninnenraum. Das Drucksteuerventil und die Überströmdrossel begrenzen den Förderdruck. Die Antriebswelle dreht den Verteilerkolben. Decken sich Füllbohrung und Steuerschlitz, so strömt Dieselkraftstoff in den Hochdruckraum.

Einspritzen: Die Hubscheibe verschiebt den Verteilerkolben axial. Deckt sich der Verteiler mit dem Auslaßkanal, so gelangt Kraftstoff zur Einspritzdüse. Nach Erreichen des Einspritzdruckes öffnet die Düse und der Kraftstoff spritzt in die Wirbelkammer ein. Gibt der Regelschieber die Querbohrungen des Verteilerkolbens frei, so fließt der Kraftstoff in den Pumpeninnenraum zurück.

Regler, Spritzversteller: Ein Fliehkraftregler steuert den Regelschieber. Er bestimmt die Startmenge, die Leerlauf- und Enddrehzahl und regelt die Einspritzmenge bei Teil- und Vollast ab. Der Verstellkolben verdreht den Rollenring mit steigendem Förderdruck bzw. zunehmender Drehzahl, so daß früher eingespritzt wird.

Absteller: Unterbricht der Glühanlaßschalter den Stromfluß, so schließt ein Magnetventil den Füllkanal und sperrt die Kraftstoffzufuhr zum Hochdruckraum ab. Der Motor bleibt stehen.

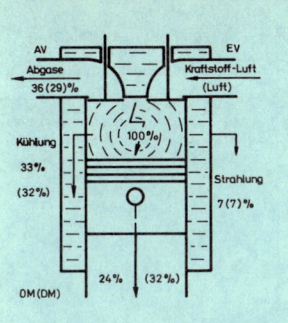

1. Luftkühlung
   a) Fahrtwindkühlung (Staudruck)
   b) Gebläsekühlung

2. Wasserkühlung
   a) Pumpenumlaufkühlung
      Überdruckkühlsystem, geschlossen
      Kühlsystem mit Ausgleichsbehälter
   b) Wärmeumlaufkühlung
      (Thermosyphon-)
   c) Durchfluß-, Verdampfungs- und
      Überdruckkühlung

3. Glykolkühlung (Heißkühlung)
   Betriebstemperatur 120 ... 140 °C

4. Ölkühlung
   für Kolbenboden und Lagerstellen

5. Innenkühlung
   Verdampfungswärme des Kraftstoffs

1. Überschüssige Wärmemenge des Motors ableiten: $^1/_3$ der Verbrennungswärme

2. Bestimmte Betriebstemperatur einhalten: 80 ... 95 °C

3. Schmierfilm vor Zersetzung und Verbrennung schützen

4. Oberflächenzündung und Kraftstoffklopfen vermeiden

5. Erwärmung der einströmenden Frischgase begrenzen, um Füllungsverluste klein zu halten

Pumpenumlaufkühlung

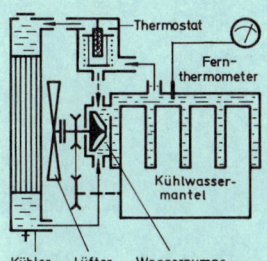

1. Wasserpumpe (Schleuderpumpe)

2. Kühlwassermantel um Verbrennungsraum

3. Thermostat (Kühlwasserregler)
   a) Ausdehnungsdose mit Flüssigkeit
   b) Dehnstoffregler mit Wachs

4. Kühler
   a) Wasserröhrenkühler (Rippenrohr-)
      Rippen senkrecht zu den Röhren
      Rippen parallel zu den Röhren
   b) Luftröhren- und Lamellenkühler

5. Ventilator (Lüfter)
   a) nichtabschaltbarer Lüfter
   b) abschaltbar mit elektromagnetischer, hydraulischer oder Viskose-Kupplung

6. Kühlwasserschlauch
   (gummiertes Gewebe)

7. Fernthermometer (leichtsiedende Flüssigkeit)

8. Wärmeaustauscher für Heizung, Ausgleichbehälter bei abgeschlossenem Kühlflüssigkeitsumlauf, Kühlerjalousie

Überdruckventil
(Druckkühlung)
öffnet bei   0,4 ... 0,9 bar
Siedetemperatur   108 ... 116 °C

Unterdruckventil öffnet bei
                                0,05 ... 0,1 bar

Thermostat (DB)
Hauptventil
Öffnungsbeginn   78 ... 79 °C
Hub 8 mm bei   91 ... 94 °C

Drossel (Kugelventil)
Durchflußvolumen   0 ... 10 l/h

Kurzschlußventil offen
Hub   6 ... 7,5 mm bei 78 °C

Lüfter
Leistungsbedarf   3 ... 5 % P_e
Abschaltdrehzahl   25 ... 30 %
Zuschaltung   62 °C
Kühllufttemperatur

Gebläsekühlung

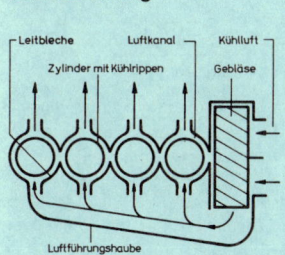

1. Kühlgebläse mit Keilriementrieb
   a) Axialgebläse
   b) Radialgebläse

2. Kühlrippen um Verbrennungsraum

3. Luftführung
   a) Luftführungshauben und -bleche
   b) Luftstrom axial oder radial zum Zylinder

4. Kühlluftregelung (Thermostat)
   Selbsttätig, abhängig von Motor-, Außentemperatur oder Motorbelastung
   a) Drosseleinrichtung Luftdurchsatz
      Zweipunktregelung: voll – null
      Stetige Regelung: veränderlich
   b) Drehzahlregelung des Gebläses

5. Wärmeaustauscher für Wagenheizung

Geschwindigkeiten
Gebläserad   etwa 100 m/s
Kühlluft   20 ... 30 m/s

Temperaturerhöhung
der Luft   70 ... 80 °C

Leistungsaufwand für Gebläse
                                4 ... 6 % P_e
Fördervolumen   ≈ 500 l/min

Rippenoberfläche
je cm³ Hubraum   10 ... 30 cm²

Vergleich	Wasserkühlung	Luftkühlung	Vergleich	Pumpenumlaufkühlung	Wärmeumlaufkühlung
Bauweise	umständlich	einfach	Umlauf durch ...	Pumpe	Wärme (5 g/l)
Platzbedarf	groß	klein	Umlaufgeschwindigkeit	schnell, von Drehzahl abh.	langsam, Temp.-Gefälle abh.
Gewicht	schwer	leicht	Temp.-Gefälle	5 ... 10 °C	10 ... 20 °C
Wärmeübergang	gut	schlecht	Wassermenge	wenig	viel
Kühlwirkung	gleichmäßig	ungleichmäßig	Kühler	klein	groß (25 %)
Temp.-Regelung	gut	schlecht	Kühlwasserregelung	erforderlich	nicht erforderlich
Warmlaufzeit	lang	kurz	Kühlwirkung	gleichmäßig	ungleichmäßig
Motorgeräusch	leise	laut			örtl. Überhitzung
Betriebsstörung	anfällig	unempfindlich			
Frostschutz	erforderlich	nicht erforderlich			
Wartung	wart.-bedürftig	wartungsfrei	Bauweise	umständlich	einfach

3

Motorschmierung

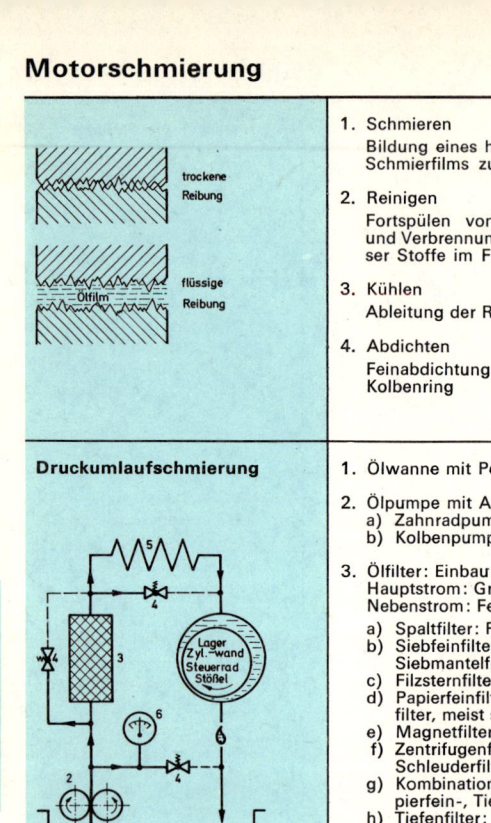

trockene Reibung

flüssige Reibung

Ölfilm

1. **Schmieren**
   Bildung eines haftfähigen, druckbeständigen Schmierfilms zur Verringerung der Reibung

2. **Reinigen**
   Fortspülen von Metallabrieb, Fremdstoffen und Verbrennungsrückständen, Absetzen dieser Stoffe im Filter

3. **Kühlen**
   Ableitung der Reibungswärme

4. **Abdichten**
   Feinabdichtung zwischen Zylinderwand und Kolbenring

1. Zweitaktmotoren
   a) Mischungsschmierung
      1 : 20 ... 1 : 40
   b) Frischölautomatik

2. Viertaktmotoren
   a) Druckumlaufschmierung
   b) Trockensumpfschmierung
   c) Tauchschmierung
      Schleuderschmierung
   d) Obenschmierung durch Kraftstoffzusatz

Druckumlaufschmierung

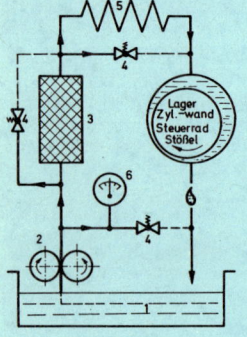

Lager Zyl.-wand Steuerrad Stößel

1. Ölwanne mit Peilstab, Entlüftung

2. Ölpumpe mit Ansaugfilter
   a) Zahnradpumpe   c) Eatonpumpe
   b) Kolbenpumpe   d) Exzenterpumpe

3. Ölfilter: Einbau im
   Hauptstrom: Grob-, Vollfilterung
   Nebenstrom: Fein-, Teilfilterung
   a) Spaltfilter: Platten, Drahtspule
   b) Siebfeinfilter: Siebscheiben-, Siebstern-, Siebmantelfilter
   c) Filzsternfilter, Schlauchfilter
   d) Papierfeinfilter: Patronen- oder Wechselfilter, meist sternförmig
   e) Magnetfilter: Ölablaßschraube
   f) Zentrifugenfilter: Freistrahlzentrifuge, Schleuderfilter
   g) Kombinationsfilter: Siebfeinfilter mit Papierfein-, Tiefenfilter
   h) Tiefenfilter: Textil, Zellstoff

4. Überdruckventil, Kurzschlußventil, Überströmleitung

5. Ölkühler mit Sicherheitsventil für luftgekühlte Motoren, Wärmeaustauscher für wassergekühlte Motoren

6. Öldruckmesser oder Öldruckschalter

Öltemperaturen
Kolben	110 ... 250 °C
Pleuellager	100 ... 115 °C
Hauptlager	85 ... 100 °C
Ölwanne	65 ... 80 °C

Maschenweite
Ansaugfilter	1 ... 4 mm
Siebfeinfilter	0,04 ... 1 mm
Papierfeinfilter	5 μm
Spaltfilter	30 μm

Förderleistung
12,5 ... 45 kg/min bei
2 000 ... 2 500 U/min

2,3 ... 6,3 kg/min bei
345 ... 350 U/min

Druck
Saugseite	≈ 530 mbar
Druckseite	5 bar

Öffnungsdruck in bar
Überdruckventil	4 ... 8
Öldruckschalter	0,3 ... 0,8

Ölverbrauch ≈ 0 l/100 km

Trockensumpfschmierung

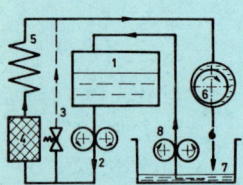

Abtropfendes Öl wird nach dem Kreislauf durch eine Doppelpumpe aus dem Kurbelgehäuse (Sumpf) in einen besonderen Vorratsbehälter und vom Vorratsbehälter zu den Schmierstellen gefördert. Verwendung: Geländefahrzeuge, Renn-, Unterflur- und Flugmotoren.

1. Ölvorratsbehälter   5. Kühler
2. Druckpumpe   6. Schmierstelle
3. Sicherheitsventil   7. Trockensumpf
4. Filter   8. Rückförderpumpe

Förderleistung
Druckpumpe	29 ... 36 kg/min
Absaugpumpe	50 ... 70 kg/min

Schmiermittel
Unlegiertes Motorenöl
HD-Motorenöl
Mehrbereichsöl

Ölwechsel 3 000 ... 5000 km

Frischölautomatik

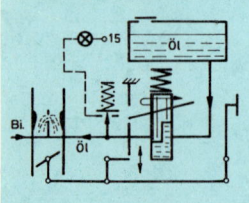

Getrennter Vorratsbehälter für Öl. Eine Pumpe fördert durch eine Hubscheibe mit Kolben das Öl in den Vergaser unmittelbar nach der Hauptdüse. Antrieb der Pumpe von der Kurbelwelle: Förderung drehzahlabhängig. Kolbenhub durch Vergasergestänge regelbar: Förderung auch lastabhängig. Bei voll geöffneter Drosselklappe arbeitet der Kolben mit dem größten Hub.

Ein elektrischer Schalter in der Ölleitung läßt bei fehlendem Druck ein Warnlicht aufleuchten.

Kolben ⌀	6 mm
Kolbenhub	0,15 ... 1,7 mm

Fördervolumen bei 5 bar
Leerlast (0°)	5 ... 9 mm³/Hub
Teillast (5°)	9 ... 13 mm³/Hub
Vollast (82°)	43 ... 54 mm³/Hub

Höchstdrehzahl 7 000 U/min

3

Drosselklappenanhebung

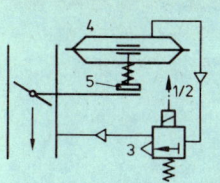

Das Kraftstoff-Luft-Gemisch enthält im Schiebebetrieb bei geschlossener Drosselklappe zu viel verbrannte Restgase und ist überfettet. Die Verbrennung wird unvollkommen, es treten Verbrennungsaussetzer auf. Dadurch ist der Anteil der schädlichen Bestandteile im Abgas hoch, besonders die Konzentration unverbrannter Kohlenwasserstoffe. Durch Anheben der Drosselklappe vermindert sich ihr Prozentsatz. Das leichte Öffnen erfolgt durch den Unterdruckregler am Vergaser. Bei Motordrehzahlen unter 1800/min geht die Drosselklappe in Leerlaufstellung zurück.

Drosselklappenanhebung im Schiebebetrieb bei Öltemperaturen über 25 °C und Motordrehzahlen über ca. 2000/min.

Aufbau:
1. Temperaturschalter
2. Drehzahlschalter
3. Umschaltventil
4. Unterdruckregler
5. Feder mit Einstellschraube
Teil 1 und 2 nicht gezeichnet

Zündumschaltung

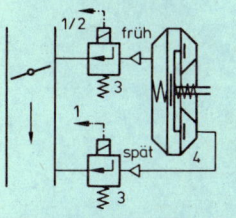

Durch Anhebung der Drosselklappe im Schiebebetrieb steigt die Drehzahl des Motors. Dies ist nicht erwünscht. Deshalb wird mit zunehmender Anhebung der Drosselklappe und im Leerlauf der Zündzeitpunkt in Richtung spät verstellt. Spätzündung entwickelt im Brennraum mehr Wärme je Arbeitshub. Die höhere thermische Belastung bewirkt vollkommenere Verbrennung und geringeren Ausstoß giftiger Abgase. Die Spätverstellung erfolgt durch Unterdruck, der sich im Saugrohr zwischen Motor und Vergaser bei geschlossener Drosselklappe einstellt.
Im unteren Teillastbereich ist die Drosselklappe wenig geöffnet und die Füllung der Zylinder mit Frischgasen schlechter. Das angesaugte KL-Gemisch ist schwerer entflammbar und verbrennt langsamer. Daher wird die Zündung im Teillastgebiet zusätzlich zur drehzahlabhängigen Fliehkraftverstellung durch Unterdruck, abhängig von der Stellung der Drosselklappe im Klappenstutzen, in Richtung früh verstellt.

Zündumschaltung in Richtung spät im Leerlauf und im Schiebebetrieb bei geschlossener Drosselklappe und Kühlmitteltemperaturen unter 100 °C durch Ringmembrane der Unterdruckdose.
Zündumschaltung in Richtung früh im Teillastgebiet bei Kühlmitteltemperaturen über 40 °C und Motordrehzahlen über 2000/min durch Kreismembrane der Unterdruckdose.

Aufbau:
1. Temperaturschalter
2. Drehzahlschalter
3. Umschaltventil
4. Doppelunterdruckdose für Spät- und Frühverstellung
Teil 1 und 2 nicht gezeichnet

Kraftstoff-Verdunstungsanlage

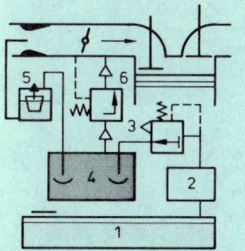

Die Kraftstoff-Verdunstungsanlage verhindert den Austritt der Verdunstungsgase aus der Kraftstoffanlage in die Atmosphäre. Dabei werden die Verdunstungsgase vom Kraftstoffbehälter und aus der Schwimmerkammer bei abgeschaltetem Motor im Aktiv-Kohlebehälter gespeichert und im Fahrbetrieb vom laufenden Motor bei ausreichendem Unterdruck im Saugrohr in den Vergaser abgesaugt.

Aufbau:
1. Kraftstoffbehälter
2. Ausgleichbehälter
3. Ventilsystem für Be- und Entlüftung und Überdruck
4. Aktiv-Kohlebehälter
5. Schwimmerkammer
6. Absaugventil

Nachverbrennung

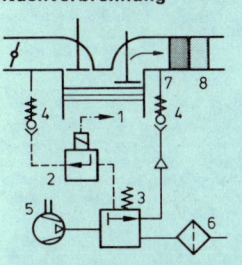

Die verschärften Abgasbestimmungen fordern Grenzwerte für die Emission von Kohlenmonoxid und unverbrannten Kohlenwasserstoffen. Durch eine Nachverbrennung der Abgase werden die geforderten Werte eingehalten. Zur Nachverbrennung wird bei laufendem Motor Frischluft in die Auslaßkanäle der Zylinderköpfe eingeblasen. Der in der Luft enthaltene Sauerstoff trifft mit den heißen Abgasen zusammen und kann im Katalysator bzw. Reaktor reagieren. Der Katalysator beschleunigt die Oxydation von CO und Kohlenwasserstoffen. Um den Katalysator funktionsfähig zu halten, darf der Motor nur mit bleifreiem Kraftstoff betrieben werden. In den USA wird der Katalysator nach einer bestimmten Meilenzahl ausgewechselt.

Lufteinblasung bei Öltemperaturen über 17 °C, bei Öltemperaturen unter 17 °C wird die Luft ins Freie abgeblasen.

Aufbau:
1. Temperaturschalter
2. Umschaltventil
3. Abblaseventil
4. Rückschlagventil
5. Luftpumpe
6. Geräuschdämpfer
7. Einblaskanäle
8. Katalysator bzw. Reaktor

Teil 1 nicht gezeichnet

Abgasrückführung

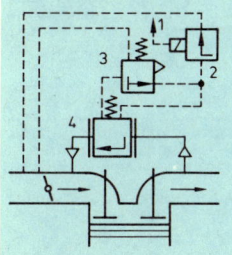

Durch extrem mageres Kraftstoff-Luft-Gemisch oder Herabsetzung der Verbrennungstemperaturen wird die Stickoxid-Konzentration im Abgas reduziert. Deshalb wird im Fahrbetrieb und beim Beschleunigen über das Abgasrückführungsventil ein Teil der Abgase aus dem Auspuffkrümmer in das Saugrohr zurückgeführt. Das Zugeben von Abgasen zum KL-Gemisch senkt die Verbrennungstemperatur. Die Abgasrückführung arbeitet in 2 Stufen: kleine Stufe im Fahrbetrieb, große Stufe beim Beschleunigen. Die Steuerung der 1. Stufe erfolgt elektrisch, die der 2. Stufe pneumatisch. Beim Beschleunigen entlüftet der Unterdruckschalter die 2. Stufe. Das Abgasrückführungsventil kann voll öffnen.

Abgasrückführung
a) 1. Stufe im Fahrbetrieb bei Kühlmitteltemperaturen über 40 °C,
b) 2. Stufe beim Beschleunigen, wenn Kühlmitteltemperaturen über 40 °C und Unterdruck < 270 mbar.

Aufbau:
1. Temperaturschalter
2. elektr. Umschaltventil
3. pneum. Unterdruckschalter
4. Abgasrückführungsventil

Teil 1 nicht gezeichnet

3

Kupplung

Allgemein	Die Kfz-Kupplung ist im Kraftfluß zwischen Motor und Schaltgetriebe angeordnet. Sie hat die Aufgabe,	Arten nach Kraftschluß

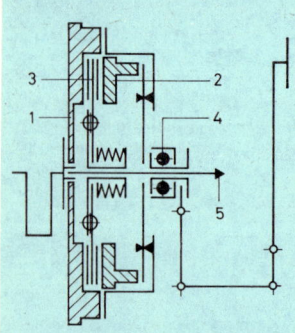

Allgemein

Die Kfz-Kupplung ist im Kraftfluß zwischen Motor und Schaltgetriebe angeordnet. Sie hat die Aufgabe,

- die Kurbelwelle des Motors mit dem Schaltgetriebe lösbar und elastisch zu verbinden.
- das Drehmoment des Motors auf das Schaltgetriebe zu übertragen.
- das Drehmoment des Motors beim Anfahren durch Schlupf zu verkleinern und dadurch die Masse des Fahrzeugs gleichmäßig und ruckfrei an den Motor anzuschließen und zu beschleunigen.
- den Kraftfluß während der Fahrt zu unterbrechen und die leichte und geräuscharme Schaltung der Getriebegänge zu gewährleisten.
- den Motor bzw. das Getriebe gegen Überlastung zu sichern und Getriebegeräusche zu vermeiden.

Arten nach Kraftschluß
a) Reibungskupplung:
  Einscheiben-Trockenk.
  Zweischeiben-Trockenk.
  Lamellen-Naßkupplung
b) Magnetpulverkupplung
c) Flüssigkeitskupplung

Arten nach Betätigung
a) mechanisch (Gestänge)
b) hydraulisch
c) pneumatisch
d) elektromagnetisch
e) Fliehkraft

Arten nach Nachstellung
a) zentral nachstellbar
b) nicht nachstellbar

Arten nach Kupplungsfedern
a) Schraubenfederkupplung
b) Membranfederkupplung

Einscheiben-Trockenkupplung
Zweischeiben-Trockenkupplung

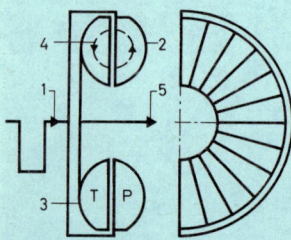

Schwungscheibe 1, Druckplatte 2, Kupplungsscheibe 3, Ausrücker 4, Kupplungswelle 5.
Das Motormoment wird von der Schwungscheibe und der Druckplatte aufgenommen. Die Kupplungsfedern pressen die Druckplatte auf die Kupplungsscheibe und diese auf das Schwungscheibe. Dabei entsteht Kraftschluß durch Reibung. Scheibe und Welle werden mitgenommen. Zur Übertragung eines größeren Moments werden Zweischeibenkupplungen verwendet. Sie haben 2 K'scheiben und 2 Druckplatten. Dadurch wird die Reibfläche und das übertragbare Moment verdoppelt.

Beim Auskuppeln wird die Bewegung des Fußhebels mechanisch oder pneumatisch durch Ausrückgabel, Ausrücker, Ausrückhebel und -bolzen auf die Druckplatte übertragen. Diese wird gegen die Federkraft zurückgezogen. Die Kupplungsscheibe kann frei laufen. Beim Auskuppeln einer Zweischeibenkupplung ergibt sich der doppelte Ausrückweg.

Kupplungsspiel
am Pedal   20 … 30 mm
am Ausrücker   2 … 3 mm

Kupplungsscheibe
Belagfederweg   1,2 mm
zuläss. Verschleiß   1,0 mm
Seitenschlag   0,5 mm
zuläss. Unwucht   0,05 mm

Haftreibungszahl
trocken   0,3 … 0,5
naß   0,1 … 0,2

Flächenpressung
Trockenkupplung   20 N/cm²
Naßkupplung   5 N/cm²

Torsionsdämpfung
Anschlagmoment   200 Nm
Anschlagwinkel   5°
Reibungsmoment   10 Nm

Einstellmaße s. Werksangaben

Hydr. Strömungskupplung
Flüssigkeitskupplung

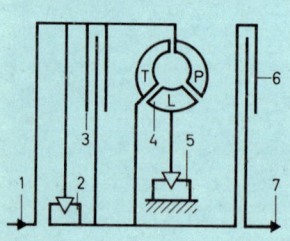

Teile: Antrieb 1, Pumpenrad (Treiber) 2, Turbinenrad (Läufer) 3, ATF-Öl 4, Abtrieb 5.

Das Pumpenrad wird von der Kurbelwelle angetrieben. Durch die Fliehkraft wird die Flüssigkeit nach außen gedrückt, auf die Schaufeln des Turbinenrades gelenkt und in Strömung gebracht. Der Treiber wird mitgenommen.

Mit zunehmender Drehzahl entwickelt sich im Turbinenrad eine Gegenfliehkraft, die den Kreislauf des Öles verlangsamt. Bei Gleichlauf hört die Strömung und damit der Kraftfluß ganz auf. Es muß daher immer ein gewisser Schlupf, d.h. Drehzahlunterschied zwischen Läufer und Treiber vorhanden sein, um das Motormoment zu übertragen.

Vorteile:
Wartungs- und verschleißfrei, weiches Anfahren, kein Abwürgen des Motors, selbsttätiges Kuppeln beim Anfahren, geräusch- und stoßdämpfend, einfache Bauweise.

Nachteile:
Schlupf bedingt Leistungsverlust, Erwärmung des Öles erfordert Kühlung, nur zum Anfahren verwendbar, daher besondere Schaltkupplung notwendig (ausgenommen bei Automatikgetriebe).

Wandler-Schalt-Kupplung

Teile: Antrieb 1, Schubfreilauf 2, Wandlerkupplung 3, Wandler 4, Wandlerfreilauf 5, Schaltkupplung 6, Abtrieb 7.

- Der Schubfreilauf überbrückt den Wandler im Schub • Die Wandlerkupplung überbrückt den Wandler bei einem bestimmten Drehzahlverhältnis im Bereich des Kupplungspunktes • Die Schaltkupplung unterbricht den Kraftfluß beim Einlegen eines Ganges. Sie wird mechanisch mit Druckluftunterstützung oder elektropneumatisch betätigt.

Der Wandler mit Freilauf steigert selbsttätig und stufenlos das Moment und unterbricht den Kraftfluß beim Anhalten.

Der Schubfreilauf läßt die volle Bremswirkung des Motors ausnützen, ermöglicht das Anschleppen des Fahrzeugs und verhindert ein Abrollen des Fahrzeugs im Stand nach Einlegen eines entsprechenden Ganges.

Die Wandlerkupplung verhindert einen Leistungsverlust durch Schlupf außerhalb des Wandlungsbereiches.

Die Schaltkupplung ermöglicht den Gangwechsel im Schaltgetriebe während der Fahrt.

Fliehkraftkupplung 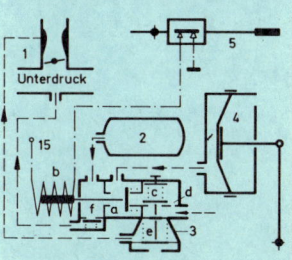	1. Motorschwungrad, mit Kurbelwelle verschraubt 2. Mitnehmerscheibe mit federndem Belag aus Asbest, Kunstharz und Kupfer- oder Messingfäden, Torsionsdämpfer, Sperrscheibe und Keilnabe 3. Federgehäuse oder Kupplungsdeckel mit Anpreßplatte, 3 Fliehgewichte, Rückholfedern, Hauptfedern, Einstellschrauben, Ausrückhebel und Sperrhebel für Parken und Anschleppen 4. Antriebswelle mit Keilverzahnung 5. Kupplungsdrucklager 6. Ausrückgabel	Gasgeben erhöht die Motordrehzahl. Die Fliehgewichte gehen nach außen und überwinden die Rückholfedern. Die Anpreßplatte wird durch die Hauptfedern auf die Kupplungsscheibe gedrückt. Bei Stillstand des Motors oder unter 300 U/min verbindet eine Sperreinrichtung die Antriebswelle direkt mit dem Kupplungsdeckel im Drehsinn des Motors.

Automatische Schaltkupplung
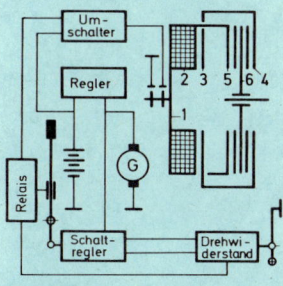
	1. Saugrohr mit Drosselklappe und Lufttrichter
	2. Reservebehälter für Unterdruck
	3. Elektromagnetisches Steuerventil
	  a) Hauptventil mit Feder
	  b) Elektromagnet mit Eisenkern
	  c) Reduzierventil mit Feder und Einstellschraube für 1. Stufe
	  d) Ausgleichsbohrung für 2. Stufe
	  e) Unterdruckkammer mit federbelasteter Membran und Stift: Beschleunigung des Einkuppelvorgangs während der 2. Stufe
	  f) Rückschlagventil
	4. Servomotor mit Membran, Gestänge und Betätigungshebel für die Kupplung
	5. Getriebeschalthebel mit Kontaktgeber
		Beim Schalten wird die Schaltkupplung mit Hilfe des Unterdruckes im Saugrohr über das elektromagnetische Steuerventil durch die Bewegung der Membran im Servomotor ausgekuppelt.
		
		Das Wiedereinkuppeln erfolgt nach Loslassen des Schalthebels durch zweistufigen Abbau des Unterdruckes über das Reduzierventil und die Düse unter Anpassung an die jeweiligen Fahrbedingungen.

3

Elektromagnetische Kupplung 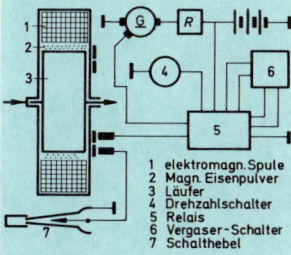	Beim Einkuppeln erhält der Magnetkern 2 progressiv ansteigenden Strom. Das Magnetfeld zieht die Ankerplatte 3 an, und die Druckplatte 4 drückt die Kupplungsscheibe 6 auf die Zwischenplatte 5. Beim Auskuppeln wird der Stromfluß unterbrochen, die Rückholfedern drücken die Ankerplatte von der Schwungscheibe 1 ab, und die Kupplungsscheibe läuft frei. Die progressive Stromzufuhr erreicht man durch die drehzahlabhängige Lichtmaschinenspannung und einen lastabhängigen Drehwiderstand. Das Auskuppeln erfolgt durch den Gangschalthebel, beim Leerlauf selbsttätig. Bei Ausfall der Lichtmaschine, beim Anschieben und bei kürzerem Anhalten des Fahrzeugs (Parken) wird die Kupplung von der Batterie gespeist.	Spannung 6 V max. Stromstärke 4,8 A Spulenwiderstand 1,2 Ω Luftspalt 0,44 mm Anpreßkraft der Kupplungsscheibe 2100 ... 2400 N Drehwiderstand 1. und R.-Gang $R_1 + R_2 + R_3$ 2,5 Ω $R_1 + R_2$ 1,3 Ω R_1 0,6 Ω 2. und 3. Gang $R_4 + R_5 + R_6$ 1,25 Ω $R_4 + R_5$ 0,8 Ω R_4 0,4 Ω Parkwiderstand 1,5 Ω Einstell- Widerstand 0 ... 1,5 Ω
Magnetpulverkupplung 1 elektromagn. Spule 2 Magn. Eisenpulver 3 Läufer 4 Drehzahlschalter 5 Relais 6 Vergaser-Schalter 7 Schalthebel	Ein Fliehkraftschalter führt beim Anfahren die langsam zunehmende Lichtmaschinenspannung der Wicklung zu. Dort bildet sich ein Magnetfeld, welches das Eisenpulver festhält. Dadurch wird die Kupplung kraftschlüssig und der Läufer mitgenommen. Ab einer bestimmten Drehzahl oder Last erhält die Wicklung die volle Batteriespannung. Durch Berühren des Schalthebels wird ein Trennschalter betätigt, der den Stromkreis unterbricht. Das Magnetfeld fällt zusammen, und die Kupplung löst sich.	Magnetpulver 110 g Stromverbrauch Leerlast 1 A Teillast bis $^2/_3$ 2,5 A Vollast 4,5 A Widerstände Leerlauf 7,5 Ω Sparwiderstand 2,5 Ω Entmagnetisierung 125 Ω Schaltung des Leerlauf- und Sparwiderstandes durch Drosselklappenachse.

Wechselgetriebe

Allgemein

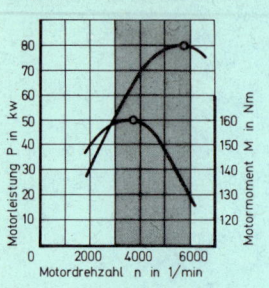

Die Verbrennungsmotoren geben nur in einem schmalen, begrenzten Drehzahlbereich ein ausreichendes nutzbares Drehmoment ab. Um die stark wechselnde Drehzahl der Antriebsräder und die auftretenden Fahrwiderstände auf diesen Bereich abzustimmen, benötigt das Kraftfahrzeug ein Wechselgetriebe. Es muß daher

- die Drehzahl des Motors im leistungsfähigen Bereich halten und zur Erreichung bestimmter Fahrgeschwindigkeiten übersetzen.
- das Moment des Motors wandeln und den auftretenden Fahrwiderständen anpassen.
- den Kraftfluß im Leerlauf unterbrechen.
- das Rückwärtsfahren des Kfz ermöglichen.
- eine leichte, schnelle und geräuscharme Schaltbarkeit gewährleisten.

Arten nach Kraftschluß
a) Zahnradgetriebe
- Schalt-, Stufengetriebe
- Gruppengetriebe
- Verteilergetriebe
- Planetengetriebe
b) Keilriemengetriebe
c) Kettengetriebe
d) Flüssigkeitsgetriebe

Arten nach Schaltung
a) Schieberadgetriebe
b) Ziehkeilgetriebe
c) Schaltmuffengetriebe
d) Synchrongetriebe
e) Sperrsynchrongetriebe
f) halbautomatische Getriebe
g) automatische Getriebe

Zahnflankenkurve Evolvente

Viergang-Schaltgetriebe
mit Vorgelegewelle

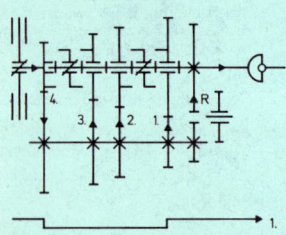

Teile: Antriebs-, Vorgelege-, Haupt- und Rücklaufwelle, Antriebsrad, Vorgelegeräder, Gangräder, Rücklaufrad, Synchronisiereinrichtung, Schaltmuffe, Schaltgabel, Schaltstange, Schalthebel.

Schaltvorgang: Durch die Wählbewegung des Schalthebels wird die entsprechende Schaltgabel erfaßt. Die Schaltgabel überträgt die Schaltbewegung des Schalthebels auf die Schaltmuffe. Diese wird von der Kurzverzahnung des Gangrades 1 über die neutrale Mittellage und die Synchronisiereinrichtung auf die Kurzverzahnung des Gangrades 2 verschoben. Das Gangrad 1 ist nun lose und das Gangrad 2 drehfest mit der Hauptwelle verbunden. Der Gang ist geschaltet.

Übersetzungsverhältnisse für Pkw-Viergang-Schaltgetriebe:

1. Gang	3,2 ... 4,1:1
2. Gang	1,7 ... 2,5:1
3. Gang	1,2 ... 1,6:1
4. Gang (direkt)	1,0:1
R.-Gang	3,3 ... 4,5:1

Kraftverlauf im 1., 2. und 3. Gang:
Antriebswelle − Antriebsrad − Vorgelegerad − Vorgelegewelle − Vorgelegegangrad − Gangrad − Schaltmuffe − Synchronkörper − Hauptwelle.

Viergang-Schaltgetriebe
ohne Vorgelegewelle

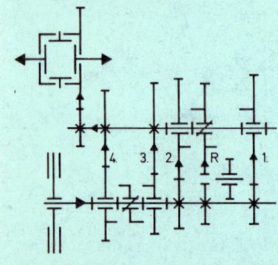

Teile: Antriebswelle, Abtriebswelle, Rücklaufwelle, lose und feste Gangräder, Rücklaufrad. Synchroneinrichtung, Schaltmuffe, Schaltgabel, Schaltstange, Schalthebel.

Schaltvorgang siehe Viergang-Schaltgetriebe mit Vorgelegewelle.

Besonderheiten:
- Nur „einfache" Übersetzung, daher Durchmesserunterschied der miteinander im Eingriff stehenden Zahnräder größer.
- Kein „direkter" Gang vorhanden, daher im 4. Gang Übersetzung ins Schnelle möglich.
- Schaltgetriebe ohne Vorgelegewelle und Antriebsrad, daher einfacherer Aufbau.

Übersetzungsverhältnisse für Pkw-Viergang-Schaltgetriebe

1. Gang	3,2 ... 4,1:1
2. Gang	1,7 ... 2,5:1
3. Gang	1,2 ... 1,6:1
4. Gang	0,8 ... 1,0:1
R.-Gang	3,3 ... 4,5:1

Kraftverlauf im 3. und 4. Gang:
Antriebswelle − Synchronkörper − Schaltmuffe − loses Gangrad − festes Gangrad − Abtriebswelle.

Tachoantrieb 1,8 ... 3,4:1

Synchronisiereinrichtung
Gleichlaufeinrichtung
mit federndem Synchronring

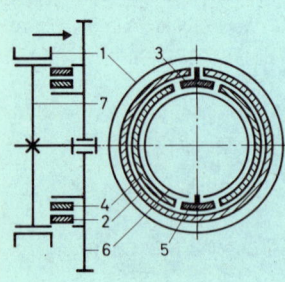

Die Synchronisierung soll mit Hilfe einer Reibkupplung den Drehzahlunterschied zwischen der Schaltmuffe und dem Zahnrad des zu schaltenden Ganges ausgleichen und verhindern, daß die Schaltmuffe vor Erreichen des Gleichlaufs die Kurzverzahnung des Zahnrades berührt. Der Schaltvorgang kann damit leicht, geräuscharm und verschleißfrei ausgeführt werden.
Teile: Schaltmuffe 1, federnder Synchronring 2, Sperrstein 3, Sperrband 4, Anschlag 5, Gangrad 6, Führungsmuffe 7.
Synchronstellung: Die Schaltmuffe berührt den Synchronring. Der Synchronring verdreht sich. Sein Ende drückt mit dem Sperrstein das Sperrband an die Innenseite des Synchronrings, wobei der Anschlag als Abstützung dient. Der Ringdurchmesser wird größer, die Schaltmuffe läßt sich nicht mehr darüber schieben. Bei Gleichlauf entspannt sich das Sperrsystem.

Synchroneinrichtungen:
a) Synchronkegel mit -kugeln
b) Synchronkegel mit -riegel
c) Synchronkegel mit -steine
d) federnder Synchronring

Sperreinrichtungen:
a) radial bewegl. Sperrglieder
b) Sperrstein mit Sperrband
c) axial verdrehbare Synchronringe mit Gleitsteinen
d) Stufenbolzen mit Sprengring

Drehzahlsprünge beim Schalten (Drehzahlunterschied vor und nach der Synchronisierung):

vom 4. in 3. Gang ⎫ cirka
vom 3. in 2. Gang ⎬ 600 bis
vom 2. in 1. Gang ⎭ 1000 1/min
bei Motordrehzahl 3200 1/min

Zwölfgang-Schaltgetriebe
mit Vorschaltgetriebe

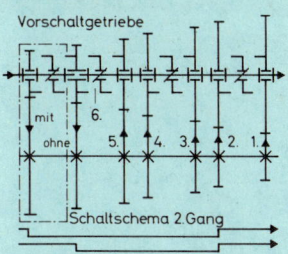

Vorschaltgetriebe

mit 6.
ohne 5. 4. 3. 2. 1.

Schaltschema 2.Gang

Teile: Sechsgang-Schaltgetriebe, vorgeschaltetes Gruppengetriebe mit Antriebsrad, Vorgelegerad und Synchronisierungseinrichtung.

Je mehr Schaltstufen ein Getriebe hat, desto genauer kann man den nutzbaren Drehzahlbereich des Motors einhalten. Daher werden normale Schaltgetriebe durch vor- oder nachgeschaltete Gruppengetriebe erweitert.

Das vorgeschaltete Gruppengetriebe arbeitet als zweite Eingangsstufe von der Antriebswelle auf die Vorgelegewelle. Beide Eingangsstufen lassen sich wechselweise mittels sperrsynchronisierter Klauenschaltung einkuppeln. Die Schaltung der Vorschaltgruppe erfolgt elektropneumatisch durch Kippschalter. Der Schaltvorgang läuft erst nach dem Auskuppeln ab.

Übersetzungsverhältnisse:

1. Eingangsstufe	1,00:1
2. Eingangsstufe	1,25:1
1. Gang	7,65:1
2. Gang	6,07:1
3. Gang	4,40:1
4. Gang	3,50:1
5. Gang	2,66:1
6. Gang	2,12:1
7. Gang	1,77:1
8. Gang	1,40:1
9. Gang	1,26:1
10. Gang	1,00:1
11. Gang	0,89:1
12. Gang	0,71:1
R.-Gang 1	7,18:1
R.-Gang 2	5,71:1

Einfaches Planetengetriebe
Umlaufgetriebe

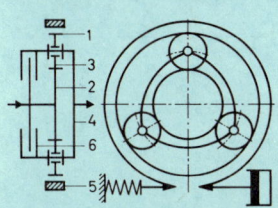

Teile: Hohlrad 1, Sonnenrad 2, Planetenrad 3, Träger 4, Band-oder Lamellenbremse 5, Lamellenkupplung 6, Freilauf (nicht gezeichnet).

Zur Übertragung eines Drehmoments muß ein Teil — Hohlrad, Sonnenrad oder Träger — mit einer Band- bzw. Lamellenbremse oder mit einem Freilauf festgehalten und gegen das Getriebegehäuse abgestützt werden oder müssen zwei Teile, z.B. Träger und Sonnenrad, durch die Lamellenkupplung miteinander verbunden werden. „Festhalten" eines Bauteiles ergibt verschiedene Übersetzungen, „Verbinden" zweier Bauteile miteinander ergibt den direkten Gang. Das Spannen bzw. Lösen der Bremsen und Kupplungen erfolgt hydraulisch und mechanisch durch Federkraft.

Übersetzungsverhältnisse mit Hohlrad 76, Sonne 50 Zähnen:

1. Gang	2,52:1
2. Gang	1,66:1
3. Gang(direkt)	1,00:1
R.-Gang	1,52:1

Schaltung:	1. Gang	2. Gang
Hohlrad	fest	Antrieb
Sonnenrad	Antrieb	fest
Träger	Abtrieb	Abtrieb

Schaltung:	3. Gang	R.-Gang
Hohlrad	—	Abtrieb
Sonnenrad	gekup-	Antrieb
Träger	pelt	fest

Doppelter Planetensatz
Ravigneaux-Planetensatz

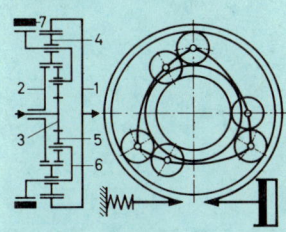

Teile: Hohlrad 1, großes Sonnenrad 2, kleines Sonnenrad 3, langes Planetenrad 4, kurzes Planetenrad 5, Träger 6, Band- oder Lamellenbremse 7, Lamellenkupplung 8.
Mehrere Radsätze hintereinander geschaltet ergeben beliebig viele Übersetzungen und ein kleines Bauvolumen: 2 unterschiedliche Sonnenräder haben jeweils 3 Planetenräder, die auf einem gemeinsamen Träger sitzen. Die Planetenräder des großen Sonnenrades greifen direkt in das Hohlrad ein.

Schaltung:	1. Gang	2. Gang	3. Gang	R.-Gang
kl. Sonne	Antrieb	Antrieb	Antrieb	frei
gr. Sonne	frei	fest	Antrieb	Antrieb
Träger	fest	frei	frei	fest
Hohlrad	Abtrieb	Abtrieb	Abtrieb	Abtrieb

Übersetzungsverhältnisse mit

Hohlrad	60 Zähne
großes Sonnenrad	30 Zähne
kleines Sonnenrad	20 Zähne
langes Planetenrad	15 Zähne
kurzes Planetenrad	15 Zähne
1. Gang	3,00:1
2. Gang	1,66:1
3. Gang	1,00:1
R.-Gang	2,00:1

Simpson-Planetensatz: Beide Planetensätze haben gleiche Zähnezahlen. Der Planetensatz hat 1 Sonnenrad und 2 Hohlräder. Das Moment wird über ein Hohlrad eingeleitet.

Hydr. Drehmomentwandler
Strömungsgetriebe

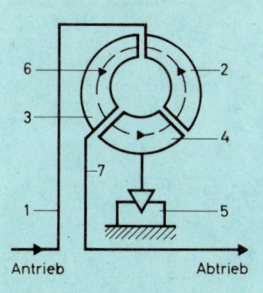

Antrieb   Abtrieb

Teile: Schwungscheibe 1, Treiber 2, Läufer 3, Leitrad 4, Freilauf 5, Sondergetriebeflüssigkeit 6, Antriebswelle 7.
Beim Anfahren wird die Getriebeflüssigkeit im Treiber durch die Fliehkraft beschleunigt, d.h. in Strömung gebracht, und in den Läufer gedrückt. Die Strömungskraft setzt den Läufer in Bewegung. Der vom Läufer austretende Flüssigkeitsstrom wird vom Leitrad, das sich über einen Freilauf am Gehäuse abstützt, verzögert. Dadurch wird die Drehzahl des Läufers verringert und das nutzbare Drehmoment erhöht. Je langsamer der Läufer dreht, umso größer ist sein abgebendes Drehmoment.

Laufen Treiber und Läufer nahezu gleich, so dreht der Flüssigkeitsstrom das Leitrad mit. Dadurch findet keine Wandlung des Drehmoments mehr statt: Der Wandler arbeitet als Kupplung.

Anfahrwandlung	2,0...2,8
Schlupf	3...20 %
Kupplungspunkt bei ν	≈ 0,60
Festbremsdrehzahl	≈ 1 800/min
Öldruck im Wandler	3...7 bar

- Selbsttätige, stufenlose und lastabhängige Wandlung
- weiches Anfahren
- kein Abwürgen des Motors
- geräuscharm, stoßdämpfend
- verschleiß-, wartungsfrei
- Schlupf notwendig
- Erwärmung des Öles
- Kühlung erforderlich
- kein Rückwärtsfahren
- selbsttätiges Kuppeln beim Anfahren und Halten
- kleiner Wandlungsbereich
- kompakte Bauweise

3

Automatisches Getriebe

Allgemein

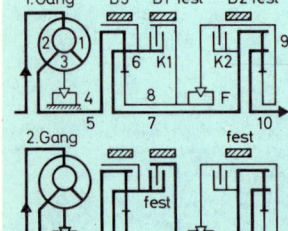

P R N D S L

Teile: Strömungsgetriebe 1, Planetengetriebe 2, Schaltelemente 3, Steuerventil 4, Reglerventil 5, Ölpumpe 6, Ölfilter 7, Ölkühler 8.

Das Automatikgetriebe ist ein vollautomatisches Dreigang- oder Viergang-Planetengetriebe mit vorgeschaltetem Strömungsgetriebe. Das Kupplungspedal entfällt und ein Wählhebel ersetzt den Schalthebel. Alle Vorwärtsgänge werden innerhalb der entsprechenden Fahrstufen selbsttätig ohne Zugkraftunterbrechung in Abhängigkeit von Fahrgeschwindigkeit und Motormoment geschaltet. Die Schaltautomatik kann durch Kickdown des Gaspedals oder durch Handschaltung des Wählhebels übersteuert werden. Wählbar sind drei Vorwärtsfahrbereiche, Leerlaufstellung, Rückwärtsgang und Parkstellung.

- Die Automatikgetriebe halten den Motor im günstigsten, sparsamsten Drehzahlbereich,
- schalten selbsttätig die Fahrbereiche ohne Zugkraftunterbrechung und Schaltpausen,
- kuppeln selbsttätig und weich ohne Abwürgen des Motors beim Anfahren und Halten,
- schonen Motor, Antriebsteile, Bremsen und Reifen durch weichen, elastischen Kraftfluß.

Wählhebelstellungen:

P Parken und Anlaßstellung
Abtriebswelle mech. blockiert, im Stillstand einlegen, über 10 km/h gesperrt.

R Rückwärtsgang
im Stillstand einlegen, über 10 km/h gesperrt.

N Leergang und Anlaßstellung
kein Kraftschluß, Fahrzeug rollfähig, es kann an- und abgeschleppt werden.

D Dauerfahrstufe (drive)
schaltet alle Vorwärtsgänge selbsttätig durch, für Stadt- und Überlandfahrten.

S Steigungen, stark (superperformance)
Fahren auf mittleren Steigungen, 3. Gang gesperrt.

L Last, langsam (low)
Fahren auf steilen Pässen, 2. und 3. Gang gesperrt.

Kraftfluß

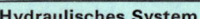

Pumpenrad 1, Turbinenrad 2, Leitrad 3, Wandlerfreilauf 4, Antriebswelle 5, Planetensatz 6, Zwischenwelle 7, Hohlwelle 8, hint. Planetensatz 9, Abtriebswelle 10, Bremsband B1, B2, B3, Kupplung K1, K2, Freilauf F.

Das vom Motor angetriebene Pumpenrad setzt die Getriebeflüssigkeit in Kreislauf und pumpt sie durch die Fliehkraft in das Turbinenrad. Dieses setzt sich in Bewegung und nimmt die Antriebswelle mit. Durch die Strömungsumlenkung im Leitrad wird das Moment am Turbinenrad verstärkt, die Drehzahl verringert.

Die Antriebs-, Zwischen- oder Hohlwelle treibt die Planetenradsätze an. Zur Übertragung eines Drehmoments werden einerseits das Hohlrad, der Träger oder das Sonnenrad festgehalten oder andererseits zwei Radteile miteinander gekuppelt, der Radsatz verblockt. Das Festhalten eines Radteils ergibt eine Übersetzung. Durch Verblocken des Radsatzes erfolgt der Antrieb im direkten Gang.

Wird der Träger festgehalten, so drehen sich die Planetenräder um ihre eigene Achse. Das Hohlrad treibt dann das Sonnenrad in umgekehrter Drehrichtung für den Rückwärtsgang an.

Kraftverlauf	▼	▼	▼	▼
Gang	1.	2.	3.	R.
vord. Pl'satz		+	+	
Hohlrad	+			+
Sonnenrad	fest	‖	‖	+
Träger	+			fest
Zwischenwelle	+	+	+	
Hohlwelle				+
Freilauf				+
hint. Pl'satz			+	
Hohlrad	+	+		fest
Sonnenrad	fest	fest	‖	+

Übersetzungsverhältnisse
Wandler im Anfahrpunkt 2,5 :1
Planetengetriebe
1. Gang 2,31:1
2. Gang 1,46:1
3. Gang 1,00:1
R.-Gang 1,84:1

Fahrbereiche
Stellung R 4,60…1,84:1
Stellung D 5,80…1,00:1
Stellung S 5,80…1,46:1
Stellung L 5,80…2,31:1

Hydraulisches System

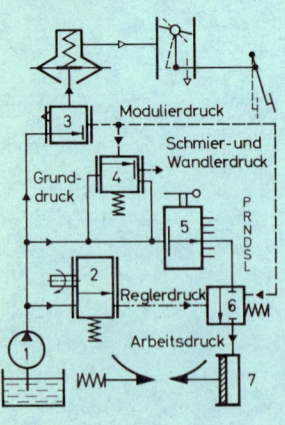

Moduliardruck
Schmier- und Wandlerdruck
Grunddruck
Reglerdruck
Arbeitsdruck
P R N D S L

Teile: Ölpumpe 1, Reglerventil 2, Drosselventil 3, Arbeitsdruckventil 4, Gangwählschieber 5, Schaltventil 6, Arbeitskolben 7.

Die Schaltelemente der Planetengetriebe werden hydraulisch betätigt. Ölpumpen versorgen das System mit Grunddruck. Die Primärpumpe wird vom Motor, die Sekundärpumpe von der Abtriebswelle angetrieben. Das Wandleröl wird durch einen Kühler geleitet.

Ein von der Abtriebswelle angetriebener Fliehkraftregler liefert den von der Fahrgeschwindigkeit abhängigen Reglerdruck. Ein mit dem Saugrohr des Motors verbundener Membranregler oder ein an die Drosselklappe angeschlossenes Drosselventil liefert den lastabhängigen Modulierdruck. Die Druckhöhe wird von dem Durchflußquerschnitt bestimmt.

Schaltventile übernehmen die hydr. Steuerung. Das wichtigste Schaltventil – der Kommandoschieber – wird vom Regler- und Modulierdruck beeinflußt. Beide Drücke wirken gegeneinander und verschieben das Schaltventil dem Druckgefälle entsprechend in Richtung Hochschaltung (Reglerdruck) bzw. Rückschaltung (Modulierdruck).

Betätigte Schaltelemente:

Gang	B1	K1	B2	K2	B3	F
1.	+	+				
2.	+			+		
3.		+	+			
R.-					+	+

Fahrpedalstellung:

Leergas: frühe Hochschaltung
Vollgas: mittl. Hochschaltung
Übergas: späte Hochschaltung

Schaltpunkte:

Wählhebelstell. D		▲ km/h	▼ km/h
Leergas	1 – 2 – 1	30	19
	2 – 3 – 2	45	35
Vollgas	1 – 2 – 1	68	19
	2 – 3 – 2	138	60
Übergas	1 – 2 – 1	68	51
	2 – 3 – 2	138	123

Wählhebelstell. S		▲ km/h	▼ km/h
Leergas	1 – 2 – 1	34	23
Vollgas	1 – 2 – 1	77	27
Übergas	1 – 2 – 1	77	62

3

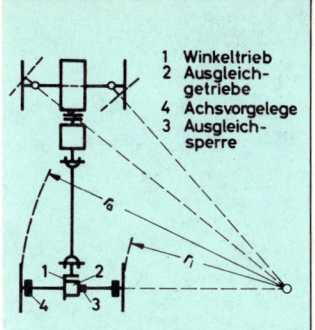

1. Winkeltrieb
   a) Kegelradantrieb
      Antriebswelle in Mittenlage
      Antriebswelle in Tieflage
   b) Schneckentrieb
2. Ausgleichgetriebe
   a) Kegelradausgleich
   b) Stirnradausgleich
   c) Schneckentriebausgleich
   d) Ausgleichgetriebe mit Gleitsteinen
3. Ausgleichsperre
   a) Fremdbetätigung mit Klauenkupplung
   b) Selbstsperrung durch Reibscheiben, Freilauf, Schneckentrieb, Gleitsteine
4. Achsvorgelege
   a) zwischen Winkeltrieb und Ausgleich
   b) an der Radnabe

1. Drehzahl des Motors durch feste Übersetzung verringern und damit Drehmoment erhöhen.
2. Richtung des Drehmomentenverlaufs durch Winkeltrieb ändern.
3. Drehmoment auf beide Räder gleichmäßig verteilen.
4. Unterschiedliche Drehzahlen der Räder in der Kurve ausgleichen.

Kegelradantrieb

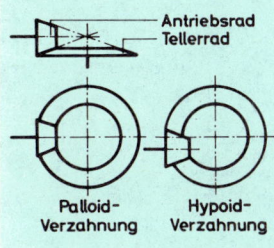

Längsliegende Motoren benötigen zum Antrieb querliegender Achswellen Winkelgetriebe. Sie sind meist als Kegelradgetriebe mit fester Übersetzung gebaut.

Die Kegelräder haben Bogenverzahnung nach Gleason oder Klingelnberg. Bei vielen Pkw wird Gleason-Hypoidverzahnung mit tiefgelegter Gelenkwelle verwendet.

Hypoidverzahnung: Niedriger Gelenkwellentunnel, tiefer Wagenschwerpunkt, gute Fahreigenschaft, längerer Zahneingriff, ruhiger Lauf, größere Übersetzung. Schub zwischen den Zahnflanken erschwert Bildung eines zusammenhängenden Ölfilms, daher haftfähigeres Öl erforderlich.

Gleason- oder Klingelnberg-Bogenverzahnung.
Gleason-Palloidverzahnung
Gleason-Hypoidverzahnung

Zähnezahlen
Ritzel   8...12
Tellerrad   35...49
Übersetzungen
Pkw   2,8...5,12:1
Lkw   6...8:1
Zahnfl.-Spiel   0,1...0,2 mm
Ölfüllung   1...2,5 l

Gelenkwelle bei Hypoidantrieb meist 25,4 mm außerhalb der Mitte

Kegelrad-Ausgleichgetriebe

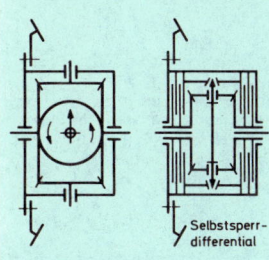

Das Ausgleichgetriebe soll den Wegunterschied der Räder bei Kurvenfahrt ausgleichen und das Drehmoment auf 2 Seiten verteilen.

Das Ausgleichrad wirkt als zweiseitiger, gleicharmiger Hebel, der auf beide Achswellenräder gleiche Umfangskräfte ausübt, aber durch Drehung verschiedene Drehzahlen zuläßt. Die Drehzahlunterschiede beider Räder gegenüber dem Gehäuse sind gleich, aber entgegengesetzt.

Bei verschiedenem Kraftschluß der Räder kann nur ein Drehmoment ausgeübt werden, das der kleinsten Reibung entspricht. Daher ist bei manchen Fahrzeugen eine Ausgleichsperre nötig.

Geradverzahnung
Zähnezahlen   10...16
Ø Ausgleichbolzen   15 mm

Reibscheiben für Ausgleichsperre mit ein- oder beidseitigem Sinterbelag

n_a Drehzahl Außenrad
n_i Drehzahl Innenrad
n_u Drehzahlunterschied
n_m Drehzahl Tellerrad

$n_a = n_m + n_u$
$n_i = n_m - n_u$

Achsvorgelege

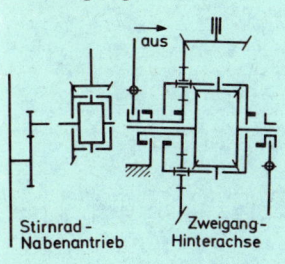

Verwendung bei Nutzfahrzeugen, um
1. feste Übersetzung zu vergrößern,
2. Winkeltrieb kleiner zu halten,
3. zusätzliche Schaltstufe, d.h. veränderliche Übersetzung, zu gewinnen.

Es wird als Stirnrad- oder Planetenvorgelege „vor" oder „hinter" dem Ausgleich angeordnet. Im ersten Fall Ausgleich und Achswellen mit vollem Drehmoment belastet. Bei Einbau hinter dem Ausgleich ist für jedes Rad ein Vorgelege erforderlich, das meist in die Radnabe gelegt wird. Ausgleich und Achswellen sind mit kleinerem Drehmoment beansprucht, ungefederte Masse vergrößert.

DB-Zweigang-Hinterachse mit Differentialsperre (Doppelschaltachse)

Zähnezahlen des Kegelradantriebs (Eingang-Achse)
Kegelrad   6
Tellerrad   43
Übersetzungen
Eingang-Achse   7,17:1
Planetengetriebe   1,4:1
Zweigang-Achse   10:1

Schaltung mit Druckluft
Schaltdruck   ≈ 4 bar
Schalthebel an Lenksäule
Schaltzylinder an Hinterachse

Radstellung

Spur

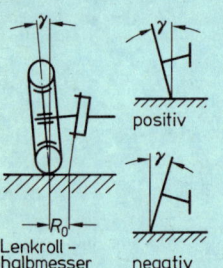

Schrägstellung der Radebene zur Fahrtrichtung oder Unterschied zwischen dem Felgenhornabstand vorne und hinten in Höhe der Radmitte.

Es gibt positive Spur (Vorspur) und negative Spur (Nachspur). Positive Spur haben im allgemeinen Fahrzeuge mit Hinterradantrieb, negative Spur Fahrzeuge mit Vorderradantrieb.

Die Spur soll
• die Räder bei der Fahrt parallel stellen,
• das Gelenkspiel beseitigen,
• die Spurhaltung verbessern,
• das Flattern vermindern,
• die Seitenkraft des Sturzes ausgleichen.

Falsche Einstellung erzeugt größeren Schräglauf, stärkeren Reifenverschleiß und erhöhten Rollwiderstand. Spuränderungen beim Einfedern können zur Eigenlenkung führen.

Spureinstellung nach Angaben des Fahrzeugherstellers bei fahrfertigem Wagen, z. B.
der Vorderräder, gerollt

$$3 \pm 1 \text{ mm bzw. } 0°25' \, {}^{+10'}_{-20'}$$

der Hinterräder bei Schräglenkerstellung

0 … 35 mm	$1 \, {}^{+2}_{-1}$ mm	$= 10' \, {}^{+20'}_{-10'}$
30 … 50 mm	$1{,}5 \, {}^{+2}_{-1}$ mm	$= 15' \, {}^{+20'}_{-10'}$
50 … 60 mm	$2{,}0 \, {}^{+2}_{-1}$ mm	$= 20' \, {}^{+20}_{-10'}$
60 … 70 mm	$2{,}5 \, {}^{+2}_{-1}$ mm	$= 25' \, {}^{+20'}_{-10'}$
70 … 80 mm	$3{,}0 \, {}^{+2}_{-1}$ mm	$= 30' \, {}^{+20'}_{-10'}$

Sturz

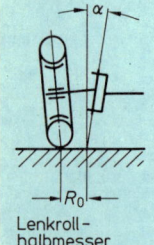

positiv

negativ

Lenkrollhalbmesser

Schrägstellung der Radebene zur Senkrechten quer zur Fahrzeuglängsachse.

Es gibt positiven Sturz und negativen Sturz. Positiven Sturz haben im allgemeinen die Vorderräder, negativen Sturz die Hinterräder.

Der Sturz soll
• den Lenkrollhalbmesser verkleinern,
• die Seitenführung bei Kurvenfahrt verbessern,
• die Achsmutter entlasten und das Radlagerspiel beseitigen,
• das Flattern vermindern.

Der Sturz verursacht eine Seitenkraft durch den Schräglauf der Räder. Sturzänderung beim Lenkeinschlag erzeugt Kreiselmoment, Flattern und erhöhten Reifenverschleiß.

Sturzeinstellung nach Angaben des Fahrzeugherstellers bei fahrfertigem Wagen, z. B.

der Vorderräder $+ 0°15' \, {}^{+10'}_{-20'}$

der Hinterräder bei Schräglenkerstellung

+ 80 mm	$+ 2°30' \pm 30'$
+ 70 mm	$+ 2°00' \pm 30'$
+ 60 mm	$+ 1°30' \pm 30'$
+ 50 mm	$+ 1°00' \pm 30'$
+ 40 mm	$+ 0°30' \pm 30'$
+ 30 mm	$0°00' \pm 30'$
+ 20 mm	$- 0°30' \pm 30'$
+ 10 mm	$- 1°00' \pm 30'$
0 mm	$- 1°30' \pm 30'$
− 10 mm	$- 2°00' \pm 30'$

Spreizung

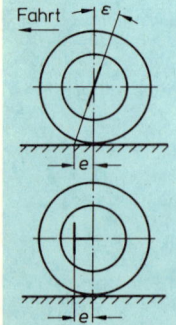

Lenkrollhalbmesser

Schrägstellung des Achsschenkelbolzens bzw. der Lenkungsdrehachse zur Senkrechten in Richtung der Fahrzeugquerachse.

Die Spreizung soll
• den Lenkrollhalbmesser verkleinern,
• die Lenkung nach der Kurvenfahrt durch die Gewichtskraft des Fahrzeugs selbsttätig zurückstellen,
• das Flattern vermindern.

Die Spreizung hebt das Fahrzeug beim Lenkeinschlag auf beiden Seiten gleichmäßig an, da der vom Radaufstandspunkt beschriebene Kreis nicht in der Fahrbahnebene liegt. Sturz und Spreizung sind voneinander abhängig, sie werden daher gemeinsam angewendet.

Spreizung nach Angaben des Fahrzeugherstellers bei fahrfertigem Wagen $5 … 12°$

Einstellwerte für die Spreizung erübrigen sich, da der Sturz und die Spreizung gemeinsam betrachtet werden müssen: wird der Radsturz richtig vermessen und eingestellt, stimmt auch die Spreizung. Ändert sich beim Einfedern der Sturz, so ändert sich um den gleichen Betrag auch die Spreizung.

Nachlauf

Fahrt

Schrägstellung des Achsschenkelbolzens zur Senkrechten in Fahrzeuglängsrichtung bzw. Abstand Mitte Radaufstandsfläche bis Durchstoßpunkt der verlängerten Lenkungsdrehachse auf dem Boden.

Es gibt positiven Nachlauf (Nachlauf) und negativen Nachlauf (Vorlauf). Der negative Nachlauf ist bei einigen Fahrzeugen mit Vorderradantrieb und bei Stadtomnibussen vorhanden.

Der Nachlauf soll
• die Spurhaltung stabilisieren,
• die Lenkung nach der Kurvenfahrt durch auftretende Seitenkräfte zurückstellen,
• das Flattern vermindern.

Der Nachlauf hebt beim Lenkeinschlag die kurveninnere Wagenseite an und senkt die kurvenäußere Seite, er erhöht die Seitenwindempfindlichkeit.

Nachlaufeinstellung nach Angaben des Fahrzeugherstellers bei fahrfertigem Wagen, z. B.
Messung in Geradeausstellung
Nachlauf $+ 2°40' \pm 20'$
Messung über 20° Einschlag
Nachlauf $+ 2°15' \pm 20'$

Nachlauf in min = Sturzdifferenz zwischen 20° Einschlag links und rechts in Minuten geteilt durch 40.

Nachlauf in Grad = Sturzdifferenz zwischen 20° Einschlag links und rechts in Grad mal 1,5.

3

Lenkrollhalbmesser

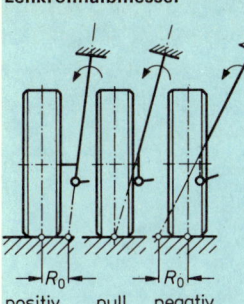

R_0 positiv   null   negativ

Abstand Mitte Radaufstandsfläche bis Durchstoßpunkt der verlängerten Lenkungsdrehachse – auch Spreizachse genannt – auf dem Boden.

Es gibt positiven Lenkrollhalbmesser, negativen Lenkrollhalbmesser und Null-Lenkrollhalbmesser.

Der Lenkrollhalbmesser soll
- die erforderliche Lenkkraft verkleinern,
- die Lenkteile und das Lenktrapez beim Überfahren von Hindernissen entlasten,
- die Spurhaltung bei schiefziehenden Bremsen verbessern.

Beim Bremsen entsteht ein Moment um die Spreizachse, das von der Größe des Lenkrollhalbmessers abhängig ist. Je kleiner der Lenkrollhalbmesser, desto besser ist das Spurverhalten bei einseitig ziehenden Bremsen.

$M_B = F_B \cdot$ Bremskrafthebelarm
$M_m = m \cdot g \cdot$ Spurweite/2

R_0 positiv: $M = M_m + M_B$
R_0 null: $M = M_m$
R_0 negativ: $M = M_m - M_B$

Lenkrollhalbmesser
Hinterradantrieb   30 ... 70 mm
Vorderradantrieb   10 ... 35 mm

M_B Moment der Bremskraft
M_m Moment der Fahrzeugmasse
F_B Bremskraftunterschied
m Fahrzeugmasse
g Fallbeschleunigung
M wirksames Moment
R_0 Lenkrollhalbmesser

Spurdifferenzwinkel

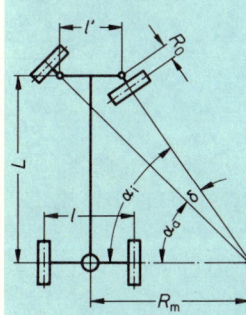

Spur bei 20° Einschlag oder Winkeldifferenz zwischen dem kurveninneren und dem kurvenäußeren Rad bei 20° Einschlag des kurveninneren Rades.

Der Spurdifferenzwinkel wird so ausgelegt, daß
- die beiden Verlängerungen der Radzapfen sich bei jedem Lenkeinschlag auf der verlängerten Hinterachse schneiden,
- die Räder in den Kurven einwandfrei abrollen,
- die Spurkreise der Vorder- und Hinterräder beim Lenkeinschlag einen gemeinsamen Mittelpunkt haben.

Messung des Spurdifferenzwinkels bei 20° Einschlag des kurveninneren Rades. In der Messung enthaltener Spurwert muß berücksichtigt werden.

Spurdifferenzwinkel $\delta =$
Einschlagwinkel kurveninneres Rad α_i – Einschlagwinkel kurvenäußeres Rad α_a

$$\cot \alpha_i = \cot \alpha_a - \frac{f}{L}$$

$$\cot \alpha_a = \cot \alpha_i + \frac{f}{L}$$

f = Spurweite – $2 \cdot R_0$
L = Radstand

Einstellung nach Angaben des Fahrzeugherstellers bei fahrfertigem Wagen und 20° Einschlag des kurveninneren Rades   ca. $-0°30' \pm 40'$

Lenktrapez

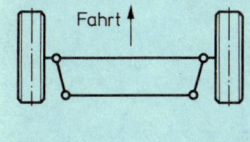

Bei der Achsschenkellenkung bilden die Spurstange und die beiden Spurstangenhebel mit der Vorderachse zusammen geometrisch ein Trapez.

Das Lenktrapez soll
- die Räder während der Fahrt abstützen,
- die Spur bei Bedarf verstellen,
- den Lenkeinschlag auf beide Räder übertragen,
- den Spurdifferenzwinkel gewährleisten, d. h. das kurveninnere Rad stärker einschlagen als das kurvenäußere Rad.

Bei der Berechnung des Lenktrapezes muß die unterschiedliche Spur der Räder in Geradeausstellung berücksichtigt werden.

doppelter Sollwert = doppelter Istwert

  Spur 20° Linkseinschlag
+ Spur 20° Rechtseinschlag
± doppelter Spurwert Spur 0°
= doppelter Istwert

Linkseinschlag = Rechtseinschlag

Toleranzen:
doppelter Istwert $\pm 30'$
Links-, Rechtseinschlag $\pm 40'$

Fehler am Lenktrapez

a) doppelter Sollwert = doppelter Istwert
Linkseinschlag $\pm$ Rechtseinschlag

Der Spurstangenhebel ist nicht verbogen. Die Unterschiede zwischen dem Links- und Rechtseinschlag werden durch eine Schrägstellung vom Spurstangen-Mittelhebel oder vom Lenkstockhebel verursacht.

Rechtseinschlag kleiner:
Hebel steht schräg nach rechts
Linkseinschlag kleiner:
Hebel steht schräg nach links

b) doppelter Istwert < doppelter Sollwert

Der Spurstangenhebel ist nach außen verbogen. Liegt die Spurstange vor der Achse, so ist der Hebel nach innen verbogen.

Rechtseinschlag kleiner:
Fehler auf der rechten Seite
Linkseinschlag kleiner:
Fehler auf der linken Seite

c) doppelter Istwert > doppelter Sollwert

Der Spurstangenhebel ist nach innen verbogen. Liegt die Spurstange vor der Achse, so ist der Spurstangenhebel nach außen verbogen.

Rechtseinschlag größer:
Fehler auf der rechten Seite
Linkseinschlag größer:
Fehler auf der linken Seite

Radaufhängung

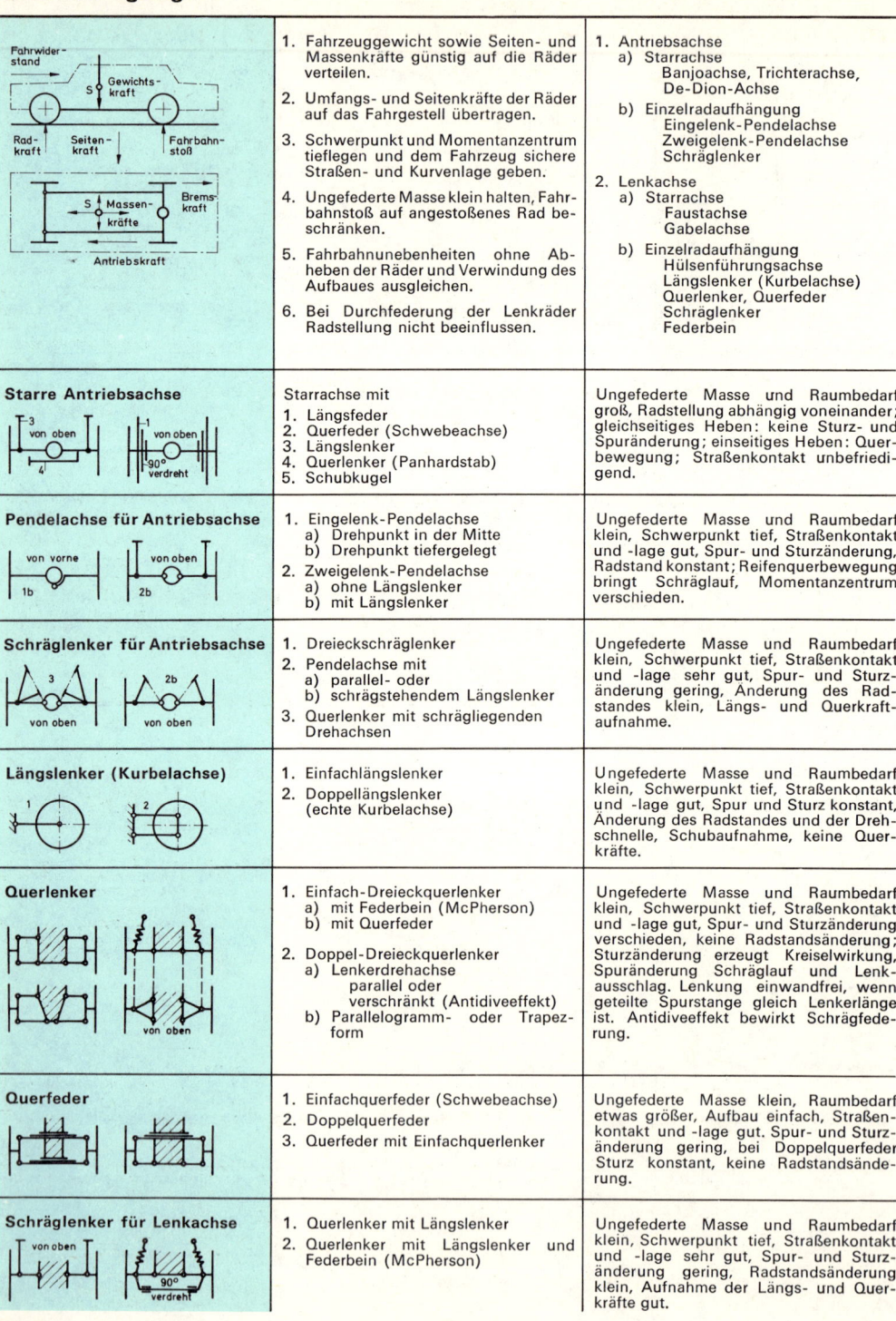

	1. Fahrzeuggewicht sowie Seiten- und Massenkräfte günstig auf die Räder verteilen.	1. Antriebsachse
		a) Starrachse
	2. Umfangs- und Seitenkräfte der Räder auf das Fahrgestell übertragen.	Banjoachse, Trichterachse, De-Dion-Achse
	3. Schwerpunkt und Momentanzentrum tieflegen und dem Fahrzeug sichere Straßen- und Kurvenlage geben.	b) Einzelradaufhängung Eingelenk-Pendelachse Zweigelenk-Pendelachse Schräglenker
	4. Ungefederte Masse klein halten, Fahrbahnstoß auf angestoßenes Rad beschränken.	2. Lenkachse
		a) Starrachse Faustachse Gabelachse
	5. Fahrbahnunebenheiten ohne Abheben der Räder und Verwindung des Aufbaues ausgleichen.	b) Einzelradaufhängung Hülsenführungsachse Längslenker (Kurbelachse) Querlenker, Querfeder Schräglenker Federbein
	6. Bei Durchfederung der Lenkräder Radstellung nicht beeinflussen.	
Starre Antriebsachse	Starrachse mit 1. Längsfeder 2. Querfeder (Schwebeachse) 3. Längslenker 4. Querlenker (Panhardstab) 5. Schubkugel	Ungefederte Masse und Raumbedarf groß, Radstellung abhängig voneinander; gleichseitiges Heben: keine Sturz- und Spuränderung; einseitiges Heben: Querbewegung; Straßenkontakt unbefriedigend.
Pendelachse für Antriebsachse	1. Eingelenk-Pendelachse a) Drehpunkt in der Mitte b) Drehpunkt tiefergelegt 2. Zweigelenk-Pendelachse a) ohne Längslenker b) mit Längslenker	Ungefederte Masse und Raumbedarf klein, Schwerpunkt tief, Straßenkontakt und -lage gut, Spur und Sturzänderung, Radstand konstant; Reifenquerbewegung bringt Schräglauf, Momentanzentrum verschieden.
Schräglenker für Antriebsachse	1. Dreieckschräglenker 2. Pendelachse mit a) parallel- oder b) schrägstehendem Längslenker 3. Querlenker mit schrägliegenden Drehachsen	Ungefederte Masse und Raumbedarf klein, Schwerpunkt tief, Straßenkontakt und -lage sehr gut, Spur- und Sturzänderung gering, Änderung des Radstandes klein, Längs- und Querkraftaufnahme.
Längslenker (Kurbelachse)	1. Einfachlängslenker 2. Doppellängslenker (echte Kurbelachse)	Ungefederte Masse und Raumbedarf klein, Schwerpunkt tief, Straßenkontakt und -lage gut, Spur und Sturz konstant, Änderung des Radstandes und der Drehschnelle, Schubaufnahme, keine Querkräfte.
Querlenker	1. Einfach-Dreieckquerlenker a) mit Federbein (McPherson) b) mit Querfeder 2. Doppel-Dreieckquerlenker a) Lenkerdrehachse parallel oder verschränkt (Antidiveeffekt) b) Parallelogramm- oder Trapezform	Ungefederte Masse und Raumbedarf klein, Schwerpunkt tief, Straßenkontakt und -lage gut, Spur- und Sturzänderung verschieden, keine Radstandsänderung; Sturzänderung erzeugt Kreiselwirkung, Spuränderung Schräglauf und Lenkausschlag. Lenkung einwandfrei, wenn geteilte Spurstange gleich Lenkerlänge ist. Antidiveeffekt bewirkt Schrägfederung.
Querfeder	1. Einfachquerfeder (Schwebeachse) 2. Doppelquerfeder 3. Querfeder mit Einfachquerlenker	Ungefederte Masse klein, Raumbedarf etwas größer, Aufbau einfach, Straßenkontakt und -lage gut. Spur- und Sturzänderung gering, bei Doppelquerfeder Sturz konstant, keine Radstandsänderung.
Schräglenker für Lenkachse	1. Querlenker mit Längslenker 2. Querlenker mit Längslenker und Federbein (McPherson)	Ungefederte Masse und Raumbedarf klein, Schwerpunkt tief, Straßenkontakt und -lage sehr gut, Spur- und Sturzänderung gering, Radstandsänderung klein, Aufnahme der Längs- und Querkräfte gut.

3

152

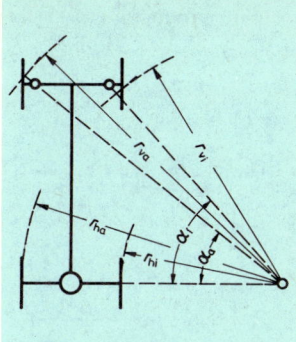

1. Fahrtrichtung beeinflussen.
2. Fahrbahnstöße (Prellschläge) abfangen und dämpfen.

Arten
1. Nach der Achskonstruktion
   a) Drehschemellenkung (Anhänger)
   b) Achsschenkellenkung für Starrachse und Einzelradaufhängung
2. Nach Zahl der gelenkten Räder
   a) Einzelradlenkung (Schlepper)
   b) Vorderradlenkung (Pkw, Lkw)
   c) Hinterradlenkung (Baumaschinen)
   d) Allradlenkung (Geländefahrzeuge)

1. Lenkrad
2. Lenkspindel
3. Lenkgetriebe
   a) Schraubenlenkung
   b) Schneckenlenkung
   c) Zahnstangenlenkung
   d) Servolenkung
4. Lenkstockhebel
5. Spurstange
   a) durchgehend
   b) zwei-, dreigeteilt
6. Lenkschubstange
7. Lenkhebel
8. Zwischenhebel
9. Lenkungsdämpfer oder Rückstoßsicherung

Lenkgetriebe

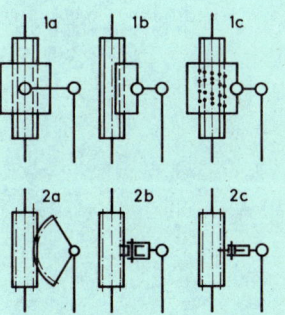

1. Schraubenlenkung
   a) Lenkmutter
   b) Muttersegment, Spindellenkung, als Doppellenkung ausführbar
   c) Kugelumlauflenkung
2. Schneckenlenkung mit gleichbleibender oder veränderlicher Steigung
   a) Schneckenrad oder Lenksegment
   b) Lenkrolle (Gemmerlenkung) mit Doppel- oder Dreizahnrolle und Globoidschnecke
   c) Lenkfinger (ZF-Roßlenkung) mit feststehendem oder rollengelagertem Finger
3. Zahnstangenlenkung
4. Lenkgetriebe für Kettenfahrzeuge
   a) Ausgleichlenkgetriebe
   b) Kupplungslenkung
   c) Umlauflenkgetriebe

Übersetzung 12 … 22 : 1

Schraubenlenkung:
Unempfindlich, lineare Übersetzung, nicht rückwirkend, Lenkmutter nicht nachstellbar, Reibung größer, daher Kugelumlauflenkung.

Schneckenlenkung:
Erlaubt progressive Übersetzung, bei Geradeausfahrt große Lenkstetigkeit; bei Kurven schneller Lenkeinschlag, nicht rückstellend, nachstellbar, kleinere Reibung.

Zahnstangenlenkung:
Einfach, rückwirkend, kleinere Übersetzung.

Lenkgestänge

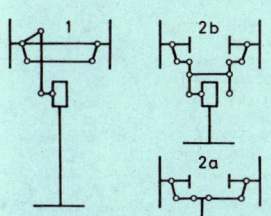

Die Räder sollen bei jedem Lenkeinschlag rollen, nicht gleiten. Durchfedernde Räder dürfen keine Drehkräfte auf die Lenkung ausüben. Der Schräglaufwinkel soll der Belastung der Räder in der Kurve angepaßt sein. Die Ausführung richtet sich daher nach Achskonstruktion, Lenkgeometrie und dynamischem Lenkverhalten.

1. Bei Starrachsen durchgehende Spurstange
2. Bei Einzelradaufhängung
   a) zweigeteilte Spurstange
   b) dreigeteilte Spurstange

Lenkung möglichst spielfrei, im Mittel 10°, höchstens 30° Lenkraddrehung.

Toter Gang: Spiel der Lenkung oder Summe der Einzelspiele aller Lenkungsteile.

Länge der Spurstangen möglichst gleich Länge der Querlenker.

Lenkungsdämpfer

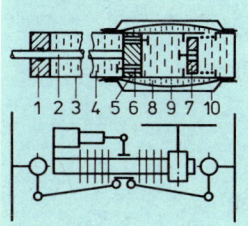

1 Führung	6 Kolbenventil
2 Kolbenstange	7 Bodenventil
3 Zylinder	8 Ausgleichsraum
4 Arbeitsraum	9 Kunststoffhülse
5 Kolben	10 Mantelrohr

In der **Zugstufe** wird die Kolbenstange aus dem Zylinder herausgezogen. Das Öl im Arbeitsraum strömt durch das Kolbenventil und dämpft die Bewegung. Durch das Bodenventil wird Öl aus dem Ausgleichsraum nachgesaugt.

In der **Druckstufe** wird der Dämpfer zusammengedrückt. Das von der Kolbenstange verdrängte Öl strömt durch das Bodenventil in den Ausgleichsraum und bläht die Kunststoffhülse auf.

Aufgaben
• Lenkungsunruhe beseitigen,
• Flattern des Rades verhindern,
• Radaufhängung vor Verschleiß schützen.

Bauart
Einrohrdämpfer mit veränderlichem Ausgleichsraum.

Dämpfung
• Kolbenventil für Zugstufe
• Bodenventil für Druckstufe

Dämpfungskraft
Zug- und Druckstufe gleich

3

Lenkung

Kugelmutter-Hydrolenkung

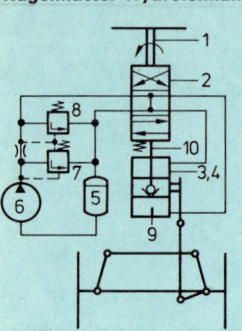

1 Lenkspindel, Lenkrad
2 Steuerventil, Ventilkolben
3 Lenkgetriebe, mechanisch
4 Arbeitszylinder, Arbeitskolben
5 Ölbehälter mit Ölfilter
6 Drucköfumpe
7 Strombegrenzungsventil
8 Druckbegrenzungsventil
9 Lenkbegrenzungsventil
10 Drehstab

Lenkschnecke und Lenkspindel sind durch einen Drehstab miteinander verbunden. Bei Betätigung des Lenkrades tritt eine Verdrehung der beiden Teile zueinander auf. Dabei werden die Ventilkolben verstellt. Sie leiten Drucköl in den Arbeitszylinder. Die dadurch entstehende Kraft unterstützt die Drehbewegung am Lenkrad. Nach dem Loslassen werden die Ventilkolben durch den Drehstab in die Neutrallage zurückgeführt.

Ausführung: Arbeitszylinder, Steuerventil und mech. Lenkgetriebe in Blockbauweise.

Geradeausfahrt: Ventilkolben in Neutralstellung, Durchlauföl im Arbeitszylinder und im Rücklauf zum Ölbehälter.

Lenkeinschlag: Einlaß für Drucköl und Auslaß für Rücklauföl offen. Der Öldruck auf den Arbeitskolben unterstützt die Lenkarbeit des Fahrers.

mech. Übersetzung	12 … 15 : 1
Leistungsbedarf	2 … 3 kW
Arbeitsdruck	max. 100 bar
Durchlaufdruck	2,5 … 3 bar
Flüssigkeit	ATF

Halbblock-Hydrolenkung

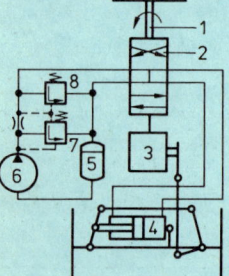

1 Lenkspindel, Lenkrad
2 Steuerventil, Ventilkolben
3 Lenkgetriebe, mechanisch
4 Arbeitszylinder, Arbeitskolben
5 Ölbehälter mit Ölfilter
6 Drucköfumpe
7 Strombegrenzungsventil
8 Druckbegrenzungsventil

Das Steuerventil sitzt auf der Schneckenspindel und wird mit dieser bei Drehung des Lenkrades axial hin- und herbewegt. Dabei werden die Steuerkanten verstellt, so daß Drucköl von der Pumpe zu einer Arbeitszylinderseite und Rücklauföl von der anderen Arbeitszylinderseite in den Ölbehälter gelangt. Beim Loslassen des Lenkrades wird das Steuerventil durch Federkraft in die Neutrallage zurückgeführt.

Anwendung: Nutzfahrzeuge über 8 t Lenkachslast mit großen Lenkkräften und einem hohen Arbeitsvolumen.

Ausführung: Mech. Lenkgetriebe und Steuerventil in Halbblock-Bauweise, Arbeitszylinder getrennt eingebaut.

Geradeausfahrt: Ventilkolben in Neutralstellung, Durchlauföl im Arbeitszylinder und im Rücklauf zum Ölbehälter.

Lenkeinschlag: Einlaß für Drucköl, Auslaß für Rücklauföl offen. Arbeitszylinder mit Druckölpumpe und Ölbehälter verbunden.

Hydrolenkhilfe

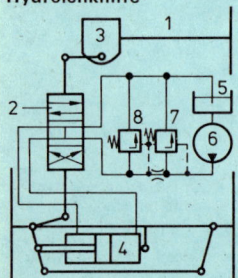

1 Lenkspindel, Lenkrad
2 Steuerventil, Ventilkolben
3 Lenkgetriebe, mechanisch
4 Arbeitszylinder, Arbeitskolben
5 Ölbehälter mit Ölfilter
6 Drucköfumpe
7 Strombegrenzungsventil
8 Druckbegrenzungsventil

Die Schubstange bewegt beim Lenkeinschlag das Steuerventil bzw. beim Fahrbahnstoß das Ventilgehäuse axial hin und her. Dadurch öffnen oder schließen entsprechende Steuerkanäle, so daß Drucköl auf eine Seite des Arbeitszylinders geleitet wird. Die am Arbeitskolben erzeugte Kraft unterstützt dabei die Lenkbewegung bzw. wirkt dem Fahrbahnstoß entgegen.

Ausführung: Steuerventil und Arbeitszylinder zusätzlich eingebaut, zusammen oder voneinander getrennt.

Einbau des Steuerventils:
● in geteilte Schubstange
● zwischen verkürzter Schubstange und Radlenkhebel.

Geradeausfahrt: Steuerventil in Neutrallage, Durchlauföl auf beiden Seiten des Arbeitszylinders und im Rücklauf.

Lenkeinschlag: Einlaß für Drucköl, Auslaß für Rücklauföl offen, Arbeitszylinder mit Pumpe und Behälter verbunden.

Hydrostatische Lenkhilfe

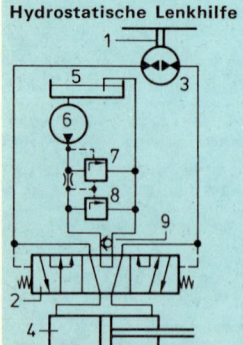

1 Lenkspindel, Lenkrad
2 Steuerventil, Ventilkolben
3 Handpumpe, Planetengetriebe, Rotoren
4 Arbeitszylinder
5 Ölbehälter mit Ölfilter
6 Drucköfumpe
7 Strombegrenzungsventil
8 Druckbegrenzungsventil
9 Rückschlagventil

Das Lenkrad bewegt die Kolbenventile und dreht über ein Planetengetriebe die Rotoren der Handpumpe. Diese fördert Drucköl der motorgetriebenen Pumpe auf eine Seite des Arbeitszylinders. Das Arbeitsvolumen wird dabei durch den Drehwinkel am Lenkrad bestimmt. Der Rücklauf des Arbeitszylinders ist direkt mi dem Ölbehälter verbunden.

Bauweise: Übertragung der Lenkkraft hydrostatisch, keine mech. Verbindung zwischen Lenkrad und Lenkgestänge.

Verwendung: Bei langsam laufenden Wagen (v_{max} < 62 km/h), Fahrzeug ist bei Ausfall der Ölpumpe noch lenkbar.

Geradeausfahrt: Steuerventil in Neutrallage, Druckölpumpe fördert direkt in Ölbehälter.

Lenkeinschlag: Drucköl gelangt über Steuerkolben und Handpumpe zu einer Arbeitszylinderseite. Fördervolumen der Handpumpe 65 … 400 cm³ je Umdrehung.

Allgemein	Aufgaben	Federarten

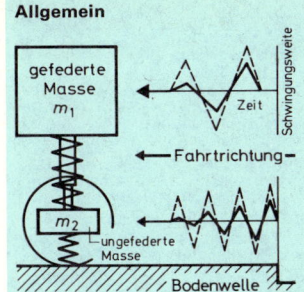	**Kraftaufnahme:** Gewichts- und Massenkräfte des Fahrzeugs auf die Räder übertragen, Umfangs- und Seitenkräfte der Räder aufnehmen. Dynamische Massenkräfte gleichmäßig auf die Räder verteilen.
	
	Fahrkomfort: Fahrbahnstöße auffangen und in weiche Schwingungen umwandeln, Federbewegungen rasch abdämpfen, Kipp- und Nickschwingungen vermindern, ausgleichen und rückstellen, Fahrzeugniveau regulieren und konstant halten.
	
	Fahrsicherheit: Abspringen der Räder von der Fahrbahn durch Federvorspannung unterdrücken, Bodenhaftung beim Antrieb, Bremsen und Lenken in jedem Fahrzustand gewährleisten.
		a) Stahlfeder
		   Blattfeder
		   Schraubenfeder
		   Drehstabfeder
		   Tellerfeder
		b) Gummifeder
		c) Luftfeder
		d) hydropneumatische Feder
		
		Stoßdämpfer
		a) Zweirohrstoßdämpfer
		b) Einrohrstoßdämpfer
		
		Stabilisator
		a) Drehstabstabilisator
		b) Flüssigkeitsstabilisator

Blattfeder	**Arten:** Voll-, Halb- oder Viertelelliptikfeder, gleich- oder ungleicharmig, Parabelfeder, Federnde offen oder geschlossen, Lagerung in oder auf Gummi, Längs- und Querfedern. **Bauteile:** Federblätter, Federschraube, Federbügel, Federspannplatte, Federklammer, Federauge, Federbüchse (Bronze, Gummi), Federbolzen, Federlasche (Gleitplatte), Federbock.	Biegungsfeder, gewisse Eigendämpfung, Federkennung meist linear, Aufnahme von Quer- und Längskräften, niedrige Bauart, Instandsetzung möglich Schwer, Gelenke erforderlich, wartungsbedürftig, kleiner Federweg, einfache Herstellung
Schraubenfeder 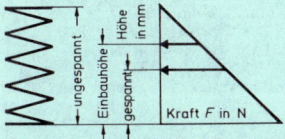	**Arten:** Zylindrische Schraubenfeder mit Kreisquerschnitt, Kegelfeder mit Kreis- oder Rechteckquerschnitt, Federn mit gleicher und unterschiedlicher Steigung, ineinandergeschachtelte Schraubenfedern als Federsatz. **Bauteile:** Tragwindungen, Wirkwindungen, Federteller, Gummilager.	Verdrehungsfeder, Federkennung meist linear, zum Teil progressiv, bei Federsatz gestuft, leicht, keine Gelenke, wartungsfrei, größerer Federweg Keine Eigendämpfung, überträgt keine Schubkräfte, höhere Bauweise, Austausch möglich.
Drehstabfeder 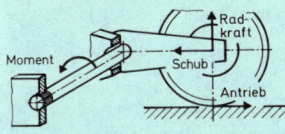	**Arten:** Drillrohr, runder oder quadratischer Einzelstab, mehrere Stäbe mit rechteckigem Querschnitt in einem Federpaket, Niveauregulierung durch Verdrehen der Einspannstelle möglich, längs oder quer angeordnet. **Bauteile:** Drehstab, Einspannenden mit Kerb- oder Keilverzahnung, Schwing- oder Traghebel, Lager- und Einspannstelle.	Verdrehungsfeder, Federkennung meist linear, durch Hebelanordnung oder Zusatzfeder andere Federkennung möglich, leicht, wartungsfrei, geringer Platzbedarf, überträgt Radkräfte. Keine Eigendämpfung, oberflächenempfindlich, Austausch.
Gummifeder 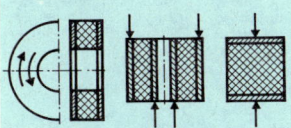	**Arten:** Druck-, Schub- und Zugfeder, Hülsen-, Hohl- oder Scheibenfeder, Gummilasche. Für Motor-, Getriebe- und Federaufhängung geeignet, als Zusatzfeder an Vorder- und Hinterachse verwendbar. **Bauteile:** Gummielement allein oder auf Metallplatte vulkanisiert (Silentblock). Metallplatte ermöglicht bessere Verschraubung.	Starke Eigendämpfung, Federkennung progressiv, geräuschdämpfend, Aufnahme von Radkräften, leicht, wartungsfrei Kleiner Federweg, hohe Frequenz, kriecht, temperatur-, öl- und benzinempfindlich (Naturgummi), Reparatur durch Austausch.
Hydrolastik-Federung 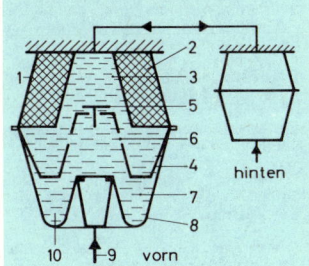	1 Gehäuse 2 Gummischubfeder Federkennung progressiv 3 oberer Arbeitsraum 4 Trenngehäuse 5 Dämpferventil 6 Dämpferloch 7 unterer Arbeitsraum 8 Gummimembrane 9 Kegel mit Stößel 10 Füllung: 70% Wasser, Rest Alkohol und Antikorrosionsmittel, Füllventil Die vorderen und hinteren Federelemente sind längsseitig miteinander verbunden. Beim Einfedern eines Rades wird die Flüssigkeit über Gummiventile in das Federelement des anderen Rades verdrängt. Dadurch erhöht sich das Arbeitsvolumen und werden die Neigungen des Vorderteils bzw. Heckteils ausgeglichen. Auftretende Nickschwingungen und Querneigungen beseitigen eingebaute Stabilisatoren.	**Anforderungen:** Aufnahme der Gewichtskraft, Gummifederung, Stoßdämpfung, Federausgleich zwischen Vorder- und Hinterachse **Federung:** Zusammenpressen und Entlasten der Gummischubfeder. **Dämpfung:** Beim Ausfedern schließt das Dämpferventil, die Flüssigkeit muß durch ein kleines Dämpferloch zurücklaufen. **Federausgleich:** Beim Einfedern eines Vorderrades strömt Flüssigkeit durch das offene Dämpferventil in das Federelement des entsprechenden Hinterrades.

3

Federung

Luftfederung
mit offenem Luftkreis

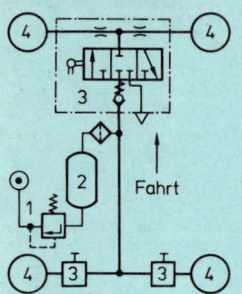

1 Überströmventil ohne Rückströmung
2 Hilfsluftbehälter
3 Luftfederventil (Niveauregelventil)
4 Luftfeder: Luftkammer, Federbalg, -kolben
  ev. Schaltventil für Containerbetrieb

Die Druckluft strömt durch das Überströmventil in den Luftbehälter und von dort zum Luftfederventil. In Abhängigkeit der mechanischen Anlenkung des Ventils gelangt Druckluft in die Luftfedern. Beim Erreichen der vorgesehenen Betriebshöhe schließt das Luftfederventil.

Beim Beladen senkt sich der Aufbau, das angelenkte Luftfederventil öffnet, und es strömt zusätzlich Druckluft in die Luftfeder. Beim Entlasten des Fahrzeugs kommt es zu umgekehrter Steuerung, die Luftfeder wird entlüftet. Die verbrauchte Druckluft gelangt ins Freie.

Federkennung	progressiv
Eigendämpfung	keine
Fahrzeugniveau	regulierbar
Bodenfreiheit	einstellbar
Beladungshöhe	konstant
Einstiegshöhe	konstant
Scheinw'einstellung	konstant
Kraftaufnahme	senkrecht
Arbeitsdruck	• max. 7,0 bar
	• lastabhängig
Federungskomfort	gleichbleibend
Seitenneigung in der Kurve	
• mit 1 Ventil	nicht gedämpft
• mit 2 Ventilen	gedämpft
Verschleiß	gering
Wartung	Kontrollarbeiten
Kraftschluß der Reifen	gut
Verwendung	Nutzfahrzeuge

mit halbgeschlossenem Luftkreis

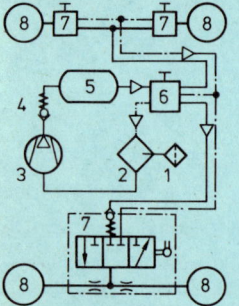

1 Sauggeräuschdämpfer
2 Frostschützer
3 Luftpresser (Pufferbetrieb)
4 Rückschlagventil
5 Luftbehälter
6 Ventileinheit: Sicherheits-, Druckminder-, Druckhalte- und Schaltventil mit Zugknopf, elektr. Druckgeber für Warnleuchte
7 Niveauregelventile: vorne 2, hinten 1
8 Luftfeder: Luftkammer, Federbalg, -kolben

Bei der Luftfederung im halbgeschlossenen Luftkreis wird bei Entlastung des Fahrzeugs die von den Luftfedern abströmende Luft über Ventileinheit und Frostschutz-Einrichtung wieder dem Luftpresser zugeführt. Dadurch kann die Förderleistung des Luftpressers und der Anfall an Kondensat geringgehalten werden.

Anforderungen: Aufnahme der Gewichtskraft des Fahrzeugs, Gasfederung mit pneumatischer Niveauregulierung.

Federung: Zusammenpressen und Entlasten der Luftpolster in den Federelementen.

Niveauregulierung: Änderung des Gasvolumens der Luftfedern
• automatisch lastabhängig,
• manuell einstellbar
  N – Normalstellung
  H – Höherstellung
  S – Sperrstellung

Arbeitsdruck	vorn 4 ... 10 bar
	hinten ... 16 bar
Förderdruck	12 ... 18 bar

Hydropneumatische Federung, volltragend

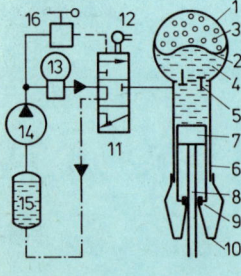

1 Kugelgehäuse	8 Federstößel
2 Gummimembrane	9 Dichtung
3 Gasraum	10 Dichtstulpen
4 Ölraum	11 Höhenregler
5 Dämpferventile	12 Gestänge
• Druckventil	13 Druckspeicher
• Zugventil	14 Hochdruckpumpe
6 Dämpferzylinder	15 Vorratsbehälter
7 Kolben	16 Verstellhebel

Beim **Einfedern** des Rades wird das Öl vom Kolben durch das Druckventil in die untere Kugelhälfte gedrückt. Dadurch wird das in der oberen Kugelhälfte über der Membrane befindliche vorgespannte Stickstoffgas zusammengepreßt. Beim **Ausfedern** drückt das Gas die Flüssigkeit durch das härter eingestellte Zugventil in den Zylinder zurück.

Arbeitsweise: Volltragende Gasfederung mit hydraulischer Stoßdämpfung und Niveauregulierung.

Ölfüllung	Hydrauliköl
Gasfüllung	Stickstoff
Gasdruck	150 ... 175 bar
Ölverschäumung	keine
Platzbedarf	gering
Federung	progr. Gasfederung
Dämpfung	Strömungswiderstand
Niveauregulierung	

Änderung der Ölmenge im Zylinder
Steuerung der Regulierung
• selbsttätig durch Höhenregler
• manuell mit Verstellhebel

teiltragend

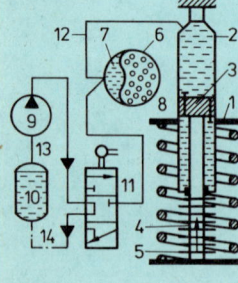

1 Schraubenfeder	8 Gasraum
2 Federbein	9 Drucköhlpumpe
3 Dämpferkolben	10 Ölvorratsbehälter
4 Kolbenstange	11 Niveauregelventil
5 Gummimanschette	12 Druckleitung
6 Federspeicher	13 Saugleitung
7 Membran	14 Rückströmleitung

Das hydropneumatische Federelement wird nur teiltragend verwendet und hat bei Grundlast eine weiche Federrate, die mit zunehmender Belastung progressiv ansteigt. Für die Federkraft ist der Querschnitt der Kolbenstange und der Gasdruck im Federspeicher maßgebend. Die Höhe des Gasdrucks ist von dem Ölvolumen abhängig. Bei Höherstellung des Niveaus wird die Schraubenfeder entlastet. Die Kraftabnahme muß von dem Federbein zusätzlich aufgenommen werden.

Bauweise: Hauptfeder mit teiltragendem, hydropneumatischem, niveauregelndem und dämpfendem Federelement.

Tragfähigkeit: Summe der Federkraft von Hauptfeder und Federbein.

Federrate: progressiv (Hauptfeder linear + Federelement progressiv)

Federung: Zusammendrücken und Entlasten der Hauptfeder und des Gaspolsters.

Niveauregulierung: Änderung des Ölvolumens im Federbein und Erhöhung des Gasdrucks.

Hydropneum. Federung

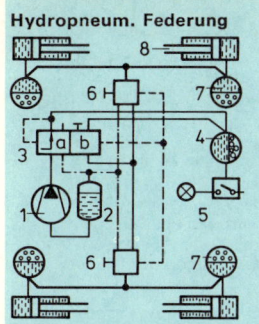

1 Drucköipumpe
2 Ölvorratsbehälter
3 Ventileinheit
  a Druckregler (Speicherdruck ca. 200 bar)
  b Verstellschalter mit Zugknopf
    N Normalstellung   S Sperrstellung
    H Höherstellung   M Montagestellung
4 Zentralspeicher
5 elektr. Druckschalter für Warnleuchte
6 Niveauregelventil, je 1 vorn und hinten
7 Federspeicher, ohne Ölfüllung 60 ... 75 bar
8 Federbein, Arbeitsdruck 120 ... 160 bar

Die Gewichtskraft des Fahrzeugs wird von den vier Federelementen, bestehend aus je einem Federbein und einem Federspeicher, aufgenommen. Die Tragfähigkeit ist abhängig von dem Querschnitt der Kolbenstange und vom Gasdruck.

Anforderungen: Aufnahme der Gewichtskraft, Gasfederung mit hydraulischer Stoßdämpfung und Niveauregulierung.

Kraftaufnahme: $F = S \cdot p$

Federung: Zusammenpressen und Entspannen der Gaspolster in den Federspeichern.

Niveauregulierung: Änderung des Ölvolumens in Federbeinen
• selbsttätig lastabhängig,
• manuell durch Zugknopf.

Stoßdämpfung: Strömungswiderstand in den beiden Kolbenventilen des Federbeins beim Ein- und Ausfedern.

Zweirohrstoßdämpfer

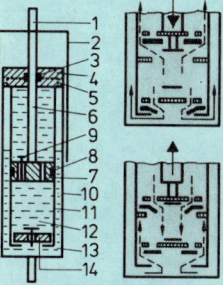

1 Aufhängung	8 Kolbenring
2 Schutzrohr	9 Kolbenventil
3 Stangendichtung	10 Außenrohr
4 Stangenführung	11 Innenrohr
5 Entlüftung	12 Arbeitsraum (voll)
6 Kolbenstange	13 Vorratsraum (h'voll)
7 Kolben	14 Bodenventil

Druckstufe: Der Kolben drückt das Öl vom unteren Arbeitsraum über das offene Kolbenventil nach oben. Das von der einfahrenden Kolbenstange verdrängte Öl strömt durch das Bodenventil in den Vorratsraum. Der Strömungswiderstand im B'ventil dämpft die Einfahrbewegung.

Zugstufe: Der ausfahrende Kolben saugt das verdrängte Öl ungehindert in den Arbeitsraum zurück. Das Öl im oberen Arbeitsraum strömt über das Kolbenventil nach unten. Der Widerstand im Kolbenventil dämpft die Ausfahrbewegung.

Aufgabe: Schwingungen der gefederten und ungefederten Masse rasch abklingen lassen (Aufbau- und Raddämpfung).

Steuerung	selbsttätig
Dämpfung	doppeltwirkend
• Druckstufe	im Bodenventil
• Zugstufe	im Kolbenventil
Dämpferverhältnis	
Druckstufe : Zugstufe	$\approx 1 : 3$
Dämpferkraft abhängig von	
• dem Kolbenhub	
• der Kolbengeschwindigkeit	
• dem Strömungswiderstand	
Wärmeabfuhr	indirekt
Einbaulage	Kolbenstange oben
Ölverschäumung	möglich
Wartung	Kontrollarbeiten

Einrohrstoßdämpfer
Gasdruck-Stoßdämpfer

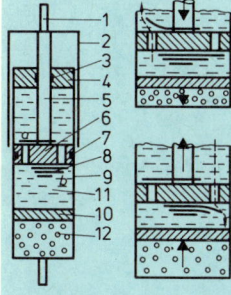

1 Aufhängung	8 Kolbenventil
2 Schutzrohr	a Druckventil
3 Stangendichtung	b Zugventil
4 Stangenführung	9 Zylinderrohr
5 Kolbenstange	10 Trennkolben
6 Kolben	11 Ölraum
7 Kolbenring	12 Gasraum

Druckstufe: Der Kolben bewegt sich nach innen. Das Öl strömt von der unteren Seite des Kolbens auf die obere. Das Ventil auf der oberen Seite übernimmt die Dämpfung. Das Volumen der einfahrenden Kolbenstange verkleinert den Gasraum.

Zugstufe: Der Kolben bewegt sich nach außen. Das Öl strömt von der oberen Seite des Kolbens auf die untere. Das Ventil auf der unteren Seite bestimmt die Dämpfung. Das Volumen der ausfahrenden Kolbenstange entspannt den Gasraum.

Dämpfung durch Strömungswiderstand im Kolbenventil.

Steuerung	selbsttätig
Dämpfung	doppeltwirkend
Druck/Zug	im Kolbenventil
Dämpferverhältnis	
Druckstufe : Zugstufe	$\approx 1 : 3$
Dämpferkraft abhängig von	
• dem Kolbenhub	
• der Kolbengeschwindigkeit	
• dem Strömungswiderstand	
Kennung	progressiv
Wärmeabfuhr	direkt
Ölverschäumung	keine
Gasdruck	20 ... 30 bar
Einbaulage	beliebig
Stangenaustrittskraft =	
= Kolbenstangenquerschnitt × Gasdruck	

Niveaulift

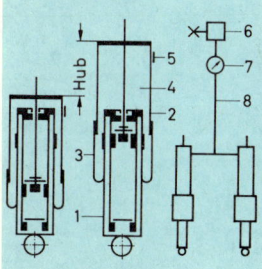

1 Stoßdämpfer	5 Luftanschluß
2 Schutzrohr	6 Füllventil
3 Gummirollbalg	7 Manometer
4 Federraum	8 Druckleitung

Über ein Füllventil wird dem Federraum – der Zuladung entsprechend – Luft zugeführt, bis die Konstruktionslage des Fahrzeugaufbaus erreicht ist. Der Druck im Innern des Federraums bestimmt die Tragkraft der Federelemente. Nach Entlastung des Fahrzeugs muß durch Ablassen der Druckluft die ursprüngliche Niveaulage wiederhergestellt werden. Die Schwingungen der Fahrzeugfederung werden durch den Stoßdämpfer gebremst. Die zulässige Nutzlast des Fahrzeugs darf auch nach Einbau der Anlage nicht überschritten werden.

Aufgaben: Niveauunterschied zwischen leerem und beladenem Fahrzeug ausgleichen und Schwingungen der Fahrzeugfederung dämpfen. Stoßdämpfersystem für Hinterachsen mit Stahlfederung und häufig wechselnder Belastung geeignet. Einbau nachträglich möglich.

Überdruck mindestens **1 bar**
          höchstens **8 bar**

Tragkraft ≈ Fülldruck × Querschnitt des Luftfederraumes

3

Bremsanlage

Allgemein

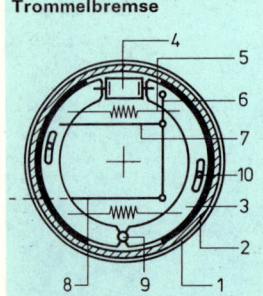

1 Schreckzeit
2 Reaktionsz.
3 Anlegezeit
4 Schwellzeit
5 Vollbremsz.
6 Lösezeit
7 Bremszeit
8 Anhaltezeit

Arten

nach Aufgabe:
Betriebsbremse
Feststellbremse
Hilfsbremse
Dauerbremse

nach Betätigung:
Muskelkraftbremse
● mech. Bremse
● hydr. Bremse
Hilfskraftbremse
● mech. Stützkraft
● mit Bremsgerät
Fremdkraftbremse
● Druckluftbremse
● Saugluftbremse

nach Bremskraft:
Reibungsbremse
Motorbremse
Wirbelstrombremse
Strömungsbremse

nach Bremskreisen:
Einkreisbremse
Zweikreisbremse

nach Bauart:
Trommelbremse
● Innenbacken
● Außenbacken
Scheibenbremse
● Vollscheibe
● Teilscheibe

Aufgaben

Geschwindigkeit verzögern,

ungewollte Beschleunigung bei Talfahrt verhindern,

Fahrzeug an bestimmter Stelle anhalten,

ungewünschte Bewegung des ruhenden Fahrzeugs verhüten.

$$\text{Abbremsung in \%} = \frac{\text{Summe der Bremskräfte} \times 100}{\text{Gewichtskraft des Fahrzeugs}}$$

$$\text{Innere Übersetzung } C^* = \frac{\text{Umfangskraft an der Trommel}}{\text{Spannkraft am Radzylinder}}$$

Radbremsen

Arten	Radzylinder		Bremsbacken				bewegliche Stützbolzen		innere Übersetzung	
	Zahl	Wirkung	vorwärts		rückwärts		vorw.	rückw.	vorw.	rückw.
			aufl.	abl.	aufl.	abl.				
1 Scheiben-Bremse	2	einfach	–	–	–	–	–	–	0,8	0,8
2 Simplex-Bremse	1	doppelt	1	1	1	1	–	–	2,0	2,0
3 Duplex-Bremse	2	einfach	2	–	–	2	–	–	3,0	0,9
4 Duo-Duplex-Bremse	2	doppelt	2	–	2	–	–	–	3,0	3,0
5 Servo-Bremse	1	doppelt	2	–	1	1	1	–	4,0	2,0
6 Duo-Servo-Bremse	1	doppelt	2	–	2	–	1	1	4,0	4,0

Trommelbremse

1 Bremsträgerplatte
2 Bremstrommel
3 Bremsbacke mit Bremsbelag
4 Radzylinder mit Entlüfterventil
5 Rückholfeder
6 Hebel für Feststellbremse
7 Druckstange für Feststellbremse
8 Bremsseil
9 Stützlager, Einfach- oder Doppeldrehpunkt
10 Nachstellexzenter, Nachstellschraube

Jede auflaufende Bremsbacke zeigt Selbstverstärkung, da die Reibungskraft die Spannkraft verstärkt. An der ablaufenden Backe tritt Selbstschwächung auf, da die Reibungskraft die Spannkraft verringert. Trommelbremsen sind empfindlich gegen Reibwertschwankungen, weil sich C* mit wechselndem Reibwert verändert.

Lüftspiel	0,3 … 0,5 mm
innere Übersetzung	2 … 4
Spannkraft	klein
Radzylinder⌀	klein
Leitungsdruck	25 … 50 bar
Vordruck	0,5 … 0,8 bar
Reibwertschwank.	empfindlich
Bremswirkung	ungleichmäßig
Selbstreinigung	keine
Verschmutzung	gering
Trommelerwärmung	groß
Bremsfading (-schwund)	groß
Feststellbremse	einfach
Backenwechsel	aufwendig
Flächenpressung	klein
Belagabnützung	groß
Nachstellung	autom., mech.
Lösen	durch Rückholfeder

Scheibenbremse

1 Radträger, Achsschenkel
2 Abdeckblech
3 Bremsscheibe
4 Bremssattel, Fest-, Schwimmrahmensattel: Gehäuse, Bremszylinder, Kolben mit Dichtring, Staubkappe, Klemmring, Bremsbelag, Kreuzfeder, Entlüfterventil
5 Feststellbremse, Duo-Servobremse im Scheibentopf oder mechanische Zangenbremse: Bremsbacken, Spreizhebel oder -schloß, Seilzug, Spannschloß, Rückzugsfeder.

Scheibenbremsen haben keine auflaufende Bremsbacken. Sie haben daher keine innere Übersetzung und sind gegen Reibwertschwankungen unempfindlich. Zur Erzielung ausreichender Bremskräfte sind höhere Leitungsdrücke und größere Radzylinderdurchmesser erforderlich.

Lüftspiel	ca. 0,15 mm
innere Übersetzung	0,8
Anpreßkraft	groß
Radzylinderdurchmesser	groß
Leitungsdruck	50 … 80 bar
Vordruck	0,0 bar
Reibwertänderung	unempfindlich
Bremswirkung	gleichmäßig
Reinigung	selbsttätig
Spritzwasser	empfindlich
Wärmeabfuhr	gut
Belagtemperatur	hoch
Bremsfading (-schwund)	gering
Feststellbremse	aufwendig
Backenwechsel	einfach
Flächenpressung	groß
Nachstellung	selbsttätig
Lösen	durch Dichtringe

3

Einkreis-Bremsanlage
vorn/hinten Trommelbremse

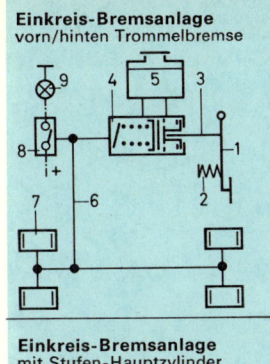

1	Bremspedal	6	Bremsleitungen
2	Rückzugsfeder		Bremsschläuche
3	Kolbenstange	7	Radzylinder
4	Hauptzylinder	8	Bremslichtschalter
5	Ausgleichsbehälter	9	Bremsleuchte

Einfach-Hauptzylinder
- Gehäuse
- Schutzkappe
- Ausgleichsbohrung
- Nachlaufbohrung
- Kolben, Füllbohrung
- Füllscheibe
- Primärmanschette
- Sekundärmanschette
- Bodenventil
- Kolbenfeder

Radzylinder
- Gehäuse
- Schutzkappe
- Kolben
- Manschette
- Druckfeder
- Federteller bzw. Füllstücke
- Entlüfterventil
- Druckbolzen, Druckpilze

Bremsen der Vorder- und Hinterachse miteinander verbunden. Beim Ausfall einer Bremse wird die ganze Bremsanlage unwirksam.

Anzahl der Bremskreise	1
Fußkraft	max. 800 N
Leitungsdruck	25 ... 50 bar
Vordruck	0,5 ... 0,8 bar
Kolbenstangenspiel	1 mm
Pedalübersetzung	1 : 5 ... 8
hydr. Übersetzung	ca. 1 : 1
Lüftspiel	0,3 ... 0,5 mm
Wirkungsgrad im HZ	ca. 0,92
Betätigungsweg am Radzylinderkolben	2,4 ... 4,5 mm

Einkreis-Bremsanlage
mit Stufen-Hauptzylinder, vorn/hinten Trommelbremse

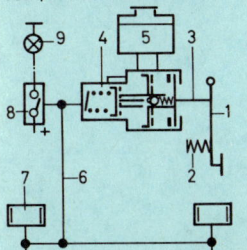

1	Bremspedal	6	Bremsleitungen
2	Rückzugsfeder		Bremsschlauch
3	Kolbenstange	7	Radzylinder
4	Stufenhauptzylinder	8	Bremslichtschalter
5	Ausgleichsbehälter	9	Bremsleuchte

Stufenhauptzylinder
- Gehäuse
  - Füllstufe: großer Durchmesser
  - Druckstufe: kleiner Durchmesser
- Doppelkolben
  - Füllkolben: Anlegen der Bremsbacken
  - Druckkolben: Anpressen der Bremsbacken
  - Schaltkolben: Kugelventil öffnen
  - Kugelventil: nach dem Anlegen der Backen Flüssigkeit der Füllstufe zurückströmen lassen
- weitere Teile siehe „Einfach-Hauptzylinder"

Anlegen (Füllen)
Füllbohrung im Druckkolben offen, Kugelventil geschlossen, Flüssigkeit der Füllstufe strömt über den Druckkolben in die Radbremszylinder:
- große Füll-Kolbenfläche
- kleiner Leitungsdruck
- großes Füllvolumen
- kleiner Pedalweg
- kurze Ansprechzeit

Anpressen (Bremsen)
Füllbohrung im Druckkolben geschlossen, Kugelventil offen, Flüssigkeit der Füllstufe strömt in Ausgleichsbehälter:
- kleine Kolbenfläche
- großer Leitungsdruck

Zweikreis-Bremsanlage
Scheiben-/Trommelbremse

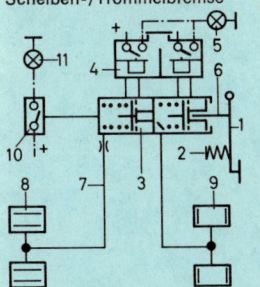

1	Bremspedal	7	Bremsleitungen
2	Rückzugsfeder		Bremsschläuche
3	Tandem-Hauptzyl.	8	Bremszange
4	Ausgleichsbehälter	9	Radzylinder
5	Warnvorrichtung	10	Bremslichtschalter
6	Kolbenstange	11	Bremsleuchte

Tandem-Hauptzyl.
- Gehäuse, Schutzkappe
- Ausgleichsbohrungen
- Nachlaufbohrungen
- Druckstangenkolben
- Zwischenkolben
- Füllscheiben
- Primärmanschette
- Sekundärmanschette
- Kolbenfeder
- Spezialbodenventil
- Bodenventil

Bremszange
- Bremssattel
- Schacht
- Bremszylinder
- Kolben
- Gummidichtring
- Bremsklotz
- Kreuzfeder
- Haltestifte
- Entlüfterventil
- Staubkappe
- Klemmring

Bremsen der Vorder- und Hinterachse voneinander getrennt, bei Ausfall eines Bremskreises bleibt der intakte Bremskreis wirksam.

Anzahl der Bremskreise	2
Fußkraft	max. 800 N
Leitungsdruck	25 ... 50 bar
Vordruck	
• Scheibenbremse	0,0 bar
• Trommelbremse	0,5 ... 0,8 bar
Kolbenstangenspiel	1 mm
Pedalübersetzung	1 : 5 ... 8
hydr. Übersetzung	$\approx$ 1 : 1 ... 4
Lüftspiel	0,1 ... 0,3 mm
Wirkungsgrad im HZ	ca. 0,88
Betätigungsweg am Radzylinderkolben	ca. 0,6 mm

Zweikreis-Bremsanlage
mit Bremskraftverstärkung, Scheiben-/Trommelbremse

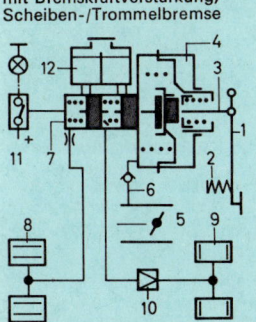

1	Bremspedal	7	Tandem-Hauptzyl.
2	Rückzugsfeder	8	Bremszange
3	Kolbenstange	9	Radzylinder
4	Bremsgerät ATE 51	10	Druckbegrenzer
5	Saugrohr	11	Bremslichtschalter
6	Unterdruckschlauch	12	Ausgleichsbehälter

Bremsgerät ATE 51, mechanisch gesteuert
- Arbeitskolben: Druckdifferenz zwischen Kammer 1 und Kammer 2 aufnehmen
- Druckstange: Kolbenkraft an HZ weitergeben
- Kolbenfeder: Arbeitskolben zurückführen
- Kolbenventil: Kammer 1 mit Luft füllen
- Tellerventil: Luft von Kammer 1 absaugen
- Rea'scheibe: Reaktionskraft abstützen
- Rückschlagventil: Unterdruck halten Membrane schützen Flammenrückschlag sperren

Fahrstellung
• Kolbenventil	geschlossen
• Tellerventil	offen
• Kammer 1 und 2	Unterdruck

Vollbremsstellung
• Kolbenventil	offen
• Tellerventil	geschlossen
• Kammer 2	max. Unterdruck
• Kammer 1	barometr. Luftdruck

Teilbremsstellung
• Kolbenventil	geschlossen
• Tellerventil	geschlossen
• Kammer 2	max. Unterdruck
• Kammer 1	Teildruck
Verstärkungsfaktor	2,0 ... 4,0
Unterdruck	max. 0,8 bar
Leitungsdruck	50 ... 80 bar

3

Bremskraftverteilung

Allgemein
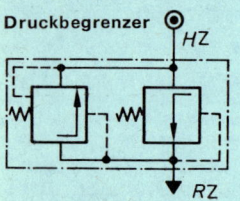
	Die Verteilung der Bremskraft auf Vorder- und Hinterräder kann durch konstruktive Maßnahmen bestimmt werden. Die installierte Bremskraftverteilung ist fest und nur für eine bestimmte Abbremsung ausgelegt.
	
	Bei der idealen Bremskraftverteilung soll die Bremskraft den dynamischen Achskräften und der Abbremsung proportional sein, um ein Überbremsen der Vorder- oder Hinterachse zu vermeiden. Dabei werden, abhängig vom Bremsdruck, nebenstehende Bauarten unterschieden.
		Bauarten:
		1. Druckbegrenzer
		
		2. Druckminderer
		  a) ohne Umschaltpunkt
		  b) mit festem Umschaltpunkt
		  c) mit veränderlichem Umschaltpunkt
		
		3. Anti-Bloc-System (Anti-Skid)

Druckbegrenzer	Der Druckbegrenzer begrenzt den vom Hauptzylinder erzeugten hydraulischen Druck im Hinterachskreis auf einen bestimmten Wert. Die Bremsen der Vorderachse erhalten den vollen Druck. Der Umschaltdruck ist abhängig von der Kraft der Ventilfeder und von dem Flächenunterschied am Kolbenventil.	Abschaltdruck z. B. 60 bar (am Begrenzer eingeschlagen) Prüfdruck an der VA 50 … 100 bar an der HA Abschaltdr. ±3 bar
Druckminderer Bild 1 Bild 2 Bild 3 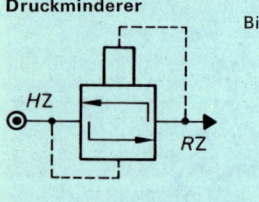	Der Druckminderer **ohne Umschaltpunkt** (Bild 1) mindert den Druck in dem Hinterachskreis in einem bestimmten Verhältnis zum Vorderachskreis. Das Druckverhältnis ist abhängig vom Flächenunterschied am Ventilkolben. Das Übersetzungsverhältnis ist fest, die Kennlinie der Druckverteilung ist linear. Der Druckminderer **mit festem Umschaltpunkt** (Bild 2) läßt den vom Hauptzylinder erzeugten Druck unterhalb des Umschaltpunktes ungehindert zum Hinterachskreis durch, oberhalb des Umschaltpunktes vermindert er den Druck in einem bestimmten Verhältnis zum Vorderachskreis. Der Umschaltpunkt ist fest und abhängig von der vorgespannten Kolbenfeder. Die Kennlinie für die Druckverteilung ist abgeknickt. Das Übersetzungsverhältnis wird durch den Flächenunterschied am Ventilkolben bestimmt. Der Druckminderer **mit veränderlichem Umschaltpunkt** (Bild 3) arbeitet wie der Druckminderer mit festem Umschaltpunkt. Er vermindert oberhalb des Umschaltpunktes den hydraulischen Druck im Hinterachskreis in einem bestimmten Verhältnis zum Vorderachskreis. Der Umschaltpunkt ist veränderlich mit lastabhängiger Verschiebung, z. B. durch Veränderung der Federkraft über ein verstellbares Gestänge. Die Kennlinie ist abgeknickt und nähert sich der idealen Druckverteilung im beladenen und leeren Zustand.	Druckverhältnis Vorderachse zu Hinterachse zum Beispiel ca. 1,25 : 1 Umschaltpunkt fest zum Beispiel ca. 30 bar veränderlich ca. 30 … 50 bar Beeinflussung des veränderlichen Umschaltpunktes durch 1. statische Achskraft 2. dyn. Achskraftverlagerung Prüfvorgang 1. je 1 Meßgerät an ein Entlüfterventil der Vorderachse und Hinterachse anschließen, 2. angeschlossenes Meßgerät entlüften, 3. Bremspedal mehrmals kräftig durchtreten, 4. vorgeschriebenen Druck in der Vorderachse aufbauen, 5. Prüfdruck an der Hinterachse ablesen. Meßergebnis muß innerhalb der vorgegebenen Toleranz (±3 bar) liegen.
Anti-Bloc-System (Anti-Skid) 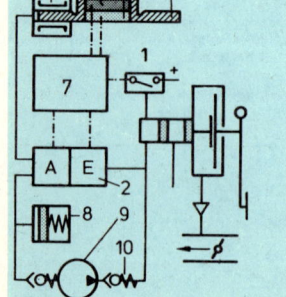	Das AB-System regelt in allen Fahrzuständen den Bremsschlupf automatisch und stellt ihn auf den Bereich der optimalen Haftbeiwerte ein. Dadurch wird ein Blockieren der Räder verhindert und der kürzeste Bremsweg erreicht. Der vom Hauptzylinder erzeugte Bremsdruck gelangt über das Einlaßventil zum Radzylinder. Stehen Bremsmoment und Reibmoment des Reifens nicht miteinander im Gleichgewicht, so wird das Rad verzögert oder beschleunigt. Die Meßfühler (Sensoren) erfassen die negativen oder positiven Beschleunigungen sowie die Geschwindigkeitsdifferenzen und geben Spannungsimpulse an die Elektronik. Hier werden die Signale verarbeitet und die Ein- und Auslaßventile gesteuert. Die Ventile passen den Bremsdruck durch Druckabbau oder -anstieg den veränderten Verhältnissen an. Die bei Druckabbau aus dem Regelkreis entnommene Bremsflüssigkeit wird durch eine Rückförderpumpe zurückgeführt.	Die Anlage des AB-Systems besteht aus folgenden Teilen: 1. Tandem-Hauptzylinder 2. Druckregler mit Ein-/Auslaß 3. Bremszange, Radzylinder 4. Bremsscheibe, -trommel 5. Geschwindigkeitsmesser 6. Beschleunigungsmesser 7. Elektronikeinheit (Computer) mit Verstärker 8. hydraulischer Speicher 9. Rückförderpumpe 10. Rückschlagventile Leistungsaufnahme ohne Regelung ca. 10 W mit Regelung ca. 600 W Regelfrequenz 2 … 8 Hz Bremsweg aus 140 km/h, naß: ohne ABS 181 m mit ABS 112 m

3

Feststellbremse

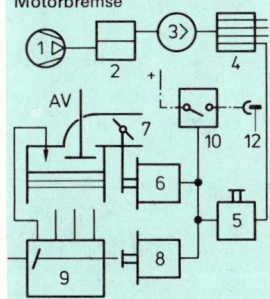

Stockhandbremse
1 Handgriff
2 Rastenstange
3 Handbremshebel
4 Zugstange
5 Zwischenhebel
6 Zugstange
7 Spannschloß
8 Zwischenhebel
9 Zugstange
10 Bremshebel
11 Druckstange

Gestängelose Federspeicher-Handbremse
1 Luftbehälter
2 Handbremsventil
3 Kontrollschalter
4 Relaisventil
5 Federspeicher
6 Kolbenstange
7 Bremshebel
8 Bremsnocken

Bei gelöster Handbremse steht der Vorratsdruck über das Handbrems- und Relaisventil mit dem Federspeicher in Verbindung: die Feder ist gespannt. Durch Betätigung des Handhebels wird der F'speicher entlüftet und die Federkraft frei.

Arbeitsweise
· mechanisch
· feststellbar
Feststellung mit Rasten
Betätigungskraft max. 400 N
Hebelübersetzung 1 : 15 ... 25
Abbremsung mindestens 20 %
mittl. Verzögerung 1,5 m/s

Bremsleistung
Voll beladenes Fahrzeug auf der größten von ihm befahrenen Steigung halten.

Bremswirkung unabhängig von der Betriebsbremse. Nachstellung durch Spannschloß.
Druckstangenspiel 1 mm
Lüftspiel 0,3 ... 0,5 mm

Motorstaudruckbremse
Motorbremse

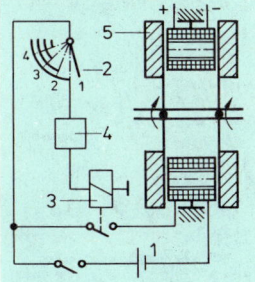

1 Luftpresser
2 Druckregler
3 Frostschützer
4 Schutzventil
5 Belüftungsventil
6 Arbeitszylinder für Drosselklappe
7 Auspuffkrümmer
8 Arbeitszylinder für Regelstange
9 Einspritzpumpe
10 Druckschalter
11 Relaisschalter
12 Steckdose
13 Magnet-Relaisventil
14 ANH-Bremszylinder

Alle Kraftomnibusse über 5,5 t Gesamtmasse, alle Lastkraftwagen, Anhänger und Sattelanhänger ab 9 t Gesamtmasse müssen mit einer Dauerbremse ausgerüstet sein. Die Bremswirkung wird vorwiegend durch Absperrung der Kraftstoffzufuhr, Anstauung der Abgase und Bremsleistung des Motors erzeugt. Im Anhänger werden die bereits vorhandenen Radbremsen als „Dritte Bremse" herangezogen.

Arbeitsweise pneumatisch, Motor arbeitet als Verdichter.

Bremsstellung
· Arbeitszylinder belüftet
· Drosselklappe geschlossen
· Regelstange auf Stop
· ANH-Bremszylinder belüftet
· Lkw-Bremszylinder entlüftet

Bremsleistung
· Lkw voll beladen
· Strecke 7 % Gefälle auf 6 km
· Geschwindigkeit max. 30 km/h
· Abbremsung ca. 7 %

verschleißfrei, wartungsarm, Ansprechen weich und stoßfrei, Betriebsbremse entlastet.

Teile 11, 13, 14 nicht gezeichnet

Wirbelstrombremse
Telma-Bremse

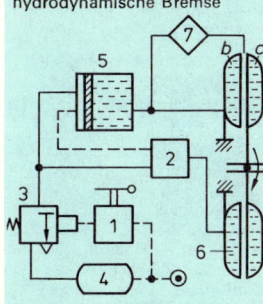

1 Batterie
2 Handschalter
   Kontrollampe
3 Relaisventil
   Schaltkasten mit 4 Schaltschützen
4 Zeitverzögerungs-Relais für zu schnelles Durchschalten der 3. und 4. Schaltstufe
5 Verlangsamer
   a Stator: feststehend mit 16 regelbaren Elektromagneten
   b Rotor: angetriebene Weicheisenscheibe

Die Batterie baut über feststehende Spulen mit Magnetkernen (Stator) elektrische Kraftfelder auf, welche die mit der Kardanwelle fest verbundenen Rotoren (zwei) durch elektrische Wirbelströme weich und ruckfrei abbremsen. Dadurch wird die Betriebsbremse weitgehend entlastet.

Arbeitsweise elektromagnetisch
Abbremsung ca. 6,5 %
Bremsmoment bis 2500 Nm
Gewicht groß

Schaltstufen 4
Elektromagnete je Schaltstufe 4, 8, 12 und 16
Stromverbrauch bei 24 V
1. Schaltstufe 16 ... 26,5 A
2. Schaltstufe 32 ... 53,0 A
3. Schaltstufe 48 ... 79,5 A
4. Schaltstufe 64 ... 106 A

Luftspalt 0,9 ... 2,4 mm
Ansprechen weich, stoßfrei
Zeitverzögerung 0,7 ... 1,0 s
verschleißfrei, wartungsarm
Wärmeabfuhr Luftkühlung

Strömungsbremse
Retarder, Turbobremse, hydrodynamische Bremse

1 Betätigungsventil
2 Steuerventil
3 Relais ⎫ nicht erforderlich, wenn Retar-
4 Luftbehälter ⎬ der vom Ölkreislauf des Ge-
5 Ladezylinder ⎭ triebes versorgt wird.
6 Retarder
   a Gehäuse
   b feststehendes Turbinenrad (Stator)
   c angetriebenes Pumpenlaufrad (Rotor)
   d veränderliche Ölfüllung
7 Wärmetauscher, evtl. gemeinsam mit Getriebe

Die Antriebsenergie wird über ein Pumpenlaufrad in Strömungsenergie umgewandelt und in den Schaufelräumen des feststehenden Turbinenrades durch Flüssigkeitsreibung verzögert und in Wärme umgesetzt. Zur Abfuhr der Wärme pumpt der Rotor die Flüssigkeit durch einen Wärmetauscher.

Gewicht gering
Arbeitsweise hydrodynamisch
Bauweise einfach, klein
Regelung durch Änderung der Ölfüllung oder des Öldruckes
Bremsstufen 0 (stufenlos) ... 6
Bremsschwund null
Ansprechen schnell, weich
Radblockieren nicht möglich

Einbau
· am Getriebeeingang
· am Getriebeausgang
· zwischen Wandler + Getriebe
Betriebsbremse entlastet
Kühlung durch Wärmetauscher
verschleißfrei, wartungsarm
Abbremsung 6 ... 8 %
Lebensdauer lang

3

Druckluft-Bremsanlage

Einleitungs-Bremsanlage

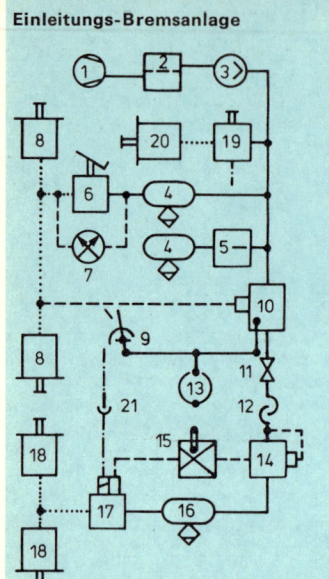

1 Luftpresser, Ansaugfilter
2 Druckregler, Reifenfüllanschluß
3 Frostschützer
4 Luftbehälter
5 Überströmventil mit Rückströmung
6 Motorwagen-Bremsventil
7 Doppel-Luftdruckmesser
8 Motorwagen-Bremszylinder
9 Feststellbremse
10 Anhänger-Steuerventil
11 Absperrhahn
12 Kupplungskopf
13 Radbremse hinten
14 Anhänger-Bremsventil
15 Löseventil, Bremskraftregler
16 Luftbehälter für Anhänger
17 Magnet-Relaisventil
18 Anhänger-Bremszylinder
19 Belüftungsventil, Druckschalter
20 Arbeitszylinder für Drosselklappe und Regelstange
21 Steckdose für elektr. Leitung von Teil 17 nach Teil 19

────────── Versorgungsleitung
·········· Arbeitsleitung
— — — — Steuerleitung
─·─·─·─·─ elektrische Leitung

Merke:
a) Befüllen des Anhänger-Luftbehälters nur in Fahrstellung.
b) Bremsen des Anhängers durch Entlüften der Brems-Vorratsleitung.

Fahrstellung
Betriebsbremse	entlüftet
Brems-Vorratsleitung	belüftet
Anhängerbremse	entlüftet
Luftbehälter für ANH	befüllen

Betriebsbremsung
Betriebsbremse	belüftet
Brems-Vorratsleitung	entlüftet
Anhängerbremse	entlüftet
Luftbehälter für ANH	entleeren

Feststellbremsung
Betriebsbremse	entlüftet
Lkw-Radbremse hinten	angezogen
Brems-Vorratsleitung	entlüftet
Anhängerbremse	belüftet
Luftbehälter für ANH	entleeren

Motorbremse (Dritte Bremse)
Betriebsbremse	entlüftet
Arbeitszylinder	belüftet
Drosselklappe	geschlossen
Regelstange	auf Stop
elektr. Stromkreis	geschlossen
Anhängerbremse	belüftet
Luftbehälter für ANH	befüllen

Betriebsdruck	4,8 … 5,3 bar

Voreilung:
Bremsdruck im Lkw 1,0 … 1,3 bar
Druckabfall in der Brems-Vorratsleitung 1,7 … 2,5 bar

Druckregler Abschalten	5,3 bar
Einschalten	4,8 bar

Zweileitungs-Bremsanlage

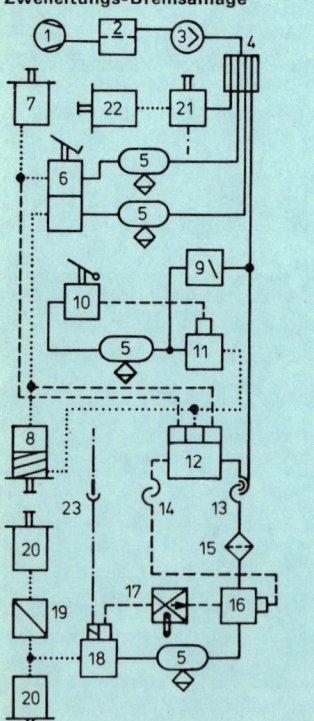

1 Luftpresser, Ansaugfilter
2 Druckregler, Reifenfüllanschluß
3 Frostschützer
4 Vierkreis-Schutzventil
5 Luftbehälter mit Entwässerung
6 Motorwagen-Bremsventil (Zweikreis), evtl. Motorwagen-Bremskraftregler und Last-Leer-Ventil nachgeschaltet
7 Membranzylinder
8 Tristop-Zylinder
9 Überströmventil, begrenz. Rückstr.
10 Handbremsventil
11 Relaisventil
12 Anhänger-Steuerventil
13 Kupplungskopf, Vorrat evtl. Wegeventil vorgeschaltet
14 Kupplungskopf Bremse
15 Leitungsfilter
16 Anhänger-Bremsventil
17 Anhänger-Bremskraftregler
18 Magnet-Relaisventil
19 Regelventil
20 Membran-Bremszylinder
21 Belüftungsventil, Druckschalter
22 Arbeitszylinder für Drosselklappe und Regelstange
23 Steckdose für elektr. Leitung von Teil 18 nach Teil 21

────────── Versorgungsleitung
·········· Arbeitsleitung
— — — — Steuerleitung
─·─·─·─·─ elektrische Leitung

Merke:
a) Befüllen des Anhänger-Luftbehälters in Fahr- und Bremsstellung.
b) Bremsen des Anhängers durch Belüften der Bremsleitung.

Bremskreise
Kreis 1   Betriebsbremse V'achse
Kreis 2   Betriebsbremse H'achse
Kreis 3   Dauerbremse, Sonstiges
Kreis 4   Federspeicher, Anhänger

Bremsgeräte
Betriebsbremse	Membranzylinder
Feststellbremse	Federspeicher
Dritte Bremse	Arbeitszylinder
Anhängerbremse	Membranzylinder

Fahrstellung
Membranzylinder MW	entlüftet
Federspeicher	belüftet
Arbeitszylinder	entlüftet
Membranzylinder ANH	entlüftet

Betriebsbremsung
Membranzylinder	belüftet
Federspeicher	belüftet
Arbeitszylinder	entlüftet
Membranzylinder ANH	belüftet

Feststellbremsung
Membranzylinder	entlüftet
Federspeicher	entlüftet
Arbeitszylinder	entlüftet
Membranzylinder ANH	belüftet

Motorbremse (Dauerbremse)
Membranzylinder MW	entlüftet
Federspeicher	belüftet
Arbeitszylinder	belüftet
Drosselklappe	geschlossen
Regelstange	auf Stop
elektr. Stromkreis	geschlossen
Membranzylinder ANH	belüftet

Betriebsdruck	7,3 bar
Druckregler Abschalten	7,3 bar
Einschalten	6,2 bar

Schutzventil: gesicherter Druck
gleich Öffnungsdruck   6,0 bar

Aufbau

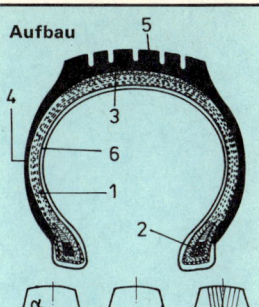

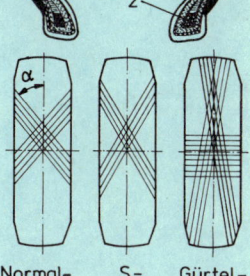

Normal-Diagonal-Reifen   S-Diagonal-Reifen   Gürtel-Radial-Reifen

1 **Gewebeunterbau** (Karkasse)
Gewebeunterbau als Festigkeitsträger, mehrere gummierte Cord-Gewebelagen liegen gekreuzt übereinander.

2 **Wulst** mit Drahtkern
Verankerung der Gewebelagen, gibt dem Reifen festen Sitz auf der Felgenschulter. Mehrere gummierte Stahldrähte sind mit einer Gummikappe, mit gummiertem Vollgewebe ummantelt.

3 **Zwischenbau**
schützt Karkasse durch Dämpfung der Fahrbahnstöße, besteht aus Zwischenbaugewebe und Polstergummi.

4 **Seitenwand** und Scheuerleiste
Seitlicher Gummiteil des Laufstreifens. Schützt Cordgewebe und leitet Wärme ab, die beim rollenden Reifen durch Walkarbeit entsteht.

5 **Lauffläche** mit Schulter
Mittlerer Gummiteil des Laufstreifens (Protektor) mit Profilierung zur Vergrößerung der Haftung bei nasser Fahrbahn. Stellt Kraftschluß mit der Straße her und unterliegt der Abnützung.

6 **Innenseele** und Wulstüberzug
Luftundurchlässige, abdichtende, weiche Gummischicht unter dem Cordgewebe und über dem Wulst bei schlauchlosen Reifen.

Cordgewebe
- ohne tragende Schußfäden,
- Cordfäden aus 2 Zwirnen mit je 700 Kapillarfäden,
- Fäden aus Kunstseide, Nylon, Polyester oder Stahl.

Fadenwinkel (Zenithwinkel α)
Reifen in Diagonalbauart
Normalreifen	35 ... 38°
Sportreifen	30 ... 34°
Hochgeschwindigk'reifen	bis 30°

Reifen in Gürtelbauart
Unterbau (2 Lagen)	85 ... 90°
Gürtel (2 ... 4 Lagen	0 ... 30°

Reifenluftdruck je nach Tragfähigkeit
Pkw	1,3 ... 2,6 bar
Lkw	2,2 ... 7,0 bar

Laufleistung
Luftdruck richtig	100 %
Druck 20 % niedriger	85 %
Druck 40 % niedriger	60 %
Druck 60 % niedriger	25 %

Profiltiefe
neuer Reifen	cirka 8 mm
mindestens (StVZO)	1 mm

Tragfähigkeitserhöhung
km/h	60	50	40	30	20	8
in %	10	15	25	35	50	75

Arten

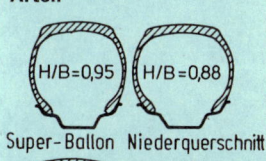

H/B=0,95   H/B=0,88
Super-Ballon   Niederquerschnitt

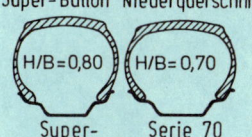

H/B=0,80   H/B=0,70
Super-Niederquerschnitt   Serie 70

Unterscheid.	Bezeichnung
Schlauch	Schlauchreifen (tube type)
	schlauchlose Reifen (tubeless)
Fadenwinkel	Diagonalreifen
	Radial-Gürtelreifen (R)
	Radial-Diagonalreifen (Semi-)
Geschwindigkeit	Normalreifen (−)
	Sportreifen (S)
	Hochgeschwindigkeitsreifen (H)
	Höchstgeschwindigkeitsreifen (V)
Querschnittsform	Ballonreifen
	Superballonreifen
	Niederquerschnittsreifen
	Superniederquerschnittsreifen
	Serie „70'' („,60'')-Reifen
Profil	Sommerreifen
	Winterreifen

Schlauchlose Reifen
einfache Montage, geringere Erwärmung, kein Entweichen der Luft bei steckenbleibendem Fremdkörper, langsames Entweichen bei herausfliegendem Fremdkörper

Gürtelreifen
längere Lebensdauer, niedriger Rollwiderstand, sichere Spurhaltung, bessere Bodenhaftung, kein Aufstellen des Reifens, über 100 km/h weicher

Flachreifen
größere Bodenhaftung, bessere Seitenführung, geringerer Rollwiderstand, höhere Tragfähigkeit

Reifenabmessungen

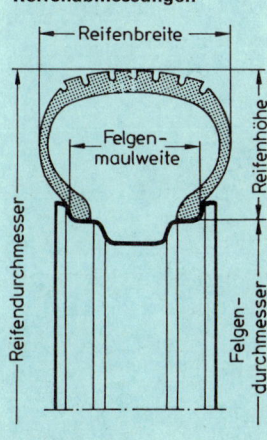

Reifenbreite, Reifenhöhe, Felgenmaulweite, Reifendurchmesser, Felgendurchmesser

Dynamisch wirksamer Halbmesser (r_{dyn})
Die bei 60 km/h Geschwindigkeit je Umdrehung zurückgelegte Wegstrecke geteilt durch $2 \times \pi$. Der Reifen muß dabei mit der festgelegten höchstzulässigen Tragfähigkeit belastet und mit dem zugehörigen Luftdruck aufgepumpt sein. Mit zunehmender Geschwindigkeit nimmt r bis etwa 6 % zu, bei Reifen in Gürtelbauart bleibt er nahezu konstant.

Statischer Halbmesser
Abstand von Radmitte bis zur Standebene des mit der höchstzulässigen Tragfähigkeit belasteten und mit dem zugeordneten Luftdruck aufgepumpten Reifens.

Reifendurchmesser
Außendurchmesser des aufgepumpten, unbelasteten Reifens in der Mitte der Lauffläche.

Nennbreite
Breite des aufgepumpten, unbelasteten Reifens mit glatter Seitenwand ohne Scheuerleiste.

Ply Rating
Internationale Kennziffer für die Karkassenfestigkeit. Sie gibt nicht in jedem Fall die tatsächliche Anzahl der Gewebelagen an.

Änderung des r_{dyn} in % bei Reifen in Diagonalbauart:

	Superballon		Super-Niederquerschn.	
		Niederquer.		
km/h	—	S, H	—	S, H
60	0	+ 1	0,0	+ 0,5
90	+ 1	+ 2	+ 0,5	+ 1
120	+ 2	+ 3	+ 1,5	+ 2
150	+ 3	+ 4	+ 2,5	+ 3
175	—	+ 5	—	+ 4
200	—	+ 6	—	+ 5

Änderung des r_{dyn} in % bei Reifen in Gürtelbauart:

km/h	SR- oder HR-Reifen
60	0
90	+ 0,1
120	+ 0,2
150	+ 0,4
180	+ 0,7
210	+ 1,1 (nur HR-Reifen)

3

Reifen

Höchstgeschwindigkeit in km/h

Reifen-bauart	Reifen-profil	Höchstgeschwindigkeit Felgendurchmesser			Kenn-zeichen	Bedeutung der Kennzeichen	Beispiele
		10''	12''	13''/15''			
Dia-gonal-Reifen	Som-mer-profil	120	135	150	− (×)	Normal- oder Standardreifen	5,60 − 13
				120	− C	Normalreifen, C steht für Transporterreifen	6,70 − 13 C
		150	160	175	S	Sportreifen S steht für speed (Geschwindigkeit)	6,00 S 14 6,45/165 S 13
		175	185	200	H	Hochgeschwindigkeitsreifen H steht für high-speed (hohe Geschwindigkeit)	7,25 H 13 6,95/175 H 14
		über 175	über 185	über 200	V	Höchstgeschwindigkeitsreifen V steht für very high-speed (sehr hohe Geschwindigkeit)	— —
	Winter-profil	120	135	150	− M & S	Normalreifen M & S steht für Matsch und Schnee	6,00 − 14 M & S
Gürtel-Reifen	Som-mer profil	160	160	160	R	Normalreifen, R steht für Radial	160 R 13
				120	R C	Normalreifen, R steht für Radial, C steht für Transporterreifen	6,70 R 15 C 165 R 14 C
		180	180	180	SR	Sportreifen SR steht für speed radial	165 SR 14 185/70 SR 13
		−	170	170	SR rein-forced	Sportreifen in verstärkter Ausführung	165 SR 14 reinforced
		210	210	210	HR	Hochgeschwindigkeitsreifen HR steht für high-speed radial	165 HR 13 195 HR 14
		über 210	über 210	über 210	VR	Höchstgeschwindigkeitsreifen VR steht für very high-speed radial	185 VR 14 195 VR 14
	Winter-profil	160	160	160	SR M & S	Sportreifen, SR steht für speed radial, M & S steht für Matsch und Schnee	—

Höhen-Breiten-Verhältnis (Querschnittsverhältnis)

Querschnittsform	H : B-Verhältnis	Kennzeichnung, Breitenangabe	Beispiele
Ballon-Reifen	1 : 1	in Zoll mit 00, 25, 50, 75er Dezimale ab 15''-Felge	5,50 − 18 5,25 − 20
Superballon-Reifen	0,95 : 1	in Zoll mit 10, 20, 30, 40, 60, 70, 80, 90er Dezimale	5,90 S 13 6,40 − 15
Niederquerschnitts-Reifen	0,88 : 1	in Zoll mit 00, 25, 50, 75er Dezimale und nachgestell-tem L (low = niedrig) ab 15''-Felge (Unterscheidung)	6,00 − 13 7,00 − 15 L
Super-Niederquerschnitts-Reifen	0,80 : 1	in Zoll mit 15, 35, 45, 65, 85, 95er Dezimale in Millimeter bei Gürtelreifen in Zoll und Millimeter (Austauschbarkeit)	7,35 H 14 185 HR 14 6,95/175 − 14
Serie „70''-Reifen Siebziger-Reifen	0,70 : 1	in Millimeter mit einem nachgesetzten „70'' in Buchstaben D … L mit einem nachgesetzten „70'' (USA)	185/70 VR 15 D/70 − 14

Reifenbezeichnung

	Bezeichnung	Reifen-breite	Querschn. Verhältn.	Reifen-bauart	Höchst-geschw.	Felgen-durchm.
7,25 S 13 4 PR	5,90 − 13	5,90''	0,95 : 1	Diagonal	150 km/h	13''
|	6,70 − 13 C	6,70''	0,95 : 1	Diagonal	120 km/h	13''
Reifen-breite und Quer-schnitts-form	7,25 S 13	7,25''	0,88 : 1	Diagonal	175 km/h	13''
	6,00 H 15 L	6,00''	0,88 : 1	Diagonal	200 km/h	15''
	6,45/165 H 14	6,45'' 165 mm	0,80 : 1	Diagonal	200 km/h	14''
Reifenbauart und Höchstgeschwindigkeit	155 SR 15	155 mm	0,80 : 1	Gürtel	180 km/h	15''
	185 VR 14	185 mm	0,80 : 1	Gürtel	>210 km/h	14''
Felgendurchmesser in Zoll						
internationales Kennzeichen für die Karkassenfestigkeit des Reifens	195/70 SR 14	195 mm	0,70 : 1	Gürtel	180 km/h	14''
	D/70 − 14	200 mm	0,70 : 1	Diagonal		14''

164

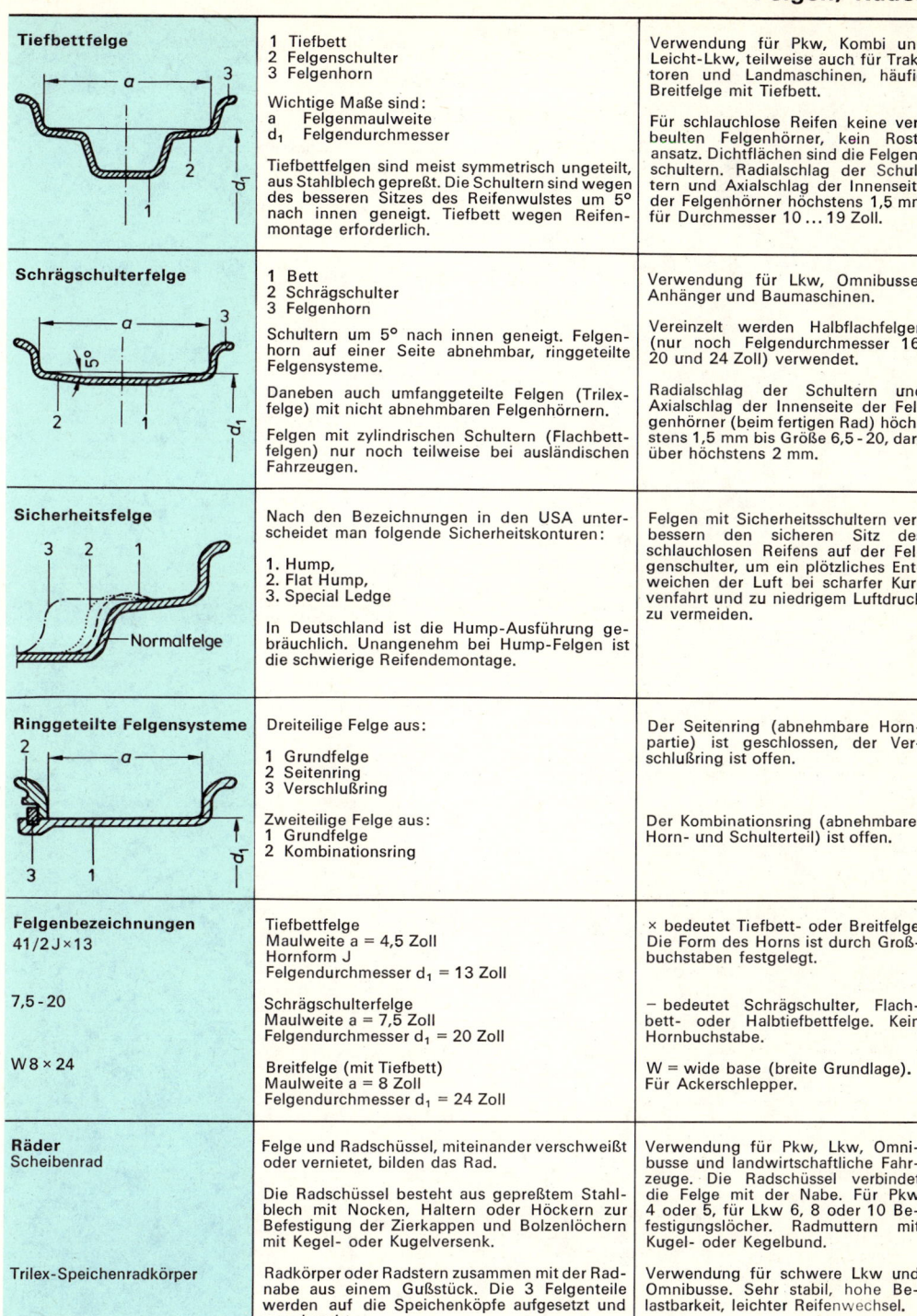

Tiefbettfelge	1 Tiefbett 2 Felgenschulter 3 Felgenhorn Wichtige Maße sind: a Felgenmaulweite d_1 Felgendurchmesser Tiefbettfelgen sind meist symmetrisch ungeteilt, aus Stahlblech gepreßt. Die Schultern sind wegen des besseren Sitzes des Reifenwulstes um 5° nach innen geneigt. Tiefbett wegen Reifenmontage erforderlich.	Verwendung für Pkw, Kombi und Leicht-Lkw, teilweise auch für Traktoren und Landmaschinen, häufig Breitfelge mit Tiefbett. Für schlauchlose Reifen keine verbeulten Felgenhörner, kein Rostansatz. Dichtflächen sind die Felgenschultern. Radialschlag der Schultern und Axialschlag der Innenseite der Felgenhörner höchstens 1,5 mm für Durchmesser 10 ... 19 Zoll.
Schrägschulterfelge	1 Bett 2 Schrägschulter 3 Felgenhorn Schultern um 5° nach innen geneigt. Felgenhorn auf einer Seite abnehmbar, ringgeteilte Felgensysteme. Daneben auch umfanggeteilte Felgen (Trilexfelge) mit nicht abnehmbaren Felgenhörnern. Felgen mit zylindrischen Schultern (Flachbettfelgen) nur noch teilweise bei ausländischen Fahrzeugen.	Verwendung für Lkw, Omnibusse, Anhänger und Baumaschinen. Vereinzelt werden Halbflachfelgen (nur noch Felgendurchmesser 16, 20 und 24 Zoll) verwendet. Radialschlag der Schultern und Axialschlag der Innenseite der Felgenhörner (beim fertigen Rad) höchstens 1,5 mm bis Größe 6,5 - 20, darüber höchstens 2 mm.
Sicherheitsfelge	Nach den Bezeichnungen in den USA unterscheidet man folgende Sicherheitskonturen: 1. Hump, 2. Flat Hump, 3. Special Ledge In Deutschland ist die Hump-Ausführung gebräuchlich. Unangenehm bei Hump-Felgen ist die schwierige Reifendemontage.	Felgen mit Sicherheitsschultern verbessern den sicheren Sitz des schlauchlosen Reifens auf der Felgenschulter, um ein plötzliches Entweichen der Luft bei scharfer Kurvenfahrt und zu niedrigem Luftdruck zu vermeiden.
Ringgeteilte Felgensysteme	Dreiteilige Felge aus: 1 Grundfelge 2 Seitenring 3 Verschlußring Zweiteilige Felge aus: 1 Grundfelge 2 Kombinationsring	Der Seitenring (abnehmbare Hornpartie) ist geschlossen, der Verschlußring ist offen. Der Kombinationsring (abnehmbarer Horn- und Schulterteil) ist offen.
Felgenbezeichnungen 41/2 J×13 7,5 - 20 W 8 × 24	Tiefbettfelge Maulweite a = 4,5 Zoll Hornform J Felgendurchmesser d_1 = 13 Zoll Schrägschulterfelge Maulweite a = 7,5 Zoll Felgendurchmesser d_1 = 20 Zoll Breitfelge (mit Tiefbett) Maulweite a = 8 Zoll Felgendurchmesser d_1 = 24 Zoll	× bedeutet Tiefbett- oder Breitfelge Die Form des Horns ist durch Großbuchstaben festgelegt. – bedeutet Schrägschulter, Flachbett- oder Halbtiefbettfelge. Kein Hornbuchstabe. W = wide base (breite Grundlage). Für Ackerschlepper.
Räder Scheibenrad Trilex-Speichenradkörper	Felge und Radschüssel, miteinander verschweißt oder vernietet, bilden das Rad. Die Radschüssel besteht aus gepreßtem Stahlblech mit Nocken, Haltern oder Höckern zur Befestigung der Zierkappen und Bolzenlöchern mit Kegel- oder Kugelversenk. Radkörper und Radstern zusammen mit der Radnabe aus einem Gußstück. Die 3 Felgenteile werden auf die Speichenköpfe aufgesetzt und verschraubt.	Verwendung für Pkw, Lkw, Omnibusse und landwirtschaftliche Fahrzeuge. Die Radschüssel verbindet die Felge mit der Nabe. Für Pkw 4 oder 5, für Lkw 6, 8 oder 10 Befestigungslöcher. Radmuttern mit Kugel- oder Kegelbund. Verwendung für schwere Lkw und Omnibusse. Sehr stabil, hohe Belastbarkeit, leichter Reifenwechsel.

3

Fahrmechanik

Momentanzentrum

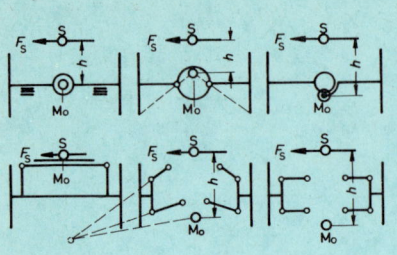

Momentanzentrum, auch Momentandrehpol oder Augenblicksdrehpunkt, ist der Punkt, der im Augenblick der Verdrehung des Fahrzeughauptteils um seine Längsachse durch Fliehkraft in Ruhe bleibt. Die Verbindungslinie des Momentanzentrums der Vorder- und Hinterachse ist die theoretische Drehachse oder Querstabilitätsachse.

1. Starrachse: Federanschlag am Wagenkasten
2. Verkürzte Pendelachse: Verbindungslinie von Radaufstandspunkt und Achsgelenkmittelpunkt
3. Eingelenkpendelachse mit tiefgelegtem Drehpunkt: Achsgelenkmittelpunkt
4. Schwebeachse: Federanschlag am Wagenkasten
5. Querlenker, Trapezform: Verbindungslinie von Radaufstandspunkt und Lenkerverlängerung
6. Querlenker, Parallelform: Fahrbahn

Radkraftverteilung in der Kurve

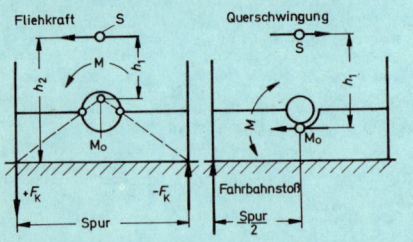

Beim Durchfahren einer Kurve erzeugt die im Schwerpunkt angreifende Fliehkraft eine Neigung des Fahrzeugs quer zur Fahrtrichtung. Die Größe der Neigung hängt ab von Federkennung und Abstand des Schwerpunktes von dem Momentanzentrum. Je kleiner der Hebelarm ist, desto geringer ist die Kurvenneigung und desto besser die Kurvenstabilität.

$$M = F \cdot h_1 \qquad \begin{array}{l} \text{Radkraftänderung} \\ \text{durch Kippmoment} \end{array} \qquad F_K = \pm \frac{F \cdot h_1}{s}$$

Je höher das Momentanzentrum liegt, desto größer werden die durch Straßenunebenheiten verursachten Querschwingungen und Radkraftänderungen. Die Querschwingungen können durch Querfedern aufgenommen werden.

Schräglauf (Größe max. 8 ... 15°)

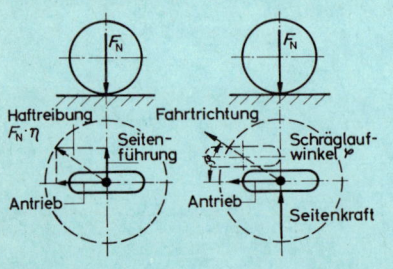

Die von einem Rad ausgeübte Kraft kann nicht größer sein als die Haftreibung zwischen Rad und Boden. Der Kraftschluß Reifen – Fahrbahn wird durch Treib-, Brems- oder Seitenkräfte beansprucht. Mit Rücksicht auf die sichere Spurhaltung sind die Antriebs- und Bremskräfte kleiner als die vorhandene Haftreibung zu halten. Wird die Kraftschlußgrenze überschritten, so kann das Rad in Umfangsrichtung und nach der Seite gleiten.

Bei Angriff einer Seitenkraft weicht das Rad quer zur Fahrtrichtung aus. Diese Querverschiebung führt beim Rollen des Rades zum Schräglauf. Der Winkel zwischen Radebene und Fortbewegungsrichtung ist der Schräglaufwinkel. Er hängt ab von Radkraft, Seitenkraft, Reifenbauart, -zustand und -luftdruck, Radsturz und Haftreibungszahl.

Übersteuern oder Untersteuern

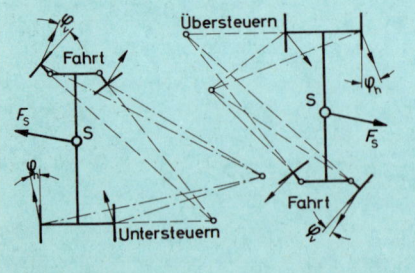

Beim Durchfahren einer Kurve entsteht eine Fliehkraft, die im Schwerpunkt angreift. Sie verteilt sich, der Lage des Schwerpunktes entsprechend, auf die Vorder- und Hinterachse und erzeugt an den Rädern eine Seitenkraft. Unter ihrem Einfluß entsteht Schräglauf, der eine Abweichung der durch die Lenkung eingestellten Fahrtrichtung bewirkt.

Die Größe des Schräglaufwinkels vorne und hinten richtet sich nach der am Rad wirksamen Seitenkraft. Ist der Schräglaufwinkel vorne größer als hinten, so wird der Kurvenhalbmesser größer (Untersteuern); ist er hinten größer als vorne, so wird der Halbmesser kleiner (Übersteuern). Der Einfluß des Schräglaufs kann durch entsprechende Lenkmaßnahmen ausgeglichen werden.

3

Fahrzeugschwingungen

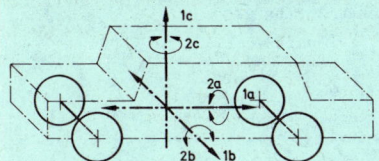

Die Federung der Räder gegenüber dem Fahrzeughauptteil macht unerwünschte Schwingungen möglich. Sie beeinträchtigen die Fahrbequemlichkeit, erzeugen dynamische Zusatzkräfte und mindern die Fahrsicherheit.

1. Geradlinige Schwingungen parallel zur
   a) Längsachse: Zucken oder Schieben
   b) Querachse: Schütteln oder Querschwingen
   c) Hochachse: Heben oder Senken
2. Drehschwingungen um die
   a) Längsachse: Wanken, Rollen oder Kippen
   b) Querachse: Nicken oder Stampfen
   c) Hochachse: Schleudern

Radschwingungen und Radbewegungen

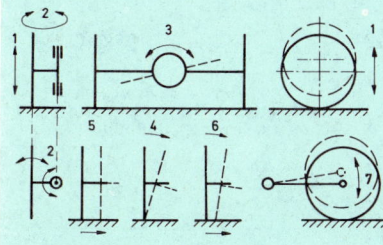

1. Senkrechte Schwingbewegung durch Vertikalkomponente des Fahrbahnstoßes oder der statischen Unwucht der Räder
2. Flatterschwingung um eine senkrechte Achse (Lenkzapfenachse oder Radhochachse) durch Kreiselwirkung bei Änderung des Radsturzes, Schräglauf und dynamische Unwucht der Räder, Horizontalkomponente des Fahrbahnstoßes, Änderung des dynamischen Reifenhalbmessers, des Radstandes und des Rollwiderstandes
3. Trampelschwingungen einer starren Achse
4. Sturzänderung: Kreiselwirkung, Lenkausschlag
5. Spuränderung: Schräglauf, Reifenverschleiß
6. Spur- und Sturzänderung geringer
7. Radstandsänderung: Drehschnelle wechselnd

Radkraftverteilung bei Stillstand des Wagens

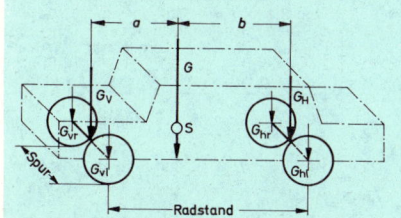

Unter Radkraft versteht man die Normalkraft zwischen Rad und Boden. Sie ist für den Kraftschluß und damit für Antrieb, Bremsen und Spurhaltung maßgebend.

Ruhekraft — Radkraft bei Stillstand des Fahrzeugs

Mittlere Kraft — Radkraft bei bestimmtem Fahrzustand

Dynamische Kraft — Augenblickliche Radkraft, Summe aus mittlerer Kraft und dynamischer Zusatzkraft

Die statische Radkraft ist von der Normalkomponente des Fahrzeuggewichtes, Lage des Schwerpunktes und Zahl der Achsen abhängig. Sie wird nach den Gesetzen der Mechanik berechnet.

Radkraftverteilung beim Bremsen

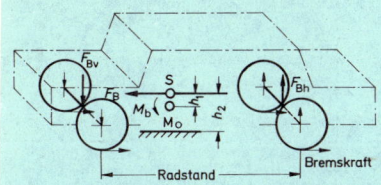

Fahrbahnunebenheiten, Bremsen, Beschleunigen und Luftwiderstand erzeugen Längskräfte, die dynamische Zusatzkräfte für die Räder bilden und unerwünschte Nickschwingungen um die Fahrzeugquerachse anregen. Das Nickmoment entlastet beim Beschleunigen die Vorderachse und belastet die Hinterachse; beim Bremsen umgekehrt.

Eine im Fahrzeugschwerpunkt angreifende Längskraft übt kein Nickmoment aus, wenn der Schwerpunkt mit dem Momentandrehpol zusammenfällt. Das Nicken kann auch durch Verbundfederung, Ausgleichhebel oder Bremsniederhaltung vermindert werden.

Verteilung der Zusatzkraft von Schwerpunktslage, Radstand Radaufhängung und Federkennung abhängig.

3

Elektrotechnische Grundbegriffe

Stromkreis	Im äußeren Stromkreis fließt der Strom vom Spannungserzeuger (Batterie, Generator) über den Schalter zum Verbraucher, durch den Verbraucher hindurch und zum Erzeuger wieder zurück. Im Kfz wird die Fahrzeugmasse (Motor, Fahrgestell) als Rückleitung benützt, um eine Leitung zu sparen.	Strom fließt nur, wenn elektrische Spannung vorhanden ist und der Stromkreis geschlossen ist. Ein Stromkreis besteht mindestens aus Spannungserzeuger, Hinleitung, Verbraucher und Rückleitung.
Metallische Leiter	In den Metallen befinden sich Elektronen, bei denen die Bindungskräfte an den Atomkern aufgehoben sind. Diese Elektronen sind im Leiter frei beweglich und heißen deshalb freie Elektronen oder Leitungselektronen.	Gute Leiter wie Kupfer oder Silber enthalten ebenso viele freie Elektronen wie Atome. Nichtleiter, wie Gummi oder Kunststoff, enthalten fast keine freien Elektronen.
Stromfluß	Am Minuspol eines Spannungserzeugers herrscht Elektronenüberschuß, am Pluspol Elektronenmangel. Verbindet man beide Pole mit einem Leiter, dann dringen die freien Elektronen am Minuspol in den Leiter ein und bewegen die freien Elektronen des Leiters. Am Pluspol werden ebenso viele abgesaugt wie am Minuspol eindringen.	Die Bewegung der freien Elektronen im Leiter ist das Fließen des elektrischen Stromes. Der Elektronenstoß pflanzt sich mit etwa 300 000 km/s Geschwindigkeit fort, während sich die Elektronen selbst nur verhältnismäßig langsam fortbewegen.
Messen des Stromes	Je größer die Anzahl der Elektronen ist, die je Sekunde durch den Leiterquerschnitt hindurchfließen, desto größer ist der Strom oder die Stromstärke. Der Strom wird mit dem Strommesser (Amperemeter) gemessen. Der Strommesser wird in den Stromkreis geschaltet.	Die Maßeinheit für den elektrischen Strom ist 1 Ampere = 1 A. Bei 1 A fließen etwa 6,3 Trillionen $(6,3 \cdot 10^{18})$ Elektronen je Sekunde durch den Leitungsquerschnitt. Der Strommesser hat einen sehr kleinen Widerstand, deshalb darf er nicht ohne Verbraucher benützt werden.
Messen der Spannung	Der Ladungsunterschied zwischen dem Minuspol und dem Pluspol bewirkt ein Ausgleichsbestreben der Ladungen. Das Ausgleichsbestreben ist die elektrische Spannung. Der Spannungsmesser (Voltmeter) wird zwischen Plus und Minus am Erzeuger oder Verbraucher angeschlossen.	Die Maßeinheit für die elektrische Spannung ist 1 Volt = 1 V. Der Spannungsmesser hat im Gegensatz zum Strommesser einen sehr hohen Widerstand, z. B. 1 000 Ohm je Volt. Je größer der Widerstand ist, desto kleiner ist der Eigenverbrauch des Meßgerätes.
Elektrischer Widerstand und Leitwert	Leiter und Verbraucher setzen dem Fließen des Stromes einen Widerstand entgegen, weil sich die Elektronen durch die Zwischenräume der Atome hindurch bewegen müssen. Der Kehrwert des elektrischen Widerstandes ist der Leitwert.	Die Maßeinheit des elektrischen Widerstandes ist 1 Ohm = 1 Ω. Wenn in einem Leiter bei 1 V Spannung 1 A Strom fließt, dann ist der Widerstand des Leiters 1 Ohm. Die Maßeinheit für den elektrischen Leitwert ist 1/Ohm = 1 Siemens.
Stromrichtung	Technische Stromrichtung: Die genormte Stromrichtung im äußeren Stromkreis ist von Plus nach Minus. Elektronenstromrichtung: Die Elektronen bewegen sich vom Minuspol durch den Verbraucher hindurch zum Pluspol der Spannungsquelle.	Die Stromrichtung von Plus nach Minus wurde zu einer Zeit festgelegt, als die Elektronenbewegung noch nicht bekannt war. Im Spannungserzeuger ist die Bewegungsrichtung umgekehrt wie im äußeren Stromkreis.

3

Stromarten 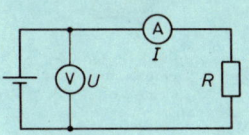	**Gleichstrom** Beim Gleichstrom bewegen sich die Leitungselektronen eines Stromkreises immer in gleicher Richtung. **Wechselstrom** Beim Wechselstrom schwingen die Leitungselektronen hin und her. Der Wechselstrom ändert seine Richtung und Stärke in regelmäßigen Zeitabständen.	Eine volle Wechselstromschwingung heißt eine Periode. Die Anzahl der Perioden je Sekunde ist die Frequenz. Die Maßeinheit ist 1 Hertz = 1 Hz. Der Netzwechselstrom hat eine Frequenz von 50 Hz. Er ändert seine Richtung 100mal in der Sekunde.
Ohmsches Gesetz 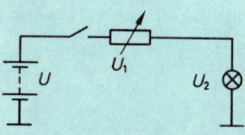	Das Ohmsche Gesetz zeigt den Zusammenhang zwischen Strom, Spannung und Widerstand, zum Beispiel: Der Strom I in einem Stromkreis ist um so größer, je größer die Spannung U und je kleiner der Widerstand R ist. $$\text{Strom} = \frac{\text{Spannung}}{\text{Widerstand}}$$	Widerstand und Spannung lassen sich aus den Beziehungen bestimmen: $$\text{Widerstand} = \frac{\text{Spannung}}{\text{Strom}} \text{ und}$$ Spannung = Strom × Widerstand, z.B. 1 V elektrische Spannung treibt einen Strom von 1 A durch 1 Ω Widerstand.
Reihenschaltung 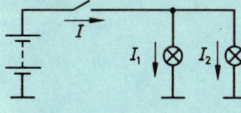	Die Verbraucher (Widerstände) sind hintereinandergeschaltet. Der Gesamtwiderstand ergibt sich aus der Summe der Einzelwiderstände. An den Verbrauchern liegen Teilspannungen, die im gleichen Verhältnis wie die Widerstände stehen. Der Strom ist an allen Stellen des Stromkreises gleich groß.	Bei einer Starterbatterie ergibt sich die Spannung von 12 V aus 6 in Reihe geschalteten Zellen zu je 2 V. Bei der Vorglühanlage sind Glühkerzen von etwa 1 V, Überwacher und Vorwiderstände in Reihe geschaltet. Vorwiderstände in Reihe zum Verbraucher verringern die Spannung am Verbraucher (Skalenbeleuchtung).
Parallelschaltung 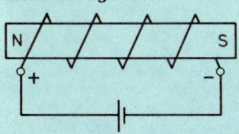	Alle Verbraucher (Widerstände) liegen an derselben Spannung. Die einzelnen Verbraucherströme ergeben zusammen den Gesamtstrom. Die Einzelströme sind im umgekehrten Verhältnis wie die Widerstände. Der Ersatzwiderstand ist kleiner als der kleinste Einzelwiderstand.	Die Verbraucher sind im Netz parallelgeschaltet, damit sie alle an der gleichen Spannung liegen. Sie werden für die betreffende Netzspannung hergestellt und können dadurch unabhängig voneinander vom Netz gespeist werden.
Elektromagnet 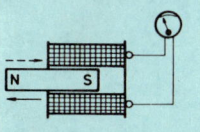	Jeder stromdurchflossene Leiter hat ein Magnetfeld, deshalb entsteht in der Spule ein Magnetfeld. Das Magnetfeld der Spule ist um so größer, je größer die Windungszahl ist und je größer der Strom ist. Der Eisenkern in der Spule verstärkt den magnetischen Fluß um ein Vielfaches.	Regel für die magnetischen Pole einer Spule: Umfaßt man die Spule mit der rechten Hand so, daß die Finger in Stromrichtung zeigen (von + nach −), dann zeigt der abgespreizte Daumen zum Nordpol des Magnetfeldes.
Elektr. Induktion 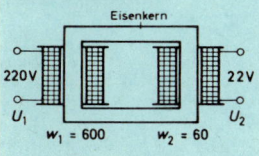	Beim Bewegen von Magnet oder Spule wird in der Spule während der Bewegung eine Spannung induziert. Die Richtung der induzierten Spannung ändert sich, wenn die Bewegungsrichtung oder die Richtung des Magnetfeldes geändert wird. Beim Hin- und Herbewegen entsteht eine Wechselspannung.	Die induzierte Spannung ist um so höher, je größer die Windungszahl, je stärker der Magnetfluß und je rascher die Bewegung ist. Auch ohne Bewegung entsteht eine Induktionsspannung, wenn sich der magnetische Fluß innerhalb der Spule ändert (Transformator).
Transformator	Der Transformator besteht aus zwei Spulen auf einem gemeinsamen Eisenkern. Die Wicklung I ist die Eingangswicklung (Primärwicklung), die Wicklung II die Ausgangswicklung (Sekundärwicklung). Der von der Eingangswicklung erzeugte Wechselfluß bewirkt in der Ausgangswicklung eine Wechselspannung gleicher Frequenz wie die Eingangswicklung. Die Ausgangsspannung richtet sich nach dem Windungszahlverhältnis.	Die Spannungen des Transformators verhalten sich wie die Windungszahlen, somit ist $U_1 : U_2 = N_2 : N_1$. Die Ströme verhalten sich umgekehrt wie die Windungszahlen, $I_1 : I_2 = N_1 : N_2$. Das Verhältnis der Spannungen $U_1 : U_2$ ist das Übersetzungsverhältnis des Transformators.

3

Elektrotechnische Grundbegriffe

Vierleiternetz 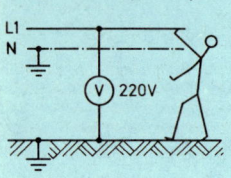	Für die Verteilung der elektrischen Energie wird das Vierleiternetz verwendet. Es besteht aus den Außenleitern L1, L2, L3 und dem Mittelpunktsleiter (Nulleiter) N. Zwischen je zwei Außenleitern liegt eine Spannung von 380 V, während die Spannung zwischen einem Außenleiter und dem Mittelpunktsleiter 220 V beträgt.	Durch das Vierleiternetz ergibt sich die Möglichkeit, mit zwei Spannungen zu arbeiten. Glühlampen und Haushaltsgeräte werden mit 220 V betrieben. Größere Verbraucher wie Elektromotoren, Herde, Heißwassergeräte können mit 380 V betrieben werden.
Gefahren durch Netzberührung 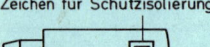	Die Folgen eines elektrischen Unfalls sind abhängig von 1. der Stärke des Stromes, der durch den Körper fließt, 2. der Dauer der Einwirkung, 3. dem Weg des Stromes, z.B. der Weg über das Herz ist ganz besonders gefährlich, 4. der Stromart, z.B. Netzwechselstrom ist sehr gefährlich. Die Stärke des Stromes ist um so größer, je kleiner die Übergangswiderstände an den Stellen des Stromeintritts und des Stromaustritts sind. Bei feuchten Händen, nasser Kleidung, nassem Fußboden ist der Übergangswiderstand klein und deshalb die Gefahr sehr groß.	Wirkungen des elektrischen Stromes auf Menschen bei einem Strom von 50 mA: Herzkammerflimmern, Atemlähmung, Erstickungsgefahr, Tod beim Stromweg über das Herz. 30 mA: Betäubung, Muskelkrampf, Atemnot. Bei Berührung von Netzen mit Spannungen über 65 V können lebensgefährliche Ströme über 50 mA auftreten. **Erste Hilfe** 1. Stromkreis unterbrechen: Netzstecker ziehen, Sicherungen herausnehmen. 2. Sofort ärztliche Hilfe herbeirufen. 3. Beim Aussetzen der Atmung künstliche Atmung einleiten (Atemspende).
Schutzisolierung Zeichen für Schutzisolierung 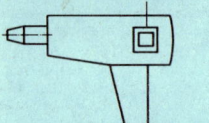	Alle berührbaren Teile eines Gerätes, die im Falle eines Fehlers Spannung führen können, sind zusätzlich zur Betriebsisolierung noch dauerhaft mit Isolierstoff bedeckt. Angetriebene metallische Teile, z.B. Bohrspindeln, müssen durch Isolierstücke vom Motor elektrisch getrennt sein.	An schutzisolierten Geräten befindet sich keine Anschlußstelle für einen Schutzleiter. Die bewegliche Anschlußleitung darf keinen Schutzleiter enthalten, kann aber mit einem Schutzkontaktstecker versehen sein.
Schutzkleinspannung 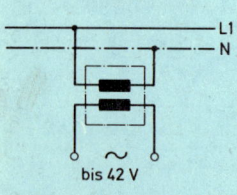	Schutzkleinspannungen werden mit Schutztransformatoren, Klingel- und Spielzeugtransformatoren erzeugt. Die Eingangswicklung des Transformators muß von der Ausgangswicklung galvanisch getrennt sein. Schutzkleinspannungen sind Nennspannungen bis 42 V. Für Kinderspielzeug sind nur Spannungen bis 24 V zulässig.	Vorgeschrieben sind Schutzkleinspannungen z.B. für elektrische Betriebsmittel, die in Kesseln, engen Räumen oder bei Nässe verwendet werden, für Spielzeuge und Massagegeräte. Die Stecker von Geräten, die mit Kleinspannung betrieben werden, dürfen nicht in Steckdosen für 220 V passen. Die Geräte haben keine Schutzleiterklemme.
Schutzleiter 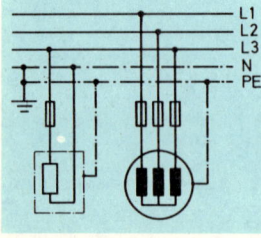	Der Schutzleiter verbindet die nicht spannungsführenden Metallteile der elektrischen Geräte oder Maschinen mit dem Mittelpunktsleiter (Nulleiter) N des Netzes oder mit dem Schutzleiter PE in Netzen mit getrennter Verlegung. Ein Fehlerfall, z.B. ein Körperschluß, führt zum Fließen eines Kurzschlußstromes über den Schutzleiter. Der Kurzschlußstrom bewirkt das Ansprechen der Sicherung und damit das Abschalten des Gerätes.	In den beweglichen Anschlußleitungen muß für den Schutzleiter immer eine eigene Ader verwendet werden. Der Schutzleiter muß sorgfältig angeschlossen werden, damit keine Unterbrechung entstehen kann. Für den Schutzleiter ist die grüngelbe Ader vorgeschrieben. Auch im festverlegten Teil einer elektrischen Anlage muß der Schutzleiter grüngelb gekennzeichnet sein.

3

Bleibatterie

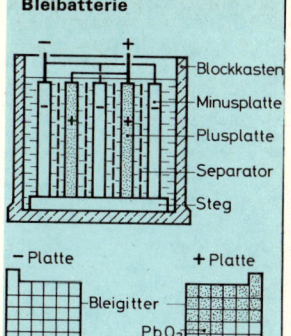

- Blockkasten
- Minusplatte
- Plusplatte
- Separator
- Steg

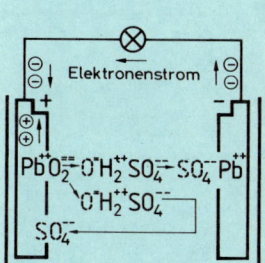

− Platte + Platte

- Bleigitter
- PbO_2
- Pb

Aufgaben

Die Batterie muß die vom Generator erzeugte elektrische Energie durch elektrochemische Umwandlung speichern und bei Bedarf, z.B. beim Starten, wieder abgeben.

Aufbau

Das Grundelement der Batterie ist die Zelle. Sie enthält den Plattenblock, der aus einem Plusplattensatz und einem Minusplattensatz besteht, wobei die einzelnen Platten durch dazwischengeschobene Separatoren voneinander getrennt sind. Die Zelle ist mit verdünnter Schwefelsäure gefüllt.
Der Blockkasten, z.B. einer 12-V-Batterie, ist in sechs Zellen aufgeteilt die gegenseitig abgedichtet sind und nach oben durch den Blockkastendeckel dicht verschlossen sind. Die einzelnen Zellen sind durch Zellenverbinder in Reihe geschaltet. Am ersten und am letzten Plattensatz sind die Endpole angeschweißt.

Blockkasten, Blockdeckel

Aus säurefestem Isolierstoff, teilweise aus Hartgummi, meistens aus Kunststoff, z.B. Polypropylen.

Platten

Aus Bleigitter mit eingebetteter hochporöser wirksamer Masse aus kleinsten Bleiteilchen (− Platte) und Bleidioxidteilchen (+ Platte). Die wirksame Masse wird beim Laden und Entladen chemisch umgewandelt.

Separatoren

Mikroporöse Isolierplatten aus säurefestem Kunststoff. Sie verhindern die Berührung zwischen Plus- und Minusplatten, müssen aber für den Elektrolyten durchlässig sein.

Elektrolyt

Mischung aus chemisch reiner Schwefelsäure (H_2SO_4) und entsalztem oder destilliertem Wasser.
Der Elektrolyt darf nicht durch Mineralsalze des Wassers verunreinigt sein.

Entladung

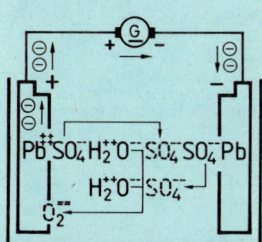

Elektronenstrom

$$Pb\overset{++}{O_2} \cdot O^{--}H_2^{++}\overset{}{SO_4} \cdot \overset{--}{SO_4} \cdot \overset{++}{Pb}$$
$$O^{--}H_2^{++}\overset{--}{SO_4}$$
$$\overset{--}{SO_4}$$

Elektrolytische Vorgänge

Die Schwefelsäure ist durch die Mischung mit Wasser in positive H-Ionen und negative SO_4-Ionen gespalten. Werden die Pole der Zelle durch einen Verbraucher (Glühlampe) verbunden, fließen Elektronen vom Minuspol zum Pluspol. Dadurch, daß am Minuspol Elektronen abwandern, entsteht aus dem neutralen Blei zweiwertig positives Blei, das sich mit der zweiwertig negativen SO_4-Gruppe zu Bleisulfat $PbSO_4$ verbindet.
Am Pluspol entsteht aus dem vierwertig positiven Blei des Bleidioxids durch die Elektronenzufuhr zweiwertig positives Blei. Die Verbindung mit O_2 wird dabei aufgehoben und eine Verbindung mit SO_4 eingegangen, es entsteht ebenfalls Bleisulfat $PbSO_4$. Die frei gewordenen Sauerstoffatome verbinden sich mit den Wasserstoffatomen des Elektrolyten zu Wasser. Die Dichte der Batteriesäure nimmt ab.

Entladener Zustand

+ Platten, wirks. Masse Bleisulfat	$PbSO_4$
− Platten, wirks. Masse Bleisulfat	$PbSO_4$
Säuredichte	1,12 kg/dm³
Säuredichte in Baumégrad	16°
Zellenspannung, unbelastet	1,75 V

Hochstromentladung

Beim Entladen mit hohen Strömen z.B. beim Starten ist zu beachten, daß sich das im Inneren der Platten und an der Plattenoberfläche bildende Wasser mit der übrigen Säure vermischen muß. Die Batterie benötigt daher bei Hochstromladungen Erholungspausen.

Tiefentladung

Vollständige Entladung einer Batterie ist zu vermeiden, da das entstehende Bleisulfat ein größeres Volumen hat und dadurch die Gefahr des Ausbrechens der wirksamen Masse aus dem Plattengitter besteht.
Tief entladene Batterien sollten sofort wieder aufgeladen werden

Ladung

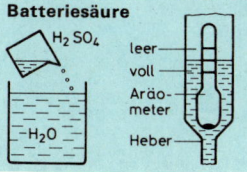

$$\overset{++}{Pb}\overset{--}{SO_4} \cdot H_2^{++}O^{--} \cdot \overset{--}{SO_4} \cdot \overset{--}{SO_4} \cdot \overset{}{Pb}$$
$$H_2^{++}O^{--} \cdot \overset{--}{SO_4}$$
$$\overset{--}{O_2}$$

Elektrolytische Vorgänge

Die elektrochemischen Vorgänge verlaufen beim Laden genau umgekehrt wie beim Entladen.
Der Pluspol der Gleichstromquelle wird mit dem positiven Pol der Zelle und der Minuspol mit dem negativen Pol verbunden. Am Pluspol der Zelle werden Elektronen abgesaugt und zum Minuspol gedrückt. Dadurch wird die Bleisulfatverbindung an beiden Polen aufgelöst. Am Minuspol entsteht reines Blei. Am Pluspol verbindet sich das vierwertige Blei mit zwei zweiwertigen Sauerstoffatomen zu Bleidioxid PbO_2. Die SO_4-Gruppe geht in den Elektrolyten, wodurch Schwefelsäure gebildet wird. Die Säuredichte nimmt zu.

Geladener Zustand

+ Platten, wirks. Masse Bleidioxid	PbO_2
− Platten, wirks. Masse reines Blei	Pb
Säuredichte	1,28 kg/dm³
Säuredichte in Baumégrad	32°
Zellenspannung, unbelastet	2,1 V

Ladespannung je Zelle
bei Gasungsbeginn	2,4 V
bei Ladungsende	2,7 V
Ladestrom	etwa 0,1 · Kapazitätszahl
Schnelladung	etwa 0,8 · Kapazitätszahl

Gegen Ende der Ladung wird Wasser zerlegt, dabei entsteht Wasserstoff an den Minusplatten und Sauerstoff an den Plusplatten (Knallgas). Funken können daher zur Explosion einer Zelle führen.

Batteriesäure

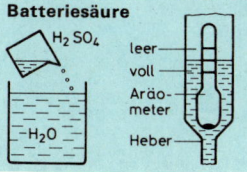

H_2SO_4

leer
voll
Aräometer
Heber

$-H_2O$

Ladezustand der Batterie	Dichte bei 20 °C kg/dm³		Zusammensetzung der Säuremischung Wasser Vol-%	konz. H_2SO_4 Vol-%	Gefrierpunkt °C
voll	Normal	1,28	74	26	− 68
geladen	Tropen	1,23	79	21	− 40
halb	Normal	1,20	82	18	− 27
geladen	Tropen	1,16	86	14	− 17
entladen	Normal	1,12	90	10	− 11
	Tropen	1,08	94	6	− 8

Starterbatterie (Akkumulator)

Inbetriebnahme Lieferzustand der Batterie: ungefüllt, Platten vorgeladen und chemisch konserviert, deshalb lagerfähig.	Verschlußstopfen öffnen und Schwefelsäure von 1,28 kg/dm³ Dichte bis zur Säurestandsmarke einfüllen. Nach 20 Minuten den Säurestand prüfen. Die Batterie ist jetzt betriebsbereit und hat etwa 80 % ihrer Nennkapazität.	Zum Einfüllen der Säure dürfen keine Metalltrichter verwendet werden. Säurestand über der Plattenoberkante: normal etwa 15 mm bei kleinem Säureraum etwa 10 mm bei Kraftrad-Batterien etwa 6 mm
Kapazität Strommenge in Amperestunden (Ah), die bei der Entladung abgegeben wird. Die Kapazität ist durch die Menge der wirksamen Masse bestimmt.	Nennkapazität K_{20} nach DIN 72311: Entladekapazität in Ah bei 20-stündiger Entladezeit. Kleinstwert der Entladeschlußspannung für 6-V-Batterien 5,25 V, für 12-V-Batterien 10,5 V. Elektrolyttemperatur 27 °C. Entladestrom 1/20 des Kapazitätswertes.	Bei Entladung mit höherem Strom und bei tieferer Temperatur gibt die Batterie nur einen Teil ihrer Nennkapazität ab. Bezeichnungsbeispiel: 12 V 44 Ah 210 A Nennspannung 12 V Nennkapazität 44 Ah Kälteprüfstrom 210 A
Kälteprüfstrom Der Kälteprüfstrom gibt Aufschluß über die Startfähigkeit bei tiefen Temperaturen.	Bei der Kälteprüfung wird die Batterie bei einer Temperatur von −18 °C mit dem Kälteprüfstrom entladen. Die zulässige Mindestspannung je Zelle ist: nach 30 Sekunden Entladezeit 1,4 V nach 180 Sekunden Entladezeit 1,0 V	Vergleich zweier Starterbatterien: (1) 12 V 110 Ah 490 A (21 Platten/Zelle) (2) 12 V 135 Ah 450 A (19 Platten/Zelle) Batterie (1) hat trotz kleinerer Nennkapazität ein günstigeres Startverhalten bei Kälte als Batterie (2).
Wirkungsgrad Zur Ermittlung des Wirkungsgrades wird eine voll geladene Batterie entladen und dann wieder geladen.	Strommengen-Wirkungsgrad: $$\eta_{Ah} = \frac{\text{abgegebene Strommenge in Ah}}{\text{zugeführte Strommenge in Ah}}$$ Bei 20-stündiger Entladung und 27 °C beträgt η_{Ah} etwa 90 %.	Energie-Wirkungsgrad: $$\eta_{Wh} = \frac{\text{abgegebene elektr. Arbeit in Wh}}{\text{zugeführte elektr. Arbeit in Wh}}$$ Bei 20-stündiger Entladung und 27 °C beträgt η_{Wh} etwa 75 %.
Selbstentladung Geladene Batterien verlieren nach gewisser Zeit ihre Ladung, ohne daß Verbraucher angeschlossen sind.	Durch metallische Verunreinigung der Säure und durch Antimonabscheidung aus dem Hartblei bilden sich an der wirksamen Masse kleine Lokalelemente, die zur Selbstentladung führen. Die Selbstentladung nimmt bei höherer Temperatur zu.	Die Selbstentladung beträgt täglich je nach Alter der Batterie 0,2 bis 1,0 % der Nennkapazität. Außer Betrieb genommene Batterien werden mit einer Erhaltungsladung (Dauerladung mit kleinem Strom) auf dem vollen Ladezustand gehalten.
Störungen Entladeleistung zu gering, die Spannung fällt bei Belastung stark ab. **Sulfatierung** Grauweißer Belag auf den Plus- und Minusplatten. Entladekapazität und Säuredichte zu nieder, Ladespannung hoch, starke Erwärmung beim Laden.	Kurzschluß innerhalb einer Zelle: Säuredichte zu nieder, Zelle entladen. Undichtheit zwischen zwei benachbarten Zellen: Säuredichte in beiden Zellen zu nieder, beide Zellen entladen. Säuredichte in allen Zellen zu nieder trotz Ladung: Sulfatierung der Platten. Polklemmen oxidiert oder lose, Ausblühung weißer Salze: Belastungsstrom fällt ab. Batterie alt, Plusplatten abgeschlammt; Plattenschluß durch ausgefallene Masse, Batteriekapazität gering. An der Plattenoberfläche hat sich aus feinkristallinem Bleisulfat grobkristallines Bleisulfat gebildet, das sich nur sehr schwer zurückbildet. Sulfatierung der Batterie entsteht durch längeres Stehen im ungeladenen Zustand.	Bei Lkw-Batterien kann der defekte Plattenblock oder der undichte Blockkasten ausgetauscht werden. Bei Pkw-Batterien besteht keine Reparaturmöglichkeit. Weiße Ausblühungen an den Anschlußpolen entfernen, Batterie und Pole abwaschen, mit Neutralisationsflüssigkeit behandeln. Polklemmen fest anziehen, angefressene Klemmen austauschen, Pole und Polklemmen mit Säureschutzfett einfetten. Lebensdauer einer Starterbatterie im Normalfall etwa drei Jahre. Defekte Zellen gasen bei Hochstrombelastung. Prüfung im Fahrzeug durch Einschalten des Starters bei eingelegtem Gang und festgebremstem Fahrzeug. Batterie mit niedrigem Ladestrom laden, damit sich der Belag langsam zurückbildet. Ladestrom etwa 1 A je 100 Ah Nennkapazität. Wird nach mehrmaligem Laden und Entladen keine Zurückbildung des Belags erzielt, ist die Batterie unbrauchbar.

Batterietypen
(Auswahl)

DIN Typ-Nr.	Batteriebezeichnung	Abmessungen $l \times b \times h$, mm	Gewicht kg	DIN Typ-Nr.	Batteriebezeichnung	Abmessungen $l \times b \times h$, mm	Gewicht kg
005 16	6 V 4,5 Ah	95 × 85 × 123	1,2	566 18	12 V 66Ah 300 A	306 × 175 × 190	16,8
012 14	6 V 12 Ah 45 A	123 × 61 × 137	1,7	584 11	12 V 84 Ah 280 A	388 × 175 × 220	19,7
066 12	6 V 66 Ah 270 A	178 × 175 × 188	6,3	588 11	12 V 88 Ah 395 A	388 × 175 × 190	21,3
515 11	12 V 15Ah 110 A	196 × 82 × 172	3,9	605 11	12 V 105 Ah 350 A	513 × 196 × 234	26,4
527 12	12 V 27 Ah 130 A	210 × 175 × 175	8,0	610 11	12 V 110 Ah 490 A	513 × 189 × 225	28,3
536 24	12 V 36 Ah 175 A	210 × 175 × 175	8,3	625 11	12 V 125 Ah 435 A	349 × 175 × 289	30,2
540 86	12 V 40 Ah 150 A	263 × 137 × 233	12,0	635 11	12 V 135 Ah 450 A	513 × 223 × 240	31,5
544 81	12 V 44 Ah 210 A	210 × 219 × 223	12,0	643 11	12 V 143 Ah 630 A	513 × 223 × 240	37,7
556 11	12 V 56 Ah 190 A	262 × 182 × 220	13,8	670 15	12 V 170 Ah 470 A	520 × 218 × 210	50,9
560 49	12 V 60 Ah 200 A	272 × 173 × 225	17,1	680 11	12 V 180 Ah 600 A	523 × 295 × 249	50,9

Arten, Aufgaben

1. System mit Hell-Dunkel-Grenze (europäischer Kontinent)
   a) mit symmetr. Abblendlicht
   b) mit asymmetr. Abblendlicht

2. Zusatzscheinwerfer
   a) Halogen-Fernscheinwerfer
   b) Nebelscheinwerfer
   c) Weitstrahler (in Deutschland nicht zugelassen)

3. System ohne Hell-Dunkel-Grenze (Amerika, Großbritannien)
   a) Sealed Beam System
   b) S. B. Vierscheinwerfersystem

1. Möglichst große Reichweite. Beleuchtungsstärke mindestens 1 Lux, bei Fernlicht in 100 m, bei Abblendlicht in 25 m Entfernung. Bei 1 Lux ist eine dunkel gekleidete Person noch deutlich sichtbar.

2. Gleichmäßige Beleuchtung der Fahrbahn. Bei ungleichmäßiger Beleuchtung rasche Ermüdung des Auges wegen Hell-Dunkel-Anpassung (Adaption).

3. Seitenstreuung (Kurvenfahrt).

Hauptteile

Gehäuse mit Einstellvorrichtung.

Spiegel (Reflektor), paraboloidförmig, aus Stahlblech gezogen. Inseitig geschliffen, lackiert, im Vakuum mit Aluminium bedampft und mit Quarz überzogen.

Zweidrahtlampe (Biluxlampe) für Fern- und Abblendlicht.

Streuscheibe mit eingepreßten Zylinderlinsen (Rippen) oder Prismen.

Strahlengang

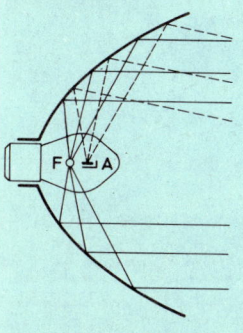

Fernlicht

Der Fernleuchtkörper (F) der Zweidrahtlampe liegt im Brennpunkt des Spiegels. Alle Lichtstrahlen werden parallel zur Spiegelachse reflektiert (gebündelt), deshalb große Reichweite. Durch die Streuscheibe wird die Lichtverteilung gleichmäßig.

Abblendlicht

Der Abblendleuchtkörper (A) liegt vor dem Brennpunkt, deshalb Neigung der austretenden Lichtstrahlen. Die Abblendkappe läßt kein Licht in die untere Spiegelhälfte, somit kann nur das abwärtsgerichtete Licht aus der oberen Spiegelhälfte austreten.

Tiefer Parabolspiegel, erfaßt große Lichtmenge.
Brennweite   20 ... 40 mm
Reflexion   etwa 90 %
Vergrößerung der Lichtstärke durch den Reflektor   etwa 1 000fach

Zweidrahtlampe
Temperatur des Leuchtkörpers (Wolframlegierung)   etwa 2 000 °C
Lampenschwärzung entsteht durch verdampftes Wolfram.
Glühlampen dürfen beim Wechseln nicht mit bloßen Fingern angefaßt werden, weil die Rückstände verdampfen oder festbrennen.

Ein Spannungsverlust an der Lampe von 10 % ergibt einen Lichtstärkeverlust von etwa 30 %.

3

Symmetrisches Abblendlicht

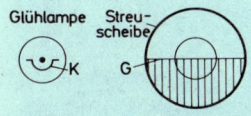
Glühlampe   Streuscheibe

Die Abblendkappe (K) der Glühlampe begrenzt das Licht genau bis zur waagrechten Achse, wodurch die Hell-Dunkel-Grenze (G) entsteht.

Die Lichtverteilung auf der Fahrbahn ist symmetrisch zur Längsachse des Fahrzeugs.

Glühlampenleistung
Fernlicht/Abblendlicht
                        6 V 35/35 W
                        12 V 35/35 W
                        24 V 45/40 W

Verwendung für einspurige Kraftfahrzeuge, für Schlepper und Kraftfahrzeuge mit Dauerabblendlicht.

Asymmetrisches Abblendlicht

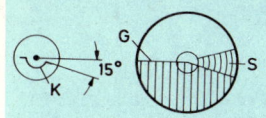

Die Abblendkappe (K) ist einseitig um 15° angeschrägt, wodurch Licht in die untere Spiegelhälfte fällt. Das austretende Licht reicht deshalb auf der rechten Fahrbahnseite weiter nach vorn. Die Lichtverteilung ist asymmetrisch.

Glühlampenleistung
Fernlicht/Abblendlicht
                        6 V 45/40 W
                        12 V 45/40 W
                        24 V 55/50 W

Nur für mehrspurige Kfz zugelassen. Der Sektor (S) in der Streuscheibe dient der asymmetrischen Lichtverteilung.

Halogen-Glühlampen

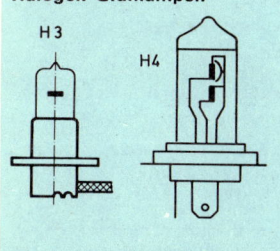
H 3   H 4

Halogen-Kreisprozeß
Das dem Füllgas beigemischte Jod verbindet sich an der Kolbenwand mit dem abgedampften Wolfram zu Wolframjodid und gelangt infolge thermischer Strömung an den heißen Leuchtkörper, wo es wieder in Wolfram und Jod zerfällt. Die Schwärzung des Kolbens, der mindestens 250 °C heiß sein muß, wird dadurch verhindert.

Halogen-Fernscheinwerfer
Zulässig bei Fernlicht:
1. gleichzeitig mit den Hauptscheinwerfern,
2. gleichzeitig mit Abblendlicht,
3. nur Halogen-Fernscheinwerfer.

Glühlampenleistung
Typ H 1 und H 3   6 V, 12 V, 55 W
                          24 V, 70 W
Typ H 2   12 V, 55 W
Typ H 4   12 V, 60/55 W
                          24 V, 75/70 W

Leuchtkörpertemperatur   bis 3 000 °C
Gasdruck (Betriebsdruck)   bis 2 bar
Lichtausbeute verglichen mit einer normalen Glühlampe   150 %

Typ H 1 und H 2 Eindraht-Lampe mit Leuchtkörper in Lampenachse
Typ H 3 Eindraht-Lampe mit Leuchtkörper quer zur Lampenachse
Typ H 4 Zweidraht-Lampe für Fern- und Abblendlicht.

Scheinwerfer

Sealed Beam System (USA) 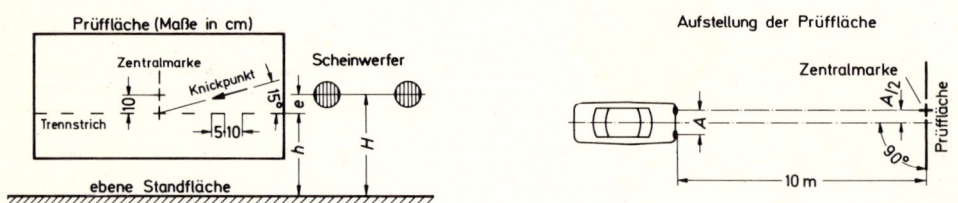	**Fernlicht** Der Leuchtkörper (F) liegt im Brennpunkt des Spiegels. Alle Lichtstrahlen werden parallel zur Achse des Scheinwerfers reflektiert. **Abblendlicht.** Der Leuchtkörper (A) liegt über dem Brennpunkt und ist seitlich verschoben, deshalb wird die Seite der Fahrbahn stärker beleuchtet. Außer dem abwärtsgerichteten Licht tritt aus der Randzone des Spiegels nach oben gerichtetes Licht aus.	Sealed Beam (versiegeltes Licht), weil Glühlampe, Spiegel und Streuscheibe eine Einheit bilden. Flacher Parabolspiegel, Brennweite etwa 30 mm Spiegeldurchmesser 7 Zoll Fernlicht/Abblendlicht 50/45 W Die Streuscheibe ist in rechteckige Prismen aufgeteilt. Sie bewirkt die Seitenstreuung und die Brechung des nach oben ausgestrahlten Lichts, wodurch die Blendwirkung gemildert wird.
S. B. Vierscheinwerfersystem	**Scheinwerfer Typ I** Leuchtkörper (1) im Brennpunkt erzeugt scharf gebündeltes Fernlicht. **Scheinwerfer Typ II** Leuchtkörper (2) erzeugt unsymmetrisches Abblendlicht. Leuchtkörper (3) erzeugt gestreutes Zusatzlicht zum Fernlicht.	Fernlichtschaltung Leuchtkörper (1) 2×37,5 W Leuchtkörper (3) 2×37,5 W Abblendlichtschaltung Leuchtkörper (2) 2×50 W Spiegeldurchmesser 5³/₄ Zoll

Einstellung von Scheinwerfern

Prüffläche (Maße in cm) — Zentralmarke, Knickpunkt, Trennstrich, ebene Standfläche, Scheinwerfer

Aufstellung der Prüffläche — Zentralmarke, Prüffläche, 90°, 10 m

Fahrzeugart	Einstellbelastung	Einstellmaß e in cm	
		Scheinwerfer	Nebelscheinwerfer
1. Kraftfahrzeuge mit oberem Spiegelrand der Scheinwerfer bis 135 cm Höhe über der Standfläche a) Personenkraftwagen b) Kraftfahrzeuge mit niveauregelnder Federung oder automatischem Neigungsausgleich des Lichtbündels c) mehrachsige Zug- oder Arbeitsmaschinen d) einspurige Kraftfahrzeuge e) Lastkraftwagen mit vorn liegender Ladefläche	Personenkraftwagen: Eine Person oder 70 kg auf dem Rücksitz. Bei Pkw ohne Rücksitze eine Person oder 70 kg auf dem Führersitz. Notsitze gelten nicht als Rücksitze. Lastkraftwagen und sonstige mehrspurige Fahrzeuge: Einstellung im unbelasteten Zustand.	10	20
f) Lastkraftwagen mit hinten liegender Ladefläche g) Sattelzugmaschinen, Kraftomnibusse h) Personenkraftwagen als Kombinationskraftwagen ausgenommen sind jedoch Kraftfahrzeuge nach 1 b	wie oben	30	40
2. Kraftfahrzeuge, bei denen der obere Spiegelrand der Scheinwerfer höher als 135 cm über der Standfläche liegt	wie Kraftfahrzeuge unter 1. und 3.	$H/3$	$H/3 + 7$
3. Einachsige Zug- oder Arbeitsmaschinen mit dauerabgeblendeten Scheinwerfern, auf denen die erforderliche Neigung des Lichtbündels angegeben ist	Einspurige Fahrzeuge und einachsige Zug- oder Arbeitsmaschinen: 1 Person oder 70 kg auf Führersitz	$2 \times N$	20

Jeden Scheinwerfer einzeln einstellen. Die Hell-Dunkel-Grenze muß den Trennstrich berühren. Bei asymmetrischen Schweinwerfern muß der Knick auf der Senkrechten durch die Zentralmarke liegen. Die Lichtbündelmitte des Fernlichts muß auf der Zentralmarke liegen. N = Maß in cm, um das die Lichtbündelmitte auf 5 m Entfernung geneigt sein soll.

Arten, Aufgaben

1. Batteriegespeiste Anlagen
   a) Spulenzündung
   b) Transistor- oder Ignistorzündung (TSZ)
   c) Hochspannungs-Kondensatorzündung (HKZ)

2. Magnetzündanlagen
   a) Magnetzündung
   b) Schwungmagnetzündung
   c) Hochspannungs-Magnet-Kondensatorzündung (MHKZ)

1. Erzeugung eines Hochspannungsimpulses (etwa 30 000 V) durch Umwandeln der Batteriespannung.

2. Verteilung der Hochspannung auf die Zündkerzen.

3. Erzeugung eines Funkenüberschlags an den Kerzenelektroden zur Entflammung des Kraftstoff-Luftgemisches.

4. Bei Magnetzündung wird die Primärenergie durch ein umlaufendes Magnetsystem erzeugt.

Anwendungsgebiete
TSZ: Motoren mit hoher Drehzahl
HKZ: Bei ungünstigem Verrußungswiderstand der Kerzen, z. B. Kreiskolbenmotoren
MHKZ: Kleinmotoren mit hoher Drehzahl, z. B. Motorsägen

Zündspannungsbedarf
Hohe Zündspannung bei:
großem Elektrodenabstand,
hoher Verdichtung,
magerem Kraftstoff-Luftgemisch,
niedriger Elektrodentemperatur.

Spulenzündung

Schaltung 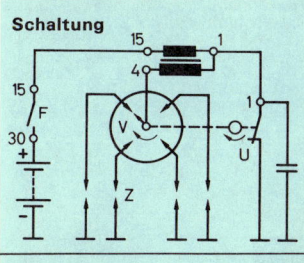	Primärstromkreis Batterie +, Fahrtschalter F, Primärwicklung Klemme 15, Klemme 1, Unterbrecher U, Masse, Batterie −. Sekundärstromkreis Sekundärwicklung Klemme 4, Verteiler V, Zündkerze Z, Masse, Batterie −, Fahrtschalter F, Klemme 15, Sekundärwicklung.	Primärwicklung Liegt außen, gute Wärmeableitung. Windungszahl 150 ... 200 Drahtdurchmesser 0,4 ... 0,6 mm Ruhestrom bis 5 A Sekundärwicklung Windungszahl etwa 20 000 Drahtdurchmesser 0,06 ... 0,08 mm Spannung, unbelastet 20 ... 35 kV Spannung, belastet 6 ... 15 kV
Zündspule 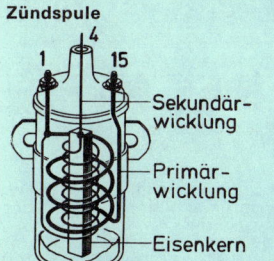 Sekundärwicklung Primärwicklung Eisenkern	Entstehung der Zündspannung Der Primärstrom erzeugt im Eisenkern der Zündspule einen starken magnetischen Fluß. Beim Öffnen des Unterbrechers wird der Magnetfluß durch die Wirkung des Kondensators schlagartig abgebaut. Durch den raschen Flußabbau wird in der Sekundärwicklung ein Hochspannungsstoß induziert.	Zündspulenleistung Maximale Funkenzahl je Minute: 6-V-Spule 13 000 12-V-Spule 18 000 Wattverbrauch bei 1 000 Umdr. je Minute des Motors: 6-V-Spule 15 ... 20 W 12-V-Spule 20 ... 30 W Übersetzungsverhältnis primär : sekundär Normalspule 1 : 100 Hochleistungsspule bis 1 : 200 Betriebstemperatur max. 90 °C
Vorwiderstand 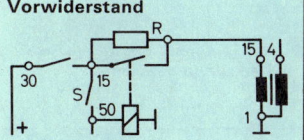	Startanhebung Die Zündspule hat mit dem vorgeschalteten Widerstand R ihre Normalleistung. Während des Startens (Schalter S) wird der Vorwiderstand durch das Relais überbrückt, wodurch der Primärstrom in der Zündspule ansteigt.	1. Erhöhung der Leistung beim Starten, 2. Wärmebelastung der Spule bei Ruhestrom geringer, da außen am Vorwiderstand Wärme entsteht. Werte des Vorwiderstandes 0,4, 0,6, 0,8, 1,2 Ohm
Kondensator 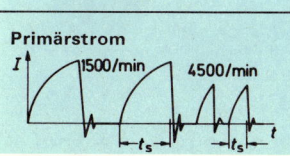 Metallfolien Isolierfolien	Beim Öffnen des Unterbrechers lädt sich der Kondensator durch die Selbstinduktionsspannung auf und verhindert dadurch das Kontaktfeuer. Er entlädt sich sofort wieder über die Primärwicklung, was zu raschem Feldabbau führt.	Der Zündungskondensator besteht aus einem Wickel von 2 gegenseitig isolierten Metallfolien, wovon die eine mit dem Aluminiumgehäuse (Masse) und die andere mit der Zuleitung verbunden ist. Kapazität 0,2 ... 0,3 µF (µF Mikrofarad)
Primärstrom I 1500/min 4500/min t_s t_s	Mit steigender Motordrehzahl wird die Schließzeit des Unterbrechers kürzer, deshalb nimmt der Primärstrom ab. Die Zündleistung sinkt mit zunehmender Drehzahl.	Schließzeit bei Einfachunterbrechern und einer Motordrehzahl von 4 000 1/min: Vierzylindermotor 4 ms Sechszylindermotor 3 ms

3

Zündanlage

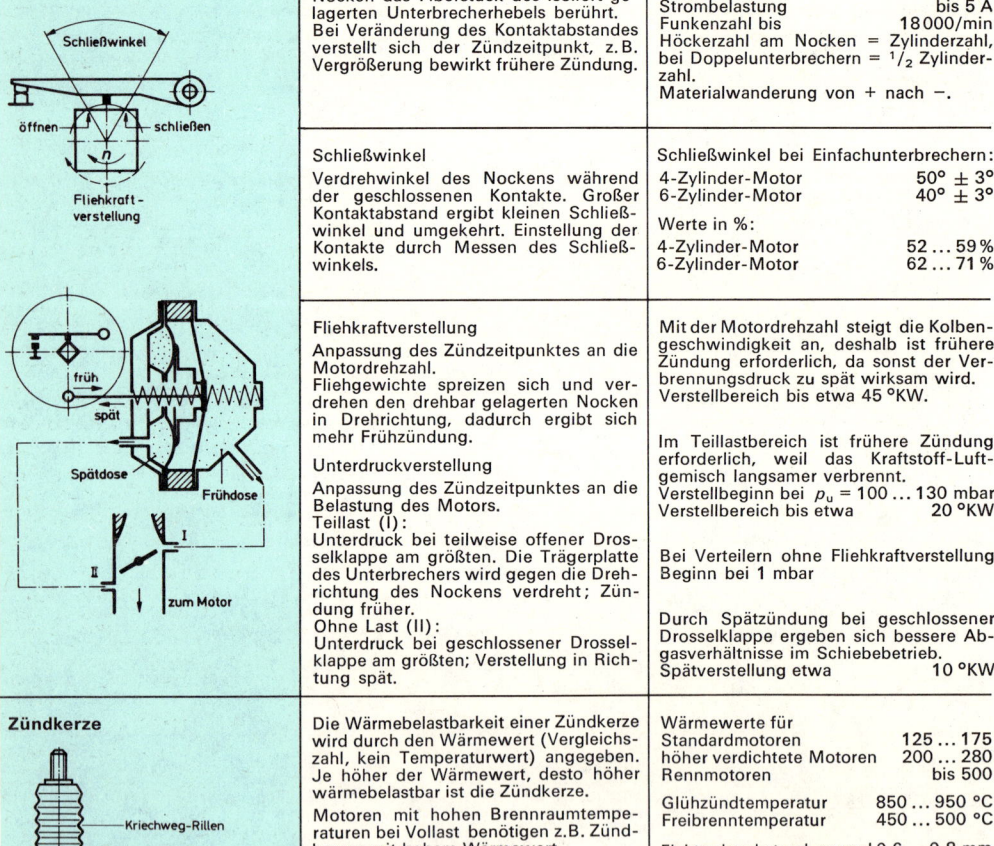

Zündverteiler	Der Zündverteiler verteilt die Zündspannung der Zündfolge entsprechend auf die einzelnen Zylinder. Die Zündspannung wird von Klemme 4 mittels Schleifkohle dem Verteilerläufer zugeführt, springt auf die Verteilerelektroden über und gelangt über die Zündkabel zu den Zündkerzen. Wegen der Bildung von Stickoxiden und Ozon durch die Funken wird der Verteiler belüftet.
	
	Unterbrecher (U), Fliehkraftversteller (n) und Unterdruckversteller (p) sind mit dem Verteiler zusammengebaut.
		Zündfolge
		4-Zyl.-Reihenmotor 1 - 3 - 4 - 2
		                       1 - 2 - 4 - 3
		4-Zyl.-Boxermotor 1 - 4 - 3 - 2
		6-Zyl.-Reihenmotor 1 - 5 - 3 - 6 - 2 - 4
		              1 - 2 - 4 - 6 - 5 - 3
		              1 - 4 - 2 - 6 - 3 - 5
		
		Luftspalt zwischen den Verteilerelektroden 0,3 ... 0,7 mm
		
		Drehzahl der Verteilerwelle bei
		4-Taktmotoren $^1/_2 n$ Kurbelwelle
		2-Taktmotoren n Kurbelwelle

Transistor-Spulenzündung, kontaktgesteuert	Bei geschlossenem Unterbrecher fließt ein Steuerstrom von Batterie + über Fahrtschalter S, Vorwiderstand R, Emitter E, Basis B, Widerstand R_2, Unterbrecher U zur Masse. Der Steuerstrom bewirkt das Durchschalten des Transistors vom Emitter E zum Kollektor C, somit fließt Primärstrom über R_3 zur Zündspule (15), Primärwicklung W_1, Masse. Das Magnetfeld in der Zündspule wird aufgebaut. Im Zündzeitpunkt wird der Steuerstrom unterbrochen, dadurch sperrt der Transistor den Durchgang des Primärstromes von E nach C schlagartig, somit Feldabbau und Hochspannungserzeugung. Der Kondensator C_1 und die Zenerdiode Z schützen den Transistor vor induktiven Überspannungen.	Steuerstrom 0,8...1,0 A Primärstrom (Ruhestrom) 8...10 A Sekundärspannung 25...30 kV Funkenzahl, max. 21 000/min Leistung bei $n = 1000$/min ca. 70 W Wesentlich höhere Zündspannung und energiereichere Zündfunken im oberen Drehzahlbereich als bei herkömmlicher Spulenzündung. Startverhalten, Leerlauf und Rundlauf des Motors werden günstig beeinflußt. Unterbrecherkontakte nur durch den geringen Steuerstrom und nicht induktiv belastet, deshalb kein Öffnungsfunke und nur geringer Verschleiß. Alle elektronischen Bauelemente sind geschützt im Schaltgerät montiert. Vorsicht, Zündung ausschalten, bevor an ihr gearbeitet wird!
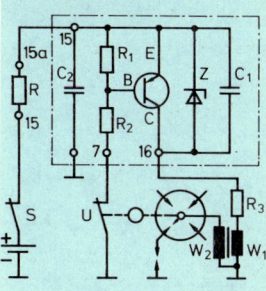		
Transistor-Spulenzündung, kontaktlos	Bei der kontaktlos gesteuerten Transistorzündung ist der Unterbrecher durch einen induktiven Impulsgeber im Verteiler ersetzt. Eine gezahnte Scheibe (Rotor) aus weichmagnetischem Stahl erzeugt während ihres Umlaufs Magnetflußänderungen in einem Dauermagneten. Die Flußänderungen bewirken Spannungsimpulse in der den Magneten umgebenden Induktionsspule. Diese Steuerimpulse, die elektronisch umgeformt und verstärkt werden, bringen den Schalttransistor zum Ansprechen und lösen dadurch die Zündspannungen aus. Außer den induktiven Gebern werden noch Hallgeber verwendet. Die Spannungsimpulse entstehen in einem stromdurchflossenen Halbleiterplättchen durch drehzahlabhängige Magnetfelder.	Primärstrom bis 10 A Zündspannung 25...30 kV Funkenzahl bis 40 000/min Zündungsimpulsgeber benötigen keine Wartung, da sie ohne Verschleiß arbeiten. Der Zündzeitpunkt wird exakt beherrscht. Bei eingeschalteter Zündung und stillstehendem Motor fließt kein Ruhestrom in der Zündspule. Die Anzahl der Zähne (Zacken) des Rotors ist gleich der Zylinderzahl des Motors. Bei Rennmotoren wird die Zündung durch besondere Impulsgeber, die am Schwungrad angebaut sind, gesteuert. Elektronische Zündanlagen erzeugen gefährliche Spannungen; sie sind deshalb nach den VDE-Richtlinien gefährliche Anlagen.
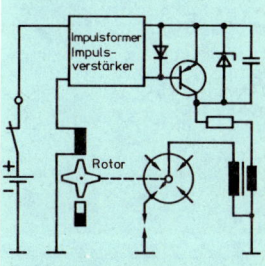		
Magnet-Transistorzündung	Wenn der Magnetfluß des Polrades in der Primärwicklung W_1 des Zündankers eine positive Spannung erzeugt, wird der Transistor über den Widerstand R positiv angesteuert, so daß er von C nach E durchschaltet. Primärstrom fließt. Im Zündzeitpunkt kommt ein negativer Impuls vom Geber G über die Zenerdiode Z an B. Der Transistor unterbricht den Primärstrom.	Sobald der Primärstrom unterbrochen wird, entsteht im Zündanker ein rascher Magnetflußwechsel und deshalb Hochspannung in der Sekundärwicklung. Magnet-Transistorzündungen gibt es auch mit Eigentriggerung. Sie benötigen keinen Geber. Zur Steuerung des Schaltgerätes wird die Primärwicklung (Anschluß A_1 und A_2) verwendet.
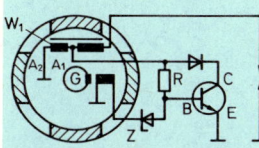		
Hochspannungs-Kondensatorzündung	Beim Einschalten der Zündung wird die Batteriespannung durch einen Gleichspannungswandler im Ladeteil auf etwa 400 V Ladegleichspannung umgewandelt und damit der Speicherkondensator C über die Diode D aufgeladen. Im Zündzeitpunkt wird der Thyristor Th durch den Unterbrecher oder kontaktlos über den Steuerteil angesteuert, wobei der Thyristor leitend wird. Jetzt entlädt sich der Speicherkondensator C über den Thyristor Th und die Primärwicklung W_1 des Zündtransformators. In der Sekundärwicklung W_2 wird Hochspannung induziert.	Primärspannung 400...450 V Sekundärspannung ca. 30 kV Spannungsanstieg 8000 V je μs Funkendauer ca. 300 μs Durch den sehr raschen Spannungsanstieg (Spulenzündung nur 400 V je μs) ist die Kondensatorzündung unempfindlich gegen Nebenschlüsse im Zündkreis, z.B. bei verschmutzten Zündkerzen. Die kurze Funkendauer kann jedoch ungünstige Abgasverhältnisse ergeben. Vorsicht, Zündung ausschalten bevor an ihr gearbeitet wird!
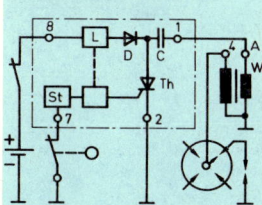		
Magnet-Hochspannungs-Kondensatorzündung	Das umlaufende Polrad erzeugt in der Wicklung des Ladeankers eine Wechselspannung, die über die Diode D gleichgerichtet wird und den Kondensator C auflädt. Im Zündzeitpunkt kommt vom Impulsgeber ein Spannungsimpuls an den Thyristor Th, der dadurch leitend wird. Der Kondensator entlädt sich über den Thyristor und den Zündtransformator.	Durch den Entladestrom des Kondensators wird in der Sekundärwicklung des Zündtransformators ein Hochspannungsstoß erzeugt. Die Magnet-Kondensatorzündung ist unempfindlich gegen Nebenschlüsse, z.B. durch Feuchtigkeit im Zündkreis. Der Verschleiß ist gering, deshalb benötigt sie nur wenig Wartung.
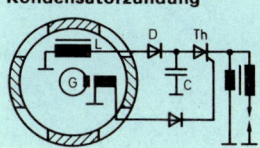		

3

Starter

Wirkungsweise		
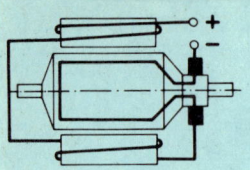	1. Der Starter ist ein Reihenschlußmotor. Erreger- und Ankerwicklung sind in Reihe geschaltet. 2. Die Erregerwicklung ist vom vollen Strom durchflossen, deshalb großes Drehmoment. 3. Bei Startbeginn (größte Stromstärke) ist das Drehmoment am größten, der Motor wird losgebrochen. 4. Nach Anspringen des Motors wird der Kraftfluß durch Rollenfreilauf oder Lamellenkupplung gelöst.	Unterscheidung nach der Art des Einspurens: Schraubtrieb, Schubtrieb, Schubschraubtrieb, Schubanker, Schubtrieb zweistufig. Startdrehzahlen Ottomotor 40 … 70 1/min Dieselmotor Direkteinspritzer 100 … 150 1/min Vorkammer 100 … 200 1/min mit Glühkerzen 60 … 100 1/min Starterritzel Zähnezahl 9, 11, 13. Modul 2,5; 3,0; 3,5; auch 3,175 (amerikanisch). Übersetzung 7 : 1 … 12 : 1 Mittlerer Wirkungsgrad 45 %

Schubschraubtriebstarter		
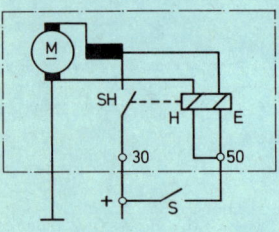	1. Beim Einschalten (S) fließt Strom über die Einzug- (E) und Haltewicklung (H). 2. Das Ritzel wird bis zum Eingriff verschoben, der Hauptstromschalter (SH) geschlossen, die Einzugwicklung kurzgeschlossen. 3. Die Haltewicklung hält das Ritzel bis zum Ausschalten im Eingriff. 4. Nach dem Anspringen des Motors läuft das Ritzel frei. Der Kraftschluß zwischen Ritzel und Anker wird durch den Rollenfreilauf gelöst.	Starter 6 V, 0,4 kW, bis 1,5 l Hubraum geeignet: Magnetschalterstrom 70/13 A Hauptstrom 440 … 500 A Spannung am Starter min. 3,5 V Drehmoment max. 10 Nm Starter 12 V, 0,6 kW, bis 2,5 l Hubraum geeignet: Magnetschalterstrom 46/11 A Hauptstrom 280 … 350 A Spannung am Starter min. 7 V Drehmoment max. 15 Nm Hauptstrom, Spannung und Drehmoment bei blockiertem Motor.

Schubankerstarter		
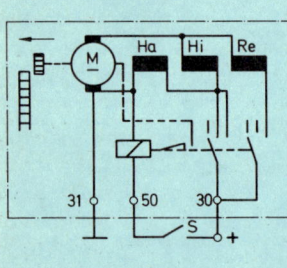	1. Schaltstufe I. Beim Einschalten (S) fließt Strom über die Hilfs- (Hi) und Haltewicklung (Ha). 2. Der Anker wird unter Drehung axial in das Spulenfeld hineingezogen, so daß das Ritzel einspurt. 3. Die Ankerverschiebung löst die Sperrklinke aus, Schaltstufe II schaltet die Reihenschlußwicklung (Re), der Anker entwickelt sein volles Drehmoment. 4. Die Haltewicklung hält den Anker bis zum Ausschalten. 5. Eine Lamellenkupplung bewirkt den Freilauf des Ritzels nach dem Anspringen.	Überlastungsschutz der Lamellenkupplung 140 Nm Starter 12 V, 3 kW, Batterie 135 Ah, für Dieselmotoren bis 8 l Hubraum: Magnetschalterstrom 15 A Hauptstrom 1 180 A Spannung am Starter min. 4,5 V Drehmoment max. 40 Nm Starter 24 V, 3 kW, Batterie 135 Ah, für Dieselmotoren bis 10 l Hubraum: Magnetschalterstrom 7,5 A Hauptstrom 930 A Spannung am Starter min. 12 V Drehmoment max. 68 Nm Hauptstrom, Spannung, Drehmoment bei blockiertem Motor.

Schubtriebstarter		
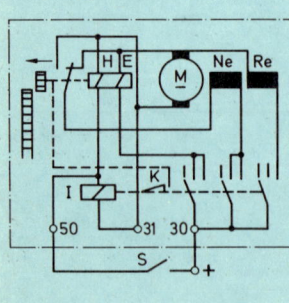	1. Schaltstufe I. Beim Einschalten (S) zieht das Steuerrelais (I) ein. Dadurch fließt Strom über die Nebenschlußwicklung (Ne) und die Einzugwicklung (E). 2. Der Einrückmagnet bringt mit der Schaltstange das sich drehende Ritzel zum Eingriff. 3. Die Sperrklinke (K) am Steuerrelais wird ausgelöst, Stufe II geschaltet. 4. Die Reihenschlußwicklung (Re) erhält Strom, der Anker entwickelt sein volles Drehmoment. 5. Ritzelfreilauf durch Lamellenkupplung.	Überlastungsschutz (Drehmomentbegrenzung) 140 Nm Starter 24 V, 4,5 kW, Batterie 110 Ah, für Dieselmotoren bis 12 l Hubraum: Magnetschalterstrom etwa 12 A Hauptstrom 1 350 A Spannung am Starter min. 8,5 V Drehmoment max. 85 Nm Hauptstrom, Spannung und Drehmoment bei blockiertem Motor. Bei Fahrzeugen mit Heck- und Unterflurmotoren werden Startsperrelais und Startwiederholrelais eingebaut, weil der Fahrer den Einspurvorgang nicht hören kann.

3

Gleichstromgenerator

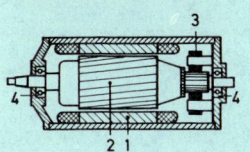

Nebenschlußgenerator mit Selbsterregung:
1. Polgehäuse mit Polschuhen und Erregerwicklung
2. Anker (Dynamoblechpaket) mit Ankerwicklung und Kollektor
3. Kohlebürsten mit Haltern
4. Antriebslager und Kollektorlager (Kugellager)

Typbezeichnung nach Bosch,

Beispiel: G (R) 14 V 30 A 25
G Gehäuse⌀ 100 ... 109 mm
R Rechtslauf, 14 V Spannung, 30 A max. Strom, Drehzahl 25mal 100 = 2 500/min bei 2/3 I_{max}.

Höchstdrehzahl	etwa 8 000 1/min
Wirkungsgrad	50 ... 70 %
Lagerbelastung (Antrieb)	300 N

Schaltung

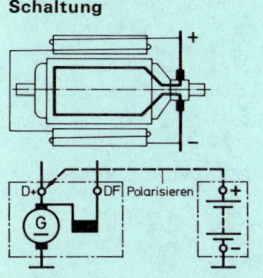

1. Der Restmagnetismus im Gehäuse und in den Polschuhen erzeugt einen schwachen Magnetfluß im Anker.
2. In der umlaufenden Ankerwicklung entsteht deshalb eine Spannung, die in der parallel geschalteten Erregerwicklung einen Erregerstrom bewirkt.
3. Durch den Erregerstrom wird der Magnetfluß verstärkt und die Spannung steigt mit zunehmender Drehzahl, bis die Regelung einsetzt.

Polarisieren

Kabel B+ am Regler lösen und damit kurz Klemme D+ berühren. Gleichstromgeneratoren müssen beim erstmaligen Einbau und nach Instandsetzung polarisiert werden, da bei falscher Polung der Regler zerstört werden kann.

Drehrichtung

In falscher Drehrichtung erregt sich der Generator nicht. Bei Drehrichtungs-Änderung müssen die Anschlüsse der Erregerwicklung vertauscht werden.

Dreielement-Reglerschalter

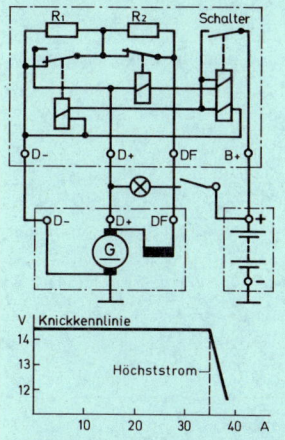

Einschalten

Wenn die Einschaltspannung erreicht ist, schließen die Schalterkontakte und verbinden den Generator mit dem Regler.

Regelung, unterer Bereich

Durch die Reglerkontakte wird R_1 in rascher Folge zu- und abgeschaltet, somit der Erregerstrom geschwächt und die Generatorspannung begrenzt.

Regelung, oberer Bereich

Der Erregerstromkreis wird kurzzeitig in rascher Folge kurzgeschlossen.

Strombegrenzung

Beim Höchststrom wird R_2 durch den Stromregler in den Erregerstromkreis geschaltet.

Abschalten

Bei sinkender Generatorspannung fließt Rückstrom von der Batterie zum Generator, wodurch sich der Schalter öffnet.

Einschaltspannung

Zum Messen wird das Voltmeter am Regler Klemme 61 und D+ angeschlossen. Motordrehzahl langsam steigern, Einschaltspannung beim Schließen der Schalterkontakte (Zeiger geht zurück) ablesen.

Werte 6,5 V, 13 V, 26 V

Regulierspannung

Ohne Batterie und Verbraucher messen; Voltmeter am Regler Klemme B+ und D− anschließen.

Werte	
	7 ... 7,5 V
	14 ... 14,5 V
	28 ... 28,5 V

Knickkennlinie

Die Spannung bleibt trotz Belastung konstant, bis der Höchststrom erreicht ist, und fällt dann in einem Knick ab. Regler mit Knickkennlinie gewährleisten bestmögliche Ladung der Batterie und sicheren Überlastungsschutz des Generators.

Variodenregler

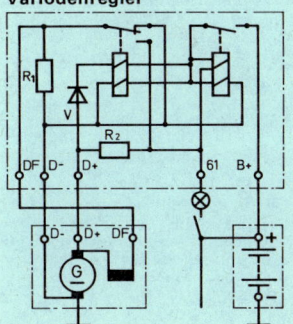

Regelung

Wie beim Dreielement-Regler durch Widerstand R_1 im unteren Drehzahlbereich und durch Kurzschließen des Erregerstromes im oberen Drehzahlbereich.

Strombegrenzung

Die Variode V liegt parallel zum Steuerwiderstand R_2 des Ladestromkreises. Beim Höchststrom entsteht an R_2 ein Spannungsabfall von etwa 0,3 V. Die Variode wird dadurch leitend, wobei sie einen Steuerstrom zum Spannungsregler durchläßt. Durch Abregelung wird I_{max} begrenzt.

Variode

Die Variode ist ein Halbleiterelement, das bei 0,2 bis 0,3 V Spannung leitend wird.

Temperaturabhängigkeit

Bei niedriger Temperatur ist die Öffnungsspannung der Variode höher, daher setzt die Abregelung erst bei größerer Stromstärke ein. Der Generator wird bei Kurzfahrten und bei Kälte besser ausgenützt.

Steuerwiderstand

Bei 7-V-Reglern besteht der Steuerwiderstand aus einem verlängerten Leitungssatz. Eine Veränderung beeinflußt die Regelung.

Drehstromgenerator, Regler

Klauenpolgenerator

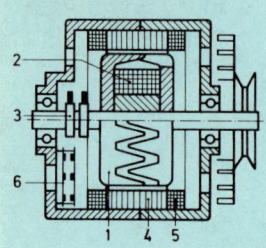

2
3
6

1 4 5

Drehstromgenerator mit Selbsterregung:

1. Klauenpol-Läufer, 12polig

2. Erregerwicklung

3. Schleifringe für die Zufuhr des Erregerstromes

4. Ständerpaket

5. Ständerwicklung, 3phasig

6. Gleichrichtersatz mit 3 Erreger- und 6 Leistungsdioden

Der Läufer erzeugt in der Ständerwicklung einen Dreiphasen-Wechselstrom (Drehstrom), der über die Gleichrichter direkt der Batterie zugeführt wird.

Typbezeichnung nach Bosch,

Beispiel: K 1 (RL) 14 V 35 A 20
K Gehäuse⌀   120 ... 139 mm
1 Klauenpoltyp, RL Rechtslauf, 14 V
Spannung, 35 A max. Strom, Drehzahl
20 mal 100 = 2000/min, bei 2/3 I_{max}.

Höchstdrehzahl   bis 12 000 1/min,
Übersetzung Motor/Generator etwa 1 : 2,
daher Leistungsabgabe schon bei Motor-Leerlauf.

Wirkungsgrad   50 ... 70 %
Leistungsgewicht halb so groß wie beim Gleichstromgenerator.

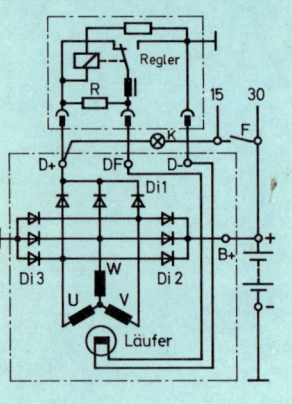

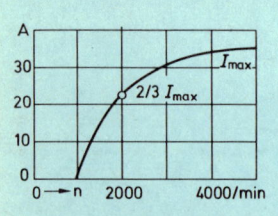

1. Der Läufer wird von der Batterie aus über Fahrtschalter F, Kontrollampe K, Regler, Erregerwicklung vorerregt.

2. Bei Drehung des Läufers entsteht in der Ständerwicklung U, V, W eine Dreiphasen-Wechselspannung.

3. Von U, V, W, gleichgerichtet durch die Erregerdioden Di 1, fließt Erregerstrom über D +, Reglerkontakte, DF, Erregerwicklung, D − und zurück über die Minusdioden Di 3.

4. Der Ladestrom fließt von U, V, W über die Plusdioden Di 2 zu B +, Batterie, Masse und über die Minusdioden Di 3 zurück zu U, V, W.

5. Bei steigender Spannung arbeiten die Reglerkontakte. Der Erregerstrom wird kurzzeitig geschwächt (über R) oder kurzgeschlossen und dadurch die Spannung konstant gehalten.

6. Eine Strombegrenzung ist nicht erforderlich, da die Maschine nicht mehr als I_{max} abgibt.

7. In Sperrichtung lassen die Dioden keinen Strom durch deshalb entsteht kein Rückstrom.

Ständerwicklung für 14 V und 28 V in Sternschaltung, für 7 V in Dreieckschaltung.
Infolge der Vorerregung entsteht in der Ständerwicklung so viel Spannung, daß die Erregerdioden sicher öffnen und die Selbsterregung wirksam wird.
Kontrollampe, Mindestleistung wegen
Vorerregung   6 V 1,2 W
                          12 V 2 W
                          24 V 3 W

Silizium-Dioden
Öffnungsspannung   0,6 ... 0,8 V
in Sperrichtung belastbar bis
höchstens   100 V
Spannungsabfall an einer Leistungs-diode   etwa 1 V

Dioden können durch Induktionsspannungen und Überlastung zerstört werden, deshalb:
1. Batterie nicht abklemmen bei laufendem Motor,
2. Generator nicht ohne Batterie betreiben,
3. Polwechslung beim Anschließen der Batterie vermeiden, sonst entsteht Kurzschluß über die Dioden,
4. beim Schweißen die Masseklemme des Schweißgerätes direkt an das zu schweißende Fahrzeugteil anschließen.

Transistor-Regler

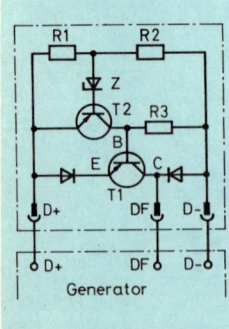

Vollerregung
Der Haupttransistor T1 ist leitend, weil an seiner Basis B eine negative Spannung über dem Widerstand R_3 liegt. Der Erregerstrom fließt von D + über den Emitter E zum Kollektor C des Transistors und zu DF.

Regelung
1. Bei 28 V Generatorspannung gelangen 14 V an die Zenerdiode Z infolge Spannungsteilung durch R_1 und R_2.

2. Die Zenerdiode wird bei 14 V leitend und steuert die Basis des Vortransistors T 2 an, der dadurch ebenfalls leitend wird.

3. Über T2 gelangt eine positive Spannung an die Basis B des Transistors T1, wodurch der Erregerstrom gesperrt wird.

Zenerdiode
Die Zenerdiode wird bei ihrer Durchbruchspannung (z. B . 14 V) leitend und sperrt sofort, wenn diese Spannung niedriger wird. Zenerdioden gibt es fast für alle Spannungen.

Transistor
Der Transistor im Regler ist ein elektronischer Schalter. Bei negativer Spannung an der Basis B fließt Strom von E nach C (Kollektorstrom). Wird die Basisspannung Null oder positiv, dann wird der Kollektorstrom gesperrt.

Erregerstrom
Der Erregerstrom ist immer nur für einige Millisekunden gesperrt. Bei steigender Drehzahl werden die Sperrzeiten zunehmend länger, deshalb bleibt die Generatorspannung konstant.

Elektrische Leitungen, spez. Widerstand, Verbraucherleistung

Elektrische Leitungen im Kfz DIN 72551

Nenn-querschnitt mm²	Einzeldrähte Anzahl	Einzeldrähte mm ⌀	Leiter-durchmesser mm	Leitungs-durchmesser mm	Widerstand bei 20 °C mΩ/m	Anmerkung
0,5	16	0,21	1,0	2,3	37,1	Leiterwerkstoff
0,75	24	0,21	1,2	2,5	24,7	Drähte aus Elektrolytkupfer, weichgeglüht,
1	31	0,21	1,4	2,7	18,5	nicht verzinnt
1,5	30	0,26	1,6	3,0	12,7	
2,5	50	0,26	2,1	3,7	7,60	Isolierhülle
4	56	0,31	2,7	4,5	4,71	Thermoplastischer Kunststoff, weichmacher-
6	19	0,64	3,3	5,1	2,93	haltiges Polyvinylchlorid (PVC)
10	19	0,80	4,1	6,4	1,90	
16	37	0,75	5,4	7,7	1,10	Anforderungen
25	37	0,90	6,4	9,2	0,77	Durchschlagfestigkeit bis 3 kV, Wärme- und
35	37	1,10	7,8	10,6	0,516	Kältebeständigkeit, Kraftstoff- und
50	61	1,00	9,1	11,5	0,380	Schmierstoffbeständigkeit.
70	61	1,20	11,0	14,1	0,263	
95	61	1,40	12,8	16,4	0,193	Bezeichnungsbeispiel
120	61	1,60	14,6	18,2	0,146	XYZ 500 m Leitung B 2,5 DIN 72551

Zulässiger Spannungsabfall (Richtwerte)

Leitung	Zul. Spannungsabfall in der Hinleitung bei Nennspannung 12 V	24 V	Zul. Spannungsabfall im ganzen Stromkreis bei Nennspannung 12 V	24 V	Anmerkung
Lichtleitung vom Schalter (30) bis Leuchten max. 15 W oder bis Anhängersteckdose	0,1 V	0,1 V	0,6 V	0,6 V	Strom bei Nennspannung und Nennleistung
Lichtleitung vom Schalter (30) bis Leuchten über 15 W oder bis Anhängersteckdose	0,5 V	0,5 V	0,9 V	0,9 V	
Lichtleitung vom Schalter (30) bis zum Scheinwerfer	0,3 V	0,3 V	0,6 V	0,6 V	
Ladeleitung von Generator B + bis Batterie	0,4 V	0,8 V	–	–	Bei isolierter Rückleitung gilt die ganze Länge
Starter-Hauptleitung, Batterie bis Starter Starter-Steuerleitung vom Schalter bis Starter (50), Startrelais mit 1 Wicklung	0,5 V 1,4 V	1,0 V 2,0 V	– 1,7 V	– 2,5 V	Zulässige Stromdichte bis 30 A/mm²
Starter-Steuerleitung vom Schalter bis Starter (50), Startrelais mit 2 Wicklungen	2,4 V	2,8 V	2,8 V	3,5 V	
Übrige Steuerleitungen vom Schalter bis Relais, bis Wischer, bis Horn, usw.	0,5 V	1,0 V	1,5 V	2,0 V	Strom bei Nennspannung und Nennleistung

3

Spezifischer Widerstand, Leitfähigkeit (Mittelwerte)

Leiter-werkstoff	Spezifischer Widerstand ρ_{20} $\dfrac{\Omega \cdot mm^2}{m}$	Elektrische Leitfähigkeit κ_{20} $\dfrac{m}{\Omega \cdot mm^2}$	Widerstands-werkstoff	Spezifischer Widerstand ρ_{20} $\dfrac{\Omega \cdot mm^2}{m}$	Elektrische Leitfähigkeit κ_{20} $\dfrac{m}{\Omega \cdot mm^2}$
Silber	0,0167	60	CuMn12Ni	0,43	2,3
Kupfer	0,0178	56	CuNi44	0,50	2,0
Aluminium	0,0278	36	CuNi30Mn	0,40	2,5
Wolfram	0,055	18,2	NiCr80 20	1,12	0,9
Messing	0,07	14,3	CrAl20 5	1,37	0,73
Eisen	0,13	7,7	Kohle (hart)	40 … 60	0,025 … 0,017

Leistungsbedarf elektrischer Verbraucher

Abblendlicht	je 55 W	Heckscheibenheizung	120 W	Rundfunkgerät	10 … 15 W
Begrenzungsleuchten	je 4 W	Horn, Fanfaren	25 … 40 W	Scheibenwischer	90 W
Blinkleuchten	je 21 W	Innenbeleuchtung	je 5 W	Schlußleuchten	je 5 W
Bremsleuchten	je 18 W	Instrumentenbeleuchtung	je 2 W	Spulenzündung	20 W
Fernlicht	je 60 W	Kennzeichenleuchte	10 W	Starter für Pkw	0,8 … 3 kW
Gebläsemotor	50 … 80 W	Nebelscheinwerfer	je 55 W	Starter für Lkw	2 … 12 kW
Glühkerzen	je 60 W	Parkleuchte	3 … 5 W	Transistorzündung	70 W
Glühstiftkerzen	je 100 W	Rückfahrscheinwerfer	je 25 W	Zigarrenanzünder	100 W

Klemmenbezeichnungen nach DIN 72552   Auswahl

Zündanlage
1 Zündspule, Zündverteiler, Zündgerät (Niederspannung) bei HKZ
1a Zündverteiler mit zwei getrennten
1b Stromkreisen (Niederspannung)
2 Kurzschlußklemme bei Magnetzündung
4 Zündspule, Zündverteiler (Hochspannung)
4a Zündverteiler mit zwei getrennten
4b Stromkreisen (Hochspannung)
7 Basiswiderstände vom oder zum Zündverteiler (Steuerkontakt)
7a 1. Basiswiderstand für TSZ und HKZ
7b 2. Basiswiderstand für TSZ
7f Ladekontakt für HKZ
15 Ausgang Fahrtschalter
15a Eingang Zündgerät HKZ, Schaltgerät TSZ und Zündspulen-Vorwiderstand

Vorglühanlage
15 Glühstartschalter-Eingang
17 Glühstartschalter Stufe II Starten
19 Glühstartschalter Stufe I Vorglühen
50 Glühstartschalter Startersteuerung

Allgemeine Anwendung
15 Batterie Plus über Schalter
30 Batterie Plus direkt von der Batterie
31 Rückleitung direkt zu Batterie −, Masse
31b Rückleitung zu Batterie − oder Masse über Schalter bzw. Relais

Elektromotoren
30 Eingang direkt von Batterie +
32 Rückleitung
33 Hauptanschluß
33a Endabstellschalter
33b Nebenschlußfeld
33f für 2. kleinere Drehzahlstufe
33L Drehrichtung links
33R Drehrichtung rechts
86 Relais Eingang (Wicklungsanfang)

Starteranlagen
30 Eingang direkt von Batterie +
30a Batterieumschaltrelais, Eingang von Batterie II
31 Rückleitung direkt zu Batterie −, Masse
31a Batterieumschaltrelais, Rückleitung zu Batterie II Minus
31c Batterieumschaltrelais, Rückleitung zu Batterie I Minus
48 Startwiederholung (Relais)
50 Startersteuerung direkt
50a Startersteuerung indirekt (Batterieumschaltrelais)
50e Startsperr-Relais Eingang
50f Startsperr-Relais Ausgang
50g Startwiederhol-Relais Eingang
50h Startwiederhol-Relais Ausgang
86 Relais Eingang (Wicklungsanfang)

3

182

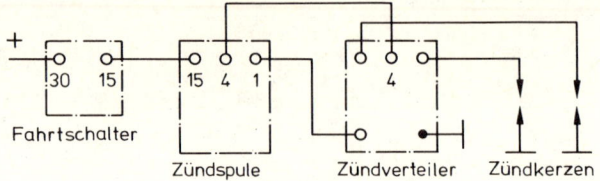
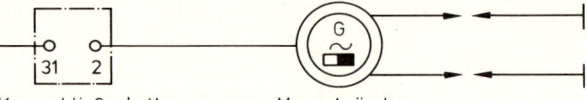
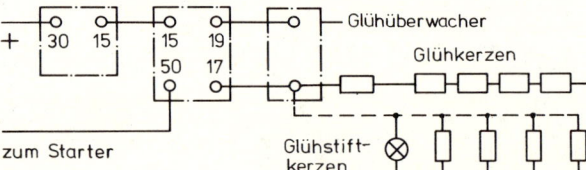
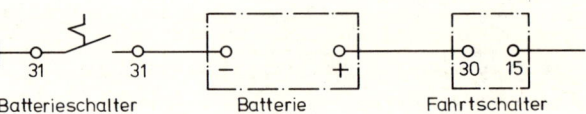
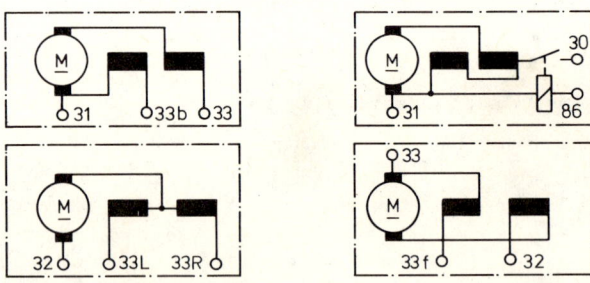
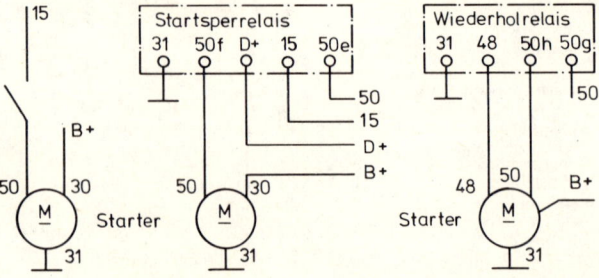

Generatoren, Regler

44	Spannungsausgleich an Reglern bei Parallelbetrieb zweier Generatoren
51	Gleichspannung am Gleichrichter bei Wechselstromgeneratoren
51e	Wie 51, jedoch bei Wechselstromgeneratoren mit Drosselspule für Tagfahrt
59	Wechselspannung, Ausgang Wechselstromgenerator; Eingang Lichtschalter und Gleichrichter
59a	Ladeanker
59b	Schlußlichtanker
59c	Bremslichtanker
61	Ladeanzeigeleuchte
	An Generator und Regler
B+	Batterie Plus
B−	Batterie Minus
D+	Dynamo Plus
D−	Dynamo Minus
DF	Dynamo Feld
DF1	Dynamo Feld 1
DF2	Dynamo Feld 2
	Drehstromgenerator mit getrenntem Gleichrichter
J	Erregerwicklung Plus
K	Erregerwicklung Minus
Mp	Mittelpunktklemme

Beleuchtungsanlage

54	Bremslicht
55	Nebelscheinwerfer
56	Scheinwerfer
56a	Fernlicht und Fernlichtanzeige
56b	Abblendlicht
56d	Lichthupenkontakt
57	Standlicht für Kraftradscheinwerfer
57a	Parklicht
57L	Parklicht links
57R	Parklicht rechts
58	Begrenzungs-, Schluß- und Kennzeichenleuchten; Instrumentenbeleuchtung
58b	Schlußlichtumschaltung Einachsschlepper
58c	Anhängersteckverbindung für einadrig verlegtes im Anhänger getrennt abgesichertes Schlußlicht
58d	regelbare Instrumentenbeleuchtung
58L	Schluß- und Begrenzungsleuchten links
58R	Schluß- und Begrenzungsleuchten rechts

Fahrtrichtungsanzeige

49	Blinkgeber Eingang (Plus)
49a	Blinkgeber Ausgang (Impuls)
49b	Blinkgeber Ausgang, 2. Blinkkreis
49c	Blinkgeber Ausgang, 3. Blinkkreis
C	1. Anzeigelampe
C2	2. Anzeigelampe
C3	3. Anzeigelampe (2-Anhänger-Betrieb)
L	Blinkleuchten links
R	Blinkleuchten rechts
Lb	Zweikreis-Blinkerschalter links
Lr	Zweikreis-Blinkerschalter rechts

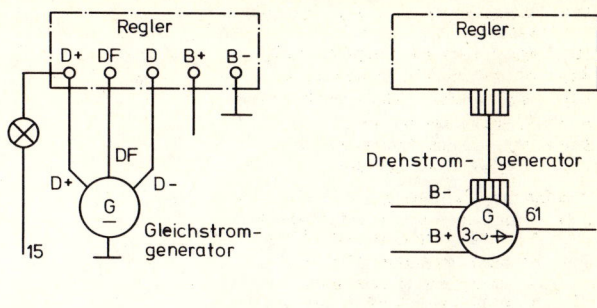

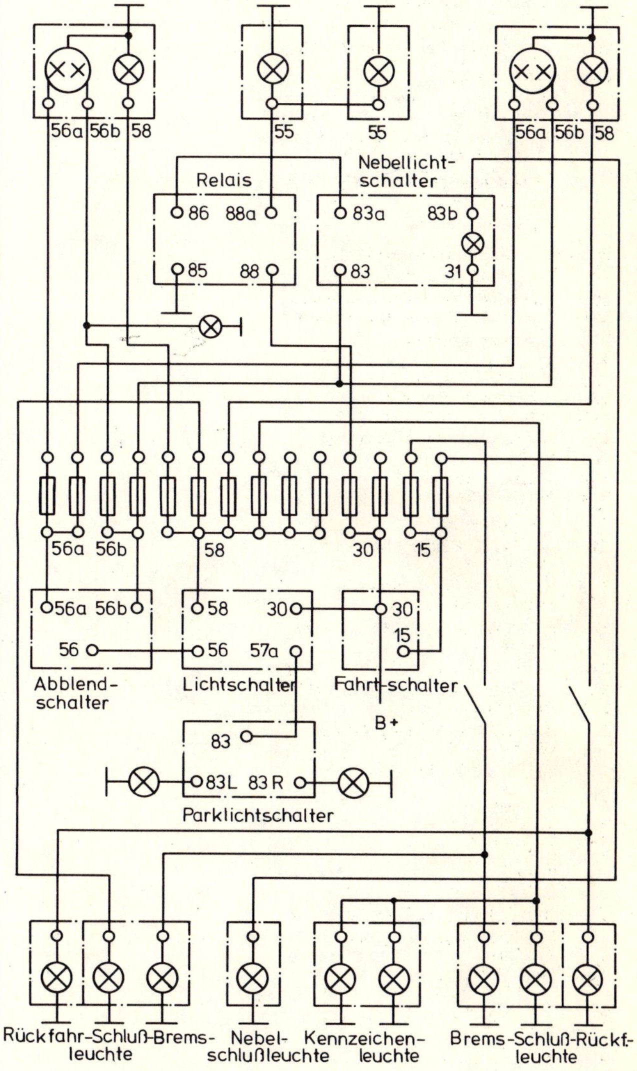

3

Rückfahr-Schluß-Bremsleuchte Nebelschlußleuchte Kennzeichenleuchte Brems-Schluß-Rückfleuchte

Scheibenwischer und Scheibenspüler

31 b	Masserückleitung über Kurzschluß-schalter
53	Wischermotor +, Hauptanschluß
53 a	Wischermotor +, Endabstellung
53 b	Wischermotor, Nebenschlußwicklung
53 c	Scheibenspülerpumpe
53 e	Wischermotor, Bremswicklung
53 i	Wischermotor, dritte Bürste

Akustische Warnanlage

31 b	Rückleitung über Schalter oder Relais zu Batterie Minus oder Masse
71	Eingang Tonfolgeschaltgerät
	Ausgang Tonfolgeschaltgerät
71 a	zu Horn 1 und 2, tiefer Ton
71 b	zu Horn 3 und 4, hoher Ton
72	Alarmschalter für Rundumkennleuchte
85 c	Alarmschalter am Tonfolgeschaltgerät

Zusätzliche Anlagen

52	Reifenhüter und weitere Signalgebung vom Anhänger zum Zugwagen
54 g	elektromagnetisches Druckluftventil für Dauerbremse im Anhänger
75	Rundfunkgerät, Zigarrenanzünder
76	Lautsprecher
77	Türventilsteuerung

Schalter, mechanisch betätigt

81	Öffner und Wechsler, Eingang
81 a	Öffner und Wechsler, 1. Ausgang
81 b	Öffner und Wechsler, 2. Ausgang
82	Schließer, Eingang
82 a	Schließer, 1. Ausgang
82 b	Schließer, 2. Ausgang
82 z	Schließer, 1. Eingang
82 y	Schließer, 2. Eingang
83	Mehrstellenschalter, Eingang
	Mehrstellenschalter
83 a	Ausgang, Stellung 1
83 b	Ausgang, Stellung 2

Relais, Schütze

84	Stromrelais Eingang, Wicklungsanfang
84 a	Stromrelais Wicklungsende
84 b	Stromrelais Ausgang
85	Relais Ausgang, Wicklungsende Minus
86	Relais Eingang, Wicklungsanfang
86 a	Relais Eingang, Anfang 1. Wicklung
86 b	Relais Eingang, Anzapfung oder 2. W.
87	Relaiskontakt Eingang, Öffner, Wechsler
	Relaiskontakte bei Öffner oder Wechsler
87 a	1. Ausgang
87 b	2. Ausgang
87 c	3. Ausgang
87 z	1. Eingang
87 y	2. Eingang
87 x	3. Eingang
88	Relaiskontakt Eingang, Schließer
	Relaiskontakte bei Schließer, Wechsler
88 a	1. Ausgang
88 b	2. Ausgang
88 c	3. Ausgang
88 z	1. Eingang
88 y	2. Eingang
88 x	3. Eingang

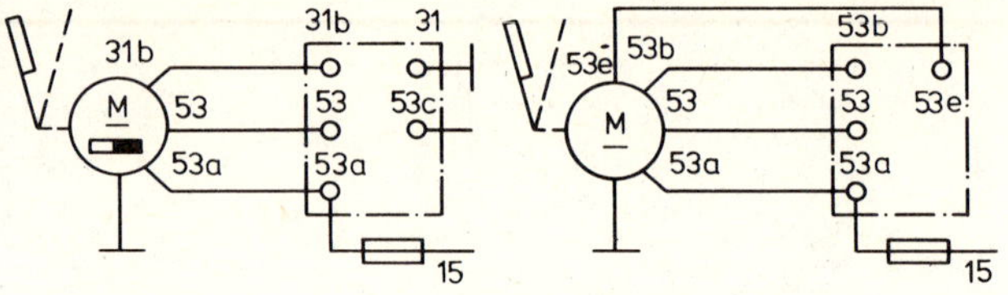

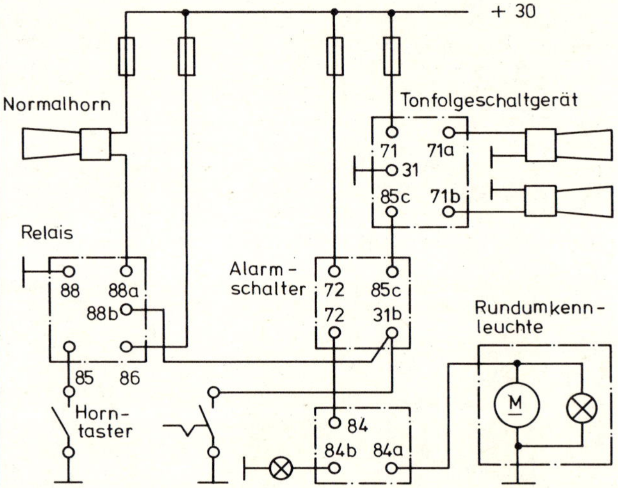

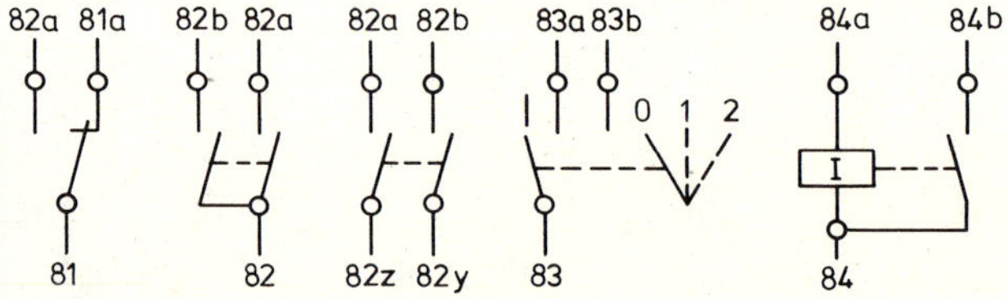

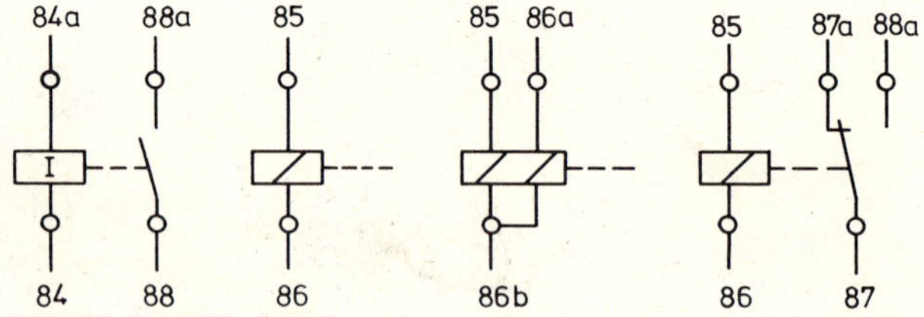

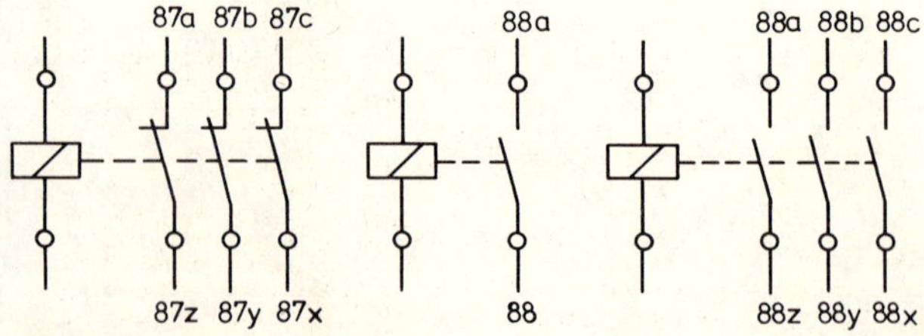

DIN 13, Auswahl   **Metrische ISO-Gewinde**

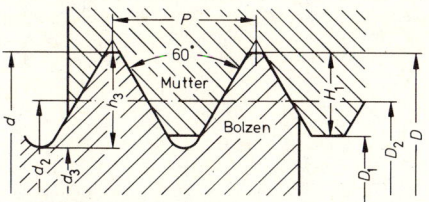

Regelgewinde Maße in mm

Nenndurchmesser	$d = D$
Steigung	P
Flankenwinkel	60°
Kernlochbohrerdurchmesser	$d - P$

Spannungsquerschnitt $\quad A_s = \left(\dfrac{d_2 + d_3}{2}\right)^2 \dfrac{\pi}{4}$

Bezeichnungsbeispiele
Regelgewinde $d = 20$ mm, $P = 2,5$ mm : **M 20**
Feingewinde $\;\;d = 20$ mm, $P = 1,0$ mm : **M 20×1**
Die Gewinde der Reihe 1 sind vorzugsweise zu verwenden.

Gewinde-Nenndurchmesser, $d = D$ Reihe 1	Reihe 2	Steigung P	Flankendurchmesser $d_2 = D_2$	Kerndurchmesser Bolzen d_3	Kerndurchmesser Mutter D_1	Gewindetiefe Bolzen h_3	Gewindetiefe Mutter H_1	Spannungsquerschnitt A_s (mm²)	Kernlochbohrer ⌀	Durchgangsloch ⌀, mittel	Sechskantschlüsselweite
M 3		0,5	2,675	2,387	2,459	0,307	0,271	5,03	2,5	3,4	5,5
	M 3,5	0,6	3,110	2,764	2,850	0,368	0,325	6,77	2,9	3,9	6
M 4		0,7	3,545	3,141	3,242	0,429	0,379	8,78	3,3	4,5	7
M 5		0,8	4,480	4,019	4,134	0,491	0,433	14,2	4,2	5,5	8
M 6		1	5,350	4,773	4,917	0,613	0,541	20,1	5,0	6,6	10
M 8		1,25	7,188	6,466	6,647	0,767	0,677	36,6	6,8	9	13
M 10		1,5	9,026	8,160	8,376	0,920	0,812	58,0	8,5	11	17
M 12		1,75	10,863	9,853	10,106	1,074	0,947	84,3	10,2	14	19
	M 14	2	12,701	11,546	11,835	1,227	1,083	115	12	16	22
M 16		2	14,701	13,546	13,835	1,227	1,083	157	14	18	24
	M 18	2,5	16,376	14,933	15,294	1,534	1,353	192	15,5	20	27
M 20		2,5	18,376	16,933	17,249	1,534	1,353	245	17,5	22	30
	M 22	2,5	20,376	18,933	19,294	1,534	1,353	303	19,5	24	32
M 24		3	22,051	20,319	20,752	1,840	1,624	353	21	26	36
	M 27	3	25,051	23,319	23,752	1,840	1,624	459	24	30	41
M 30		3,5	27,727	25,706	26,211	2,147	1,894	561	26,5	33	46
	M 33	3,5	30,727	28,706	29,211	2,147	1,894	693	29,5	36	50
M 36		4	33,402	31,093	31,670	2,454	2,165	817	32	39	55
	M 39	4	36,402	34,093	34,670	2,454	2,165	975	35	42	60
M 42		4,5	39,077	36,479	37,129	2,760	2,436	1 120	37,5	45	65
	M 45	4,5	42,077	39,479	40,129	2,760	2,436	1 306	40,5	48	70
M 48		5	44,752	41,866	42,587	3,067	2,706	1 470	43	52	75
M 56		5,5	52,428	49,252	50,046	3,374	2,977	2 030	50,5	62	85
M 64		6	60,103	56,639	57,505	3,681	3,248	2 680	58	70	95

Feingewinde Maße in mm   DIN 13, Auswahl

Gewindebezeichnung $d \times P$	Flankendurchmesser $d_2 = D_2$	Kerndurchmesser Bolzen d_3	Kerndurchmesser Mutter D_1	Gewindebezeichnung $d \times P$	Flankendurchmesser $d_2 = D_2$	Kerndurchmesser Bolzen d_3	Kerndurchmesser Mutter D_1	Gewindebezeichnung $d \times P$	Flankendurchmesser $d_2 = D_2$	Kerndurchmesser Bolzen d_3	Kerndurchmesser Mutter D_1
M 3×0,35	2,773	2,571	2,621	M 24×1	23,350	22,773	22,917	M 48×4	45,402	43,093	43,670
M 4×0,5	3,675	3,387	3,459	M 24×1,5	23,026	22,160	22,376	M 56×1,5	55,026	54,160	54,376
M 5×0,5	4,675	4,387	4,459	M 24×2	22,701	21,546	21,835	M 56×2	54,701	53,546	53,835
M 6×0,75	5,513	5,080	5,188	M 30×1,5	29,026	28,160	28,376	M 56×3	54,051	52,319	52,752
M 8×0,75	7,513	7,080	7,188	M 30×2	28,701	27,546	27,835	M 56×4	53,402	51,093	51,670
M 8×1	7,350	6,773	6,917	M 30×3	28,051	26,319	26,752	M 64×2	62,701	61,546	61,835
M 10×0,75	9,513	9,080	9,188	M 36×1,5	35,026	34,160	34,376	M 64×3	62,051	60,319	60,752
M 10×1	9,350	8,773	8,917	M 36×2	34,701	33,546	33,835	M 64×4	61,402	59,093	59,670
M 12×1	11,350	10,773	10,917	M 36×3	34,051	32,319	32,752	M 72×3	70,051	68,319	68,752
M 12×1,25	11,188	10,466	10,647	M 42×1,5	41,026	40,160	40,376	M 72×4	69,402	67,093	67,670
M 14×1	13,350	12,773	12,917	M 42×2	40,701	39,546	39,835	M 80×3	78,051	76,319	76,752
M 14×1,5	13,026	12,160	12,376	M 42×3	40,051	38,319	38,752	M 90×4	87,402	85,093	85,670
M 16×1	15,350	14,773	14,917	M 42×4	39,402	37,093	37,670	M 100×4	97,402	95,093	95,670
M 16×1,5	15,026	14,160	14,376	M 48×1,5	47,026	46,160	46,376	M 125×4	122,40	120,09	120,67
M 20×1	19,350	18,773	18,917	M 48×2	46,701	45,546	45,835	M 140×6	136,10	132,64	133,50
M 20×1,5	19,026	18,160	18,376	M 48×3	46,051	44,319	44,752	M 150×6	146,10	142,64	143,50

4

Gewinde

ISO-Trapezgewinde   Maße in mm   DIN 103 (Auswahl)

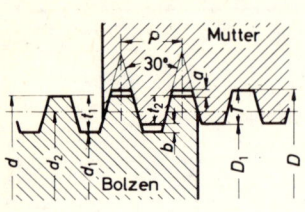

Gewinde-bezeichnung	Kern⌀ Bolzen	Kern⌀ Mutter	Außen⌀ Mutter	Gewinde-tiefe	Dreh-meißel-breite
$d \times P$	d_3	D_1	D_4	$h_3 = h_4$	b
Tr 8 × 1,5	6,2	6,5	8,3	0,9	0,468
Tr 10 × 2	7,5	8,0	10,5	1,25	0,597
Tr 12 × 3	8,5	9,0	12,5	1,75	0,963
Tr 14 × 3	10,5	11,0	14,5	1,75	0,963
Tr 16 × 4	11,5	12,0	16,5	2,25	1,329
Tr 18 × 4	13,5	14,0	18,5	2,25	1,329
Tr 20 × 4	15,5	16,0	20,5	2,25	1,329
Tr 24 × 5	18,5	19,0	24,5	2,75	1,695
Tr 28 × 5	22,5	23,0	28,5	2,75	1,695
Tr 32 × 6	25,0	26,0	33,0	3,5	1,926
Tr 36 × 6	29,0	30,0	37,0	3,5	1,926
Tr 40 × 7	32,0	33,0	41,0	3,5	2,292
Tr 44 × 7	36,0	37,0	45,0	4,5	2,292
Tr 48 × 8	39,0	40,0	49,0	4,5	2,658
Tr 52 × 8	43,0	44,0	53,0	4,5	2,658
Tr 60 × 9	50,0	51,0	61,0	5,0	3,024

Gewinde-Nenndurchmesser d
Gewindesteigung P
Flankenwinkel 30°

Bezeichnungsbeispiel
Gewinde⌀ 20 mm, Steigung 4 mm:
Tr 20 × 4

Sägengewinde   Maße in mm   DIN 513, 514 (Auswahl)

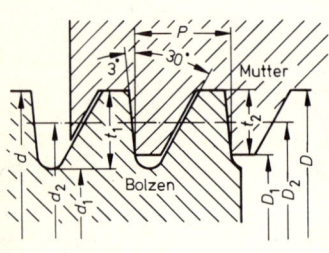

Gewinde-bezeichnung	Kern⌀ Bolzen	Gewinde-tiefe Bolzen	Kern⌀ Mutter	Gewinde-tiefe Mutter	Flanken⌀
$d \times P$	d_1	t_1	D_1	t_2	$d_2 = D_2$
S 12 × 2	8,528	1,736	9,0	1,5	10,636
S 16 × 2	12,528	1,736	13,0	1,5	14,636
S 20 × 2	16,528	1,736	17,0	1,5	18,636
S 24 × 3	18,794	2,603	19,5	2,25	21,954
S 24 × 5	15,322	4,339	16,5	3,75	20,590
S 30 × 3	24,794	2,603	25,5	2,25	27,954
S 30 × 6	19,586	5,207	21,0	4,5	25,909
S 36 × 3	30,794	2,603	31,5	2,25	33,954
S 36 × 6	25,586	5,207	27,0	4,5	31,909
S 40 × 3	34,794	2,603	35,5	2,25	37,954
S 40 × 7	27,852	6,074	29,5	5,25	35,227
S 48 × 3	42,794	2,603	43,5	2,25	45,954
S 48 × 8	34,116	6,942	36,0	6,0	42,545
S 55 × 9	39,380	7,810	41,5	6,75	48,863
S 60 × 9	44,380	7,810	46,5	6,75	53,863
S 70 × 10	52,644	8,678	55,0	7,5	63,181

Gewinde-Nenndurchmesser d
Gewindesteigung P
Flankenwinkel 30° + 3° = 33°

Bezeichnungsbeispiel
Gewinde⌀ 24 mm, Steigung 3 mm:
S 24 × 3

Rundgewinde   DIN 405 (Auswahl)

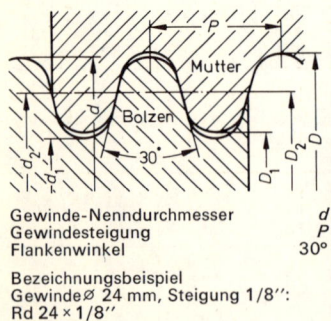

Gewinde-bezeichnung	Kern⌀ Bolzen	Außen⌀ Mutter	Kern⌀ Mutter	Flanken⌀	Gangzahl je Zoll
$d \times P$	d_1 (mm)	D (mm)	D_1 (mm)	d_2 (mm)	z
Rd 8 × 1/10″	5,460	8,254	5,714	6,730	10
Rd 10 × 1/10″	7,460	10,254	7,714	8,730	10
Rd 12 × 1/10″	9,460	12,254	9,714	10,730	10
Rd 16 × 1/8″	12,825	16,318	13,142	14,412	8
Rd 20 × 1/8″	16,825	20,318	17,142	18,412	8
Rd 22 × 1/8″	18,825	22,318	19,142	20,412	8
Rd 24 × 1/8″	20,825	24,318	21,142	22,412	8
Rd 30 × 1/8″	26,825	30,318	27,142	28,412	8
Rd 36 × 1/8″	32,825	36,318	33,142	34,412	8
Rd 40 × 1/6″	35,767	40,423	36,190	37,883	6
Rd 48 × 1/6″	43,767	48,423	44,190	45,883	6
Rd 52 × 1/6″	47,767	52,423	48,190	49,883	6

Gewinde-Nenndurchmesser d
Gewindesteigung P
Flankenwinkel 30°

Bezeichnungsbeispiel
Gewinde⌀ 24 mm, Steigung 1/8″:
Rd 24 × 1/8″

4

Whitworth-Gewinde

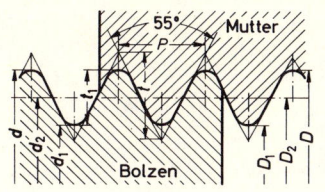

Gewinde-bezeichnung Zoll	Außen⌀ d = D mm	Kern⌀ $d_1 = D_1$ mm	Gang-zahl je Zoll z	Stei-gung P mm	Kernloch-bohrer⌀ mm	Sechs-kant-schlüssel mm
1/4''	6,35	4,72	20	1,270	5,1	11
5/16''	7,94	6,13	18	1,411	6,5	13
3/8''	9,53	7,49	16	1,588	8,0	17
1/2''	12,70	9,99	12	2,117	10,5	22
5/8''	15,88	12,92	11	2,309	13,5	27
3/4''	19,05	15,80	10	2,540	16,5	32
7/8''	22,22	18,61	9	2,822	19,5	36
1''	25,40	21,34	8	3,175	22	41
1 1/4''	31,75	27,10	7	3,629	28	50
1 1/2''	38,10	32,68	6	4,233	33,5	60
1 3/4''	44,45	37,95	5	5,080	39	70
2''	50,80	43,57	4,5	5,645	45	80
2 1/4''	57,15	49,02	4	6,350	50	85
2 1/2''	63,50	55,37	4	6,350	57	95
2 3/4''	69,85	60,56	3,5	7,257	62	105
3''	76,20	66,91	3,5	7,257	68	110

Gewinde-Nenndurchmesser $d = D$
Gewindesteigung P
Flankenwinkel 55°
Bezeichnungsbeispiel
Gewinde 1/2'', Gangzahl 12: 1/2''

Whitworth-Rohrgewinde

DIN 259

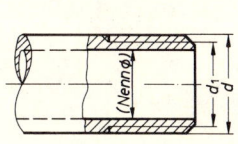

Gewinde-zeichnung Zoll	Außen⌀ d = D mm	Kern⌀ $d_1 = D_1$ mm	Steigung P mm	Gangzahl je Zoll z	Gewinde-tiefe H_1 mm
R 1/8''	9,73	8,57	0,907	26	0,581
R 1/4''	13,16	11,45	1,337	19	0,856
R 3/8''	16,66	14,95	1,337	19	0,856
R 1/2''	20,96	18,63	1,814	14	1,162
R 5/8''	22,91	20,59	1,814	14	1,162
R 3/4''	26,44	24,12	1,814	14	1,162
R 7/8''	30,20	27,88	1,814	14	1,162
R 1''	33,25	30,28	2,309	11	1,479
R 1 1/4''	41,91	38,95	2,309	11	1,479
R 1 1/2''	47,80	44,85	2,309	11	1,479
R 1 3/4''	53,75	50,79	2,309	11	1,479
R 2''	59,62	56,66	2,309	11	1,479

Gewinde-Nenndurchmesser $d = D$
Gewindesteigung P
Flankenwinkel 55°
Bezeichnungsbeispiel
Gewinde 1/2'', Gangzahl 14: R 1/2''

ISO-Zollgewinde

UNF-Gewinde (Feingewinde)
Flankenwinkel 60°
Bezeichnungsbeispiel
Gewinde 1/4'' 28 Gänge: 1/4'' - 28 UNF

UNC-Gewinde (Grobgewinde)
Flankenwinkel 60°
Bezeichnungsbeispiel
Gewinde 1/4'', 20 Gänge: 1/4'' - 20 UNC

Ge-winde-Nenn⌀ Zoll	Außen⌀ mm	Gang-zahl je Zoll	Kern⌀ Bolzen mm	Kern⌀ Mutter mm	Kern-quer-schnitt mm²	Ge-winde-Nenn⌀ Zoll	Außen⌀ mm	Gang-zahl je Zoll	Kern⌀ Bolzen mm	Kern⌀ Mutter mm	Kern-quer-schnitt mm²
1/4''	6,350	28	5,237	5,367	21,0	1/4''	6,350	20	4,793	4,976	17,4
5/16''	7,938	24	6,640	6,792	33,8	5/16''	7,938	18	6,205	6,411	29,3
3/8''	9,525	24	8,227	8,397	52,2	3/8''	9,525	16	7,577	7,805	43,7
7/16''	11,112	20	9,555	9,738	70,3	7/16''	11,112	14	8,887	9,149	60,2
1/2''	12,700	20	11,143	11,326	95,9	1/2''	12,700	13	10,302	10,548	81,1
9/16''	14,288	18	12,555	12,761	122	9/16''	14,288	12	11,692	11,996	105
5/8''	15,875	18	14,143	14,348	155	5/8''	15,875	11	13,043	13,376	130
3/4''	19,050	16	17,102	17,330	227	3/4''	19,050	10	15,933	16,299	195
7/8''	22,225	14	20,0	20,262	310	7/8''	22,225	9	18,763	19,169	271
1''	25,400	12	22,804	23,109	403	1''	25,400	8	21,504	21,963	355

4

Schrauben, Muttern, Sicherungen

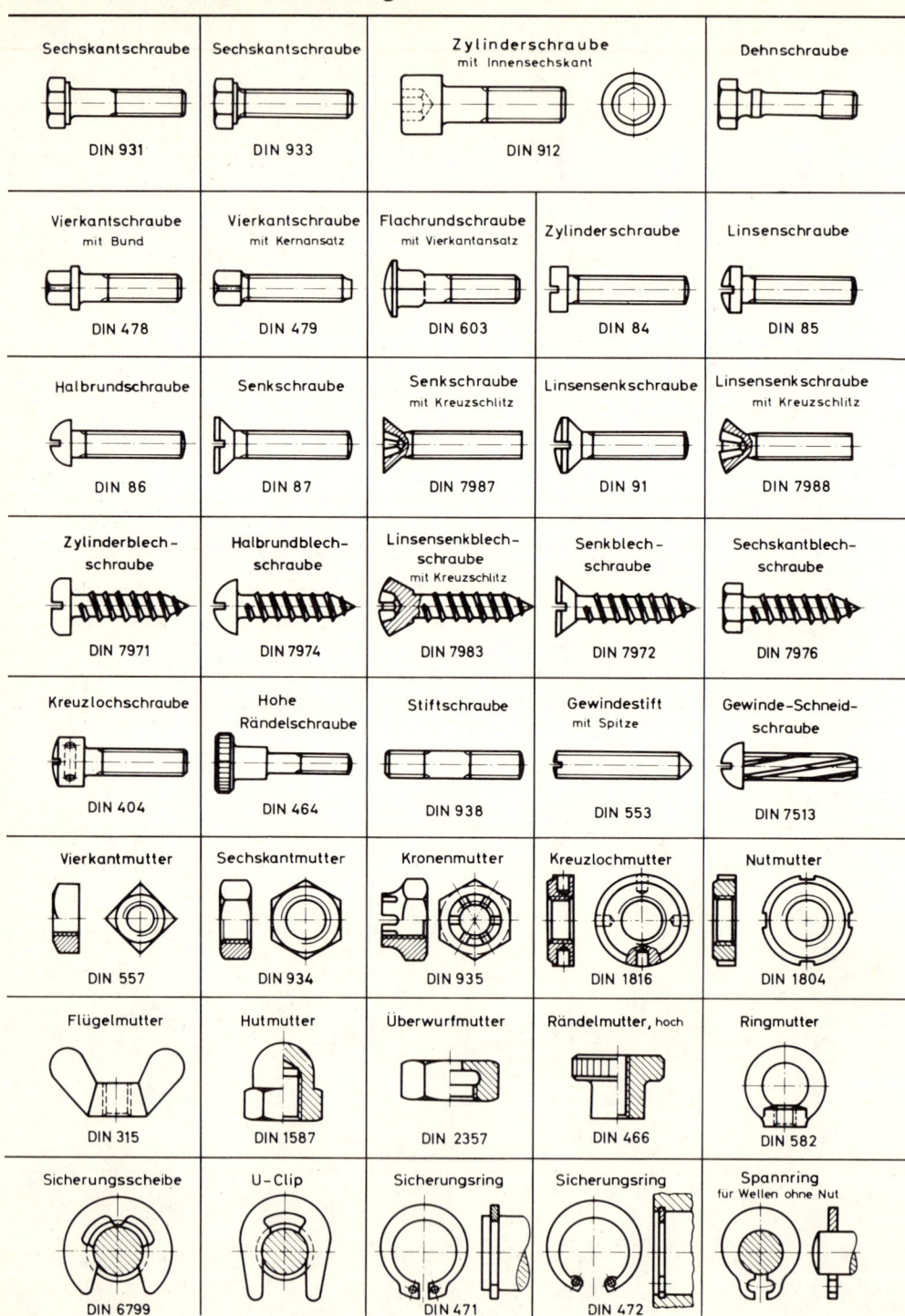

Sechskantschraube	Sechskantschraube	Zylinderschraube mit Innensechskant		Dehnschraube
DIN 931	DIN 933	DIN 912		

Vierkantschraube mit Bund	Vierkantschraube mit Kernansatz	Flachrundschraube mit Vierkantansatz	Zylinderschraube	Linsenschraube
DIN 478	DIN 479	DIN 603	DIN 84	DIN 85

Halbrundschraube	Senkschraube	Senkschraube mit Kreuzschlitz	Linsensenkschraube	Linsensenkschraube mit Kreuzschlitz
DIN 86	DIN 87	DIN 7987	DIN 91	DIN 7988

Zylinderblech-schraube	Halbrundblech-schraube	Linsensenkblech-schraube mit Kreuzschlitz	Senkblech-schraube	Sechskantblech-schraube
DIN 7971	DIN 7974	DIN 7983	DIN 7972	DIN 7976

Kreuzlochschraube	Hohe Rändelschraube	Stiftschraube	Gewindestift mit Spitze	Gewinde-Schneid-schraube
DIN 404	DIN 464	DIN 938	DIN 553	DIN 7513

Vierkantmutter	Sechskantmutter	Kronenmutter	Kreuzlochmutter	Nutmutter
DIN 557	DIN 934	DIN 935	DIN 1816	DIN 1804

Flügelmutter	Hutmutter	Überwurfmutter	Rändelmutter, hoch	Ringmutter
DIN 315	DIN 1587	DIN 2357	DIN 466	DIN 582

Sicherungsscheibe	U-Clip	Sicherungsring	Sicherungsring	Spannring für Wellen ohne Nut
DIN 6799		DIN 471	DIN 472	

4

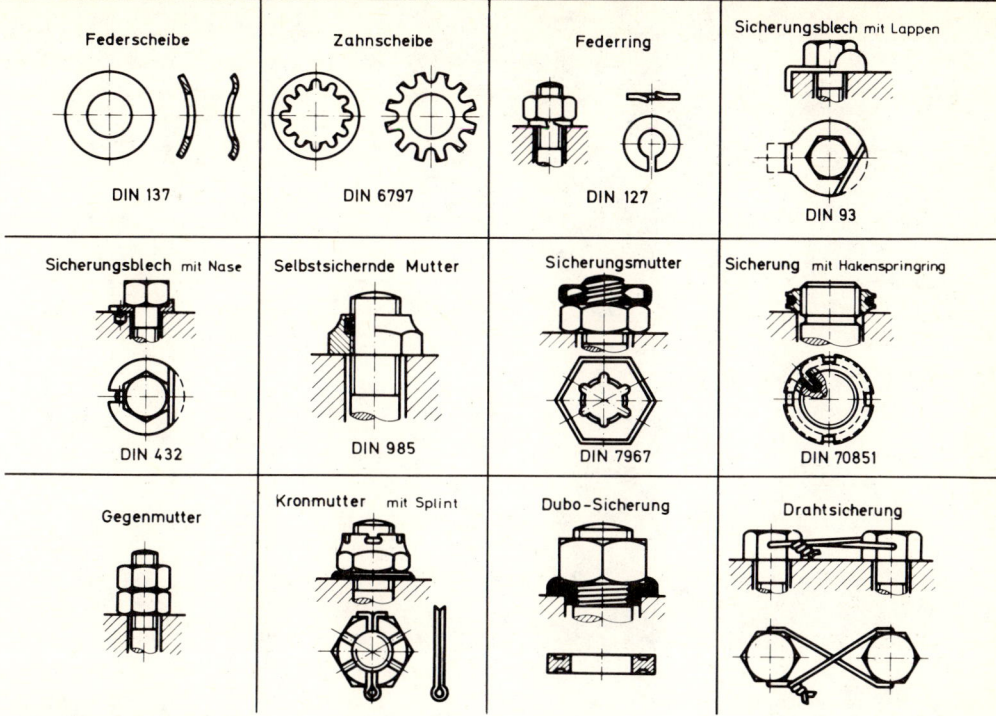

Festigkeit von Schrauben

DIN 267

Festigkeitsklasse	3.6	4.6	4.8	5.6	5.8	6.6	6.8	6.9	8.8	10.9	12.9	14.9
Mindestzugfestigkeit σ_B (R_m) in N/mm²	340	400	400	500	500	600	600	600	800	1 000	1 200	1400
Mindestbruchdehnung δ_5 (A) in %	25	25	14	20	10	16	8	12	12	9	8	7
Brinellhärte HB mindestens	90	110	110	140	140	170	170	170	225	280	330	390

Erklärung der Festigkeitsklasse	Die erste Zahl gibt 1/100 der Mindestzugfestigkeit an, z. B. 400 N/mm² $\triangleq$ 4. Die zweite Zahl gibt das 10fache des Streckgrenzenverhältnisses an, z. B. bei σ_S = 320 N/mm² und $\sigma_B (R_m) = 400$ N/mm² ergibt sich $\dfrac{320\ \text{N/mm}^2}{400\ \text{N/mm}^2} \cdot 10 = 8$. Das Produkt beider Zahlen $4\cdot 8 = 32$ entspricht dem 10. Teil der Mindeststreckgrenze von 320 N/mm². Anmerkung: Die Streckgrenze ist die Zugbeanspruchung, bei welcher der Werkstoff ins Fließen kommt, wobei dann eine bleibende Dehnung entsteht.
Bezeichnung von Schrauben, Beispiele	1. Bezeichnung einer Sechskantschraube mit Gewinde M 10, Länge l = 50 mm und einer Festigkeitsklasse 8.8: Sechskantschraube M 10 × 50 DIN 931 - 8.8 2. Bezeichnung einer Zylinderschraube mit Innensechskant, Gewinde M 8, Länge l = 40 mm und einer Festigkeitsklasse 6.9: Zylinderschraube M 8 × 40 DIN 912 - 6.9

Ausführung von Schrauben und Muttern

Kurzzeichen m (mittel)	Rauhtiefe R_t = 25 µm für Auflageflächen, Gewindeflanken bei Schrauben und Muttern, Schaft und Gewindekern bei Schrauben. R_t = 100 für Kuppen und Schlüsselflächen. R_t beliebig für Gewindeaußendurchmesser bei Schrauben und Gewindekern bei Muttern.
Kurzzeichen mg (mittelgrob)	R_t = 25 für Auflageflächen, Gewindeflanken bei Schrauben und Muttern, Schaft und Gewindekern bei Schrauben. R_t beliebig für die übrigen Flächen.
Kurzzeichen g (grob)	R_t = 40 für Gewindeflanken bei Schrauben und Muttern und Gewindekern bei Schrauben. R_t beliebig für alle übrigen Flächen.

Schraubenabmessungen (Auswahl)

Sechskantschrauben, Maße in mm — DIN 931, DIN 933, DIN 960, DIN 961

d		M 5	M 6	M 8 M 8 × 1	M 10 M 10 × 1,25	M 12 M 12 × 1,5	M 16 M 16 × 1,5	M 20 M 20 × 2
DIN 931, 960								
b		16	18	22	26 (32)	30 (36)	38 (44)	46 (52)
l	von	30	30	35	40 (130)	45 (130)	55 (130)	65 (130)
	bis	80	90	110	120 (150)	120 (180)	120 (200)	120 (220)
DIN 933, 961								
b		Gewinde annähernd bis zum Schraubenkopf						
l	von	6	6	8	8	10	12	16
	bis	80	90	110	150	150	150	200
k		3,5	4	5,5	7	8	10	13
s		8	10	13	17	19	24	30

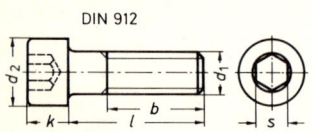

Längenstufung: 10, 12, 16, 20, 25 ... 80; über 80 mm Länge je 10 mm Stufung.
DIN 931, 933 Regelgewinde, DIN 960, 961 Feingewinde. ( ) für Feingewinde.
Festigkeitsklasse (Werkstoff) ab Gewinde M 12: 5.6 8.8 10.9

Zylinderschrauben mit Innensechskant, Maße in mm — DIN 912

d_1		M 5	M 6	M 8 M 8 × 1	M 10 M 10 × 1,25	M 12 M 12 × 1,5	M 16 M 16 × 1,5	M 20 M 20 × 2
b		16	18	22	26	30	38 (44)	46 (52)
l	von	30	30	35	40	45	60 (140)	70 (140)
	bis	60	60	100	120	120	120	120 (180)
b		Gewinde annähernd bis zum Schraubenkopf						
l	von	10	10	16	16	20	20	40
	bis	25	25	30	35	40	50	60
d_2		8,5	10	13	16	18	24	30
k		5	6	8	10	12	16	20
s		4	5	6	8	10	14	17

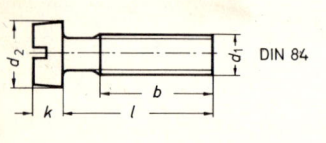

Längenstufung: 10, 12, 16, 20, 25, 30 ... 50, 60 ... 100, 120, 140 ... 180.
Festigkeitsklasse (Werkstoff): 6.9 8.8 10.9 12.9

Zylinderschrauben mit Schlitz, Maße in mm — DIN 84

d_1		M 2,5	M 3	M 4	M 5	M 6	M 8	M 10
b		Gewinde annähernd bis zum Schraubenkopf						
l	von	3	3	4	6	8	10	12
	bis	20	20	25	25	35	40	45
b		18	19	22	25	28	34	40
l	von	20	25	30	30	40	45	50
	bis	30	40	50	50	50	55	60
d_2		4,5	5,5	7	8,5	10	13	16
k		1,6	2	2,6	3,3	3,9	5	6

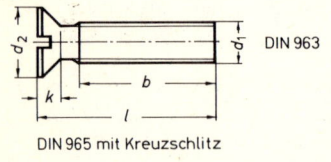

Senkschrauben mit Schlitz, mit Kreuzschlitz, Maße in mm — DIN 963, 965

d_1		M 2,5	M 3	M 4	M 5	M 6	M 8	M 10
b		Gewinde annähernd bis zum Schraubenkopf						
l	von	3	4	5	6	8	10	12
	bis	20	20	25	30	35	40	50
b		18	19	22	25	28	34	40
l	von	25	25	30	35	40	45	55
	bis	25	30	40	50	50	55	60
d_2		4,7	5,6	7,5	9,2	11	14,5	18
k		1,5	1,65	2,2	2,5	3	4	5

DIN 965 mit Kreuzschlitz

Linsensenkschrauben mit Schlitz, mit Kreuzschlitz, Maße in mm — DIN 964, 966

d_1		M 2,5	M 3	M 4	M 5	M 6	M 8	M 10
b		Gewinde annähernd bis zum Kopf						
l	von	3	4	5	6	8	10	12
	bis	20	20	25	30	35	40	50
b		18	19	22	25	28	34	40
l	von	25	25	30	35	40	45	55
	bis	25	30	40	50	50	55	60
d_2		4,7	5,6	7,5	9,2	11	14,5	18
k		1,5	1,65	2,2	2,5	3	4	5

DIN 966 mit Kreuzschlitz

Längenstufung für DIN 84, DIN 963, 965, DIN 964, 966 jeweils: 3, 4, 5, 6, 8,
10, 12, 16, 20, 25, 30 ... 60.

4

Schraubenabmessungen, Senkungen (Auswahl)

Blechschrauben mit Schlitz, Maße in mm — DIN 7971, DIN 7972, DIN 7973

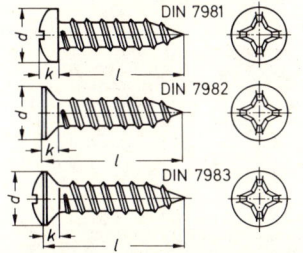

		2,2	2,9	3,5	(3,9)	4,2	4,8	(5,5)	6,3
Nenn ⌀		2,2	2,9	3,5	(3,9)	4,2	4,8	(5,5)	6,3
ISO-Nr.		2	4	6	7	8	10	12	14
l	von	4,5	6,5	9,5	9,5	9,5	9,5	13	13
	bis	16	19	25	25	32	38	38	38
Zylinder-Blechschrauben DIN 7971									
d		4,2	5,6	6,9	7,5	8,2	9,5	10,8	12,5
k		1,3	1,7	2,1	2,2	2,4	2,8	3,2	3,6
Senk-Blechschrauben DIN 7972									
d		4,3	5,5	6,8	7,5	8,1	9,5	10,8	12,4
k		1,3	1,7	2,1	2,3	2,5	3,0	3,4	3,8
Linsensenk-Blechschrauben DIN 7973									
d		4,3	5,5	6,8	7,5	8,1	9,5	10,8	12,4
k		1,3	1,7	2,1	3,3	2,5	3,0	3,4	3,8

Blechschrauben mit Kreuzschlitz, Maße in mm — DIN 7981, DIN 7982, DIN 7983

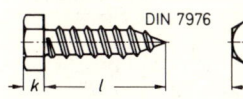

		2,2	2,9	3,5	(3,9)	4,2	4,8	(5,5)	6,3
Nenn ⌀		2,2	2,9	3,5	(3,9)	4,2	4,8	(5,5)	6,3
ISO-Nr.		2	4	6	7	8	10	12	14
l	von	4,5	6,5	9,5	9,5	9,5	9,5	13	13
	bis	16	19	25	25	32	38	38	38
Linsen-Blechschrauben DIN 7981									
d		4,2	5,6	6,9	7,5	8,2	9,5	10,8	12,5
k		1,8	2,2	2,6	2,8	3,0	3,5	3,9	4,5
Senk-Blechschrauben DIN 7982									
d		4,3	5,5	6,8	7,5	8,1	9,5	10,8	12,4
k		1,3	1,7	2,1	2,3	2,5	3,0	3,4	3,8
Linsensenk-Blechschrauben DIN 7983									
d		4,3	5,5	6,8	7,5	8,1	9,5	10,8	12,4
k		1,3	1,7	2,1	2,3	2,5	3,0	3,4	3,8

Sechskant-Blechschrauben, Maße in mm — DIN 7976

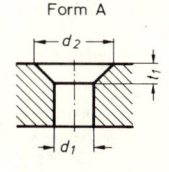 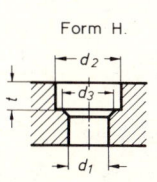

		2,2	2,9	3,5	(3,9)	4,2	4,8	(5,5)	63
Nenn ⌀		2,2	2,9	3,5	(3,9)	4,2	4,8	(5,5)	63
ISO-Nr.		2	4	6	7	8	10	12	14
l	von	4,5	6,5	9,5	9,5	9,5	9,5	13	13
	bis	13	19	25	25	32	50	50	50
s		3,2	5	5,5	7	7	8	8	10
k		1,3	1,5	2,3	2,3	2,8	3	4	4,8

Senkungen für Schrauben (Ausführung mittel), Maße in mm — DIN 75

Form A   Form H

Gewinde	M 4	M 5	M 6	M 8	M 10	M 12	M 16	M 20
Form A								
d_1	4,5	5,5	6,6	9	11	14	18	22
d_2	8,6	10,4	12,4	16,5	20,4	24,4	32,4	40,4
t_1	2,1	2,5	2,9	3,7	4,7	5,2	7,2	9,2
Form H								
d_1	4,5	5,5	6,6	9	11	14	18	22
d_2	8	10	11	15	18	20	26	33
d_3	–	–	–	–	–	16	20	24
t	3,2	4	4,7	6	7	8	10,5	12,5

Kernlochdurchmesser für Blechschrauben — DIN 7975

Nenn ⌀ mm	ISO-Nr.	Blechdicke, mm über ... bis	Kernlochdurchmesser, mm Stahlbleche[1]	Al-Bleche	Nenn ⌀ mm	ISO-Nr.	Blechdicke, mm über ... bis	Kernlochdurchmesser, mm Stahlbleche[1]	Al-Bleche
2,2	2	0,56 ... 0,75	1,7	1,6	4,2	8	0,50 ... 1,13	3,2	3,0
		0,75 ... 0,88	1,8	1,6			1,13 ... 1,38	3,3	3,2
		0,88 ... 1,13	1,85	1,6			1,38 ... 2,5	3,5	3,5
2,9	4	0,56 ... 0,75	2,2	2,2	4,8	10	0,50 ... 1,13	3,7	3,7
		0,75 ... 1,38	2,4	2,2			1,13 ... 1,75	3,9	3,7
		1,38 ... 1,75	2,5	2,25			1,75 ... 3,0	4,0	3,8
3,5	6	0,56 ... 0,88	2,7	2,65	5,5	12	1,13 ... 1,50	4,3	4,1
		1,0 ... 1,38	2,8	2,65			1,50 ... 1,75	4,5	4,2
		1,38 ... 1,75	2,9	2,75			1,75 ... 3,0	4,6	4,5
3,9	7	0,50 ... 1,13	2,95	2,9	6,3	14	1,38 ... 1,75	5,0	5,0
		1,13 ... 1,38	3,0	2,95			1,75 ... 2,0	5,2	5,0
		1,38 ... 2,0	3,0	3,0			2,0 ... 3,0	5,3	5,2

[1] Diese Werte gelten auch für Bleche aus Messing, Kupfer, Nickel.

4

Stifte, Spannhülsen, Niete, Splinte

Kegelstifte DIN 1

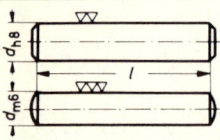

d		3	4	5	6	8	10	12
l	von	14	16	20	24	28	32	36
	bis	50	60	70	100	120	140	165

Bezeichnungsbeispiel: Kegelstift 5 × 20 DIN 1

Zylinderstifte DIN 7

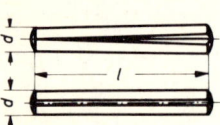

d		3	4	5	6	8	10	12
l	von	4	5	5	6	8	10	10
	bis	32	40	50	60	80	100	120

Bezeichnungsbeispiel: Zylinderstift 5_{m6} × 20 DIN 7

Kegelkerbstifte, Zylinderkerbstifte DIN 1471, DIN 1473

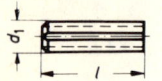

d		3	4	5	6	8	10	12
l	von	6	6	8	10	12	14	16
	bis	40	60	60	80	100	120	120

Bezeichnungsbeispiel: Kegelkerbstift 6 × 50 DIN 1471

Spannhülsen DIN 1481, DIN 7346

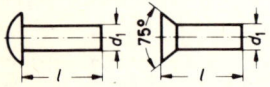

Nenn∅		3	4	5	6	8	10	12
d_1		3,3	4,4	5,4	6,4	8,5	10,5	12,5
l	von	4	4	5	10	10	10	10
	bis	40	50	80	100	120	160	180

Bezeichnungsbeispiel: Spannhülse 8 × 50 DIN 1481

Halbrundniete, Senkniete DIN 660, DIN 661

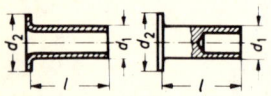

d_1	2	2,6	3	4	5	6	8
l	3, 4, 6, 8, 10, 15, 20, 25, 30, 35, 40, 45, 50, 55, 60						

Bezeichnungsbeispiel: Halbrundniet 4 × 15 DIN 660 Cu

Niete für Brems- und Kupplungsbeläge DIN 7338

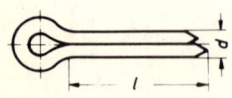

d_1		3	4	5	6	8
d_2		5,5	7,5	9,5	11,5	15,5
l	von	5	6	6	8	10
	bis	10	15	18	40	40

Bezeichnungsbeispiel: Niet A 5 × 20 DIN 7338 Al

Splinte DIN 94

Bolzen∅ über … bis	3 … 4	4 … 6	6 … 8	8 … 11	11 … 17
Schrauben∅ über … bis	4 … 5	5,5 … 7	8 … 10	11 … 14	16 … 20
Splint∅ d	1	1,5	2	3	4
l	6 … 15	8 … 30	10 … 40	15 … 60	20 … 70

Bezeichnungsbeispiel: Splint 3 × 20 DIN 94 St

Scheibenfedern   DIN 6888

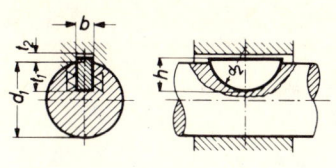

Wellen⌀ d_1	Scheibenfeder			Wellen-nuttiefe t_1	Naben-nuttiefe t_2
	b_{h9}	h_{h12}	d_2		
über 8 bis 10	3	3,7/5	10/13/16	2,5/3,8/5,3	1,4
über 12 bis 17	5	6,5/7,5	16/19/22	4,5/5,5/7,0	2,2
über 17 bis 22	6	7,5/9	19/22/28	5,1/6,6/8,6	2,6
über 22 bis 30	8	9/11	22/28/32	6,2/8,2/10	3,0
über 30 bis 38	10	11/13	28/32/45	7,8/9,8/13	3,4

Paßfedern   DIN 6885

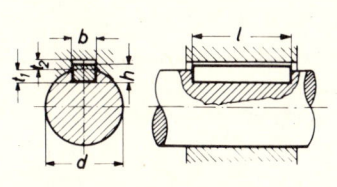

Wellen⌀ d	Paßfeder (hohe Form)			Wellen-nuttiefe t_1	Nabennut-tiefe mit Rückenspiel t_2
	b	h	l		
über 12 bis 17	5	5	10 … 45	2,9	2,2
über 17 bis 22	6	6	12 … 56	3,5	2,6
über 22 bis 30	8	7	16 … 70	4,1	3
über 30 bis 38	10	8	20 … 90	4,7	3,4

Einlegekeile, Treibkeile   DIN 6886

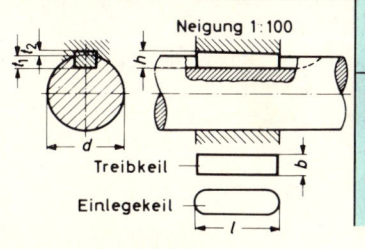

Neigung 1:100

Treibkeil

Einlegekeil

Wellen⌀ d	Keil (Neigung 1 : 100)			Wellen-nuttiefe t_1	Naben-nuttiefe t_2
	b	h	l		
über 12 bis 17	5	5	12 … 56	2,9	1,8
über 17 bis 22	6	6	16 … 70	3,5	2,1
über 22 bis 30	8	7	20 … 90	4,1	2,4
über 30 bis 38	10	8	25 … 110	4,7	2,8
über 38 bis 44	12	8	32 … 140	4,9	2,6

Flachkeile   DIN 6883

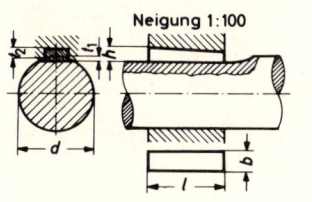

Neigung 1:100

Wellen⌀ d	Keil (Neigung 1 : 100)			Wellen-nuttiefe t_1	Naben-nuttiefe t_2
	b	h	l		
über 22 bis 30	8	5	20 … 70	1,3	3,2
über 30 bis 38	10	6	25 … 90	1,8	3,7
über 38 bis 44	12	6	32 … 125	1,8	3,7
über 44 bis 50	14	6	36 … 140	1,4	4

Hohlkeile   DIN 6881

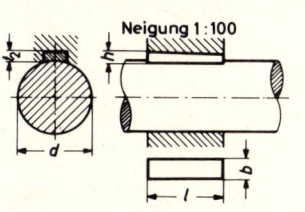

Neigung 1:100

Wellen⌀ d	Keil (Neigung 1 : 100)				Naben-nuttiefe t_2
	b	h	l		
über 22 bis 30	8	3,5	20 … 90		3,2
über 30 bis 38	10	4	25 … 110		3,7
über 38 bis 44	12	4	32 … 140		3,7
über 44 bis 50	14	4,5	40 … 160		4
über 50 bis 58	16	5	45 … 180		4,5

4

Begriffe und Gebrauchswerte

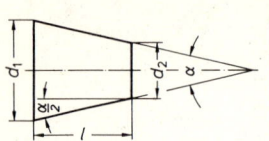

$$1 : \varkappa = \frac{d_1 - d_2}{2 \cdot l}$$

Kegelverhältnis oder Verjüngung
Kegel 1 : $\varkappa$, z.B. 1 : 10, bedeutet, daß sich der Kegel auf 10 mm Länge um 1 mm im Durchmesser verjüngt. Das Kegelverhältnis wird daher auch mit Verjüngung bezeichnet.

Neigung
Die Neigung ist 1 : 2$\varkappa$, z.B. 1 : 20, das bedeutet, daß sich eine Mantellinie auf 20 mm Länge um 1 mm gegen die Kegelachse neigt.

Kegelwinkel, Neigungswinkel
Der Kegelwinkel α ist der Winkel zwischen den Mantellinien, gemessen im Achsschnitt. Der Neigungswinkel $\alpha/2$ ist der Winkel zwischen Mantellinie und Kegelachse. Er ist gleich dem Einstellwinkel an der Bearbeitungsmaschine.

Kegel 1 : $\varkappa$	Kegel-winkel α	Einstell-winkel $\alpha/2$	Anwendungsbereich
1 : 0,289	120°	60°	Schutzsenkungen an Zentrierbohrungen; rohe Senkschrauben mit Vierkantansatz.
1 : 0,500	90°	45°	Ventilkegel, Senkschrauben, Senkholzschrauben, Senkniete, Verschlußschrauben, Spitze an Körnern.
1 : 0,866	60°	30°	Zentrierbohrungen, Senkschrauben, Senkniete, Linsensenkniete, Körnerspitzen, Dichtkegel für leichte Rohrverschraubungen.
1 : 5	11°25′	5°42′	Kegelzapfen an Wellen und Kegelbohrungen in Naben für leicht abnehmbare Maschinenteile (Keilriemenscheiben), Reibungskupplungen, Schlauchanschlußteile für Druckluft.
1 : 6	9°32′	4°46′	Dichtungskegel für Hähne (Reiberhähne).
1 : 10	5°43′	2°52′	Kegelige Wellenenden, Maschinenteile bei Beanspruchung quer zur Achse auf Verdrehung und längs der Achse, nachstellbare Lagerbuchsen.
1 : 20	2°52′	1°26′	Metrische Werkzeugkegel und Aufnahmekegel der Werkzeugmaschinenspindeln, Kegelbohrungen in Lenkradnaben.
1 : 50	1°9′	34′	Kegelstifte, Kegelreibahlen, kegelige Rohrgewinde.

Werkzeugkegel

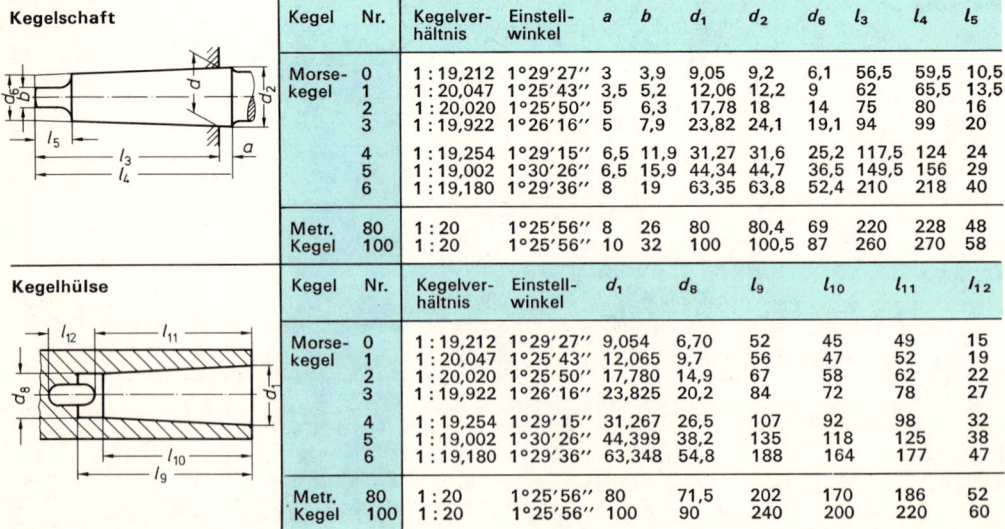

Kegelschaft

Kegel	Nr.	Kegelver-hältnis	Einstell-winkel	a	b	d_1	d_2	d_6	l_3	l_4	l_5
Morse-kegel	0	1 : 19,212	1°29′27″	3	3,9	9,05	9,2	6,1	56,5	59,5	10,5
	1	1 : 20,047	1°25′43″	3,5	5,2	12,06	12,2	9	62	65,5	13,5
	2	1 : 20,020	1°25′50″	5	6,3	17,78	18	14	75	80	16
	3	1 : 19,922	1°26′16″	5	7,9	23,82	24,1	19,1	94	99	20
	4	1 : 19,254	1°29′15″	6,5	11,9	31,27	31,6	25,2	117,5	124	24
	5	1 : 19,002	1°30′26″	6,5	15,9	44,34	44,7	36,5	149,5	156	29
	6	1 : 19,180	1°29′36″	8	19	63,35	63,8	52,4	210	218	40
Metr. Kegel	80	1 : 20	1°25′56″	8	26	80	80,4	69	220	228	48
	100	1 : 20	1°25′56″	10	32	100	100,5	87	260	270	58

Kegelhülse

Kegel	Nr.	Kegelver-hältnis	Einstell-winkel	d_1	d_8	l_9	l_{10}	l_{11}	l_{12}
Morse-kegel	0	1 : 19,212	1°29′27″	9,054	6,70	52	45	49	15
	1	1 : 20,047	1°25′43″	12,065	9,7	56	47	52	19
	2	1 : 20,020	1°25′50″	17,780	14,9	67	58	62	22
	3	1 : 19,922	1°26′16″	23,825	20,2	84	72	78	27
	4	1 : 19,254	1°29′15″	31,267	26,5	107	92	98	32
	5	1 : 19,002	1°30′26″	44,399	38,2	135	118	125	38
	6	1 : 19,180	1°29′36″	63,348	54,8	188	164	177	47
Metr. Kegel	80	1 : 20	1°25′56″	80	71,5	202	170	186	52
	100	1 : 20	1°25′56″	100	90	240	200	220	60

4

Maßtoleranz

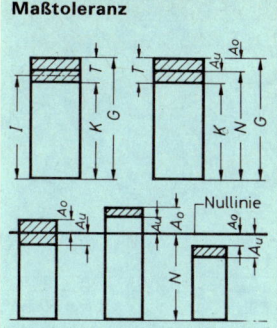

Ein Werkstück wird je nach Verwendungszweck mit größeren oder kleineren Abweichungen vom Nennmaß gefertigt. Es wird deshalb ein Größtmaß und ein Kleinstmaß angegeben, zwischen denen das Istmaß liegen muß. Der Unterschied zwischen den zulässigen Werten von Größtmaß und Kleinstmaß ist die Maßtoleranz oder kurz Toleranz.

Maßtoleranz T = Größtmaß G – Kleinstmaß K

Die Maßtoleranz ergibt sich auch aus der algebraischen Differenz zwischen dem oberen Abmaß und dem unteren Abmaß

Maßtoleranz T = oberes Abmaß A_o – unteres Abmaß A_U

Die Abmaße sind die zulässigen Abweichungen vom Nennmaß. In der zeichnerischen Darstellung ergeben sich aus den Abmaßen die Toleranzfelder, wobei die Nullinie die dem Nennmaß entsprechende Bezugslinie ist.

Nennmaß N = Maß zur Größenangabe des Werkstückes.

Istmaß I = Maß, das am Werkstück tatsächlich gemessen wird

Größtmaß G = größter Wert eines nach oben begrenzten Maßes.
Kleinstmaß K = kleinster Wert eines nach unten begrenzten Maßes.
Oberes Abmaß A_o = algebraische Differenz Größtmaß/Nennmaß.
Unteres Abmaß A_u = algebraische Differenz Kleinstmaß/Nennmaß.

Beispiel: Maßangabe $30 ^{+0,15}_{-0,10}$ mm.

$G = 30 \text{ mm} + 0,15 \text{ mm} = 30,15 \text{ mm}$
$K = 30 \text{ mm} - 0,10 \text{ mm} = 29,90 \text{ mm}$
$T = (30,15 - 29,90) \text{ mm} = 0,25 \text{ mm}$
$A_o = (30,15 - 30) \text{ mm} = 0,15 \text{ mm}$
$A_u = (29,90 - 30) \text{ mm} = -0,10 \text{ mm}$

ISO-Toleranzen

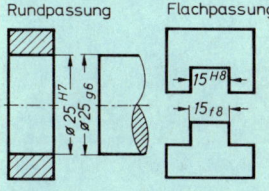

Rundpassung   Flachpassung

Nach ISO werden die Toleranzen durch Buchstaben und Zahlen hinter dem Nennmaß angegeben.

Die Buchstaben A ... Z für Innenmaße (Bohrungen) und a ... z für Außenmaße (Wellen) bezeichnen die Lage der Toleranz zur Nullinie.

Die Zahlen 1 ... 18 bezeichnen die Größe der Toleranz und damit die Qualität oder Genauigkeit der Herstellung. Je kleiner die Zahl ist, desto kleiner ist die Toleranz.

Die Toleranzangaben werden bei Innenmaßen hochgestellt, bei Außenmaßen tiefgestellt.

Lage der Toleranzfelder:
Innenmaße (Bohrungen)
A bis H oberhalb der Nullinie (+)
J beiderseitig der Nullinie (+, –)
K bis Z unterhalb der Nullinie (–)

Außenmaße (Wellen)
a bis h unterhalb der Nullinie (–)
j beiderseitig der Nullinie (–, +)
k bis z oberhalb der Nullinie (+)

Beispiele für Toleranzangaben:
Bohrung $\varnothing 25^{H7}$, Welle $\varnothing 25_{g6}$

Passungsarten

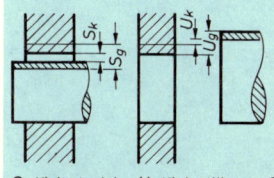

S_k Kleinstspiel U_k Kleinstübermaß
S_g Größtspiel U_g Größtübermaß

Die Passung gibt an, wie stramm oder wie locker ineinandergefügte Teile zusammenpassen.

Spielpassung: zwischen den zusammengefügten Teilen ist stets Spiel vorhanden. Das Kleinstmaß der Bohrung ist größer als das Größtmaß der Welle. Im Grenzfall kann das Kleinstspiel Null werden.

Preßpassung: zwischen den zusammenzufügenden Teilen ist stets Übermaß vorhanden. Das Größtmaß der Bohrung ist kleiner als das Kleinstmaß der Welle. Im Grenzfall kann das Kleinstübermaß Null werden.

Übergangspassung: die zusammenzufügenden Teile können je nach Lage der Istmaße sowohl Spiel als auch Übermaß haben.

Beispiel: Spielpassung, Bohrung $\varnothing 25^{H8}$, Welle $\varnothing 25_{f8}$.
Größtmaß, Bohrung = 25,033 mm
Kleinstmaß, Welle = 24,974 mm
Größtspiel = 0,086 mm
Kleinstmaß, Bohrung = 25,000 mm
Größtmaß, Welle = 24,980 mm
Kleinstspiel = 0,020 mm

Beispiel: Preßpassung, Bohrung $\varnothing 40^{H6}$, Welle $\varnothing 40_{p5}$.
Größtmaß, Welle = 40,026 mm
Kleinstmaß, Bohrung = 40,000 mm
Größtübermaß = 0,026 mm

Paßsysteme

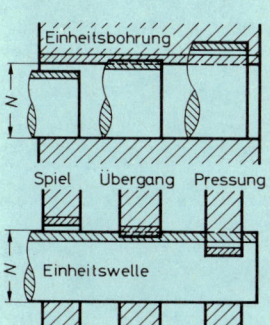

Einheitsbohrung

Spiel   Übergang   Pressung

Einheitswelle

System Einheitsbohrung EB
Beim System Einheitsbohrung werden die Bohrungen für alle Passungen mit einer H-Toleranz gefertigt. Das Kleinstmaß der Bohrung geht daher immer bis zur Nullinie und ist somit gleich dem Nennmaß.
Die gewünschte Passung wird durch die Wahl einer entsprechenden Wellentoleranz erzielt. Das System der Einheitsbohrung wird in den meisten Fällen im Maschinenbau und Kraftfahrzeugbau angewandt.

System Einheitswelle EW
Beim System der Einheitswelle werden die Wellen für alle Passungen mit einer h-Toleranz gefertigt. Das Größtmaß der Welle geht immer bis zur Nullinie und ist somit gleich dem Nennmaß.
Die gewünschte Passung wird durch die Wahl einer entsprechenden Toleranz der Bohrung erreicht.

Beispiel: Paßsystem Einheitsbohrung, in der Zeichnung angegebene Maße $\varnothing 50^{H7}$, $\varnothing 50_{e8}$.
Bohrung $\varnothing 50^{H7}$, Abmaße in $\mu m ^{+25}_{0}$
Welle $\varnothing 50_{e8}$, Abmaße in $\mu m ^{-50}_{-89}$
Kleinstbohrung = 50,000 mm
Größtwelle = 49,950 mm
Kleinstspiel = 0,050 mm

Beispiel: Paßsystem Einheitswelle, Maßangabe $\varnothing 20^{D11}$, $\varnothing 20_{h11}$.
Bohrung $\varnothing 20^{D11}$, Abmaße in $\mu m ^{+240}_{+80}$
Welle $\varnothing 20_{h11}$, Abmaße in $\mu m ^{0}_{-130}$
Kleinstbohrung = 20,080 mm
Größtwelle = 20,000 mm
Kleinstspiel = 0,080 mm

4

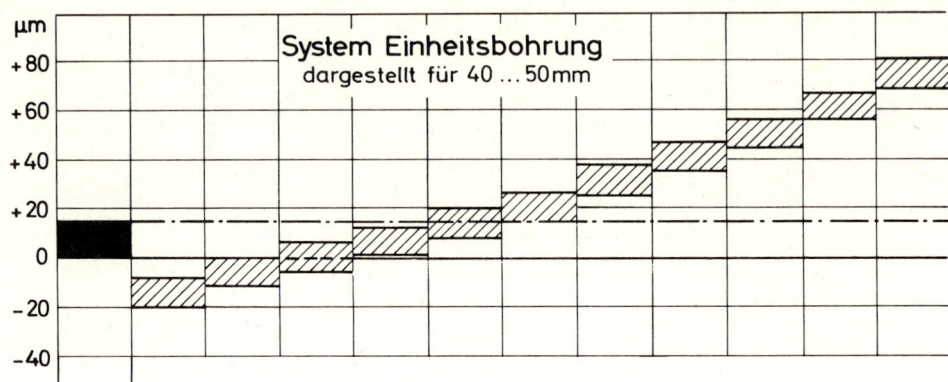

System Einheitsbohrung — dargestellt für 40...50mm

Nennmaß über...bis	Bohrung H 6	Wellen g 5	h 5	j 5	k 5	m 5	n 5	p 5	r 5	s 5	t 5	u 5
1 ... 3	+ 7 / 0	− 3 / − 8	0 / − 5	+ 4 / − 1	—	+ 7 / + 2	+ 11 / + 6	+ 14 / + 9	+ 17 / + 12	+ 20 / + 15	—	+ 23 / + 18
3 ... 6	+ 8 / 0	− 4 / − 9	0 / − 5	+ 4 / − 1	—	+ 9 / + 4	+ 13 / + 8	+ 17 / + 12	+ 20 / + 15	+ 24 / + 19	—	+ 28 / + 23
6 ... 10	+ 9 / 0	− 5 / − 11	0 / − 6	+ 4 / − 2	+ 7 / + 1	+ 12 / + 6	+ 16 / + 10	+ 21 / + 15	+ 25 / + 19	+ 29 / + 23	—	+ 34 / + 28
10 ... 18	+ 11 / 0	− 6 / − 14	0 / − 8	+ 5 / − 3	+ 9 / + 1	+ 15 / + 7	+ 20 / + 12	+ 26 / + 18	+ 31 / + 23	+ 36 / + 28	—	+ 41 / + 33
18 ... 24	+ 13 / 0	− 7 / − 16	0 / − 9	+ 5 / − 4	+ 11 / + 2	+ 17 / + 8	+ 24 / + 15	+ 31 / + 22	+ 37 / + 28	+ 44 / + 35	—	+ 50 / + 41
24 ... 30	+ 13 / 0	− 7 / − 16	0 / − 9	+ 5 / − 4	+ 11 / + 2	+ 17 / + 8	+ 24 / + 15	+ 31 / + 22	+ 37 / + 28	+ 44 / + 35	+ 50 / + 41	+ 57 / + 48
30 ... 40	+ 16 / 0	− 9 / − 20	0 / − 11	+ 6 / − 5	+ 13 / + 2	+ 20 / + 9	+ 28 / + 17	+ 37 / + 26	+ 45 / + 34	+ 54 / + 43	+ 59 / + 48	+ 71 / + 60
40 ... 50	+ 16 / 0	− 9 / − 20	0 / − 11	+ 6 / − 5	+ 13 / + 2	+ 20 / + 9	+ 28 / + 17	+ 37 / + 26	+ 45 / + 34	+ 54 / + 43	+ 65 / + 54	+ 81 / + 70
50 ... 65	+ 19 / 0	− 10 / − 23	0 / − 13	+ 6 / − 7	+ 15 / + 2	+ 24 / + 11	+ 33 / + 20	+ 45 / + 32	+ 54 / + 41	+ 66 / + 53	+ 79 / + 66	+ 100 / + 87
65 ... 80	+ 19 / 0	− 10 / − 23	0 / − 13	+ 6 / − 7	+ 15 / + 2	+ 24 / + 11	+ 33 / + 20	+ 45 / + 32	+ 56 / + 43	+ 72 / + 59	+ 88 / + 75	+ 115 / + 102
80 ... 100	+ 22 / 0	− 12 / − 27	0 / − 15	+ 6 / − 9	+ 18 / + 3	+ 28 / + 13	+ 38 / + 23	+ 52 / + 37	+ 66 / + 51	+ 86 / + 71	+ 106 / + 91	+ 139 / + 124
100 ... 120	+ 22 / 0	− 12 / − 27	0 / − 15	+ 6 / − 9	+ 18 / + 3	+ 28 / + 13	+ 38 / + 23	+ 52 / + 37	+ 69 / + 54	+ 94 / + 79	+ 119 / + 104	+ 159 / + 144
120 ... 140	+ 25 / 0	− 14 / − 32	0 / − 18	+ 7 / − 11	+ 21 / + 3	+ 33 / + 15	+ 45 / + 27	+ 61 / + 43	+ 81 / + 63	+ 110 / + 92	+ 140 / + 122	+ 188 / + 170
140 ... 160	+ 25 / 0	− 14 / − 32	0 / − 18	+ 7 / − 11	+ 21 / + 3	+ 33 / + 15	+ 45 / + 27	+ 61 / + 43	+ 83 / + 65	+ 118 / + 100	+ 152 / + 134	+ 208 / + 190
160 ... 180	+ 25 / 0	− 14 / − 32	0 / − 18	+ 7 / − 11	+ 21 / + 3	+ 33 / + 15	+ 45 / + 27	+ 61 / + 43	+ 86 / + 68	+ 126 / + 108	+ 164 / + 146	+ 228 / + 210
180 ... 200	+ 29 / 0	− 15 / − 35	0 / − 20	+ 7 / − 13	+ 24 / + 4	+ 37 / + 17	+ 51 / + 31	+ 70 / + 50	+ 97 / + 77	+ 142 / + 122	+ 186 / + 166	+ 256 / + 236

4

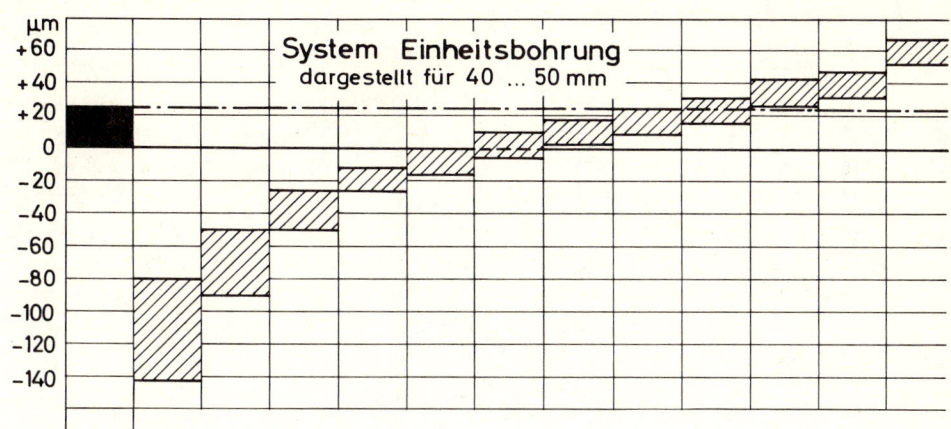

System Einheitsbohrung
dargestellt für 40 ... 50 mm

Nennmaß über ... bis	Boh-rung H 7	Wellen d 9	e 8	f 7	g 6	h 6	j 6	k 6	m 6	n 6	p 6	r 6	t 6
1 ... 3	+ 9 / 0	− 20 / − 45	− 14 / − 28	− 7 / − 16	− 3 / − 10	0 / − 7	+ 6 / − 1	— / —	+ 9 / + 2	+ 13 / + 6	+ 16 / + 9	+ 19 / + 12	— / —
3 ... 6	+ 12 / 0	− 30 / − 60	− 20 / − 38	− 10 / − 22	− 4 / − 12	0 / − 8	+ 7 / − 1	— / —	+ 12 / + 4	+ 16 / + 8	+ 20 / + 12	+ 23 / + 15	— / —
6 ... 10	+ 15 / 0	− 40 / − 76	− 25 / − 47	− 13 / − 28	− 5 / − 14	0 / − 9	+ 7 / − 2	+ 10 / + 1	+ 15 / + 6	+ 19 / + 10	+ 24 / + 15	+ 28 / + 19	— / —
10 ... 18	+ 18 / 0	− 50 / − 93	− 32 / − 59	− 16 / − 34	− 6 / − 17	0 / − 11	+ 8 / − 3	+ 12 / + 1	+ 18 / + 7	+ 23 / + 12	+ 29 / + 18	+ 34 / + 23	— / —
18 ... 24	+ 21 / 0	− 65 / − 117	− 40 / − 73	− 20 / − 41	− 7 / − 20	0 / − 13	+ 9 / − 4	+ 15 / + 2	+ 21 / + 8	+ 28 / + 15	+ 35 / + 22	+ 41 / + 28	— / —
24 ... 30	+ 21 / 0	− 65 / − 117	− 40 / − 73	− 20 / − 41	− 7 / − 20	0 / − 13	+ 9 / − 4	+ 15 / + 2	+ 21 / + 8	+ 28 / + 15	+ 35 / + 22	+ 41 / + 28	+ 54 / + 41
30 ... 40	+ 25 / 0	− 80 / − 142	− 50 / − 89	− 25 / − 50	− 9 / − 25	0 / − 16	+ 11 / − 5	+ 18 / + 2	+ 25 / + 9	+ 33 / + 17	+ 42 / + 26	+ 50 / + 34	+ 64 / + 48
40 ... 50	+ 25 / 0	− 80 / − 142	− 50 / − 89	− 25 / − 50	− 9 / − 25	0 / − 16	+ 11 / − 5	+ 18 / + 2	+ 25 / + 9	+ 33 / + 17	+ 42 / + 26	+ 50 / + 34	+ 70 / + 54
50 ... 65	+ 30 / 0	− 100 / − 174	− 60 / − 106	− 30 / − 60	− 10 / − 29	0 / − 19	+ 12 / − 7	+ 21 / + 2	+ 30 / + 11	+ 39 / + 20	+ 51 / + 32	+ 60 / + 41	+ 85 / + 66
65 ... 80	+ 30 / 0	− 100 / − 174	− 60 / − 106	− 30 / − 60	− 10 / − 29	0 / − 19	+ 12 / − 7	+ 21 / + 2	+ 30 / + 11	+ 39 / + 20	+ 51 / + 32	+ 62 / + 43	+ 94 / + 75
80 ... 100	+ 35 / 0	− 120 / − 207	− 72 / − 126	− 36 / − 71	− 12 / − 34	0 / − 22	+ 13 / − 9	+ 25 / + 3	+ 35 / + 13	+ 45 / + 23	+ 59 / + 37	+ 73 / + 51	+ 113 / + 91
100 ... 120	+ 35 / 0	− 120 / − 207	− 72 / − 126	− 36 / − 71	− 12 / − 34	0 / − 22	+ 13 / − 9	+ 25 / + 3	+ 35 / + 13	+ 45 / + 23	+ 59 / + 37	+ 76 / + 54	+ 126 / + 104
120 ... 140	+ 40 / 0	− 145 / − 245	− 85 / − 148	− 43 / − 83	− 14 / − 39	0 / − 25	+ 14 / − 11	+ 28 / + 3	+ 40 / + 15	+ 52 / + 27	+ 68 / + 43	+ 88 / + 63	+ 147 / + 122
140 ... 160	+ 40 / 0	− 145 / − 245	− 85 / − 148	− 43 / − 83	− 14 / − 39	0 / − 25	+ 14 / − 11	+ 28 / + 3	+ 40 / + 15	+ 52 / + 27	+ 68 / + 43	+ 90 / + 65	+ 159 / + 134
160 ... 180	+ 40 / 0	− 145 / − 245	− 85 / − 148	− 43 / − 83	− 14 / − 39	0 / − 25	+ 14 / − 11	+ 28 / + 3	+ 40 / + 15	+ 52 / + 27	+ 68 / + 43	+ 93 / + 68	+ 171 / + 146
180 ... 200	+ 46 / 0	− 170 / − 285	− 100 / − 172	− 50 / − 96	− 15 / − 44	0 / − 29	+ 16 / − 13	+ 33 / + 4	+ 46 / + 17	+ 60 / + 31	+ 79 / + 50	+ 106 / + 77	+ 195 / + 166

4

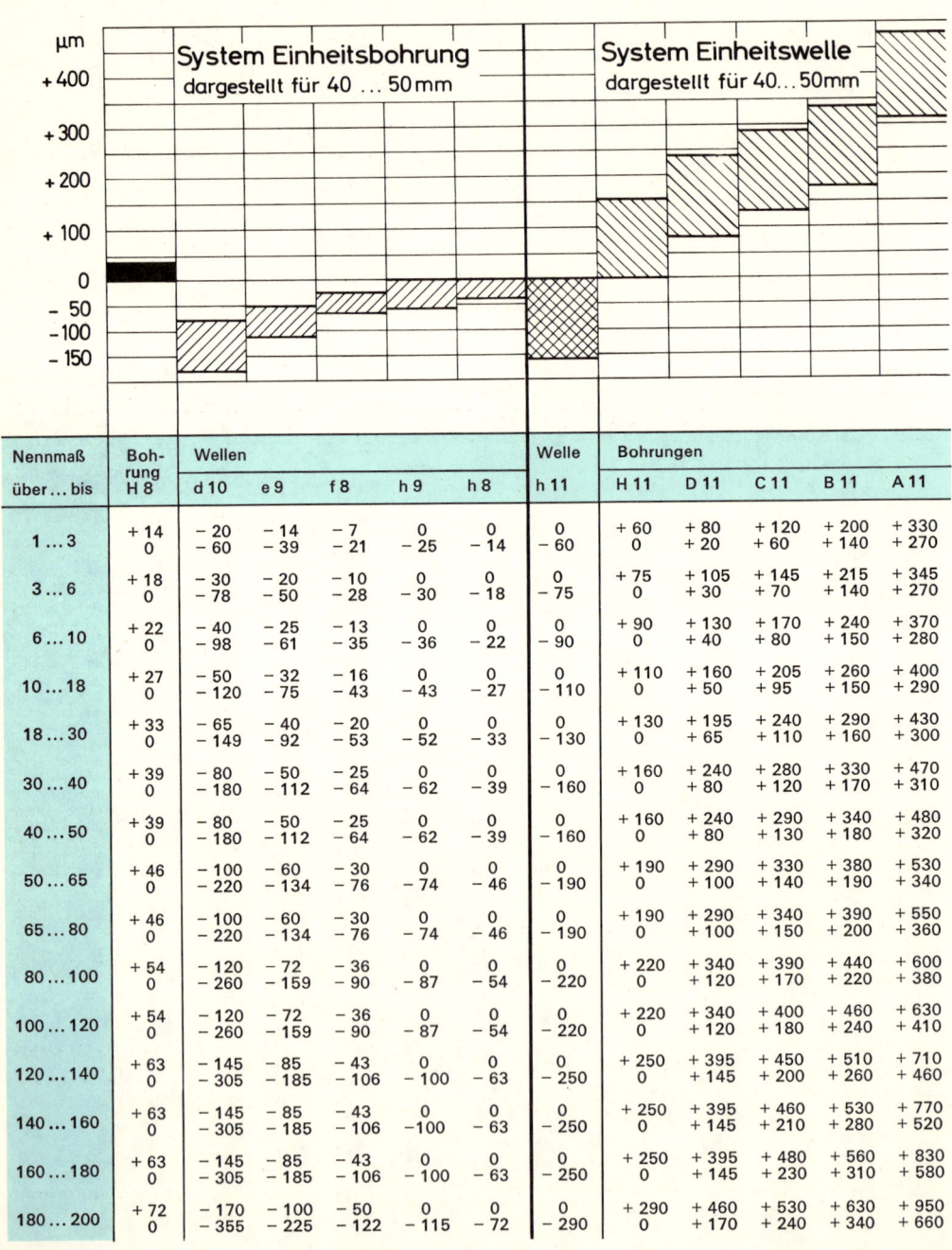

Nennmaß über...bis	Boh-rung H 8	Wellen d 10	e 9	f 8	h 9	h 8	Welle h 11	Bohrungen H 11	D 11	C 11	B 11	A 11
1...3	+ 14 / 0	− 20 / − 60	− 14 / − 39	− 7 / − 21	0 / − 25	0 / − 14	0 / − 60	+ 60 / 0	+ 80 / + 20	+ 120 / + 60	+ 200 / + 140	+ 330 / + 270
3...6	+ 18 / 0	− 30 / − 78	− 20 / − 50	− 10 / − 28	0 / − 30	0 / − 18	0 / − 75	+ 75 / 0	+ 105 / + 30	+ 145 / + 70	+ 215 / + 140	+ 345 / + 270
6...10	+ 22 / 0	− 40 / − 98	− 25 / − 61	− 13 / − 35	0 / − 36	0 / − 22	0 / − 90	+ 90 / 0	+ 130 / + 40	+ 170 / + 80	+ 240 / + 150	+ 370 / + 280
10...18	+ 27 / 0	− 50 / − 120	− 32 / − 75	− 16 / − 43	0 / − 43	0 / − 27	0 / − 110	+ 110 / 0	+ 160 / + 50	+ 205 / + 95	+ 260 / + 150	+ 400 / + 290
18...30	+ 33 / 0	− 65 / − 149	− 40 / − 92	− 20 / − 53	0 / − 52	0 / − 33	0 / − 130	+ 130 / 0	+ 195 / + 65	+ 240 / + 110	+ 290 / + 160	+ 430 / + 300
30...40	+ 39 / 0	− 80 / − 180	− 50 / − 112	− 25 / − 64	0 / − 62	0 / − 39	0 / − 160	+ 160 / 0	+ 240 / + 80	+ 280 / + 120	+ 330 / + 170	+ 470 / + 310
40...50	+ 39 / 0	− 80 / − 180	− 50 / − 112	− 25 / − 64	0 / − 62	0 / − 39	0 / − 160	+ 160 / 0	+ 240 / + 80	+ 290 / + 130	+ 340 / + 180	+ 480 / + 320
50...65	+ 46 / 0	− 100 / − 220	− 60 / − 134	− 30 / − 76	0 / − 74	0 / − 46	0 / − 190	+ 190 / 0	+ 290 / + 100	+ 330 / + 140	+ 380 / + 190	+ 530 / + 340
65...80	+ 46 / 0	− 100 / − 220	− 60 / − 134	− 30 / − 76	0 / − 74	0 / − 46	0 / − 190	+ 190 / 0	+ 290 / + 100	+ 340 / + 150	+ 390 / + 200	+ 550 / + 360
80...100	+ 54 / 0	− 120 / − 260	− 72 / − 159	− 36 / − 90	0 / − 87	0 / − 54	0 / − 220	+ 220 / 0	+ 340 / + 120	+ 390 / + 170	+ 440 / + 220	+ 600 / + 380
100...120	+ 54 / 0	− 120 / − 260	− 72 / − 159	− 36 / − 90	0 / − 87	0 / − 54	0 / − 220	+ 220 / 0	+ 340 / + 120	+ 400 / + 180	+ 460 / + 240	+ 630 / + 410
120...140	+ 63 / 0	− 145 / − 305	− 85 / − 185	− 43 / − 106	0 / − 100	0 / − 63	0 / − 250	+ 250 / 0	+ 395 / + 145	+ 450 / + 200	+ 510 / + 260	+ 710 / + 460
140...160	+ 63 / 0	− 145 / − 305	− 85 / − 185	− 43 / − 106	0 / −100	0 / − 63	0 / − 250	+ 250 / 0	+ 395 / + 145	+ 460 / + 210	+ 530 / + 280	+ 770 / + 520
160...180	+ 63 / 0	− 145 / − 305	− 85 / − 185	− 43 / − 106	0 / − 100	0 / − 63	0 / − 250	+ 250 / 0	+ 395 / + 145	+ 480 / + 230	+ 560 / + 310	+ 830 / + 580
180...200	+ 72 / 0	− 170 / − 355	− 100 / − 225	− 50 / − 122	0 / − 115	0 / − 72	0 / − 290	+ 290 / 0	+ 460 / + 170	+ 530 / + 240	+ 630 / + 340	+ 950 / + 660

4

Winkel an der Drehmeißelschneide

Freiwinkel $\alpha = 3° \dots 10°$	Winkel zwischen dem Schneidenkeil und der Senkrechten an der Bearbeitungsfläche. Bei einem Freiwinkel von 0° würde die Schneidkante nicht frei liegen und die Freifläche an der bearbeiteten Fläche anliegen und reiben.	
	Bei zu kleinem Freiwinkel ergibt sich: Große Schnittkraft, starke Erwärmung der Schneide, rauhe Bearbeitungsoberfläche, geringe Standzeit (Standzeit = Arbeitszeitspanne zwischen Schleifen und Nachschleifen des Werkzeuges).	
Keilwinkel $\beta = 40° \dots 95°$	Winkel des Schneidenkeils, der in den Werkstoff eindringt.	
	Einflüsse des Keilwinkels: Je kleiner der Keilwinkel ist, desto leichter dringt der Schneidenkeil in den Werkstoff ein, desto kleiner ist die erforderliche Schnittkraft. Kleine Keilwinkel eignen sich für weiche Werkstoffe. Bei zu kleinem Keilwinkel besteht die Gefahr des Ausbrechens der Werkzeugschneide.	
Spanwinkel $\gamma = 0° \dots 45°$	Winkel zwischen der Spanfläche und einer waagrechten Ebene.	
	Einflüsse des Spanwinkels: Ein großer Spanwinkel bewirkt leichte Spanbildung, glatte Bearbeitungsoberfläche, geringe Schnittkraft, zusammenhängenden Fließspan. Ein zu großer Spanwinkel ergibt zu schwachen Schneidenquerschnitt, dadurch Wärmestau und geringe Standzeit. In der Regel wird ein mittlerer Spanwinkel gewählt, um kürzere Späne zu erhalten.	
Neigungswinkel $\lambda = 3° \dots 5°$	Winkel, um den die Spanfläche geneigt ist.	
	Durch die Neigung der Spanfläche wird ein besserer Spanabfluß bewirkt. Dabei entsteht ein ziehender Schnitt und dadurch ein leichteres Abschälen des Spans. Bei unterbrochenem Schnitt wird die Schneidenspitze weniger stark belastet.	
Schnittwinkel $\delta = \alpha + \beta$	Schnittwinkel = Freiwinkel + Keilwinkel	
	Der Schnittwinkel ist normalerweise immer kleiner als 90°. Bei negativem Spanwinkel kann er größer als 90° werden.	
Spitzenwinkel $\varepsilon = 60° \dots 120°$	Winkel an der Schneidenspitze.	
	Ein großer Spitzenwinkel bewirkt eine geringere Wärmebelastung der Schneidenspitze und dadurch eine höhere Standzeit bei hoher Schnittgeschwindigkeit.	
Einstellwinkel $\varkappa = 40° \dots 50°$	Winkel zwischen der Hauptschneide und der Bearbeitungsfläche.	
	Ein großer Einstellwinkel bewirkt eine kurze Trennlänge, dadurch kleine Schnittkraft aber hohe Wärmebelastung der Schneide. Ein großer Einstellwinkel ist günstig gegen Rattern.	

Richtwerte

Zu verarbeitender Werkstoff	Drehmeißel aus Schnellarbeitsstahl			Drehmeißel aus Hartmetall		
	Frei ∢ α	Keil ∢ β	Span ∢ γ	Frei ∢ α	Keil ∢ β	Span ∢ γ
Stahl, Stahlguß bis 600 N/mm²	8°	60°…67°	15°…20°	4°…6°	65°…72°	14°…18°
Stahl, Stahlguß über 600 N/mm²	8°	65°…68°	14°…18°	4°…6°	70°…76°	10°…12°
Gußeisen, weich	6°…8°	68°…70°	14°	5°	73°…75°	10°…12°
Cu-Zn-Legierungen	6°…10°	75°…85°	0°…5°	6°…8°	77°…85°	0°…5°
Aluminium, Al-Legierungen	10°	35°…40°	30°…40°	8°	48°…52°	30°…35°
Kunstharzpreßstoffe	6°…8°	50°…65°	20°…30°	6°…8°	55°…70°	15°…25°

Spiralbohrer (Wendelbohrer)

Werkzeugtyp	Spitzenwinkel	Zu verarbeitender Werkstoff
N	118°	Normale Werkstoffe, Stahl und Stahlguß bis 700 N/mm², Gußeisen, Temperguß, Messing ab CuZn 40
H	80° 118°	Harte Werkstoffe, Kunstharzpreßstoffe, Marmor Messing bis CuZn 40
W	140°	Weiche Werkstoffe, Kupfer, Aluminium, Al-Legierungen

Je kleiner der Spiralwinkel, desto größer ist die Spiralsteigung, desto kleiner ist der Spanwinkel an den Hauptschneiden.
Bei ungleich langen Schneidenkanten der Hauptschneide wird die Bohrung zu groß.

4

Zeichnen

Geometrische Grundkonstruktionen

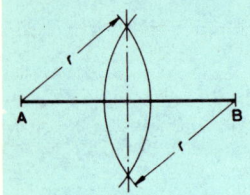

Ziehen einer Parallele

Aufgabe

Zu der Geraden g soll eine Parallele g' durch den Punkt P gezeichnet werden.

Lösung

1. Zeichendreieck an die Gerade g anlegen.
2. Ein weiteres Zeichendreieck an das erste anlegen und festhalten.
3. Das erste Zeichendreieck bis zum Punkt P verschieben und die Parallele g' ziehen.

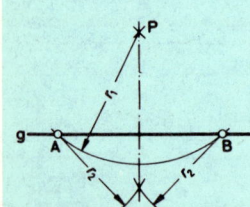

Errichten einer Mittelsenkrechten

Aufgabe

Auf der Strecke $\overline{AB}$ soll eine Mittelsenkrechte errichtet werden.

Lösung

1. Um die Punkte A und B Kreisbogen ziehen mit dem gleichen Halbmesser r.
2. Die Verbindung der Kreisbogenschnittpunkte ist die gesuchte Mittelsenkrechte.

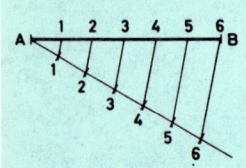

Fällen eines Lotes

Aufgabe

Vom Punkt P aus soll ein Lot auf die Gerade g gefällt werden.

Lösung

1. Kreisbogen um P mit beliebig großem Halbmesser r_1 ziehen, so daß die Gerade g geschnitten wird.
2. Um die Schnittpunkte A und B Kreisbögen mit gleichem Halbmesser r_2 ziehen, so daß sie sich schneiden.
3. Die Verbindung des Schnittpunktes mit dem Punkt P ist das gesuchte Lot.

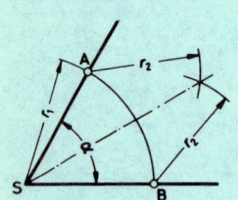

Teilen einer Strecke

Aufgabe

Die Strecke AB ist in beliebig viele, zum Beispiel in sechs gleiche Teile zu teilen.

Lösung

1. Vom Punkt A aus einen Strahl unter einem beliebigen Winkel ziehen.
2. Auf dem Strahl sechs gleiche Teile abtragen.
3. Den Endpunkt des letzten Teils mit B verbinden.
4. Die Parallelen zu dieser Verbindungslinie durch die Teilpunkte auf dem Strahl teilen die Strecke AB in sechs gleiche Teile.

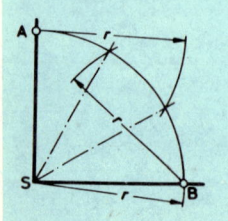

Halbieren eines Winkels

Aufgabe

Der Winkel α ist zu halbieren.

Lösung

1. Um den Scheitel S einen Kreisbogen mit beliebigem Halbmesser r_1 ziehen.
2. Um die Schnittpunkte A und B Kreisbogen mit gleichem Halbmesser r_2 ziehen, so daß sie sich schneiden.
3. Die Verbindung des Schnittpunktes mit dem Scheitel S ist die gesuchte Winkelhalbierende.

Dreiteilung eines rechten Winkels

Aufgabe

Ein rechter Winkel ist in drei gleiche Teile zu teilen.

Lösung

1. Um den Scheitel S einen Kreisbogen mit beliebigem Halbmesser r ziehen.
2. Um die Schnittpunkte A und B Kreisbogen mit demselben Halbmesser r ziehen.
3. Die Verbindungen der Schnittpunkte mit dem Scheitel S teilen den rechten Winkel in drei gleiche Teile.

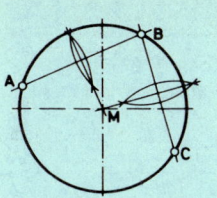

Bestimmung des Kreismittelpunktes

Aufgabe

Der Mittelpunkt eines beliebigen Kreises ist zu bestimmen.

Lösung

1. Zwei beliebige Sehnen $\overline{AB}$ und $\overline{BC}$ ziehen.
2. Auf diesen Sehnen die Mittelsenkrechten errichten.
3. Der Schnittpunkt der Mittelsenkrechten ist der gesuchte Kreismittelpunkt.

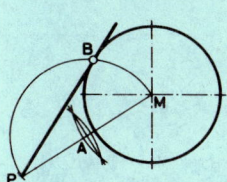

Tangente an einen Kreis legen

Aufgabe

Von einem Punkt P aus ist die Tangente an einen Kreis zu legen und der Berührungspunkt B zu bestimmen.

Lösung

1. Punkt P mit dem Kreismittelpunkt M verbinden und die Strecke PM halbieren.
2. Über Strecke $\overline{PM}$ den Halbkreis ziehen.
3. Der Halbkreis schneidet den Kreis im Berührungspunkt B. Die Verbindung PM ist die gesuchte Tangente.

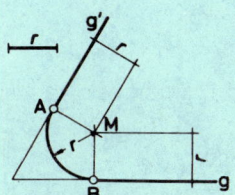

Kreisberührung (Rundung)

Aufgabe

Der aus den Geraden g und g' gebildete Winkel ist mit dem Halbmesser *r* abzurunden.

Lösung

1. Zu den Geraden g und g' Parallelen im Abstand *r* ziehen.
2. Der Schnittpunkt der Parallelen ist der Mittelpunkt des Berührungskreises.
3. Die Lote von M aus auf die Geraden g und g' ergeben die Übergangspunkte oder Berührungspunkte A und B.

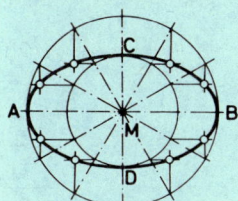

Ellipse (genaue Konstruktion)

Aufgabe

Eine Ellipse mit den Achsen $\overline{AB}$ und $\overline{CD}$ ist zu konstruieren.

Lösung

1. Kreise um M ziehen mit den Halbmessern 1/2 $\overline{AB}$ und 1/2 $\overline{CD}$.
2. Durch M beliebig viele Durchmesser ziehen, so daß sich Schnittpunkte mit beiden Kreisen ergeben.
3. Durch diese Schnittpunkte Senkrechte und Waagrechte ziehen.
4. Die Schnittpunkte der Senkrechten mit den Waagrechten ergeben die Ellipsenpunkte.

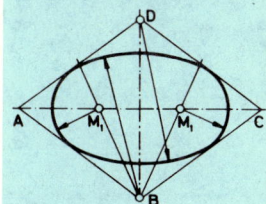

Ellipse (Näherungskonstruktion)

Aufgabe

In einen gegebenen Rhombus eine Ellipse einzeichnen.

Lösung

1. Die Seiten $\overline{AD}$ und $\overline{DC}$ halbieren.
2. Die Halbierungspunkte mit der gegenüberliegenden Ecke B verbinden.
3. Kreise um M_1 und um B und D ziehen, so daß sie die Rhombusseiten berühren.
4. Diese Kreise gehen ineinander über und ergeben die angenäherte Ellipse.

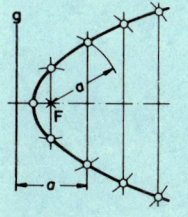

Parabel

Aufgabe

Aus der Leitlinie g und dem Brennpunkt F ist eine Parabel zu konstruieren.

Lösung

1. Zur Leitlinie g Parallelen im beliebigen Abstand, z. B. *a*, ziehen.
2. Kreise um F ziehen mit Halbmessern in der Größe der Abstände der Parallelen.
3. Die Schnittpunkte der Kreise mit den entsprechenden Parallelen ergeben die Punkte der Parabel.

5

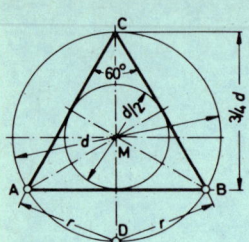

Gleichseitiges Dreieck (Dreikant)

Aufgabe

In einen Kreis mit dem Durchmesser d ist ein gleichseitiges Dreieck einzuzeichnen.

Lösung

1. Kreisbogen um D mit dem Halbmesser $r = 1/2\ d$ ziehen.
2. Die Kreisbogen schneiden den Kreis in A und B. Dreieck A, B, C ist das gesuchte gleichseitige Dreieck.

Merkmale

Eckenwinkel 60°, Inkreishalbmesser = $1/2\ d$, Höhe $h = 3/4\ d$, Symmetrieachsen = Höhen = Winkelhalbierende = Seitenhalbierende.

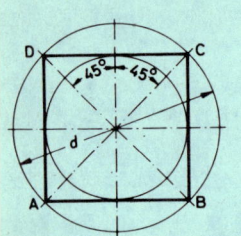

Quadrat

Aufgabe

In einen Kreis mit dem Durchmesser d ist ein Quadrat einzuzeichnen.

Lösung

1. Ein Achsenkreuz um 45° verdreht zum Achsenkreuz des Kreises zeichnen.
2. Die Achsen schneiden den Kreis in A, B, C, D, den gesuchten Ecken des Quadrats.

Merkmale

Inkreisdurchmesser = Seitenlänge = Schlüsselweite,
Umkreisdurchmesser = Eckenmaß = 1,414 ($\sqrt{2}$) · Schlüsselweite.

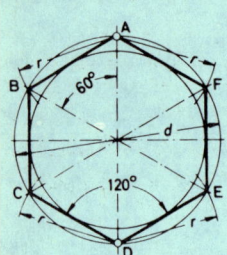

Sechseck

Aufgabe

In einen Kreis mit dem Durchmesser d ist ein Sechseck einzuzeichnen.

Lösung

1. Kreisbogen um A und D ziehen mit Halbmesser $r = 1/2\ d$.
2. Die Punkte A, B, C, D, E, F sind die gesuchten Sechseckpunkte.

Merkmale

Eckenwinkel 120°, Mittelpunktswinkel 60°, Seitenlänge = r, Inkreisdurchmesser d = Schlüsselweite, Umkreisdurchmesser = Eckenmaß = 1,155 · Schlüsselweite.

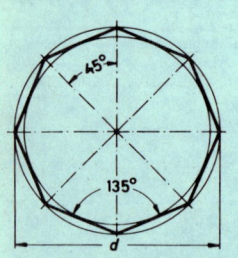

Achteck

Aufgabe

In einen Kreis mit dem Durchmesser d ist ein Achteck einzuzeichnen.

Lösung

1. Ein Achsenkreuz um 45° verdreht zum Achsenkreuz des Kreises zeichnen.
2. Die Schnittpunkte der Achsen mit dem Kreis sind die gesuchten Ecken des Achtecks.

Merkmale

Eckenwinkel 135°, Mittelpunktswinkel 45°, Inkreisdurchmesser = Schlüsselweite, Umkreisdurchmesser = Eckenmaß = 1,082 · Schlüsselweite.

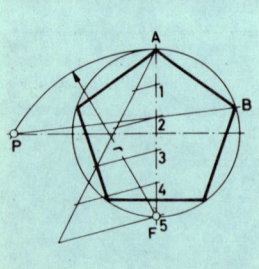

Konstruktion für alle Vielecke

Aufgabe

In einen Kreis mit dem Durchmesser d ist ein Fünfeck einzuzeichnen.

Lösung

1. Durchmesser $\overline{AF}$ in so viele Teile teilen, wie das Vieleck Seiten hat, beim Fünfeck in fünf Teile.
2. Kreisbogen um F zeichnen mit Halbmesser $r = \overline{AF}$ und zum Schnitt mit der waagrechten Achse bringen.
3. Vom Schnittpunkt P aus eine Gerade durch Teilpunkt 2 ziehen, so daß sie den Kreis in B schneidet.
4. Strecke $\overline{AB}$ ist die gesuchte Fünfeckseite, die auf dem Kreisumfang abgetragen wird.

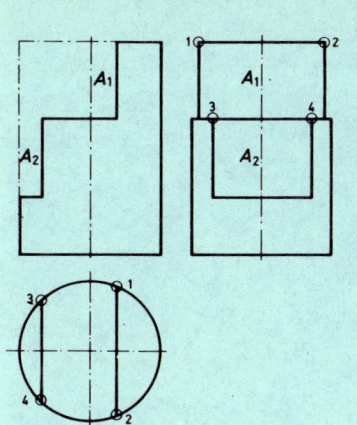

Zylinderschnitt parallel zur Achse

Aufgabe

Ein Zylinder wird parallel zur Achse geschnitten entsprechend der Darstellung in der Vorderansicht. Gesucht ist die Seitenansicht.

Lösung

1. Die Maße für die Breite der Schnittflächen müssen aus der Draufsicht entnommen werden, deshalb werden die Schnittkanten zuerst in der Draufsicht dargestellt.
2. Die Breiten der Schnittflächen von Punkt 1 bis 2 und von Punkt 3 bis 4 werden in die Seitenansicht übertragen.

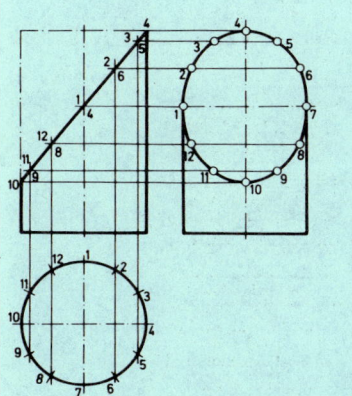

Zylinderschnitt schräg zur Achse

Aufgabe

Ein Zylinder wird in der Vorderansicht unter einem beliebigen Winkel zur Achse geschnitten. Die Schnittfläche ist in der Seitenansicht darzustellen.

Lösung

1. Der Zylinderumfang wird in der Draufsicht in zwölf gleiche Teile geteilt. Durch die Teilpunkte werden senkrechte Hilfslinien gezogen.
2. Die senkrechten Hilfslinien schneiden die Schnittkante der Vorderansicht in den Punkten 1 bis 12.
3. Von diesen Schnittpunkten aus waagrechte Hilfslinien zur Seitenansicht ziehen.
4. Die Abstände von Punkt 3 bis 5 usw. aus der Draufsicht in die Seitenansicht entsprechend übertragen. Die Schnittfläche ist eine Ellipse.

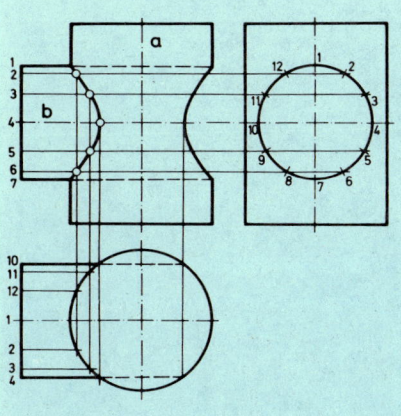

Durchdringung von Zylindern

Aufgabe

Zwei Zylinder mit verschiedenen Durchmessern durchdringen sich so, daß ihre Achsen rechtwinklig sind und sich schneiden. Die Durchdringungskurve ist gesucht.

Lösung

1. Die Umrisse der Zylinder in Vorderansicht, Seitenansicht und Draufsicht darstellen.
2. Den Umfang des Zylinders b in der Seitenansicht in zwölf gleiche Teile teilen.
3. Von diesen Punkten aus waagrechte Hilfslinien zur Vorderansicht ziehen.
4. Teilpunkte des Zylinders b von der Seitenansicht in die Draufsicht übertragen und durch diese Punkte waagrechte Hilfslinien ziehen, so daß Schnittpunkte mit Zylinder a entstehen.
5. Die senkrechten Hilfslinien durch die Schnittpunkte in der Draufsicht ergeben in der Vorderansicht die Punkte für die Durchdringungskurve.

5

Graphische Darstellungen

Streckendarstellung

Kraftstoffverbrauch in der Bundesrepublik

Prozentkreis

Erdölreserven der Welt

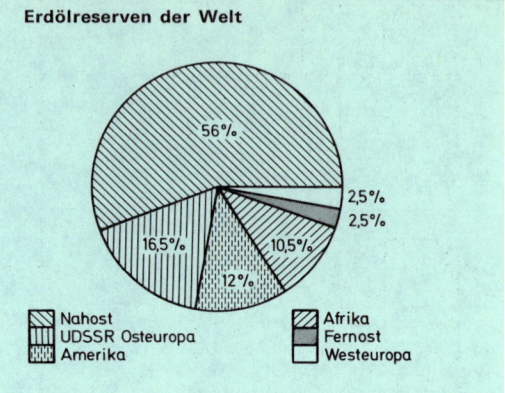

Flächendarstellung

Energieverteilung im Ottomotor (Dieselmotor)

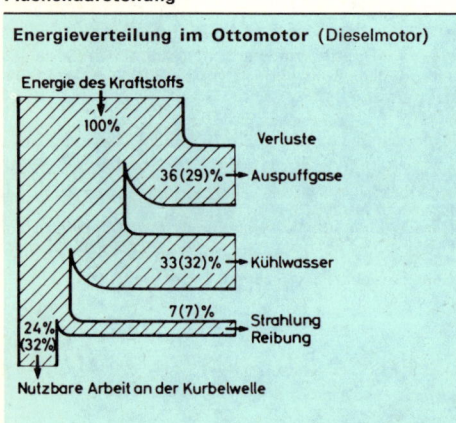

Energieverteilung im Pkw bei 70 km/h Geschwindigkeit auf ebener Straße

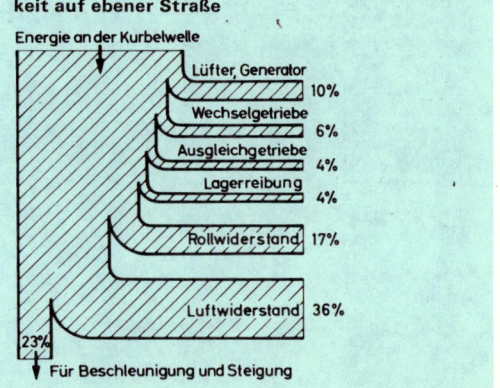

Schaulinien (Diagramme)

Druckverlauf beim Ottomotor

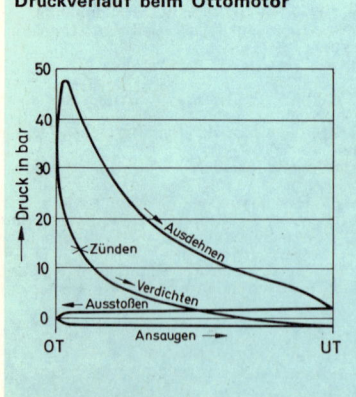

Kennlinien eines Ottomotors

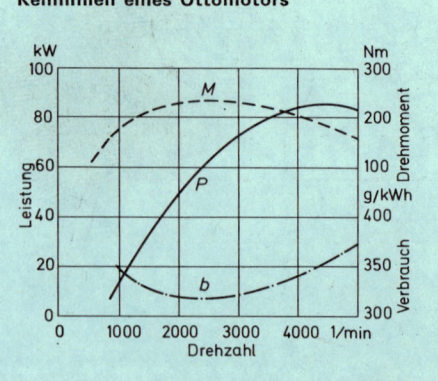

Schräge Normschrift (Mittelschrift) DIN 16

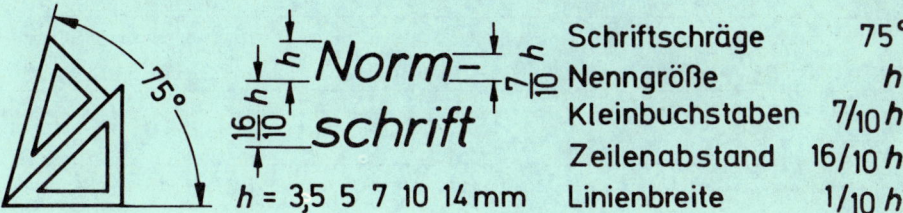

abcdefghijklmnopqrstuvwxyzßäöü
ABCDEFGHIJKLMNOPQRSTUVWXYZ
ÄÖÜ I II V X 1234567890 (&?!.,;'÷=+±×%)

Schriftschräge	75°
Nenngröße	h
Kleinbuchstaben	7/10 h
Zeilenabstand	16/10 h
Linienbreite	1/10 h

h = 3,5 5 7 10 14 mm

Senkrechte Normschrift (Mittelschrift) DIN 17

abcdefghijklmnopqrstuvwxyzßäöü
ABCDEFGHIJKLMNOPQRSTUVWXYZ
ÄÖÜ I II VX 1234567890 (&?!.,;'÷=+±×%)

Griechische Schrift (schräge Schrift) DIN 1453

αA	βB	γΓ	δΔ	εE	ζZ	ηH	ϑΘ	ιI	ϰK	λΛ	μM
Alpha	Beta	Gamma	Delta	Epsilon	Zeta	Eta	Theta	Jota	Kappa	Lambda	My

νN	ξΞ	oO	πΠ	ρP	σΣ	τT	υϒ	φΦ	χX	ψΨ	ωΩ
Ny	Ksi	Omikron	Pi	Rho	Sigma	Tau	Ypsilon	Phi	Chi	Psi	Omega

Blattgrößen DIN 823

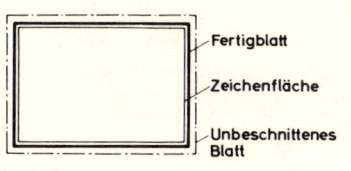

Fertigblatt
Zeichenfläche
Unbeschnittenes Blatt

Blattgröße	Fertigblatt	Zeichenfläche	Unbeschnittenes Blatt
A 0	841 × 1189	831 × 1179	880 × 1230
A 1	594 × 841	584 × 831	625 × 880
A 2	420 × 594	410 × 584	450 × 625
A 3	297 × 420	287 × 410	330 × 450
A 4	210 × 297	200 × 287	240 × 330
A 5	148 × 210	138 × 200	165 × 240

Maßstäbe DIN 823

Natürliche Größe	Vergrößerungen	Verkleinerungen
M 1 : 1	M 2 : 1 5 : 1 10 : 1	M 1 : 2,5 1 : 5 1 : 10
		M 1 : 20 1 : 50 1 : 100

5

Technisches Zeichnen

Linienarten	Linienbreiten in mm (Auswahl)				Anwendungsbeispiele
Vollinie (breit)	0,25	0,35	0,5	0,7	Sichtbare Körperkanten und Umrisse
Vollinie (schmal)	0,13	0,18	0,25	0,35	Maß- und Maßhilfslinien, Bezugslinien, Oberflächenzeichen, Schraffur von Schnittflächen, Diagonalkreuze
Strichlinie	0,18	0,25	0,35	0,5	Verdeckte (nicht sichtbare) Kanten und Umrisse, nicht sichtbare Gewinde
Strichpunktlinie (breit)	0,25	0,35	0,5	0,7	Zur Angabe des Schnittverlaufs (Striche kürzer als bei dünnen Strichpunktlinien)
Strichpunktlinie (schmal)	0,13	0,18	0,25	0,35	Mittellinien, Lochkreise, Teilkreise, Bearbeitungszugaben, Umgrenzungen
Freihandlinie	0,13	0,18	0,25	0,35	Bruchlinien bei Metallen, Kunststoffen (bei Holz als Zickzacklinien)

Anmerkung : Innerhalb derselben Zeichnung sollen nur Linien einer Liniengruppe angewendet werden, z.B. die Linienbreiten 0,7 mm, 0,5 mm, 0,35 mm.

Oberflächenzeichen	Bedeutung	Anwendungsbeispiele
ohne Zeichen	Oberflächen, wie sie durch **spanlose Herstellungsverfahren entstehen,** z.B. Walzen, Ziehen, Schmieden, Pressen, Gießen.	
	Oberflächen, wie sie durch **sorgfältigere spanlose Herstellungsverfahren** entstehen, z.B. durch sauberes Gießen, Glätten im Gesenk.	Alle Flächen geschlichtet
▽	Oberflächen, wie sie durch spanabhebende **Schruppbearbeitung** erzielt werden. Riefen dürfen fühlbar und mit bloßem Auge sichtbar sein.	
▽▽	Oberflächen, wie sie durch spanabhebende **Schlichtbearbeitung** erzielt werden. Riefen dürfen mit bloßem Auge sichtbar sein.	Alle Flächen geschlichtet außer ▽
▽▽▽	Oberflächen, wie sie durch spanabhebende **Feinschlichtbearbeitung** erzielt werden. Riefen dürfen mit bloßem Auge nicht mehr sichtbar sein.	
geläppt ▽▽▽	**Sonderbearbeitung,** z.B. durch Läppen, Honen, Einschleifen, Polieren. Die vorausgehende Bearbeitung wird ebenfalls angegeben.	geläppt
gestrichen ✓	**Sonderbehandlung,** z.B. durch Glühen, Vernickeln, Streichen usw. Es wird immer der Fertigzustand angegeben, z.B. „gestrichen" (nicht „streichen").	

5

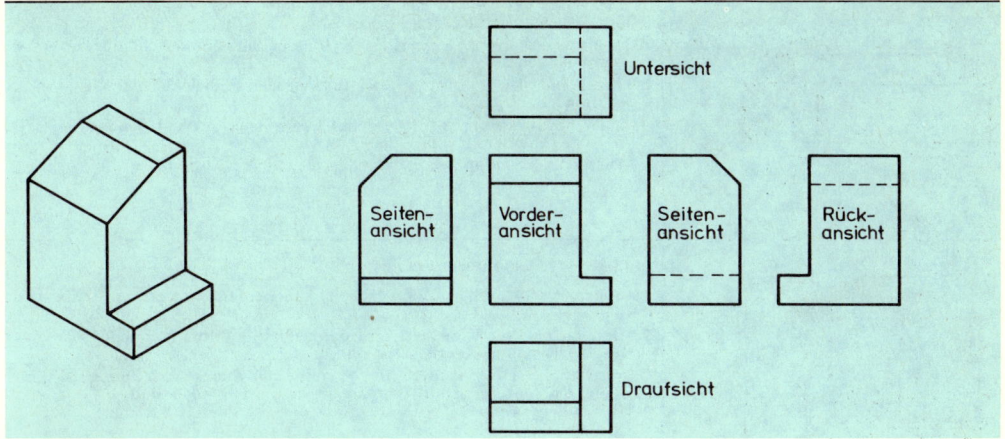

Allgemeine Regeln

1. In Gesamt-Zeichnungen und Gruppen-Zeichnungen werden die Gegenstände im allgemeinen in der Gebrauchslage dargestellt, z. B. stehend gezeichnet werden die in senkrechter Lage gebrauchten Gegenstände.
2. In Teilzeichnungen sind die Gegenstände bevorzugt in der Fertigungslage darzustellen.
3. Die einzelnen Ansichten müssen für alle Gegenstände wie in der oben abgebildeten Darstellung angeordnet werden (ISO-Methode E). Daneben gibt es noch die ISO-Methode A mit entgegengesetzter Anordnung der Ansichten.
4. Als Vorderansicht ist die Ansicht zu wählen, die in Form und Abmessungen möglichst viel zeigt. Es werden nur die Ansichten gezeichnet, die zur eindeutigen Bestimmung des Gegenstandes nötig sind.
5. Schnittdarstellungen werden angewandt, wenn es nicht möglich ist, den Gegenstand in der üblichen Darstellungsweise eindeutig wiederzugeben.

Vollschnitt   **Halbschnitt**   **Teilschnitt oder Teilausschnitt**

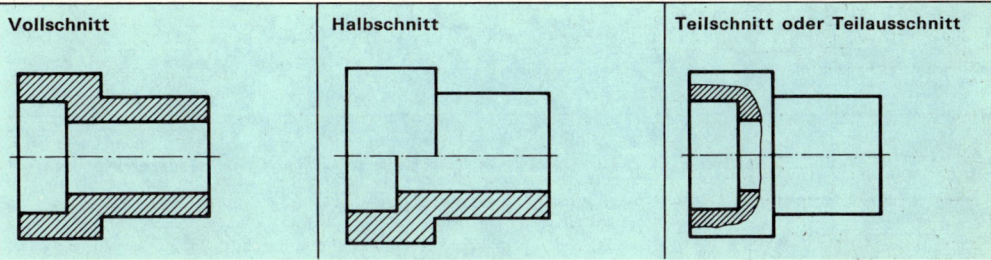

Darstellung in Projektionen

5

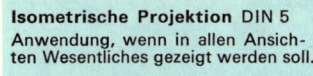

Isometrische Projektion DIN 5
Anwendung, wenn in allen Ansichten Wesentliches gezeigt werden soll.

Dimetrische Projektion DIN 5
Anwendung, wenn in der Vorderansicht Wesentliches gezeigt werden soll.

Projektion unter 45°
Nicht genormte vereinfachte dimetrische Darstellung.

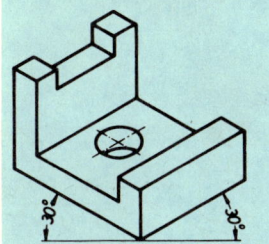

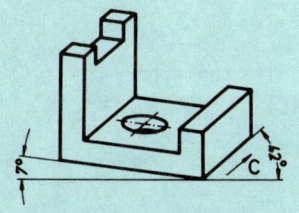

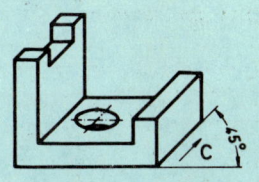

Alle Maße werden unverkürzt gezeichnet.

In Richtung C werden die Maße um die Hälfte verkürzt gezeichnet.

In Richtung C werden die Maße um die Hälfte verkürzt gezeichnet.

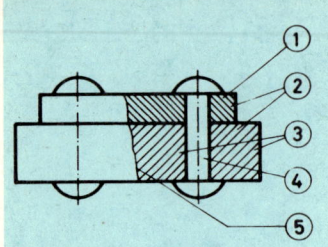

Schnittdarstellung

1. Schnittflächen werden mit dünnen Vollinien unter 45° zur Achse oder zu den Umrissen schraffiert.
2. Aneinanderstoßende Schnittflächen werden entgegengesetzt oder verschieden weit schraffiert.
3. Alle Schnittflächen des gleichen Teils werden in gleicher Richtung und Art schraffiert.
4. Einfache Vollkörper werden in der Längsrichtung nicht geschnitten, z.B. Stifte, Schrauben, Niete, Wellen, Rippen.
5. Teilschnitte werden durch dünne Freihandlinien begrenzt.

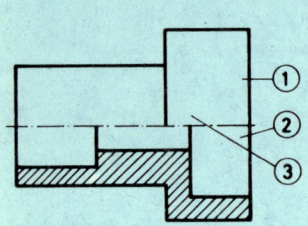

Halbschnittdarstellung

1. Symmetrische Teile, hauptsächlich Rundkörper, können als Halbschnitt dargestellt werden.
2. Bei waagrechter Mittellinie wird der Halbschnitt unterhalb, bei senkrechter Mittellinie rechts von dieser angeordnet.
3. Verdeckte Kanten werden im Schnitt oder Halbschnitt nur gezeichnet, wenn sie zum Verständnis der Darstellung erforderlich sind.

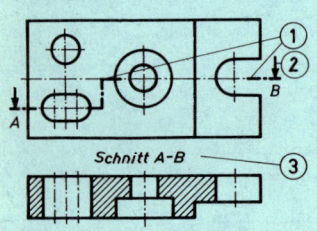

Schnitt A-B

Schnittverlauf

1. Ist der Schnittverlauf nicht ohne weiteres ersichtlich, so wird er durch dicke Strichpunktlinien gekennzeichnet.
2. Die Blickrichtung auf den Schnitt wird mit Pfeilen bezeichnet.
3. Bei unübersichtlichem Schnittverlauf oder bei mehreren Schnitten sind große Buchstaben zur Kennzeichnung zu verwenden.

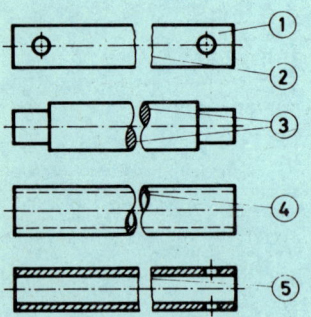

Bruchlinien

1. Zur Ersparnis an Zeichenfläche können Gegenstände abgebrochen dargestellt werden.
2. Der Bruch flacher Gegenstände wird durch dünne Freihandlinien dargestellt.
3. Bei vollen Rundkörpern werden dünne Bruchschleifen oberhalb und unterhalb der Mittellinie gezeichnet.
4. Bei hohlen Rundkörpern werden dünne Doppelschleifen gezeichnet.
5. Bei hohlen Rundkörpern im Schnitt werden nur einfache Bruchlinien gezeichnet.

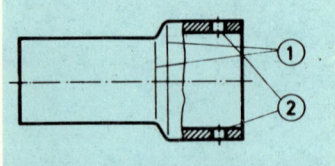

Übergänge, Durchdringungen

1. Gerundete Übergänge können durch dünne Vollinien (Lichtkanten), die vor den Körperkanten enden, dargestellt werden.
2. Bei Durchdringungen von Zylindern mit sehr unterschiedlichen Durchmessern kann auf Durchdringungskurven verzichtet werden.

5

Gewindedarstellung

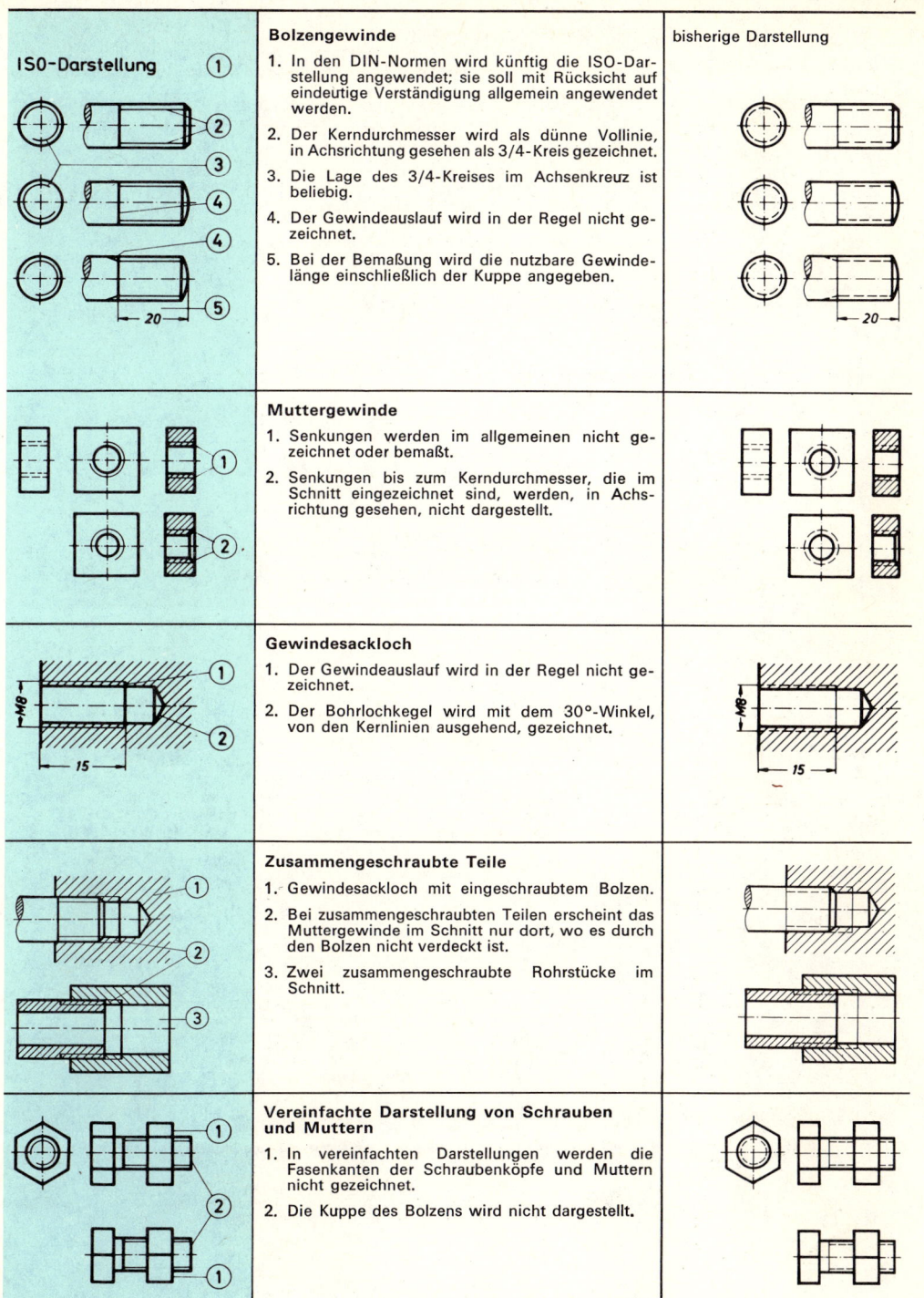

ISO-Darstellung

Bolzengewinde

1. In den DIN-Normen wird künftig die ISO-Darstellung angewendet; sie soll mit Rücksicht auf eindeutige Verständigung allgemein angewendet werden.
2. Der Kerndurchmesser wird als dünne Vollinie, in Achsrichtung gesehen als 3/4-Kreis gezeichnet.
3. Die Lage des 3/4-Kreises im Achsenkreuz ist beliebig.
4. Der Gewindeauslauf wird in der Regel nicht gezeichnet.
5. Bei der Bemaßung wird die nutzbare Gewindelänge einschließlich der Kuppe angegeben.

Muttergewinde

1. Senkungen werden im allgemeinen nicht gezeichnet oder bemaßt.
2. Senkungen bis zum Kerndurchmesser, die im Schnitt eingezeichnet sind, werden, in Achsrichtung gesehen, nicht dargestellt.

Gewindesackloch

1. Der Gewindeauslauf wird in der Regel nicht gezeichnet.
2. Der Bohrlochkegel wird mit dem 30°-Winkel, von den Kernlinien ausgehend, gezeichnet.

Zusammengeschraubte Teile

1. Gewindesackloch mit eingeschraubtem Bolzen.
2. Bei zusammengeschraubten Teilen erscheint das Muttergewinde im Schnitt nur dort, wo es durch den Bolzen nicht verdeckt ist.
3. Zwei zusammengeschraubte Rohrstücke im Schnitt.

Vereinfachte Darstellung von Schrauben und Muttern

1. In vereinfachten Darstellungen werden die Fasenkanten der Schraubenköpfe und Muttern nicht gezeichnet.
2. Die Kuppe des Bolzens wird nicht dargestellt.

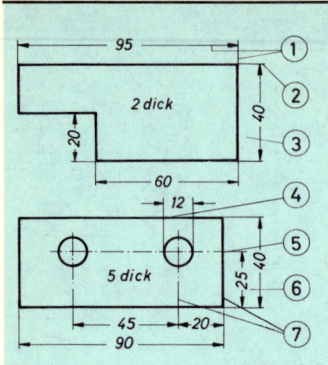

Maßlinien und Maßhilfslinien

1. Maßlinien werden parallel, Maßhilfslinien rechtwinklig zu der entsprechenden Körperkante gezeichnet. Sie gehören zu den dünnsten Linien einer Liniengruppe.
2. Maßhilfslinien ragen etwa 2 mm über die Maßlinien hinaus.
3. Maßlinien sollen mindestens 8 mm von der Körperkante entfernt sein.
4. Maßlinien und Maßhilfslinien sollen andere Linien möglichst nicht schneiden.
5. Mittellinien dürfen als Maßhilfslinien benützt werden. Außerhalb der Körperkante werden sie als dünne Vollinien gezeichnet.
6. Parallele Maßlinien sollen einen gleichmäßigen Abstand von mindestens 5 mm voneinander haben.
7. Mittellinien und Kanten dürfen nicht als Maßlinien benützt werden.

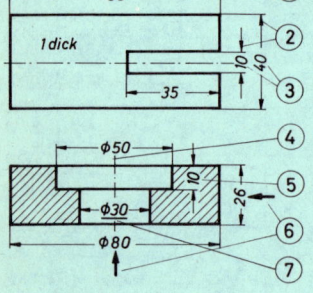

Maßpfeile und Maßzahlen

1. Die Maßpfeile sind schlank, ausgefüllt, Spitze ≈ 15°, Länge etwa 5fache Dicke der Körperkanten.
2. Die Maßpfeile stehen zwischen den Körperkanten oder Maßhilfslinien. Bei Platzmangel können sie auch außen eingetragen werden.
3. Die Maßzahlen werden in schräger Normschrift in die Maßlücke eingetragen.
4. Maßzahlen dürfen nicht durch Linien gekreuzt oder getrennt werden.
5. In schraffierten Flächen wird die Schraffur für die Maßzahl unterbrochen.
6. Maßzahlen müssen stets von unten oder rechts lesbar sein.
7. Maßzahlen für nicht maßstäblich gezeichnete Maße werden unterstrichen.

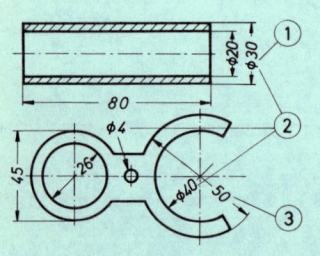

Durchmesserzeichen

1. Das Durchmesserzeichen, ein Kreis mit Schrägstrich unter 75°, steht vor der Maßzahl und auf gleicher Höhe wie diese.
2. Durchmesserzeichen werden eingetragen, wenn das Maß nicht im Kreis steht, nur einen Maßpfeil hat oder an eine Bezugslinie gesetzt wird.
3. Weggelassen wird das Durchmesserzeichen, wenn das Durchmessermaß in einem Kreis oder zwischen den Maßhilfslinien eines Kreises liegt und zwei Maßpfeile hat.

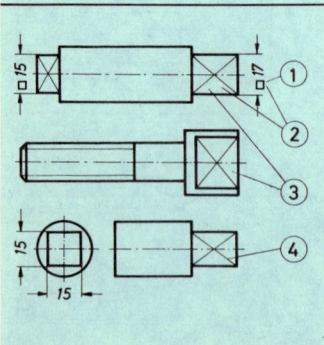

Quadratzeichen und Diagonalkreuz

1. Das Quadratzeichen, ein Quadrat ohne Schrägstrich, steht vor der Maßzahl und auf gleicher Höhe wie diese.
2. Das Quadratzeichen wird eingetragen, wenn die quadratische Form nicht ersichtlich ist.
3. Das Diagonalkreuz kennzeichnet ebene vierseitige Flächen. Es muß eingetragen werden, wenn nur eine Ansicht vorhanden ist.
4. Bevorzugte Darstellung. Das Diagonalkreuz muß nicht eingetragen werden, ist aber zulässig.

5

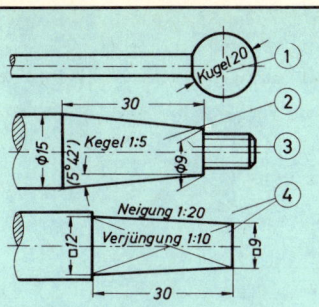

Kugel, Kegel, Pyramidenform

1. Bei Kugelformen wird das Wort „Kugel" vor die Maßzahl gesetzt.
2. Bei Kegelformen wird das Kegelverhältnis, z.B. „Kegel 1:5", parallel zur Mittellinie eingetragen. Der halbe Kegelwinkel wird zusätzlich in Klammern angegeben.
3. Die Maßhilfslinien können ausnahmsweise unter einem Winkel von 60° zur Maßlinie stehen, wenn dadurch die Maßeintragung deutlicher wird.
4. Bei Pyramidenform wird die Angabe „Verjüngung 1 : 10" parallel zur Mittellinie, die Angabe „Neigung 1 : 20" dagegen parallel zur Mantellinie eingetragen.

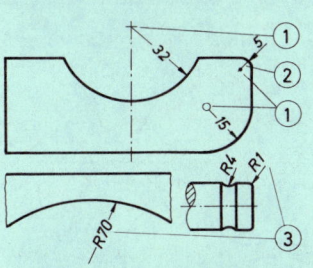

Halbmesser

1. Halbmesser erhalten nur einen Maßpfeil. Der Mittelpunkt wird durch ein Mittellinienkreuz, einen kleinen Kreis oder durch einen Punkt gekennzeichnet.
2. Wird der Maßpfeil von außen an den Kreis gezogen, dann ist der Halbmesser bis zum Mittelpunkt durchzuziehen.
3. Vor die Maßzahl wird der Buchstabe „R" gesetzt, wenn der Mittelpunkt nicht gekennzeichnet ist, z.B. bei kleinen Halbmessern oder bei großen Halbmessern, wenn der Mittelpunkt außerhalb der Zeichenfläche liegt.

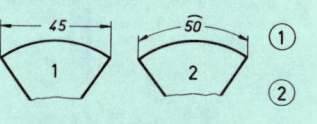

Sehnen- und Bogenmaß

1. Sehnenmaß: Die Maßlinie wird rechtwinklig zu den Maßhilfslinien eingetragen.
2. Bogenmaß: Die Maßlinie ist konzentrisch zum Bogen.

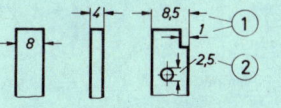

Platzmangel

1. Bei Platzmangel können die Maße wie nebenstehend eingetragen werden.
2. Maße mit Bezugslinien sind möglichst zu vermeiden.

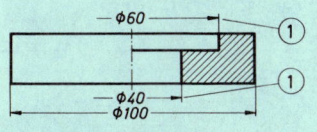

Gekürzte Maßlinien

1. Bei Ansichten und Schnitten, die bis zur Symmetrielinie gezeichnet werden, genügt ein Maßpfeil, wobei die Maßlinie etwas über die Symmetrielinie hinausgezogen wird.

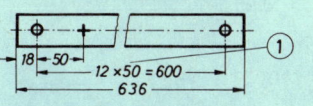

Lochteilungen

1. Werkstücke mit vielen gleichen Teilungen und gleichen Lochdurchmessern können wie nebenstehend vereinfacht bemaßt werden.
2. Die Mittellinienkreuze können dabei weggelassen werden.

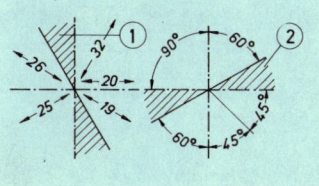

Maßlinienrichtung

1. Maße sollen möglichst nicht in die schraffiert angedeutete Fläche eingetragen werden. Wenn dies nicht zu vermeiden ist, müssen sie von links lesbar sein.
2. Dasselbe gilt für Winkelmaße. Wenn sie in der schraffiert angedeuteten Fläche nicht zu vermeiden sind, müssen sie von links lesbar sein.

5

Zeichnungsbeispiele

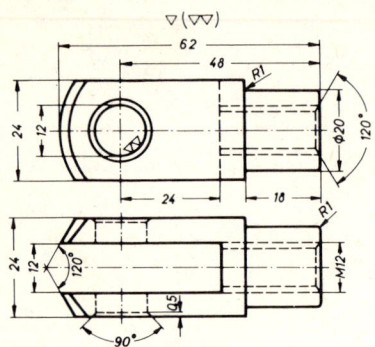

Werkstoff: Baustahl St 50

Gabelkopf

Werkstoff: Vergütungsstahl 41 Cr 4

Kugelzapfen

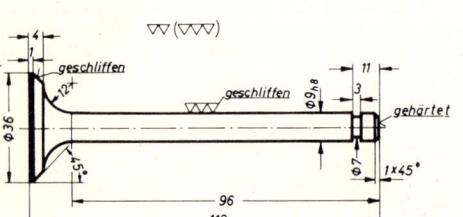

Werkstoff: Ventilstahl 65 Si 7

Einlaßventil

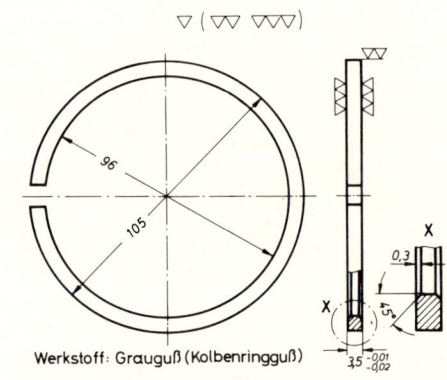

Werkstoff: Grauguß (Kolbenringguß)

Kolbenring, Rechteckring

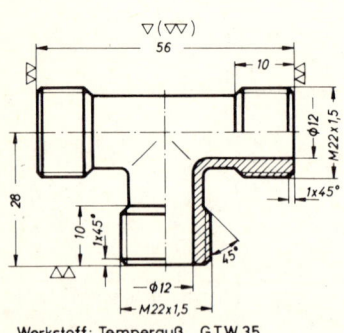

Werkstoff: Temperguß GTW 35

T-Stutzen

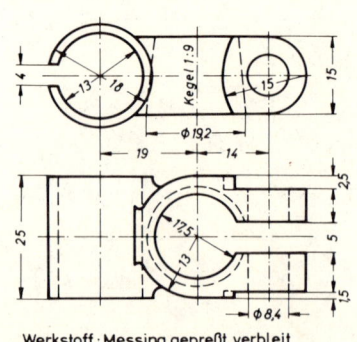

Werkstoff: Messing gepreßt, verbleit

Batterieklemme

5

Zahnräder   DIN 37

Darstellung	Vereinfachte Darstellung	Darstellung	Vereinfachte Darstellung

Stirnräder

Zylindr. Schraubenräder

Schnecke, Schneckenrad

Kegelräder

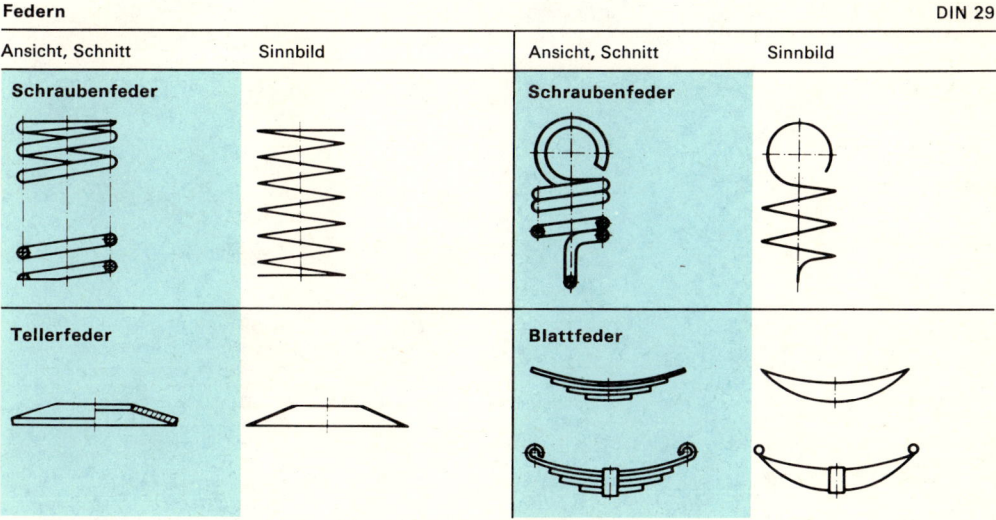

gerade schräg

Federn   DIN 29

Ansicht, Schnitt	Sinnbild	Ansicht, Schnitt	Sinnbild

Schraubenfeder

Schraubenfeder

Tellerfeder

Blattfeder

Schmelzschweißen   DIN 1912

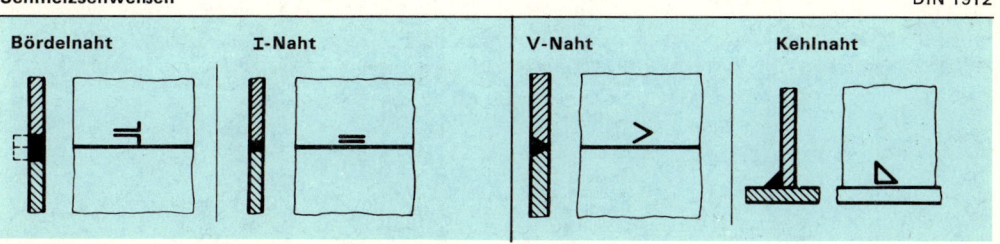

Bördelnaht   **I-Naht**   **V-Naht**   **Kehlnaht**

5

213

Zeichnungssymbole

Auszug DIN 74253, vom Normenausschuß zurückgezogen;
bis zur Erstellung neuer Unterlagen verwendbar.

Leitung Medium A, Medium B, elektr. Leitung	Rückschlagventil	Anhänger-Bremsventil Zweileitung
Leitungsverbindung, Leitungskreuzung	Zweiwegeventil	Bremskraftregler handbetätigt
biegsame Leitung Medium A Medium B	Drosselventil	Bremskraftregler pneumatisch gesteuert
Leitung mit Drosselstelle	Schnellentlüftungsventil	Druckbegrenzer
Kennzeichnung 0 Ansauganschluß 1 Energiezufluß 2 Energieabfluß 3 Anschl. Atmosph. 4 Steueranschluß	Regelventil	Einkreis-Verstärker, mech. betätigt
	Druckübersetzer	Zylinder, einkreisig
Gestänge, mech. Verbindung	Druckuntersetzer	Federspeicherzylinder
Betätigung durch Knopf, durch Drehhebel	Last/Leer-Ventil	Kombizylinder, Tristopzylinder
Betätigung durch Schwenkhebel, Trittplatte	Druckregler	Luftbehälter
Druckbetätigung einfach, doppelt	Sicherheitsventil	Flüssigkeitsbehälter
Betätigung durch Elektromagnet	Überströmventile: ohne, mit, begr. Rückströmung	Filter
Einfachmanometer, Doppelmanometer	Entwässerungsventil	Kupplungskopf
Warndruckanzeiger	Luftfederventil	Kupplungskopf mit autom. Schließglied
Lampe, Summer	Einkreis-Ventil	Kupplungskopf mit autom. Schließglied, zwei Anschlüsse
Prüfanschluß an Leitung, an Gerät	Zweikreis-Ventil	Kupplungsköpfe gekuppelt
Kompressor, Hydropumpe	Relaisventil	Absperrhahn
Ventile allgemein	Magnet-Ventil	Frostschutzmittelzuteiler
Zweikreis-Schutzventil	Anhänger-Steuerventil Einleitung	Druckschalter, Einschalter
Vierkreis-Schutzventil	Anhänger-Bremsventil Einleitung	Druckschalter, Ausschalter

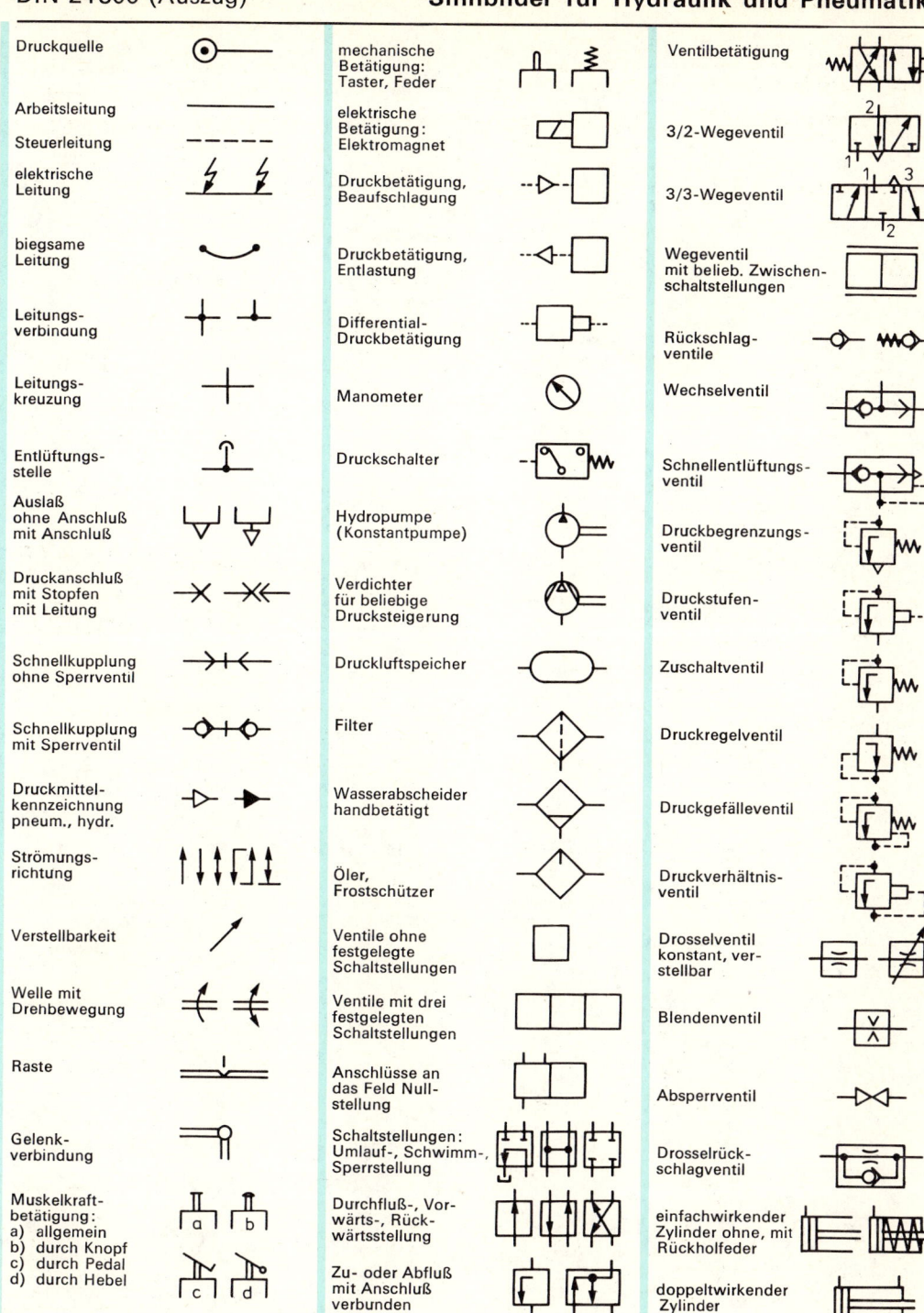

Druckquelle	
Arbeitsleitung	
Steuerleitung	
elektrische Leitung	
biegsame Leitung	
Leitungsverbindung	
Leitungskreuzung	
Entlüftungsstelle	
Auslaß ohne Anschluß mit Anschluß	
Druckanschluß mit Stopfen mit Leitung	
Schnellkupplung ohne Sperrventil	
Schnellkupplung mit Sperrventil	
Druckmittelkennzeichnung pneum., hydr.	
Strömungsrichtung	
Verstellbarkeit	
Welle mit Drehbewegung	
Raste	
Gelenkverbindung	
Muskelkraftbetätigung: a) allgemein b) durch Knopf c) durch Pedal d) durch Hebel	

mechanische Betätigung: Taster, Feder	
elektrische Betätigung: Elektromagnet	
Druckbetätigung, Beaufschlagung	
Druckbetätigung, Entlastung	
Differential-Druckbetätigung	
Manometer	
Druckschalter	
Hydropumpe (Konstantpumpe)	
Verdichter für beliebige Drucksteigerung	
Druckluftspeicher	
Filter	
Wasserabscheider handbetätigt	
Öler, Frostschützer	
Ventile ohne festgelegte Schaltstellungen	
Ventile mit drei festgelegten Schaltstellungen	
Anschlüsse an das Feld Nullstellung	
Schaltstellungen: Umlauf-, Schwimm-, Sperrstellung	
Durchfluß-, Vorwärts-, Rückwärtsstellung	
Zu- oder Abfluß mit Anschluß verbunden	

Ventilbetätigung	
3/2-Wegeventil	
3/3-Wegeventil	
Wegeventil mit belieb. Zwischenschaltstellungen	
Rückschlagventile	
Wechselventil	
Schnellentlüftungsventil	
Druckbegrenzungsventil	
Druckstufenventil	
Zuschaltventil	
Druckregelventil	
Druckgefälleventil	
Druckverhältnisventil	
Drosselventil konstant, verstellbar	
Blendenventil	
Absperrventil	
Drosselrückschlagventil	
einfachwirkender Zylinder ohne, mit Rückholfeder	
doppeltwirkender Zylinder	

5

Druckluftgeräte

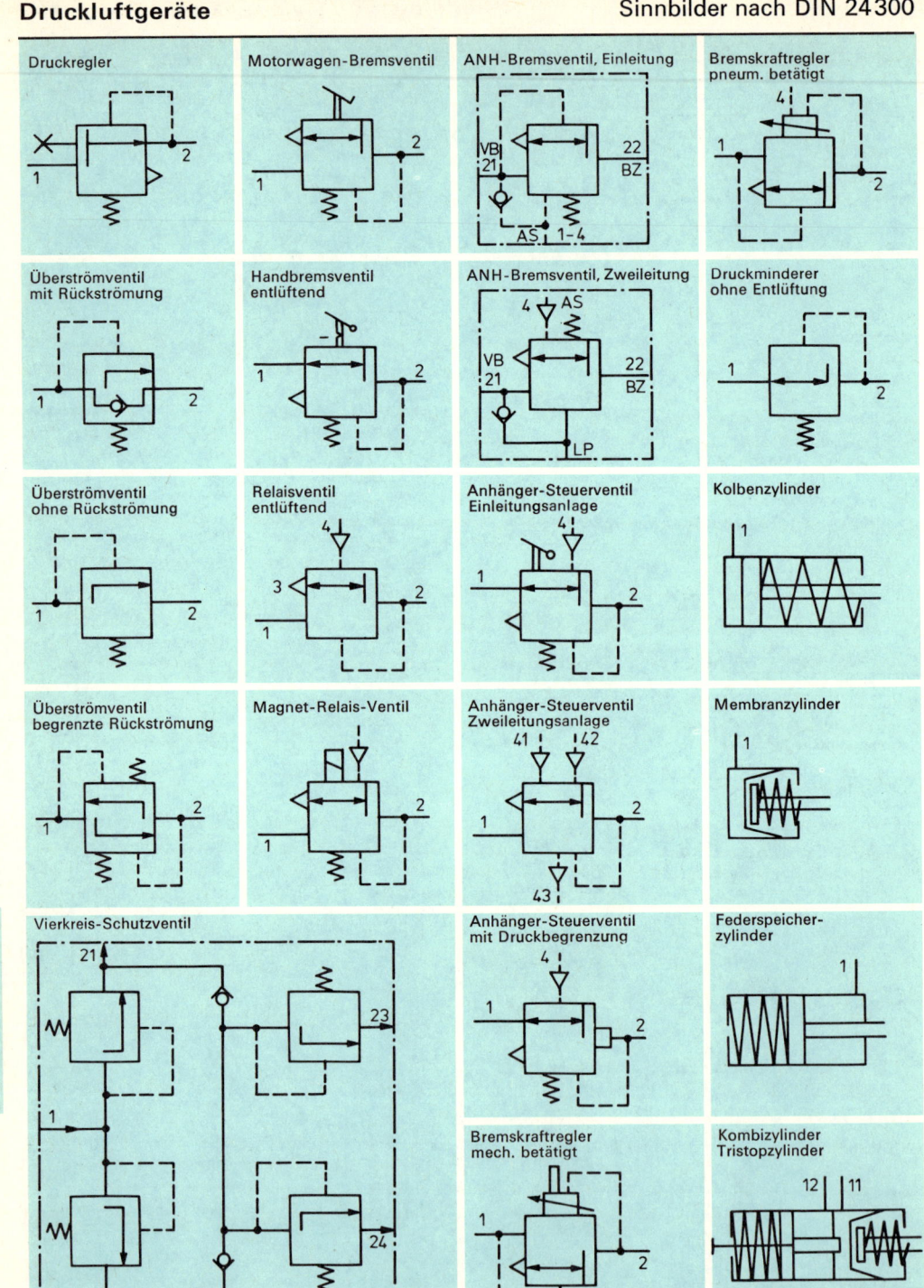

Druckregler

Motorwagen-Bremsventil

ANH-Bremsventil, Einleitung

Bremskraftregler pneum. betätigt

Überströmventil mit Rückströmung

Handbremsventil entlüftend

ANH-Bremsventil, Zweileitung

Druckminderer ohne Entlüftung

Überströmventil ohne Rückströmung

Relaisventil entlüftend

Anhänger-Steuerventil Einleitungsanlage

Kolbenzylinder

Überströmventil begrenzte Rückströmung

Magnet-Relais-Ventil

Anhänger-Steuerventil Zweileitungsanlage

Membranzylinder

Vierkreis-Schutzventil

Anhänger-Steuerventil mit Druckbegrenzung

Federspeicher-zylinder

Bremskraftregler mech. betätigt

Kombizylinder Tristopzylinder

Leitungen, Hervorhebung durch Strichdicke	
Leitungskreuzung ohne leitende Verbindung	
Abzweigung mit leitender Verbindung	
Verbindung, lösbar (Klemme, Stecker)	
Verbindung nicht lösbar (Lötstelle)	
Sicherung, allgemein	
Steckerstift und Steckerbuchse	
Masse, Fahrzeugmasse	
Erde, allgemein	
Schließer, Einschaltglied	
Öffner, Ausschaltglied	
Wechsler, Umschaltglied mit Unterbrechung	
Wechsler, Umschaltglied ohne Unterbrechung	
Mehrstellenschalter, z.B. drei Schaltstellungen	
Mehrstellenschalter mit einer Offenstelle	
Kennzeichnung der Schaltstellungen	
Mechanische Wirkverbindung (Richtungsangabe)	
Handantrieb, allgemein	
Handantrieb durch Drücken	
Handantrieb durch Ziehen	

Handantrieb durch Drehen	
Andere Antriebe, z.B. Fußantrieb	
Raste, Rastenstellung kann angegeben werden	
Sperre, in einer Richtung sperrend	
Abnehmbarer Handantrieb, z.B. Schlüssel	
Nockenantrieb	
Kraftantrieb mit Angabe der Einflußgröße	
Widerstand, allgemein	
Veränderlicher Widerstand	
Wicklung, Induktivität allgemein	
Wicklung mit magnetisierbarem Kern	
Transformator, allgemein	
Relais oder Schütz mit einer Wicklung	
mit zwei Wicklungen, gleich- bzw. gegensinnig	
Blinkrelais, auch mit Frequenzangabe	
Glühlampe mit einem bzw. zwei Leuchtkörpern	
Signalhorn	
elektrischer Lüfter	
Scheibenwischer	
Abgrenzung von Geräten oder Schaltungsteilen	

Gleichstrom bzw. Wechselstrom	
Drehstrom, Dreieck- und Sternschaltung	
Meßinstrument, allgemein	
Voltmeter bzw. Amperemeter	
Kondensator, allgemein	
Durchführungskondensator	
Funkenstrecke (Zündkerze)	
Halbleiter-Diode, Gleichrichter	
Zenerdiode	
Thyristor, kathodenseitig gesteuert	
PNP-Transistor	
NPN-Transistor	
Anker mit feststehenden Bürsten	
Gleichstrom-Nebenschlußgenerator	
Gleichstrom-Nebenschlußmotor	
Gleichstrom-Reihenschlußmotor	
Gleichstrommotor mit Dauermagnet	
Dreibürsten-Motor für zwei Drehzahlen	
Drehstromgenerator in Sternschaltung	
Schleifringläufer mit Erregerwicklung	

5

Werkstoffkunde

Chemische Grundbegriffe

Begriff	Erklärung	Beispiele
Chemische Vorgänge	Vorgänge, bei denen durch Zerlegung oder Verbindung neue Stoffe mit neuen Eigenschaften entstehen.	Rosten; Eisen verbindet sich mit Sauerstoff und Wasser.
Grundstoffe oder Elemente	Stoffe, die sich chemisch nicht mehr in einfachere Stoffe zerlegen lassen (Stoffe mit lauter gleichen Atomen).	Aluminium Al, Eisen Fe, Kohlenstoff C, Sauerstoff O
Atom	Kleinstes, chemisch nicht mehr zerlegbares Teilchen eines Grundstoffes. Es besteht aus einem Kern aus Protonen und Neutronen und einer Elektronenhülle.	Größenordnungen Atom $\varnothing$ 1/10 000 000 mm Kern $\varnothing$ 10 000- bis 1 00 000mal kleiner
Chemische Verbindung	Stoff, der durch Verbindung zweier oder mehrerer Grundstoffe entstanden ist. Die Verbindung hat andere Eigenschaften als ihre Grundstoffe.	Kohlendioxid CO_2 ist eine Verbindung aus 1 Atom Kohlenstoff und 2 Atomen Sauerstoff.
Molekül	Kleinstes Teilchen einer chemischen Verbindung aus mindestens 2 Atomen. Gasförmige Elemente (Edelgase ausgenommen) treten frei ebenfalls in Molekülen auf.	Kohlendioxidmolekül CO_2 Sauerstoffmolekül O_2 Ozonmolekül O_3
Wertigkeit	Zahl, die angibt, wieviel Wasserstoffatome (1wertig) ein Atom binden oder ersetzen kann.	H_2O; O ist 2wertig CO_2; C ist 4wertig
Atomgewicht	Zahl, die angibt, wievielmal ein Atom schwerer ist als ein Wasserstoffatom. Genaue Atomgewichte sind auf das Kohlenstoffatom (Atomgewicht 12) bezogen.	Atomgewicht von Wasserstoff ist 1,0 Sauerstoff $16 \cdot 1{,}0 = 16$
Molekulargewicht	Summe der Atomgewichte aller Atome eines Moleküls.	Molekulargewicht von Wasser H_2O ist $2 \cdot 1 + 16 = 18$
Analyse	Zerlegung eines Stoffes oder Stoffgemisches in Elemente zur Feststellung der Zusammensetzung.	Wasserzerlegung mit Hilfe des elektrischen Stroms $H_2O \rightarrow 2H + O$
Synthese	Aufbau einer chemischen Verbindung aus Elementen oder einfacher gebauten Verbindungen.	56 g Eisen und 32 g Schwefel verbinden sich zu 88 g Schwefeleisen $Fe + S \rightarrow FeS$
Oxydation	Verbindung eines Stoffes mit Sauerstoff, wobei ein Oxyd entsteht. Jede Verbrennung ist eine Oxydation.	Magnesium, Kohlenstoff verbrennen $Mg + O \rightarrow MgO$ (Magnesiumoxid) $C + 2O \rightarrow CO_2$ (Kohlendioxid)
Reduktion	Entziehen von Sauerstoff aus einem Oxyd. Gegenteil von Oxydation, Anwendung bei der Metallgewinnung.	Quecksilberoxid wird durch Erhitzen zu Quecksilber reduziert $2 HgO \rightarrow 2 Hg + O_2$
Säure	Chemische Verbindung von Wasserstoff mit einem Nichtmetalloxid (Säuretest) oder Nichtmetall. Säuren schmecken sauer, färben Lackmus rot.	Schwefelsäure H_2SO_4 Salpetersäure HNO_3 Salzsäure HCl
Lauge oder Base	Chemische Verbindung von Metalloxiden mit Wasser. Laugen bestehen aus einem Metall und der OH-Gruppe; sie färben Lackmus blau.	Natronlauge $NaOH$ Kalilauge KOH
Salz	Verbindung eines Metalls mit einem Säurerest. Der Wasserstoff der Säure wird dabei durch ein Metall ersetzt.	Metall + Säure $\rightarrow$ Salz $Zn + 2HCl \rightarrow ZnCl_2 + 2H$

6

Begriff	Erklärung	Beispiele
Physikalische Vorgänge	Vorgänge, bei denen Energien wirksam sind (Wärme, mechanische Arbeit), aber keine Stoffänderungen stattfinden. Es ändern sich Zustand, Form und Lage.	Zustandsänderung: Benzin vergasen, Wasser verdampfen, Formänderung: Blech biegen, Lageänderung: Kraftfahrzeug mit Wagenheber anheben.
Zustandsformen	Die Zustandsformen oder Aggregatzustände sind fest, flüssig und gasförmig. Feste Stoffe haben eine bestimmte Form und ein bestimmtes Volumen, flüssige Stoffe haben ein bestimmtes Volumen, aber keine bestimmte Form, gasförmige Stoffe haben keine bestimmte Form und kein bestimmtes Volumen.	Fest: Eisen, Aluminium, Glas, Kunststoffe, flüssig: Wasser, Benzin, Dieselkraftstoff, Quecksilber, gasförmig: Luft, Sauerstoff.
Zustandsänderung	Die Zustandsform eines Stoffes ändert sich durch Erwärmung: flüssige Stoffe verdampfen, feste schmelzen, Abkühlung: flüssige Stoffe erstarren, Druck: gasförmige werden flüssig, Entspannung: flüssige Stoffe werden gasförmig.	Wasser wird zu Wasserdampf, Wasser wird zu Eis, Eis schmilzt zu Wasser, Propangas wird unter Druck in der Flasche flüssig und bei Entspannung wieder gasförmig.
Schmelzpunkt, Gefrierpunkt, Erstarrungspunkt	Temperatur, bei der ein fester Stoff flüssig bzw. ein flüssiger Stoff fest wird. Gefrierpunkt für Stoffe, die bei Raumtemperatur flüssig sind.	Schmelz- und Erstarrungspunkt von Blei beträgt 327 °C, der Gefrierpunkt von Wasser 0 °C.
Siedepunkt, Verflüssigungspunkt	Temperatur, bei der ein flüssiger Stoff gasförmig bzw. ein gasförmiger flüssig wird. Flüssige Stoffe gehen teilweise auch unterhalb des Siedepunktes allmählich in den gasförmigen Zustand über (Verdunstung).	Wasser siedet bei 100 °C und geht unter Blasenbildung in Dampf über. Bei Raumtemperatur verdunstet Wasser allmählich.
Wärmemenge	Die Wärmemenge, die in einem Stoff enthalten ist oder die ein Stoff abgeben kann, wird in der SI-Einheit Joule (J) oder Kilojoule (kJ) angegeben.	Die Wärmemenge 1 J ist gleich 1 Wattsekunde (Ws) und gleich 1 Newtonmeter (Nm).
Spezifische Wärme	Wärmemenge in Joule (J) oder Kilojoule (kJ), die benötigt wird, um 1 kg eines Stoffes um 1 K (Kelvin) oder 1 °C (Celsius) zu erwärmen.	Um 1 kg Wasser um 1 °C zu erwärmen, werden 4,1868 kJ benötigt.
Spezifische Verdampfungswärme	Wärmemenge in J oder kJ, die benötigt wird, um 1 kg eines Stoffes beim Siedepunkt zu verdampfen. Die Verdampfungswärme wird frei, wenn der dampfförmige Stoff wieder flüssig wird (Kondensationswärme).	Um 1 kg Wasser von 100 °C in Dampf von 100 °C zu verwandeln, sind 2257 kJ erforderlich.
Spezifische Schmelzwärme	Wärmemenge in J oder kJ, die benötigt wird, um 1 kg eines Stoffes beim Schmelzpunkt zu schmelzen. Die Schmelzwärme wird frei, wenn der flüssige Stoff erstarrt.	Um 1 kg Eis von 0 °C in Wasser von 0 °C zu verwandeln, sind 335 kJ erforderlich.
Masse	Die Maßeinheit für die Masse ist 1 kg. Die Masse von 1 kg ist durch das internationale Kilogrammprototyp (Zylinder aus Platin) festgelegt.	1 kg ist angenähert die Masse von 1 dm³ Wasser bei 4 °C und einem Luftdruck von 1 013 mbar.
Dichte	Dichte eines Stoffes ist der Quotient aus der Masse und dem Volumen. Man versteht darunter die Masse in kg, die in 1 dm³ eines Stoffes enthalten ist.	Dichte von Stahl ist 7,86 kg/dm³, Dichte von Benzin 0,74 kg/dm³.
Kraft	Die SI-Einheit für die Kraft ist 1 Newton (N). 1 N ist gleich der Kraft, die einem Körper der Masse 1 kg die Beschleunigung 1 m/s^2 erteilt.	$1 \text{ N} = 1 \text{ kg} \cdot 1 \text{ m/s}^2 = 1 \text{ kgm/s}^2$
Kohäsion	Zusammenhangskraft, mit der sich die Moleküle eines Stoffes gegenseitig anziehen. Die Anziehungskräfte wirken nur auf sehr geringe Entfernungen.	Feste Körper haben große Kohäsion, flüssige Körper nur geringe Kohäsion.
Adhäsion	Anziehungskraft zwischen den Molekülen verschiedener Stoffe (Anhangskraft). Je näher die Körper aneinandergebracht werden, desto größer ist die Adhäsion.	Kreide haftet an der Tafel; Öl haftet an einer Stahlwelle.
Expansion	Ausbreitungsbestreben der Moleküle von gasförmigen Stoffen bei Verminderung des Druckes.	Mit zunehmender Höhe (geringerer Druck) wird die Luft dünner.

6

Chemische Grundstoffe

Grundstoff	Chem. Zeichen	Wertig-keit	Atom-gewicht	Grundstoff	Chem. Zeichen	Wertig-keit	Atom-gewicht
Metalle				Metalle			
Aluminium	Al	3	26,98	Silber	Ag	1, 2	107,87
Antimon	Sb	3, 5	121,75	Tantal	Ta	5	180,95
Barium	Ba	2	137,34	Titan	Ti	2, 3, 4	47,90
Beryllium	Be	2	9,01	Uran	U	3, 4, 5, 6	238,03
Blei	Pb	2, 4	207,19	Vanadium	V	2, 3, 4, 5	50,94
Calcium	Ca	2	40,08	Wismut	Bi	3, 5	208,90
Chrom	Cr	2, 3, 6	52,00	Wolfram	W	2, 3, 4, 5, 6	183,85
Eisen	Fe	2, 3, 6	55,85	Zink	Zn	2	65,37
Germanium	Ge	2, 4	72,59	Zinn	Sn	2, 4	118,69
				Nichtmetalle			
Gold	Au	1, 3	196,97	Arsen	As	3,5	74,92
Indium	In	3	114,82	Bor	B	3	10,81
Iridium	Ir	3, 4	192,20	Brom	Br	1, 5	79,91
Kadmium	Cd	2	112,40	Jod	J	1, 3, 5, 7	126,90
Kalium	K	1	39,10	Kohlenstoff	C	2, 4	12,01
Kobalt	Co	2, 3	58,93	Phosphor	P	3, 5	30,97
Kupfer	Cu	1, 2	63,54	Schwefel	S	2, 4, 6	32,06
Lithium	Li	1	6,94	Selen	Se	2, 4, 6	78,96
Magnesium	Mg	2	24,31	Silicium	Si	4	28,09
				Gase			
Mangan	Mn	2, 3, 4, 6, 7	54,94	Argon	Ar	0	39,95
Molybdän	Mo	3, 4, 6	95,94	Chlor	Cl	1, 3, 5, 7	35,45
Natrium	Na	1	22,99	Fluor	F	1	19,00
Nickel	Ni	2, 3	58,71	Helium	He	0	4,00
Osmium	Os	2, 3, 4, 8	190,20	Krypton	Kr	0	83,80
Palladium	Pd	2, 4	106,40	Neon	Ne	0	20,18
Platin	Pt	2, 4	195,10	Sauerstoff	O	2	16,00
Quecksilber	Hg	1, 2	200,59	Stickstoff	N	2, 3, 5	14,01
Radium	Ra	2	226,00	Wasserstoff	H	1	1,00

Chemische Verbindungen

Gewerbliche und chem. Benennung	Formel	Gewerbliche und chem. Benennung	Formel
Aceton	$(CH_3)_2 \cdot CO$	Korund, Aluminiumoxid	Al_2O_3
Acetylen	C_2H_2	Kreide, Calciumcarbonat	$CaCO_3$
Alkohol, Äthanol	C_2H_5OH	Kupfervitriol, Kupfersulfat	$CuSO_4$
Benzol	C_6H_6	Lötwasser, Zinkchloridlösung	$ZnCl_2$
Bleiglätte, Bleioxid	PbO	Marmor, Calciumcarbonat	$CaCO_3$
Borax, Natriumtetraborat	$Na_2B_4O_7$	Mennige, Blei(II, IV)oxid	Pb_3O_4
Braunstein, Mangandioxid	MnO_2	Methylalkohol, Methanol	CH_3OH
Chilesalpeter, Natriumnitrat	$NaNO_3$	Molybdändisulfid	MoS_2
Chromsäure, Chrom(VI)oxid	CrO_3	Natronlauge, Natriumhydroxid	$NaOH$
Eisenrost, Eisen(III)oxid-Hydrat	Fe_2O_3	Natronsalpeter, Natriumnitrat	$NaNO_3$
Eisenvitriol, Eisen(II)sulfat	$FeSO_4$	Polierrot, Eisen(III)oxid	Fe_2O_3
Essigsäure	CH_3COOH	Pottasche, Kaliumcarbonat	K_2CO_3
Flußsäure, Fluorwasserstoff	HF	Salmiak, Ammoniumchlorid	NH_4Cl
Gips, Calciumsulfat	$CaSO_4$	Salmiakgeist, Ammoniakwasser	NH_4OH
Glaubersalz, Natriumsulfat	Na_2SO_4	Salpeter, Natriumnitrat	$NaNO_3$
Glyzerin	$C_3H_5(OH)_3$	Salpetersäure	HNO_3
Höllenstein, Silbernitrat	$AgNO_3$	Salzsäure, Chlorwasserstoffsäure	HCl
Kalilauge, Kaliumhydroxid	KOH	Schwefelsäure	H_2SO_4
Kalisalpeter, Kaliumnitrat	KNO_3	Siliciumkarbid	SiC
Kalk gebrannt, Calciumoxid	CaO	Soda, Natriumcarbonat	Na_2CO_3
Kalk gelöscht, Calciumhydroxid	$Ca(OH)_2$	Tetrachlorkohlenstoff	CCl_4
Kalkstein, Calciumcarbonat	$CaCO_3$	Trichloräthylen	C_2HCl_3
Karbid, Calciumkarbid	CaC_2	Übermangansaures Kali	$KMnO_4$
Kieselsäure, Siliciumdioxid	SiO_2	Wasserstoffsuperoxid	H_2O_2
Kochsalz, Natriumchlorid	$NaCl$	Zinkchlorid	$ZnCl_2$
Kohlensäure, Kohlendioxid	CO_2	Zinkweiß, Zinkoxid	ZnO
Kohlenoxid	CO	Zyankali, Kaliumcyanid	KCN

6

Stoff	Dichte kg/dm³	Schmelz-temperatur °C	Siede-temperatur °C	Spezifische Wärme-kapazität[1]) kJ/kgK	Schmelz-wärme kJ/kg	Längenaus-dehnungs-zahl[1]) m/mK	Wärme-leit-zahl[2]) kJ/mhK
Metalle, rein							
Aluminium	2,7	658	2 060	0,904	356	0,000024	757,8
Antimon	6,68	630	1 440	0,209	163	0,000012	62,8
Barium	3,5	701	1 537	0,293	—	0,000019	—
Beryllium	1,85	1 279	2 970	1,879	—	0,000012	602,8
Blei	11,3	327	1 717	0,054	24,3	0,000029	125,6
Calcium	1,55	850	1 270	0,630	328	—	—
Chrom	7,1	1 890	2 400	0,542	134	0,000006	—
Eisen	7,86	1 539	3 000	0,456	270	0,000012	242,8
Germanium	5,32	936	2 700	0,310	409	0,000006	211
Gold	19,3	1 063	2 677	0,054	66,5	0,000014	1 109
Kadmium	8,6	321	767	0,234	64,4	0,000031	330,7
Kobalt	8,9	1 490	3 168	0,435	242	0,000013	251,2
Kupfer	8,93	1 083	2 300	0,389	204	0,000017	1 339
Magnesium	1,74	650	1 103	0,837	379	0,000025	565,2
Mangan	7,3	1 260	1 960	0,502	251	0,000023	—
Molybdän	10,2	2 600	3 560	0,272	286	0,000003	494
Natrium	0,97	97,5	889	1,26	113	—	481
Nickel	8,85	1 452	3 000	0,460	305	0,000013	209,3
Platin	21,5	1 770	4 400	0,134	112	0,000009	251,2
Quecksilber	13,6	− 39	357	0,138	11,7	—	29,3
Silber	10,5	960	1 950	0,234	108	0,000020	1 507
Tantal	16,6	3 030	—	0,138	171	0,000007	196,7
Titan	4,54	1 670	3 000	0,583	88	0,000008	58,6
Vanadium	6,1	1 730	3 000	0,502	343	0,000009	—
Wolfram	19,3	3 370	5 900	0,142	54	0,000005	711,7
Zink	7,14	420	907	0,205	114	0,000029	397,7
Zinn	7,28	231	2 275	0,226	59,5	0,000027	230,2
Legierungen							
Bronze (CuSn)	7,5...8,9	950	2 400	0,376	—	0,000017	167,4
Chromnickel	7,5	1 430	2 300	0,502	—	—	188,4
Gußeisen	7,25	1 200	2 500	0,536	125	0,000010	175,8
Konstantan	8,9	1 260	2 400	0,418	—	0,000015	83,7
Mg-Legierung	1,8	650	1 500	1,204	—	0,000025	375
Messing	8,5	950	2 400	0,376	167	0,000019	355
Rotguß	8,8	1 000	2 400	0,376	—	—	251
Stahl, legiert	7,85	1 500	2 500	0,502	209	0,000012	188
Weißmetall	7,5...10	300...400	2 100	0,146	—	—	209
Nichtmetalle							
Asbest	2,2...2,8	1 150...1 550	—	—	—	—	—
Asphalt	1,2...1,5	80...100	300	0,921	—	—	2,51
Beton	1,7...2,5	—	—	0,879	—	—	4,18
Borax	1,72	741	—	1,204	—	—	—
Diamant	3,51	3 550	4 000	0,502	—	0,000001	—
Eis	0,92	0	100	2,0	333	0,000051	8,37
Fett, mineral.	0,92...0,94	30...175	300	0,6...0,8	—	—	0,75
Gips	2,3	1 200	—	1,088	—	—	1,45
Glas	2,4...2,7	700	—	0,837	—	0,000007	2,93
Glimmer	2,6...3,2	1 300	—	0,837	—	—	2,93
Graphit	2,26	3 550	4 350	0,795	—	0,000008	350
Hartgummi	1,2...1,8	—	—	1,423	—	0,000070	0,62
Hartpapier	1,3...1,4	2 050	2 700	0,962	—	0,000015	62
Kalkstein	2,7	—	—	0,921	—	—	7,9
Kochsalz	2,15	802	1 440	0,879	—	—	—
Kohlenstoff	3,51	3 540	4 000	0,50	—	0,00000118	—
Kork	0,1...0,3	—	—	1,6...2	—	—	0,15
Korund	3,9...4	2 050	2 700	0,962	—	—	62
Paraffin	0,9	52	300	3,27	—	—	0,75
Plexiglas	1,18	—	—	—	—	—	4,44
Porzellan	2,4	1 600	—	0,80	—	0,0000045	3,50
Quarz	2,5...2,8	1 485	2 230	0,80	—	—	35,5
Schwefel	2,07	114	445	0,753	46	—	0,96
Steinkohle	1,2...1,3	—	—	1,26	—	—	0,96
Silicium	2,33	1 420	2 600	0,753	—	0,000004	301
Wachs	0,97	60	—	3,433	176	—	0,30
Zement	0,9...1,9	—	—	1,130	—	—	3,76

6

Stoff	Dichte kg/dm³	Siede-temperatur °C	Gefrier-temperatur °C	Spezifische Wärme-kapazität[1] kJ/kgK	Verdamp-fungs-wärme kJ/kg	Volumen-dehnungs-zahl[1] m³/m³K	Wärme-leitzahl[2] kJ/mhK
Flüssigkeiten							
Äther	0,72	35	− 116	2,26	376	0,0016	0,50
Äthylalkohol	0,80	78,5	− 114	2,42	904	0,0011	0,71
Benzin	0,72	40 … 200	− 40	2,09	—	0,001	0,58
Benzol, rein	0,88	80	5,4	1,67	393	0,0013	0,50
Dieselkraftstoff	0,86	210 … 380	− 30	—	—	0,001	0,54
Glyzerin	1,26	290	− 40	2,42	—	0,0005	1,04
Heizöl	0,9	170 … 300	− 5	—	—	0,0001	0,41
Maschinenöl	0,92	370 … 410	− 5	1,88	—	0,0008	0,46
Methylalkohol	0,80	65	− 98	2,51	1 109	—	0,75
Petroleum	0,82	150 … 300	− 70	2,09	—	0,0001	0,58
Salpetersäure	1,56	86	− 42	1,67	—	—	1,88
Salzsäure 10%	1,05	102	− 14	3,14	—	—	1,80
Schwefelsäure	1,84	338	—	1,38	—	0,00055	1,67
Silikonöl	0,94	—	—	1,04	—	—	0,79
Spiritus	0,81	78	− 90	2,42	1 004	0,0012	0,58
Terpentin	0,87	160	− 10	1,92	293	0,001	0,37
Trichloräthylen	1,47	87	− 86	1,29	—	0,0012	0,58
Wasser	1,00	100	0	4,18	2 256	0,00018	2,09

Stoff	Dichte im Norm-zustand[3] kg/m³	Siede-temperatur °C	Gefrier-temperatur °C	Spezifische Wärmekapazität bei konstantem Volumen kJ/kgK	Druck kJ/kgK	Wärme-leitzahl bei 20°C J/mhK	Wärme-leitzahl Luft = 1[4]
Gase							
Acetylen	1,17	− 81	− 84	1,67	1,34	71	0,77
Ammoniak	0,77	− 34	− 78	1,67	2,21	83	0,90
Äthylen	1,26	− 102	− 169	1,25	1,54	138	1,5
Argon	1,78	− 186	− 190	0,33	0,54	65	0,7
Butan	2,7	1	− 135	—	—	—	—
Helium	0,18	− 269	− 272	3,18	5,23	543	5,9
Kohlenoxid	1,25	− 191	− 205	0,75	1,05	83	0,9
Kohlendioxid	1,98	− 78,5	− 57	0,67	0,88	55	0,6
Leuchtgas	0,58	− 210	− 230	1,59	2,14	230	2,5
Luft	1,29	− 192	− 220	0,71	1,00	92	1,0
Methan	0,72	− 162	− 184	1,67	2,22	117	1,27
Propan	2,02	− 45	− 190	—	—	—	—
Sauerstoff	1,43	− 183	− 218	0,67	0,92	92	1,0
Stickstoff	1,25	− 196	− 210	0,75	1,05	92	1,0
Wasserstoff	0,09	− 253	− 257	10,0	14,28	129	1,4

Volumenausdehnungszahl für alle Gase: $= \frac{1}{273} \frac{1}{K}$

Heizwerte

Feste Stoffe	kJ/kg	Flüssige Stoffe	kJ/kg	Gasförmige Stoffe	kJ/kg
Anthrazit	31 400 … 33 500	Benzin	41 000 … 43 900	Acetylen	56 940
Braunkohle	18 800 … 20 100	Benzol, rein	40 190	Butangas	117 230
Holzkohle	27 200 … 31 400	Dieselkraftstoff	41 000 … 44 380	Erdgas	29 300 … 37 860
Holz	14 650 … 15 900	Heizöl	41 000 … 44 380	Leuchtgas	15 900 … 18 840
Koks	25 100 … 29 300	Petroleum	41 800	Propangas	92 100
Torf	12 500 … 14 600	Teeröl	36 400 … 38 500	Wasserstoff	10 760

Anmerkung:

Für Werte, die innerhalb eines Bereiches liegen, sind in der Tabelle in der Regel die Mittelwerte angegeben. Die Schmelz- und Siedetemperaturen gelten für einen atmosphärischen Druck von 1 013 mbar.

[1] Die angegebenen Werte gelten jeweils für Temperaturen der Stoffe von 273 K bis 373 K (0 °C bis 100 °C).
[2] Die Wärmeleitzahl gibt die Wärmemenge in kJ an, die in einer Stunde durch eine Wand von 1 m Dicke und 1 m² Fläche strömt, wenn sich die Temperaturen der beiden Oberflächen um 1 K (1 °C) unterscheiden.
[3] Im Normzustand ist der Druck 1 013 mbar und die Temperatur 0 °C.
[4] Werte im Vergleich zu der Wärmeleitzahl für Luft, wobei für Luft der Wert 1 zugrunde gelegt ist.

Der Heizwert gibt an, wieviel Wärme (kJ) bei der Verbrennung von 1 kg Brennstoff entsteht.

Eisenerze, Eisengehalt		Chemische Bezeichnung, Farbe	Hauptfundorte
Magneteisenstein	60 ... 80 %	Fe_3O_4 Eisenoxyduloxid, eisenschwarz	Schweden, Norwegen, Nordamerika, Brasilien, Afrika, Rußland
Roteisenstein	40 ... 60 %	Fe_2O_3 Eisenoxid, rotbraun	Deutschland, England, Nordamerika, Spanien, Kanada
Brauneisenstein	30 ... 50 %	$Fe_2O_3 + H_2O$ Eisenoxid mit Wasser, gelbbraun	Deutschland, Luxemburg, Lothringen
Spateisenstein	30 ... 45 %	$FeCO_3$ Eisenkarbonat, grau	Deutschland, Österreich

Aufbereitung der Eisenerze

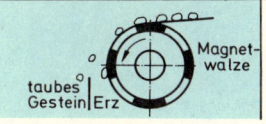

taubes Gestein | Erz | Magnetwalze

Das Erz wird zerkleinert und durch Magnetwalzen vom tauben Gestein getrennt. Durch Rösten der Erze werden Wasser, Schwefel und Kohlendioxid ausgetrieben. Durch Sintern wird feinkörniges Erz in Brikettform zusammengebacken.

Gewichtsverminderung durch Rösten bis zu 30 % Durch Kalkzusatz beim Sintern erhält man selbstgehenden Sinter, der im Hochofen keine weiteren Zuschläge erfordert.

Verhüttung der Erze im Hochofen

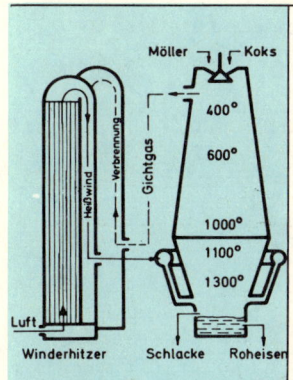

Möller — Koks
400°
600°
1000°
1100°
1300°
Gichtgas
Verbrennung
Heißwind
Luft
Winderhitzer   Schlacke   Roheisen

Der Hochofen wird abwechselnd mit Koks und Möller (Erz mit Zuschlägen aus Kalk und Dolomit) beschickt. Frischluft wird durch Winderhitzer erwärmt und in den Hochofen geblasen. Der Koks verbrennt, wobei das zur Reduktion erforderliche Kohlenoxid und die notwendige Wärme entstehen.

Vorwärmung

Im oberen Teil des Hochofens werden durch die Erwärmung der Füllung Wasser und Schwefel ausgetrieben.

Reduktion

Dem glühenden Eisenerz wird durch die kohlenoxidhaltigen Gase Sauerstoff entzogen. Das Eisenoxid wird zu Eisen reduziert.

Kohlung

Die Temperatur des frei gewordenen Eisens ist jetzt so hoch, daß es Kohlenstoff aus dem Koks aufnimmt.

Schmelzen

Durch die Kohlenstoffaufnahme wird der Schmelzpunkt niedriger, das Eisen wird flüssig und sinkt in das Gestell ab. Die durch den Kalk verflüssigte Schlacke schwimmt auf dem Eisen und wird durch eine Schlackenrinne abgeleitet. Das Roheisen wird zu Masseln vergossen oder in flüssigem Zustand zum Stahlwerk gebracht.

Hochofen mittlerer Größe
Höhe 30 ... 40 m
Durchmesser 6 ... 12 m
Roheisenabstich alle 3 h

Tagesleistung
Erzeinsatz 2 000 t
Roheisen 1 000 t
Koksverbrauch 1 000 t
Kalkzuschläge 800 t
Kühlwasserverbrauch 20 000 t

Temperaturen
Vorwärmezone 400 °C
Reduktionszone bis 800 °C
Kohlungszone bis 1 000 °C
Schmelzzone bis 1 700 °C

Winderhitzer
Stahlzylinder mit gitterartiger Ausmauerung, bis zu vier Stück je Hochofen. Die Winderhitzer werden abwechselnd mit Gichtgas aufgeheizt bzw. mit Frischluft betrieben, die sich an dem heißen Gitterwerk erhitzt und dem Hochofen als Heißwind zugeführt wird.
Höhe 30 ... 40 m
Durchmesser 6 ... 8 m
Heißwindtemperatur bis 900 °C

Erzeugnisse des Hochofens

Graues Roheisen	Bruchfläche grau, körnig. Der Kohlenstoff ist infolge des hohen Siliziumgehaltes als Graphit ausgeschieden. Graues Roheisen wird in Form von Masseln für die Herstellung von Gußeisen verwendet.	Fremdstoffe Kohlenstoff 3 ... 5 % Silizium bis 3 % Mangan, Schwefel, Phosphor in geringen Mengen.
Weißes Roheisen	Bruchfläche weiß, strahlenförmig. Der Kohlenstoff ist infolge des hohen Mangangehaltes als Eisenkarbid (Fe_3C) im Eisen gebunden. Verwendung vorwiegend im flüssigen Zustand zur Stahlerzeugung.	Fremdstoffe Kohlenstoff 3 ... 4 % Mangan 2 ... 6 % Silizium, Schwefel, Phosphor in geringen Mengen.
Nebenprodukte	Gichtgas, brennbares Gas, zum Betrieb von Winderhitzern, Gasmotoren, Kokereien. Schlacke, zur Herstellung von Schlackensteinen, Schlackenwolle, Portlandzement.	Bestandteile des Gichtgases Kohlenoxid 22 ... 25 % sowie Wasserstoff, Kohlendioxid und Stickstoff.

6

223

Stahlerzeugung

Thomas-Verfahren		Fassungsvermögen	

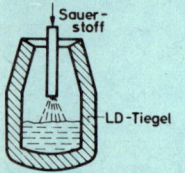

Thomas-Verfahren

Flüssiges Roheisen wird dem Roheisenmischer entnommen und in den gekippten Konverter (Birne) eingefüllt. Dann wird über die Bodendüsen Druckluft eingeblasen und die Birne aufgerichtet. Die durch die Schmelze strömende Luft verbrennt zuerst Silizium, Mangan und Schwefel, dann den Kohlenstoff. Durch das basische Birnenfutter und durch Kalkzugabe wird der Phosphor gebunden. Am Schluß des Reinigungsprozesses wird wieder Kohlenstoff in Form von Spiegeleisen zugeführt.
Bei neueren Verfahren wird teilweise mit sauerstoffangereicherter Luft geblasen.

Das Bessemer-Verfahren unterscheidet sich vom Thomas-Verfahren durch sein saures Futter. Es wird in Deutschland kaum angewandt.

Fassungsvermögen
einer Birne   20 ... 100 t
Druckluft   1,5 ... 2,5 bar
Blasdauer   15 ... 20 min
Temperatur   bis 1 600 °C
Bei höherer Temperatur ist zur Kühlung Schrott erforderlich

Erzeugnisse
Thomasstahl mit 0,05 ... 0,5 % Kohlenstoff für Walzwerkerzeugnisse wie Bleche, Profile, Stäbe, Stahlblöcke.
Thomasschlacke zu Thomasmehl gemahlen, ist ein wertvolles phosphorhaltiges Düngemittel.

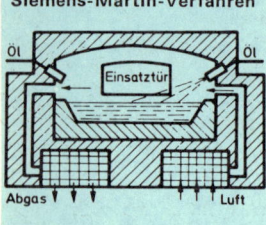

Sauerstoff-Aufblasverfahren

Bekannt auch als LD-Verfahren (Linz-Donawitz-Verfahren). In den LD-Tiegel wird Sauerstoff mittels einer wassergekühlten Lanze (Rohr) auf das flüssige Roheisen aufgeblasen. Dabei werden der Kohlenstoff und die schädlichen Beimengungen verbrannt. Bei phosphorhaltigem Roheisen wird Kalkstaub mit eingeblasen. Infolge der Verbrennung mit Sauerstoff steigen die Temperaturen sehr hoch an, deshalb wird zur Kühlung Schrott beigegeben.

Fassungsvermögen
eines Tiegels bis zu   350 t
Sauerstoffdruck   4 ... 12 bar
Blasdauer   15 min
Temperatur   bis 2 000 °C

Erzeugnisse
Unlegierte und legierte Stähle, die besonders hochwertig sind, weil sie keinen Stickstoff enthalten.

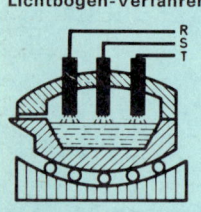

Siemens-Martin-Verfahren

Flammofen mit Gas- oder Ölfeuerung und Luftvorwärmung mittels Wärmekammern, die abwechselnd von den Feuerungsgasen aufgeheizt werden. Um hohe Temperaturen zu erzielen, wird der vorgewärmten Luft meist noch Sauerstoff beigemischt. Eingesetzt wird Schrott oder Roheisen mit Schrott. Der Kohlenstoff und die schädlichen Beimengungen werden durch den Sauerstoff der Verbrennungsluft und die Sauerstoffabgabe des Einsatzmaterials oxydiert. Durch Zugabe von Chrom, Nickel, Vanadium am Ende des Prozesses können niedriglegierte Stähle erzeugt werden.

Fassungsvermögen   100 ... 500 t
Temperatur im Ofen   bis 2 000 °C
Schmelzdauer   5 ... 6 h

Ofeneinsatz
Schrott   etwa 85 %
Roheisen   etwa 15 %

Erzeugnisse
Unlegierte und niedriglegierte Einsatz-, Vergütungs- und Werkzeugstähle.
Die wirtschaftliche Bedeutung des Verfahrens liegt in der Schrottverwertung.

Edelstahlerzeugung

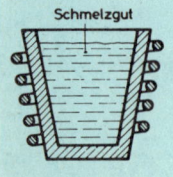

Lichtbogen-Verfahren

Elektrostahlverfahren zur Erschmelzung besonders reiner Edelstähle. Im Lichtbogenofen wird zwischen dem Schmelzgut und den Kohleelektroden ein Lichtbogen erzeugt. Das Einsatzgut wird bei dem Schmelzvorgang von den schädlichen Beimengungen befreit und nach Bedarf legiert. Wegen der hohen Ofentemperatur ist das Verfahren besonders geeignet zum Legieren mit schwer schmelzbaren Bestandteilen wie Wolfram und Molybdän.

Fassungsvermögen   bis 100 t
Spannung   50 ... 100 V
Strom   etwa 4 000 A
Temperatur   bis 3 500 °C

Ofeneinsatz
Flußstahl, hochwertiger Schrott

Erzeugnisse
Legierte und hochlegierte Werkzeugstähle und hochwertige Konstruktionsstähle.

Induktions-Verfahren

Der Schmelztiegel ist von einer wassergekühlten Wicklung aus Kupfer umgeben, die von Wechselstrom mit höherer Frequenz durchflossen wird. Durch das magnetische Wechselfeld werden im Einsatzgut Wirbelströme erzeugt (induziert), und die den Stahl zum Schmelzen bringen. Durch das Umschmelzen werden die schädlichen Beimengungen ausgeschieden und dadurch der Stahl veredelt. Daneben können auch Legierungsstoffe zugesetzt werden.

Fassungsvermögen   bis 50 t
Wechselstromfrequenz
bei großen Anlagen   etwa 500 Hz

Ofeneinsatz
Flußstahl, hochwertiger Schrott

Erzeugnisse
Legierte und hochlegierte Stähle mit besonders hochwertigen Eigenschaften.

6

Gußeisen mit Lamellen-graphit GG 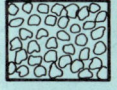 Graphitlamellen	Gußeisen wird aus grauem Roheisen, Guß-bruch und Stahlschrott zusammen mit Kalk als Entschlackungsmittel im Kupolofen oder Elektroofen erschmolzen. Beim langsamen Abkühlen in der Sandform scheidet sich der Kohlenstoff als Graphit in Form von Blätt-chen (Lamellen) aus. Die Lamellen trennen die Eisenkristalle und vermindern dadurch Festigkeit und Dehnung.	Nicht schmiedbar, gut gieß- und be-arbeitbar, empfindlich gegen Formände-rung, druckfest, geringe Dehnung, gute Laufeigenschaften, schwingungsfest, korrosions- und feuerbeständig. Dichte 7,25 kg/dm³ Schmelzpunkt 1 150...1 250 °C Zugfestigkeit 100...400 N/mm² Dehnung ganz gering Kohlenstoff 2,5...3,5%
Gußeisen mit Kugelgraphit GGG  Graphitkugeln	Dem geschmolzenen und auf etwa 1 400 °C überhitzten Gußeisen wird ein „Impfstoff", z.B. Magnesium, in Form einer Legierung beigefügt. Beim Abkühlen scheidet sich der Graphit in Kugelform aus. Die Graphitkugeln bewir-ken keine Kerbwirkung, deshalb sind Zug-festigkeit und Dehnung bedeutend höher als beim lamellaren Gußeisen.	Bessere Schlagfestigkeit und Zähigkeit als GG, gute Verschleißfestigkeit, gut bearbeitbar, oberflächenhärtbar. Dichte 7,1...7,3 kg/dm³ Schmelzpunkt 1 400 °C Zugfestigkeit 380...700 N/mm² Dehnung 17...2% Kohlenstoff 3,5...3,8%
Weißer Temperguß GTW Randzone Kern ☐ Ferrit (Fe) ■ Flockengraphit ▨ Perlit (Fe₃C+Fe)	Tempergußteile werden aus weiß erstarren-dem Temperrohguß (graphitfrei) gegossen. Die Temperrohgußteile werden im guß-eisernen Tiegel zusammen mit Roteisen-stein gepackt und 2 bis 5 Tage lang geglüht. Der vom Roteisenstein abgegebene Sauer-stoff entzieht den Gußstücken den Kohlen-stoff. Bei neueren Verfahren werden die Rohguß-teile ohne Roteisenstein in einem Gemisch aus Kohlendioxid und Kohlenoxid geglüht.	Bruchfläche weiß, stahlähnliche mecha-nische Eigenschaften, härtbar. Glühtemperatur 900...1 050 °C Dichte 7,4 kg/dm³ Zugfestigkeit 350...650 N/mm² Dehnung 15...2% Wanddicke bis 10 mm Kohlenstoff (getempert) 0,5% – 1,8
Schwarzer Temperguß GTS Randzone Kern	Die Temperrohgußstücke werden in die Tempertiegel zusammen mit Quarzsand ge-packt und 2 Tage geglüht. Hierbei entsteht keine Entkohlung, sondern eine Gefüge-veränderung. Das Eisenkarbid zerfällt in Eisen und Flockengraphit. Die Bruchfläche ist deshalb schwarz.	Bruchfläche schwarz, stahlähnliche me-chanische Eigenschaften, härtbar. Glühtemperatur 900...950 °C Dichte 7,4 kg/dm³ Zugfestigkeit 350...700 N/mm² Dehnung 12...3% Wanddicke beliebig Kohlenstoff (getempert) 2,6% – 3,5
Schleuderguß GGZ, GSZ  Normalguß Schleuderguß	GGZ Gußeisenschleuderguß, GSZ Stahl-schleuderguß (Zentrifugalguß). Die Gießform, z.B. für eine Zylinderbüchse, dreht sich rasch um ihre Achse. Durch die Zentrifugalkraft wird der flüssige Gußwerk-stoff an die Formenwand gepreßt.	Dichter, poren- und lunkerfreier Guß, großer Reinheitsgrad. Werte je nach dem verwendeten Guß-werkstoff verschieden.
Stahlguß (Stahlformguß) GS	In Formen gegossener unlegierter oder le-gierter Stahl. Wegen des starken Schwin-dens entstehen Spannungen; deshalb muß der Stahlguß nach dem Gießen etwa 10 Stunden lang bei 900 °C geglüht werden.	Stahleigenschaften Dichte 7,85 kg/dm³ Zugfestigkeit 380...800 N/mm² Dehnung 22...8%

Schwindmaße, Farben der Gußmodelle

Werkstoff	GG	GGG	GT	GS	Schwer-metall	Leicht-metall
Schwindmaß in %	1	1,2	1...2	2	1,5	1,25
Modellanstrich, Grundfarbe	rot	lila	grau	blau	gelb	grün
Zu bearbeitende Flächen	gelb	gelb	gelb	gelb	rot	gelb
Kernmarken			schwarz			

6

Kurzname	Werkstoff	Erklärung der Kurzbezeichnung		Anmerkung
St 34 – 1	Allgemeiner Baustahl, unlegiert, mit 340 N/mm² Mindestzugfestigkeit	St 34 1	Kurzzeichen für Stahl Mindestzugfestigkeit 340 N/mm² Gütegruppe 1	Kurzzeichen St für unlegierte Baustähle, die nicht für Wärmebehandlung vorgesehen sind.
C 15	Unlegierter Einsatzstahl mit 0,15 % Kohlenstoff	C 15	Symbol für Kohlenstoff Kohlenstoffnennzahl, 15/100 %	Kurzzeichen C für unlegierte Stähle, die für Wärmebehandlung vorgesehen sind.
Ck 22	Unlegierter Vergütungsstahl mit 0,22 % Kohlenstoff	C 22 k	Symbol für Kohlenstoff Kohlenstoffnennzahl, 22/100 % kleiner Phosphor- und Schwefelgehalt	Kennzeichnung nach Zusammensetzung.
C 110 W 1	Unlegierter Werkzeugstahl mit 1,1 % Kohlenstoff, Güteklasse 1	C 110 W 1	Symbol für Kohlenstoff Kohlenstoffnennzahl, 110/100 % Werkzeugstahl Güteklasse 1	
15 Cr 3	Niedrig legierter Einsatzstahl mit 0,15 % C und 0,75 % Cr	15 Cr 3	Kohlenstoffnennzahl, 15/100 % Legierungssymbol für Chrom Kennzahl für Chromgehalt, 3/4 %	Niedrig legierte Stähle haben etwa bis 5 % Legierungszusätze. Ohne Kohlenstoffsymbol.
24 CrMo 5 4	Niedrig legierter Vergütungsstahl mit 0,24 % C, 1,25 % Cr und 0,4 % Mo	Cr, Mo 5 4	Legierungssymbole für Chrom und Molybdän Kennzahl für Chromgehalt, 5/4 % Kennzahl für Molybdängehalt, 4/10 %	Kennzahlen für Legierungsstoffe sind in gleicher Reihenfolge wie die Legierungssymbole.
X12CrNi 18 8	Hochlegierter Stahl mit 0,12 % C, 18 % Cr und 8 % Ni, nichtrostend, säurebeständig	X 12 Cr, Ni 18 8	Kennbuchstabe für hochlegiert Kohlenstoffnennzahl, 12/100 % Legierungssymbole für Chrom und Nickel Kennzahl für Chromgehalt, 18 % Kennzahl für Nickelgehalt, 8 %	X wird bei allen hochlegierten Stählen vorangestellt. Multiplikator 1 für Legierungsstoffe.
GG – 15	Gußeisen mit Lamellengraphit (Grauguß) mit 150 N/mm² Mindestzugfestigkeit	GG 15	Gußeisen mit Lamellengraphit Mindestzugfestigkeit 150 N/mm²	Gegossene Werkstoffe immer mit Bindestrich. Angabe über Zugfestigkeit nach dem Bindestrich.
GGG – 40	Gußeisen mit Kugelgraphit mit 400 N/mm² Mindestzugfestigkeit	GGG 40	Gußeisen mit Kugelgraphit (globular) Mindestzugfestigkeit 400 N/mm²	
GGL – NiCuCr 15 6 2	Austenitisches Gußeisen mit Lamellengraphit, hochlegiert, mit 15 % Ni, 6 % Cu, 2 % Cr	GGL Ni, Cu, Cr 15, 6, 2	Austenitisches Gußeisen mit Lamellengraphit Legierungssymbole für Nickel, Kupfer, Chrom Kennzahlen für Nickel-, Kupfer-, Chromgehalt in %	Bei hochlegierten Eisen-Gußwerkstoffen ist der Multiplikator für Legierungsstoffe 1.
GTW – 40	Weißer Temperguß mit 400 N/mm² Mindestzugfestigkeit	GTW 40	Temperguß, weiß Mindestzugfestigkeit 400 N/mm²	Gußzeichen G für gegossene Werkstoffe, immer mit Bindestrich. Festigkeitsangaben nach dem Bindestrich.
GTS – 45	Schwarzer Temperguß mit 450 N/mm² Mindestzugfestigkeit	GTS 45	Temperguß, schwarz Mindestzugfestigkeit 450 N/mm²	
GS – 60	Stahlguß mit 600 N/mm² Mindestzugfestigkeit	GS 60	Stahlguß Mindestzugfestigkeit 600 N/mm²	

Multiplikatoren und Legierungssymbole

Kennzahl für Legierungsstoffe in der Kurzbezeichnung = %-Gehalt × Multiplikator. Bei der Auflösung der Kurzbezeichnung müssen daher die Kennzahlen durch den entsprechenden Multiplikator geteilt werden.

Multiplikator	4	10	100
Legierungszusätze, außer Kohlenstoff, für hochlegierte Stähle	Cr Chrom Co Kobalt Mn Mangan Ni Nickel Si Silicium W Wolfram	Al Aluminium Be Beryllium Pb Blei Cu Kupfer Mo Molybdän V Vanadium	C Kohlenstoff P Phosphor S Schwefel N Stickstoff

6

Allgemeiner Baustahl · nach DIN 17100

Kurzname	Zugfestigkeit $\sigma_B (R_m)$ N/mm²	Dehnung $\delta (A)$ %	Kohlenstoff %	Eigenschaften, Verwendung
St 33 – 1	330 … 350	18	—	Für untergeordnete Zwecke geeignet
St 34 – 1	340 … 420	25 … 27	0,17	Schmelzschweißbar, widerstandsschweiß-
St 37 – 1	370 … 450	23 … 25	0,20	bar, zäh, nicht kalt- und rotbrüchig; für einfache Teile, Schrauben, Zapfen, Hebel, Gestänge
St 42 – 1	420 … 500	20 … 22	0,25	Für höhere Beanspruchungen, z. B. Wellen, Bolzen, Kurbeln
St 50 – 1	500 … 600	18 … 20	0,30	Wie St 42, jedoch für höhere Beanspru-
St 60 – 1	600 … 720	15	0,40	chungen, z. B. Zahnräder, Wellen, Keile, Stifte, Gesenke

Stahlblech (Feinblech unter 3 mm) · DIN 1623

Kurzname	Zugfestigkeit	Dehnung	Kohlenstoff	Eigenschaften, Verwendung
St 10	280 … 500	—	0,15	Für Teile mit guter Oberfläche, geeignet zum Verzinken
USt 12	280 … 420	24	0,10	Geeignet zum Tiefziehen, spritzlackierfähig;
RSt 13	280 … 400	27	0,10	für einfachere Tiefziehteile
RRSt 14	280 … 380	30	0,10	Besonders gut tiefziehfähig; für Karosserie- teile, Bekleidungsbleche

Einsatzstahl · nach DIN 17210

Kurzname	Zugfestigkeit $\sigma_B (R_m)$ N/mm²	Dehnung $\delta (A)$ %	Kohlenstoff %	Leg.-Stoffe %	Eigenschaften, Verwendung
C 10	420 … 520	19	0,10	—	Kolbenbolzen für Kleinmotoren, Zapfen,
Ck 15	500 … 650	16	0,16	niedriger P- und S-Gehalt	Hebel, Gelenke
15 Cr 3	600 … 850	13	0,15	0,65 Cr	Für höher beanspruchte Teile, Kolbenbolzen,
15 CrNi 6	900 … 1 200	9	0,15	1,5 Cr; 1,5 Ni	Nockenwellen, Getriebewellen, Zahnräder
16 MnCr 5	800 … 1 100	10	0,16	1,25 Mn; 1 Cr	Für hochbeanspruchte Getriebezahnräder
18 CrNi 8	1 200 … 1 450	7	0,18	2 Cr; 2 Ni	Antriebskegelräder und Tellerräder für Lkw

Vergütungsstahl · nach DIN 17200

Kurzname	Zugfestigkeit	Dehnung	Kohlenstoff	Leg.-Stoffe	Eigenschaften, Verwendung
C 22	500 … 600	22	0,22	—	Für Teile mit kleinem Vergütungsquerschnitt
Ck 45	650 … 800	16	0,45	niedriger P- und	Für Teile im Fahrzeugbau mit normaler
Ck 60	750 … 900	14	0,60	S-Gehalt	Beanspruchung, Achsen, Wellen, Schrau- ben, Muttern, Hebel
34 CrMo 4	800 … 950	14	0,34	1 Cr; 0,2 Mo	Für Teile mit hoher Dauerfestigkeit, wie
37 MnSi 5	900 … 1 050	12	0,37	1,25 Si; 1,25 Mn	Pleuelstangen, Kurbelwellen, Vorderachsen
42 MnV 7	1 000 … 1 200	11	0,42	1,75 Mn; 0,1 V	Für höher beanspruchte Teile im Kraftfahr-
42 CrMo 4	1 000 … 1 200	11	0,42	1 Cr; 0,2 Mo	zeugbau, wie Kugelbolzen, Lenkungsteile, Federbolzen
30 CrMoV 9	1 250 … 1 450	9	0,30	2,5 Cr; 0,15 Mo, V	Für sehr hoch beanspruchte Teile, wie
36 CrNiMo 4	1 000 … 1 200	11	0,36	1 Cr; 1 Ni; 0,2 Mo	Gelenkwellen, Antriebswellen

Nitrierstahl · nach DIN 17211

Kurzname	Zugfestigkeit	Dehnung	Kohlenstoff	Leg.-Stoffe	Eigenschaften, Verwendung
34 CrAl 6	750 … 950	14	0,34	1,4 Cr; 1 Al	Verschleißfeste, sehr harte Oberfläche, auch
34 CrAlMo 5	800 … 1 000	12	0,34	1,2 Cr; 1 Al; 0,2 Mo	bei Temperaturen über 450 °C
34 CrAlNi 7	800 … 1 000	14	0,34	1,7 Cr; 1 Al, Ni	Für Kolbenbolzen, Getriebezahnräder, Ge- lenkwellen, Meßwerkzeuge

6

Stahl

Federstahl nach DIN 17 220 bis 17 225

Kurzname	Zugfestigkeit $\sigma_B\,(R_m)$ N/mm²	Dehnung $\delta\,(A)$ %	Kohlenstoff %	Leg.-Stoffe %	Eigenschaften, Verwendung
55 Si 7 65 Si 7	1 300 ... 1 500 1 300 ... 1 500	6 6	0,55 0,65	1,7 Si; 0,7 Mn 1,7 Si; 0,7 Mn	Für normal beanspruchte Teller-, Kegel- und Blattfedern, Federringe, Federplatten für Schraubensicherungen
67 SiCr 5 50 CrV 4	1 500 ... 1 700 1 350 ... 1 700	5 6	0,67 0,50	1,3 Si; 0,5 Cr 1 Cr; 0,1 V	Für hochbeanspruchte Blattfedern, Schraubenfedern, Drehstabfedern, Tellerfedern und Ventilfedern

Ventilstahl

Kurzname	Zugfestigkeit	Dehnung	Kohlenstoff	Leg.-Stoffe	Eigenschaften, Verwendung
37 MnSi 5	800 ... 950	14	0,37	1,25 Mn; 1,25 Si	Für normal beanspruchte Einlaßventile
X 45 SiCr 4	900 ... 1 050	14	0,45	4 Si; 2,6 Cr	Für hochbeanspruchte Einlaßventile und normal beanspruchte Auslaßventile
X 45 CrSi 9 X 45 CrNiW 18 9	900 ... 1 050 800 ... 1 000	14 25	0,45 0,45	9 Cr; 3 Si 18 Cr; 9 Ni; 1 W	Für Auslaßventile mit sehr hoher Wärmebelastung und hoher mechanischer Beanspruchung
X 210 Cr 12	800 ... 950	8	2,10	11,5 Cr	Für Ventilsitzringe

Automatenstahl

Kurzname	Zugfestigkeit	Dehnung	Kohlenstoff	Leg.-Stoffe	Eigenschaften, Verwendung
9 S 20 9 S Pb 23	370 370	25 25	0,09 0,09	0,2 S; 0,7 Mn 0,2 S; 0,23 Pb	Weichstahl; für Teile mit geringer Beanspruchung
22 S 20	420	20	0,22	0,2 S; 0,7 Mn	Vergütbarer Automatenstahl; für Teile höherer Beanspruchung

Werkzeugstahl, unlegiert [1]) W = Wasser, Ö = Öl, L = Luft als Abschreckmittel

Kurzname	Kohlenstoff %	Leg.-Stoffe %	Wärmebehandlung °C Weichglühen	Härten[1])	Eigenschaften, Verwendung
C 110 W 1	1,10	P u. S 0,025	680 ... 710	750 ... 780 W	Güteklasse 1, meißelhart; für Gewindeschneidwerkzeuge, Reibahlen, Schnitte
C 130 W 2	1,30	P. u. S 0,03	680 ... 710	750 ... 780 W	Güteklasse 2, hart; für Messer, Feilen, Gewindebohrer
C 70 W 2	0,70	P u. S 0,03	680 ... 710	780 ... 810 W	Güteklasse 2, zäh; für Hämmer, Meißel, Gesenke
C 90 W 3	0,90	P u. S 0,035	680 ... 710	780 ... 810 Ö	Güteklasse 3, zähhart; für Spannzangen, Ziehdorne
C 55 WS	0,55	P u. S 0,03	680 ... 710	790 ... 820 W	Sondergüte, sehr zäh; für Handsägen, Beile, Hämmer, Zangen

Werkzeugstahl, legiert

Kurzname	Kohlenstoff %	Leg.-Stoffe %	Weichglühen	Härten[1])	Eigenschaften, Verwendung
31 Cr V 3	0,31	0,7 Cr; 0,1 V	680 ... 720	830 ... 860 W	Sehr zäh; für Schraubenschlüssel aller Art
120 W V 4	1,20	1 W; 0,1 V	710 ... 750	810 ... 840 Ö	Kaltarbeitsstahl; für Spiralbohrer, Maschinenmesser
105 W Cr 6	1,05	1,2 V; 1 Cr	710 ... 750	800 ... 830 Ö	Zähhart; für Reibahlen, Bohrer, Fräser, Lehren
X 85 WV 12 3	0,85	12 W; 3 V; 4,2 Cr	770 ... 820	1 220 ... 1 260 L	Universal-Schnellschnittstahl; für Drehmeißel, Fräser, Bohrer
X 120 WCrV 7 4	1,20	7 W; 4 Cr; 3 V	770 ... 820	1 220 ... 1 260 L	Hochleistungs-Schnellschnittstahl; für Drehmeißel
X 90 CrMoV 18	0,90	18 Cr; 1,2 Mo 1 V	800 ... 850	1 075 ... 1 100 Ö	Wälzlagerstahl, nichtrostend
X 210 CrW 12	2,10	12 Cr; 0,7 W	800 ... 840	950 ... 980 Ö	Hochverschleißfest; für Schnittwerkzeuge, Räumnadeln

6

Gußeisen mit Lamellengraphit (Grauguß) — nach DIN 1691

Kurzname	Zugfestig-keit $\sigma_B (R_m)$ N/mm²	Deh-nung $\delta (A)$ %	Kohlen-stoff %	Leg.-Stoffe %	Eigenschaften, Verwendung
GG – 10	100	—	3,3 … 3,6	1,5 … 2,5 Si	Gut bearbeitbar; für Gußteile mit normaler Beanspruchung
GG – 15	150	—	3,3 … 3,6	1,8 … 2,4 Si	
GG – 20	200	—	3,2 … 3,4	1,6 … 2 Si	Für Gußteile mit höherer Beanspruchung, Zylinderblöcke, Auspuffkrümmer
GG – 25	250	—	2,8 … 3,2	1,2 … 1,8 Si	
GG – 30	300	—	2,6 … 3,0	1,2 … 1,6 Si	Hochwertiger Guß, oberflächenhärtbar, für Teile mit sehr hoher Beanspruchung; Nockenwellen
GG – 40	400	—	2,6 … 3,0	1,2 … 1,6 Si	

Gußeisen mit Kugelgraphit — nach DIN 1693

Kurzname	Zugfestigkeit N/mm²	Dehnung %	Kohlenstoff %	Leg.-Stoffe %	Eigenschaften, Verwendung
GGG – 38	380	17	3,8	—	Gut bearbeitbar, schweißbar, Flamm- und Induktionshärtung möglich, ferritisches Gefüge
GGG – 42	420	12	3,8	—	
GGG – 50	500	7	3,8	—	Gut oberflächenhärtbar, Gefüge ferritisch und perlitisch; Zahnräder, Kurbelwellen, Nockenwellen
GGG – 60	600	2	3,5	—	Hohe Verschleißfestigkeit, gut oberflächenhärtbar, Gefüge ferritisch und perlitisch, Zahnräder, Kurbelwellen, Nockenwellen
GGG – 70	700	2	3,5	—	

Austenitisches Gußeisen (hochlegierter Guß) — nach DIN 1694

Kurzname	Zugfestigkeit N/mm²	Dehnung %	Kohlenstoff %	Leg.-Stoffe %	Eigenschaften, Verwendung
GGL-NiCuCr 15 6 2	150	2	3,0	15 Ni; 6 Cu; 2 Cr	Mit Lamellengraphit, korrosions- und hitzebeständig, gute Gleiteigenschaften; Zylinderbüchsen, Kolbenringträger
GGL-NiCuCr 15 6 3	180	1 … 2	3,0	15 Ni; 6 Cu; 3 Cr	
GGL-NiCr 30 3	170	7 … 18	2,6	30 Ni; 3 Cr	Mit Lamellengraphit, bis 800 °C hitzebeständig; Auspuffkrümmer, Abgasturbolader
GGG-NiCr 20 2	380	8	3,0	20 Ni; 2 Cr	Mit Kugelgraphit, korrosions- und hitzebeständig, gute Gleiteigenschaften; Zylinderlaufbüchsen, Abgaskrümmer, Abgasturbolader, Kompressorgehäuse
GGG-NiCr 20 3	400	6	3,0	20 Ni; 3 Cr	

Temperguß — nach DIN 1692

Kurzname	Zugfestigkeit N/mm²	Dehnung %	Kohlenstoff %	Leg.-Stoffe %	Eigenschaften, Verwendung
GTW – 35	350	4	—	—	Weißer Temperguß; für Gußteile bis etwa 10 mm Wanddicke; Hebel, Fittings, Schlüssel, Bremstrommeln, Bremsbacken
GTW – 40	400	5	—	—	
GTW – 65	650	3	—	—	
GTS – 35	350	12	—	—	Schwarzer Temperguß, gut bearbeitbar; für schwere, dickwandige Gußteile
GTS – 45	450	7	—	—	
GTS – 70	700	2	—	—	

Stahlguß, unlegiert — nach DIN 1681

Kurzname	Zugfestigkeit N/mm²	Dehnung %	Kohlenstoff %	Leg.-Stoffe %	Eigenschaften, Verwendung
GS – 38	380	20	0,15	—	Für normal beanspruchte Stahlgußteile; Anhängerkupplungen, Hinterachstrichter, Radkörper oder Radstern für schwere Lkw
GS – 45	450	16	0,25	—	
GS – 60	600	8	0,45	—	

Stahlguß, legiert — nach DIN 17245

Kurzname	Zugfestigkeit N/mm²	Dehnung %	Kohlenstoff %	Leg.-Stoffe %	Eigenschaften, Verwendung
GS – C 25	450 … 600	22	0,25	0,3 Cr	Für Stahlgußteile, die bei höheren Temperaturen (bis 540 °C) noch eine entsprechende Festigkeit haben müssen
GS – 22 Mo 4	450 … 600	22	0,22	0,3 Cr; 0,4 Mo	
GS – 22 CrMo 5 4	530 … 700	20	0,22	1 Cr; 0,4 Mo	

6

229

Wärmebehandlung von Stahl

Glühen

Vorgang	Temperatur °C	Ausführung	Wirkungen, Zweck
Weichglühen	680 ... 730	Werkstücke langsam erwärmen und je nach Vorschrift bis zu 2 Stunden glühen, dann wieder langsam abkühlen.	Gehärteter oder kaltverfestigter Stahl (z.B. durch Tiefziehen) wird weich und bearbeitbar.
Normalglühen	750 ... 900	Werkstücke nur kurzzeitig auf Glühtemperatur halten, dann wieder abkühlen.	Verfeinerung oder Normalisierung des Gefüges geschmiedeter, geschweißter oder aufgekohlter Werkstücke vor dem Härten.
Spannungs-freiglühen	500 ... 600	Werkstücke 1 bis 2 Stunden lang glühen und dann sehr langsam abkühlen.	Beseitigung von Spannungen in geschmiedeten oder geschweißten Werkstücken.

Härten von unlegiertem Werkzeugstahl

Erwärmen	750 ... 820	Zuerst langsam, dann schnell auf Härtetemperatur bringen; Glühfarbe ist dunkelkirschrot bis hellkirschrot.	Umwandlung des Stahlgefüges, Eisenkarbid Fe_3C zerfällt, der Kohlenstoff geht in Lösung.
Abschrecken	—	Ins Wasser eintauchen (lange Stücke möglichst senkrecht), rühren, um Dampfblasen zu vermeiden.	Die Gefügerückbildung wird verhindert, der Stahl wird glashart, spröde, hat Spannungen.
Anlassen	220 ... 320	Blankscheuern und auf die gewünschte Temperatur wiedererwärmen (Anlaßfarben beobachten). Nur teilweise abgeschreckte Werkstücke können mit eigener Wärme angelassen werden.	Härtespannungen werden beseitigt, Zähigkeit wird erhöht, Härte gemildert. Das Werkstück hat jetzt seine Arbeitshärte.

Härten von legiertem Werkzeugstahl

Erwärmen	niedriglegiert 780 ... 850 hochlegiert 950 ... 1 250	Zuerst langsam erwärmen, dann vollends schnell auf Härtetemperatur erhitzen; Temperaturen nach Liefervorschrift, z.B. bei hochlegierten Stählen, genau einhalten.	Gefügeumwandlung je nach Legierungsstoffen erst bei höheren Temperaturen.
Abschrecken	—	Niedriglegiert — Meistens in Öl, beim Warmbadhärten in Salzschmelze von 200 °C, dann Luftabkühlung — Hochlegiert — In Öl, Druckluft oder im Salzbad, nach Liefervorschrift	Infolge der Legierungsstoffe langsame Rückbildung des Gefüges, deshalb gute Durchhärtung, geringe Rißgefahr, kein Verziehen.
Anlassen	niedriglegiert 220 ... 320	Blankscheuern und wiedererwärmen, bis die gewünschte Anlaßtemperatur (Anlaßfarbe) erreicht ist.	Beseitigung von Härtespannungen, Milderung der Härte, Steigerung der Zähigkeit.
	hochlegiert 500 ... 600	Im Salz- oder Bleibad 30 Minuten bis mehrere Stunden lang, in Sonderfällen zweimal, anlassen.	Härtesteigerung

Vergüten von Baustahl

Erwärmen	800 ... 950	Die Werkstücke werden länger als beim Härten geglüht, Glühdauer 0,5 ... 2 Stunden.	Zweck des Vergütens ist die Gefügeverfeinerung zur Steigerung der Festigkeit.
Abschrecken	—	Unlegierten Vergütungsstahl in Wasser oder Öl, legierten in Öl abkühlen.	Unlegierter Stahl bis 1 000 N/mm² legierter Stahl bis 1 900 N/mm²
Anlassen	530 ... 670	Anlaßdauer bis zu mehreren Stunden; hohe Anlaßtemperatur bewirkt Zähigkeit.	Vorderachsen, Teile für Radaufhängung und Lenkung.

Glüh- und Anlaßfarben

Glühfarbe	Temp. °C	Glühfarbe	Temp. °C	Anlaßfarbe	Temp. °C	Anlaßfarbe	Temp. °C
dunkelkirschrot	740	gelbrot	950	strohgelb	220	violett	280
kirschrot	780	gelb	1 100	dunkelgelb	240	dunkelblau	290
hellkirschrot	810	hellgelb	1 200	braunrot	260	hellblau	310
hellrot	850	gelbweiß	1 300	purpurrot	270	grau	320

Oberflächenhärten durch Aufkohlung

Verfahren	Einsatzmittel	Ausführung	Erläuterungen, Anwendung
Abbrenn-verfahren	C-haltiges Härtepulver Blutlaugensalz	1. Werkstück auf Hellrotglut erwärmen. 2. Härtepulver aufstreuen und wieder-erwärmen, eventuell wiederholen. 3. Im Wasser abschrecken.	Glühtemperatur 850 ... 900 °C Einhärtungstiefe 0,05 ... 0,1 mm Für kleinere Teile aus Baustahl bis 0,2% C, z.B. Schraubenköpfe, Muttern, Druckschrauben
Kasteneinsatz	Einsatzpulver aus Holz-, Knochen-, Lederkohle, Hornspänen, Bariumcarbonat	1. Werkstücke in verschließbare Blech-kästen in Einsatzpulver einpacken, Schichtdicke 20 mm. Nichtaufzukohlende Stellen, z.B. Gewinde, werden mit Pasten abgedeckt oder verkupfert. 2. Einsatzkästen 2 ... 8 Stunden glühen. 3. Werkstücke aus dem Kasten abschrecken (Wasser oder Öl) oder erst normalglühen und dann abschrecken.	Glühtemperatur 850 ... 900 °C Einhärtung je Stunde 0,1 mm Gesamteinhärtung bis 2 mm Beim Glühen dringt der Kohlenstoff gasförmig (CO) in die Oberfläche ein und bildet Eisenkarbid (Fe$_3$C) Kolbenbolzen, Getriebezahnräder aus unlegiertem und legiertem Einsatz-stahl
Einsatzbad	Cyansalzbäder (stark giftig)	1. Vorgewärmte, trockene Werkstücke werden in die Cyansalzschmelze eingebracht (anhaftendes Wasser verursacht Explosionen). 2. Die Teile werden direkt aus dem Bad in Wasser oder Öl abgeschreckt.	Badtemperatur 850 ... 950 °C Einhärtung je Stunde 0,5 mm Getriebezahnräder, Kegel- und Tellerräder, Schaltgabeln, Getriebe-wellen Cyansalze sind starke Magengifte, deshalb besondere Sicherheitsvorschriften
Gaseinsatz	Leuchtgas Propangas Butangas Acetylen	1. Die Werkstücke werden in dicht verschließbaren Öfen auf Hellrotglut erwärmt, dann wird Gas zur Aufkohlung eingeleitet. 2. Werkstücke nach der Aufkohlung zuerst langsam abkühlen, dann wiedererwärmen auf Härtetemperatur und in Öl abschrecken.	Aufkohlungstemperatur 900 ... 950 °C Einhärtung in 6 Stunden 1 mm Gleichmäßige Aufkohlung, zunderfreie Oberfläche Für Mengenfertigung einsatzgehärteter Teile

Oberflächenhärten durch Nitrieren

Verfahren	Einsatzmittel	Ausführung	Erläuterungen, Anwendung
Gasnitrieren	Ammoniakgas (NH$_3$)	1. Die Werkstücke werden im elektrisch beheizten Ofen einem Ammoniakgasstrom ausgesetzt. 2. Der Stickstoff dringt in die Oberfläche ein und erzeugt eine sehr harte Randschicht. Kein Abschrecken erforderlich	Nitriertemperatur 500 ... 520 °C Nitrierdauer 0,5 ... 4 Tage Einhärtung in 10 Stunden 0,1 mm Sehr harte, verschleißfeste, zunderfreie Oberfläche, kein Verziehen der Werkstücke Getriebezahnräder, Kolbenbolzen, Auslaßventile
Badnitrieren (Weich-nitrieren)	Nitriersalzbad, cyanidhaltig	1. Trockene Werkstücke werden in das Salzbad eingebracht. C und N bilden an der Oberfläche die „Verbindungsschicht" und auf 1 mm Tiefe die Nitrierschicht. 2. Die Teile werden in Salzwasser, Gußwerkstücke an der Luft abgekühlt.	Badtemperatur 550 ... 570 °C Nitrierdauer 90 ... 120 min Verbindungsschicht 0,02 mm Hohe Verschleiß- und Dauerfestigkeit, bessere Laufeigenschaften und Korrosionsbeständigkeit Kurbelwellen, Nockenwellen, Getriebeteile, Achsschenkel

Flamm- und Induktionshärten

Verfahren	Einsatzmittel	Ausführung	Erläuterungen, Anwendung
Flamm- oder Brennhärten	—	1. Die Werkstückoberfläche wird mit Acetylenbrennern sehr rasch auf Härtetemperatur erwärmt. 2. Bevor die Wärme ins Innere eingedrungen ist, wird mit Wasser oder Öl abgeschreckt; Kern bleibt weich.	Härtetemperatur 800 ... 900 °C Einhärtungstiefe 2 ... 3 mm Teile aus unlegiertem und legiertem Vergütungsstahl mit 0,3 bis 0,7% C, z.B. Kurbelwellen, Nockenwellen
Induktions-härten	—	1. Die Werkstücke werden in eine Induktionsspule eingebracht, die von hochfrequentem Wechselstrom durchflossen ist. Die Werkstückoberfläche kommt infolge der Induktionsströme rasch zum Glühen. 2. Abschrecken durch Wasser- oder Ölbrause.	Härtetemperatur 800 ... 900 °C Einhärtungstiefe bei Frequenz 0,5 bis 20 kHz über 1,5 mm 40 bis 6 000 kHz unter 1,5 mm Kurbelwellen, Nockenwellen, Hinterachswellen, Getriebeteile

6

Sinterwerkstoffe, Hartmetalle

Herstellung der Preßlinge	Flüssige Metalle werden mittels Druckluft oder Wasserdampf zerstäubt und die Pulverkörner in einem Wasserbecken aufgefangen. Metallkarbide und Metalloxide werden gemahlen oder durch chemische oder elektrolytische Verfahren pulverisiert. Die Pulvermischung wird in Preßwerkzeugen auf hydraulischen Pressen zu Formteilen gepreßt. Zur Erzielung gleichmäßiger Dichte ist hoher Preßdruck erforderlich.	Vorzüge der Sintertechnik Verbindung von Werkstoffen mit sehr unterschiedlichen Schmelzpunkten und Eigenschaften, Formgebung ohne Abfall, hochporöse und dichte Werkstoffe können hergestellt werden.
Sintern	Die Preßlinge werden in Induktionsöfen im Schutzgas erhitzt, bis der Werkstoff teigig ist. Die weichen Pulverkörner werden dabei infolge der Kohäsion fest aneinander gebunden. Festigkeit und Dichte werden gesteigert, das Volumen schwindet. Nach dem Sintern werden die Werkstücke in einem Kalibrierwerkzeug nachgeformt.	Sintertemperaturen Bronze 600 ... 800 °C Sintereisen 1 100 ... 1 300 °C Hartmetall 1 400 ... 1 600 °C Sinterdauer 30 ... 120 min
Sinterwerkstoffe für Filter und Gleitlager	Sinterbronze Sint-A Ausgangsstoff Zinnbronze; Verwendung für Filter, z.B. Luftfilter und Ölfilter für Kfz-Motoren, Heizölfilter. Sinterbronze Sint-B, Sintereisen Sint-B Ausgangsstoff Zinnbronze bzw. Stahl; Verwendung als Lagerwerkstoff für Öltränkung. Sinterbronze Sint-B für Feststoffschmierung Ausgangsstoff Zinnbronze mit Graphit, Molybdändisulfid.	Sint-A, hochporös Porenvolumen 50 ... 60 % Dichte 4 ... 6 kg/dm³ Sint-B, porös Porenvolumen 18 ... 30 % Dichte 5 ... 7 kg/dm³
Sinterwerkstoffe für Genauteile	Sinterstahl Sint-C, Sint-D Ausgangsstoff Stahlpulver mit Zusätzen von Kupfer, Graphit und Blei. Sinterbronze oder -messing Sint-C, Sint-D Ausgangsstoff Bronzepulver bzw. Messingpulver.	Sint-C, Porenvolumen 20 % für Genauteile mit gutem Haftvermögen der Schmierstoffe Sint-D, Porenvolumen 15 % für Genauteile hoher Festigkeit
Oxidkeramische Werkstoffe	Sinterkorund Ausgangsstoff Aluminiumoxidpulver mit geringer Beimengung anderer Metalloxide. Verwendung für oxidkeramische Schneidplatten (99,7 % Al_2O_3) wegen der großen Härte und für elektrische Isolatoren z.B. für Zündkerzen.	Dichte 3,8 ... 4,1 kg/dm³ Zugfestigkeit 250 N/mm² Druckfestigkeit 3 000 N/mm² Härte (Mohs) 9,9 Erweichungstemperatur 1 800 °C hoher elektrischer Widerstand
Hartmetalle	Ausgangsstoffe sind pulverförmiges Wolframkarbid (WC), Titankarbid (TiC), Tantalkarbid (TaC) und Kobalt als Bindemittel. Wegen der großen Härte und Verschleißfestigkeit wird Hartmetall hauptsächlich für Schneidplatten zum Bestücken von Werkzeugschneiden verwendet.	Wolframkarbid 30 ... 90 % Ti- und Ta-Karbid 2 ... 65 % Kobalt 4 ... 18 % Druckfestigkeit bis 5 700 N/mm² Härte (Mohs) 9,9 Dichte 7,5 ... 15 kg/dm³

Hartmetalle, Zerspanungs-Hauptgruppen und -Anwendungsgruppen   DIN 4990 (Auswahl)

Zerspanungs-Hauptgruppe	Zerspanungs-Anwendungsgruppe, Arbeitsbedingungen	
Kennbuchstabe **P** für langspanende Werkstoffe Kennfarbe blau	P 10	Für die Bearbeitung von Stahl und Stahlguß mit hoher Schnittgeschwindigkeit und kleinem bis mittlerem Vorschub
	P 20	Für die Bearbeitung von Stahl und Stahlguß mit mittlerer Schnittgeschwindigkeit und mittlerem Vorschub
	P 30	Zähe Hartmetallsorte zum Drehen, Fräsen und Hobeln von Stahl und Stahlguß bei niedriger Schnittgeschwindigkeit und großem Vorschub, auch unterbrochener Schnitt
	P 50	Zäheste Hartmetallsorte für schwere Schrupparbeiten bei niedriger Schnittgeschwindigkeit und großem Spanquerschnitt
Kennbuchstabe **M** für lang- und kurzspanende Werkstoffe Kennfarbe gelb	M 10	Verschleißfeste Mehrzwecksorte zum Drehen bei hoher Schnittgeschwindigkeit und kleinem bis mittlerem Vorschub
	M 20	Zähe Mehrzwecksorte zum Drehen und Fräsen von Stahl, Gußeisen und Temperguß bei mittlerer Schnittgeschwindigkeit
	M 30	Zum Bearbeiten von Stahl, Buntmetallen und Leichtmetallen bei niedriger bis mittlerer Schnittgeschwindigkeit und mittlerem Vorschub
Kennbuchstabe **K** für kurzspanende Werkstoffe Kennfarbe rot	K 10	Für die Bearbeitung von Kunststoffen, Hartpapier, Hartguß, Glas, Porzellan. Für die Bestückung von Bohrern, Senkern und Reibahlen
	K 20	Für die Bearbeitung von Gußeisen und Nichteisen-Metallen sowie Stahl mit niedriger Festigkeit; großer Spanwinkel möglich

6

Werkstoff	Vorkommen, Gewinnung	Eigenschaften, Verwendung
Antimon Sb	Antimonerze, Schwefel-Antimonverbindungen; Algerien, Bolivien, Japan, China. Rösten der Erze, Reduktion in glühendem Koks, Reinigung durch Umschmelzen.	Dichte 6,68 kg/dm³ Schmelzpunkt 630 °C Silberweiß, sehr spröde, wird nur als Legierungsmetall verwendet. Blei, Weißmetall werden hart durch Antimonzusätze, z. B. Hartblei für Batteriepole, Lagermetall.
Blei Pb	Bleiglanz PbS, 85% Pb; Kanada, USA, Mexiko, Rußland, Spanien. Rösten der Erze zur Umwandlung in Bleioxid, dann Reduktion im Schachtofen zu Werkblei und Reinigung durch Umschmelzen oder Elektrolyse.	Dichte 11,3 kg/dm³ Schmelzpunkt 327 °C Zugfestigkeit $\approx$ 20 N/mm² Säurebeständig, korrosionsbeständig, schirmt Röntgenstrahlen und radioaktive Strahlen ab, giftig. Akkumulatoren, Kabelmäntel, Bleirohre, Legierungen, Korrosionsschutz, Bleiweiß, Bleimennige, Bleiglas.
Chrom Cr	Chromeisenstein; Südafrika, Türkei, Rußland. Durch Reduktion des Erzes entsteht Ferrochrom, eine Eisen-Chromlegierung, die häufigste Handelsform.	Dichte 7,1 kg/dm³ Schmelzpunkt 1 890 °C Gut korrosionsbeständig, Verchromen von Werkstücken, Kfz-Teilen, Hartverchromen von Werkzeugen, Legierungszusatz für Stahl.
Kadmium Cd	Kommt meist zusammen mit Zink vor, wird als Nebenprodukt bei der Zinkherstellung gewonnen.	Dichte 8,6 kg/dm³ Schmelzpunkt 321 °C Für niedrigschmelzende Legierungen, galvanische Schutzüberzüge auf Stahl.
Kobalt Co	Meistens in Verbindung mit Nickel; Trennung vom Nickel durch chemische Verfahren	Dichte 8,9 kg/dm³ Schmelzpunkt 1 490 °C Legierungszusatz für Stahl, Magnetwerkstoffe, Hartmetalle.
Kupfer Cu	Kupferglanz, Kupferkies, Buntkupfererz, Kupferschiefer, 40 ... 80% Cu; Chile, USA, Kanada, Kongo; in Deutschland nur Mansfeld, Kupferschiefer 2% Cu. Entschwefelung der Erze im Röstofen, Reduktion im Schachtofen, Verbrennung der Verunreinigungen im Konverter. Durch Umschmelzen (Raffinieren) des Konverterkupfers entsteht reines Kupfer, durch Elektrolyse reinstes Kathoden-Elektrolytkupfer, KE-Cu, 99,9%.	Dichte 8,9 kg/dm³ Schmelzpunkt 1 070 ... 1 090 °C Zugfestigkeit 200 ... 370 N/mm² Dehnung 30 ... 38% Dehnung, gezogen 2 ... 8% Guter elektrischer Leiter, gut wärmeleitend, gut legierfähig, korrosions- und feuerbeständig, zäh, gut warm und kalt schmiedbar, schlecht gieß- und zerspanbar, an feuchter Luft entsteht grüne Patinaschicht, durch Essigsäure Grünspan (giftig). Elektrotechnik, Wärmetechnik, Legierungen, Dachabdeckungen.
Mangan Mn	Braunstein MnO₂, manganhaltige Eisenerze. Gewinnung im Hochofen bei der Verhüttung der Eisenerze, z. B. als Ferromangan oder Spiegeleisen.	Dichte 7,3 kg/dm³ Schmelzpunkt 1 260 °C Hart, spröde, nur als Legierungszusatz für Stahl, Gußeisen, Kupferlegierungen.
Molybdän Mo	Molybdänglanz, MoS₂; Australien, USA, Rußland, Schweden. Umwandlung der Erze in Molybdänoxid durch Rösten, dann Reduktion mit Wasserstoff.	Dichte 10,2 kg/dm³ Schmelzpunkt 2 600 °C Legierungszusatz für hochwertigen Stahl, Kontaktwerkstoff.
Nickel Ni	Magnetkies (Nickel-Eisen-Schwefelverbindung); Kanada, USA, Mexiko, Rußland. Durch Rösten wird aus den Erzen Nickeloxid und durch Reduktion mittels Kohle Nickel gewonnen.	Dichte 8,85 kg/dm³ Schmelzpunkt 1 452 °C Zäh, gut polierfähig, korrosionsbeständig, magnetisch. Galvanische Überzüge, Legierungen, Legierungszusatz für Stahl und Guß.

6

NE-Schwermetalle

Werkstoff	Vorkommen, Gewinnung	Eigenschaften, Verwendung	
Titan Ti	Ausgangsstoffe Ilmenit oder Titaneisen ($FeTiO_3$) und Rutil oder Titandioxid (TiO_2) kommen in vielen Mineralien vor. Gewinnung durch aufwendige chemische Verfahren, deshalb Preis des reinen Metalls sehr hoch.	Dichte	4,5 kg/dm³
		Schmelzpunkt	1670 °C
		Silberweißes Metall, hohe Zugfestigkeit, korrosionsbeständig, geringe Wärmedehnung Titanlegierungen mit Al, Fe, Cr, Ni, über 1000 N/mm², für Pleuel, Kurbelwellen bei Rennmotoren, für Flugzeuge, Raketen.	
Quecksilber Hg	Zinnober, Quecksilber-Schwefelverbindung HgS; Spanien, Mexiko, Rußland, USA. Beim Rösten des Zinnobers verbrennt der Schwefel, der Quecksilberdampf schlägt sich an den Kühlflächen nieder.	Dichte	13,6 kg/dm³
		Schmelzpunkt	−39 °C
		Einziges bei Raumtemperatur flüssiges Metall, giftig, bildet mit fast allen Metallen Verbindungen, Amalgame (Zahnfüllungen). Thermometer, Quecksilberschalter.	
Vanadium V	In Eisenerzen enthalten, Vanadiumerze sind selten. Zuerst Gewinnung von Vanadiumoxid, dann Reduktion mit Aluminiumpulver.	Dichte	6,1 kg/dm³
		Schmelzpunkt	1730 °C
		Legierungszusatz für Bau- und Werkzeugstähle in Form von Ferrovanadium.	
Wolfram W	Wolframerze Wolframit, Scheelit; China, Australien, Kanada, Indien, Rußland. Chemische Umwandlung der Erze über Wolframsäure in Wolframoxid und Reduktion mit Wasserstoff zu Wolframpulver.	Dichte	19,3 kg/dm³
		Schmelzpunkt	3370 °C
		Höchster Schmelzpunkt aller Metalle, korrosionsbeständig, säurebeständig, hart, spröde. Leuchtkörper für Glühlampen, Kontakte, Legierungszusatz für Stahl, Wolframkarbid für Hartmetalle.	
Zink Zn	Zinkblende, ZnS, Galmei oder Zinkspat $ZnCO_3$, 50...65% Zn; USA, Australien, Rußland, Kongo, geringe Vorkommen im Rheinland, Harz, Erzgebirge. Umwandlung der Erze in Zinkoxid durch Rösten, dann Reduktion mittels Kohle, wobei Zink dampfförmig entsteht.	Dichte	7,1 kg/dm³
		Schmelzpunkt	420 °C
		Zugfestigkeit	≈ 150 N/mm²
		Bei Raumtemperatur und über 200 °C spröde, grobkristalliner Bruch, große Wärmedehnung, geringe Beständigkeit gegen Säuren, Laugen, Salze, aber gut korrosionsbeständig an der Luft. Zinkdruckguß, Legierungen, Korrosionsschutz von Stahl durch Feuerverzinken und galvanisches Verzinken.	
Zinn Sn	Zinnstein, SnO_2, Zinnkies; Asien, Australien, England, Südamerika. Rösten der Erze zur Reinigung und Konzentration, dann Reduktion mittels Kohle; Reinigung des Rohzinns durch Umschmelzen oder Elektrolyse.	Dichte	7,3 kg/dm³
		Schmelzpunkt	231 °C
		Zugfestigkeit	≈ 40 N/mm²
		Korrosionsbeständig gegen organische Säuren, beim Biegen „Zinnschrei", bei − 20 °C Zerfall zu grauem Pulver, „Zinnpest". Verzinntes Stahlblech (Weißblech), Weichlote, Legierungen.	
Silber Ag	Silbererze sind Silberglanz (Silber-Schwefelverbindung) und Silberantimonglanz; Nord- und Südamerika, Mexiko, Südafrika, Australien, Rußland. Verhüttung der Erze im Schachtofen; durch Umschmelzen (Raffinieren) entsteht Reinsilber. Durch Elektrolyse wird Silber höchster Reinheit gewonnen.	Dichte	10,5 kg/dm³
		Schmelzpunkt	960 °C
		Beste elektrische Leitfähigkeit aller Metalle, guter Wärmeleiter, wird von Laugen und schwachen Säuren nicht angegriffen. Schwefelverbindungen schwärzen Silber. Für Schmuck, Bestecke, Spiegel, Kontakte.	
Gold Au	Gold kommt fast nur gediegen als Staub oder in Form von Körnern im Gestein vor; Südafrika, Nord- und Südamerika, Rußland, Mexiko. Gold wird aus dem zerkleinerten Gestein ausgewaschen. Bei geringem Goldgehalt wird es mittels Quecksilber durch Bildung von Goldamalgam entzogen.	Dichte	19,3 kg/dm³
		Schmelzpunkt	1060 °C
		Angabe des Goldgehaltes 1000 Teile = 24 Karat, 585 Teile = 14 Karat	
		Widerstandsfähig gegen chemische Einflüsse, wird nur von Königswasser (Salpetersäure + Salzsäure) aufgelöst.	
Platin Pt	Platin kommt gediegen und als Legierung mit Palladium und Iridium vor; Rußland, Nord- und Südamerika, Südafrika. Wird mittels chemischer Verfahren von seinen Begleitmetallen getrennt.	Dichte	21,5 kg/dm³
		Schmelzpunkt	1770 °C
		Chemisch äußerst widerstandsfähig, oxidiert auch bei Weißglut nicht, wird nur von Königswasser angegriffen.	

6

Kurzzeichen	Zugfestigkeit $\sigma_B(R_m)$ N/mm²	Dehnung $\delta(A)$ %	Zusammensetzung % ≈	Eigenschaften, Verwendung
Kupfer-Zink-Knetlegierungen (Messing)				nach DIN 17660
CuZn 40 Pb 3	390 … 670	35 … 0	57 Cu, 40 Zn, 3 Pb	Hauptlegierung für spanabhebende Bearbeitungsverfahren; für Schrauben, Formdrehteile
CuZn 40	340 … 590	30 … 3	60 Cu, 40 Zn	Schmiedemessing, geeignet zum Biegen, Stauchen, Bördeln, Nieten, Tiefziehen, Gesenkschmieden
CuZn 37	300 … 620	50 … 0	63 Cu, 37 Zn	Gut kaltumformbar, zum Tiefziehen, Pressen, Walzen, Rollen; für Rohre, für Kühlerbau
CuZn 30	280 … 530	50 … 0	70 Cu, 30 Zn	Sehr gut kaltumformbar, zum Tiefziehen, Walzen, Rollen; für Rohre und Konstruktionsteile
CuZn 31 Si	360 … 600	32 … 10	68 Cu, 31 Zn, 1 Si	Sondermessing für gleitende Beanspruchung auch bei hoher Belastung; Lagerbuchsen, Gleitteile
CuZn 40 Al 2	550 … 650	18 … 10	57 Cu, 40 Zn, 2 Al, 1 Mn	Sondermessing mit hoher Festigkeit; für erhöhte Anforderung an gleitende Belastung
Kupfer-Zinn-Knetlegierungen (Zinnbronze)				nach DIN 17662
CuSn 6	350 … 750	55 … 5	94 Cu, 6 Sn	Zinnbronze von hoher Festigkeit und Elastizität; für Federn aller Art und Gleitteile
CuSn 8	400 … 700	60 … 5	92 Cu, 8 Sn	Hohe Festigkeit und großer Verschleißwiderstand; für Drähte, Rohre, Zahnräder für Kleingetriebe
Kupfer-Zink-Gußlegierungen (Gußmessing)				nach DIN 1709
G-CuZn 33 Pb	180	12	65 Cu, 33 Zn, 2 Pb	Gußmessing für Sandgußteile wie Gehäuse, Geräteteile, Armaturen
GK-CuZn 37 Pb	280	12	60 Cu, 37 Zn, 2 Pb, 1 Ni	Kokillenguß und Druckguß mit metallisch blanker Oberfläche für Maschinenbau, Elektrotechnik
G-CuZn 25 Al 5	750	8	65 Cu, 25 Zn, 5 Al, 5 Mg	Gußmessing für hochbeanspruchte Konstruktionsteile bei gleitender Belastung; Lagerbuchsen
Kupfer-Gußlegierungen mit Sn, Zn, Pb, Al				nach DIN 1705, DIN 1714, DIN 1716
G-CuSn 14	250	5	86 Cu, 14 Sn	Verschleißfeste Zinnbronze für Gleitlagerschalen, Schneckenräder, Armaturen
G-CuSn 10	280	20	90 Cu, 10 Sn	Korrosionsbeständige Zinnbronze für hohe Beanspruchung; Armaturen, Zahnräder, Ventilsitzringe
G-CuSn 7 ZnPb	300	20	83 Cu, 7 Sn, 4 Zn, 6 Pb	Rotguß mit hoher Verschleißfestigkeit und guten Notlaufeigenschaften; Gleitlager
G-CuPb 5 Sn	300	12	85 Cu, 5 Pb, 10 Sn	Blei-Zinnbronze mit guten Gleiteigenschaften und hoher Verschleißfestigkeit; Pleuellager
G-CuPb 25	–	–	70 Cu, 25 Pb, 2 Ni, 3 Zn	Bleibronze für Verbundguß; Pleuellager und Kurbelwellenlager für Verbrennungsmotoren
G-CuPb 20 Sn	200	10	70 Cu, 20 Pb, 5 Sn, 3 Zn, 2 Ni	Blei-Zinnbronze mit sehr guten Gleiteigenschaften; Gleitlager mit hoher Flächenpressung
G-CuAl 9	450	25	90 Cu, 9 Al, 1 Ni	Kupfer-Aluminiumbronze mit guter Korrosionsbeständigkeit; Armaturen für chem. Industrie
G-CuAl 11 Ni	750	8	77 Cu, 11 Al, 6 Fe, 6 Ni	Kupfer-Aluminiumbronze für höchste Beanspruchung; Zahnräder, Gleitlager, Hydraulikteile
Feinzink-Gußlegierungen				nach DIN 1743
GD-ZnAl 4	250	1,5	95 Zn, 4 Al, 0,6 Cu, 0,4 Mg	Druckguß-Legierungen mit guter Maßbeständigkeit; erreichbare Genauigkeit ± 0,02 mm bei Werkstücken bis 15 mm Wanddicke. Für Gehäuse von Vergasern und Kraftstoffpumpen.
GD-ZnAl 4 Cu 1	270	2	94,6 Zn, 4 Al, 1 Cu, 0,4 Mg	
Gk-ZnAl 4 Cu 3	260	2	93 Zn, 4 Al, 3 Cu	Kokillenguß-Legierung; Eigenschaften ähnlich wie Druckguß-Legierungen

6

NE-Schwermetall-Legierungen

Kurzzeichen	Benennung	Zusammensetzung in %	Verwendung
Lagermetalle auf Blei- und Zinngrundlage			nach DIN 1703
Lg-Pb-Sb 12	Lagerhartblei	12 Sb; 0,9 Cu; bis 0,3 Ni; bis 1,5 As; Rest Pb	Für normale Beanspruchung im allgemeinen Maschinenbau und Kraftfahrzeugbau
Lg-Pb-Sn 5	Weißmetall 5	5 Sn; 1 Cu; 15,5 Sb; Rest Pb	Für höhere Anforderungen an Gleiteigenschaften und Belastung
Lg-Pb-Sn 10	Weißmetall 10	10 Sn; 1 Cu; 15,5 Sb; Rest Pb	Für höhere Anforderungen, Elektromotoren, Getriebe, Werkzeugmaschinen
Lg-Sn 80	Weißmetall 80	80 Sn; 6 Cu; 12 Sb; 2 Pb	Gleitlager für höhere Drehzahlen, bei Stoß- und Schlagbeanspruchung

Lote

Kurzzeichen	Schmelzbereich °C fest flüssig	Zusammensetzung in %	Verwendung
Weichlote für Schwermetalle			nach DIN 1707
L-PbSn 20 Sb	186 … 270	20 Sn; 0,2 … 1,2 Sb; Rest Pb	Blei-Zinnweichlot 20, Schmierlot, für Flammen- und Tauchlötung; Karosseriebau, Kühlerbau
L-PbSn 40 Sb	186 … 225	40 Sn; 0,5 … 2,4 Sb; Rest Pb	Blei-Zinnweichlot 40, Klempnerlot, für Flammen-, Tauch- und Kolbenlötung
L-Sn 50 Pb (Sb)	183 … 215	50 Sn; 0,12 … 0,5 Sb; Rest Pb	Zinn-Bleiweichlot 50, antimonarm, für Flammen-, Tauch- und Kolbenlötung, Feinlötungen, Verzinnung, elektrotechnische Zwecke
L-Sn 60 Pb	183 … 190	60 Sn; Rest Pb	Zinn-Bleiweichlot 60, antimonfrei, für Flammen-, Tauch- und Kolbenlötung, Feinlötungen
L-Sn 63 Pb	183 … 183	63 Sn; Rest Pb	Zinn-Bleiweichlot 60, antimonfrei, Sickerlot, geht ohne breiig zu werden in den flüssigen Zustand über.
Hartlote für Schwermetalle (Kupfer- und Silberlote)			nach DIN 8513
L-Ms 60	890 … 900	60 Cu; bis 0,3 Si und Mn; bis 0,5 Sn; Rest Zn	Für Stahl, Temperguß, Kupfer und Kupferlegierungen, Nickel und Nickellegierungen; keine hohen Festigkeitsansprüche
L-Ms 54	880 … 890	54 Cu; Rest Zn	
L-Ms 42	835 … 845	42 Cu; Rest Zn	Vorzugsweise für Nickel- und Kupferlegierungen
L-SoMs	870 … 890	56 … 62 Cu; Rest Zn	Sondermessinglot für Fugenlötungen hoher Festigkeit
L-Ag 12	800 … 830	12 Ag; 48 Cu; Rest Zn	Silberlot für Stahl, Temperguß, Kupfer, Kupferlegierungen, Nickel, Nickellegierungen
L-Ag 15 P	650 … 810	15 Ag; 5 P; Rest Cu	Silberlot für Kupfer, Messing, Bronze, Rotguß
L-Ag 49	625 … 705	49 Ag; 8 Mn; 5 Ni; 16 Cu; Rest Zn	Silberlot für Hartmetalle auf Stahl
L-Ag 72	779 … 779	72 Ag; Rest Cu	Silberlot für Kupfer, Nickel und deren Legierungen
Hart- und Weichlote für Aluminiumwerkstoffe			nach DIN 8512
L-AlSi 12	575 … 590	12 Si; Rest Al	Hartlöten von Reinaluminium und Aluminiumlegierungen, bei Gußlegierungen auch Fugenlöten und Auftragen
L-AlSiSn	520 … 580	10 … 12 Si; 8 … 12 Sn + Cd; 2 … 4 Cu + Ni; 72 Al	
L-SnZn 40	200 … 330	50 … 70 Sn; Rest Zn	Weichlot, Reiblot, auch zum Löten mit Flußmitteln geeignet
L-CdZn 20	265 … 280	17 … 25 Zn; Rest Cd	Korrosionsbeständiges Weichlot, zum Löten mit Flußmitteln geeignet

6

Aluminium	Vorkommen, Gewinnung	Eigenschaften, Verwendung
4 t Bauxit — mahlen — Bauxitpulver und Natronlauge 8 at 180°C — 2 t Aluminiumoxid Al₂O₃ (Tonerde) — 1 t Aluminium	Ausgangsstoff Bauxit mit 50 ... 60 % Aluminiumoxid (Tonerde) Al_2O_3 Frankreich, Jugoslawien, Ungarn, USA, Rußland, Indien. Aus gemahlenem Bauxit wird mittels Natronlauge bei 8 bar Druck und 180 °C reines, weißes Aluminiumoxid gewonnen. Reduktion des Aluminiumoxids im Elektrolyseofen, Kohleelektroden Pluspol, Auskleidung Minuspol. Der Schmelzpunkt des Aluminiumoxids wird durch Kryolithzusatz von 2000 auf 950 °C herabgesetzt.	Aus 4 t Bauxit entstehen 2 t Aluminiumoxid, daraus 1 t Aluminium. Energiebedarf für 1 t Al 18000 kWh; Spannung 5 ... 6 V, Stromstärke 30000...100000 A Eigenschaften Dichte 2,7 kg/dm³ Schmelzpunkt 658 °C Zugfestigkeit 40 ... 140 N/mm² Dehnung 32 ... 3% Gute Leitfähigkeit für Elektrizität und Wärme, gut gieß- und bearbeitbar, korrosionsbeständig. Reinstaluminium Al 99,98 für Scheinwerferspiegel, Reinaluminium Al 99 ... 99,9 für Geschirr, Legierungen.
Magnesium	Ausgangsstoffe Magnesit, Dolomit, Karnallit, auch Meerwasser. Auf chemischem Weg wird zuerst Magnesiumchlorid, dann durch Elektrolyse Magnesium gewonnen.	Dichte 1,74 kg/dm³ Schmelzpunkt 650 °C Geringe Festigkeit, deshalb wird Mg nur legiert verwendet; Magnesium brennt.

Aluminium-Knet- und Gußlegierungen nach DIN 1725, 1745

Kurzzeichen	Kennfarbe	Zugfestigkeit N/mm²	Dehnung %	Zusammensetzung in %	Eigenschaften, Verwendung
AlCuMg 1	rot	380 ... 400	12 ... 10	4 Cu; 1 Mg; 0,5 Si; 0,5 Mn; Rest Al	Hochfeste Knetlegierung, Bleche, Rohre Stangen, Profile; Maschinenbau, Fahrzeugbau
AlCuSiMn	rot-violett	370	6	4,5 Cu; 0,8 Si; 0,8 Mn; 0,5 Mg; Rest Al	Knetlegierung, besonders gut für Schmiedestücke geeignet
AlMg 5	grünschwarz	240 ... 320	14 ... 4	5 Mg; Rest Al	Seewasserbeständige Knetlegierung, gut schweißbar; Schiffbau, Fahrzeugbau
G-AlSi 12	—	170 ... 220	8 ... 4	12 Si; Rest Al	Gußlegierung für Sandguß, stoßfest, für dünnwandige Teile geeignet
G-AlSi 10 Mg	—	180 ... 240	5 ... 2	10 Si; 0,3 Mg; Rest Al	Schwingungsfeste Gußteile, Motorengehäuse, Getriebegehäuse, Zylinder
GD-AlSi 12	—	200 ... 280	3 ... 1	12 Si; Rest Al	Gußteile mit komplizierter Form und guter chemischer Beständigkeit

Magnesium-Knet- und Gußlegierungen nach DIN 1729

Kurzzeichen	Kennfarbe	Zugfestigkeit N/mm²	Dehnung %	Zusammensetzung in %	Eigenschaften, Verwendung
MgMn 2	gelbschwarz-rot	200 ... 230	10 ... 1,5	2 Mn; Rest Mg	Knetlegierung, schweißbar, korrosionsbeständig, gut verformbar
MgAl 6 Zn	gelbschwarz-weiß	260 ... 280	10 ... 6	6 Al; 1 Zn; 0,3 Mn; Rest Mg	Schwingungsfeste Gußteile für hohe Beanspruchung
G-MgAl 6 Zn 3	gelb-weiß	160 ... 200	6 ... 3	6 Al; 3 Zn; 0,2 Mn; Rest Mg	Gußlegierung für Sandguß, normal beanspruchte Gußteile
GK-MgAl 9 Zn 1	gelbschwarz	240 ... 280	10 ... 6	9 Al; 1 Zn; 0,3 Mn; Rest Mg	Kokillenguß für Gußteile normaler Beanspruchung

Kolbenlegierungen (nicht genormt)

Kurzzeichen	Kennfarbe	Zugfestigkeit N/mm²	Dehnung %	Zusammensetzung in %	Eigenschaften, Verwendung
AlSi 12 CuNi	—	200 ... 370	—	12 Si; 1 Cu; 1 Ni; 1 Mg; Rest Al	Für Kokillenguß und gepreßte Kolben, normale Wärmedehnung $\alpha = 0{,}000021$
AlSi 18 CuNi	—	180 ... 300	—	18 Si; 1 Cu; 1 Ni; 1 Mg; Rest Al	Kolbenlegierung mit geringer Wärmedehnung $\alpha = 0{,}000019$
AlSi 25 CuNi	—	140 ... 200	—	25 Si; 1 Cu; 1 Ni; 1 Mg; Rest Al	Wärmedehnung besonders gering $\alpha = 0{,}0000175$

6

237

Nichtmetalle

Werkstoff	Vorkommen, Gewinnung	Eigenschaften, Verwendung
Asbest	Mineralfaser aus Asbestgestein, Hornblendenasbest (Magnesium-Calciumsilikat) oder Serpentinasbest (Magnesium-Aluminiumsilikat) Kanada, USA, Rußland, Afrika. Die Fasern werden durch Zerstoßen des Gesteins gewonnen; lange Fasern für Asbestgewebe, kurze für Asbestplatten.	Dichte 2,2 ... 2,8 kg/dm^3 Schmelzpunkt 1 150 ... 1 550 °C Feuerfest, säure- und laugenbeständig, wirkt wärme- und schallisolierend, leitet den elektrischen Strom nicht, nimmt Feuchtigkeit auf. Feuersichere Handschuhe, Schürzen, Anzüge, Isolierungen, Asbestzement; Beimengung in Kunststoffen, Brems- und Kupplungsbelägen.
Glas	Ausgangsstoffe sind Quarzsand, Soda und Kalk. Die Stoffe werden fein gemahlen und bei 1 400 ... 1 500 °C zur Glasmasse geschmolzen. Soda dient als Flußmittel, Kalk bewirkt Härte, Glanz und Festigkeit. Zum Färben werden Metalloxide und für besondere Glassorten Pottasche, Borax und Glaubersalz beigemischt. Die zähflüssige Glasmasse wird bei 1 200 °C durch Blasen, Pressen, Walzen oder Ziehen weiterverarbeitet.	Dichte 2,4 ... 2,7 kg/dm^3 Verformungstemperatur ≈ 600 °C Schmelzpunkt ≈ 700 °C Hart, lichtdurchlässig, spröde, empfindlich gegen Temperaturwechsel, schlecht wärme- und elektrizitätsleitend. Hohlglas wird geblasen, Flachglas gewalzt oder gezogen, Spiegelglas gegossen, geschliffen und poliert, Preßglas wird in Formen gepreßt, Glaswolle dient als Wärme- und Schallschutz.
Sicherheits-glas	Vorgespanntes Glas Die fertige Glasscheibe wird erwärmt und rasch abgekühlt. Sie erhält dadurch innere Spannungen und kann jetzt nicht mehr bearbeitet werden. Mehrschichtenglas oder Verbundglas Zwei oder mehrere dünne Glasscheiben werden durch eine durchsichtige zähe Zwischenschicht aus Acrylglas miteinander verbunden. Beim Bruch des Mehrschichtenglases tritt weniger Sichtbehinderung auf als beim vorgespannten Glas.	Vorgespanntes Glas kann durch Stoß oder Schlag plötzlich undurchsichtig werden infolge unzähliger feinster Risse. Beim Bruch zerfällt es in Krümel ohne scharfe Kanten, wodurch die Gefahr von Schnittverletzungen vermindert wird. Beim Bruch des Mehrschichtenglases ist die Gefahr des Splitterns durch die elastische Zwischenschicht vermindert. Sicherheitsglas ist für Kraftfahrzeuge gesetzlich vorgeschrieben.
Glimmer	Gestein oder Mineral aus Kaliumsilikat, Natriumsilikat oder Magnesiumsilikat, das sich in durchsichtige dünne Scheiben spalten läßt. Glimmer kommt hauptsächlich in vulkanischem Gestein und in Meeresablagerungen vor. Hauptfundorte sind in Indien, Nordamerika und Österreich (Kärnten).	Dichte 2,6 ... 3,2 kg/dm^3 Brennt nicht, temperaturbeständig bis 600 °C, durchsichtig, elastisch, hoher elektrischer Widerstand. Glimmer nimmt kein Wasser auf, deshalb ist er als elektrischer Isolator gut geeignet, z. B. bei Wärmegeräten.
Porzellan	Ausgangsstoffe sind weiße Tonerde (Kaolin), Quarz und Feldspat. Gemahlener Quarz und Feldspat werden mit Kaolin zu einem Brei vermischt, dem in Filterpressen das Wasser teilweise entzogen wird. Nach der Formgebung werden die Teile bei etwa 900 °C vorgebrannt und nach dem Aufbringen der Glasur bei etwa 1 400 °C fertiggebrannt.	Dichte 2,3 ... 2,5 kg/dm^3 feuerfest bis 1 650 °C Hoher elektrischer Widerstand, leitet Wärme schlecht, wird von Säuren (außer Flußsäure) und Lösungsmitteln nicht angegriffen, ist geschmacksneutral. Elektrische Isolatoren, Geschirr, Laborgeräte
Elektrokohle	Kohlenstoffpulver aus Ruß, gemahlenem Koks, Petrolkoks und Graphit wird mit Bindemitteln (Pech, Teer) gemischt und gepreßt. Die Preßlinge werden unter Luftabschluß auf 1 200 °C bis 1 400 °C erhitzt. Dabei verkokt das Bindemittel und die Pulverkörner backen zusammen. Das Volumen schwindet, die Festigkeit der Preßlinge wird gesteigert.	Harte Kohle besteht hauptsächlich aus Koks und Ruß, weiche Kohle enthält Graphit. Durch Beimischung von Kupfer-, Messing- oder Bronzepulver erhält man Metallkohle, z. B. für Kohlebürsten von Startern. Harte Kohlen für Kohlebürsten von Kleinmotoren, Schleifkontakte, Widerstände.
Kork	Pflanzliches Gewebe auf der Rinde von Stämmen und Wurzeln der Korkeiche. Die Stämme werden alle 10 bis 15 Jahre abgeschält. Handelsformen: Korkstücke, Korkschrot, Korkmehl. Erzeugerländer sind Algerien, Portugal, Spanien.	Dichte 0,2 kg/dm^3 Schlechter Leiter für Wärme, Schall, Schwingungen, fast undurchlässig für Gase und Wasser, elastisch, fault nicht, unempfindlich gegen die meisten Lösungsmittel, nahezu feuersicher. Wärme- und Schallisolierungen, Linoleum (Korkschrot), Kradkupplungsbeläge, Dichtungen.

6

Werkstoff	Vorkommen, Gewinnung	Eigenschaften, Verwendung
Papier	Fein gemahlenes oder geschliffenes Holz wird mittels Laugen und Schwefelverbindungen durch mehrstündiges Kochen in Zellstoff (Zellulose) umgewandelt. Der Zellstoff wird mit Wasser und Leim in den Papiermühlen zum Papierbrei verarbeitet. Der Papierbrei wird auf Sieben vorgetrocknet und dann auf geheizten Walzen (Kalander) zu Papierbahnen gepreßt.	Einfache Papiere, z.B. Zeitungspapier, werden direkt aus Holzschliff hergestellt. Für holzfreie Papiere wird nur reiner Zellstoff verwendet; je nach Sorte werden Baumwolle und Gewebereste beigemischt. Bei der Herstellung von Pappe werden mehrere Papierlagen aufeinandergewalzt.
Leder	Tierhaut wird enthaart und mit pflanzlichen Gerbstoffen (Eichenrinde, Lohe) oder chemisch mit Chromsalzen gegerbt. Pflanzlich gegerbtes Leder wird bei etwa 60 °C hart, während Chromleder Temperaturen bis etwa 90 °C verträgt. Für Treibriemen wird Kernleder aus dem Rückenteil der Rindshaut verwendet.	Dichte $\quad$ 0,85 ... 1,2 kg/dm³ Leder wird beim Reinigen mit Seife und Lösungsmitteln entfettet und dadurch spröde. Pflegemittel müssen pflanzliche oder tierische Fette enthalten; mineralische Fette machen das Leder hart und brüchig. Chromleder wird für Dichtungen, Manschetten und Polsterbezüge im Kraftfahrzeug verwendet.
Kautschuk	Ausgangsstoff für Naturkautschuk ist der Milchsaft (Latex) aus der Rinde des Kautschukbaums. 1. Latex wird durch Essig- oder Ameisensäure zum Gerinnen gebracht (Koagulation). 2. Die weiße, geronnene Kautschukmasse wird zu Fellen ausgewalzt. 3. Durch Räuchern haltbar gemachte Felle sind braun und heißen smoked sheets. Luftgetrockneter, weißer Kautschuk heißt crepe. Haupterzeugerländer sind Indonesien, Malaya, Ceylon, Afrika.	Kautschuk ist plastisch, nicht formbeständig, nicht temperaturbeständig, wird bei Erwärmung weich und klebrig, in der Kälte spröde und hart. Kautschuk wird von mineralischen Ölen und Fetten aufgelöst. Gummilösung ist in Benzin oder Benzol gelöster Kautschuk. Hauptverbraucher von geräuchertem Kautschuk ist die Reifenindustrie. Crepe wird zur Herstellung von hellfarbenem Gummi verwendet.
Gummimischung	Die Herstellung von Gummi ist in zwei Hauptteile gegliedert: 1. Herstellung der Gummimischung, 2. Vulkanisation. Gummimischung Der Kautschuk wird auf Walzwerken (Kalandern) geknetet, damit er für die Zusatzstoffe, die in der Mischung fein verteilt sein müssen, aufnahmefähig ist. Beispiel einer Gummimischung für Reifen, Zusammensetzung in Gewichtsteilen: 1. Kautschuk $\quad$ 100 2. Weichmacher (Öle, Fettsäure) $\quad$ 7 3. Verstärkende Füllstoffe: Gasruß $\quad$ 45 $\qquad\qquad\qquad$ Zinkweiß $\quad$ 5 4. Vulkanisiermittel, Schwefel $\quad$ 3 5. Vulkanisationsbeschleuniger $\quad$ 1 6. Alterungsschutzstoffe $\quad$ 1,5	Für Pkw-Reifen werden bis zu 90% Synthesekautschuk verwendet. Weichmacher verbessern die Plastizierbarkeit und Verarbeitbarkeit des Kautschuks. Gasruß ist der wichtigste Zusatzstoff für eine Reifengummimischung; er bewirkt Abriebfestigkeit und Schnittfestigkeit. Zinkweiß wird anstelle von Ruß für hellfarbenen Gummi verwendet. Schwefel bewirkt die chemische Veränderung bei der Vulkanisation; Hartgummi enthält 20 ... 30% Schwefel. Vulkanisationsbeschleuniger verkürzen die Vulkanisationszeit. Alterungsschutzstoffe verzögern die Einwirkungen des Sauerstoffs und Lichts, durch die der Gummi spröde und rissig wird.
Gummi	Vulkanisation Die plastische Gummimischung wird erhitzt und gleichzeitig mittels Wasser-, Dampf- oder Luftdruck in die beheizte Form gepreßt. Bei Reifen wird ein dickwandiger Heizschlauch in die Decke eingelegt. Durch die Erwärmung der Mischung vernetzen sich die Schwefelmoleküle mit den fadenförmigen Kautschukmolekülen; die plastische Gummimischung wird dadurch zu elastischem Gummi.	Dichte Weichgummi $\quad$ 1,1 ... 1,2 kg/dm³ $\qquad$ Hartgummi $\quad$ 1,2 ... 1,8 kg/dm³ Dehnung von Weichgummi $\quad$ bis 600% Mittlere Vulkanisationstemperatur $\quad$ 150 °C Vulkanisationsdruck $\quad$ 5 ... 15 kp/cm² Gummi ist elastisch, dicht, formbeständig, temperaturbeständig bis etwa 120 °C, elektrisch nicht leitend, widerstandsfähig gegen Säuren und Laugen. Naturgummi wird von mineralischen Ölen und Fetten angegriffen; er quillt auf und wird brüchig.

6

Kunststoffe

Allgemeines

Kunststoffe oder „Plaste" sind künstlich erzeugte Werkstoffe. Es sind makromolekulare, organische Stoffe. Ihre Herstellung erfolgt entweder durch Verknüpfung von kleinen Molekülen (Monomere) zu Makromolekülen (Polymere) oder durch Abwandlung von makromolekularen Naturstoffen. Die Rohstoffe für die synthetischen Kunststoffe sind Erdöl, Erdgas, Kohle, Kalk, Steinsalz, Wasser, Luft o.ä., für die abgewandelten Naturprodukte Eiweiß, Zellulose, Naturkautschuk und Naturharze. Kunststoffe sind kein geringwertiger Ersatz, sondern den Naturstoffen in vielen Fällen überlegen.

Chemischer Aufbau

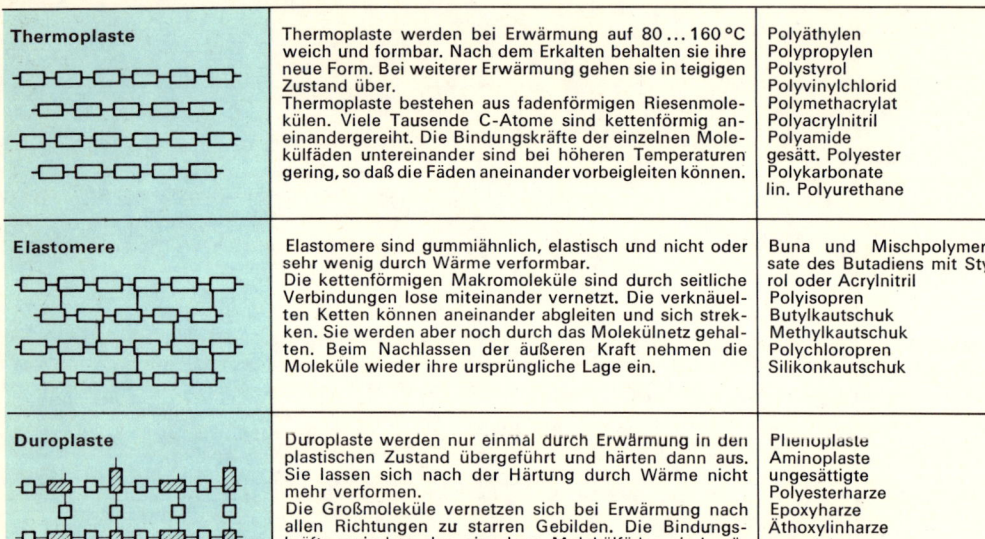

Thermoplaste	Thermoplaste werden bei Erwärmung auf 80...160 °C weich und formbar. Nach dem Erkalten behalten sie ihre neue Form. Bei weiterer Erwärmung gehen sie in teigigen Zustand über. Thermoplaste bestehen aus fadenförmigen Riesenmolekülen. Viele Tausend C-Atome sind kettenförmig aneinandergereiht. Die Bindungskräfte der einzelnen Molekülfäden untereinander sind bei höheren Temperaturen gering, so daß die Fäden aneinander vorbeigleiten können.	Polyäthylen Polypropylen Polystyrol Polyvinylchlorid Polymethacrylat Polyacrylnitril Polyamide gesätt. Polyester Polykarbonate lin. Polyurethane
Elastomere	Elastomere sind gummiähnlich, elastisch und nicht oder sehr wenig durch Wärme verformbar. Die kettenförmigen Makromoleküle sind durch seitliche Verbindungen lose miteinander vernetzt. Die verknäuelten Ketten können aneinander abgleiten und sich strekken. Sie werden aber noch durch das Molekülnetz gehalten. Beim Nachlassen der äußeren Kraft nehmen die Moleküle wieder ihre ursprüngliche Lage ein.	Buna und Mischpolymerisate des Butadiens mit Styrol oder Acrylnitril Polyisopren Butylkautschuk Methylkautschuk Polychloropren Silikonkautschuk
Duroplaste	Duroplaste werden nur einmal durch Erwärmung in den plastischen Zustand übergeführt und härten dann aus. Sie lassen sich nach der Härtung durch Wärme nicht mehr verformen. Die Großmoleküle vernetzen sich bei Erwärmung nach allen Richtungen zu starren Gebilden. Die Bindungskräfte zwischen den einzelnen Molekülfäden sind größer, deshalb sind die Duroplaste hart und spröde.	Phenoplaste Aminoplaste ungesättigte Polyesterharze Epoxyharze Äthoxylinharze vernetzte Polyurethane

Herstellung (Bildungsreaktionen)

Polymerisation (poly = viele, meros = Teil)	Unter Polymerisation versteht man die Verknüpfung kleiner, gleicher Moleküle zu einem Riesenmolekül. Die Einzelmoleküle enthalten zwei oder mehrere C-Atome, die zwei- oder mehrfach aneinandergekettet sind. Diese Doppelbindungen werden unter Druck und Hitze oder mit einem Katalysator aufgesprengt. Damit kann sich jedes Molekül mit dem freigewordenen Bindearm an das Nachbarmolekül anhängen.	Polyäthylen Polypropylen Polystyrol Polyvinylchlorid Polyisobutylen Polymethacrylate Polyacrylnitril Polytetrafluoräthylen
Polykondensation	Unter Polykondensation versteht man die Verknüpfung gleicher oder verschiedenartiger Moleküle unter Abspaltung eines Stoffes. Der Zusammenschluß erfolgt, indem jedes Molekül ein oder mehrere Atome freigibt und sich dafür mit den anderen zu einer Kette zusammenschließt. Die abgegebenen Moleküle bilden zusammen das Spaltprodukt. Moleküle mit 2 Verknüpfungsstellen bilden kettenförmige, mit 3 Stellen räumlich vernetzte Polykondensate.	Phenolharz Aminoplaste Alkydharz Polyesterharz Silikone Polyamide Polykarbonate Anilinharz Melaminharz Karbamidharz
Polyaddition	Unter Polyaddition versteht man die Verknüpfung gleicher oder verschiedenartiger Moleküle ohne Abspaltung eines Stoffes. Dabei wandert 1 Atom des 1. Moleküls zum 2. Molekül und bindet sich dort an. Dadurch wird beim 1. Molekül ein Bindungsarm frei und der Zusammenschluß zum 2. Molekül hergestellt. Es können kettenförmige oder vernetzte Produkte gebildet werden. Es entstehen keine Spaltprodukte.	Epoxyharze vernetzte und lineare Polyurethane

6

Duroplaste

Phenoplaste
a) Gießharze ohne
   Füllstoff
   Trolon
   Dekorit
   Edelharz
b) Preßmasse
   Bakelit
   Resinol
   Trolitan
c) Schichtpreßstoffe
   Hartgewebe
   Ferrozell
   Novotex
   Biratex
   Hartpapier
   Pertinax
   Trolitan
   Birax
   Hartholz
   Lignofol
   Durofol
   PAG
	Ausgangsstoffe sind Phenol und Formaldehyd. Durch Erhitzen beider Stoffe in Anwesenheit eines Katalysators entsteht reines Phenolharz als niedermolekulares, schmelzbares und lösliches Vorkondensat (Resole). Die Vorkondensate werden mit oder ohne Füllstoff als härtbare Zwischenstufe in den Handel gebracht (Resitol). Die vollständige Aushärtung erfolgt während der Formgebung durch Pressen und gleichzeitigem Erhitzen auf 100 ... 180 °C. Das Harz wird dabei zuerst weich, dann tritt eine Vernetzung der Moleküle durch weitere Kondensation ein (Resit). Ausgehärtetes Harz ist unlöslich und nicht schmelzbar.
	
	Als Füllstoffe für Preßmassen dienen Holzmehl, Zellulose, Textilschnitzel, Papier und Gesteinsmehl, für Schichtpreßstoffe ganze Bahnen von Papier, Textilgewebe oder Sperrholz. Die Füllstoffe sollen das Harz strecken, den Harzträger bilden und die Eigenschaften des rohen Harzes verbessern.
		Guter elektrischer Isolator schlechter Wärmeleiter
		
		beständig gegen schwache Säuren und Laugen, Wasser, Alkohol, Benzin, Benzol, Mineralöle, Azeton und Chlorkohlenwasserstoffe
		
		unbeständig gegen starke Säuren und Laugen
		
		im ausgehärteten Zustand nicht schmelzbar, erweichbar, schweißbar, unlöslich
		
		Dichte $\quad\quad\quad\quad$ 1,3 ... 1,4 kg/dm³
		wärmebeständig $\quad\quad$ ≈ 100 ... 150 °C
		über 300 °C verkohlen Phenolharze unempfindlich gegen Feuchtigkeit
		
		Festigkeit, Härte und Sprödigkeit von den Füllstoffen abhängig
		
		keine Haftfähigkeit auf glatter Oberfläche
		
		dunkelt nach, daher gelb-braun oder schwarz gefärbt

Aminoplaste
Dazu gehören
Harnstoffharze
Karbamidharze
Melaminharze
Thioharnstoffharze
Anilinharze
a) Preßmasse
   Pollopas
   Bakelit
b) Schichtpreßstoffe
   Resopal
   Ultrapas
c) Schaumstoff
   Iporka
	Ausgangsstoffe sind Formaldehyd und Aminoverbindungen (Harnstoff, Melamin, Anilin, Proteine). Die Herstellung der Harze erfolgt durch Kondensation der Aminoverbindungen für sich oder in Mischungen mit wäßrigem Formaldehyd unter sehr genau einzuhaltenden Reaktionsbedingungen. Die Harze härten über Zwischenstufen unter Einwirkung von Hitze zu unlöslichen und unschmelzbaren Produkten. Es wird daher bei 140 °C heiß gepreßt. Der Härtungsvorgang kann durch Katalysatoren beschleunigt und reguliert werden.
	
	Das Aminoharz kann rein oder mit Füllstoffen wie Holzmehl, Asbest und Textilschnitzeln verarbeitet werden.
		Farblos herstellbar lichtecht, daher vorwiegend hell eingefärbt
		
		guter elektrischer Isolator hohe Kriechstromfestigkeit
		
		geruchlos und geschmackfrei bruchfester als Porzellan chemische Beständigkeit wie Phenolharze
		
		hitzebeständig $\quad\quad\quad$ ≈ 130 ... 150 °C
		Melaminharze sind beständiger gegen Wasser und Wärme, kochfester und weniger rißanfällig als Harnstoffharz.

Ungesättigte Polyesterharze
a) Gießharze
   Palatal
   Polyleit
   Leguval
   Vestopal
   Alpolit
b) Fertigteile
   Lamilux
   Scobalit
   Spimalit
   Tronex
   Filon
   Marcolit
	Ester sind chemische Verbindungen von Säuren und Alkoholen. Die ungesättigten Polyester sind meist Mischkondensate von gesättigten und ungesättigten Dicarbonsäuren (Maleinsäure) mit zweiwertigen Alkoholen. Die so entstandenen Ester werden in einer polymerisierbaren Vinylverbindung, meist Styrol, gelöst. Der fertige duroplastische Kunststoff ist dann durch Polykondensation vernetzt und in zweiter Stufe durch Styrol polymerisiert.
	
	Die Reaktionstemperaturen liegen zwischen 80 und 100 °C. Durch Zusatz eines Härters kann bei 20 °C gehärtet werden. Die Härtungszeiten bewegen sich zwischen 2 min und einigen Stunden. Die Topfzeit beträgt 2/3 der Härtezeit.
	
	Polyester-Styrol-Harz kann mit Glasfasern als Füllstoff sehr hohe Festigkeit erreichen. Durch die hohe Haftfähigkeit des Harzes an der Glasfaser entsteht ein Verbundwerkstoff.
		Harter und spröder Kunststoff
		
		durchsichtig oder in gedeckten Farben herstellbar, verfärben sich nicht
		
		Wärmebeständigkeit $\quad\quad$ ≈ 150 ... 200 °C
		hohe Brennbarkeit
		
		mit Glasfasern verstärkte Polyesterharze haben sehr hohe Festigkeit
		
		bei hartem Stoß springt Polyester sternförmig von der Stoßstelle aus, schlechtes Unfallverhalten
		
		korrosionsfest sehr guter elektrischer Isolator hohe Kriechstromfestigkeit
		
		beständig gegen Wasser, schwache Säuren, Laugen und Salzlösungen löslich in Methylenchlorid und Azeton
		
		Dichte 1,5 ... 2,5 kg/dm³, je nach Glasfasergehalt
		
		Fertigteile leicht reparierbar starke Schrumpfung von 6 ... 8%
		
		Fertigung von Karosserieteilen bis heute unwirtschaftlich

6

Kunststoffe

Polyäthylen Lupolen Hostalen Vestolen Supralen Trolen	Ausgangsstoff: Äthylengas aus Kohle und Kalk, Erdöl, Erdgas oder Alkohol. Die Polymerisation erfolgt unter 1 000 ... 2 000 bar und 200 °C in Anwesenheit eines Katalysators. Das geschmolzene Material wird in Strangform gepreßt und gekühlt. Die erkalteten Stränge werden zu geeigneter Körnung geschlagen.	Elastisch, unzerbrechlich, in Naturfarbe milchig durchscheinend, beliebig einfärbbar, paraffinähnlich, fühlt sich fettig an, Dichte 0,92 ... 0,96 kg/dm³, wärmebeständig 60 ... 90 °C, Schmelzpunkt 115 ... 140 °C, große Wärmeausdehnung, gas- und luftdurchlässig, beständig gegen Wasser, Säuren, Laugen, Lösungsmittel, empfindlich gegen Öle und Fette, guter elektrischer Isolator.
Polystyrol Polystyrol Styron Trolitul Vestyron als Schaumstoff Poresta Styropor	Ausgangsstoff: Styrol (Vinylbenzol) aus Benzol und Äthylen. Polymerisation nach verschiedenen Methoden. Styrol ist sehr polymerisierfreudig, es polymerisiert schon unter Lichteinwirkung bei Raumtemperatur. Mischpolymerisation mit anderen Monomeren erlaubt die Abwandlung der Eigenschaften.	Hart, spröde, bricht leicht, schöner Oberflächenglanz, glasklar und in sämtlichen Farben herstellbar. Dichte 1,05 kg/dm³, guter elektrischer Isolator, erweicht bei 70 °C, nicht kochfest, Schmelzpunkt bei 140 ... 160 °C, beständig gegen Wasser, schwache Säuren und Laugen, Alkohol und Öle; empfindlich gegen Äther, Benzol, Benzin und Azeton.
Polyvinylchlorid (PVC) Astralon Mipolam Supradur Trovidur Hostalit Vestolit Vinoflex	Ausgangsstoff: Vinylchlorid aus Azetylen und Salzsäure. Vinylchlorid polymerisiert leicht in Gegenwart geeigneter Katalysatoren bei 50 ... 80 °C und 10 bar. Das Polymerisat fällt als milchige Emulsion an, deren Festteile durch Sprüh- oder Walzentrocknen gewonnen werden. Dem PVC-Pulver können vor der Verarbeitung Weichmacher, Gleitmittel, Farben und Streckmittel beigesetzt werden.	Hart-PVC zäh und hart, Weich-PVC weich und elastisch, erweicht bei 80 ... 100 °C, Festigkeit sinkt schon ab 40 °C, wird bei Kälte spröde, große Wärmeausdehnung, korrosionsfest, Dichte 1,2 ... 1,6 kg/dm³, Hart-PVC beständig gegen Wasser, schwache Säuren und Laugen, Alkohol, Benzin und Öle; empfindlich gegen Äther, Benzol und Azeton; Weich-PVC nur beständig gegen schwache Säuren und Laugen.
Acrylglas (Polymethylmethacrylat) Plexiglas Plexigum Plextol Resartglas	Ausgangsstoff: Acrylverbindungen aus Azetylen und Blausäure. Durch Polymerisation werden aus den Acrylverbindungen unter Anwendung von Katalysatoren in einem komplizierten Verfahren Acrylharze gewonnen. Durch Mischpolymerisation mit Acrylnitril und PVC ist eine Abwandlung der Eigenschaften möglich.	Leicht und bruchfest, glasklar, auch in Farben, hohe Lichtdurchlässigkeit, alterungs- und witterungsbeständig, wärmebeständig 70 ... 90 °C, thermoplastisch bei 130 °C, kältebeständig, große Wärmeausdehnung, geringe Wärmeleitfähigkeit, guter elektrischer Isolator, Dichte 1,2 kg/dm³, beständig gegen Wasser, schwache Säuren, Laugen und Salzlösungen, Benzin; empfindlich gegen Benzol, Alkohol, Azeton.
Polyamide Nylon Perlon Supramid Ultramid Vestamid	Ausgangsstoff: für Nylon Adipinsäure, für Perlon Caprolactam. Grundstoff für beide ist das Phenol. Polyamide entstehen durch Polykondensation von Dicarbonsäuren mit Diaminen oder Polyaddition von Lactamen. Von den Polyamiden gibt es sehr viele Typen. Den Polyamiden nahe verwandt sind die linearen Polyurethane.	Zähhart und verschleißfest, elastisch und unzerbrechlich, abrieb- und scheuerfest, ungefärbt weißlich-milchig, in allen Farben möglich, gereckte Polyamide haben hohe Zugfestigkeit, wärmebeständig 100 °C, Schmelzpunkt 150 ... 200 °C, wasseraufnahmefähig, nicht maßhaltig, guter elektrischer Isolator, Dichte 1,13 kg/dm³, beständig gegen Öle, Alkohol, Benzin.
Polybutadien (Elastomere) Buna 32 Butadien-Styrol Buna S Butadien-Acrylnitril Buna N Perbunan Butadien-Chlor Neopren Perbunan C	Ausgangsstoff: Butadien aus Azetylen, Kohlenhydraten, Erdöl, Erdgas, Kohle. Das Butadien polymerisiert in Gegenwart von Natrium, daher der Name Buna („Butadien-Natrium"). Die bei der Polymerisation anfallenden Moleküle werden durch Abbau verkleinert und nach der Verformung vulkanisiert. Bei der Vulkanisation werden die Kettenmoleküle vernetzt, wodurch das Material gummielastische Eigenschaften erhält.	Gummiartig, dehnbar, elastisch, in vielen Eigenschaften dem Naturkautschuk überlegen, abriebfester, beständiger gegen Hitze, Alterung, Benzin und Öle. Der synthetische Kautschuk kann durch Mischpolymerisation auf alle Verbraucherwünsche weitgehend eingestellt werden.

6

Aus Naturstoffen

Abwandlung der Zellulose
 	
$\begin{bmatrix} CH_2\,OH \\ \quad\mid \\ CH-O \\ \mid \qquad \mid \\ -O-CH \quad CH- \\ \mid \qquad \mid \\ CH-CH \\ \mid \quad \mid \\ OH \quad OH \end{bmatrix}_n$
$(C_6\,H_{10}\,O_5)_n$ Glukose
	Der wichtigste Naturstoff, der zur Veredelung gelangt, ist die Zellulose. Sie ist eine makromolekulare Verbindung, die aus einer großen Anzahl durch Sauerstoffbrücken verbundener Glukosebausteinen besteht. Durch chemische Eingriffe kann die Zellulose zu neuen Stoffen abgewandelt werden. Als Ausgangsmaterial dient Zellstoff, der aus Holz- oder Baumwoll-Linters hergestellt wird.
	Die Makromoleküle der Proteine (Eiweißstoffe) eignen sich ebenfalls zur Herstellung von Kunststoffen.
		Zellulosehydrat
		  Zellglas
		  Pergamentpapier
		  Vulkanfiber
		Zelluloseester
		  Zellulosenitrat
		  Zelluloseazetat
		  Zelluloseazetobutyrat
		Zelluloseäther
		Kunsthorn	

Zelullosehydrat
  Cellophan
  Heliozell
  Transparit
  Zellglas
	Zellulose wird mit Natronlauge und Schwefelkohlenstoff zu einer Viskose gelöst. Beim Einlaufen der Viskose in ein chemisches Bad bildet sich der Kunststoff.	Glasklare, glatte, dehnbare, glänzende und nicht klebrige Folie, geruch- und geschmackfrei, reißfest, luftdicht, nicht feuergefährlich, beständig gegen Fett, Benzin	Folie für Lebensmittel, Zigarettenpackung, Wursthäute, Isolierfolie für elektrische Kabel

Vulkanfiber
  Dynos
  Hornex
  Lederstein
	Zellulosebahnen werden mit Zinkchlorid getränkt, geschichtet, ausgewaschen und gepreßt.	Zäh, hart, biegsam, lederartig, splitterfest, Dichte 1,1 ... 1,45 kg/dm³, nimmt Wasser auf, beständig gegen Kraftstoffe, Alkohol, Öle, schwache Säuren und Laugen	Koffer, Knöpfe, Schutzschilder, Dichtungen, Zahnräder, Bremsbeläge, Kupplungsscheiben, Lager

Zellulosenitrat
  Celluloid
  Zellhorn
	Zellulose mit Salpetersäure behandelt ergibt Nitrozellulose (Collodiumwolle). Diese wird mit Alkohol (Quellmittel) und Kampfer (Weichmacher) durchgeknetet.	Fest, federnd, erweicht bei 60 ... 70 °C, nimmt Wasser auf, brennt heftig, Dichte 1,38 kg/dm³, beständig in Benzin, schwachen Säuren und Laugen, löslich in Azeton, Ester	Brillengestelle, Kämme, Toilettenartikel, Puppen, Knöpfe, Griffe, Türschoner, Zeichengeräte, Tischtennisbälle, Spielwaren, Nitrolack, früher Fotofilme

Zelluloseazetat
  Cellidor
  Trolit W
  Cellon
  Supraphan
  Triafol
	Zellulose mit Essigsäure behandelt.	Erweicht bei 60 ... 70 °C, lichtbeständig, nicht raumbeständig bei Feuchtigkeit, Dichte 1,3 kg/dm³, wenig brennbar, beständig in Benzin, löslich in Azeton und Estern	Sicherheitsfilme, Toilettenartikel, Brillengestelle, Knöpfe, Spielwaren, Verpackungsfolie, Ausweishüllen, Griffe, Beschläge, Sicherheitsglas, Lampenschirme

Kunsthorn Galalith	Ausgangsmaterial sind Eiweißstoffe. Milcheiweiß der Magermilch (Kasein) wird in Formaldehyd gehärtet.	Nimmt Wasser auf, warmverformbar bei 70 °C, gut polier- und einfärbbar, Dichte 1,4 kg/dm³, beständig in Öl, Alkohol, Benzin, Säure, empfindlich gegen Wasser und Laugen	Knöpfe, Griffe, Schnallen, Spielmarken, Drehbleistifte

Silikone

Silikone
  Silastic
  Silopren
  DC-Silikone
	Ausgangsstoffe sind Quarzsand und Kohle. Silikone enthalten das anorganische Element Silicium. Die Makromoleküle werden durch die fortlaufende Verknüpfung von Silicium- und Sauerstoffatomen gebildet.	Silikonöl ist farblos, geruchlos, es fühlt sich fettig an. Vollstoffe sind gummiartig, extrem temperaturbeständig −70 ... + 200 °C, wasserabstoßend, teuer, beständig in allen üblichen Lösungsmitteln, korrosionsbeständig, gute elektrische Isolatoren.	Hydraulik- und Kühlflüssigkeit Imprägnierungsmittel, wasserfeste Polituren, Trennöl für Gießformen; Silikongummi für Schläuche, Dichtungen, Kabelisolierungen; Preßmassen mit Gesteinsmehl oder Glasfaser, Einbrennlacke, Silikonharze, Entschäumungsmittel, Silikonpaste, Silikonfette

6

Erkennen von Kunststoffen

Kunststoff-bezeichnung	Brennprobe			Sonstige Kennzeichen
	Flamme	Geruch	Besondere Merkmale	
Polyvinyl-chlorid (PVC)	gelblich, grün gesäumt, sprühend	stechend nach Salzsäure	verkohlt in der Flamme, erlischt außerhalb der Flamme	Flammtest mit glühendem Kupferdraht zeigt grünliche Flamme
Polyäthylen (PE)	leuchtend mit blauem Kern	nach gelöschtem Kerzenqualm	schmilzt, brennende Tropfen fallen herunter	fühlt sich wachsartig, fettig an, Weich-PE schwimmt im Wasser
Polystyrol (PS)	leuchtend, gelb, stark rußend	unangenehm süßlich	schwebende Rußflocken, wird flüssig, es lassen sich Fäden ziehen	heller, blecherner Klang, wenn man PS auf den Tisch fallen läßt
Acrylglas (PMMA)	leuchtend, gelblich, knisternd	süßlich, fruchtartig	vergast und verbrennt vollständig, tropft nicht	klingt dumpf beim leichten Aufwerfen auf den Tisch
Polyamid (PA)	bläulich, gelber Rand	nach verbranntem Horn	brennt schwer an, tropft blasig und fadenziehend wie Siegellack	dünne Gegenstände aus PA lassen sich abbiegen, ohne zu brechen
Polyvinyliden-chlorid	gelblich-grünlich	stechend nach Salzsäure	erlischt außerhalb der Flamme	grobe, außerordentlich reißfeste Borsten und Schnüre in allen Farben
Polyisobutylen	gelblich	nach Teer	brennt langsam, rußend	vorwiegend als dicke, schwarze, gummiähnliche Folie für Bautenschutz
Polypropylen (PP)	bläulich	stechend, harzartig	schmilzt, Tropfen brennen weiter	nicht ganz den fettigen, wachsartigen Griff des Polyäthylens
Polyacrylnitril (PAN)	leuchtend, gelblich, etwas rußend	scharf, sauer. Vorsicht, Blausäure (Gift)!	verdampft, brennt schnell, bildet harte, schwarze Asche	wird als Textilfaser Wollstoffen zugesetzt, schwer erkennbar
Phenolharz (PF)	brennt in der Flamme hell, rußend	stechend nach Phenol	kaum entzündbar, verkohlt, es brennen höchstens die organischen Füllstoffe	beim Bearbeiten typischer Phenolgeruch, kein fortlaufender Span
Aminoplaste	—	widerlich nach Ammoniak	kaum entzündbar, sie verkohlen, meist weiße Kanten	Aminoplaste sind lichtecht, deshalb vorwiegend hell eingefärbt
Polyester, ungesättigt (UP)	leuchtend, hellgelb, stark rußend	unangenehm süßlich	schwebende Rußflocken (durch Styrolgehalt)	die zur Verstärkung dienende Glasfasermatte gut erkennbar
Polyurethan, vernetzt (PUR)	leuchtend, gelblich	unangenehm stechend (Isocyanat)	brennt nach Entzündung weiter, schmilzt (Vulkollan)	elastische, leichte Schäume, Vollstoff gummiähnlich, bräunlich
Vulkanfiber	hell bläulich	nach verbranntem Papier	brennt nur schwer an und langsam weiter	hornartig harter, lederartiger Stoff, splitterfest
Zellulosehydrat (Zellglas)	hell wie Papier, gelblich	nach verbranntem Papier	brennt nach Entzündung weiter, verkohlt, schmilzt nicht	Verpackungsfolie für Lebensmittel (Frischhaltepackung)
Zellulosenitrat (CN)	hell, gelblich, braune Dämpfe	bei Zelluloid nach Kampfer	brennt heftig und rasch, verbrennt fast vollständig	Zelluloid angenehm im Griff, in schönen Musterungen einfärbbar
Zelluloseazetat (CA)	gelbgrün, mit Funken, tropft	nach Essig und verbranntem Papier	schwarze Asche, brennt schwerer als Zelluloid, schmilzt, Tropfen brennen	sehr schöne Musterungen, z. B. Perlmutter, guter Oberflächenglanz
Zellulose-azetobutyrat (CAB)	gelb leuchtend mit bläulichem Rand	nach ranziger Butter, verbranntem Papier	schmilzt beim Brennen, tropft, brennt nach Entzündung weiter	hornartig, gut griffig, schöner Oberflächenglanz
Kunsthorn	leuchtend, zuweilen erlöschend	nach verbranntem Haar und Horn	brennt in der Flamme, erlischt außerhalb	Aussehen und Klang elfenbeinartig, hornartiger Kunststoff

6

Kurzzeichen

ABS	Acrylnitril-Butadien-Styrol	PC	Polycarbonat	PVAL	Polyvinylalkohol
AMMA	Acrylnitril-Methylmethacrylat	PE	Polyäthylen	PVB	Polyvinylbutyral
CA	Celluloseacetat	PETP	Polyätylenterephthalat	PVC	Polyvinylchlorid
CAB	Celluloseacetobutyrat	PF	Phenolformaldehyd	PVCC	Chloriertes Polyvinylchlorid
CF	Kresolformaldehyd	PIB	Polyisobutylen	PVF	Polyvinylfluorid
CN	Cellulosenitrat	PMMA	Polymethylmethacrylat	PVFM	Polyvinylformal
CS	Kasein	POM	Polyoxymethylen	SAN	Styrol-Acrylnitril
EC	Äthylcellulose	PP	Polypropylen	SB	Styrol-Butadien
EP	Epoxid	PS	Polystyrol	SI	Silikon
FEP	Perfluoräthylenpropylen	PTFE	Polytetrafluoräthylen	SMS	Styrol-α-Methylstyrol
MF	Melaminformaldehyd	PUR	Polyurethan	UF	Harnstoffformaldehyd
PA	Polyamid	PVAC	Polyvinylacetat	UP	Ungesättigte Polyester

Kurzzeichen für verstärkte Kunststoffe

FK   Faserverstärkter Kunststoff

Die Faser- oder Whiskerart wird durch einen vor die jeweiligen Kurzzeichen FK oder WK gesetzten Buchstaben angegeben:

GFK   Glasfaserverstärkter Kunststoff
AFK   Asbestfaserverstärkter Kunststoff
BFK   Borfaserverstärkter Kunststoff
CFK   Kohlenstoffaserverstärkter Kunststoff
MFK   Metallfaserverstärkter Kunststoff
SFK   Synthesefaserverstärkter Kunststoff
MWK   Metallwhiskerverstärkter Kunststoff

WK   Whiskerverstärkter Kunststoff

Die Art der Metall- oder Synthesefaser wird durch Voranstellung der genauen Bezeichnung ergänzt:

Cu-MFK   Kupferfaserverstärkter Kunststoff
PA6-SFK   Polyamidfaserverstärkter Kunststoff

Die zu verstärkende Kunststoffart wird hinter dem Kurzzeichen unter Weglassen des Buchstabens K und Einfügen eines Striches angegeben:

SF-PF   Synthesefaserverstärktes Phenolharz
GF-UP   Glasfaserverstärkter ungesättigter Polyester
GF-PP   Glasfaserverstärktes Polypropylen

Physikalische Eigenschaften

Kunststoffe DIN Typ		PC 7744	PE 7740	PMMA 7745	PS 7741	PVC 7748 3	PF 7708 11	UF 7708 155	EP 16946 1000-6	UP 16946 1130
Rohdichte	g/cm³	1,20	0,94	1,18	1,05	1,40	1,8	2,0	1,8	1,2
Mechanische Eigenschaften										
Elastizitätsmodul	N/mm²	–	–	–	3300	3000	10000	10000	–	3500
Biegefestigkeit	N/mm²	75	–	110	100	–	50	40	110	60
Druckfestigkeit	N/mm²	80	–	130	100	80	120	140	200	–
Zugfestigkeit	N/mm²	65	–	74	50	40	15	15	40	20
Kugeldruckhärte H_{c60}	N/mm²	106	40	170	110	–	310	380	–	–
Thermische Eigenschaften										
Formbeständigkeit in der Wärme	°C	100	–	90	80	75	150	130	100	90
Längenausdehnungszahl	$\times 10^{-6}$ 1/K	60	200	70	70	80	25	20	40	–
Wärmeleitfähigkeit	kJ/m h K	0,71	1,47	0,67	0,62	0,59	2,52	2,52	–	–
Spezifische Wärmekapazität	kJ/kg K	1,18	2,58	1,47	1,30	–	–	–	–	–
Elektrische Eigenschaften										
Oberflächenwiderstand	Ω	10^{15}	10^{14}	10^{15}	10^{14}	–	–	–	10^{13}	–
Spez. Durchgangswiderstand	Ω cm	$4 \cdot 10^{15}$	10^{17}	10^{15}	10^{16}	10^{15}	10^{11}	10^{9}	10^{14}	10^{14}
Dielektrischer Verlustfaktor	tan δ	0,01	0,0004	0,02	0,001	0,0001	0,3	0,4	0,02	0,02
Dielektrizitätszahl	ε_r	3,0	2,3	2,6	2,5	4,0	13	7,5	4,0	4,0
Durchschlagsfestigkeit	kV/cm	250	800	300	400	500	115	100	500	500
Optische Eigenschaften										
Brechungszahl		1,587	–	1,492	1,592	–	–	–	–	–
Lichtdurchlässigkeit	%	87	–	92	90	–	–	–	–	–
Sonstige Eigenschaften										
Wasseraufnahme	mg	10	–	70	6	–	45	200	15	–

Kunststoffe im Kfz

Lüfter, Luftfiltergehäuse	PA, PP	Bindemittel für Bremsbelag	PF	Lenkrad, Hupring, Griffe	PP, POM
Ansaugrohr, Kraftst'pumpe	POM	Polstermater., Schonbezüge	PVC-PUR	Kotflügel, Karosserieteile	GF-UP, PA
Vergaserteile, Schwimmer	PA	Himmel, Innenverkleidung	PVC-PUR	Unterbodenschutz, Keder	PVC
Kraftstoff-, Hydr. Leitung	PA	Heiz'schlauch, -gehäuse	PP	Leuchten-, Batteriegehäuse	SB, PP, PS
Wasch-, Kraftstoffbehälter	PE	Frischluftkasten, Radkappe	PP	Leuchtenabdeck., Scheiben	PMMA
Stoßdämpferschutzrohre	PE	Stoßstange, Armaturenbrett	PUR	Kabelmantel, Kennzeichen	PVC
Kugelgelenk der Sp'stange	PTFE	Kühlergrill, Zierringe	ABS, PP	Lackmaterial, Spachtel	UP, EP, CN
Ausgleichbehälter, Düsen	PE, PP	Res'kanister, Verba'kasten	PE	Folie für Verbundscheiben	PVB
Knöpfe, Schalter, Gehäuse	PF, UF	Warndreieck, Zierblenden	PVC-POM	Zahnräder, Gleitlager	PA, PETP
Verti'kappe, Ker'stecker	PC, PP	Abschleppseil, Si'gurten	PA, PETP	Reifen, Cordgewebe	SK, PETP

Zusammensetzung des Rohöls

Rohöl (Erdöl) 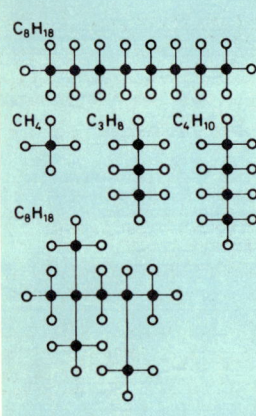	Rohöl ist ein Gemisch aus vielen verschiedenartigen Kohlenwasserstoffverbindungen. Darunter sind leichte Bestandteile (Benzin), schwersiedende (Gasöl, Schmieröl) und asphaltartige (Bitumen). Die chemischen und physikalischen Eigenschaften der Kohlenwasserstoffe hängen ab 1. von der Größe der Moleküle, d.h. von der Zahl der C- und H-Atome, 2. von der Struktur oder Form der Moleküle, d.h. von der Anordnung der C- und H-Atome.
Paraffine C_8H_{18} CH_4 C_3H_8 C_4H_{10} C_8H_{18} 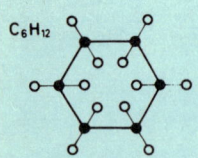	Kohlenwasserstoffe mit kettenförmiger Struktur heißen Paraffine. Sie sind bei Verbindungen bis zu 4 C-Atomen gasförmig, bis zu 16 C-Atomen flüssig und über 16 C-Atomen fest. Paraffine sind die Hauptbestandteile des Erdöls. Außer den wenigen hier genannten gibt es noch eine große Anzahl Paraffine, die im Erdöl enthalten sind oder bei der Verarbeitung des Erdöls entstehen. Methan CH_4, Hauptbestandteil des Erdgases, ist das einfachste Kohlenwasserstoff-Molekül. Das C-Atom ist 4wertig, das H-Atom 1wertig. 1 C-Atom kann 4 H-Atome binden. Es können auch mehrere C-Atome kettenförmig miteinander verbunden sein, z.B. Propan C_3H_8 oder Butan C_4H_{10}. Propan und Butan sind die Bestandteile des Treibgases. Sie werden bei 20 °C und einem Überdruck von etwa 3 bar flüssig. Kohlenwasserstoff-Moleküle gleicher Zusammensetzung, die aber außer der geradlinigen Kette noch Seitenzweige haben, heißen Isomere und erhalten daher die Vorsilbe „Iso". Sie haben andere Eigenschaften und sind viel klopffester. Oktan C_8H_{18} (ohne Verzweigung), Siedepunkt 126 °C, wenig klopffest. Iso-Oktan C_8H_{18} (3 Seitenzweige), Siedepunkt 99 °C, sehr klopffest, wird als Kraftstoff zur Bestimmung der Oktanzahl verwendet.
Olefine C_4H_6 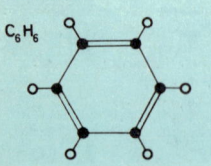	Olefine sind ungesättigte Kohlenwasserstoffe. Sie haben anstelle der fehlenden H-Atome Doppelbindungen zwischen den C-Atomen. Das nebenstehende Beispiel zeigt die Struktur des gasförmigen Butadiens C_4H_6, das zur Herstellung des synthetischen Kautschuks verwendet wird. Olefine kommen im Rohöl nur wenig vor, sie entstehen aber beim Kracken. Wegen ihrer Klopffestigkeit sind sie ein wertvoller Bestandteil des Krackbenzins.
Naphthene C_6H_{12}	Naphthene sind ringförmige, gesättigte Kohlenwasserstoffe mit 5 bzw. 6 C-Atomen im Ring (seltener 7 und 8), mit oder ohne paraffinische Seitenzweige. Die Paraffinkette hat sich nach Wegnahme der beiden äußeren H-Atome zu einem Ring geschlossen. Naphthene sind in allen Benzinen und Erdölen enthalten. Besonders reich an Naphthenen sind die Erdöle Rußlands und Venezuelas. Das nebengezeichnete Beispiel zeigt die Struktur des Cyclohexans C_6H_{12}.
Aromaten C_6H_6	Aromaten sind chemische Verbindungen aus Kohlenstoff und Wasserstoff, die als einfachsten Baustein den Benzolkern enthalten. Benzol C_6H_6 ist ein ringförmiger, ungesättigter Kohlenwasserstoff mit 6 C-Atomen und 3 Doppelbindungen. Alle übrigen aromatischen Kohlenwasserstoffe bestehen aus Benzolringen mit einer oder mehreren Seitenketten. Reinbenzol eignet sich allein nicht gut als Kraftstoff (Gefrierpunkt +5°C), deshalb wird es gemischt mit den Aromaten Toluol und Xylol. Die Mischung nennt man Motorenbenzol. Rohöl enthält nur wenig Aromaten. Weil sie aber dem Benzin wertvolle Eigenschaften verleihen (hohe Leistung und Klopffestigkeit), werden die Destillatbenzine bei dem Reformierungsverfahren zum Teil in aromatische Kohlenwasserstoffe umgewandelt.

6

Erdölvorkommen	Die Hauptproduktionsländer für Erdöl sind:	Förderung 1973 in Mill. t:	

Die Hauptproduktionsländer für Erdöl sind:

1. USA: Golf von Mexiko, Texas, Louisiana, Oklahoma, Pennsylvania
2. Naher Osten: Arabien, Irak, Kuweit, Iran
3. Lateinamerika: Venezuela
4. Osteuropa: zwischen Ural und Wolga, Kaukasus, Rumänien, Galizien
5. Afrika: Libyen, in der Sahara

Weniger bedeutend für die Welterzeugung, doch wesentlich für die Deckung des eigenen Bedarfs sind die Öllager in der Bundesrepublik: Schleswig-Holstein, zwischen Elbe, Weser und Ems, im Emsland und Oberrheintal, in Bayern.

Förderung 1973 in Mill. t:

Nordamerika	613,1
Lateinamerika	272,1
Naher Osten	1061,0
Osteuropa	493,7
Westeuropa	15,5
Afrika	277,2
Ferner Osten	109,5
Welt	2842,1

Bundesrepublik:

Förderung	6,6
Verbrauch	136,6

Erdölsuche

Verfahren: Oberflächenuntersuchung, Schwerkraftmessung, magnetische Messung, seismographische Untersuchung.

Bei dem seismischen Verfahren wird in einem 15 ... 50 m tiefen Bohrloch eine Sprengladung elektrisch gezündet. Die bei der Explosion auftretenden Erschütterungswellen werden von den Gesteinsarten verschiedenartig zurückgeworfen. Auf der Erdoberfläche verteilte Geophone nehmen die reflektierten Schwingungen auf. Sie wandeln die Wellen in Stromstöße um, die ein Seismograph in einem Streifen aufzeichnet. Diese Bilder ermöglichen Rückschlüsse auf Art und Lage der Gesteinsarten im Erdinnern. Die Gewißheit, ob die Gesteine Erdöl enthalten, muß eine Versuchsbohrung erbringen.

Fortpflanzungsgeschwindigkeit der Wellen in m/s:

lockere Erde	600
Wasser	1435
Sandstein	2500
Salz	5000
Kalkstein	6000

Lagerstätten:

Salzdom-Falle
stratigraphische Falle
Verwerfungsfalle
Sattelfalle

Ölhaltiges Gestein:

großporiger Sandstein

Erdölbohrung

Verfahren: Schlagbohren oder Drehbohren. Beim Drehbohren unterscheidet man Rotarybohren, Turbinenbohren und Elektrobohren.

Beim Rotarybohren schabt sich der Rollenmeißel (Diamanten- oder Fischschwanzmeißel) mit seinen harten Zähnen rotierend in den Boden hinein. Er wird durch die Schwerstange im Lot gehalten und durch das Bohrgestänge von einer Mitnehmerstange und einem Drehtisch mit Motorkraft angetrieben. Durch die hohle Bohrstange pumpt man Bohrschlamm nach unten, um den Bohrmeißel zu kühlen, das Bohrklein an die Erdoberfläche zu spülen, das Bohrloch abzudichten und einen plötzlichen eruptiven Ausbruch des Öllagers zu verhindern. Die Bohrung wird im Verlauf des Abteufens teleskopartig verrohrt.

Beim Turbinen- oder Elektrobohren wird das Bohrgestänge nicht mehr über der Erde angetrieben, sondern direkt über dem Meißel.

Bohrloch⌀	20 ... 65 cm
Bohrlochtiefe	bis 7000 m

Bohrturm:

Höhe	40 ... 60 m
Gewicht	≈ 45 t
Traglast	≈ 400 t

Vorschub des Meißels:

weiches Gestein	bis 60 m/h
hartes Gestein	10 ... 20 cm/h

Bohrkosten:

1 m Tiefe	100 ... 1000 DM

Zeit für Bohrerwechsel bei 2700 m Tiefe etwa 7 h

Leistungsbedarf:

Drehtisch	≈ 150 kW
Hebewerk	≈ 500 kW
Spülpumpe	≈ 600 kW

Erdölförderung

Methoden: Primärverfahren durch eruptive Förderung mit Gas- bzw. Wassertrieb oder durch Förderung mit Pumpen. Sekundärförderung durch Gasliften oder Wasserfluten.

Steht das Öl unter genügend starkem natürlichem Druck, so fließt es von selbst an die Sonde heran, steigt im Bohrloch empor und tritt frei aus. Je länger dieser Druck erhalten bleibt, desto besser kann die Lagerstätte ausgebeutet werden. Durch Ventile und Düsen drosselt man daher den Ausfluß, so daß eine frühzeitige Entgasung vermieden wird. Sinkt der Lagerstättendruck, so versucht man ihn durch eingepumptes Erdgas oder Wasser zu erhalten.

Läßt sich das Erdöl durch gelöstes Gas, die Gaskappe oder das Randwasser nicht an die Oberfläche bringen, muß man Tiefpumpen verwenden. Sie fördern aber nur so viel Öl, wie durch die Gesteinsrisse oder die Gesteinsporen nachfließen kann.

Druckzunahme je 10 m Tiefe ≈ 1 bar

Temperaturzunahme je 100 m Tiefe ≈ 3 °C

Kolbenpumpe (seltener Kreiselpumpe):

Hubzahl	5 ... 20 je min
Hublänge	bis 3 m
Leistung	bis 50 m³/Tag

Ausbeute der Lagerstätten im

Primärverfahren	10 ... 30%
Sekundärverfahren	bis 80%

6

Verarbeitung des Rohöls

Kraftstoffe

Atmosphärische Destillation

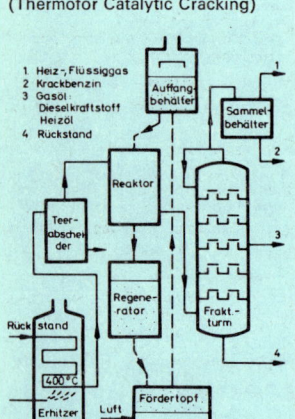

Leichtbenzin
Schwerbenzin
Petroleum
leichtes Gasöl
schweres Gasöl
Fraktionierturm
Rohöl
Erhitzer
Rückstand

Beim Destillieren wird das Rohöl in verschiedene Gruppen (Fraktionen) von Kohlenwasserstoffen zerlegt.

Das Rohöl wird im Erhitzer auf 360 °C erwärmt und dem Fraktionierturm zugeführt. Dabei verdampft der größte Teil des Rohöls. Die flüssig verbleibenden Teile sammeln sich am Boden des Turms. Die Rohöldämpfe steigen durch die Glockenböden nach oben. Ein Rücklauf von kaltem Benzin sorgt für einen allmählichen Temperaturabfall über die gesamte Höhe der Kolonne. Dadurch kühlen sich die aufsteigenden Dämpfe ab und kondensieren wieder zu einer Flüssigkeit. Je nach Siedepunkt steigen die Dämpfe der einzelnen Fraktionen verschieden hoch und können so auf den einzelnen Böden abgefangen und voneinander getrennt werden.

Einsatzprodukt Rohöl
Ofentemperatur 360 °C

Ausbeute:
Leichte Destillate 45 %
(Benzin 4 … 20 %)
Schwere Destillate 30 %
Destillationsrückstand 25 %

Siedebereiche der gewonnenen Produkte in °C:

Gas	unter 30
Leichtbenzin	30 … 150
Schwerbenzin	150 … 200
Petroleum	200 … 250
Gasöl	
leicht	250 … 280
mittel	280 … 360
Rückstand	über 360

Kracken TCC
(Thermofor Catalytic Cracking)

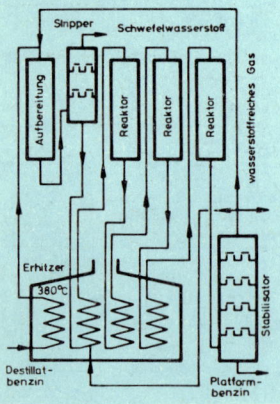

1 Heiz-, Flüssiggas
2 Krackbenzin
3 Gasöl
  Dieselkraftstoff
  Heizöl
4 Rückstand
Auffangbehälter
Sammelbehälter
Reaktor
Teerabscheider
Regenerator
Frakt.turm
Rückstand
400 °C
Erhitzer
Luft
Fördertopf

Beim Kracken werden größere schwersiedende Ölmoleküle durch Spalten in kleinere umgewandelt (englisch: to crack = zerbrechen).

Das Einsatzprodukt wird in einem Erhitzer auf 400 °C erwärmt. Die entstehenden Öldämpfe werden einem Reaktor zugeführt und dort mit einem Katalysator zusammengebracht, der aus kleinen Perlen besteht und eine Temperatur von 550 °C hat. Dadurch werden die Einsatzprodukte gekrackt. Die gekrackten Dämpfe werden in einem nachgeschalteten Fraktionierturm in verschiedene Produkte aufgeteilt.

Beim Krackvorgang werden C-Atome frei, die sich auf dem Katalysator absetzen, wodurch er unwirksam wird. Man bläst ihn deshalb in den Regenerator. Hier brennt der Kohlenstoff bei einer Temperatur von 650 °C durch den Sauerstoff der zugegebenen Luft ab. Der gereinigte Katalysator wird in den Reaktor zurückgeleitet.

Einsatzprodukt:
Schwere Fraktionen des Rohöls

Katalysator:
Aluminiumsilikat

Temperaturen in °C:
Röhrenerhitzer 400
Reaktor 550
Regenerator 650

Fertigprodukte:
Heizgas
Flüssiggas
Krackbenzin
Gasöl
  Dieselkraftstoff
  Heizöl
Rückstand

Benzinausbeute 50 … 60 %

Reformieren
(Platin-Reform-Anlage)

Stripper
Schwefelwasserstoff
wasserstoffreiches Gas
Aufbereitung
Reaktor
Reaktor
Reaktor
Erhitzer
380 °C
Stabilisator
Destillatbenzin
Platformbenzin

Destillatbenzin hat eine geringe Oktanzahl. Beim Reformieren werden daher die kettenförmigen Kohlenwasserstoff-Moleküle (Paraffine) des Destillatbenzins in ringförmige und verzweigte Verbindungen (Naphthene und Aromaten) umgewandelt. Die Klopffestigkeit dieser Moleküle ist sehr hoch.

Das Einsatzprodukt wird in einem Erhitzer auf 380 °C erwärmt, mit wasserstoffreichem Gas zusammengeführt und dem mit Kobalt-Molybdän-Katalysator gefüllten Aufbereitungsreaktor zugeleitet. Bei etwa 380 °C und 30 bar werden die Kohlenwasserstoffe vom Schwefel befreit.

Das zum Schutz des hochwertigen Platin-Katalysators vorbehandelte Benzin wird im Erhitzer auf 500 °C erwärmt und durch 3 hintereinandergeschaltete Reaktoren mit festem Platin-Katalysatorbett geleitet. Bei den Reaktionen werden die Paraffine in Aromaten umgewandelt. Dabei wird Wasserstoff frei, der in der Entschwefelungsanlage gebraucht wird.

Einsatzprodukt:
Destillatbenzin mit niedriger Oktanzahl und höherem Siedebereich 80 … 200 °C (Schwerbenzin)

Katalysatoren:
Kobalt-Molybdän und Platin

Temperaturen in °C
Aufbereitung 380
Reformierung 500

Fertigprodukte:
Heizgas
Flüssiggas
hochoktaniges Benzin
(Platform-Benzin)
Schwefel

Schmierstoffe

Vakuum-Destillation

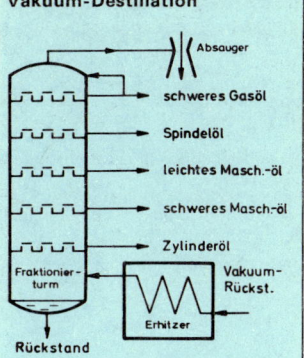

Kohlenwasserstoffe sind nicht temperaturbeständig. Sie zersetzen sich (kracken) bei Temperaturen oberhalb 400 °C. Um dies zu verhindern, destilliert man auf Schmieröle unter vermindertem Luftdruck, der die Destillationstemperatur um mehr als 100 °C herabsetzt.

Der am Boden der atmosphärischen Kolonne anfallende Rückstand geht als Einsatzmaterial in die Vakuumdestillation. Nach der Erwärmung des Rückstandes in einem Ölerhitzer gehen die Dämpfe in eine unter Vakuum stehende Destillierkolonne. Die fraktionierte Kondensation erfolgt in gleicher Weise wie bei der atmosphärischen Destillation in den verschiedenen Höhenlagen der Kolonne.

Einsatzmaterial:

Rückstand aus der atmosphärischen Destillation

Temperatur etwa 360 °C
Druck 10 ... 80 mbar, Siedetemperatur sinkt bei 10 mbar um etwa 150 °C

Endprodukte
1. Schweres Gasöl
2. Spindelöl
   12 ... 70 cSt bei 20 °C
3. Maschinenöl
   20 ... 90 cSt bei 50 °C
4. Zylinderöl
   12 ... 75 cSt bei 100 °C
5. Vakuum-Rückstand,
   z. B. Bitumen

Zweilösungsmittel-Raffination

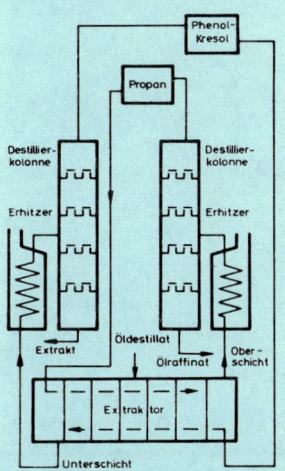

In der Zweilösungsmittel-Raffination werden die Schmieröldestillate von unerwünschten Bestandteilen (Aromaten) befreit. Die Trennung erfolgt mit zwei selektiven (auswählenden) Lösungsmitteln, z. B. Propan und Phenol-Kresol-Gemisch. Das Propan löst die erwünschten paraffinischen Schmieröle aus dem Destillat, das Phenol-Kresol löst die unerwünschten Bestandteile.

Die Trennung geht in zylindrischen Druckbehältern (Extraktoren) vor sich. An einem Ende des Behälters wird Propan eingeführt, an dem anderen Ende Phenol-Kresol und in der Mitte Schmieröldistillat. In dem Extraktor werden die 3 Komponenten gemischt. Beim nachfolgenden Absetzen der Mischung bilden sich infolge der unterschiedlichen Gewichte eine Unterschicht mit den unerwünschten Bestandteilen und eine Oberschicht mit dem paraffinösen Schmieröl. Beide Schichten werden Ölerhitzern und Destillationskolonnen zugeführt. Aus den Kolonnen können die Lösungsmittel zurückgewonnen sowie die reinen Schmierölraffinate und die Nebenprodukte (Extrakte) abgenommen werden.

Einsatzmaterial:

Schmieröldestillate aus der Vakuumdestillation

Lösungsmittel:

Propan und Phenol-Kresol-Gemisch

Trennung in
1. aromatenreiche Schicht mit Phenol-Kresol (unten),
2. aromatenarmes extrahiertes Schmierölraffinat mit Propan (oben).

Endprodukte:
1. Paraffinöses Schmierölraffinat
2. Nebenprodukte (Extrakt), z. B. Aromaten

Entparaffinierungs-Anlage

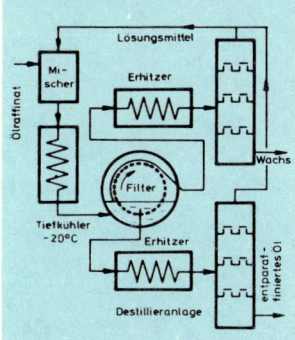

In der Entparaffinierung werden die festen Paraffine aus dem Schmieröl entfernt, weil sie bei niedrigen Temperaturen das Fließvermögen des Öles ungünstig beeinflussen.

Das Öl wird mit Lösungsmitteln gemischt, z.B. mit Toluol und Butanon, und in Tiefkühlern auf etwa – 20 °C abgekühlt. Dabei frieren die festen Paraffine in Gestalt weißer Kristalle (Wachs) aus. Auf einer drehenden Filtertrommel wird das Wachs von dem gelösten Öl getrennt. Eine Abnahmewalze nimmt den sich bildenden Wachskuchen von dem Filter ab. Die Lösungsmittel werden nach Erwärmung in 2 getrennten Destillationsanlagen zurückgewonnen und erneut zum Auflösen des Öles benutzt.

Einsatzmaterial:

Schmierölraffinat aus der Zweilösungsmittel-Raffination

Lösungsmittel:

Toluol und Butanon

Kühltemperatur – 20 °C

Endprodukte
1. Entparaffiniertes Schmieröl
2. Wachs für Kerzen- und Bohnerindustrie

6

Kraftstoff- und schmierstofftechnische Begriffe

Fließ-, Tropfpunkt	Der Fließpunkt ist die Temperatur, bei der ein Fett nach Erwärmung unter festgelegten Bedingungen zu fließen beginnt. Der Tropfpunkt ist die Temperatur, bei welcher der erste Tropfen eines schmelzenden Stoffs von dem Aufnahmegläschen abtropft.
Stockpunkt	Der Stockpunkt ist die Temperatur, bei der eine Flüssigkeit unter dem Einfluß der Schwerkraft nicht mehr fließt.
Flamm-, Brennpunkt	Der Flammpunkt ist die Temperatur, bei der nach Erwärmung unter bestimmten Bedingungen die ersten entflammbaren Dämpfe entstehen. Die Temperatur, bei der sich hierbei eine gleichmäßig weiterbrennende Flamme bildet, wird als Brennpunkt bezeichnet.
Selbstentzündungspunkt	Temperatur, bei der sich ein entzündbarer Stoff ohne Fremdzündung von selbst entzündet.
Siedepunkt und Siedebereich	Siedepunkt ist die Temperatur, bei der ein einheitlicher Stoff siedet. Siedebereich ist der Temperaturbereich, innerhalb dessen eine Flüssigkeit, die aus mehreren Stoffen besteht, siedet.
Verdunstung	Verdampfung einer Flüssigkeit durch die freie Oberfläche in die Luft hinein unterhalb der Siedetemperatur.
Spezifische Verdampfungswärme	Wärmemenge in Kilojoule, die notwendig ist, um 1 kg einer Flüssigkeit in Dampf bei Siedetemperatur zu überführen.
Spezifischer Heizwert	Der spezifische Heizwert H_U ist diejenige Wärmemenge in Kilojoule, die bei der vollständigen Verbrennung von 1 kg eines festen oder flüssigen Brennstoffes frei wird. Bei gasförmigen Brennstoffen wird der spezifische Heizwert in Kilojoule je m^3 Normvolumen des Gases angegeben.
Oktanzahl	Maßstab für die Klopffestigkeit eines Kraftstoffs. Kraftstoffe mit hoher Oktanzahl sind klopffester.
Cetanzahl	Maßstab für die Zündwilligkeit eines Kraftstoffs. Je höher die Cetanzahl, desto zündwilliger ist der Kraftstoff.
Viskosität	Zähflüssigkeit ist die Eigenschaft eines flüssigen oder gasförmigen Stoffs, einer Verformung innere Reibung entgegenzusetzen. Maßeinheiten: Dynamische Viskosität in Poise (P) oder SI-Einheit Pas (Pascalsekunde), kinematische Viskosität in Stokes (St) oder SI-Einheit m^2/s.
Viskositätsindex und -polhöhe	Maße für das Viskosität-Temperatur-Verhalten eines Öles. Öle mit gutem VT-Verhalten haben einen hohen Index und eine niedrige Polhöhe.
Penetration	Maß für die Konsistenz eines Fettes. Bei der Messung wird die Eindringtiefe eines Metallkegels in die Fettprobe bei 25 °C in 0,1-mm-Einheiten angegeben.
Destillate und Raffinate	Destillate sind Mineralölfraktionen, die durch Destillation aus dem Rohöl ohne weitere Veredelung gewonnen werden. Raffinate sind Mineralölprodukte, die durch einen Raffinationsprozeß veredelt worden sind.
Inhibitor, Katalysator	Inhibitor ist ein Wirkstoff, der bestimmte Reaktionen verzögert, vorwiegend Alterungs- und Korrosionsvorgänge. Ein Wirkstoff, der chemische Vorgänge beschleunigt und in ihre Richtung steuert, heißt Katalysator.
Additives (Wirkstoffe)	Zusatzstoffe zu Mineralölen und Mineralölprodukten, um bestimmte Eigenschaften zu fördern, zu ändern oder ganz neue zu erzielen. Sie müssen untereinander, mit dem verwendeten Grundöl und auf den Einsatzzweck genau abgestimmt sein.
SAE	Society of Automotive Engineers, Vereinigung amerik. Automobil-Ingenieure
HD-Öl	Heavy duty oils Motorenschmieröl, dessen Zusätze den Einsatz des Öles an Motoren unter schweren Arbeitsbedingungen ermöglichen.
Ölalterung	Unter dem Einfluß von Luftsauerstoff, erhöhter Temperatur, Anwesenheit eines Katalysators verändert sich der Schmierstoff. Die wichtigsten chemischen Veränderungen sind Oxydation, Polymerisation und Kondensation. In allen Fällen entstehen Stoffe mit veränderten Eigenschaften, so daß eine Ausfällung oder Trübung des Öles eintritt.
Detergents und Dispersants	Detergents geben den Schmierölen die Fähigkeit, die geschmierten Flächen von Schmutzteilchen zu reinigen und zusammen mit den Dispersants den bei der Verbrennung sich bildenden Ruß in Schwebe zu halten.
Gefahrenklassen	Einteilung der brennbaren Flüssigkeiten. Gruppe A: Flüssigkeiten und Mischungen oder Lösungen, die sich mit Wasser nicht oder nur teilweise vermischen lassen: Klasse I mit einem Flammpunkt unter 21 °C, z.B. Benzin, Benzol Klasse II mit einem Flammpunkt 21 ... 55 °C, z.B. Petroleum Klasse III mit einem Flammpunkt 55 ... 100 °C, z.B. Dieselkraftstoff Gruppe B: Flüssigkeiten und Mischungen oder Lösungen, die sich mit Wasser in beliebigem Verhältnis vermischen lassen und einen Flammpunkt unter 21 °C haben.

6

Siedeverlauf und Siedekennziffer (DIN 51 751)

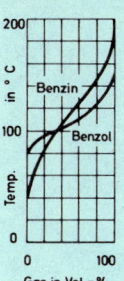

Kraftstoffe sind ein Gemisch aus Kohlenwasserstoffen, sie haben daher keinen Siedepunkt, sondern einen Siedebereich. Die Abhängigkeit der Temperatur in °C von der Destillationsmenge in Vol.-% wird durch den Siedeverlauf angegeben. Er wird bei einer Siedeanalyse in genormten Geräten unter festgelegten Bedingungen ermittelt (DIN 51751). Die mittlere Temperatur in °C, bei der in der Siedeanalyse 5, 15, 25 ... 95 % überdestilliert sind, heißt Siedekennziffer.

Von besonderer Bedeutung sind die verdampften Mengen bei 70, 100 und 200 °C. Der Siedebeginn beeinflußt Dampfblasenbildung, -verlust und Startverhalten, der mittlere Siedebereich Übergangsverhalten bei kaltem Motor und Vergaservereisung, das Siedeende beeinflußt Motorölverdünnung und Sauberkeit des Motors.

Kraftstoffanteile, die bei 200 °C noch nicht vergast sind, nennt man Siedeschwänze. Sie schlagen sich an der Zylinderwand nieder, waschen dort den Schmierfilm ab und sickern in das Kurbelgehäuse.

Siedebereiche in °C:

Benzin	30 ... 200
Benzol	80 ... 160
Benzin-Benzol-Gemisch	30 ... 200
Dieselkraftstoff	180 ... 360
Motorenpetroleum	160 ... 300
Alkohol	78

Siedekennziffer in °C:

Benzin	≈ 110
Benzol	≈ 100
Benzin-Benzol-Gemisch	≈ 105
Dieselkraftstoff	250 ... 280
Motorenpetroleum	≈ 230
Alkohol	—

Oktanzahl (DIN 51 756)

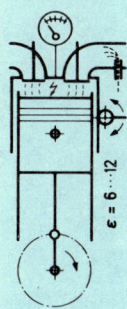

Die Oktanzahl (OZ) ist das Maß für die Klopffestigkeit eines Vergaserkraftstoffs.

Zur Ermittlung der OZ vergleicht man den zu prüfenden Kraftstoff mit einem Eichkraftstoff, der bis 100 OZ aus einer Mischung von Iso-Oktan (100 OZ) und n-Heptan (0 OZ), über 100 OZ aus Iso-Oktan und Bleitetraäthyl besteht. Dazu wird ein Klopfmotor mit veränderlicher Verdichtung und ein Detonation-Meter verwendet. Es gibt mehrere Prüfverfahren, die voneinander abweichende Oktanzahlen ergeben: Research-Methode (ROZ) und Motor-Methode (MOZ).

Die gemessene Oktanzahl sagt aus, wieviel Volumprozente Iso-Oktan sich in der Eichmischung befinden, die bei Bestimmung nach einer der beiden Methoden die gleiche Klopffestigkeit hat wie der zu untersuchende Kraftstoff.

Die Oktanzahl kann erhöht werden durch

a) Reformierung des Benzins,
b) Zusatz von Benzol und Bleitetraäthyl.

Oktanzahlen (ROZ):

Benzin	91 ... 94
Motorenbenzol	über 100
Benzin-Benzol-Gemisch	98 ... 100
Dieselkraftstoff	10 ... 30
Motorenpetroleum	30 ... 50
Alkohol	über 100
Treibgas	95
Methangas	100

Betriebsbedingungen bei der Bestimmung der Oktanzahlen im CFR-Prüfmotor:

	ROZ	MOZ
Motordrehzahl	600	900 1/min
Vorzündung	13°	17 ... 26°
Temperaturen		
Gemisch	—	149 °C
Einlaßluft	52	38 °C
Kühlmittel	100	100 °C
Öl	57	57 °C

Cetanzahl (DIN 51 773) Cloudpoint (Din 51 597)

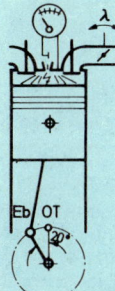

Die Zündwilligkeit eines Dieselkraftstoffs wird in Cetanzahlen (CZ) ausgedrückt.

Die Bestimmung der Cetanzahl erfolgt im Prüfmotor BASF durch Vergleich der Probe mit einer Meßmischung aus Cetan (100 CZ) und alpha-Methylnaphthalin (0 CZ) bei gleichen Betriebswerten für Einspritzbeginn, Kraftstoffmenge und Zündverzug. Die für die Einstellung dieses Zündverzugs notwendige Menge von Ansaugluft ist ein Maß für die Zündwilligkeit der Probe. Die Cetanzahl ergibt sich hierbei aus dem in Volumprozenten ausgedrückten Anteil Cetan in der Meßmischung.

Je höher die Cetanzahl, desto zündwilliger ist der Dieselkraftstoff. Die Klopffestigkeit verhält sich umgekehrt wie die Zündwilligkeit. Je klopffester der Kraftstoff ist, desto zündträger ist er.

Cetanzahl ≈ 60 − 0,5 × Oktanzahl

Der Cloudpoint (Wolkenpunkt) ist die Temperatur, bei der die Probe beim Abkühlen beginnt trübe zu werden oder Paraffin oder andere Feststoffe ausscheiden. Filtrierbarkeit und Fließvermögen können ungenügend werden, deshalb sind im Winter Dieselkraftstoffe mit weniger Paraffin auf dem Markt. Dadurch wird aber die Cetanzahl herabgesetzt.

Cetanzahlen (CZ):

im Sommer	55
im Winter	45

Betriebsbedingungen bei der Bestimmung der Cetanzahlen im BASF-Prüfmotor:

Motordrehzahl	1000 1/min
Verdichtung	18,2:1
Kühlmitteltemp.	100 °C
Einspritzbeginn	20° vor OT
Zündverzug	20° KW
Kraftstoffdurchsatz	8 ml/min
Ansaugllufttemperatur	20 °C

Verbrennungsbeginn im oberen Totpunkt

Filtrierbarkeit in °C:
Sommer 0 °C, Winter − 12 °C

Cloudpoint:

Sommer	0 °C
Winter	− 15 °C

6

Eigenschaften der Kraftstoffe

Allgemein

Eigenschaften		Normal-benzin	Super-benzin	Diesel-kraftstoff	Motoren-benzol	Äthyl-alkohol	Methanol	Treibgas
Spezifischer Heizwert	kJ/l	32000	32500	36000	35300	21400	15600	–
(Mittelwerte)	kJ/kg	43100	42700	42300	40200	26800	19750	40000
Oktan-(Cetan)zahl ROZ (CZ)		91 … 94	98 … 100	(45 … 55)	über 100	über 100	über 100	100
Siedebereich	°C	25 … 210	25 … 210	150 … 360	80 … 160	78	65	– 42 … – 1
Luftbedarf, theor.	l/l	8500	8700	9500	8900	5600	3900	28
	kg/kg	14,8	14,2	14,5	13	9	6,4	15
Flammpunkt	°C	– 40	– 40	55 … 110	– 10	+ 12	–	–
Selbstzündung *)	°C	480 … 550	480 … 700	350	700	450	500	550
Kältebeständigkeit	°C	unter – 50	unter – 40	0 … 15	unter – 20	– 114	– 98	–
Dichte	kg/dm³	0,72 … 0,75	0,73 … 0,78	0,81 … 0,86	0,88	0,80	0,79	0,558

*) Die Selbstzündtemperatur wird durch Fremdstoffe (z.B. Bleitetraäthyl) sehr stark beeinflußt und ist außerdem von den jeweils herrschenden Bedingungen abhängig.

Mindestanforderungen an Ottokraftstoffe   DIN 51600

Anforderungen	Prüfwerte für		Normalbenzin	Superbenzin	Prüfung nach
Dichte bei 15 °C		g/ml	0,715 … 0,755	0,703 … 0,780	DIN 51757
Klopffestigkeit	mindestens	ROZ	91	97,4	DIN 51756
	mindestens	MOZ	82	87,2	
Bleigehalt	höchstens	gPb/l	0,15	0,15	DIN 51769
Siedeverlauf, Sommerbenzin:					DIN 51751
insgesamt verdampfte Menge bis 70 °C	mindestens	Vol.-%	15 .. 40	15 … 40	
bis 100 °C	mindestens	Vol.-%	42 … 65	42 … 65	
bis 180 °C	mindestens	Vol.-%	bis 90	bis 90	
Siedeverlauf, Winterbenzin:					DIN 51751
insgesamt verdampfte Menge bis 70 °C	mindestens	Vol.-%	20 … 45	20 … 45	
bis 100 °C	mindestens	Vol.-%	45 … 70	45 … 70	
bis 180 °C	mindestens	Vol.-%	bis 90	bis 90	
Destillationsrückstand	höchstens	Vol.-%	2	2	DIN 51751
Dampfdruck: Sommerbenzin	höchstens	bar	0,45 … 0,70	0,45 … 0,70	DIN 51754
Winterbenzin	höchstens	bar	0,60 … 0,90	0,60 … 0,90	
Abdampfrückstand	höchstens	mg/l	50	50	DIN 51776
Schwefelgehalt	höchstens	Gew.-%	0,1	0,1	DIN 51768
Kältebeständigkeit	bis	°C	– 30	– 30	DIN 51421
Korrosionswirkung auf Kupfer	Korrosionsgrad		1 – 50 A 3	1 – 50 A 3	DIN 51759
Verunreinigung	frei von anorganischen Säuren, festen Fremdstoffen und sichtbarem Wasser				
Verträglichkeit gegenüber Elastomeren	Die Verträglichkeit muß sichergestellt sein				

Mindestanforderungen an Dieselkraftstoffe   DIN 51601

Anforderungen	Prüfwerte			Prüfung nach
Dichte bei 15 °C		g/ml	0,815 … 0,855	DIN 51757
Siedeverlauf:				
insgesamt verdampfte Menge bis 250 °C	höchstens	Vol.-%	65	DIN 51751
bis 350 °C	mindestens	Vol.-%	85	
Kinematische Viskosität bei 20 °C		mm²/s (cSt)	1,8 … 10	DIN 51561
Flammpunkt nach Abel-Pensky	höher als	°C	55	DIN 51755
Grenzwert der Filtrierbarkeit:	im Sommer höchstens	°C	0	DIN 51428
	im Winter höchstens	°C	– 12	
Schwefelgehalt	höchstens	Gew.-%	0,50	DIN 51409
Koksrückstand nach Conradson	höchstens	Gew.-%	0,1	DIN 51551
Zündwilligkeit (Cetanzahl)	mindestens	CZ	45	DIN 51773
Asche (Oxidasche)	höchstens	Gew.-%	0,02	DIN EN 7
Wassergehalt nach Karl Fischer	höchstens	mg/kg	1000	DIN 51777
Verunreinigung, Trübung	frei von Mineralsäuren und festen Fremdstoffen und bei Raumtemperatur (18 bis 28 °C nach DIN 50014) blank.			

Allgemein	Die Aufgaben der modernen Schmieröle im Kfz sind:	Zusatzstoffe für Öl (Wirkstoffe, Additives, Dopes):

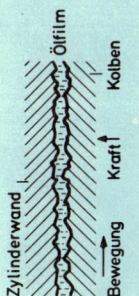

Die Aufgaben der modernen Schmieröle im Kfz sind:
1. Schmierfähigkeit
   a) Reibungsminderung
   b) Verschleißminderung
   c) Druckaufnahmevermögen des Ölfilms
2. Reinigung und Waschwirkung
3. Dispergier- bzw. Verteilungsvermögen anfallender Verbrennungsrückstände
4. Neutralisation auftretender saurer Umwandlungsprodukte
5. Schlammverringerung und Schlamm in Schwebe halten
6. Alterungs- bzw. Oxydationsminderung
7. Geringe temperaturbedingte Viskositätsänderung
8. Stockpunktsenkung
9. Schaumverhütung
10. Verträglichkeit mit Dichtungsmaterial
11. Abdichtung
12. Kühlung

Diese Anforderungen werden nur durch die „legierten Öle" (HD-Öle) erfüllt, das sind Öle mit öllöslichen chemischen Zusätzen (Additiven). HD ist die Abkürzung für heavy duty und bedeutet schwerste Beanspruchung. Je nach der Verwendung sind die einzelnen Eigenschaften von unterschiedlicher Wichtigkeit. Entsprechend werden auch die einzelnen Zusätze durch den Hersteller dosiert (2 ... 30%).

Zusatzstoffe für Öl (Wirkstoffe, Additives, Dopes):

Oxydationsverzögerer (Antioxydantien)
Korrosionsschutzstoffe
Reinigungszusätze (Detergentien)
schlammtragende Zusätze (Dispersantien)
Hochdruckzusätze (EP-Additive: extreme pressure)
Schmierfähigkeitsverbesserer (Oiliness-)
Viskositätsindex-Verbesserer (V.I.-Verbesserer)
Stockpunktsverbesserer
Antischaummittel (Defoamants)

Viskosität

Die Viskosität oder Zähflüssigkeit ist die Kenngröße für das Fließvermögen eines Öles. Hohe Viskosität bedeutet Dickflüssigkeit, niedrige Viskosität Dünnflüssigkeit.
Bei der Parallelströmung einer Flüssigkeit entsteht zwischen zwei benachbarten Schichten ein Widerstand (Schubspannung) proportional dem Geschwindigkeitsgefälle. Der Quotient Schubspannung durch Geschwindigkeitsgefälle wird dynamische Viskosität genannt und hat die SI-Einheit Pascalsekunde (Pas). Der Quotient dynamische Viskosität durch Dichte sind die kinematische Viskosität. Ihre SI-Einheit ist m²/s. Die Einheiten Poise (P) für die dynamische und Stokes (St) für die kinematische Zähigkeit sind nach DIN 1301 bis zum 31.12.77 zugelassen.

1 Poise = 1 P = 0,1 Pas; 1 Stokes = 1 St = 1/10000 m²/s.

Da diese Einheiten meist zu kleine Zahlenwerte ergeben, ist die Angabe der Viskosität in Zentipoise (cP) und Zentistokes (cSt) gebräuchlich.
Die amerikanische Gesellschaft der Kraftfahrzeug-Ingenieure (SAE = Society of Automotive Engineers) teilt die Viskosität des Öls in SAE-Klassen ein. Die SAE-Klassen sind in Deutschland zur Norm erklärt worden.
Die Viskosität des Öls ist vom Druck und der Temperatur abhängig. Je höher die Temperatur ist, desto dünnflüssiger wird das Öl. Das Viskosität-Temperatur-Verhalten wird durch den Viskositäts-Index (V.I.) angegeben. Je höher der Index, desto temperaturbeständiger ist die Viskosität des Öls.

Einbereichsöle

SAE-Klasse	Viskosität in cSt bei 50 °C
5 W	unter 17
10 W	21,5 ... 29
20 W	29 ... 50
20	25 ... 50
30	50 ... 75
40	75 ... 120
50	120 ... 200
80	unter 65
90	82 ... 155
140	250 ... 520
250	über 520

Mehrbereichsöle

SAE-Klasse	Viskosität in cSt bei 50 °C	100 °C
10W/20	25	6
10W/30	40	11
20W/40	70	—

Viskositätsindex

unlegierte Öle	65 ... 75
legierte Öle	80 ... 95
Mehrbereichsöle	90 ... 110
ATF	130 ... 150

Ölwechsel

Auf die Veränderung oder Verschlechterung des Öles während des Gebrauchs nehmen folgende Faktoren Einfluß:
1. Konstruktion des Motors
2. Betriebsbedingungen
3. Kraftstoffqualität
4. Ölverdünnung d. Kraftstoff
5. Einbruch von Wasser
6. Wirksamkeit des Ölfilters
7. Füllmenge
8. Ölverbrauch
9. Legierungsgrad des Öles
10. Fahrkilometer
11. Motorbelastung
12. Jahreszeit

Der Einfluß dieser Faktoren kann sehr unterschiedlich sein. Eine allgemein gültige Antwort auf die Frage nach der Ölwechselzeit kann daher nicht gegeben werden. Es wird empfohlen, unbedingt die Betriebsvorschriften einzuhalten. Vor sog. „Schnelltests" wird gewarnt.

Müssen Öle gewechselt oder ergänzt werden und steht das bisher verwendete Öl nicht zur Verfügung, so kann eine andere Marke gleicher Qualität eingefüllt werden, ohne daß ein Schaden zu befürchten ist. Besondere Umölungsvorschriften sind dabei nicht zu beachten. Ohne zwingenden Grund ist jedoch von häufigem Markenwechsel abzusehen.

Ölwechselintervalle für Pkw in km:

Ottomotor	5 000 ... 10 000
Dieselmotor	2 500 ... 5 000
Ölbadluftfilter	5 000
Schalt- und Automatikgetriebe	20 000
Hinterachse	20 000

Bei erschwerten Betriebsbedingungen (Kurzstreckenverkehr, hoher Staubanfall) häufiger.

Ölwechsel im Motor mindestens zweimal jährlich, im Automatikgetriebe mindestens einmal jährlich.

6

Eigenschaften der Schmierstoffe

Motorenöle, API-Klassifikation (API = American Petroleum Institute)

Neue API-Klasse	Alte API-Klasse	Eigenschaften, Einsatzart, Betriebsbedingungen
SA	ML	Rein mineralisches Öl, keine Qualitätsvorschriften. Für einfachsten Einsatz von Ottomotoren; niedrige Hubraumleistung, niedrige Drehzahl, keine extremen Betriebstemperaturen.
SB	MM	Öl mit Wirkstoffen gegen Freßverschleiß, Öloxydation und Lagerkorrosion. Für einfachen Einsatz von Ottomotoren; mäßige Drehzahl, keine extrem hohen Betriebstemperaturen.
SC	MS	Ottomotorenöl mit Wirkstoffen gegen Kalt- und Heißschlamm, gegen Verschleiß, Rost und Lagerkorrosion. Für mittelschweren Einsatz von Ottomotoren.
SD	MS	Ottomotorenöl mit Wirkstoffen gegen Kalt- und Heißschlamm, gegen Verschleiß, Rost und Lagerkorrosion. Für höhere Anforderungen wie Klasse SC geeignet.
SE	—	Ottomotorenöl mit Wirkstoffen gegen Kalt- und Heißschlamm, gegen Verschleiß, Rost und Lagerkorrosion. Für höhere Anforderungen wie Klasse SD geeignet.
CA	DG	Dieselmotorenöl mit Wirkstoffen gegen Hochtemperatur-Ablagerungen und Lagerkorrosion. Für milde bis mäßige Betriebsbedingungen mit Kraftstoffen von hoher Qualität.
CB	DM	Dieselmotorenöl mit Wirkstoffen gegen Hochtemperatur-Ablagerungen und Lagerkorrosion. Für mäßige Betriebsbedingungen mit Kraftstoffen von höherem Schwefelgehalt.
CC	DM	Dieselmotorenöl mit Wirkstoffen gegen Hoch- und Tieftemperatur-Ablagerungen, gegen Rost und Korrosion. Für mittlere bis schwere Betriebsbedingungen.
CD	DS	Dieselmotorenöl mit Wirkstoffen gegen Hoch- und Tieftemperaturen-Ablagerungen, gegen Rost und Lagerkorrosion. Für schwere Betriebsbedingungen mit Kraftstoffen von unterschiedlicher Qualität.

Getriebeöle, API-Klassifikation

API-GL-1	Für Getriebe, die unter milden Bedingungen hinsichtlich Zahnbelastung und Gleitgeschwindigkeit arbeiten, so daß unlegiertes Mineralöl ausreicht. Oxydations- und Rostinhibitoren, Antischaummittel und Stockpunktverbesserer sind meistens zugefügt.
API-GL-2, 3	Für Getriebe, die unter mittelschweren Bedingungen hinsichtlich Zahnbelastung und Gleitgeschwindigkeit arbeiten, jedoch nicht geeignet für Hypoidgetriebe.
API-GL-4	Mehrzweckgetriebeöl für hochbeanspruchte Schaltgetriebe und für mittelbeanspruchte Hypoidgetriebe mit nicht allzu großem Achsversatz. Ausreichend für die meisten Getriebe in Pkw, Lkw, Baumaschinen.
API-GL-5	Für Betriebsbedingungen wie bei API-GL-4, jedoch unter Einfluß von Stoßbelastungen, und für Hypoidgetriebe mit großem Achsversatz. Hoher Gehalt an EP-(= Extreme Pressure = Höchstdruck) Zusätzen. An das Dichtungsmaterial werden höhere Anforderungen gestellt.
ATF Suffix A Dexron	ATF = Automatic Transmission Fluids. Dünnflüssiges Automatikgetriebeöl, das mehr auf extreme Temperaturstabilität als auf Lasttragevermögen ausgerichtet ist. Wichtige Eigenschaften sind außerdem: geringe Viskositätsänderung, Oxydationsstabilität und gleichbleibendes Reibverhalten.

Schmierfette

Bezeichnung	Tropfpunkt °C	Penetration $^1/_{10}$ mm	Fettbasis	Eigenschaften	Verwendung
Mehrzweckfett	180	220…340	Lithium	wasserabweisend wärmebeständig	Sämtliche Schmierstellen
Abschmierfett	über 95	310…340	Kalk	wasserabweisend wärmeempfindlich	Nippelschmierung
Wälzlagerfett	über 160	265…295	Natron	wasserempfindlich wärmebeständig	Wälzlager
Wasserpumpenfett	über 140	150…250	Lithium	wasserabweisend wärmebeständig	Wasserpumpe
Getriebefließfett	über 90	360…380	Natron	wasserempfindlich wärmebeständig	Getriebe mit abdichtender Wirkung

6

Stoßdämpferöl	Grundstoff: Mineralölraffinat oder ein Gemisch von verschiedenen Flüssigkeiten. Frei von Wasser, festen Fremdstoffen und Hartasphalt, chemisch neutral, klar und durchsichtig, alterungsbeständig, gutes Viskosität-Temperatur-Verhalten, kältebeständig, nicht ruckgleitend (Ratter-effekt).	Dichte bei 15 °C 0,89 kg/dm^3 Viskosität bei 50 °C 8,5 ... 17 cSt Flammpunkt 160 °C Stockpunkt −50 °C
Brems-flüssigkeit	Grundstoff: Mehrwertiger Alkohol (Glykole). Die Bremsflüssigkeit darf nicht auf Bremsbeläge gelangen. Sie wirkt ätzend und greift Lackierungen an. Die Bremsflüssigkeiten sollen untereinander mischbar sein. Andere Flüssigkeiten, beispielsweise Schmieröle, dürfen nicht zugesetzt werden, weil sie die Dichtungs-manschetten zerstören und damit zum Ausfall der Bremse führen können. Bremsflüssigkeiten sind schmutz- und wasserfrei, nehmen aber Staub und Wasser aus der Luft auf. Deshalb wird empfohlen, sie jährlich zu erneuern.	Dichte ≈ 1,13 kg/dm^3 Viskosität bei 20 °C 17 cSt bei 50 °C 5 cSt kältefest bis −40 °C Siedepunkt 190 ... 260 °C Flammpunkt 90 ... 135 °C korrosionsfest, schmierfähig, chemisch stabil Gummi-Quellverhalten 0 ... 6 %
Frostschutz-mittel	Grundstoff: Mehrwertiger Alkohol (Glykole) mit korrosionsverhin-dernden Zusätzen. Bei Temperaturen um oder unter dem Gefrierpunkt muß dem Kühl-wasser ein Frostschutz zugegeben werden. Die Mengen richten sich nach der Temperatur und dem Inhalt des Kühlsystems. Bisher war die Dichte der Mischung, die mittels Aräometer bestimmt werden kann, für alle Marken gleich. Durch Zugabe von Korrossionsschutz-mitteln sind sie heute verschieden. Gefrierpunkt Wasser Frostschutz Dichte −10 °C 4 Teile 1 Teil 1,040 kg/dm^3 −20 °C 2 Teile 1 Teil 1,060 kg/dm^3 −30 °C 5 Teile 4 Teile 1,074 kg/dm^3 −40 °C 8 Teile 9 Teile 1,084 kg/dm^3	Äthylenglykol: Dichte bei 25 °C 1,113 kg/dm^3 bei 82 °C 1,08 kg/dm^3 Siedepunkt 197 °C Flammpunkt 110 °C Eisflockenpunkt rein −14 °C 2 : 1 unter −16 °C 1 : 1 unter −33 °C korrosionsfest gegen Gußeisen, Aluminium, Messing und Zinnlot Gummi-Quellverhalten höch-stens 6 % wasserlöslich
Korrosions-schutz- und Erstbetriebsöl	Grundstoff: Mineralölraffinat mit Korrosionsschutz- und Waschzu-sätzen. Diese Öle bieten Waschwirkung und Korrosionsschutz für die üb-lichen Einfahr-, Transport-, Lager- und Stillegungszeiten. Beim Einfahrvorgang überführen Additives besonderer Art die Oberflä-chenrauhigkeiten in weiche Verbindungen und tragen diese scho-nend ab. Bei einer Stillegung des Fahrzeugs bis zu 6 Wochen bedarf es kei-ner Konservierung, von 6 bis 26 Wochen genügen Konservierungs-lauf des Motors, Ablassen des Hinterachsöls und der Kraftstoffbe-hälters und die vorgeschriebene Batteriepflege. Bei jeder längeren Stillegung sind die vom Werk vorgeschriebenen Konservierungsmaß-nahmen einzuhalten.	SAE 10, 20 W/20, 30 Kennwerte für SAE 20 W/20: Dichte 0,925 kg/dm^3 Viskosität bei 50 °C 40 cSt Flammpunkt 255 °C Stockpunkt −25 °C
Unterboden-schutzmittel	Grundstoff: Wachs, Bitumen oder PVC mit Zusätzen und Lösungs-mitteln. Der Unterbodenschutz soll einen gleichmäßigen, dauerhaften, kor-rosionsbeständigen, elastischen, griffesten und 85 °C temperatur-beständigen Film bilden. Er darf die Lackierung nicht aufquellen oder anlösen. Das Konservierungsmittel muß sich mit der Sprüh-pistole aussprühen lassen und deutlich gefärbt sein, damit man prü-fen kann, ob alle Teile genügend benetzt sind.	Wachs- oder Bitumenanteil 20 ... 40 % pH-Wert 6 ... 7 Fließpunkt über 85 °C Flammpunkt über 21 °C Gefahrenklasse A II Trockenzeit 60 ... 70 min Siedeverhalten des Lösungs-mittels 130 ... 190 °C
Sonderzusätze für Schmier-stoffe	Die angebotenen Zusätze verbessern meist nur eine Eigenschaft des Schmieröls. Diese Wirkung zeigt sich bei unlegierten Ölen besonders deutlich. Im Vergleich mit bewährten legierten Ölen lassen sich weitere Vorteile kaum nachweisen. Eine einfache Prüfung durch den Verbraucher kann keinen genauen Anhalt über das Verhalten im Betrieb geben. Vor einem eigenmächtigen Zugießen werkseitig nicht emp-fohlener Zusätze wird daher gewarnt.	

6

Korrosion

Begriff Oberflächen-korrosion — Lochfraß-korrosion	Unter Korrosion versteht man die Zerstörung eines Werkstoffes durch chemische Einwirkungen oder durch elektrochemische Vorgänge. Korrosion kann auf der gesamten Oberfläche des Werkstücks (Oberflächenkorrosion) oder nur an einer Stelle als Lochfraß wirksam werden. Bei manchen Metallen, z. B. Kupfer oder Aluminium, wirkt die Korrosionsschicht als Schutzschicht und bewahrt den Werkstoff vor weiterer Zerstörung. Besonders widerstandsfähig sind Edelmetalle wie Platin, Gold, Silber.	Korrosion wird beschleunigt durch Wärme, durch aggressive Stoffe wie Säuren, Laugen und Salze sowie durch Feuchtigkeit. Durch Abgase verunreinigte Luft verursacht Korrosion an Bauwerken. An Kraftfahrzeugen entstehen Korrosionsschäden durch Feuchtigkeit und durch Streusalz. Durch Korrosion entstehen jährlich Verluste in Milliardenhöhe.
Chemische Korrosion Fe_3O_4 Fe	Chemische Verbindungen des Werkstoffes mit Sauerstoff, Kohlensäure, Schwefeldioxid. Zersetzung durch angreifende Flüssigkeiten wie Säuren, Laugen, Salzlösungen und Lösungsmittel, sowie durch aggressive Gase und Dämpfe.	Beim Glühen von Stahl verbindet sich das Eisen an der Oberfläche mit Sauerstoff; es entsteht blaugrauer Zunder (Fe_3O_4). Der Luftsauerstoff in Verbindung mit Feuchtigkeit bewirkt das Rosten. Essig bildet auf Kupfer Grünspan, Kohlensäure eine Patinaschicht.
Elektrochemische Korrosion Kohle Zink Elektrolyt	Die Korrosionsvorgänge sind ähnlich wie bei einem galvanischen Element. Ein solches Element besteht aus zwei verschiedenen, elektrisch leitenden Werkstoffen und einer leitenden Flüssigkeit (Elektrolyt). Der Werkstoff, der den Minuspol bildet (siehe Spannungsreihe), wird beim Stromfluß zersetzt.	Taschenlampen-Batterie aus einem Zink-Kohleelement mit Salmiaksalzlösung als Elektrolyt. Der Zinkbecher ist der Minuspol und wird daher zerfressen. Die Spannung beträgt 1,5 Volt. Der Minuspol wird um so stärker angegriffen, je weiter die beiden Werkstoffe in der Spannungsreihe auseinanderliegen.
Korrosion innerhalb der Kristalle Elektrolyt Fe — Fe_3C	An der Oberfläche blanker Metalle kann sich zwischen den verschiedenen Kristallen ein galvanisches Element bilden. Feuchtigkeit, Luftfeuchtigkeit, Handschweiß beim Anfassen wirken als Elektrolyt. In den Kristallen fließen schwache Ströme, wobei dann die Kristalle, die den Minuspol bilden, zerfressen werden.	An der ungeschützten Oberfläche von unlegiertem Stahl entstehen galvanische Elemente zwischen den Eisenkristallen (Fe) und den Eisenkarbidkristallen (Fe_3C). Die Eisenkristalle bilden den Minuspol; sie werden daher zerstört.
Berührungskorrosion Stahl Aluminium	Bei Berührung unterschiedlicher, in der Spannungsreihe auseinanderliegender Metalle entsteht beim Hinzutritt von Feuchtigkeit ein galvanisches Element, z. B. Stahl-Kupfer, Stahl-Messing, Stahl-Aluminium. Zwischen den beiden Werkstoffen fließt Strom. Das Werkstück, das den negativen Pol bildet, wird angegriffen.	Stahlschraube im Aluminiumgehäuse; rings um den Schraubenkopf herum wird das Gehäuse angegriffen. Speichennippel in Felgen aus Magnesiumlegierung brechen durch ausgefressene Löcher durch.
Streustromkorrosion Isolierplatte Fahrzeugmasse	Bei Gleichstromanlagen fließt infolge von Feuchtigkeit ein schwacher Strom (Streustrom) vom Pluspol über die Isolation zum Minuspol. Der Werkstoff, der die Pluselektrode bildet, wird an der Austrittstelle des Streustromes angegriffen.	Streustromkorrosion kommt in der elektrischen Anlage des Kraftfahrzeugs vor. Je höher die Spannung ist, umso stärker sind die Auswirkungen, z. B. bei 24 V-Anlagen ist die Gefährdung durch Korrosion größer als bei 12 V-Anlagen.
Elektrochemische Spannungsreihe	Spannungen in Volt Au + 1,50 Pb − 0,13 Fe − 0,44 Pt + 0,86 Sn − 0,14 Cr − 0,56 Ag + 0,80 Ni − 0,23 Zn − 0,76 Hg + 0,79 Co − 0,29 Al − 1,67 Cu + 0,34 Cd − 0,40 Mg − 2,40	Die Elementspannung ist gleich dem Spannungsunterschied der beiden Werkstoffe, z. B. ein Element aus Kupfer und Zink hat eine Spannung von 1,11 Volt.

6

Allgemeines	1. Verschiedene reine Metalle, z. B. Kupfer, Aluminium, Zink, bilden mit den Bestandteilen der Luft eine dichte Schutzschicht, die ein Fortschreiten der Korrosion verhindert. Eisen oder Magnesium sind dagegen korrosionsgefährdet, weil die Deckschicht porös ist. 2. Durch Legieren kann die Korrosionsbeständigkeit verbessert oder verschlechtert werden. Korrosionsbeständig sind z. B. Bronzen, Al-Si-Legierungen, Cr-Ni-Stahl, während Al-Cu-Legierungen oder Mg-Legierungen äußerst korrosionsanfällig sind. 3. Korrosion wird vermieden, wenn sich kein galvanisches Element bilden kann, z. B. durch Fernhalten von Feuchtigkeit, keine Paarung verschiedener Metalle ohne Zwischenisolation, Schutzschichten auf den Metallflächen.	
Öl, Fett, Wachs	Verwendung von säurefreiem mineralischem Öl oder Fett (Vaseline) oder Hartwachs. Aufstreichen, tauchen, einsprühen.	Hartwachs ist widerstandsfähiger als Öl und Fett. Verarbeitungs- und Lagerschutz.
Unterbodenschutz **Hohlraumversiegelung**	Auf den mit Dampf gereinigten und entrosteten oder am besten auf den noch neuen Unterboden des Kraftfahrzeugs werden Mittel auf Bitumen- oder Wachsbasis aufgetragen. Bei der Hohlraumversiegelung werden Schutzmittel aus Ölen, gelösten Wachsen und Rosthemmern in die angebohrten Hohlräume der Karosserie eingespritzt.	Der Schutzfilm des Unterbodenschutzes ist nach dem Trocknen elastisch. Er ist chemisch neutral und greift Gummi oder Kunststoff nicht an. Die Konservierungsmittel verdrängen in den Hohlräumen das Schwitzwasser, wandeln den Rost um und bilden einen Schutzfilm, der ein Weiterrosten verhindert.
Farben, Lacke	Teile entrosten, reinigen (Stahlbürste, Sandstrahlgebläse) oder mit Rostumwandler (wash-primer) behandeln. Zuerst Mennige oder Haftgrund, dann Zwischenfarbe und zuletzt Deckfarbe bzw. Lack auftragen.	Haftgrund reagiert mit dem Metall, verhütet Unterrosten. Farb- und Lackfilme sollen dicht elastisch und temperaturbeständig sein.
Kunststoffbeschichtung	Polyäthylen wird in Pulverform mittels Preßluft auf die vorerhitzten Teile gesprüht (Wirbelsintern). PVC-Überzüge werden meistens durch Tauchen der Teile in flüssige Lösung erzeugt.	Schichtdichte 0,1 bis mehrere mm; elastisch, abriebfest, beständig gegen chemische Beanspruchung.
Metallische Überzüge **Galvanisieren** **Überziehen im Schmelzfluß** **Flammspritzen** **Plattieren**	Alle metallischen Schutzüberzüge erfordern eine sorgfältige Vorbehandlung der Oberfläche, z.B. reinigen, entzundern, entrosten, beizen, entfetten, schleifen, polieren. Die Teile werden in ein Metallsalzbad gebracht und als Minuspol an Gleichspannung angeschlossen. Den Pluspol bildet eine Platte aus dem abzuscheidenden Metall. Die Teile werden in das geschmolzene Überzugsmetall getaucht, z. B. in Zinn, Blei, Zink (Feuerverzinken). Das Überzugsmetall wird in Draht- oder Pulverform in der Pistole geschmolzen und mit Preßluft oder Schutzgas aufgesprüht. Das Überzugsmetall wird in dünnen Folien warm aufgewalzt; die Schnittkanten sind ungeschützt.	Schutzüberzüge aus edleren Metallen als das Grundmetall, z.B. Nickel oder Zinn auf Stahl, schützen nur, solange sie dicht sind. Wird der Schutzüberzug verletzt, bildet sich ein Element, in dem das Grundmetall negativ ist und deshalb zerstört wird. Die Korrosion schreitet unter dem Schutzüberzug fort, das Schutzmetall blättert ab. Ist das Überzugsmetall unedler als das Grundmetall, z.B. Zink auf Stahl, dann wird bei Elementbildung die Zinkschicht geopfert, das Grundmetall ist geschützt.
Oxydischer Schutz **Eloxieren**	Elektrische Oxydation von Aluminium und Aluminiumlegierungen. Die Teile werden als Pluspol, eine Bleiplatte als Minuspol in ein Schwefelsäurebad gebracht und an Gleichstrom angeschlossen. An der Oberfläche entsteht eine Oxydschicht, die hauptsächlich nach innen wächst.	Schichtdicke 5...20 µm porös, festhaftend, hart, biegbar, elektrisch nicht leitend, läßt sich färben, hoher Schutzwert.
Phosphatieren **Bondern**	Die Teile aus Stahl oder Zink werden in Phosphorsalzlösung getaucht oder damit besprüht, wodurch eine Phosphatschicht entsteht.	Bei Stahl graue, poröse Schicht, muß geölt oder gewachst werden, sonst nur geringer Schutz, guter Haftgrund für Farbe.
Schwarzbrennen **Brünieren**	Teile aus Stahl in Öl tauchen und in einer Flamme abbrennen. Beim Brünieren in heiße, natriumnitrithaltige Natronlauge tauchen.	Braun- bis blauschwarzer Überzug, wird geölt, nur geringer Schutzwert.

6

Lacke

Eigenschaften	Nitrolacke	Kunstharzlacke
Zusammensetzung	Lösung von Nitrozellulose in flüchtigen Lösungsmitteln unter Zusatz von Farbkörpern und Zusatzstoffen	Lösungen von synthetischen Harzen (Alkydharz mit Harnstoff-, Melamin-, Epoxy- oder Phenolharzen) in flüchtigen Lösungsmitteln unter Zusatz von Farbkörpern und Zusatzstoffen
Trocknung	Verdunsten des Lösungsmittels, lufttrocknend in 30 min … 4 h, bei erhöhten Temperaturen schneller, z. B. 30 min bei 60 °C	Verdunsten des Lösungsmittel und chemische Umwandlung des Filmbildners, lufttrocknend in 10 … 12 h, ofentrocknend 40 … 90 °C in 3 … 1 h, einbrennen 120 … 180 °C in 30 … 10 min
Fließ- und Deckfähigkeit	Hochviskose Typen sind körperarm, geben dünne, elastische Filme, mehr Lackschichten notwendig, schlechter Verlauf	Körperreich, füllkräftig, trocknen langsamer und verlaufen besser
Glanz und Lichtechtheit	Trocknen matt auf, daher Polieren erforderlich, feiner, samtartiger Glanz, ältere Lackierungen verblassen und vergilben	Trocknen mit Hochglanz auf, kein weiterer Arbeitsgang erforderlich, glanzbeständig, fetter Glanz, nur geringe Vergilbung
Elastizität und Härte	Weich und elastisch, härten nach, werden dabei etwas spröde, daher konservierungsbedürftig	Harte, porzellanartige Haut, elastischer Film, werden mit der Zeit etwas weicher
Widerstandsfähigkeit	Abrieb-, Stoß- und Kratzfestigkeit ausreichend, bei regelmäßiger Pflege witterungsbeständig, gegen chemische Einflüsse empfindlich	Schlag-, Stoß-, Abrieb- und Kratzfestigkeit gut sehr gut witterungsbeständig, widerstandsfähig gegen chemische Einflüsse
Brennbarkeit	Leicht brennbar (explosionsartig), Flammpunkt unter 21 °C, Gefahrenklasse A I	Weniger feuergefährlich, Flammpunkt von 21 … 55 °C, Gefahrenklasse A II
Gesundheitsgefährdung	Vorsicht bei Handhabung und Lagerung, Dämpfe gesundheitsschädlich	
Löslichkeit	Nach dem Trocknen durch gleichen Lack oder Lösungsmittel löslich, daher schlecht überstreichbar, nur überspritzbar, Liefervorschriften beachten	Nach dem Trocknen nicht mehr löslich, daher gut überstreichbar, Grundanstrich ofentrocknender Lacke mit Benzol anlösbar
Erkennung	Glatte Oberfläche, scharfe Konturen der Spiegelbilder, in Verdünnung löslich	Apfelsinenartige Oberfläche, wellige Konturen der Spiegelbilder, nicht löslich, bei ofentrocknenden Typen können Quell- und Beizerscheinungen auftreten
Wartung	Pflegebedürftig, sie müssen regelmäßig aufpoliert und konserviert werden	Kaum pflegebedürftig, harte Oberfläche wird durch Schleifen beschädigt, daher nur polieren oder konservieren

Lackpflegemittel	Zusammensetzung	Eigenschaften	Verwendung
Hochglanzpoliermittel Polish Polierwasser Wachslösungen Wachspaste	Emulsionen von Öl oder Wachs mit Lösungs-, Verseifungs- und Schwebemitteln, geringe Mengen weich wirkender Poliermittel (Ton, Kreide), Silikonöl	Hochglanzgebend, auffrischend und konservierend, löst Schmutz und Fett, greift Lack nicht an. Silikon gibt dauernden, wasserfesten Hochglanz	Auspolieren, Auffrischen und Reinigen. Silikon kann auf altem Lack Flecken durch starke Tiefenwirkung auf ungleich saugendem Untergrund bilden.
Schleifpoliermittel a) Polierpasten	Wachslösungen oder Emulsionen mit weich wirkenden Schleifmitteln	Reinigend, glättend, glanzgebend, greift Untergrund wenig an	Reinigen und Polieren glatter Lackierungen, Nachpolieren nicht erforderlich
b) Schleifpolierpasten	Wachslösungen mit mehr und schärfer wirkenden Schleifmitteln	Mehr glättend als glanzgebend, greift Untergrund stärker an	Reinigen, Polieren, Schleifen älterer Lackierungen, Nachpolieren empfehlenswert
c) Schleifpasten	Wachslösungen mit größeren Mengen scharf wirkender Schleifmittel	Ausschließlich glättend, nicht glanzgebend, greift Untergrund stark an	Vorschleifen neuer und Abschleifen alter Lackierungen, Nachpolieren notwendig

6

Aufbau der Pkw-Original- und Ausbesserlackierung

Teile	Vorbehandlung (Haftgr., Passivierung, Korr.-Schutz)		Grundierung (Korrosionsschutz und Haftgrund)		Vorlackierung (Übergang)	Decklackierung (Glanz)
Rohbau — Überlappungen Hohlkörper unzugängliche Stellen	—	Zinkstaubfarbe Dicke 25 µm	Einbrenn-Tauchgrund Dicke 25 µm	—	—	—
Außenhaut a) Original-Lackierung — Verfahren I	Blech vor Beginn der Lackierarbeiten von Staub, Feuchtigkeit, Fetten, Oxyden und Rückständen des Lötwassers befreien:	Phosphatisierung: Alkali-, Zink- oder Manganphosphate tauchen Dicke 1...3 µm	Einbrenngrund tauchen Dicke 15...40 µm einbrennen 12...30 min 145...190°C Läufer entfernen naß schleifen	Einbrenngrund spritzen Dicke 20...40 µm einbrennen 10...30 min 130...170°C naß schleifen	Einbrennfüller bzw. Vorlack spritzen Dicke 25 µm einbrennen 10...30 min 130...165°C köpfen	Einbrenn-Decklack spritzen Dicke 25...35 µm einbrennen 20...30 min 120...130°C
Verfahren II	a) Fett und Schmutz durch Reinigungs- und Lösungsmittel	Reaktionsgrund (Washprimer): alkohollösliches Bindemittel mit Zinkchromat und Phosphorsäure spritzen Dicke 1...10 µm	Einbrenngrund tauchen Schichtdicke 30...50 µm einbrennen 12...30 min 150...170°C naß schleifen		Einbrennfüller spritzen Dicke 25...30 µm einbrennen 15...30 min 130...160°C trocken schleifen	Einbrenn-Decklack spritzen Dicke 25...35 µm einbrennen 20...30 min 120...130°C
b) Ausbesserung — Blechteile Ersatzteile	b) Flugrost mit Entrostungsmittel	Blechteile mit Reaktionsgrund (Washprimer), Ersatzteile mit Phosphatisierung	Einbrenn-Spritzgrund oder -Tauchgrund Spritzgrund benötigt etwa 60 min bei 80°C	Einbrenn-Spritzgrund oder -Tauchgrund Schichtdicke 25...35 µm	Einbrenn-Spritzgrund Dicke 30...35 µm etwa 60 min bei 80°C	Einbrenn-Decklack Dicke 30 µm etwa 60 min bei 80°C
Originallackierung	Original meist im Tauchverfahren, Ausbesserungen durch Abwaschen oder Abspritzen	Politur- und Silikonreste mit Lösungsmittel (Silikonentferner) oder durch Schleifen entfernen. Verwitterte Lackschichten soweit abschleifen, bis man auf gesunde Schichten kommt. Alte Lackierungen können mit Lackentferner abgebeizt werden. Nach etwa 30 min wird aufgeweichte Lackierung mit Spachtelmesser abgeschoben.			Ält. Lackierung: Einbrenn-Spritzgrund Dicke 25 µm etwa 60 min bei 80°C	Einbrenn-Decklack Dicke 30 µm etwa 60 min bei 80°C
Unterboden Radläufe Einstiegsbleche — Original-lackierung		Phosphatisierung	Einbrenn-Tauchgrund Dicke 25 µm 12...30 min 150...170°C		—	PVC-Unterbodenschutz Dicke 800 µm
Ausbesserungen: Blankes Blech Ersatzteile		Blankes Blech mit Reaktionsgrund, Ersatzteile mit Phosphatisierung	Einbrenn-Spritzgrund oder Tauchgrund Schichtdicke 25 µm Spritzgrund 60 min 80°C		—	Kautschuk-Unterbodenschutz, z. B. Antirombo Dicke 1000 µm

6

Schleifmittel, Schleifscheiben

Allgemeines	Man unterscheidet natürliche und künstliche Schleifmittel. Die natürlichen, z. B. Quarz (Sandstein), Korund und Schmirgel, werden kaum noch verwendet. Auch der Naturdiamant wird vom synthetischen Diamanten in der Schleiftechnik verdrängt. Künstliche Schleifmittel wie Edelkorund (Aluminiumoxid Al_2O_3) und Siliziumkarbid (SiC) werden fast ausschließlich verwendet.	Natürliche Schleifmittel sind in ihrer Zusammensetzung ungleichmäßig. Ihre Schleifleistung ist wegen der zum Teil nicht scharfkantigen Schleifkörner sehr gering. Außerdem kann nur mit sehr niedrigen Schnittgeschwindigkeiten gearbeitet werden.
Edelkorund Kurzzeichen A	Edelkorund wird im Elektroofen bei einer Temperatur von etwa 2000 °C aus Bauxit oder reiner Tonerde erschmolzen. Durch Kokszugabe werden die Verunreinigungen reduziert. Es entstehen große Kristallgebilde, die Drusen genannt werden.	Dichte $3,9 \ldots 4,0 \ \mathrm{kg/dm^3}$ Härte nach Mohs $9 \ldots 9,25$ Edelkorund ist braun und hellrosa bis weiß gefärbt. Er eignet sich zum Schleifen von ungehärtetem und gehärtetem Stahl, Stahlguß und Temperguß.
Siliziumkarbid Kurzzeichen C	Siliziumkarbid wird aus Quarzsand, Koks und Zuschlägen im Elektroofen bei einer Temperatur von etwa 2500 °C erschmolzen. Dabei entstehen ebenfalls große Kristallgebilde wie beim Edelkorund. Siliziumkarbid ist beinahe so hart wie Diamant.	Dichte $3,17 \ \mathrm{kg/dm^3}$ Härte nach Mohs $9,5 \ldots 9,75$ Siliziumkarbid ist glänzend dunkelgrün bis schwarz gefärbt. Es eignet sich zum Schleifen von Gußeisen, Hartmetallen, Kupferlegierungen und Weichmetallen.
Diamant Kurzzeichen D	Verwendet werden Naturdiamanten, die nicht klar sind und sich für Schmucksteine nicht eignen oder Synthesediamanten. Diese werden aus Kohlenstoff gewonnen unter Anwendung höchster Drücke und Temperaturen.	Dichte $3,51 \ \mathrm{kg/dm^3}$ Härte nach Mohs $10,0$ Diamant-Schleifmittel eignen sich für Feinschliff, zum Schleifen von Hartmetall-Werkzeugen und zum Abrichten von Scheiben.
Körnung	Die großen Kristalle werden gemahlen oder mittels Fallhämmern zerkleinert und durch Rüttelsiebe nach Korngrößen sortiert. Staubfeine Körnungen (Läppmittel) werden im Schlämmverfahren gewonnen. Die Korngrößen werden mit Nummern bezeichnet; die Zahl gibt die Anzahl der Maschen auf 1 Zoll Länge des betreffenden Siebes an.	Bezeichnung der Körnung grob: 10, 12, 14, 16, 20, 24 mittel: 30, 36, 46, 54, 60 fein: 70, 80, 90, 100, 150, 180 sehr fein: 220, 240, 280, 400, 500, 600 Die Korngrößen von Diamantscheiben werden in μm angegeben.
Bindung	Unter der Bindung versteht man den Zusammenhalt der Schleifkörper einer Schleifscheibe. Man unterscheidet: 1. Keramische Bindung aus Feldspat, Ton und Quarz. Die Schleifkörner werden mit diesen Stoffen gemischt, zu Schleifkörpern gepreßt und im Ofen bei 1500 °C gebrannt. 2. Bindung mit Gummi, Schellack oder mit Kunstharz (Phenolharz).	Kurzzeichen für Bindungen: Keramisch V, Kunstharz B, Gummi R, Schellack E, gesintert (Diamantscheiben) Sint. Keramisch gebundene Scheiben sind unempfindlich gegen hohe Temperaturen, aber sehr spröde und stoß- und schlagempfindlich. Gummi- oder kunstharzgebundene Scheiben sind elastisch und deshalb für dünne Schleifscheiben geeignet.
Härte	Unter der Härte einer Schleifscheibe versteht man die Bindekraft, mit der die Schleifkörner vom Bindemittel festgehalten werden. Je leichter die Schleifkörner ausbrechen, desto weicher ist die Schleifscheibe. Für harte Werkstoffe werden weiche Schleifscheiben verwendet, damit stumpf gewordene Schleifkörner rechtzeitig ausbrechen und neue freigelegt werden.	Bezeichnung der Härtegrade von Schleifscheiben mit Großbuchstaben, z. B. sehr weich: D, E, F, G weich: H, I, J, K mittel: L, M, N, O hart: P, Q, R, S sehr hart: T, U, V, W
Gefüge	Unter dem Gefüge einer Schleifscheibe versteht man die Größe der Poren. Bei offenem, großporigem Gefüge ist der Abstand der Schleifkörner voneinander größer als bei dichtem Gefüge. Zum Schleifen weicher Werkstoffe werden Schleifscheiben mit offenem Gefüge verwendet, damit sich die Schleifspäne nicht festsetzen.	Bezeichnung des Gefüges mit Zahlen, z. B. dicht: 0, 1, 2, 3 mittel: 4, 5, 6, 7 offen: 8, 9, 10, 11, 12 Schleifscheiben mit offenem Gefüge verkleben weniger als solche mit dichtem Gefüge, nützen sich aber schneller ab.
Umfangs- geschwindigkeit	Höchstzulässige Umfangsgeschwindigkeit für Schleifscheiben mit keramischer Bindung bei Zustellung von Hand: 25 m/s bei maschineller Zustellung: 35 m/s	Schleifscheiben mit zulässiger Umfangsgeschwindigkeit über 35 m/s sind mit einem Farbstreifen gekennzeichnet, z. B. blau < 45 m/s, gelb < 60 m/s, rot < 80 m/s und grün < 100 m/s.

6

Prüfverfahren	Durchführung und Ergebnis

Zugversuch

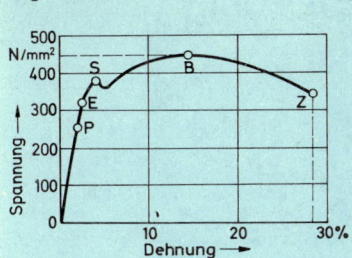

Ein sorgfältig bearbeiteter, in seinen Abmessungen genormter Normalstab (z. B. Durchmesser = 20 mm, Meßlänge = 200 mm) wird in einer Zerreißmaschine bis zum Bruch belastet. Spannung (Beanspruchung) und Dehnung werden in einem Schaubild aufgetragen.

P: Proportionalitätsgrenze − bis dahin Spannung und Dehnung proportional (Gerade),

E: Elastizitätsgrenze − bis dahin elastisches Verhalten, keine bleibende Dehnung,

S: Streck- oder Fließgrenze − von hier ab bleibende Verformung,

B: Bruchgrenze − höchstmögliche Werkstoffbeanspruchung (R_m), danach starke Dehnung und Einschnürung (bei Stahl) bis zur Zerreißgrenze Z.

Neue Bezeichnungen nach DIN 50145:

Zugfestigkeit bisher σ_B, neu R_m, Einheit N/mm²
Bruchdehnung bisher δ, neu A, Einheit %

Brinell-Härteprüfung

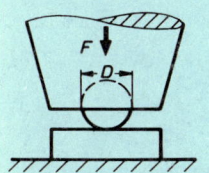

Eindruck

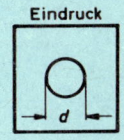

Eine gehärtete Stahlkugel (oder Hartmetallkugel) wird belastet und dadurch in die Oberfläche des zu prüfenden Werkstücks eingedrückt. Dabei hängen die Belastung der Kugel sowie der Kugeldurchmesser von der Art und der Dicke des Werkstoffs des zu prüfenden Teils ab. Der Kugeldurchmesser beträgt für Proben bis 3 mm Dicke 2,5 mm, für Proben von 3 bis 6 mm Dicke 5 mm und für Proben über 6 mm Dicke 10 mm. Zur Ermittlung des Brinell-Härtewertes wird der Durchmesser des Kugeleindrucks gemessen.

$$\text{Brinellhärte HB} = \frac{0,102 \times \text{Prüfkraft in N}}{\text{Oberfläche des Kugeleindrucks in mm}^2}$$

$$\text{Brinellhärte HB} = \frac{0,102 \cdot F}{A} = \frac{0,102 \cdot 2 \cdot F}{D \cdot \pi (D - \sqrt{D^2 - d^2})}$$

Beispiel einer Härteangabe

120 HB bedeutet: Brinellhärte 120, geprüft mit einer Kugel von 10 mm Durchmesser, Prüfkraft 3000 kg·9,81 m/s² = 29430 N.

Aus der Brinellhärte kann die Zugfestigkeit angenähert bestimmt werden. Für Stahl gilt $\sigma_B \approx 3{,}5$ HB N/mm².

Vickers-Härteprüfung

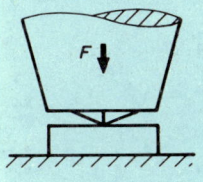

Eindruck

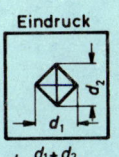

$d = \dfrac{d_1 + d_2}{2}$

Eine vierseitige Diamantpyramide, bei der die gegenüberliegenden Flächen einen Winkel von 136° bilden, wird mit einer Prüfkraft, die zwischen 49 N und 980 N liegen kann, in die Oberfläche des zu prüfenden Werkstücks eingedrückt. Die Länge der Diagonalen des Eindrucks werden sehr genau gemessen und der Mittelwert d der Berechnung zugrunde gelegt.

$$\text{Vickershärte HV} = \frac{0,102 \times \text{Prüfkraft in N}}{\text{Oberfläche des Eindrucks in mm}^2}$$

$$\text{Vickershärte HV} = \frac{0,102 \cdot F}{A} = \frac{0,102 \cdot 1,854 \cdot F}{d^2}$$

Beispiel einer Härteangabe

240 HV 50 bedeutet: Vickershärte 240, geprüft mit einer Prüfkraft von 50 kg·9,81 m/s² = 490 N.

Das Prüfverfahren nach Vickers eignet sich besonders für sehr kleine, sehr harte und sehr dünne Proben.

Rockwell-Härteprüfung

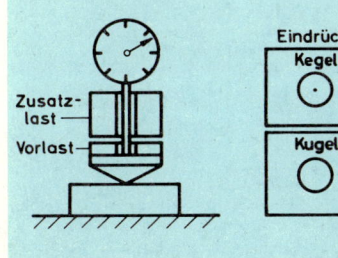

Ein Diamantkegel mit einem Kegelwinkel von 120° oder eine gehärtete Stahlkugel von $^1/_{16}''$ Durchmesser werden zunächst unter Anwendung einer Vorkraft von 98 N in die Oberfläche des zu prüfenden Werkstücks eingedrückt. Nun wird die Belastung um eine Zusatzkraft von 1373 N (beim Kegel) oder 883 N (bei der Kugel) gesteigert. Die bleibende Eindringtiefe e nach Aufhebung der Zusatzkraft wird gemessen. Je größer die bleibende Eindringtiefe, desto kleiner die Rockwellhärte.

$$\text{Rockwellhärte (Kegel)} = 100 - \frac{\text{bleibende Eindringtiefe}}{0,002}$$

$$\text{HRC} = 100 - \frac{e}{0,002}$$

$$\text{Rockwellhärte (Kugel)} = 130 - \frac{\text{bleibende Eindringtiefe}}{0,002}$$

$$\text{HRB} = 130 - \frac{e}{0,002}$$

6

Werkstoffe wichtiger Kraftfahrzeugteile

Teile	Werkstoff, Kurzzeichen	Teile	Werkstoff, Kurzzeichen
Achsen	Vergütungsstahl C 45, Ck 60, 34 CrMo 4, 37 MnSi 5	Kurbelwellen	Vergütungsstahl 34 CrMo 4, 42 CrMo 4 Nitrierstahl 34 CrAlMo 5 Gußeisen GG – 40 Gußeisen mit Kugelgraphit GGG – 60, GGG – 70
Achsschenkel	Vergütungsstahl 34 CrMo 4, 42 MnV 7		
Achsschenkelbolzen	Einsatzstahl 15 Cr 3, 15 CrNi 6, 18 CrNi 8	Kurbelwellenlager	Dreistofflager, Stahl-Bronze-Weißmetall Zweistofflager, Stahl-Bronze oder Stahl-Weißmetall Einstofflager, Guß-Zinn-Blei-bronze G – CuPb 5 Sn Sonder-Aluminiumlegierungen
Anhänger-kupplungen	Stahlguß GS – 38, GS – 45, GS – 60		
Auslaßventile	Ventilstahl X 45 CrSi 9, X 45 CrNiW 18 9	Längs- und Querlenker	Vergütungsstahl Ck 60, 34 CrMo 4, 37 MnSi 5
Auspuffkrümmer	Gußeisen GG – 25, GG – 30 austenitisches Gußeisen GGL – NiCr 30 3	Lenkgestänge	Vergütungsstahl 42 CrMo 4, 42 MnV 7
Bremsbacken	Stahlblech St 60, St 70; Temperguß GTS – 35; Al-Gußlegierung G – AlSi 10 Mg	Nockenwellen	Einsatzstahl 15 Cr 3, 15 CrNi 6 Gußeisen GG – 30, GG – 40, mit Kugelgraphit GGG – 50
Bremstrommeln	Gußeisen GG – 25, GG – 30; Temperguß GTW – 40 Stahlguß GS – 45, GS – 60 Verbundguß Al-Gußeisen	Pleuelbuchsen	Guß-Zinn-Bleibronze G – CuPb 5 Sn, G – CuPb 20 Sn Rotguß G – CuSn 7 ZnPb
Einlaßventile	Ventilstahl 37 MnSi 5, X 45 CrSi 4	Pleuellager	siehe Kurbelwellenlager
		Pleuelstangen	Vergütungsstahl 34 CrMo 4, 37 MnSi 5
Federn (Blatt-, Schrauben-, Dreh-stabfedern)	Federstahl 55 Si 7, 65 Si 7, 67 SiCr 5, 50 CrV 4	Räder	Stahlblech St 60, St 70 Stahlguß GS – 45, GS – 60
Federbolzen	Einsatzstahl C 15, 15 Cr 3	Rahmen	Baustahl St 50, St 60
Gelenkwellen	Vergütungsstahl 42 MnV 7, 30 CrMoV 9	Ventilfedern	Federstahl 67 SiCr 5, 50 CrV 4
Getriebewellen, Getriebezahnräder	Einsatzstahl 15 Cr 3, 15 CrNi 6, 16 MnCr 5, 18 CrNi 8 Nitrierstahl 34 CrAl 6, 34 CrAlNi 7	Ventilführungen	Gußeisen GG – 30, GG – 40 Guß-Zinnbronze G – CuSn 14 Rotguß G – CuSn 7 ZnPb
Hinterachswellen	Vergütungsstahl 30 CrMoV 9, 36 CrNiMo 4	Ventilsitzringe	Ventilstahl X 210 Cr 12 austenitisches Gußeisen GGL – NiCr 30 3
Karosserie	Tiefziehblech USt 12, RRSt 14	Vergasergehäuse	Feinzink-Druckgußlegierung GD – ZnAl 4, GD – ZnAl 4 Cu 1
Kolben	Kolbenlegierungen S. 237	Wälzlager	Wälzlagerstahl 100 Cr 6
Kolbenbolzen	Einsatzstahl C 15, 15 Cr 3, 15 CrNi 6 Nitrierstahl 34 CrAl 6, 34 CrAlMo 5	Zylinder	Gußeisen GG – 25, GG – 30 Al-Gußlegierung, hartverchromt Verbundguß Al-Gußeisen
Kolbenringe	Gußeisen GG – 30, GG – 40 im Schleudergußverfahren	Zylinderblock	Gußeisen GG – 20, GG – 25 Al-Gußlegierung G – AlSi 12
Kraftstoffbehälter	Stahlblech, verbleit	Zylinderkopf	Gußeisen GG – 25, GG – 30 Al-Gußlegierung G – AlSi 10 Mg
Kraftstoffpumpen-gehäuse	Feinzink-Druckgußlegierung GD – ZnAl 4		
Kühler	Messing CuZn 37, Kupfer	Zylinderlaufbuchsen	Gußeisen GG – 30, GG – 40 im Schleudergußverfahren

6

Quadrat-, Sechskant- und Rundstahl

Maß s, d mm	Gewicht in kg/m			Maß s, d mm	Gewicht in kg/m		
10	0,785	0,680	0,617	20	3,140	2,719	2,466
11	0,950	0,823	0,746	21	3,462	2,998	2,719
12	1,130	0,979	0,888	22	3,799	3,290	2,984
13	1,327	1,149	1,042	23	4,153	3,596	3,261
14	1,539	1,332	1,208	24	4,522	3,916	3,551
15	1,766	1,530	1,387	25	4,906	4,249	3,853
16	2,010	1,740	1,578	26	5,307	4,596	4,168
17	2,269	1,965	1,782	27	5,723	4,956	4,495
18	2,543	2,203	1,998	28	6,154	5,330	4,834
19	2,834	2,454	2,226	29	6,602	5,717	5,185

Flachstahl, Gewicht in kg je 1 m Länge

Breite mm	Dicke in mm											
	3	4	5	6	8	10	12	15	20	25	30	40
20	0,471	0,628	0,785	0,942	1,256	1,570	1,884	2,355	3,140	3,925	4,710	6,280
22	0,518	0,691	0,864	1,036	1,382	1,727	2,072	2,591	3,454	4,318	5,181	6,908
25	0,589	0,785	0,981	1,178	1,570	1,963	2,355	2,944	3,925	4,905	5,888	7,850
28	0,659	0,879	1,099	1,319	1,758	2,198	2,638	3,297	4,396	5,495	6,594	8,792
30	0,705	0,942	1,177	1,413	1,884	2,355	2,826	3,532	4,710	5,888	7,065	9,420
32	0,745	1,005	1,256	1,507	2,010	2,512	3,014	3,768	5,024	6,280	8,234	10,05
35	0,824	1,009	1,374	1,649	2,198	2,748	3,297	4,121	5,495	6,869	8,243	10,99
38	0,895	1,193	1,492	1,790	2,386	2,983	3,580	4,474	5,966	7,458	8,949	11,93
40	0,942	1,256	1,570	1,884	2,512	3,140	3,768	4,710	6,280	7,850	9,420	12,56
45	1,060	1,413	1,766	2,120	2,826	3,533	4,239	5,299	7,065	8,831	10,60	14,13
50	1,177	1,570	1,962	2,355	3,140	3,925	4,710	5,887	7,850	9,813	11,78	15,70
55	1,295	1,727	2,159	2,591	3,454	4,318	5,181	6,476	8,635	10,79	12,95	17,27

Gleichschenkliger Winkelstahl   DIN 1028

Profil	Kurzzeichen	mm		Quer- schnitt cm²	Gewicht kg/m	Kurzzeichen	mm		Quer- schnitt cm²	Gewicht kg/m
		a	s				a	s		
	L 20 × 3	20	3	1,12	0,88	L 35 × 6	35	6	3,87	3,04
	25 × 3	25	3	1,42	1,12	40 × 4	40	4	3,08	2,42
	25 × 4	25	4	1,85	1,45	40 × 5	40	5	3,79	2,97
	25 × 5	25	5	2,26	1,77	40 × 6	40	6	4,48	3,52
	30 × 3	30	3	1,74	1,36	45 × 5	45	5	4,30	3,38
	30 × 4	30	4	2,27	1,78	50 × 6	50	6	5,69	4,47
	30 × 5	30	5	2,78	2,18	50 × 7	50	7	6,56	5,15
	35 × 4	35	4	2,67	2,10	60 × 8	60	8	9,03	7,09
	35 × 5	35	5	3,28	2,57	60 × 10	60	10	11,1	8,69

U-Stahl   DIN 1026

Profil	Kurzzeichen	Abmessungen im mm				Querschnitt cm²	Gewicht kg/m
		b	h	s	t		
	⊏ 40 × 20	20	40	5	5,5	3,66	2,87
	40	35	40	5	7	6,21	4,87
	50 × 25	25	50	5	6	4,92	3,86
	50	38	50	5	7	7,12	5,59
	60	30	60	6	6	6,46	5,07
	80	45	80	6	8	11,0	8,64
	100	50	100	6	8,5	13,5	10,6
	120	55	120	7	9	17,0	13,4
	140	60	140	7	10	20,4	16,0
	160	65	160	7,5	10,5	24,0	18,8
	180	70	180	8	11	28,0	22,0
	200	75	200	8,5	11,5	32,2	25,3
	220	80	220	9	12,5	37,4	29,4

Bleche, Drähte, Rohre

Bleche

Stahlblech DIN 1541, 1542

Dicke in mm	Gewicht in kg/m²	Lagergröße Breite × Länge in mm
0,18	1,42	
0,2	1,57	530 × 760
0,22	1,78	500 × 1000
0,24	1,93	600 × 1200
0,28	2,21	700 × 1400
0,32	2,4	800 × 1600
0,38	3	
0,44	3,5	
0,5	4	
0,56	4,5	
0,63	5	530 × 760
0,75	6	800 × 1600
0,88	7	1000 × 2000
1,0	8	
1,13	9	
1,25	10	
1,38	11	
1,5	12	800 × 1600
1,75	14	1000 × 2000
2,0	16	1250 × 2500

Weißblech

Dicke in mm	Gewicht in kg/m²
0,15	1,27
0,19	1,54
0,22	1,75
0,24	1,91
0,27	2,15
0,28	2,18
0,31	2,36
0,32	2,39
0,36	2,82
0,37	2,96
0,41	3,38
0,46	3,6
0,52	4,2
0,58	4,6
0,64	5,0
0,70	5,5
0,80	6,3
0,90	6,9
1,0	7,9

Kupfer-, Messing-, Aluminiumblech DIN 1751, 1752, 1753

Dicke in mm	Cu Gewicht in kg/m²	Ms Gewicht in kg/m²	Al Gewicht in kg/m²
0,10	0,89	0,85	—
0,15	1,34	1,28	—
0,20	1,78	1,70	0,54
0,25	2,23	2,13	0,68
0,30	2,67	2,55	0,81
0,35	3,12	2,98	0,95
0,40	3,56	3,40	1,08
0,45	4,01	3,83	1,22
0,50	4,45	4,25	1,36
0,55	4,90	4,68	—
0,60	5,34	5,10	1,64
0,65	5,79	5,53	—
0,70	6,23	5,95	1,91
0,75	6,68	6,38	—
0,80	7,12	6,80	2,18
0,85	7,57	7,23	—
0,90	8,01	7,65	2,46
1,0	8,90	8,50	2,73
1,1	9,79	9,35	3,00
1,2	10,70	10,20	3,28

Zinkblech DIN 9721

Dicke in mm	Gewicht in kg/m²
0,1	0,7
0,143	1,0
0,15	1,08
0,186	1,3
0,2	1,44
0,228	1,6
0,25	1,75
0,3	2,10
0,35	2,45
0,4	2,80
0,45	3,15
0,5	3,50
0,58	4,06
0,6	4,31
0,66	4,62
0,7	5,03
0,8	5,74
1,0	7,18
1,2	8,62
1,5	10,80

Drähte

Stahldraht DIN 177

Durchmesser in mm	Gewicht in kg/1000 m	Durchmesser in mm	Gewicht in kg/1000 m
0,10	0,062	0,80	3,95
0,12	0,089	0,90	4,99
0,14	0,121	1,00	6,17
0,16	0,158	1,20	8,88
0,18	0,200	1,40	12,08
0,20	0,247	1,60	15,78
0,40	0,986	1,80	19,98
0,50	1,540	2,00	24,70
0,60	2,220	2,20	29,80
0,70	3,020	2,50	38,50

Kupferdraht DIN 1766

Durchmesser in mm	Gewicht in kg/1000 m
0,10	0,070
0,15	0,157
0,20	0,280
0,25	0,437
0,30	0,629
0,40	1,118
0,50	1,747
0,80	4,474
1,00	6,990
1,50	15,727

Messingdraht DIN 1757

Durchmesser in mm	Gewicht in kg/1000 m
0,20	0,267
0,25	0,417
0,30	0,601
0,40	1,068
0,50	1,670
0,60	2,403
0,70	3,271
0,80	4,273
1,00	6,676
2,00	26,704

Aluminiumdraht DIN 1790

Durchmesser in mm	Gewicht in kg/1000 m
0,5	0,53
1,0	2,12
1,5	4,77
2,0	8,48
2,5	13,23
3,0	19,06
3,5	25,97
4,0	33,91
6,0	76,32
10,0	212,00

Rohre

Präzisionsstahlrohre, nahtlos gezogen DIN 2385

Wanddicke in mm	Außen⌀ in mm	Innen⌀ in mm	Gewicht in kg/m
0,5	8	7	0,092
	10	9	0,117
0,75	12	10,5	0,208
	15	13,5	0,264
1,0	10	8	0,222
	14	12	0,321
1,5	8	5	0,240
	10	7	0,314
2,0	20	16	0,888
	25	21	1,134
2,5	9	4	0,401
	30	25	1,695

Rohre aus Kupfer, Messing, Aluminium-Legierungen, nahtlos gezogen DIN 1754, 1755, 1795

Wanddicke in mm	Außen⌀ in mm	Innen⌀ in mm	Cu Gewicht in kg/m	Ms Gewicht in kg/m	Al-Leg. Gewicht in kg/m
0,5	6	5	0,08	0,07	0,023
	7	6	0,09	0,09	0,028
	8	7	0,10	0,10	0,032
	10	9	0,13	0,13	0,040
1,0	6	4	0,14	0,13	0,042
	12	10	0,31	0,29	0,093
	18	16	0,48	0,45	0,144
	25	23	0,67	0,64	0,204
1,5	10	7	0,36	0,34	0,108
	12	9	0,44	0,42	0,134
	18	15	0,70	0,66	0,210
	20	17	0,78	0,74	0,235

Bissinger, Deutsch für Berufsschulen   Best.-Nr. 100

40 Arbeitsblätter A4 in Blockform, gelocht

Aufsatzlehre und angewandte Sprachlehre, Sprechen und Vorlesen, Rechtschreibung, Zeichensetzung, Nachschlageblätter.

Diese Arbeitsblätter sind bewußt auf die Belange des berufsbegleitenden Unterrichts abgestimmt. An lebendigen Beispielen und an Themen, die Jugendliche besonders ansprechen, werden Probleme wie Formulierung, Rechtschreibung, Zeichensetzung gezeigt und erklärt. Der Lernende wird zu praktischer Eigenarbeit veranlaßt.

Bonz, erzeugen — verbrauchen, Wirtschaftskunde Best.-Nr. 125

248 Seiten mit vielen Abbildungen, zweifarbig

Dieses Lehr- und Arbeitsbuch ist nach den neuesten Bildungsplänen für Berufsschulen ausgerichtet. Der Schüler lernt die Grundlagen der Wirtschaft als Voraussetzung für das Verständnis der politischen und gesellschaftlichen Verhältnisse kennen. — Informationen, Beispiele, Zusammenfassungen und Fragen zum Nachdenken.

Bühler, Arbeitsblätter zur Wirtschaftskunde

1. Teil   Best.-Nr. 125/1
2. Teil   Best.-Nr. 125/2
3. Teil   Best.-Nr. 125/3

Jeweils etwa 24 Arbeitsblätter A4 in Blockform, gelocht

Informationsquelle für die Bearbeitung dieser Arbeitsblätter ist das Lehrbuch von Bonz (s. oben). Die Themen der Arbeitsblätter stimmen mit denen des Buches überein. Zusätzliche Informationen — Meinungen, Zitate, Aussagen — fordern den Lernenden dazu heraus, zu den gestellten Themen begründet Stellung zu nehmen. Konkret gestellte Arbeitsaufträge fordern von ihm selbständiges Arbeiten.

Unentbehrlich in Ausbildung und Beruf

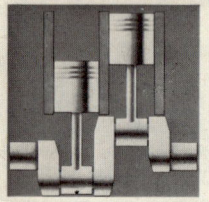

Hamm/Burk, Fachrechnen für Kfz-Mechaniker   Best.-Nr. 350 n

216 Seiten, 463 Abbildungen, zweifarbig

„Tabellenbuch Kraftfahrtechnik" und „Fachrechnen für Kfz-Mechaniker" von Hamm/Burk ergänzen sich in idealer Weise. Sie sind zu Standardwerken auf dem Kfz-Sektor geworden. Das Rechenbuch ist konsequent auf die SI-Einheiten umgestellt. Klare, übersichtliche Darstellung und große Auswahl an Aufgaben aller Schwierigkeitsgrade.

Klebebilder zu „Fachrechnen für Kfz-Mechaniker"

Best.-Nr. 350 n/1

Schelkle, Der Kfz-Handwerker   Best.-Nr. 353

Vorbereitung zur Facharbeiter-, Gesellen- und Meisterprüfung. Kraftfahrzeugtechnik in Frage und Antwort und Fachrechnen

286 Seiten, Taschenbuchformat

Arten und Aufbau von Kraftfahrzeugen, Motor, Kraftstoffe, Kraftstoffförderung, Kraftstoff- und Luftfilter, Kraftstoffbehälter, Vergaser, Kühlung, Schmierung, elektrische Zündung, Batteriezündung, Generatoren, Zündkerze, Glühkerze, Magnetzündung, Starter, Zündanlage, Beleuchtung, Test- und Prüfgeräte, Kraftübertragung, Fahrwerk, Räder, Felgen, Bereifung, Lenkung, Bremsen, Diesel-Motor, Otto-Motor, Kreiskolbenmotor, Sicherheitsglas, Formeln, Aufgaben mit Lösungen, Aufgaben für Gesellen- und Meisterprüfung.

**Schelkle, Vorbereitung zur Meisterprüfung   Best.-Nr. 143
in Handwerk und Industrie**

Frage und Antwort

208 Seiten, Taschenbuchformat

Staatsbürgerkunde, Handwerks- und Arbeitsrecht, Genossenschaftswesen, Sozialversicherungen, Bürgerliches Recht, Steuern, Wechsel- und Scheckverkehr, Postnachnahme und Postprotestauftrag, Postscheckverkehr, Buchführung, Kalkulation, Berufserziehung, Menschenführung, Menschenbehandlung, Fallsammlung.

Der „Schelkle" — seit Jahrzehnten ein Begriff in Meisterkursen und bei selbständigen Handwerksmeistern.

Änderungen vorbehalten.

Fordern Sie bitte unser Gesamtverzeichnis an!

Holland+Josenhans Verlag Stuttgart

Inhaltsverzeichnis